AKADEMIE DER WISSENSCHAFTEN DER DDR
Forschungsstelle für Wirbeltierforschung
(im Tierpark Berlin)
Abteilung für Zoo- und Wildtiererkrankungen
Berlin-Friedrichsfelde

ERKRANKUNGEN DER ZOOTIERE

Verhandlungsbericht des
30. Internationalen Symposiums über die Erkrankungen
der Zoo- und Wildtiere
vom 11. Mai bis 15. Mai 1988 in Sofia

Herausgegeben von
OVR Prof. Dr. med. vet. habil. Rudolf Ippen
und VR Dr. med. vet. Hans-Dieter-Schröder
unter Mitarbeit von
Dr. med. vet. Jutta Wisser
und Dr. sc. med. vet. Willi Jakob

Mit 84 Abbildungen und 102 Tabellen

AKADEMIE-VERLAG BERLIN
1988

ISBN 3 – 05 – 500431 – 0

ISSN 0138 – 5003

AKADEMIE DER WISSENSCHAFTEN DER DDR

Forschungsstelle für Wirbeltierforschung
(im Tierpark Berlin)
Abteilung für Zoo- und Wildtiererkrankungen
Berlin-Friedrichsfelde

ERKRANKUNGEN DER ZOOTIERE

Verhandlungsbericht des
30. Internationalen Symposiums über die Erkrankungen
der Zoo- und Wildtiere

Sofia 1988

AKADEMIE-VERLAG BERLIN
1988

ERKRANKUNGEN DER ZOOTIERE

Verhandlungsbericht des XV. Internationalen Symposiums
vom 27. Juni bis 1. Juli 1973 in Kolmården

1973. IX, 396 Seiten — 47 Abbildungen — 68 Tabellen — 4° — 67,– M
Bestell-Nr. 761 833 4 (2136/7)

Verhandlungsbericht des XXII. Internationalen Symposiums
vom 28. Mai bis 1. Juni 1980 in Arnhem

1980. VIII, 330 Seiten — 78 Abbildungen — 78 Tabellen — 4° — 70,– M
Bestell-Nr. 762 677 2 (2136/14)

Verhandlungsbericht des XXIII. Internationalen Symposiums
vom 24. bis 28. Juni 1981 in Halle/Saale

1981. IX, 432 Seiten — 104 Abbildungen — 69 Tabellen — 4° — 75,– M
Bestell-Nr. 762 871 9 (2136/15)

Verhandlungsbericht des XXIV. Internationalen Symposiums
vom 19. bis 23. Mai 1982 in Veszprém

1982. X, 482 Seiten — 97 Abbildungen — 95 Tabellen — 4° — 80,– M
Bestell-Nr. 763 053 6 (2136/16)

Verhandlungsbericht des 26. Internationalen Symposiums
vom 2. bis 6. Mai 1984 in Brno

1984. XI, 488 Seiten — 128 Abbildungen — 105 Tabellen — 4° — 70,– M
Bestell-Nr. 763 234 7 (2136/18)

Verhandlungsbericht des 29. Internationalen Symposiums
vom 20. Mai bis 24. Mai 1987 in Cardiff

1987. IX, 369 Seiten — 80 Abbildungen — 81 Tabellen — 4° — 75,– M
Bestell-Nr. 763 698 9 (2136/21)
ISBN 3-05-500306-3

Bestellungen durch eine Buchhandlung erbeten

THEORIA CUM PRAXI

AKADEMIE-VERLAG BERLIN

ISBN 3-05-500431-0

ISSN 0138-5003

Erschienen im Akademie-Verlag Berlin, DDR-1086 Berlin, Leipziger Straße 3-4

Lizenznummer: 202 · 100/496/88

Printed in the German Democratic Republic

Druck: Druckkombinat Berlin

LSV 2905

Bestellnummer: 763 779 7 (2136/22)

VERANSTALTER

Die Forschungsstelle für Wirbeltierforschung (im Tierpark Berlin),
Abteilung für Zoo- und Wildtiererkrankungen
der Akademie der Wissenschaften der DDR
in Zusammenarbeit mit
dem Zoologischen Garten, Sofia,
dem Staatlichen Veterinärwesen und
dem Verband der Wissenschaftler in Bulgarien

Tagungsort
Sofia

Inhaltsverzeichnis

Seite

Seite

Seite

Seite

Rückblick auf das 29. Internationale Symposium über die Erkrankungen der Zoo- und Wildtiere, Cardiff, 20. bis 24. Mai 1987

Zum 29. Internationalen Symposium über die Erkrankungen der Zoo- und Wildtiere, das von der Abteilung für Zoo- und Wildtiererkrankungen der Forschungsstelle für Wirbeltierforschung (im Tierpark Berlin) der Akademie der Wissenschaften der DDR in Zusammenarbeit mit der British Veterinary Zoological Society und der Stadt Cardiff veranstaltet wurde, waren 140 aktive Teilnehmer und 40 Begleitpersonen aus 21 Ländern angereist und zwar aus Algerien, Belgien, VR Bulgarien, BRD, Dänemark, DDR, Finnland, Frankreich, Großbritannien, Irland, Israel, Italien, SFR Jugoslawien, Kanada, Marokko, Niederlande, Österreich, Schweden, Schweiz, Spanien und USA.
Am 21. Mai eröffnete Herr Prof. Dr. Dr. DATHE im Namen und im Auftrag des Präsidenten der Akademie der Wissenschaften der DDR das Symposium mit folgenden Worten:

Sehr geehrter Herr Präsident Prof. Dr. SILVER!
Sehr geehrter Herr Präsident Prof. Dr. HUMPHREYS!
Meine sehr verehrten Damen und Herren!
Verehrte Gäste!
Nur zweimal hat bisher das Symposium über die Erkrankungen der Zootiere das kontinentale Europa verlassen, nämlich 1975 nach Tunesien und heuer - ich würde einfügen: endlich - nach Großbritannien. Dabei ist ja gerade dieses Land für alle naturkundlich eingestellten Menschen seit je ein nie erreichtes Vorbild für wissenschaftliche und populärwissenschaftliche Beschäftigung mit Pflanze und Tier gewesen. Hier gab und gibt es viele begeisterte Bird watcher, Pferdeliebhaber und Hundezüchter. Slimbridge, heute vom Wildfowl Trust gelenkt, erwarb sich durch Sir Peter SCOTT berechtigten Weltruhm; haben wir doch für nicht wenige Arten der Anseriformes, ich nenne nur die Hawaiigans, es dieser Einrichtung und ihren Erfahrungen zu danken, daß ein Aussterben vermieden werden konnte. Daß es heute in aller Welt so viele Wassergeflügelfreunde und -züchter gibt, darf man getrost auf die Vorbildwirkung Slimbridges zurückführen. Über lange Zeit war WITHERBYS "Practical handbook of British birds" die Bibel europäischer Ornithologen. Auch als Initiator aller modernen Zuchtbücher und Herdbücher hat England zu gelten. Denn das erste wurde in Großbritannien aufgestellt. Hier wurden schon 1377 Pferderennen nachgewiesen. Für die Vollblutzucht wurde 1791 das "General stud book" für Vollblutpferde eingerichtet und 1793 beschlossen, daß von diesem Zeitpunkt ab nur solche Pferde als rassereine Vollblüter anerkannt werden, deren Ahnen ohne Ausnahme im "General stud book" eingetragen sind. Dieses Modell wirkte sich zunächst für die Zucht aller Haustiere, dann aber auch nach Aufstellung des Wisentzuchtbuches 1922, wofür man seit 1917 gearbeitet hatte, auch für gefährdete Wildtierarten aus. Dieser kleine Rundblick, der mit Sicherheit alles andere als vollständig ist, zeigt die ungeheuere Ausstrahlung, die von den britischen Inseln auch auf naturkundlichem Gebiet ausging. Natürlich spiegelt sich auch die Größe und der Glanz des britischen Kolonialreiches in Aktivitäten wider, die gerade auf die Tiergärtnerei großen Einfluß hatten. So stammen z.B. Berichte aus dem südostasiatischen Raum über Tiere und ihr Verhalten in der Hauptsache aus britischen Forscherfedern.
Es wird nun niemand wundern, daß auch in der Tiergärtnerei Großbritannien selbstverständlich schon bald ein Wort mit zu reden hatte. Als dritter Zoo Europas, nach Wien und Paris, wurde 1828 in London ein Zoologischer Garten errichtet, der auch heute noch - nach rund 150 Jahren - zu den wissenschaftlich aktivsten im internationalen Maßstab gerechnet werden muß. Ein spezielles Kennzeichen vieler einschlägiger Organisationen und Einrichtungen Großbritanniens besteht darin, daß sie nur von privater Seite, also etwa Vereinen, Gesellschaften gegründet und geführt wurden und werden, also nicht von öffentlicher Hand unterhalten werden.

Erstmalig tagen wir in diesem Jahr in einem Ort, wo es keinen Zoo, aber ein Department of Zoology gibt, also wo unser Partner eine Universitätseinrichtung ist, das University College Cardiff in Wales. Unser herzlicher Dank gilt schon jetzt unserem verehrten Kollegen Patrik HUMPHREYS, der sich besonders für die Organisation unseres heurigen Symposiums einsetzte. Wir sind überzeugt, daß auch dieses Symposium im angestrebten Sinne ein Erfolg wird.

Da die Abteilung für Zoo- und Wildtiererkrankungen eng mit der Entwicklung der Forschungsstelle für Wirbeltierforschung (im Tierpark Berlin) der Akademie der Wissenschaften der DDR zusammenhängt, seien ein paar Worte zur derzeitigen Wirkungsweise dieser kleinen. aber vielseitigen

Akdemieeinrichtung eingefügt. Es konnte eine neue Abteilung über Verhaltensphysiologie ins Leben gerufen werden, von der ich mir für tiergärtnerisches Zuchtgeschehen nützliche Ergebnisse erwarte. Die seit Jahren in die Antarktis von der Forschungsstelle ausgeschickten Expeditionen wurden vor einigen Wochen durch eine Exkursion in die Arktis, nämlich nach Spitzbergen ergänzt. Mit Sicherheit können neben rein zoologischen Befunden auch solche, die in die Veterinärmedizin hineinreichen, erwartet werden. Auch Prof. IPPEN hat sich weiterentwickelt, was niemanden verwundern wird. Meinem Vorschlag, ihn zum Oberveterinärrat zu befördern, wurde gern und selbstverständlich entsprochen. Darüber hinaus sind natürlich seine fleißigen Leistungen auch offiziell anerkannt worden; er wurde als Aktivist ausgezeichnet. Daß er das in der Tat wirklich ist, brauche ich gerade Ihnen nicht zu erklären. Der 1. Band des Handbuches der Zootierkrankheiten, die Reptilien behandelnd, ist von der Fachwelt sehr wohlwollend aufgenommen worden. Weitere Bände, Raubtiere und Vögel beinhaltend, sind intensiv in Arbeit genommen worden. Wir, die wir die internationale Aufmerksamkeit den Zoo- und Wildtiererkrankungen zugewandt haben, sind ein wenig stolz darauf, daß auf diese Weise dem Baum der Veterinärmedizin ein neuer Zweig erwuchs, während früher nur selten einmal ein bescheidenes Reis dieser speziellen Seite tierärztlicher Arbeit sich zeigte.
Lassen Sie mich allen Verantwortlichen, allen Beteiligten, seien sie in Cardiff oder in Berlin, für ihren Einsatz, damit dieses Symposium stattfinden kann, herzlich danken. Mit großer Freude sehen wir wieder so viele gute Freunde vorangegangener Symposien, aber auch nicht wenige neue dabei. Seien Sie alle herzlich willkommen. - Es bleibt mir nur noch, wie alljährlich, Ihnen die besten Grüße und Wünsche des Herrn Präsidenten der Akademie der Wissenschaften der DDR, Prof. Dr. Dr. h.c. mult. Werner SCHELER, und des Leiters des Forschungsbereiches Biowissenschaften und Medizin, Prof. Dr. Manfred RINGPFEIL, zu überbringen, die dem Gelingen und dem wissenschaftlichen Erfolg unserer Tagung vollen Erfolg wünschen, denen ich mich ganz und gar anschließe.
Damit eröffne ich traditionell namens des Präsidenten das 29. Internationale Symposium über die Erkrankungen der Zootiere 1987 in Cardiff.

Anschließend begrüßte Herr Prof. SILVER, Präsident des Royal College of Veterinary Surgeons, die Symposiumsteilnehmer mit folgenden Worten:

Mr. President, Mr. Chairman, Ladies and Gentlemen, Bore Da, Good Day.
It is only right that an International meeting here in Cardiff should start with a greeting in Welsh. We are all very happy to see you here and I am sure you will enjoy a fruitful exchange of scientific and clinical information and ideas. In addition I hope you will find time to sample the cultural riches of this City and of the Principality of Wales, and some dare I suggest it, may even want to venture into England where an equally warm welcome awaits you, particularly from the Bristol Zoo and The Wildfowl Trust at Slimbridge.

Having started my professional career as a Zoologist who later moved into Veterinary Science, I have a special interest in the aims of your organisation and through my association with Bristol Zoo am acutely aware of many of the practical problems that face you and the urgent need to find solutions to them. The frightening rate of depletion of the World's fauna and flora makes the maintenance of healthy and genetically diverse stocks in Zoological Parks of ever growing importance. It also reinforces the need to increase our understanding of disease processes in the remaining wild populations. Your Organisation and the exchange of information that will take place here are key factors in attaining these goals. Where relatively small numbers of individuals of many different exotic species are kept in isolation it is often very difficult to diagnose and control new diseases, which makes it especially vital that there should be free and rapid exchange of knowlegde and ideas between scientists, veterinarians and directors of Zoos so that common problems can be identified, shared and solved.
Information gained on captive populations may well be of value in the conservation of wild stocks and in the protection of domestic animals against diseases carried by indigenous wild species. The originators of your Organisation should be congratulated on their far-sighted vision in founding a group that can look critically at, and identify remedies for, problems that no single Zoological Garden or even Country has the resources to tackle effectively.

I offer you the traditional Celtic greeting of Ceud Mille Failte, a Hundred Thousand Welcomes.

Im Anschluß daran hieß Herr Dr. HUMPHREYS, Präsident der British Veterinary Zoological Society, die Gäste im Namen der örtlichen Mitveranstalter herzlich willkommen. Schließlich begrüßte Herr. Prof. IPPEN, als Leiter der Veranstaltung, die Tagungsteilnehmer mit folgenden Worten:

Zum ersten Mal in 29 Jahren sind wir mit dem "Internationalen Symposium über die Erkrankungen der Zoo- und Wildtiere" zu Gast in Großbritannien, eine Tatsache, die doppelt verwundert, wenn man bedenkt, daß regelmäßig aktive Teilnehmer von hier nicht nur dabei waren, sondern auch durch zahlreiche Vorträge zur Programmgestaltung beitrugen. Wir freuen uns ganz besonders, daß Fachkollegen der ersten Stunden unserer Symposien, wie die Kollegen APPLEBY, GRAHAM-JONES und KEYMER, entscheidend darauf Einfluß nahmen, die diesjährige Veranstaltung hier nach Cardiff zu bringen. Als direkter Partner bei der diesjährigen Tagung fungiert nicht wie sonst ein Zoo oder eine veterinärmedizinische Ausbildungsstätte, sondern eine Tierärzte-Gesellschaft, die B.V.Z.S. In ihr sind alle Fachleute vereint, die sich mit den uns interessierenden Fragen beschäftigen. Mit Freude konnte ich im vorigen Jahr anläßlich des 25. Jubiläums der B.V.Z.S. feststellen, daß die in all' den zurückliegenden Jahren bestandenen Schwierigkeiten für eine mögliche Organisation des Symposiums in Großbritannien überwunden waren und ein gemeinsames Veranstalten der diesjährigen Tagung begrüßt wurde. Schon an dieser Stelle möchte ich dem örtlichen Organisationskomitee und dabei besonders dem Präsidenten der B.V.Z.S., unserem Kollegen Pat HUMPHREYS, herzlichen Dank für seinen unermüdlichen Einsatz bei der Vorbereitung des Symposiums sagen.
Eine kontinuierliche Fortbildung ist heute in unserer schnellebigen Zeit auf allen Fachgebieten unerläßlich, wobei auf unserem Gebiet, der gesundheitlichen Betreuung der Zoo- und Wildtierbestände, die internationale Zusammenarbeit eine entscheidende Rolle spielt. Sicher ist ein nationaler Erfahrungsaustausch unbedingt erforderlich und durch nichts zu ersetzen, jedoch reicht er nicht zur Abklärung aller anstehenden Fragen aus. Der ständige Tiertausch zwischen den Zoos der verschiedensten Staaten, die Bildung von Zuchtgemeinschaften über die Landesgrenzen hinaus und schließlich die unumgängliche Spezialisierung von Fachleuten in den verschiedenen Staaten machen es mehr und mehr erforderlich, auch die nationalen Veranstaltungen durch ausländische Gäste zu erweitern. So kann heute in keiner Weise von einer Rivalität zwischen den verschiedenen Fortbildungsveranstaltungen und unserem internationalen Symposium mehr gesprochen werden, vielmehr stellen die Tagungen eine wertvolle Ergänzung untereinander dar. Heute können wir mit Freude feststellen, daß sich nach Cardiff zu unserer gemeinsamen Veranstaltung Gäste aus 25 Staaten anmeldeten, wobei viele Teilnehmer von Übersee lange Anreisen nicht scheuten.
Die heute aus verschiedener Sicht zu diskutierenden Krankheiten des Wassergeflügels bringen eine Fülle neuer Erkenntnisse, die wohl für alle tiergärtnerischen Einrichtungen von großer Bedeutung sind. Überall stellt doch das Wassergeflügel eine attraktive Tiergruppe dar, auf die kein Zoobesucher beim Rundgang durch einen Garten verzichten möchte. Einen besonderen Beweis der Richtigkeit der hier getroffenen Aussage bietet ein Besuch des in der Nähe von Cardiff gelegenen Vogelparkes "The Wildfowl Trust" in Slimbridge. Sicher werden die in 16 Referaten fixierten neuen Erkenntnisse dazu beitragen, die Gesunderhaltung der Wassergeflügelbestände zu optimieren.
Erlauben Sie mir, nun noch vor Beginn der wissenschaftlichen Sitzungen einige Worte des Dankes an die Organisatoren hier in Großbritannien und in Berlin zu richten. So möchte ich, neben Pat HUMPHREYS und seinen Helfern im Organisationskomitee, auch der Leitung des "The Wildfowl Trust" in Slimbridge und dem Direktor des Zoos in Bristol, Mr. GREED, herzlichen Dank für die Hilfe bei der Gestaltung der Rahmenveranstaltungen sagen. Natürlich dürfen auch die vielen hier nicht anwesenden Helfer in Berlin nicht unerwähnt bleiben. Ein besonderer Dank gilt an dieser Stelle, wie in jedem Jahr, auch der Leitung der Akademie der Wissenschaften der DDR, ohne deren Unterstützung uns die Vorbereitung dieses Symposiums nicht möglich gewesen wäre.
Bedauerlicherweise muß ich Ihnen in diesem Jahr vom Tod fünf aktiver Teilnehmer unseres Symposiums Kenntnis geben. So verstarb bereits 1985 der Kollege Dr. BECKMANN aus Bochum. Er war ein regelmäßiger Besucher der Symposien, ohne besonders hervorzutreten, und doch hat er in manchem Fachgespräch wertvolle Erkenntnisse aus seiner praktischen Arbeit weitervermittelt. Tief betroffen hat uns unmittelbar nach Abschluß des letzten internationalen Symposiums in Rostock die Nachricht vom plötzlichen Tod des jungen Kollegen Gordon HENDERSON aus London.

Noch auf der Tagung in Rostock trug er mit dem ihm eigenen Schwung und Elan die Einladung der B.V.Z.S. zum Abhalten des Symposiums in Cardiff vor. Ein durch und durch naturverbundener junger Kollege, von dem wir alle viel erhofften und erwarteten, wurde Opfer eines Unfalls in den Bergen. Ein sehr schmerzlicher Verlust stellte für uns alle der Tod von Dr. Klaus WITSTRUK aus Halle dar. Als langjähriger Zoodirektor und aktiver Mitgestalter unserer Symposien hat er, trotz stark angeschlagener Gesundheit, im Jahre 1981 die örtliche Organisation des 23. Internationalen Symposiums über die Erkrankungen der Zoo- und Wildtiere übernommen und entscheidend dazu beigetragen, um diese Veranstaltung zu einem großen Erfolg werden zu lassen. Sein Wirken wird im Kreise der Symposiumsteilnehmer unvergessen bleiben. Anfang dieses Jahres erreichte uns dann die Nachricht, daß der Kollege Sigurd ANDERSON aus Kopenhagen für immer eingeschlafen sei. Gerade die alten Mitstreiter unserer Tagung werden sich seiner gut erinnern. Leider war es ihm aus gesundheitlichen Gründen in den letzten Jahren nicht mehr möglich, dabei zu sein. Als letzte Nachricht muß ich Ihnen den Tod des Kollegen Dr. Ivan HUBER mitteilen. Er war viele Jahre Direktor des Zoos in Zagreb. Bereits 1969 lud er zum 11. Internationalen Symposium nach Zagreb ein und organisierte eine hervorragende Tagung, an die sich alle mit viel Vergnügen erinnern. Unser alter Freund "Miki" lebte jedes Mal im Kreise seiner Kollegen auf und vergaß seinen jahrelang bestehenden Diabetes. Wie oft bat er darum, noch einmal das Symposium nach Zagreb zu bekommen. Leider können wir ihm diesen Wunsch nun nicht mehr erfüllen.

Liebe Anwesende! Allen Verstorbenen werden wir stets ein ehrendes Andenken bewahren und bemüht sein, auch in ihrem Sinne unser gemeinsames Anliegen voranzubringen. Ich darf Sie nun bitten, sich zu Ehren der Verstorbenen von den Plätzen zu erheben. - Ich danke Ihnen. -

Es ist Zeit. Wir müssen mit unserer Arbeit beginnen. Interessante und schöne Tage liegen in Wales und England vor uns und manche Überraschung hält dieses ehrwürdige Inselimperium für uns bereit. Beginnen wir mit dem Walliser Ausruf "Jachida"!

Im Mittelpunkt der wissenschaftlichen Sitzung des ersten Tages standen die "Erkrankungen der Wasservögel". Am Nachmittag erfolgte ein Besuch des Nationalen Naturschutzgebietes Kenfig Dunes. In den Abendstunden hatte der Oberbürgermeister der Stadt Cardiff zu einem Empfang geladen.

Die wissenschaftliche Sitzung des zweiten Tages war vorwiegend freien Vorträgen vorbehalten. Daran anschließend wurde die Fragestunde über aktuelle Probleme der Zootierkrankheiten durchgeführt. In den Nachmittagsstunden besuchten die Tagungsteilnehmer das Walliser Volkskundemuseum. Am Abend fand ein geselliger Walliser Festabend im Park-Hotel statt.

Der dritte Arbeitstag war wiederum freien Vorträgen vorbehalten. In den Nachmittagsstunden erfolgte ein Besuch des Vogelparkes "The Wildfowl Trust" in Slimbridge. Am Abend besuchten viele Tagungsteilnehmer ein Konzert des BBC Welsh Symphonic Orchestra.

Den Abschluß des Symposiums bildete eine wissenschaftliche Exkursion zum Zoo Bristol und zur Stadt Bath. Diese Exkursion und alle anderen von den örtlichen Mitveranstaltern vorbereiteten Rahmenveranstaltungen werden bei allen Tagungsteilnehmern in bester Erinnerung bleiben.

H.-D. Schröder

Aus der Forschungsstelle für Wirbeltierforschung (im Tierpark Berlin)
(Direktor: Prof. Dr. Dr. H. DATHE) der Akademie der Wissenschaften der DDR

AUSWERTUNG DER OBDUKTIONSBEFUNDE BEI 2000 ARTIODACTYLA

Von R. I p p e n und Doris H e n n e

Anliegen der hier vorgelegten Ergebnisse der Auswertung eines recht umfangreichen Obduktionsmaterials von Vertretern der sehr artenreichen Ordnung der Artiodactyla ist es, einen Überblick über die am häufigsten auftretenden Krankheiten einer Ordnung von Tieren zu geben, die in allen zoologischen Gärten eine vorrangige Stellung bei der Haltung und Zucht einnimmt. Die Aufarbeitung der Sektionsbefunde erfolgte als kontinuierliche Fortsetzung der 1967 von uns vorgelegten Untersuchungsbefunde von 749 Vertretern der Artiodactyla (IPPEN, 1967) und umfaßt das Obduktionsmaterial der Jahre 1966 bis 1986.

Um einen möglichst geschlossenen und einheitlichen Überblick über das Krankheitsgeschehen bei den Artiodactyla zu unterbreiten, wurden früher von uns bereits vorgenommene Auswertungen einzelner Gruppen, wie z. B. die im Gebirge beheimateten Caprinae (IPPEN und SCHRÖDER, 1976) oder die Untersuchungsergebnisse bei Jungtierverlusten (IPPEN und SCHRÖDER, 1970), unberücksichtigt gelassen und das entsprechende Tiermaterial unter den jetzigen Gesichtspunkten noch einmal ausgewertet. Lediglich die Vertreter der Cerviden, über die erst vor kurzem umfassend berichtet wurde (IPPEN und HENNE, 1985), sollen ausgespart bleiben und nur durch bisher noch unveröffentlichte Obduktionsbefunde ergänzt werden.

Über die in unserer Einrichtung erhobenen Befunde bei 160 Vertretern der Tylopoda berichtet JAKOB (1988) in einer gesonderten Arbeit. Detaillierte Angaben über die in unserem Material enthaltenen Moschusochsen werden von WISSER (1988) unterbreitet. Schließlich muß an dieser Stelle noch angeführt werden, daß die bakteriellen Infektionen zwar zahlenmäßig mit angeführt, aber nicht weiter aufgegliedert und besprochen werden, da dies für die Familie Bovidae getrennt erfolgt (SCHRÖDER, 1988) und für die übrigen Vertreter der Artiodactyla zu einem späteren Zeitpunkt vorgenommen werden soll.

Material und Methode

Die zur Auswertung gelangten Sektionsbefunde wurden in der Zeit von 1966 bis 1986 bei Obduktionen in der Abteilung Zoo- und Wildtiererkrankungen erhoben. Das Untersuchungsmaterial stammte aus zahlreichen tiergärtnerischen Einrichtungen des In- und Auslandes, aus den Tierbeständen von Zirkusunternehmen, aus Privattierhaltungen sowie aus der freien Wildbahn bzw. aus Gatterwildbeständen der Forstwirtschaft. In jedem Falle wurden die Tiere von uns zerlegt und die makroskopischen Organbefunde ermittelt. Im weiteren Verlauf der Untersuchung erfolgte eine histologische Beurteilung der Organe und veränderten Gewebsabschnitte, wozu nach Formalinfixierung und Paraffineinbettung die Schnittpräparate mit Hämatoxylin-Eosin gefärbt und anschließend mikroskopiert wurden. In jeweils erforderlichen Fällen wurden weitere Spezialfärbungen sowie histochemische Reaktionen durchgeführt. Gleichzeitig wurden von jedem Tier während der Zerlegung routinemäßig Proben von Lunge, Leber, Milz, Niere und Enddarm, in speziellen Fällen weitere Proben von makroskopisch verändertem Gewebe, für die bakteriologische Untersuchung entnommen. Eine parasitologische Untersuchung erfolgte nicht kontinuierlich bei allen untersuchten Tieren, wohl aber in den meisten Fällen beim makroskopischen Nachweis von Parasiten. Zeitweilig wurden auch bei einigen Tierarten von jeder Obduktion parasitologische Untersuchungen durchgeführt, um konkrete quantitative Angaben über das Auftreten von Parasiten machen zu können.+)

+) Für die jederzeit bereitwillige Unterstützung bei der Bestimmung der von uns aufgefundenen Parasiten in den früheren Jahren sei an dieser Stelle besonders Herrn OVR Prof. Dr. Dr. H i e p e und Herrn Dr. N i c k e l vom Fachbereich Parasitologie der Sektion Tierproduktion und Veterinärmedizin der Humboldt-Universität zu Berlin gedankt. Gleichzeitig sagen wir Herrn Dr. T s c h e r n e r vom Tierpark Berlin für seinen unermüdlichen Einsatz bei der Erledigung aller parasitologischen Untersuchungen am Zoo- und Wildtiermaterial unseren besten Dank.

Tabelle 1: Zur Obduktion gelangte ARTIODACTYLA

WILDSCHWEINE (Sus scrofa)	49	BUNTBÖCKE (Damaliscus)	12
HAUSSCHWEINE (Sus scrofa domesticus) (Hängebauchschwein, Sattelschwein usw.)	80	GNUS (Connochaetes)	17
WARZENSCHWEINE (Phacochoerus)	4	PFERDEANTILOPEN (Hippotragus)	3
PEKARIS (Tayassu tajacu)	7	SPIESSBÖCKE (Oryx, Addax)	37
FLUSSPFERDE (Hippopotamidae)	5	WASSERBÖCKE (Kobus)	33
SCHWIELENSOHLER (Tylopoda) werden gesondert aufgearbeitet (JAKOB, 1988) (insgesamt: 160 Tiere)		RIEDBÖCKE (Redunca)	5
		GAZELLEN (Gazella)	14
vorher ausgewertet: ECHTHIRSCHE (Cervinae) (425)	122	HIRSCHZIEGENANTILOPEN (Antilope)	85
TRUGHIRSCHE (Odocoileinae) (141)	38	SPRINGBÖCKE (Antidorcas)	4
RENHIRSCHE (Rangiferinae) (101)	20	IMPALAS (Aepycerus)	3
ELCHHIRSCHE (Alcinae) (32)	5	SAIGAS (Saiga)	213
MUNTJAKHIRSCHE (Muntiacinae)(20)	10	GORALE (Nemorhaedus)	5
WASSERREHE (Hydropotinae) (11)	10	TAKINS (Budorcas)	3
MOSCHUSHIRSCHE (Moschinae) (7)	2	GEMSEN (Rupicapra)	2
OKAPI (Okapia)	1	SCHNEEZIEGEN (Oreamnos)	1
GIRAFFEN (Giraffa)	27	STEINBÖCKE (Capra ibex)	14
GABELBÖCKE (Antilocapra)	3	SCHRAUBENZIEGEN (Capra falconeri)	7
DREHHÖRNER (Tragelaphus)	31	HAUSZIEGEN (Capra aegagrus hircus)	298
ELENANTILOPEN (Taurotragus)	24	ZWERGZIEGEN(" " ")	149
NILGAUANTILOPEN (Boselaphus)	55	MÄHNENSPRINGER (Ammotragus)	42
ASIATISCHE BÜFFEL (Bubalus)	20	TAHRE (Hemitragus)	12
AFRIKANISCHE BÜFFEL (Syncerus)	12	BLAUSCHAFE (Pseudois)	3
GAUR (Bos gaurus)	24	MUFFLONS (Ovis ammon musimon)	119
BANTENGS (Bos javanicus)	45	KREISHORNSCHAFE (Ovis ammon cycloceros)	46
HAUSRINDER(Bos primigenius) (Zebu, Watussi, Hausrind,"Auerochse", Parkrind, Steppenrind, Fjällrind)	70	ALTAI-WILDSCHAFE (Ovis ammon ammon)	2
YAKS (Poephagus)	21	HAUSSCHAFE (Ovis ammon aries) (Skudden, Heidschnucken, Gotlandschafe, Schwarzkopfschafe u.a.)	250
BISONS (Bison bison)	22		
WISENTE (Bison bonasus)	36	MOSCHUSOCHSEN (Ovibos)	27

Tabelle 2

	perinatal	juvenil	adult	senil	Total
SUOIDEA HIPPOPOTAMIDAE	16 (11,0 %)	74 (51,0 %)	49 (33,8 %)	6 (4,1 %)	145
TYLOPODA	siehe JAKOB (1)88)			(160)	
CERVIDAE	53 (25,6 %)	37 (17,9 %)	111 (53,6 %) (vorher ausgewertet: 737 Tiere)	-------	207
GIRAFFIDAE	4 (14,3 %)	15 (53,6 %)	9 (32,1 %)	-------	28
ANTILOCAPRIDAE TRAGELAPHINAE ALCELAPHINAE HIPPOTRAGINAE REDUNCINAE ANTILOPINAE	95 (29,1 %)	72 (22,1 %)	131 (40,2 %)	28 (8,6 %)	326
BOVINAE	80 (32,0 %)	77 (30,8 %)	66 (26,4 %)	27 (10,8 %)	250
SAIGINAE	28 (13,1 %)	36 (16,9 %)	149 (70.0 %)	------	213
CAPRINAE ZIEGEN	8o (33,6 %)	54 (22,7 %)	88 (37,0 %)	16 (6,7 %)	238
CAPRINAE ZWERGZIEGEN	22 (14,7 %)	96 (64,4 %)	29 (19,5 %)	2 (1,3 %)	149
CAPRINAE MUFFLON	11 (9,2 %)	50 (42,0 %)	57 (47,9 %)	1 (0,8 %)	119
CAPRINAE SCHAFE und MOSCHUSOCHSEN	44 (13,5 %)	99 (30,5 %)	165 (50,8 %)	17 (5,2 %)	325

Weiterhin diente die Aufnahme von fünf ausgewählten Muskelproben von allen Artiodactyla ab 1974 in die histologische Routineuntersuchung dem speziellen Nachweis von Muskelsarkosporidiosen (IPPEN et al., 1974; HENNE et al., 1977). Weitere Zusatzuntersuchungen erfolgten nur in Ausnahmefällen und sollen deshalb nicht angeführt werden. In vielen Fällen erwiesen sich die uns von den Einsendern übergebenen Anamnesen als sehr wichtig für die optimale Befundeinschätzung.

Einen Überblick über die in die Auswertung einbezogenen sezierten Tiere bietet die Tabelle 1. Auf Grund der recht unterschiedlichen Sektionszahlen wurde es erforderlich, abweichend von einer exakten Zuordnung, in die zoologische Systematik wechselnd Überfamilien, Familien, Unterfamilien oder auch Gattungen und Arten als Begriffe zu wählen. Schon an dieser Stelle muß darauf hingewiesen werden, daß zur Wiedergabe der Befunde eine Gesamtaussage für alle Artiodactyla nicht zweckmäßig erscheint, da einzelne Tiergruppen recht spezifische Krankheitsbefunde erkennen lassen und entsprechend aufgearbeitet werden müssen. Dieser Überlegung gerecht werdend, haben wir eine gruppenmäßige Zusammenfassung vorgenommen, wie sie die Tabelle 2 ausweist. Wie auch bei früheren Auswertungen wird mit der vorliegenden Arbeit eine Befundwiedergabe erfolgen, wobei für jedes einzelne Tier durchaus mehrere Befunde registriert worden sein können.

Ergebnisse

Der Aufstellung in der Tabelle 1 ist eindeutig zu entnehmen, daß die Anzahl der zur Sektion gelangten Vertreter der Unterordnung Nonruminantia (Suoidea und Anthracotherioidea) und Tylopoda weit unter 10 % aller sezierten Artiodactyla lag. Innerhalb der Unterordnung der Ruminantia erweist sich die Familie der Bovidae mit über dreiviertel aller sezierten Artiodactyla als die zahlenmäßig stärkste Gruppe, wobei den Caprinae die größte Bedeutung zukommt.

Versucht man, sich einen Überblick über die altersmäßige Staffelung zu verschaffen, so läßt die Aufschlüsselung in der Tabelle 2 erkennen, daß 54,8 % aller sezierten Tiere zu den perinatal bzw. juvenil verstorbenen Tieren gehören. Als perinatal wurden die Totgeburten, Frühgeburten und die Verluste unter den Neugeborenen in den ersten Lebenstagen gewertet. Auffällig hoch sind die Verluste in dieser Altersgruppe mit etwa einem Drittel aller Todesfälle bei den Antilopen, Rindern und Ziegen. Jungtierverluste (juvenil) machen zum Teil über 50 % der Obduktionen aus, wie z. B. bei Schweinen, Giraffen und Zwergziegen. Geht man von der von uns gewählten Einteilung in vier Altersgruppen aus, so stehen die den adulten Tieren zuzurechnenden Angaben mit annähernd 40 % an erster Stelle. Ein Dominieren von Verlusten unter den adulten Tieren kann aber nur bei Saigas, Mufflons und Schafen festgestellt werden und ist bei den Saigas auf den hohen Anteil von frisch importierten subadulten Tieren zurückzuführen. Die letzte von uns als senil bezeichnete Altersgruppe weist Verluste unter den nachweislich alten Tieren aus, wobei die Kriterien für den Begriff "alt" für alle hier aufgelisteten Tierarten recht unterschiedlich sein können.

Zur Besprechung der Ergebnisse der Befundauswertung muß auf die Tabellen 3 bis 5 verwiesen werden, in denen für die von uns gewählten Gruppen getrennt Zusammenstellungen der Befunde vorgenommen wurden.

Sektionsbefunde bei den Suoidea und Hippopotamidae

Bei den hier aufgeführten Tieren (Tabelle 3) handelt es sich um 49 Wildschweine, die zum großen Teil aus Tiergärten stammten, sowie um 80 Hausschweine, von denen der größte Teil Vietnamesische Hängebauchschweine war. Warzenschweine, Pekaris und Flußpferde waren zahlenmäßig so gering vertreten, daß keine speziellen Aussagen gemacht werden können. Bezogen auf die ausgewiesenen Altersgruppen dominierten in der Gruppe "perinatal" die Befunde Totgeburt, Lebensschwäche und Trauma, in der Gruppe "juvenil" die Erkrankungen des Verdauungstraktes, Traumen und Infektionen und bei den "adulten" die Erkrankungen der Respirationsorgane, des Verdauungstraktes und ein Sarkosporidienbefall der Muskulatur.

Tabelle 3: SEKTIONSBEFUNDE BEI

	SUIDAE und HIPPOPOTAMIDAE					CERVIDAE					GIRAFFIDAE				
	PERINATAL	JUVENIL	ADULT	SENIL	TOTAL	PERINATAL	JUVENIL	ADULT	SENIL	TOTAL	PERINATAL	JUVENIL	ADULT	SENIL	TOTAL
ANZAHL	16	74	49	6	145	53	37	111	6	207	4	15	9	-	28
BAKT.u.VIRAL. INFEKTION	-	15	6	-	21	1	9	31	3	44	-	-	3	-	3
MYKOSEN	-	-	-	-	-	-	1	1	-	2	-	-	-	-	-
SARKOSPORIDIEN	-	7	10	1	18	-	3	16	1	20	-	-	-	-	-
KOKZIDIEN	-	-	-	-	-	-	1	-	-	1	-	-	-	-	-
LUNGENWÜRMER	-	10	3	-	13	-	-	4	-	4	-	-	-	-	-
MAG.-DARM NEMATODEN	-	4	2	1	7	-	6	8	-	14	-	1	2	-	3
ZESTODEN	-	-	-	-	-	-	1	5	-	6	-	-	1	-	1
TREMATODEN	-	-	-	-	-	-	-	1	-	1	-	-	1	-	1
EKTOPARASIT.	-	-	1	-	1	-	-	4	-	4	-	-	-	-	-
VERDAUUNGS-TRAKT	-	26	12	3	41	5	29	43	-	77	-	8	3	-	11
LEBER	-	15	5	-	20	1	7	8	2	18	-	2	2	-	4
RESPIRATIONS.	1	13	14	2	30	5	12	23	1	41	-	1	2	-	3
HERZ-KREISL.	-	5	5	-	10	1	4	15	1	21	2	9	2	-	13
HARNORGANE	2	3	8	1	14	-	8	18	2	28	-	2	5	-	7
GESCHLECHTSORG.	-	-	3	-	3	-	-	-	-	-	-	-	-	-	-
Z N S	-	-	-	-	-	-	4	2	-	6	-	-	-	-	-
TOTGEBURT	6	-	-	-	6	7	-	-	-	7	1	-	-	-	1
LEBENSSCHWÄCHE	3	-	-	-	3	31	-	-	-	31	-	-	-	-	-
TRAUMA	5	21	7	-	33	2	8	22	1	33	-	-	3	-	3
GEBURTSKOMPL.	-	-	3	-	3	-	-	4	-	4	-	-	1	-	1
VITAMINMANGEL	-	1	-	-	1	-	1	1	-	2	-	1	1	-	2
ANÄMIE	-	5	2	-	7	2	2	1	-	5	-	3	-	-	3
ARTERIOPATHIE	-	-	1	4	5	-	-	3	1	4	-	-	1	-	1
TUMOREN	-	-	3	3	6	-	-	-	1	1	-	-	-	-	-
MISSBILDUNGEN	1	-	-	-	1	1	1	-	-	2	-	-	-	-	-
GEBISSCHÄDEN	-	-	-	-	-	-	-	4	-	4	-	-	-	-	-
PERITONITIS	-	-	2	1	3	-	1	3	-	4	-	-	2	-	2
KLAUENVERÄND.	-	-	-	-	-	-	-	2	-	2	-	-	-	-	-
KACHEXIE	-	-	-	-	-	-	-	-	-	-	-	8	2	-	10

Als herausragende Befunde müssen die Erkrankungen der Verdauungsorgane angeführt werden. Unspezifische Entzündungen im Bereich des Magen-Darmkanals sowie toxische degenerative Leberveränderungen traten besonders hervor. Letztere Befunde wurden fast ausschließlich bei Hängebauchschweinen erhoben. Gegenüber anderen Tierarten war auch der Anteil an traumatischen Veränderungen mit über 20 % auffallend hoch. Allein 5 der 16 untersuchten Neugeborenen sowie auch 21 der zur Sektion gelangten juvenilen Tiere starben infolge traumatischer Einwirkungen. Erwähnenswert sind weiterhin die relativ häufigen Erkrankungen im Bereich der Respirationsorgane, wobei Bronchopneumonien und Pleuritiden an erster Stelle zu nennen sind. Die Ursache für diese Erkrankungsprozesse konnte in vielen Fällen nicht aufgeklärt werden, da auf Grund eindeutiger klinischer Symptome eine Antibiotikabehandlung durchgeführt wurde, wodurch ein postmortaler Erregernachweis eingeschränkt wurde. Der nur bei 18 Tieren erfolgte Nachweis von Sarkosporidienzysten in den verschiedenen Muskelabschnitten dürfte sowohl auf den hohen Jungtieranteil als auch auf die erst seit einigen Jahren aufgenommene gezielte Untersuchung auf das Vorkommen dieser Protozoenart zurückzuführen sein, denn bei unseren früheren Untersuchungen bei Wildschweinen aus freier Wildbahn und Gattern auf Sarkosporidienzysten in den verschiedenen Muskelabschnitten konnten wir bei 125 von 147 frisch erlegten Tieren einen positiven Befund erheben (TSCHERNER et al., 1984). Berücksichtigt man den hohen Jungtieranteil in diesem Material (mehr als 60 %), so scheint ein Durchseuchungsgrad von 100 % für erwachsene Wildschweine in freier Wildbahn normal zu sein. Die Intensität des Sarkosporidienbefalls erwies sich in beiden Untersuchungsmaterialien als gering bis mittelgradig. Nur in Einzelfällen kam es zu einem hochgradigen Befall, der dann gewiß auch Einfluß auf den Gesundheitszustand der Tiere hatte.

Interessant erscheinen die bei sehr alten Wildschweinen aus Tiergärten beobachteten schweren Gefäßwandveränderungen, die durchaus mit der beim Menschen auftretenden Arteriosklerose vergleichbar waren. Es handelte sich um 4 Wildschweine, die nachweislich 17 - 21 Jahre in Zoos gehalten wurden. Ein weiteres adultes Tier, ohne genaue Altersangabe, zeigte gleiche Veränderungen. Über Gefäßwandveränderungen beim Wildschwein berichtete KRIEG (1966).

Schließlich sei noch erwähnt, daß es sich bei den ausgewiesenen sechs Geschwulstbildungen um 5 Wildschweine und ein Warzenschwein handelte. Das Warzenschwein zeigte neben einem Schilddrüsenkarzinom ein Phäochromozytom der Nebenniere. Bei den Wildschweinen handelte es sich um ein 21 Jahre altes Tier mit einem Leberkarzinom, ein 17 Jahre altes Tier wies ein Leiomyom des Uterus auf, bei einem 14 Jahre alten Tier bestand eine Hämangiombildung in der Lunge, ein sechsjähriges Tier starb an einem metastasierenden mesenchymalen Gekrösetumor und ein 3 Jahre altes Tier wies ein Karzinom des Ovar auf.

<u>Sektionsbefunde bei den Cerviden</u>

Wie zu Beginn der Arbeit ausgeführt wurde, handelte es sich bei den hier ausgewiesenen 207 Vertretern der Gruppe Cervidae um Tiere, die nicht in die von uns bereits früher vorgelegte Auswertung einbezogen waren (IPPEN und HENNE, 1985; IPPEN und GUARDA, 1985). Wie in der ersten Auswertung schon beschrieben, überwogen auch diesmal zahlenmäßig die Vertreter der Echt- und Trughirsche, wie aus der Tabelle 1 deutlich zu erkennen ist. Überwiegend stammten die untersuchten Tiere aus tiergärtnerischen Einrichtungen und nur eine geringe Anzahl aus der freien Wildbahn. So erklärt sich auch, daß über 25 % neugeborene Tiere untersucht werden konnten, während in freier Wildbahn derartige Verluste nur in den seltensten Fällen aufgefunden und untersucht werden.

Wie auch bei anderen Tiergruppierungen waren die perinatalen Verluste unter den Cerviden, neben den 7 Totgeburten, auf sogenannte Lebensschwäche zurückzuführen. In allen diesen Fällen erfolgte keine Nahrungsaufnahme. Von den weiteren Befunden sollen lediglich ein Fall von Vitamin-E-Selen-Mangel und zwei traumatisch bedingte Todesfälle erwähnt werden.

Genau wie bei den früheren Befundauswertungen bestätigten die jetzigen Untersuchungen die vorrangige Bedeutung der Erkrankungen der Verdauungsorgane im gesamten Krankheitsgeschehen. Faßt man die Erkrankungen des Verdauungstraktes, der Leber und die Gebißschäden zusammen und ergänzt sie noch durch die Magen-Darmparasitosen, so umfassen diese im Bereich der Verdauungsorgane ablaufenden Krankheitsgeschehen über 50 % aller Befunde. Ätiologisch nicht aufgeklärte unspezifische entzündliche Darmschleimhautentzündungen in Form katarrhalisch-fibrinöser oder auch hämorrhagischer Enteritiden fanden sich bei allen Cerviden. Als besonderer Befund kann ein Fall einer Diaphragmahernie bei einem Maultierhirsch vorgestellt werden, bei dem der Psalter und Teile des Labmagens durch eine Bruchpforte in die Brusthöhle verlagert worden waren. Ursache für diese Veränderung war eine Schwergeburt, bei der die Preßwehen zu dieser Veränderung geführt hatten. Eine Sandverstopfung ist ein weiterer interessanter Befund. Pansenstörungen, besonders in Form feinschaumiger Gärung, fanden sich wiederum vorrangig bei Rentieren. Eingehendere Ausführungen hierzu können den früheren Auswertungen entnommen werden. Bei den in 18 Fällen festgestellten Leberveränderungen standen degenerative Veränderungen im Vordergrund. Schließlich bleibt noch auszuführen, daß die bei vier erwachsenen Hirschen angetroffenen Gebißschäden unterschiedlichen Ursprungs waren und mit Mundschleimhautentzündungen sowie zum Teil mit Kiefernekrosen einhergingen. Die dadurch bedingten Schwierigkeiten bei der Zerkleinerung der Nahrung führten in einigen Fällen zu hochgradiger Kachexie.

Etwa 20 % der obduzierten Cerviden sind unter dem Begriff "Respirationsorgane" aufgeführt. Neben den bei Jungtieren anzutreffenden Aspirationspneumonien fanden sich nichterregerbedingte Lungenentzündungen sowie Ödembildungen und Staubablagerungen. Als seltener Einzelbefund ist ein Erstickungstod bei einem Axishirsch zu nennen. Das erwachsene Tier zeigte bei der Obduktion, eingeklemmt zwischen den Stimmbändern, eine unzerkleinerte Eichel, die Anlaß für das Ersticken war. Als ausgesprochen hoch muß der Anteil der Verletzungen mit 16 % gewertet werden. Überwiegend handelte es sich um tödlich verlaufene Forkelverletzungen. In vielen Fällen hatten Perforationsverletzungen Peritonitiden, aber auch Pleuritiden zur Folge. Zu Wirbelsäulenbrüchen kam es infolge von Schreckreaktionen, indem Tiere in die Umzäunung sprangen, oder im Verlauf von Transporten. Die Anzahl der Erkrankungen der Harnorgane liegt in der jetzt vorgenommenen Zusammenstellung doppelt so hoch wie in der früheren Auswertung. Ausschlaggebend hierfür dürfte die Einbeziehung der angetroffenen Kalkmetastasenbildungen in die Nephropathien sein. Wichtig erscheint, darauf hinzuweisen, daß alle weiteren Befunde annähernd gleich häufig wie in der früheren Auswertung angetroffen wurden, so daß keine neue Besprechung notwendig ist. Als Tumor bliebe noch ein Gallengangszystadenom bei einem sehr alten Rentier zu nennen, und Mißbildungen wurden bei zwei Rehen, einmal in Form eines angeborenen Hydrozephalus und einmal als Polydactylie bei einem juvenilen Tier nachgewiesen.

Sektionsbefunde bei den Giraffidae

In die Auswertung wurden 27 Steppengiraffen und ein Okapi einbezogen. Obwohl die hier zu besprechende Gruppe zahlenmäßig sehr klein ist, darf sie doch als recht interessant angesehen werden, da Giraffenobduktionen relativ selten vorgenommen werden können. In dem von uns 1967 vorgestellten Material von 749 Artiodactyla konnten wir beispielsweise nur 4 Giraffen mit anführen. Der Hauptanteil der hier ausgewiesenen Giraffensektionen resultierte aus den Verlusten eines Frischimportes aus Afrika in ein europäisches Land. Die Tiere waren anamnestischen Angaben zufolge in einer Dürrezeit in Afrika in einem sehr schlechten Zustand eingefangen und nach einem mehrmonatigen Campaufenthalt per Schiff nach Europa transportiert worden. Die Giraffen nahmen zwar in dem Zoo, in dem sie erste Aufnahme fanden, Futter und Wasser auf, waren aber, wegen völliger Erschöpfung, nicht mehr in der Lage, die Nahrung zu verdauen, so daß beispielsweise aufgenommenes Körnerfutter und Heu völlig unverdaut ausgeschieden wurden.

Unter den Zeichen einer vollständigen Kacherie und eines Kreislaufversagens starben alle Tiere innerhalb eines relativ kurzen Zeitraumes. Bakterielle Infektionen konnten bei keinem der Tiere nachgewiesen werden (GUCWINSKI und IPPEN, 1979).

Bei weiteren Einzelsektionen von Giraffen aus verschiedenen Tiergärten wäre auf das Ausgrätschen nach einem plötzlichen Erschrecken (Durchbrechen der Schallmauer durch ein Überschallflugzeug) zu verweisen, wobei es zu einem Beckenbruch kam. Weiterhin konnten bei einer juvenilen Giraffe und dem Okapi Muskeldegenerationen ermittelt werden. Parasiten ließen sich nur in wenigen Fällen nachweisen. Bei den Darmparasitosen handelte es sich um Trichurisbefall, bei einer 14 Jahre alten Giraffe wurde eine starke Echinokokkose der Lungen festgestellt, und einmal konnte eine Monodontellose der Leber festgestellt werden. Der geringe Parasitenbefall erscheint außerordentlich erstaunlich, zumal wir am Untersuchungsmaterial von Giraffen aus Simbabwe sehr häufig parasitäre Veränderungen in Form einer Monodontellose feststellen konnten (ROTH und IPPEN, 1970).

Mitteilenswert erscheint uns noch, daß wir bei zwei Giraffen Nierensteinbildungen beobachten konnten, so bei einer Somaligiraffe einen Harnröhrenstein und bei einer Netzgiraffe Nierenbeckenkonkremente. Zu schweren Nierenveränderungen in Form von Infarkten kam es im Verlauf einer Geburtskomplikation bei einer Netzgiraffe. Bei der Sektion wurde festgestellt, daß der Uterus eine Torsion um 270° nach rechts aufwies, in deren Folge es zu Gefäßabschnürungen und Hyperämie gekommen war. Vorberichtlich wurde der Verdacht eines Überschreitens der normalen Tragezeit geäußert, da bei diesem Tier zwei Jahre zuvor die Trächtigkeitsdauer 11 Tage kürzer war.

Sektionsbefunde bei den Antilocapridae, Tragelaphinae, Alcelaphinae, Hippotraginae, Reduncinae und Antilopinae

Die in dieser Gruppe erfolgte Zusammenfassung verschiedener Vertreter der Familien Antilocapridae und Bovidae (Tabelle 4) stellt sicher keine optimale Lösung dar. Sie wird aber erforderlich, um eine zahlenmäßig aussagefähige und dabei überschaubare Gruppierung zu erhalten.

Der Anteil der in die Gruppe "perinatal" einzureihenden Verluste ist mit annähernd 30 % sehr hoch und läßt erkennen, daß die Reproduktion dieser Tiere noch keineswegs als optimal angesprochen werden kann. Neben den Totgeburten waren es vor allem Verluste in den ersten Lebenstagen, die unter dem Begriff "Lebensschwäche" zusammengefaßt wurden. Hierbei handelte es sich um neugeborene Tiere, bei denen keine Milch im Verdauungstrakt zu ermitteln war und bei denen auch nach mehreren Lebenstagen das Mekonium noch nicht ausgeschieden war. Makroskopische oder histologische Veränderungen, die den Tod erklären könnten, wurden in keinem Fall nachgewiesen. Daneben wurden unter den wenige Tage alten Tieren 14 Fälle von Pneumonie diagnostiziert, ohne daß der Nachweis von Erregern gelang, bei mehreren Tieren lag eine Fruchtwasseraspiration vor. Erstaunlich hoch ist in dieser Altersgruppe auch der Anteil, der durch traumatische Einwirkungen verursacht wurde. Möglicherweise ist die stark ausgeprägte Fluchtreaktion dieser scheuen Wildtiere hierfür verantwortlich zu machen.

Bei keiner anderen Tiergruppe fand sich ein so hoher Anteil an Mißbildungen unter den Neugeborenen, wie gerade hier. Bei den sieben von uns ermittelten Fällen handelte es sich im einzelnen um einen 1 Tag alten weiblichen Wasserbock mit einer angeborenen Nierenmißbildung, einen 2 Tage alten männlichen Buntbock ohne Anlage der Augäpfel, eine neugeborene weibliche Nilgauantilope mit unvollständig verschlossener Oberlippe (Hasenscharte), eine weitere männliche Nilgauantilope, die schon im Mutterleib abgestorben war und eine Brachygnathia superior sowie Verbiegung des Gesichtsschädels aufwies, um zwei weibliche neugeborene Elenantilopen, einmal mit Skoliose, beim zweiten Tier mit Skoliose nach links sowie Kyphose der ersten und Lordose der zweiten Hälfte der Brustwirbelsäule und Verände-

Tabelle 4: SEKTIONSBEFUNDE BEI

	ANTILOCAPRIDAE, TRAGELAPHINAE, ALCELAPHINAE HIPPOTRAGINAE, REDUNCINAE, ANTILOPINAE					BOVINAE					SAIGINAE				
	PERINATAL	JUVENIL	ADULT	SENIL	TOTAL	PERINATAL	JUVENIL	ADULT	SENIL	TOTAL	PERINATAL	JUVENIL	ADULT	SENIL	TOTAL
ANZAHL	95	72	131	28	326	80	77	66	27	250	28	36	149	-	213
BAKT.u.VIRAL. INFEKTION	9	17	30	6	62	4	15	20	3	42	5	7	39	-	51
MYKOSEN	-	1	-	-	1	-	2	-	1	3	-	1	2	-	3
SARKOSPORID.	-	1	15	1	17	-	23	48	13	84	-	-	3	-	3
KOKZIDIEN	-	1	3	1	5	-	1	-	-	1	-	4	2	-	6
TOXOPLASMEN	-	-	-	-	-	-	-	-	-	-	-	5	51	-	56
LUNGENWÜRMER	-	-	2	-	2	-	1	5	-	6	-	-	-	-	-
MAG.-DARM NEMATODEN	-	8	8	3	19	-	11	1	-	12	-	5	23	-	28
ZESTODEN	-	-	5	2	7	-	-	-	1	1	-	4	9	-	13
TREMATODEN	-	-	4	-	4	-	1	-	-	1	-	-	-	-	-
EKTOPARASITEN	-	-	2	-	2	-	2	2	1	5	-	-	-	-	-
VERDAUUNGS-TRAKT	4	16	33	5	58	6	28	23	12	69	1	6	23	-	30
LEBER	-	8	7	5	20	1	4	3	1	9	-	-	9	-	9
RESPIRATION	14	18	18	3	53	18	18	12	7	55	1	5	15	-	20
HERZ-KREISL.	9	19	29	6	63	4	9	14	2	29	2	4	4	-	10
HARNORGANE	-	5	15	2	22	-	10	6	11	27	-	-	5	-	5
GESCHLECHTSORG.	-	-	1	-	1	-	-	2	1	3	-	-	-	-	-
Z N S	1	2	-	1	4	-	4	1	-	5	-	1	1	-	2
TOTGEBURT	20	-	-	-	20	16	-	-	-	16	7	-	-	-	7
LEBENS-SCHWÄCHE	27	-	-	-	27	32	-	-	-	32	12	-	-	-	12
TRAUMA	11	13	35	4	63	5	8	4	3	20	1	5	29	-	35
GEBURTSKOMPL.	-	-	8	1	9	-	-	5	1	6	-	-	4	-	4
VITAMINMANGEL	1	9	5	-	15	5	2	1	-	8	-	2	-	-	2
ARTERIOPATHIE	-	1	6	3	10	-	-	2	14	16	-	-	-	-	-
GEBISSCHÄDEN	-	-	3	3	6	-	-	-	-	-	-	-	2	-	2
TUMOREN	-	-	1	3	4	-	-	2	6	8	-	-	2	-	2
MISSBILDUNGEN	7	1	-	-	8	7	-	1	-	8	-	-	-	-	-
FREMDKÖRPER	-	-	-	-	-	-	-	5	-	5	-	-	2	-	2
PERITONITIS	2	3	6	-	11	2	8	3	-	13	-	-	-	-	-
OMPHALITIS	2	1	-	-	3	2	3	-	-	5	-	-	-	-	-
AMYLOIDOSE	-	-	-	-	-	-	-	-	-	-	-	-	19	-	19

rungen an den Extremitäten, und eine weibliche totgeborene Hirschziegenantilope mit einem angeborenen Hydrozephalus. Bei einer 14 Tage alten Nilgauantilope lag eine angeborene beidseitige Korneatrübung vor.

Bei den juvenilen Tieren traten die Veränderungen im Bereich des Herz-Kreislaufsystems besonders hervor. Ein großer Teil der festgestellten Peri- und Myokarditiden dürfte sich im Verlauf bakterieller oder viraler Infekte entwickelt haben, wobei ein Erregernachweis, auf Grund vorausgegangener Antibiotikabehandlung, nicht mehr möglich war. Auch zusammengefaßt für alle Altersgruppen stehen die Erkrankungen des Herz-Kreislaufsystems an erster Stelle der Befunde. Von großer Bedeutung dürften hierfür die dem großen Komplex "Streß" zuzuordnenden Befunde sein. So konnten bei den sehr sensiblen und diffizilen Tierarten dieser Gruppe bei der Sektion oft nur schwere Hyperämien in allen Organen, gelegentlich verbunden mit einem Lungenödem und Blutungen in der Nebenniere, gefunden werden, wobei anamnestische Hinweise die Vermutung auf einen der Kreislaufinsuffizienz vorausgegangenen Streß bestärkten. Von gleichbleibend großer Bedeutung müssen für alle Altersgruppen die Erkrankungen des Verdauungstraktes gewertet werden. Hierbei standen die Enteritiden im Vordergrund. Daneben wurden des öfteren Pansenüberladung, Tympanie und Pansenazidose beobachtet. Einen seltenen, recht interessanten Befund stellte ein Ileus bei einer erwachsenen Elenantilope dar. Als weitere interessante Einzelfälle sollen auch noch folgende Befunde angeführt werden: bei einer Riesen-Elenantilope wurde ein Hanfseil im Magen festgestellt, bei einer drei Monate alten Nyala-Antilope hatte sich ein Bezoar im Ösophagus fest verklemmt, 21 weitere Bezoare wurden bei diesem Tier im Ösophagus, Blätter- und Labmagen nachgewiesen.

Fast gleich häufig mit den Enteritiden traten Traumen als Sektionsbefunde auf. Es handelte sich dabei sowohl um Forkelverletzungen als auch um Verletzungen, die sich die Tiere bei plötzlicher Fluchtreaktion nach einem Erschrecken zugezogen hatten. Als Sonderfall möchten wir hier eine erwachsene Elenantilope anführen, die in einen Zaun sprang und infolge der Verletzungen starb. Bei der Obduktion wurde eine Schrumpfniere festgestellt. Im Harnleiter zeigte sich kurz vor der Harnblase ein pflaumengroßer Nierenstein. Möglicherweise kam es zu der Verletzung als Folge eines Krampfschmerzes.

An dieser Stelle sollen noch einige Erläuterungen zum Sammelbegriff "Vitaminmangel" gegeben werden. Nur 5 Tiergruppierungen waren hiervon überhaupt betroffen, am stärksten die von uns untersuchten 24 Nyala-Antilopen (8mal Vitamin-E-Selen-Mangel, einmal Rachitis). Bei insgesamt 55 Nilgauantilopen wurde dreimal Vitamin-E-Selen-Mangel und einmal Rachitis nachgewiesen, und von 16 Säbelantilopen bestand in zwei Fällen, von 16 Gnus in einem Fall und von 5 Riedböcken ebenfalls in einem Fall ein Vitamin-E-Selen-Mangel.

Als Geburtskomplikationen wurden alle die Fälle zusammengefaßt, bei denen eine Störung im Geburtsablauf eintrat. Direkt oder indirekt führten solche Schäden zum Tode des Tieres. In einigen Fällen traten Todesfälle bei erforderlich gewordenen Kaiserschnittgeburten auf. Daneben kam es in mehreren Fällen im Anschluß an eine Geburt zur Septikämie. Weiterhin wurden Uterusrupturen und abgestorbene, voll entwickelte Früchte beobachtet. Bei einem einzigen Fall der hier erwähnten Erkrankungen der Geschlechtsorgane handelte es sich um einen Hodenabszeß ohne Erregernachweis.

Von den bei dieser Tiergruppierung nachgewiesenen parasitären Infektionen wäre der Nachweis von Magen-Darmnematoden und Sarkosporidienzysten zu erwähnen. Beide Befunde sind von untergeordneter Bedeutung und haben auf das Verlustgeschehen keinen Einfluß. Als seltene Befunde soll hier noch auf das Vorkommen von Gongylonema in der Zungenschleimhaut bei einer erwachsenen Nilgauantilope und auf makroskopisch sichtbare Sarkosporidienzysten im Ösophagus eines Gnus hingewiesen werden.

Unter dem Begriff "Erkrankungen der Harnorgane" sind sowohl die Nephritiden als auch die Nephrosen zusammengefaßt worden, wobei letztere in Form von Kalzifikationen von Tubulusabschnitten immer wieder beobachtet wurden. Neben dem Nierenstein bei der schon erwähnten Elenantilope wurde auch bei einer 9jährigen Nilgauantilope eine Schrumpfniere mit Nierenstein gefunden. Gefäßwandveränderungen in Form von Verkalkungen traten in 10 Fällen auf. Bei einem 15 Jahre alten Weißbartgnu wurde eine Hornhauttrübung festgestellt. Eine 16jährige Addax-Antilope wies in der Leber systöse Gallengangsveränderungen auf.

Zum Abschluß seien noch die festgestellten Tumoren angeführt: in einem Fall konnte bei einem Ellipsen-Wasserbock ein Schilddrüsenkarzinom ermittelt werden und bei zwei Nilgauantilopen von 12 und 16 Jahren je ein Schilddrüsenadenom. Weiterhin wurde bei einem erwachsenen Weißschwanzgnu ein Lungenadenom nachgewiesen.

Sektionsbefunde bei den Bovinae

Die hierzu in der Tabelle 4 ausgewiesenen Befunde lassen einen sehr hohen prozentualen Anteil an Neugeborenenverlusten erkennen, ebenso wie die zuvor beschriebene Gruppe. Neben den in der vorhergehenden Besprechung als Lebensschwäche definierten Todesfällen stehen hier die Pneumonien und Pleuritiden im Vordergrund. Auffälligerweise trifft diese Beobachtung aber auch für die anderen Altersgruppen der Bovinae zu, so daß eine gewisse Anfälligkeit dieser Tiergruppe gegenüber Erkrankungen der Respirationsorgane vorzuliegen scheint. Als häufigste Befunde müssen jedoch die nachgewiesenen Sarkosporidienfälle angeführt werden. Dem jetzigen Kenntnisstand entsprechend, ist diesen Befunden aber nur in wenigen Fällen bei sehr starkem Befall eine Bedeutung als Erkrankung zuzumessen.

Die mit 65 Fällen ausgewiesenen Erkrankungen des Verdauungstraktes lassen deutlich werden, daß gerade dieser Komplex entscheidend im Krankheitsgeschehen der Bovinae ist. Neben katarrhalischen Enteritiden wurden häufig auch nichtbakterielle hämorrhagische Darmentzündungen nachgewiesen. Auch an dieser Stelle muß wieder darauf aufmerksam gemacht werden, daß, auf Grund der nicht erfolgten virologischen Routineuntersuchung, durchaus virusbedingte Enteritiden in diesen Zahlen enthalten sein können. Auch Fälle von Pansenüberladung bzw. feinschaumiger Gärung, Tympanie und Azidose wurden hier mit aufgelistet. Betrachtet man den Komplex "Verdauung" im ganzen, so müssen an dieser Stelle natürlich auch die Lebererkrankungen, vorwiegend in Form von degenerativen Veränderungen und toxischen Verfettungen, im Verlauf unterschiedlicher Stoffwechsel-Intoxikationen mit einbezogen werden. Darüber hinaus sind die fünf Fremdkörperbefunde zu nennen, bei denen es sich um Nagel- bzw. Drahtperforationen aus dem Pansen durch das Zwerchfell in den Herzbeutel handelte. Wie bei fast allen untersuchten Tiergruppen fanden sich traumatisch bedingte Verluste in erstaunlicher Höhe von 8 %.

Mißbildungen wurden in acht Fällen festgestellt, davon siebenmal bei neugeborenen Tieren. In drei Fällen waren es Zwergzebus, bei denen sich ein knöcherner Schiefhals, eine Gliedmaßenanomalie und ein Hydrozephalus externus mit Hypotrophie des Kleinhirns zeigten. Eine Mopskalbbildung lag bei einem Banteng vor, ein Gayal zeigte Deformationen der Hintergliedmaßen, ein Kerabau wies eine Brachygnathia superior auf und ein Watussirindkalb zeigte eine linksseitige Nierenhypotrophie. Schließlich wurde bei einem erwachsenen Banteng ein Kryptorchismus nachgewiesen.

Der Befund "Vitaminmangel" wurde in acht Fällen ermittelt. Bei drei neugeborenen Tieren lag eine Rachitis vor, bei weiteren zwei Tieren dieser Gruppe ein Vitamin-E-Selen-Mangel, ebenso wie bei zwei juvenilen und einem erwachsenen Rind.

Als Neubildungen werden acht Befunde angeführt, bis auf ein Tier handelte es sich immer um sehr alte Tiere. Im einzelnen konnten bei einem männlichen Kerabau und einem Bison ein Schilddrüsenadenom, bei einem weiblichen Yak ein Schilddrüsenadenom, ein Lungenadenom und in der Niere ein Lymphom, bei einem Steppenrind und einem Zebu ein Phäochromozytom der

Tabelle 5: SEKTIONSBEFUNDE BEI CAPRINAE

	ZIEGEN					ZWERGZIEGEN					MUFFLONS					SCHAFE und MOSCHUSOCHSEN				
	PERINATAL	JUVENIL	ADULT	SENIL	TOTAL	PERINATAL	JUVENIL	ADULT	SENIL	TOTAL	PERINATAL	JUVENIL	ADULT	SENIL	TOTAL	PERINATAL	JUVENIL	ADULT	SENIL	TOTAL
ANZAHL	80	54	88	16	238	22	96	29	2	149	11	50	57	1	119	44	99	165	17	325
BAKT.u.VIRAL. INFEKTION	4	12	27	6	49	2	9	2	-	13	2	12	17	1	32	3	11	21	1	36
MYKOSEN	-	-	-	-	-	-	-	-	-	-	1	-	-	-	1	-	1	-	-	1
SARKOSPORID.	-	1	6	3	10	-	2	2	-	4	-	14	51	1	66	-	13	108	9	127
KOKZIDIEN	-	27	7	1	35	-	55	7	1	63	-	7	6	-	13	-	15	8	1	24
LUNGENWÜRMER	-	1	4	-	5	-	-	-	-	1	-	2	14	-	16	-	2	3	-	5
MAG.-DARM NEMATODEN	-	9	24	2	35	-	8	3	-	11	-	9	10	-	19	-	15	16	1	32
ZESTODEN	-	-	3	-	3	-	-	-	-	-	-	-	4	-	4	-	2	11	1	14
TREMATODEN	-	1	3	-	4	-	-	1	-	1	-	2	11	1	13	-	-	-	-	-
EKTOPARASIT.	-	-	6	1	7	-	-	1	1	2	-	-	1	-	1	-	2	4	-	6
VERDAUUNGS-TRAKT	4	20	22	1	47	2	19	13	-	34	-	26	25	1	52	1	40	51	6	98
LEBER	3	6	1	-	10	-	16	4	-	20	-	2	8	-	10	1	14	24	2	41
RESPIRATIONS.	6	9	13	1	29	9	36	9	-	54	2	15	16	-	33	7	27	61	6	101
HERZ-KREISL.	2	7	10	-	19	3	11	3	1	18	-	8	9	-	17	6	6	8	-	20
HARNORGANE	-	1	2	-	3	-	4	1	2	7	1	2	12	1	16	1	9	35	5	50
GESCHLECHTSORG.	-	-	1	5	6	-	-	1	-	1	-	-	1	-	1	-	-	1	-	1
Z N S	2	-	3	-	5	-	4	-	-	4	1	-	-	-	1	-	2	2	1	5
TOTGEBURT	13	-	-	-	13	1	-	-	-	1	1	-	-	-	1	10	-	-	-	10
LEBENS-SCHWÄCHE	37	-	-	-	37	11	-	-	-	11	2	-	-	-	2	18	-	-	-	18
TRAUMA	2	1	17	1	31	2	2	1	-	5	2	7	6	-	15	4	6	17	2	29
GEBURTSKOMPLI.	-	-	-	-	-	-	1	4	-	5	-	-	3	-	3	-	-	13	-	13
VITAMINMANGEL	3	10	6	-	19	1	6	2	-	9	-	3	1	-	4	1	5	4	-	10
ANÄMIE	1	3	1	1	6	-	17	7	-	24	-	-	-	-	-	-	13	8	-	21
ARTERIOPATHIE	-	-	2	2	4	-	-	-	-	-	-	-	-	-	-	-	-	2	2	4
TUMOREN	1	-	-	4	5	-	-	-	-	-	-	-	-	-	-	-	-	4	-	4
MISSBILDUNGEN	3	-	2	-	5	-	-	-	-	-	-	-	-	-	-	1	-	-	-	1
KLAUENVERÄND.	-	-	-	-	-	-	-	-	-	-	-	-	11	-	11	-	-	-	-	-
KACHEXIE	-	-	-	-	-	-	6	4	-	10	-	-	-	-	-	-	11	9	-	20

Nebennieren, bei einem weiteren Steppenrind ein Paragangliom der Nebennieren sowie bei einem sehr alten Zebu und einem adulten Parkrind ein Lungenadenom festgestellt werden. Auffällig und erstaunlich ist die Tatsache, daß sechs der Tumoren im Gewebe endokriner Organe lokalisiert waren.

Sektionsbefunde bei den Saiginae

Im Gegensatz zu fast allen hier bearbeiteten Tiergruppen dominierten unter den zur Sektion gelangten Tieren eindeutig die adulten Exemplare (70 %). Die Tatsache, daß keine sehr alten Tiere zur Sektion gelangten, verdeutlicht die Schwierigkeit, Saigas über lange Zeit im Zoo zu halten. Hierfür dürfte auch die hohe Empfindlichkeit der Saigas gegenüber den verschiedensten Krankheitsgeschehen eine große Rolle spielen. So ist seit langem bekannt, daß verschiedene bakterielle Infektionen große Verluste in Saigabeständen verursachen können, worüber an anderer Stelle berichtet wird (SCHRÖDER, 1988). Einen seuchenartigen Verlauf nahm aber auch eine Toxoplasmose, die mit schwersten Veränderungen im Darm, Mesenteriallymphknoten und allen anderen großen Parenchymen einherging (IPPEN et al., 1981). Mit 26,3 % aller Befunde stellt die Toxoplasmose in unserem Untersuchungsmaterial den wichtigsten Befund dar. Nicht weniger eindrucksvoll ist die Feststellung, daß bei 16,6 % aller sezierten Saigas traumatisch bedingte Veränderungen zu ermitteln waren. Als weitere beachtenswerte Befunde müssen die Erkrankungen des Verdauungstraktes und der Respirationsorgane angeführt werden. Auch der Befall mit Magen-Darmnematoden mit 13,1 % ist in dieser Tiergruppe auffällig hoch. Einen weiteren interessanten Befund stellen die ermittelten Amyloidosen bei den Saigas dar. Diese mit dem Immungeschehen im Zusammenhang stehenden Amyloidablagerungen in verschiedenen Organgeweben sahen wir bisher bei keiner anderen Säugetierart so oft, wie bei den Saigas (ZSCHIESCHE, 1988). Als Einzelbefund soll an dieser Stelle noch vom "plötzlichen Tod" einer juvenilen Saiga-Antilope berichtet werden, bei der ein zu großes Kartoffelstück im Larynx den Kehldeckel verschlossen hatte. Bei den zwei aufgezeigten Neubildungen handelte es sich um Zahnfleischwucherungen, die als bösartige Epulis anzusprechen waren.

Sektionsbefunde bei den Caprinae

Die Angaben in der Tabelle 5 vermitteln einen Überblick über die Befunde von 831 Artiodactyla, die den Caprinae zuzuordnen sind. Zur Herausstellung ganz spezieller Befunde hat es sich dabei als günstig erwiesen, die fast 150 Zwergziegen gesondert von den sonstigen Ziegen darzustellen und ebenfalls den 119 Mufflons gegenüber den übrigen Schafen eine separate Befundwiedergabe einzuräumen. Schon bei der Einschätzung der Altersstaffelung der vier Caprinaegruppen zeigen sich markante Unterschiede. Während bei den Ziegen ein herausragend häufiges Auftreten von perinatalen Verlusten (ein Drittel aller Verluste) zu verzeichnen war, lag der Anteil bei den Zwergziegen, Mufflons und Schafen jeweils nur bei 10 bis 15 %.

Ziegen

Bei der Besprechung der Befunde der Ziegen soll bemerkt werden, daß es sich bei 62 % der Tiere um in tiergärtnerischen Einrichtungen gehaltene Hausziegen handelte, hinzu kommt eine größere Zahl von Mähnenspringern und Steinböcken, der Rest setzt sich aus Einzeltieren verschiedener Arten zusammen. Der hohe Anteil an Verlusten unter den Neugeborenen drückt sich deutlich in 13 Totgeburten und 37 Fällen von Lebensschwäche aus. Als weitere Befunde in dieser Altersgruppe sollen drei Mißbildungen Erwähnung finden. Eine Jämtlandziege war mit einer Hasenscharte und allgemeiner Hydrämie geboren worden, ein Tur kam mit verkürztem Oberkiefer und Verbiegung der Extremitäten zur Welt und ein weiterer Tur zeigte einen angeborenen Nierenschaden. Es sollen weiterhin die beiden Mißbildungen bei erwachsenen Tieren genannt werden. In einem Fall handelte es sich um einen Kryptorchismus einer Damaraziege, und bei einer zweijährigen Deutschen Edelziege erwies sich die Urethra über 10 cm nach außen als nicht verschlossen. Weitere erwähnenswerte Befunde bei Verlusten unter den Neugeborenen waren Aspirationspneumonien und Pleuritiden sowie Muskeldegenerationen, die als Folge eines Vitamin-E-Selen-Mangels auftraten.

Als besonders herausragender Befund für die Ziegen der drei weiteren Altersgruppen muß ein hoher Parasitenbefall genannt werden. Dabei sind sowohl Kokzidiosen - speziell bei den juvenilen - als auch ein Befall mit Magen-Darmnematoden, hier speziell bei den erwachsenen Tieren, von großer Bedeutung. Fügt man diesen Befunden noch die Sarkosporidienfälle sowie die festgestellten anderen Befunde, wie Lungenwürmer, Zestoden, Leberegel und Räudeerkrankungen, hinzu, so rundet sich das Gesamtbild eines sehr starken Parasitenbefalls deutlich ab.

Unspezifische Enteritiden und Leberdegenerationen, als Erkrankungen der Verdauungsorgane, wurden insgesamt mit über 23 % nachgewiesen. Die bei 13 % der untersuchten Ziegen beobachteten traumatischen Veränderungen zeigten sich in Form von Knochenbrüchen, Perforationen, Hämatombildungen und Organrupturen. Die Ursachen hierfür waren recht unterschiedlich. Pneumonien und Pleuritiden waren ebenfalls häufig nachzuweisen (10 %). Wie schon für die Neugeborenen angeführt, bleibt noch auf die weiteren 16 Fälle von scholliger Muskeldegeneration aufmerksam zu machen. In allen Fällen muß den vorliegenden Veränderungen zufolge angenommen werden, daß es sich um Vitamin-E-Selen-Mangelerscheinungen handelte.

Erstaunlich hoch ist das Auftreten von 7 Tumoren unter den 238 Ziegen. Zwei neugeborene Hängeohrziegen wiesen angeborene Schilddrüsenadenome auf. Weitere 5 Tiere müssen als alt bezeichnet werden. Es handelte sich um einen 13jährigen Tahr mit einem Schilddrüsenadenom, einen weiteren 13jährigen Tahr mit multiplen Leberadenomen, einen 16jährigen Tur mit einem Plattenepithelkarzinom des Oberkiefers, eine 25 Jahre alte Bulgarenziege mit einem Schilddrüsenpapillom und eine 15jährige Jämtlandziege mit einem Pleuramesotheliom.

Zwergziegen

Wie schon angeführt, sollen die Befunde der 149 Zwergziegen gesondert behandelt werden, da sich deutliche Abweichungen von den Befunden der übrigen Ziegenarten feststellen ließen. Recht niedrig waren die Verluste unter den neugeborenen Tieren, auffällig hoch dagegen die der juvenilen Gruppe mit über 64 % aller sezierten Zwergziegen. In dieser Gruppe ist auch der Hauptbefund bei den Zwergziegen, die Kokzidiose, mit 55 Fällen aufzufinden. Über die Hälfte der erkrankten Tiere wies außerdem eine schwere Anämie und Kreislaufinsuffizienz auf. Diese hohe Anfälligkeit der Jungtiere gegenüber der Kokzidiose wurde von uns in räumlich völlig getrennten Beständen unterschiedlicher Tiergärten beobachtet. Die wenigen Kokzidiosefälle bei den adulten Zwergziegen konnten grundsätzlich als Nebenbefunde, ohne besondere Bedeutung für das jeweilige Tier, gewertet werden. Sobald die Jungtiere eine gewisse Altersgrenze überschritten hatten, traten kaum noch Verluste auf. Erwähnenswert scheint noch, darauf zu verweisen, daß sehr oft auch mit der Kokzidiose kombiniert herdförmige Pneumonien auftraten. Interessant erscheint auch die Tatsache, daß bei vier juvenilen, an Kokzidiose erkrankten Zwergziegen unabhängig davon histologisch Leptomeningitiden und Enzephalitiden nachgewiesen werden konnten. Offensichtlich kommt es bei starkem Kokzidienbefall zum völligen Niederbruch der Abwehrkräfte der Tiere.

Verletzungen traten mit nur 3,3 % im Gegensatz zu anderen Tierarten in den Hintergrund. Erwähnt werden sollen noch die 34 Fälle von Gastro-Enteritiden sowie die in 9 Fällen beobachteten Vitaminmangelerscheinungen in Form hyalin-scholliger Muskeldegenerationen.

Zum Schluß soll noch ein Fall von Harnröhrenverschluß bei einer erwachsenen männlichen Zwergziege durch 4 bis erbsengroße Konkrementbildungen erwähnt werden.

Mufflons

Nur ein Teil der hier aufgeführten 119 Tiere stammt aus tiergärtnerischen Einrichtungen, die übrigen aus Wildgehegen und aus freier Wildbahn. Hieraus erklärt sich auch die nur kleine Zahl der Neugeborenen-Obduktionen. Zahlenmäßig am häufigsten findet sich bei den Mufflons ein Sarkosporidienbefall (66 Tiere). Als dominierender Krankheitsbefund muß jedoch der Komplex "Krankheiten der Verdauungsorgane" genannt werden. Eine nicht unbedeutende Rolle spielen im Krankheitsgeschehen der Mufflons der Lungenwurmbefall und die Magen-Darmparasitosen. Ganz besonders muß an dieser Stelle auch auf den öfteren Nachweis von Lanzettegeln in der Leber hingewiesen werden. Natürlich setzen derartige Befunde das Vorhandensein erforderlicher Zwischenwirte voraus, was aber in freier Wildbahn immer wieder gegeben sein wird. Ein ganz spezielles Problem der Mufflons aus freier Wildbahn stellen die gebietsweise gehäuft auftretenden Klauenerkrankungen dar. Mit Sicherheit ist dieser Krankheitskomplex für Tiere aus dem Zoo ohne größere Bedeutung.

Schafe und Moschusochsen

Unter den Caprinae ist die Gruppe der Schafe mit 325 Tieren (davon 27 Moschusochsen) weitaus die größte. In der Altersstaffelung überwiegen die erwachsenen Tiere. Überblickt man die Befunderstattung, so fällt zunächst die sehr hohe Zahl der mit Sarkosporidien infizierten Tiere auf. Annähernd 40 % aller hier aufgeführten obduzierten Tiere wiesen in der Muskulatur Sarkosporidienzysten auf. Es muß nochmals betont werden, daß ein Sarkosporidienbefall nicht ohne weiteres einer Erkrankung gleichzusetzen ist, daß aber ein starker Befall sicher eine Beeinträchtigung der Kondition bedeutet. Mit nur 7,3 % erscheint die zweite protozoäre Infektion, die Kokzidiose, dagegen fast unbedeutend. Sie führte aber in einem großen Teil der Fälle zum Tod der Tiere.

Die Befunde der Erkrankungen der Verdauungsorgane (Darm und Leber) und der Respirationsorgane treten, wie bei keiner anderen Tiergruppe, fast gleich häufig auf. Als Erkrankungen des Verdauungstraktes konnten, neben den vorrangig nachzuweisenden Gastro-Enteritiden, wiederum zahlreiche Pansentympanien, Pansenüberladungen und Fälle von feinschaumiger Gärung festgestellt werden. Als interessante Einzelbefunde sind ein Abszeß in der Zunge eines Mongolenschafes und eine Speiseröhrenverstopfung bei einem erwachsenen Hebridenschaf zu nennen. Eine 3 Wochen alte Skudde ließ weiterhin bei der Obduktion eine Divertikelbildung im Ösophagus erkennen. Ebenfalls zu einer Divertikelbildung kam es im Darm eines erwachsenen weiblichen Karakulschafes. Ein Volvulus wurde bei einer Heidschnucke beobachtet, und ein juveniles Gotlandschaf sowie ein erwachsenes Zackelschaf ließen bei der Sektion eine Darminvagination erkennen. Schließlich sollen hier auch die bei 32 Tieren nachgewiesenen Darmparasitosen Erwähnung finden. Obwohl sie an gesonderter Stelle aufgeführt sind, stellen sie doch ebenfalls Veränderungen im Verdauungstrakt dar, die eine gesundheitliche Beeinträchtigung für das Tier bedeuten. An erster Stelle wäre in diesem Zusammenhang der Trichurisbefall zu erwähnen.

Zu den Erkrankungen der Respirationsorgane, die bei einem Drittel aller obduzierten Schafe gefunden wurden, wären an erster Stelle die Pneumonien zu nennen. Sicher müssen viele der hier eingeordneten Lungenentzündungen bakteriellen Infektionen zugeschrieben werden, wobei jedoch eine zu Lebzeiten durchgeführte Antibiotikabehandlung den postmortalen Erregernachweis einschränkte. Auch Virusinfektionen im Lungenbereich blieben unaufgeklärt, da z. Z. noch keine gezielten Untersuchungen durchgeführt werden. Neben den Pneumonien konnten auch relativ häufig Pleuritiden beobachtet werden. Entzündungen der Trachea oder des Nasen-Rachenraumes stellten Einzelbeobachtungen dar. Aspirationspneumonien fanden sich sowohl bei Neugeborenen, in Form einer Fruchtwasseraspiration, als auch bei Jungtieren, die in der künstlichen Aufzucht standen und eine Milchaspiration erkennen ließen. In letzteren Fällen kam es gelegentlich zu typischen gangränösen Pneumonien, die als Folge einer Fremdstoffaspiration fibrinöse Entzündungsbezirke aufwiesen, die dann zerfallen und herdförmig jauchige grünschmierige Massen aufweisen.

Die Erkrankungen im Bereich der Harnorgane treten bei allen von uns angeführten Gruppen der Artiodactyla gegenüber anderen Organveränderungen in den Hintergrund. Dennoch sollen die durch die unterschiedlichsten Ursachen ausgelösten häufig zu beobachtenden interstitiellen Nephritiden angeführt werden, die unserer Auffassung nach unbedingt eingehender untersucht werden müssen, da sie für das gesamte Gesundheitsgeschehen der Tiere durchaus von Bedeutung sind. Nichtentzündliche Veränderungen im Nierengewebe zeigen sich vor allem in Form metastatischer Kalkablagerungen, daneben kommen aber auch Glomerulo- und Tubulonephrosen unterschiedlicher Genese vor.

Der Anteil der bei den Schafen angetroffenen traumatisch bedingten Veränderungen liegt mit 8,9 % durchaus im Bereich des allgemeinen Durchschnitts aller Artiodactyla und soll hier deshalb nicht weiter besprochen werden.

Einer kurzen Erläuterung dagegen bedürfen die 13 ausgewiesenen Fälle einer Geburtskomplikation. Bezogen auf die im geburtsfähigen Alter stehenden Tiere handelt es sich um einen Anteil von 7,1 %, eine durchaus zu beachtende Zahl. Wie bereits an anderer Stelle ausgeführt, sind hierunter Verluste vermerkt, die nach einer Kaiserschnittgeburt oder anderen Geburtshilfemaßnahmen eintraten, sowie Todesfälle nach Puerperalseptikämien und Nachgeburtsverhalten. Einmal wurde bei einer 4 Jahre alten Skudde im Uterus eine Monsterbildung nachgewiesen.

Zu den von uns ausgewiesenen Anämien ist anzumerken, daß der Befund auf makroskopischen Beobachtungen basiert und nicht, wie klinisch üblich, hämatologisch abgesichert wurde. In allen von uns vermerkten Fällen handelte es sich um Sekundärbefunde, die vorrangig im Zusammenhang mit Kokzidiosen und Trichurisparasitosen beobachtet werden konnten. Einmal ließ sich bei einem sehr hochgradigen Sarkosporidienbefall eines juvenilen Kreishornschafes eine ausgeprägte Anämie feststellen.

Als Tumoren sind zwei Fälle von Leukose bei einem Karakulschaf und bei einer Skudde anzuführen. Ein metastasierendes follikuläres Schilddrüsenkarzinom konnte bei einem männlichen Hebridenschaf diagnostiziert werden und bei einem hochtragenden Gotlandschaf ein Zervixpapillom.

Diskussion

Versucht man abschließend eine Gesamtbewertung der bei 2000 Artiodactyla erhobenen Obduktionsbefunde vorzunehmen, so ist als erstes hervorzuheben, daß zur Erlangung wirklich aussagekräftiger Ergebnisse unbedingt eine Unterteilung des Untersuchungsmaterials in einzelne Gruppen notwendig war. Selbstverständlich beeinflussen auch die gewählten Befundbegriffe den Gesamteindruck des Krankheitsgeschehens maßgeblich, zumal viele Fakten aus ganz verschiedener Sicht betrachtet und entsprechend zugeordnet werden konnten. Aus diesem Grunde möchten wir die Befunde für die 10 von uns gewählten Tiergruppierungen nochmals gegenüberstellen, wobei alle Befundbegriffe, die über 10 % liegen, berücksichtigt werden (Tabelle 6).

Eine weitere Zusammenstellung soll dann noch Auskunft über die Aufgliederung der Befunde zu den Komplexen "Parasitosen", "Organkrankheiten" und "Sonstige Befunde" geben (Tabelle 7), wobei bewußt, wie vorher erläutert, die Befunde über Bakterien- und Virusinfektionen nicht einbezogen wurden. Wir sind uns darüber im klaren, daß solche als Prozentzahlen zusammengestellten Angaben nur Tendenzen aufzeigen können, da es sich nicht um eine Todesursachenstatistik, sondern um Befundangaben handelt, womit von ein und demselben Tier mehrere gleichwertige Angaben einfließen und sich Gewichtigkeiten stark beeinflussen lassen.

Tabelle 6: Hauptbefunde über 10 % bei

Suoidae und Hippopatamidae

VERDAUUNGSTRAKT	28,3 %
TRAUMA	22,8 %
RESPIRATIONSORG.	20,7 %
BAKT. u. VIRAL. INF.	14,5 %
LEBER	13,8 %
SARKOSPORIDIEN	12,4 %

Giraffidae

HERZ-KREISL.-SYST.	46,4 %
VERDAUUNGSTRAKT	39,3 %
KACHEXIE	35,7 %
HARNORGANE	17,9 %
LEBER	14,3 %

Cervidae

VERDAUUNGSTRAKT	37,2 %
BAKT. u. VIRAL. INF.	21,3 %
RESPIRATIONSORG:	19,9 %
TRAUMA	16,0 %
HARNORGANE	13,5 %
HERZ-KREISL.-SYST.	10.1 %

Antilopen (u. a.)

HERZ-KREISL.-SYST.	19,3 %
TRAUMA	19,3 %
BAKT. u. VIRAL. INF.	19,0 %
VERDAUUNGSTRAKT	17,8 %
RESPIRATIONSORG.	16,3 %

Bovinae

SARKOSPORIDIEN	33,6 %
VERDAUUNGSTRAKT	27,6 %
RESPIRATIONSORG.	22,0 %
BAKT. u. VIRAL. INF.	16,8 %
LEBENSSCHWÄCHE	12,8 %
HERZ-KREISL.-SYST.	11,6 %
HARNORGANE	10,8 %

Saiginae

TOXOPLASMOSE	26,3 %
BAKT. u. VIRAL. INF.	23.9 %
TRAUMA	16,4 %
VERDAUUNGSTRAKT	14,1 %
MAG.-DARM-NEMATOD.	13,1 %

Caprinae (Ziegen)

BAKT. u. VIRAL. INF.	20,6 %
VERDAUUNGSTRAKT	19,7 %
LEBENSSCHWÄCHE	15,5 %
KOKZIDIEN	14,7 %
MAG.-DARM-NEMATOD.	14,7 %
TRAUMA	13,0 %
RESPIRATIONSORG.	12,1 %

Caprinae (Zwergziegen)

KOKZIDIEN	42,3 %
RESPIRATIONSORG.	36,2 %
VERDAUUNGSTRAKT	22,8 %
ANÄMIE	16,1 %
LEBER	13,4 %
HERZ-KREISL.-SYST.	12,1 %

Caprinae (Mufflons)

SARKOSPORIDIEN	55,5 %
VERDAUUNGSTRAKT	43,7 %
RESPIRATIONSORG.	27,7 %
BAKT. u. VIRAL. INF.	26,8 %
MAG.-DARM-NEMATOD.	16,0 %
HERZ-KREISL.-SYST.	14,2 %
HARNORGANE	13,4 %
LUNGENWURMBEFALL	13,4 %
TRAUMA	12,6 %

Caprinae (Schafe)

SARKOSPORIDIEN	39,1 %
RESPIRATIONSORG.	31,1 %
VERDAUUNGSTRAKT	30,2 %
HARNORGANE	15,4 %
LEBER	12,6 %
BAKT. u. VIRAL. INF.	11,0 %

Tabelle 7: Häufigkeit der Befunde

Tiergruppe	Parasitenbefall	Organkrankheiten	Sonstige Befunde
SUOIDAE und HIPPOPOTAMIDAE	17,6 %	53,2 %	29,2 %
GIRAFFIDAE	6,6 %	59,0 %	34,4 %
CERVIDAE	15,3 %	55,8 %	28,9 %
ANTILOPEN u. a.	13,6 %	51,0 %	36,0 %
BOVINAE	26,3 %	45,8 %	28,6 %
SAIGINAE	40,0 %	28,7 %	31,3 %
CAPRINAE (Ziegen)	29,3 %	35,2 %	35,5 %
CAPRINAE (Zwergziegen)	28,8 %	48,4 %	22,8 %
CAPRINAE (Mufflons)	44,5 %	43,5 %	12,0 %
CAPRINAE (Schafe)	32,5 %	48,0 %	19,5 %

Die von uns in der Tabelle 7 angegebenen Prozentzahlen beziehen sich in allen Fällen auf die in der einzelnen Tiergruppierung erhobenen Gesamtbefundzahlen.

Betrachtet man, unter Berücksichtigung des vorher gesagten, die Angaben der Tabelle 6, so weist mehr oder weniger jede von uns aufgezeigte Tiergruppe eine unterschiedliche Reihenfolge der häufigsten Befunde auf. Dominieren beispielsweise bei den Suoidae die Erkrankungen des Verdauungstraktes und die Traumen, so stehen bei den Zwergziegen und Schafen die Parasitosen und Erkrankungen der Respirationsorgane im Vordergrund. Diese Gegenüberstellung läßt durchaus deutlich werden, daß tiergruppenspezifische Erkrankungskomplexe auftreten, wie z. B. die Toxoplasmose der Saigas, die Kokzidiose der Zwergziegen und anderen Ziegen oder die besonders häufigen Erkrankungen des Verdauungstraktes bei den Suoiden, Cerviden, Boviden oder auch Mufflons. Befunde, wie das häufige Auftreten von Sarkosporidien bei den Bovinae, Mufflons und Schafen, sind zwar von informativer Bedeutung, können aber nicht, wie zuvor schon erwähnt, als Krankheit bewertet werden.

Um trotz aller Einschränkungen doch eine Gesamtaussage über das Krankheitsgeschehen der Artiodactyla machen zu können, haben wir aus den Mittelwerten der einzelnen Befundgruppen eine Aufstellung erarbeitet, die über die Reihenfolge der wichtigsten Befunde Auskunft gibt (Tabelle 8).

Tabelle 8: Häufigkeit der 10 wichtigsten Befunde als Durchschnitt für alle Artiodactyla

1. VERDAUUNGSTRAKT	28,0 %	6. TRAUMA	10,0 %
2. RESPIRATIONSORG.	18,6 %	7. HARNORGANE	7,1 %
3. BAKT. u. VIRAL. INF.	15,4 %	8. KOKZIDIEN	5,7 %
4. SARKOSPORIDIEN	12,8 %	9. LEBER	5,4 %
5. HERZ-KREISL.-SYST.	11,4 %	10. LEBENSSCHWÄCHE	2,8 %

Mit den Angaben der Tabelle 7 wird der Versuch unternommen, in einer Gegenüberstellung der drei Gruppen "Parasitenbefall", "Organkrankheiten" und "Sonstige Befunde" die Hauptverteilung herauszuarbeiten. Das Dominieren der Organkrankheiten wird sicher mit durch die Einbeziehung von entzündlichen Organveränderungen, bei denen ein Erregernachweis nicht möglich war, bestimmt. Trotzdem zeigen sich bei Saigas und Mufflons die Parasitenbefunde an erster Stelle, dagegen bei den Ziegen die Gruppe "Sonstige Befunde".

Mit der hier vorgelegten Arbeit wurde der Versuch unternommen, ein relativ großes Material von 2000 Obduktionen von Vertretern der Artiodactyla aufzuarbeiten. Die Fülle der vorliegenden Aussagen ließ es nicht zu, auf Einzelheiten innerhalb der Befundgruppe näher einzugehen, so daß eine weitere Aufarbeitung im Hinblick auf Infektionen, Parasitosen, Stoffwechselstörungen und Avitaminosen unbedingt angestrebt werden muß.

Zusammenfassung

Auswertung der Obduktionsbefunde von 2000 Artiodactyla

Aufgegliedert in 10 Gruppen werden die Befunde der sezierten Tiere getrennt für vier Altersgruppen tabellarisch aufgezeichnet und besprochen. Im Rahmen der Diskussion der erlangten Erkenntnisse werden die wichtigsten Befunde der einzelnen Tiergruppen gegenübergestellt. Auffällig hoch sind die Verluste unter den Neugeborenen und Jungtieren mit 54,8 % aller Obduktionen. Es zeigt sich, daß generell die Erkrankungen des Verdauungstraktes, der Respirationsorgane, des Herz-Kreislauf-Systems und die Traumen von größter Bedeutung sind. Spezielle Erkrankungsgeschehen bei einzelnen Tiergruppen, wie Toxoplasmose bei Saigas oder Kokzidiose bei Zwergziegen, werden ausgewiesen.

Summary

Evaluation of Postmortem Findings from 2,000 Artiodactyls

Postmortem findings recorded from ten groups of artiodactyls are presented in tabulated form for four separate age groups and are discussed in some detail. The most important findings established for each of the groups are compared with each other. Losses were extremely high among newborns and young animals, accounting for 54.8 per cent of all postmortem investigations. A major role was generally played by diseases of the digestive and respiratory tracts as well as of the cardiovascular system and by traumata. Particular reference is made to extraordinary disorders, recorded from certain groups of animals, such as toxoplasmosis in saiga and coccidiosis in pigmy goat.

Résumé

Evaluation des résultats de l'autopsie de 2000 artiodactylés

Les résultats des animaux dissequés sont classés en dix groupes, introduits dans les tableaux séparément pour quatre groupes d'âge et discutés. Dans le cadre de la discussion des constatations les résultats les plus importants sont comparés pour les différents groupes d'animaux. Avec 54,8 % de toutes les autopsies les pertes parmi les nouveaux-nés et jeunes sont remarquablement élevées. En général, les maladies de la tube digestive, des organs de respiration, du système cardiaque et de circulation et les traumas sont les plus importantes. Des maladies spécifiques chez différents groupes d'animaux comme la toxoplasmose chet les saidas où la coccidiose chez les chèvres nain sont discutées.

Резюме

Результаты обдукционных исследований 2000 Artiodactyla

Описаны и охвачены в таблицах результаты сецирования живтных IO групп, подразделённых на 4 возрастные группы. В рамках дискуссии обсуждаются важные результаты, охватывающие некоторые группы животных. Значительны потери среди новорожденных и молодняка, они состовляют 54,8% всех вскрытей. Это указывает на то, что восновном, большое значение имеют заболевания желудочно-кишечного тракта, органов дыхания, сердечно-сосудистой системы и травматические поражения. Описаны специфические заболевания как токсоплазмоз у сайгаков и кокцидоз у карликовых коз.

Literaturverzeichnis

GUCWINSKI, A., und R. IPPEN (1979): Schwierigkeiten bei der Aufzucht und Eingewöhnung junger Giraffen im Zoo Wroclaw. Verh.ber. Erkrg. Zootiere 21, 257 - 260.

HENNE, D., IPPEN, R., und K. BLAZEK (1977): Zum Sarkosporidienbefall der Muskulatur von Zoo- und Wildtieren. Verh.ber. Erkrg. Zootiere 19, 251 - 256.

IPPEN, R. (1967): Auswertung der bei 1400 Zoo- und Wildtieren (Mammalia) erhobenen Zerlegungsbefunde. Zbl. Vet. Med., B, 14, 293 - 320.

IPPEN, R., und H.-D. SCHRÖDER (1970): Über die Verluste bei der Aufzucht von Säugetieren in zoologischen Gärten. Verh.ber. Erkrg. Zootiere 12, 5 - 13.

IPPEN, R., BLAZEK, K., HENNE, D., und A. KOTRLY (1974): Ein Beitrag zur Sarkosporidiose der Zoo- und Wildtiere. Verh.ber. Erkrg. Zootiere 16, 315 - 321.

IPPEN, R., und H.-D. SCHRÖDER (1976): Beitrag zu den Erkrankungen der im Gebirge beheimateten Caprinae. Verh.ber. Erkrg. Zootiere 18, 81 - 87.

IPPEN, R., JIRA, J., und K. BLAZEK (1981): Toxoplasmose als Todesursache bei Saiga-Antilopen (Saiga tatarica). Verh.ber. Erkrg. Zootiere 23, 185 - 191.

IPPEN, R., und D. HENNE (1985): Ein Beitrag zu den Erkrankungen der Cerviden. Verh.ber. Erkrg. Zootiere 27, 7 - 16.

IPPEN, R., und F. GUARDA (1985): Zu den Kardiopathien der Cerviden. Verh.ber. Erkrg. Zootiere 27, 59 - 62.

JAKOB, W. (1988): Sektionsbefunde bei Tylopoden aus zoologischen Gärten. Verh.ber. Erkrg. Zootiere 30,

KRIEG, K. (1966): Zum Vorkommen nichtentzündlicher Arteriopathien bei Zootieren. Abh. AdW, Klasse f. Med. 1, 43 - 61.

ROTH, H. H., und R. IPPEN (1970): Untersuchungen über die Leber-Monodontellose der Giraffen in freier Wildbahn. Folia Parasitol. 17, 153 - 163.

SCHRÖDER, H.-D. (1988): Zu den bakteriellen Erkrankungen der Boviden. Verh.ber. Erkrg. Zootiere 30,

TSCHERNER, W., IPPEN, R., WISSER, J., HENNE, D., SCHRÖDER, H.-D., MÖLLER, D., und G. RAETZ (1984): Orientierende Untersuchungen zum Gesundheitszustand von Schwarzwildbeständen in der DDR. Beiträge zur Jagd- und Wildforschung XII, 245 - 253.

WISSER, J. (1988): Obduktionsbefunde bei in Menschenhand gehaltenen Moschusochsen (Ovibos m. moschatus). Verh.ber. Erkrg. Zootiere 30,

ZSCHIESCHE, W. (1988): Generalisierte Amyloidose bei Saigas. Verh.ber. Erkrg. Zootiere 30,

Anschrift der Verfasser: OVR Prof. Dr. med. vet. habil. R. Ippen
und Doris Henne
Am Tierpark 125
DDR-1136 Berlin (DDR)

Aus der Abteilung für Erkrankungen von Labortieren und besonderen Tierarten (Leiter: Prof. Dr. P. ZWART) der Fachgruppe für Veterinärpathologie der Reichsuniversität Utrecht)

ERKRANKUNGEN BEI EINIGEN WIEDERKÄUERN IN DEN NIEDERLANDEN

Von P. Zwart, B. de Jonge, M.H. van der Hage
und G.M. Dorrestein

Einleitung

Die Artiodactyla bilden eine große Ordnung. Sie wird unterteilt in drei Unterordnungen: Nonruminantia, Tylopoda und Ruminantia. Im Laufe der Zeit ist international sehr viel über Erkrankungen der Artiodactyla berichtet worden. Wir beschränken uns hier auf die Unterordnung der Wiederkäuer. Dabei werden die Tiergruppen und Arten ausgeklammert, die entweder den Haustieren sehr nahe verwandt sind (Rinder, Ziegen und Schafe) oder über die als jagdbares Wild (Hirscharten und Rehe) ein großes Wissen vorliegt. Eine weitere Konzentrierung ergibt sich aus der Tatsache, daß wir nur einen Überblick über fünf Jahre pathologisch-anatomischer Untersuchungen speziell aus den Niederlanden geben.

Material und Methoden

Als Basis für die Untersuchungen dienten die Obduktionen von Wiederkäuern mit den in der Einleitung erwähnten Einschränkungen. Das Material stammte vorwiegend aus drei niederländischen zoologischen Gärten. Die Tiere wurden makroskopisch sowie bakteriologisch, parasitologisch und histologisch untersucht. Auf Grund der erhaltenen Befunde oder anamnestischer Daten wurden spezielle virologische oder toxikologische Untersuchungen veranlaßt.
Einen Überblick über das Untersuchungsmaterial bietet die Tabelle 1.

Tabelle 1: Untersuchungsgut

Nr.	Systemat. Ordnung	Systematik	Anzahl
1	Alcelaphinae	Kuhantilopen	11
2	Boselaphini	Nilgauantilopen	4
3	Rupicaprini	Gemsenartige	2
4	Saiginae	Saigaartige	6
5	Cephalophinae	Ducker	4
6	Hippotraginae	Pferdeböcke	13
7	Reduncinae	Riedböcke	4
8	Tragelaphini	Drehhörner	19
9	Tragulina	Zwerghirsche	25
11	Aepycerini	Impalas	17
10	Antilopini	Antilopen	5
12	Antidorcatini	Springböcke	19
13	Gazellini	Gazellen	3
Total			132

Die 13 Ordinalzahlen werden als Bezeichnungen für Kolumnen in den Tabellen 2, 3 und 4 verwendet.

Ergebnisse

Die Auswahl des Materials vermittelt einerseits Kenntnisse über kleine Tiergruppen und Tierarten, die selten separat aufgelistet werden, birgt aber andererseits die Gefahr des Fehlers der kleinen Zahl in sich.

Infektionskrankheiten

Beim Vergleich der Tabellen 2, 3 und 4 fällt auf, daß Infektionskrankheiten (Tabelle 2) relativ wenig auftraten. Unter den bakteriellen Infektionskrankheiten standen neben der klassischen und immer noch bedeutungsvollen Tuberkulose die Kolibazillose und Yersiniose an erster Stelle. Die Fälle von Kolibazillose betrafen Jungtiere. Das breite Wirtstierspektrum von Mycobacterium paratuberkulosis wurde auch in unserem Material durch einen Fall bei einem Spießbock (Oryx gazella) bestätigt. Daneben ist Paratuberkulose aus der Literatur z.B. bei den Antilopini bekannt, nämlich bei Hirschziegenantilopen (Antilope cervicapra) (BRAHM et al., 1972). Wegen den geringen Zahlen hat hier eine Besprechung der einzelnen Gruppen keinen Sinn. Die Sektionsbilder von Tieren, die an bakteriellen Infektionen starben, waren identisch mit denen der bekannteren Haustiere. Gruppen- bzw. artspezifische Unterschiede in der Pathogenese konnten nicht festgestellt werden.

Tabelle 2: Infektionskrankheiten

Infektion	1	2	3	4	5	6	7	8	9	10	11	12	Sa.
Salmonellosis	1												1
Tuberkulose			1			1	1	3					6
Nekrobacillose						1							1
Paratuberkulose						1							1
Coli-Septikämie	1							2		2		2	7
Yersinia-Septikämie		1				1	1			2	2		7
Gesamtzahl	2	1	1	0	0	4	2	5	0	4	2	2	23

Tabelle 3: Parasitenbefall

Helminthen	1	2	3	4	5	6	7	8	9	10	11	12	13	sa
Darmwurmbefall	1					1				1		1		4
Lungenwurmbefall											1			1
TOTAL	1					1				1	1	1		5

Parasitosen

Parasitosen (Tab. 3) wurden nur selten beobachtet. Dies stimmt mit den Angaben von IPPEN und HENNE (1982) überein, die von 181 Artiodactyla mit Parasitenbefall nur 7 Todesfälle als direkte Folge des Parasitenbefalls feststellten. Die regelmäßig in allen Zoos durchgeführte parasitologische Kontrolle und prompte Behandlung dürfte für diese Situation von ausschlaggebender Bedeutung sein. Bei zunehmenden Nachzüchten und stark eingeschränkten Importen trat außerdem eine Verringerung der Parasiten auf wenige Arten auf. Der eine Fall von Lungenwurmbefall betraf eine Impala (Aepyceros melampus) aus freier Wildbahn. Bei diesem Tier waren darüber hinaus Pansen und Dickdarm schwer mit Belantidium coli befallen.

Organkrankheiten

Eine eingehende Analyse der Organkrankheiten (Tabelle 4) erbrachte einige Befunde, die zu diskutieren wert erscheinen. In der Unterfamilie der Kuhantilopen (Spalte 1) traten die Veränderungen am Herzen mit 2 von insgesamt 11 Tieren deutlich hervor. Dieser Eindruck könnte durch Beobachtungen älteren Datums aus unserem Material untermauert werden, wobei Myokarditis und schockbedingte Herzmuskeldegeneration öfter in Erscheinung traten. Unter den Nilgauantilopen (Spalte 2) sind 2 Tiere infolge Bleivergiftung gestorben (184 ppm Blei in der Trockensubstanz der Leber und 435 ppm in den Nieren).

In der Unterfamilie der Saigaartigen (Spalte 4) fiel die relativ hohe Frequenz von Zahnproblemen auf. Sie waren hauptsächlich bei älteren Tieren anzutreffen. Daß sie aber auch bei Tieren in der Reproduktionsphase auftreten können, zeigte ein Saiga-Weibchen, das noch laktierend war. Als Sekundärbefund zeigte sich eine Verschluckpneumonie. Bei einer anderen Saiga kam es infolge einer früher erlittenen Verletzung zu zwei Pseudarthrosen am Unterkiefer; gleichzeitig waren dabei 3 Schneidezähne verloren gegangen. Das Tier war völlig kachektisch.

Bei den Duckern (Spalte 5) erwiesen sich die Nierenveränderungen einmal als chronisch interstitielle Nephritis und einmal als Zystenniere. Zystennieren sind auch aus der Literatur bekannt. WISSER (1985) erwähnt angeborene Zysten in den Nieren bei einer Mendesantilope (Addax nasomaculatus).

Unter den Pferdeböcken (Spalte 6) traten die Magen-Darm-Veränderungen sehr stark in den Vordergrund. Eine schon bei der Geburt schwache Säbelantilope (Oryx gazella dammah) starb im Alter von 2 Monaten und zeigte am Jejunum über eine Distanz von 10 cm eine angeborene Einengung des Darmlumens. Kranial der Einengung war das Jejunum durch Anschoppung von Darminhalt stark dilatiert.

Sowohl bei einer Pferdeantilope (Hippotragus equinus) aus der Unterfamilie der Pferdeböcke, als auch bei einem zu den Drehhörnern (Spalte 8) gehörenden Wasserbock (Kobus ellipsiprymnus) wurde eine ausgedehnte Nekrose der Zunge festgestellt. Bei der Pferdeantilope bestanden außerdem noch Nekrosen der Backenschleimhaut und der Pansenmukosa. Bei diesem Tier lag der Verdacht vor, daß Haare von Prozessionsraupen die Ursache waren. Dieser Verdacht konnte jedoch nicht bestätigt werden.

Tabelle 4: Organkrankheiten und sonstige Befunde

Affektion	1	2	3	4	5	6	7	8	9	10	11	12	13	sa
VERDAUUNGSSYSTEM														
Zahn- und Kieferveränder.	1			4			1	1						7
Pansenveränderung						1								1
Gastro - Enteritis						4	1	4	2	1		1		13
Invaginatio jejuni						1								1
Hepatitis	1							1				1		3
Futterschädlichkeit												1		1
Peritonitis								1						1
UROGENITALSYSTEM														
Nephritis					2	1		1	1			3		8
Nierenzysten													1	1
Schock - Niere								1	1			1		3
Zystitis									1					1
HERZ- UND KREISLAUFSYST.														
Kardiopathie	1							1						2
Kreislaufinzuffizienz										1	1			2
Myokarditis	1													1
Ruptur Art. Pulmonalis												1		1
Perikarditis								1						1
Omphalophlebitis								1						1
RESPIRATIONSSYSTEM														
Pneumonie				2				1		1		2	1	7
Lungenödem	1		1											2
Pleuritis								1		1				2
SKELETTSYSTEM														
Skelettmuskeldegeneration												1		1
Verletzung	1					1			2	1		1		6
Fraktur										1				1
ZENTRALNERVENSYSTEM														
Nachhandparese									1					1
SONSTIGE BEFUNDE														
Angeborene Mißbildung										1				1
Kongenitaler Star									4					4
Abmagerung	2								5	2		1		10
Lebensschwäche					1				8	2		1	1	13
Vergiftung		2												2
Ohne Befund		1			1					1	1	2		6
TOTAL	8	3	1	6	4	8	2	14	25	12	2	16	3	104

Die Zahl der sezierten kleinen Kantschile (Tragulus javanicus) (Spalte 9) war relativ groß. Vorwiegend handelte es sich um Jungtiere, die unter dem Bild der Lebensschwäche bzw. Kachexie starben. Diese Beobachtung steht in Übereinstimmung mit den Befunden von HAUSER et al. (1982). Auffallend war die hier in der Tabelle ausnahmsweise (weil keine Todesursache) separat aufgeführte hohe Anzahl von kongenitalem Star (HAGE und BOS, 1988).

Die Impalas (Spalte 10) sowie die wenigen Antilopen (Spalte 11) zeigten ein besonders regelmäßiges, möglicherweise gruppenspezifisches, Auftreten von Organkrankheiten.
Unter den Springböcken (Spalte 12) fielen die chronischen Nephritiden auf. Einmal betraf es eine Zystenniere bei einem 11jährigen Springbock (Antidorcas marsupialis). Erwähnenswert war des weiteren ein Springbock, der an Muskeldystrophie infolge Vitamin-E-Mangel gestorben war.

Die Gazellen (Spalte 13) erlaubten durch ihre kleine Zahl keine Aussagen. Ausgefallene Sektionsbefunde lagen nicht vor.

Zusammenfassung

Erkrankungen bei einigen Wiederkäuern in den Niederlanden

Die Ergebnisse der Obduktionen von 132 Ruminantiern aus niederländischen Tiergärten wurden getrennt nach Familien bzw. Unterfamilien tabellarisch dargestellt und erläutert. Auffallend war der geringe Anteil an Infektionskrankheiten und Parasitosen. Die Organkrankheiten ergaben ein breites Spektrum. Es konnten Hinweise auf (unter-)familienspezifische Krankheiten gegeben werden.

Summary

Diseases of Some Ruminant Species in the Netherlands

Results obtained from postmortem examination of 132 ruminants from zoological gardens in the Netherlands were evaluated in tabulated form and discussed by families and sub-families. Infectious diseases and parasitoses played a conspicuously minor role. A wide range of organic diseases was detected. There were positive signs indicative of diseases specific of sub-families.

Résumé

Maladies de quelques ruminants dans les Pays-Bas

Dans les tableaux les résultats des autopsies de 132 ruminants des zoos dans les Pays-Bas sont présentés et expliqués séparément pour les familles et sous-familles. La proportion faible des maladies contagieuses et parasitoses et frappante. De l'autre côté il y a une gamme très large des maladies des organs. L'auteur donne des recommandations relatives aux maladies qui se produisent plus spécifiquement dans les sous-familles.

Резюме

Заболевание некоторых жвачных в Нидерландах

Описаны результаты обдукционных исследований 132 жвачных животных в зоопарках Нидерландов. Результаты охвачены в таблицах по семействам и подсемействам. Бросается в глаза незначительное количество инфекционных заболеваний и паразитоза. Широкий спектр охватывает поражения различных органов. Даются указания по специфичным заболеваниям подсемейств.

Literaturverzeichnis

BRAHM, E. FRESE, K., und W. SIMANDOWSKI (1972): Paratuberkulose bei Hirschziegenantilopen (Antilope cervicapra, Linné 1785). Verh.ber. Erkrg. Zootiere 14, 335 - 358.

Van der HAGE, M.H., and J. BOS (1988): Congenital cataracts in lesser Malayan mousedeer (Tragulus javanicus). J. Zoo Anim. Med. (in press).

HAUSER, B., PALMER, D., und E. ISENBÜGEL (1982): Todesursachen bei Kleinkantschils des Zürcher Zoos im Zeitraum 1972 - 1981. Verh.ber. Erkrg. Zootiere 24, 375 - 380.

IPPEN, R., und D. HENNE (1982): Zur Bedeutung des Parasitenbefalls bei der Aufzucht von Zoo- und Wildtieren. Verh.ber. Erkrg. Zootiere 24, 25 - 32.

WISSER, J. (1985): Angeborene Zysten in den Nieren von Zoosäugetieren. Verh.ber. Erkrg. Zootiere 27, 431 - 435.

Anschrift der Verfasser: Prof. Dr. P. Z w a r t
Fachgruppe f. Veterinärmedizin
Abt. Erkrg. von Labortieren und besonderen Tierarten
Yalelaan 1, Postfach 80.158
3508 TD Utrecht (Niederlande)

Aus dem Bezirksinstitut für Veterinärwesen Rostock (Direktor: OVR Dr. W. EHRENTRAUT) und dem Zoologischen Garten Rostock (Direktor: Dr. J. SCHWARZ)

SEKTIONSERGEBNISSE BEI PAARHUFERN (ARTIODACTYLA)

Von H. Kiupel

Die Paarhufer bilden im Sektionsgut der Zootiere die größte Gruppe bei den Säugern. Bisher erfolgten keine systematischen Auswertungen dieses Sektionsmaterials im Bezirksinstitut für Veterinärwesen (BIV) Rostock.

Material und Methodik

Die Auswertung erfaßt 381 Paarhufer-Sektionen von 1974 bis zum 31.7.1987. Nur für diesen Zeitraum sind noch auswertbare Unterlagen vorhanden. Die Sektionen wurden regelmäßig durch histologische, bakteriologische und parasitologische Untersuchungen ergänzt. Virologische und toxikologische Untersuchungen erfolgten nur, wenn die klinische oder pathomorphologische Symptomatik entsprechende Hinweise auf virusbedingte Erkrankungen oder Intoxikationen enthielt. Von 7 Tieren waren die Art- oder Altersangaben ungenau registriert. Das Sektionsgut ist zur besseren Übersicht in 3 Altersgruppen gegliedert. Zur Gruppe der Neonatalen sind die Tiere vom 1. bis 10. Lebenstag, zu den juvenilen die vom 11. Lebenstag bis zum Ende des 1. Lebensjahres und zu den adulten alle Tiere, die älter als 1 Jahr waren, gerechnet worden. Diese Einstufung ist insbesondere bei der Abgrenzung zwischen juvenil und adult biologisch nicht immer richtig, erschien aber zweckmäßig.
Ausgewertet wurde - trotz der bekannten Nachteile - nach dem Prinzip der Hauptdiagnose unter besonderer Beachtung ätiologischer Aussagen.

Ergebnisse

Die Tabelle 1 weist die Art- und Alterszugehörigkeit aus. Neonaten bilden mit 39,3 % die größte Gruppe im Sektionsgut der Paarhufer. Der größte Teil (86,7 %) der sezierten neonatalen Artiodactyla ist nicht älter als 5 Tage geworden. Die juvenilen machen 31,0 % und die adulten Tiere 29,6 % im Sektionsgut aus.

Tabelle 1: Alters- und Artverteilung bei 374 Artiodactyla im Sektionsgut von 1974 bis 1987

lfd. Nr.	Tierart	Altersverteilung 1.-10. Tag (neonatal)	11. Tag - 1 Jahr (juvenil)	über 1 Jahr (adult)	Gesamt Sektionen
1	Dromedar (Camelus dromedarius)	4	4	2	10
2	Trampeltier (Camelus bactrianus)	5	1	5	11
3	Lama (Lama glama)	2	-	3	5
4	Guanako (Lama guanicoe)	6	1	-	7
5	Reh (Capreolus capreolus)	11	18	22	51
6	Rentiere (Rangifer tarandus)	16	15	11	42
7	Elch (Alces alces)	4	10	11	25
8	Milu (Davidshirsch) (Elaphurus davidianus)	3	1	3	7
9	Wapiti (Cervus elaphus canadensis)	-	1	4	5
10	Damhirsch (Dama dama)	1	5	3	9
11	Hirschziegenantilope (Antilope cervicapra)	43	17	16	76
12	Nilgauantilope (Boselaphus tragocamelus)	23	7	11	41

lfd. Nr.	Tierart	Altersverteilung 1.-10. Tag (neonatal)	11. Tag - 1 Jahr (juvenil)	über 1 Jahr (adult)	Gesamt Sektionen
13	Elenantilope (Taurotragus oryx)	4	1	-	5
14	Pferdeantilope (Hippotragus equinus)	1	2	2	5
15	Wasserbock (Kobus ellipsiprymnus)	1	-	-	1
16	Yak (Bos grunniens)	1	2	2	5
17	Wisent (Bison bonasus)	2	2	5	9
18	Banteng (Bos javenicus)	-	-	1	1
19	Afrikanische Zwergziege (Capra aegagrus hircus)	20	29	10	59
	Gesamtsektionen	147	116	111	374

Am häufigsten sind die folgenden Tierarten vertreten:

1. Hirschziegenantilope (Antilope cervicapra) = 19,9 %
2. Afrikanische Zwergziege (Capra aegagrus hircus) = 15,4 %
3. Rehe (Capreolus capreolus) = 13,3 %
4. Rentiere (Rangifer tarandus) = 11,0 %
5. Nilgauantilope (Boselaphus tragocamelus) = 10,7 %
6. Elche (Alces alces) = 6,5 %
7. Trampeltiere (Camelus bactrianus) = 2,8 %
8. Dromedare (Camelus dromedarius) = 2,6 %

Von den anderen 11 Tierarten sind weniger als 10 Tiere (weniger als 2,6 %) im Auswertungszeitraum seziert worden.

Bei den Neonaten (Tabelle 2) liegen die Diagnosen Nahrungsmangel, Lebensschwäche, Fruchtwasseraspiration und Kollaps weit vor anderen Erkrankungen. Die Beziehungen zu Störungen vor, während oder unmittelbar nach der Geburt sind eindeutig. Mit pathomorphologischen Methoden sind bisher wenig Ansatzpunkte für klare ätiologische Aussagen gefunden worden. Auch die differentialdiagnostische Abgrenzung der einzelnen Krankheitsbilder stößt auf Schwierigkeiten.

Tabelle 2: Sektionsergebnisse von 147 neonatalen Artiodactyla

Krankheiten	Tierarten (Numerierung nach Tabelle 1) 1	2	3	4	5	6	7	8	9	10	11	12	13	14	15	16	17	18	19	Gesamt
Infektionen																				27
Coli-Septikämie	1	1		1		5		2					1						3	14
Streptokokken-Septikämie	2																			2
Staphylokokken-Septikämie		1																		1
Listeriose											2						1			3
Coliruhr				1			1				1	1								4
Clostridium perfingens-Infektion											1	1								2
Candidose		1																		1
Organkrankheiten																				25
Gastroenteritis						2				1	1	3					1			8
Darmtorsion						1					1									2
Myokardose							1													1

Krankheiten	Tierarten (Numerierung nach Tabelle 1)																			Gesamt
	1	2	3	4	5	6	7	8	9	10	11	12	13	14	15	16	17	18	19	
Aspirations-pneumonie											1								1	2
Fruchtwasser-aspiration	1	1									4			1					2	9
Omphalophlebitis						1														1
Leberdystrophie												1								1
Perikarditis					1															1
Sonstiges																				95
Totgeburt				1								1	1							3
Lebensschwäche/ Asphyxie			1	2			1				2	2			1				4	13
Kollaps			1		2	4					4	3							2	16
Trauma				1		1	1				13	5	2						3	26
Nahrungsmangel					8	2					12	6				1			4	33
Mißbildung								1			1									2
Kalcinose		1																		1
ohne Diagnose																			1	1
Gesamt-sektionen	4	5	2	6	11	16	4	3	-	1	43	23	4	1	1	1	2	-	20	147

Anhaltspunkte für intrauterine Entwicklungsstörungen kann die Gewichtsbestimmung liefern, wenn vergleichbare Normalgewichte der Altersgruppe bekannt sind. Das Gewicht der neonatalen Rentiere schwankte zwischen 3 200 und 6 000 Gramm und lag durchschnittlich bei 4 557 Gramm. Bei Hirschziegenantilopen wurden Schwankungen von 2 300 bis 4 200 Gramm und ai schnittsgewicht der sezierten Neonaten von 3 450 Gramm festgestellt.

17,7 % der Neonaten kamen durch traumatische Einwirkungen zu Tode. Neben Geburtstraumen spielen Artgenossen bei ihrer Entstehung eine wichtige Rolle.
Einen vorderen Platz nehmen ferner die septikämischen, bakteriellen Infektionen und die Magen-Darm-Entzündungen ohne Erregernachweis ein. Alle übrigen Diagnosen repräsentieren Einzelerkrankungen ohne größere Bedeutung für die gesamte Gruppe der neonatalen Artiodactyla.

In der Gruppe der juvenilen Paarhufer stehen die Organkrankheiten, insbesondere die des Magen-Darm-Kanals, an erster Stelle. Die Schwerpunkte bilden Vormagenerkrankungen und Enteritiden. Außerdem spielen Pneumonien und Muskeldystrophie eine wichtige Rolle bei den Todesursachen. In dieser Altersgruppe sind aber auch Infektionskrankheiten, Parasitosen und Traumen häufige Abgangsursachen. Bei den Infektionserregern liegen Clostridium perfringens und Yersinia pseudotuberculosis an erster Stelle. Insgesamt ist das Ursachenspektrum breiter gefächert als bei den Neonaten.

<u>Tabelle 3:</u> Sektionsergebnisse von 116 juvenilen Artiodactyla

Krankheit	Tierarten (Numerierung nach Tabelle 1)																			Gesamt
	1	2	3	4	5	6	7	8	9	10	11	12	13	14	15	16	17	18	19	
Infektionen																				18
Streptokokken-sepsis	1																		1	2
Rotlauf											1									1
Yersinose						1					2								1	1
Salmonellose											1	1								2
Coliruhr					1		1													2
Clostridium per-fringens-Infektion						1	2												3	6
Bösartiges Katarrhalfieber							1													1

Krankheit	Tierarten (Numerierung nach Tabelle 1)																			Gesamt
	1	2	3	4	5	6	7	8	9	10	11	12	13	14	15	16	17	18	19	
Organkrankheiten																				58
Myokardose	2	1																	2	5
Pneumonie					3		2			1	1								3	10
Gastritis										1										1
Ruminitis						1					1									2
Pansenazidose					2		1			2		3								8
Pansentympanie					1	1														2
Kleinschaumige Gärung						1														1
Enteritis					2	5					2	2							1	12
Lebererkrankungen						3	1													4
Nephrose												1								1
Muskeldystrophie					1														6	7
Darmverlagerungen							1				2									3
Phlegmone	1																			1
Enzephalomalazie																			1	1
Parasitosen																				14
Dictyocaulose											2						2			4
Kokzidiose					3						1								3	7
Trichostrongylidose							1				1									2
Kryptosporidiose				1																1
Sonstige																				26
Trauma					2	2		1	1		2		1	2		1			6	18
Kreislaufkollaps										1						1				2
Kachexie					3						1								2	6
Gesamt-sektionen	4	1	-	1	18	15	10	1	1	9	17	7	1	2	-	2	2	-	29	116

In pathogenetische Überlegungen sind verschiedene Haltungsfaktoren mit einzubeziehen. So konnte bei der Prüfung der Geschlechtsverteilung kein wesentlicher Unterschied in der Häufigkeit von männlichen und weiblichen Tieren bei den einzelnen Arten festgestellt werden. Lediglich bei den Elchen sind fast ausschließlich männliche juvenile Tiere im Sektionsgut vertreten.
Bei Rentieren sind Einflüsse der Jahreszeit auf die Verteilung der Sektionen zu erkennen.
10 von 15 juvenilen Rentieren sind in den Monaten Juni bis August seziert worden.

Bei den Tieren, die älter als 1 Jahr sind, stehen Organerkrankungen in der Verlustursachenstatistik klar an erster Stelle. Besondere Bedeutung haben Vormagenerkrankungen und Gastroenteritiden. Außerdem sind Traumen, Parasitosen und bakterielle Infektionen häufige Abgangsursachen. Auch der Kreislaufkollaps ohne weitere ätiologische Aufklärung spielt in dieser Altersgruppe eine wichtige Rolle. Adulte Elche und Rentiere sind häufiger von Juni bis September seziert worden als in anderen Monaten.

Tabelle 4: Sektionsergebnisse von 111 adulten Artiodactyla

Krankheiten	Tierarten (Numerierung nach Tabelle 1)																			Gesamt
	1	2	3	4	5	6	7	8	9	10	11	12	13	14	15	16	17	18	19	
Infektionen																				16
Yersinos	1										3									4
Rotlauf											1									1
Clostridium perfringens-Infektion		1	1				1			1							1	1		6
Pararauschbrand			1														1			2
Botulismus						1														1

Krankheiten	Tierarten (Numerierung nach Tabelle 1)																			Gesamt
	1	2	3	4	5	6	7	8	9	10	11	12	13	14	15	16	17	18	19	
Bösartiges Katarrhalfieber							1													1
Tollwut							1													1
Organerkrankungen																				54
Pneumonie					1	2		2				1				1				7
Myokardose																			1	1
Peritonitis							1				2								1	4
Serositis					3															3
Nephritis		1																	1	2
Metritis			1		1						2									4
Mastitis																			1	1
Pansenazidose		1			2	2	2			1	1	3							2	14
Pansenüberladung						1													1	2
Kleinschaumige Gärung							2													2
Gastroenteritis					1	2			1		3	1							1	9
Nekrotisierende Enteritis							1									1				2
Lebererkrankungen						1	1													2
Enzephalomalazie					1															1
Parasitosen																				11
Dictyocaulose		1			1												2			4
Protostrongylidose					2															2
Trichostrongylidose					2				1		1								1	5
Sonstige																				30
Trauma					7	1	1	1	1		1	2					1		1	16
Kollaps	1				1				1	1	2	3		2						11
Kachexie												1								1
Kalzinose		1																		1
Warfarinintoxikation						1														1
Gesamtsektionen	2	5	3	-	22	11	11	3	4	3	16	11	-	2	-	2	5	1	10	111

Diskussion

Auf die hohen Anteile von Neonatalverlusten im Sektionsgut von Artiodactyla haben bereits IPPEN et al. (1985) und MONTALI et al. (1985) aufmerksam gemacht. Die ätiologischen Aussagen sind allein aufgrund der pathomorphologischen und anderen Laboruntersuchungen an unserem Sektionsmaterial kaum möglich.

Durch Einführung der histologischen Lungenuntersuchung zur Objektivierung eines perinatalen Atemnotsyndroms infolge pulmonaler hyaliner Membranen (SCHOON et al., 1983) konnte ein Teil der Verluste pathomorphologisch geklärt werden. Die Anzahl unbefriedigender Diagnosen liegt jedoch noch zu hoch.

Die Abklärung der Ursachen muß sicher auch Fragen der Haltung mit einbeziehen. Die niedrigen Gewichte verendeter neugeborener Rentiere sind ein Hinweis darauf. Nach WOLINSKI (1967) liegt das normale Geburtsgewicht bei Rentieren zwischen 6 000 und 7 000 g.

Die Ergebnisse bei juvenilen und adulten Rentieren und Elchen unterstreichen diese Hinweise. Auf die Häufung der Vormagenerkrankungen und ihre Beziehungen zu Haltungsproblemen in Zoologischen Gärten wurde bereits wiederholt hingewiesen (ELZE et al., 1978; IPPEN et al., 1985; KOCK et al., 1985 u.a.).

Zu den besonderen Ergebnissen sind die Kryptosporidiose und die Yersinose zu rechnen. Kryptosporidien wurden inzwischen - außer bei dem aufgeführten Guanako - zusammen mit Rotavirus im Dünndarm einer 8 Tage alten Hirschziegenantilope, die an einer Enteritis gestorben

war, festgestellt. Beide Erreger sollten routinemäßig bei der Differentialdiagnostik der Enteritiden von jungen Zootieren berücksichtigt werden.
Die Yersinose trat in erster Linie bei Hirschziegenantilopen auf. Das Sektionsbild wurde durch schwere diphtheroide Jejunitis und Ileitis sowie fokale nekrotisierende Hepatitis bestimmt.
Nach HERCEG et al. (1979) soll die Yersinia pseudotuberculosis-Erkrankung bei Antilopen häufiger vorkommen. Aber auch in größeren Sektionsstatistiken finden sich kaum Hinweise dafür (STEGER et al., 1985).

Zusammenfassung

Sektionsergebnisse bei Paarhufern (Artiodactyla)

Die Sektionsergebnisse bei 381 Paarhufern (Artiodactyla) aus dem Zoologischen Garten Rostock wurden mitgeteilt. Die Aufgliederung der Diagnosen erfolgte unter Beachtung der Tierarten und von 3 Altersgruppen.

Summary

Postmortem Results from Artiodactyla

Reported in this paper are postmortem results obtained from 381 artiodactyls from the Zoological Garden of Rostock. The diagnoses were subdivided by species and three age groups.

Résumé

R'esultats des dissections d'artiodactylés (Artiodactyla)

L'auteur présente les résultats des dissections de 381 artiodactylés du Jardin Zoologique de Rostock. Les diagnoses ont été subdivisées relatives à trois espèces d'animaux et trois groupes d'âge.

Резюме

Секционные исследования парнокопытных (Artiodactyla)

Представлены секционные результаты обследований 38I парнокопытного из зоопарка Ростока Подразделения в диагнозе охватывают вид животных и три возростные группы.

Literaturverzeichnis

ELZE, K., KRISCHE, G., EULENBERGER, K., und K.-F. SCHÜPPEL (1978): Pansenazidose und Pansenalkalose bei Zoowiederkäuern. Verh.ber. Erkrg. Zootiere 20, 101 - 107.

HERCEG, M., NAGLIO, T., HAJSIG, D., MARAN, B., HÜBER, J., BAMBIR, S., und M. SKREBLIN (1979): Yersinosis bei Tieren des Zoologischen Gartens der Stadt Zagreb. Verh.ber. Erkrg. Zootiere 21, 201 - 206.

IPPEN, R., und Doris HENNE (1985): Ein Beitrag zu den Erkrankungen der Cerviden. Verh.ber. Erkrg. Zootiere 27, 7 - 16.

KOCK, R.A. (1985): Health and Nutrition of the Moose (Alces alces) at Whipsnade Park. Verh.ber. Erkrg. Zootiere 27, 101 - 106.

MONTALI, R.J., FREEMAN, R.A., COLLIUS, L., WEMMER, C., and M. BUCH (1985): Pathology survey of captive cervids at the National Zoological Park. Verh.ber. Erkrg. Zootiere 27, 17 - 28.

SCHOON, H.-A., MURMANN, W., und U.I.E. EIGENMANN (1983): Perinatale Pneumopathien bei Zooruminantia unter besonderer Berücksichtigung des sogenannten Atemnotsyndroms. Verh.ber. Erkrg. Zootiere 25, 231 - 238.

STEGER, G., und S. LACHERMEIER (1985): Die Cerviden im Nürnberger Untersuchungsgut 1978 - 1984. Verh.ber. Erkrg. Zootiere 27, 29 - 36.

WOLINSKI, Z. (1967): Todesursachen und Krankheitsfälle bei Rentieren (Rangifer tarandus L.) in polnischen Zoologischen Gärten. Verh.ber. Erkrg. Zootiere 9, 53 - 56.

Anschrift des Verfassers: VR Dr. H. K i u p e l
Bezirksinstitut für Veterinärwesen Rostock
Thierfelderstraße 18/19
PF 2064
DDR-2500 Rostock 1 (DDR)

From Zoological Society of London, Whipsnade Park, Dunstable

A REVIEW OF MORTALITY IN PERE DAVID'S DEER (ELAPHURUS DAVIDIANUS) AT WHIPSNADE ZOO FROM 1965 TO 1987

By R. A. Kock, F. M. D. Gulland, M. Mahon, and R. N. Cinderey

Pere David's deer is a rare example of a species that is extinct in the wild, but with an expanding population in captivity. The present world population derives from a group of 18 animals imported into the Woburn Abbey Deer Park between 1893 and 1895. The Zoological Society of London's collection at Whipsnade were the first to receive deer from this breeding herd. These Whipsnade animals have been kept on between 20 and 30 hectares of downland pasture over the past 43 years. Between the years of 1944 to 1987, 292 young were born. This ensured animals were always available for transfer to other collections and in certain years necessitated culling to ensure stocking densities were optimal. The animals were checked daily, but no supplementary feeding was necessary except when the ground was frozen or snow covered. Preventative medicine has been unnecessary with no vaccination or use of anthelmintics.

The demographic status of the herd has been good and is broadly in line with that reported by FOOSE and FOOSE (1983) for the world population. There have been no comprehensive reviews of disease in the Pere David's deer. This is perhaps not surprising for a species that is extinct in the wild and whose population has been relatively small for the past century. There are a few reports of enteric disorder associated with artificial feeding in young deer BECK and WEMMER (1983). In the same book the clinical haematology and biochemistry is examined, but there is little mention of specific disease. Pere David's deer are included in the lists of mortality from the San Diego Zoo GRINER (1983), but no specific causes are mentioned for this species. Abortions due to Q fever were reported by GAUCKLER and KRAUS (1974) and herbicide toxicity was claimed to be the cause of death in a number of these animals in Karlsruhe Zoo KOHM (1973). Malignant catarrhal fever has been reported in Pere David's deer on a number of occasions TONG (1960), HUCK et al. (1961), HEUSCHELE et al. (1983), REID (1987), SCHRÖDER (1985).
Multiple infections in a young animal with Johne's disease was recorded by BUXTON (1987). Other pathology reported includes Fibrosarcoma HUBBARD et al. (1983) in an individual and persistent right aortic arch (JOHNSON et al. (1980). CHROMOW (1985) described a rumenotomy in this species. MONTALI et al. (1985) discussed 39 cases at the National Zoo in Washington D. C. and STEGER and LACKENMEIER (1985) described several cases at Nürnberg Zoo.

This paper reviews the mortality of the herd at Whipsnade (1965 - 1987), one of the largest surviving herds of Pere David's deer in the world.

Mortality Data

Table 1 shows annual birth and mortality in the Pere David's herd 1965 - 1987. Of the total 36 dead neonates during the 23 year period, 11 were recorded as stillborn. Of these three were premature with weights of 1.6, 3.2, and 4.2 kg respectively (normal birth weight in kilograms 11.3 ± 1.3 standard deviation n=9 Z.S.L. unpublished data) while the other eight were full term. In the latter, death resulted from dystocia due to either malpresentation or to relative foetal oversize. A further four calves died shortly after assisted births. Seven calves died of neonatal hypoglycaemia and hypothermia, ten calves with E. coli associated diarrhoea and septicaemia. Of the latter animals six were hand reared on an partificial milk replacer designed for cattle and had not received colostrum. One animal died several hours after birth from a massive internal haemorrhage resulting from rupture of the umbilical vessels caused by the dam treading on the cord during parturition. Three others died between two and three weeks of age following traumatic incidents whilst with the herd.

Table 1: Mortality figures for Pere David's deer (Elaphurus davidianus) at Whipsnade Zoological Park from 1965 - 1987

year	adult popul.	no. born	neonatal deaths	adult deaths	natural mortality %	culled animals	total mortality %
1965	16	5	0	3	18.7	1	25
1966	12	4	1	4	41	-	41
1967	12	3	0	1	8.3	-	8.3
1968	13	4	1	0	7.7	-	7.7
1969	15	5	1	2	20	-	20
1970	17	5	2	1	17.6	-	17.6
1971	19	6	1	1	10.5	-	10.5
1972	23	11	1	2	13.0	-	13.0
1973	31	12	1	3	12.9	-	12.9
1974	35	13	4	4	22.8	-	22.8
1975	31	11	2	4	19.3	-	19.3
1976	34	10	2	2	11.76	-	11.76
1977	37	9	0	0	-	-	-
1978	45	15	5	1	13.3	2	17.7
1979	40	14	0	6	15	0	15
1980	51	17	0	1	1.9	5	11.7
1981	58	17	2	1	5.1	5	13.8
1982	44	17	4	1	11.3	1	13.6
1983	54	24	5	1	11.1	4	18.5
1984	67	23	1	1	3	13	22.4
1985	53	11	2	1	5.6	0	5.6
1986	51	12	0	0	0	2	4
1987	36	9	1	1	5.5	1	8.3
total:		257	36	41		34	

Tables 2 and 3 summarise the causes of death in adult deer. Post-mortem examinations were performed on all individuals within 24 hours of death and where appropriate samples were taken for bacteriology, virology, parasitology and histology. On two occasions it was not possible to record a cause of death. When possible definitive diagnoses were obtained but where decomposition precluded the use of laboratoy diagnostics, causes of death were reported on the basis of clinical and gross pathology.

24 cases showed gastrointestinal lesions. In two the cause was completely unknown. In another symptoms and pathology suggestive of bacterial enteritis due to Escherichia coli and another younger animal showed lesions suggestive of bovine virus diarrhoea but this was not proven. Nineteen of the 24 cases showed marked similarities at gross post-mortem examination including, in all but one case haemorrhagic gastroenteritis and, in the majority, lymphadenopathy. Haemorrhages were widespread, notable on serosal and mucosal surfaces and frequently linear producing a zebra striping effect and lymph nodes were often 2 - 3 x normal size. In addition, of these 19 animals: 10 had ulcerative changes somewhere in the alimentary tract, 10 showed ocular lesions with corneal opacity and haemorrhage in the anterior chamber and 6 cases showed grayish white focal lesions up to 5 mm in size with associated haemorrhage in the kidney. In five of the nineteen cases Malignant Catarrhal Fever was confirmed by pathognomonic histological changes and in one case by virus isolation. In these 5 confirmed cases the gross pathology was similar to that in other suspected cases. One of the nineteen cases showed histological changes reported by the pathologist to be similar to those seen in mucosal disease or bovine virus diarrhoea, but virus isolation and serology were negative for BVD/MD virus and the lesions could equally have been due to MCF.

<u>Table 2:</u> Causes of adult mortality in Pere David's deer (*Elaphurus davidianus*)

YEAR	AGE	SEX	CAUSE OF DEATH - POST MORTEM FINDINGS						
			G.I. complex	Ragwort Toxin	Trauma	Shock	Dystocia	Misc.‡	Undiagnosed
1965	5	F	x						
1965	5	F	x						
1965	2	M	x						
1966	4	M			x				
1966	7 m	F						x	
1966	1.6 m	M				x			
1966	8	F	x						
1967	2	M	x						
1969	9	F					x		
1969	5	F	x						
1970	4	M	x						
1971	2 m	F	x						
1972	4 m	M	x						
1972	2	M	x						
1973	7	M	x						
1973	1	M	x						
1973	1	F		x					
1974	1	F	x						
1974	1	M	x						
1974	11	F		x					
1974	5	F				x			
1975	9 m	F							x
1975	8	F	x						
1975	8	F		x					
1975	6 m	M	x						
1976	6	M		x					
1976	4	F			x				
1978	4 m	F							x
1979	4	F	x						
1979	4	M	x						
1979	1	M	x						
1979	12	F			x				
1979	11	F		x					
1979	3 m	M			x				
1980	12	M			x				
1981	7	F	x						
1982	8	F	x						
1983	4	F					x		
1984	4 m	F	x						
1985	15	F	x						
1987	10	M	x						
TOTAL			24	5	5.	2	2	1	2

KEY: m: month

‡: aspergillus pneumonia + pyelonephritis

G.I. complex: gastrointestinal complex, dysentery, enlarged lymph nodes, ± ulcers, ocular lesions, kidney foci.

Table 3: Summary of pathology, recorded as gastroenteritis complex

AGE	SEX	H.G.E.	G.I.T. ULCERS	EYE LESIONS	LYMPHADENOPATHY	KIDNEY FOCI	OTHER
J	F	x					DECOMPOSED
J	M	x		x	x	x	M.C.F+
J	M		x				B.V.D?
J	M	x			x		E.COLI +++
J	M	x			x	x	M.C.F?
J	F	x				x	M.C.F?
S	F		x	x	x	x	M.C.F?
S	M	x			x	x	M.C.F+
S	M	x	x	x			NO DIAG.
S	M	x		x			M.C.F?
A	F	x		x			M.C.F?
A	F	x		x	x		M.C.F?
A	M	x		x	x	x	M.C.F?
A 1	F	x	x	x	x		M.C.F+
A	M	x	x		x		M.C.F+
A	F	x	x	x			DECOMPOSED
A	F	x	x		x		DECOMPOSED
A	M	x	x		x		M.C.F?
A	M	x			x		NO DIAG.
A	F	x		x	x		M.C.F?
A	F	x	x		x		M.C.F?
A 1	M	x	x		x		M.C.FI
A 1	F	x			x		M.C.F?
A 1	F	x			x		DECOMPOSED

KEY: J: JUVENILE
S: SUBADULT
A: ADULT
A 1: AGED
x: PATHOLOGY NOTED
M.C.F+: POSITIVE DIAGNOSIS MALIGNANT CATARRH
M.C.F?: NO DEFINITIVE DIAGNOSIS MALIGNANT CATARRH SUSPECTED
M.C.FI: VIRUS ISOLATION
DECOMPOSED: GROSS PATHOLOGY SUGGESTIVE OF M.C.F.
B.V.D?: NO DEFINITIVE DIAGNOSIS BOVINE VIRUS DIARRHOEA SUSPECTED
H.G.E.: HAEMORRHAGIC GASTROENTERITIS
G.I.T.: GASTROINTESTINAL TRACT

Five adult deaths were considered to be due to ragwort toxicity. Grossly the animals were debilitated with fibrous livers. On histology there was hepatic fibrosis, cytomegaly of the centrilobular hepatocytes, and occasionally biliary hyperplasia. Ragwort plants were present on the paddocks during the period of this survey.
Five animals died from traumatic injuries, to the thorax and abdomen, four of these resulted from fight wounds and the fifth from a penetrating foreign body in the thorax. Two animals died of "shock", one following capture and the other following entanglement in a paddock fence. The two females which died following dystocia were found to have peritonitis following uterine rupture in one instance and metritis due to a retained calf in the other. One case of pulmonary aspergillosis and pyelonephritis was recorded.

Discussion

From Table 1 it can be seen that neonatal mortality varying from 0 - 11 % is low compared to that of other extensively managed exotic ungulates KIRKWOOD et al. (1987) and lower than that reported by MONTALI et al. (1985). Dystocia is a significant cause of mortality. Cases of relative foetal oversize may be a result of fatness of the dam, but there is also the possibility of genetic factors and these should not be underestimated in a population which has suffered a severe 'bottleneck' in its population growth. These genetic aspects are well reviewed by BECK and WEMMER (1983).
Cases of neonatal diarrhoea during hand rearing can be resolved by using correct milk replacers and ensuring colostrum intake. Where dam colostrum is not available colostrum from another cervid or even bovid can be used. A milk replacer found to be suitable at The Zoological Society of London is a lamb milk replacer called Lamlac (Volac Ltd. Royston Herts. Analysis: fat 30 % protein 25 %).

Of the mortality clearly ragwort poisoning could have been avoided by better pasture management. It is unlikely to happen unless the density of ragwort is such that the animals are forced to graze the young growing plants. This was considered to be the case at Whipsnade. The small number of deaths due to fighting are probably unavoidable in a species of this kind. Ensuring the density of animals on pasture is optimal will reduce the likelihood of this occurring. Too many males for example in a restricted area will obviously lead to a greater percentage of injuries due to fighting. Deaths associated with capture or anaesthesia can be avoided with appropriate protocols BECK and WEMMER (1983), KOCK and PEARCE (1985).

The single case showing pulmonary aspergillosis and pyelonephritis possibly due to a pseudomonas infection is notable. There are some similarities of this case to one reported by BUXTON (1987) where five separate infections were described in addition to Johne's disease and the syndrome was considered to be the result of specific and/or non-specific immunosuppression. The most numerically significant cause of death in the captive population of Pere David's deer at Whipsnade is a disease complex with haemorrhagic gastroenteritis and lymphadenopathy with or without gut ulceration, kidney and ocular lesions visible on gross examination. There is evidence that the majority of these cases are a result of malignent catarrhal fever. The two cases of possible mucosal disease could not be substantiated. This is perhaps not surprising as other reports confirm that the Pere David's deer may be uniquely susceptible to malignant catarrhal fever virus compared to other species of deer REID (1987). There may be a genetic basis for this due to the relative isolation of the species over the last two thousand years. If one compares this species to, for example the Bali cattle (an island population) there are interesting similarities in apparent susceptibility to malignant catarrhal fever (H. REID personal communication). In this survey as many as 19 cases were possibly due to malignant catarrhal fever. The difficulty in obtaining definitive diagnosis of this disease should not be underestimated. Virus was only isolated in one case. Isolation techniques are difficult due to the extreme fragility of the virus with the necessity for extremely fresh tissue immediately post mortem with rapid transfer to a suitable laboratory for transmission studies. The histological changes which are pathognomic are found in lymphoid tissues and in the endothelium and walls of small blood vessels in any organ JUBB and KENNEDY (1970). Deer examined from a disease outbreak in a research centre in Scotland by REID (1987) showed characgeristic degenerative changes with lymphoid hyperplasia and interstitial lymphoid infiltration of parenchymatous organs and vasculitis. In the Whipsnade cases pathognomic vasculitis was noted in three individuals and charabteristic lymphoid cell infiltration of none lymphoid tissues in two further cases. Ten cases had changes at gross post mortem and/or a degree of histological change consistent with the disease, for example it was possible in a number of these cases to identify the characteristic foci in the kidney as described by REID (1987). Some of these cases were examined histologically by pathologists not familiar with malignant catarrh and this may have reduced the frequency of diagnosis. Four animals were too decomposed for useful histology but showed gross post mortem changes which were suggestive of MCF. Although it is impossible to be one hundred per cent certain of dignosis in a number of the cases there is sufficient evidence to establish the importance of this disease in the Pere David's deer at Whipsnade. The difficulty in diagnosis has been experienced elsewhere REID (1987) where in the outbreak at the Glensauch Research Station seven out of thirteen deer died from MCF but definitive diagnoses were only achieved in three and virus isolation in one. It is also interesting to note that in other deer notably Axis deer (Axis axis), Hog deer (Axis porcinus), Barasingha (Cervus devauceli), Sika deer (Cervus nippon), Moose (Alces alces), Reindeer (Rangifer tarandus), Chinese Water deer (Hydropotes inermis), Muntjac (Muntiacus reevesi), and Fallow deer (Dama dama) maintained under similar conditions to the Pere David's deer rarely develop haemorrhagic gastroenteritis. It is possible that this disease may become a limiting factor in the management of the species whether it be in captivity or in the wild. This is particularly so where the species is maintained in contact with sheep and species of antelope belonging to the sub-family hippotraginae and alcelaphinae REID (1987). At Whipsnade the disease has not been a limiting factor to the population growth, but a significant cause of mortality. In this collection the herd has been relatively well isolated from other species and this may be a factor in its success. It is not clear where the infection is coming from and a recent survey of 13 sera from the herd using an indirect immunofluorescent antibody test to the wildebeest herpes virus proved to be negative, which would not support the concept that some of these animals are infected latently, with this virus. However it is possible that there may be some other endogenous agent which can cause MCF in the herd. The single virus isolation achieved was wildebeest associated herpes virus. It was interesting to note that during the serology survey previously mentioned Scimitar horned oryx which occupy a paddock within 30 metres of the Pere David's paddocks showed a high incidence of antibody but these animals were not present in the collection before 1976 and therefore not a source of infection for cases in deer prior to that time. Unfortunately few cases of suspected MCF were bled and therefore serology was often not possible. In one case confirmed for MCF the titre was 1/128 using the virus neutralising (VN) antibody test. Finally it is interesting to note that the character of the disease in this survey differed from cases seen earlier TONG (1960), HUCK et al. (1961). In the original outbreak 8 of 14 animals in the herd were affected within 3 months of each other with obvious cracking of the epithelium of the snout and the web of the feet whereas the later cases were intermittent, usually single cases except on two occasions when up to three animals were affected within two months of each other. Foot lesions were not reported and the first presenting signs were dysentery.

When considering enteric disease in the Pere David's deer it is advisable to carry out specific diagnostic tests to rule out malignant catarrhal fever. Other diseases which have been reported in cervids should be considered, including pseudotuberculosis, Johne's disease, clostridial enterotoxaemia, and bovine virus diarrhoea BUXTON (1986). It should be possible from gross post mortem examination and the clinical picture to differentiate these diseases from malignant catarrhal fever. Other causes of diarrhoea in ruminants should be considered and can include nutritional factors, other micro organisms such as the enterobacteria, pasteurella sp., mycobacterium tuberculosis, mycoses and necrobacillosis WALLACH and BOEVER (1983). Hypovitaminosis A and hypocuprosis should be considered and enteric nematode parasitism, although the lack of evidence in this herd for any significant parasitic infection is notable. Under more intensive management, parasitism may be more important. Finally stress may lead to diarrhoea as has been recognised in other deer BUXTON (1986). It is clear from this survey that the Pere David's deer is well suited to extensive pasture management and with the exception of malignant catarrhal fever shows no remarkable susceptibility to ruminant diseases due to microorganisms or parasites present in the United Kingdom.

Acknowledgements

The authors would like to thank Dr. J. Kirkwood for his comments on the manuscript, Dena Hickman for typing, Dr. W. Plowright, Dr. H. Reid, and Dr. D. Buxton for invaluable diagnostic assistance.

Summary

A review of mortality in Pere David's deer (Elaphurus davidianus) at Whipsnade Zoo from 1965 to 1987

Mortality in the Whipsnade herd of Pere David's deer is reviewed. The main causes of death include Malignant catarrh, Ragwort toxicity, dystocia, and trauma in adults. Deaths in neonates are due to a variety of causes including dystocia, bacterial enteritides the majority of which were associated with handrearing, and weather stress.

Zusammenfassung

Eine Übersicht über die Mortalität beim Davidshirsch (Elaphurus davidianus) im Zoo von Whipsnade in der Zeit von 1965 bis 1987

Es wird ein Überblick über die Mortalität bei Davidshirschen im Whipsnade Park gegeben. Hauptmortalitätsfaktoren waren: Bösartiges Katarrhalfieber, Vergiftungen mit Jacobs-Kreuzkraut, Geburtsprobleme sowie bei adulten Tieren Verletzungen. Neugeborene starben vornehmlich direkt bei der Geburt oder an bakterieller Enteritis, wobei die meisten Fälle entweder mit Handaufzuchten oder mit Wetterstreß in Verbindung standen.

Résumé

Aperçu sur la mortalité du cerf du Père David (Elaphurus davidianus) dans Whipsnade Park de 1965 à 1987

L'auteur donne un aperçu sur la mortalité des cerfs du Père David dans Whipsnade Park. Les facteurs principaux de la mortalité ont été: fièvre catarrhale maligne, intoxication au seneçon Jacobaea L., problèmes de l'accouchement et dans le cas des animaux adultes des lésions. On a perdu les nouveaux-nés surtout directement au cour de la naissance ou à la suite d'une entérite bactérienne. La plupart des cas concernait l'élevage à main ou une réaction au stress des conditions météorologiques.

Резюме

Обзор падежа давидовых оленей (Elaphurus davidianus) в зоопарке Випснаде в период с 1965 по 1987 год

Дается обзор падежа давидовых оленей в Випснаде парке. Представлены факторы, влияющие на смертность животных: злокачественная катаральная лихорадка, отравления с проблемы, возникающие при родах а также острые ранения. Новорожденные погибали во время родов или от бактериального энтерита, причём в большенстве случаев падёж наблюдался при неблагоприятных климатических условиях или у животных, выращиваемых искусственно.

References

BACK, B. B., and C. M. WEMMER (1983): The Biology and Management of an extinct species Pere David's Deer. Noyes Publications, New Jersey, U.S.A.

BUXTON, D. (1986): Management and Diseases of Deer. Edit. T. ALEXANDER. Published by the Veterinary Deer Society.

BUXTON, D. (1987): Publication of The Veterinary Deer Society, 2, 19 - 23, 71 - 98.

FOOSE, T. J., and E. FOOSE (1983): In: The Biology and Management of an Extinct Species. Ed. BECK, B. B. and C. M. WEMMER, U.S.A.: Publ. Noyes.

GAUKLER, A., and M. KRAUS (1974): Q-Fieber bei Menschen und Tieren im Zoo Nürnberg, Verh.ber. Erkrg. Zootiere 16, 207 - 211.

GRINER, L. A. (1983): Pathology of Zoo Animals. San Diego: Zoological Society.

HEUSCHELE, W. P., SWANSEN, M., and H. R. FLETCHER (1984): Malignant Catarrhal Fever in United States Zoos: Proc. Am. Ass. Zoo Vet. 67 - 72.

HUBBARD, G. B., FLETCHER, K. C., and R. E. SCHMIDT (1983): Fibrosarcoma in a Pere David's Deer, Vet. Path. 20, 779 - 781.

HUCK, R. A., SHAND, A., ALLSOP, P. J., and A. B. PATERSON (1961): Malignant Catarrh of Deer, Vet. Rec. 73, 457 - 465.

IPPEN, R., und D. HENNE (1985): Ein Beitrag zu den Erkrankungen der Cerviden. Verh.ber. Erkrg. Zootiere, 27, 7 - 17.

JOHNSON, C. W., MONTALI, R. J., and M. BEIK (1980): Persistent right aortic arch and aberant left subclavian artery in a Pere David's deer. J. Zoo. Anim. Med. 11, 71 - 75.

JUBB, K. V. F., and P. C. KENNEDY (1970): Pathology of Domestic Animals. Academic Press.

KIRKWOOD, J. K., GASKIN, C. D., and J. MARKHAM (1987): Perinatal mortality and season of birth in captive wild ungulates. Vet. Rec. 120, 386 - 390.

KOCK, R. A., and P. C. PEARCE (1985): Anaesthesia in Zoo ungulates. J. Ass. Vet. Anaes., 13, 59 - 88.

KOHM, A. (1973): Tödliche Herbizid-Vergiftung bei David's Hirschen des Zoologischen Gartens der Stadt Karlsruhe. Verh.ber. Erkrg. Zootiere, 15, 135 - 141.

MONTALI, R. J., FREEMAN, R. A., COLLINS, L., WEMMER, C., and M. BUSH (1985): Pathology Survey of Captive Cervids at the National Zoological Park. Verh.ber. Erkrg. Zootiere, 27, 17 - 29.

REID, H. (1987): Malignant catarrhal fever in Pere David's deer. Vet. Rec. 121, 276 - 277.

SCHRÖDER, H.-D. (1985): Beitrag zu den Infektionskrankheiten der Cerviden. Verh.ber. Erkrg. Zootiere, 27, 51 - 55.

STEGER, V.-G., and S. LACKERMEIER (1985): Die Cerviden im Nürnberger Untersuchungsgut 1978 - 1984. Verh.ber. Erkrg. Zootiere, 27, 29 - 37.

TONG, E. H. (1960): Internal Document Zoo. Soc. London.

WALLACH, J. D., and W. J. BOEVER (1983): Diseases of Exotic Animals. Philadelphia: W. B. Saunders Co.

Address of author: R. K o c k
The Zoological Society of London
Whipsnade Park
Dunstable, Bedfordshire LU6 2LF (U. K.)

From Center for Reproduction of Endangered Species, Zoological Society of San Diego

MALIGNANT CATARRHAL FEVER IN WILD RUMINANTS

By W. P. Heuschele, B. S. Seal and R. B. Klieforth

Introduction

Malignant catarrhal fever (MCF; malignant head catarrh, malignant catarrh, snotsiekte) is a generalized viral disease of domestic cattle, buffaloes, occasionally sheep (HEUSCHELE et al., 1984) and goats (ALTMANN et al., 1973) and many species of wild ruminants. It is characterized by high fever, profuse nasal discharge, corneal opacity, ophthalmia, generalized lymphadenopathy, leukopenia and severe inflammation of the conjunctival, oral, and nasal mucosae with necrosis in the oral and nasal cavities, sometimes extending into esophagus and trachea. Occasionally CNS signs, diarrhea, skin lesions, and non-suppurative arthritis are observed.

MCF has caused serious disease and death in many species of wild ruminants, both free-living and captive in zoos and game parks in many areas of the world. Several publications have previously listed exotic ruminant species in which clinical MCF has been reported (HATKIN, 1980; HEUSCHELE, 1982; HEUSCHELE et al., 1984; PLOWRIGHT, 1981). These are summarized in Table 1.

Table 1: Exotic ruminants in which clinical malignant catarrhal fever has been reported

Genus and Species (Common Name)	Reference
Alcelaphus buselaphus hartebeest	COLLY, 1977; HEUSCHELE et al., 1984.
Alces alces elk (American moose)	ALTMANN et al., 1973; ANDERSEN, 1954; WILLIAMS et al., 1984.
Antilope cervicapra blackbuck	HEUSCHELE, 1982.
Antilocapra americana pronghorn	SKINNER, 1922.
Bison bison American bison	PIERSON et al., 1973; RUTH et al., 1977.
Bison bonasus European bison, wisent	ALTMANN et al., 1973; BALSAI, 1973; STRAVER and VAN BEKKUM, 1979.
Bos gaurus Indian gaur	CASTRO et al., 1982; HÄNICHEN and ERNST, 1969; HATKIN, 1980; HEUSCHELE, 1982; WIESNER, 1978.
Bos javanicus banteng	HÄNICHEN and ERNST, 1969; HATKIN, 1980; HEUSCHELE, 1982; HOFFMANN et al., 1984; RÖKEN and BJORKLUND, 1974.
Bos sondaicus banteng	RAMCHANDRA et al., 1982.
Boselaphus tragocamelus Indian nilgai	HEUSCHELE, 1982; HEUSCHELE et al., 1984; RÖKEN and BJORKLUND, 1974.
Bubalus bubalis water buffalo	HOFFMANN et al., 1984; SINGH et al., 1979.
Capra ibex sibirica Siberian ibex	HEUSCHELE et al., 1984.

Genus and Species (Common Name)	Reference
Capreolus capreolus roe deer	OTTE, 1928.
Cephalophus spp. duiker	COLLY, 1977.
Cervus axis axis deer	CLARK et al., 1970; CLARK et al., 1972; HEUSCHELE et al., 1984.
Cervus duvauceli barasingha deer	HATKIN, 1980; HEUSCHELE, 1982.
Cervus elaphus red deer	REID et al., 1979.
Cervus eldi thamin Eld's deer, thamin	HEUSCHELE, 1982.
Cervus mariannus sambar deer	COLLY, 1977; HEUSCHELE, 1982.
Cervus nippon sika deer	HEUSCHELE, 1982; SANDFORD et al., 1977; WILSON et al., 1983.
Cervus timorensis Rusa deer	DENHOLM and WESTBURY, 1982; WESTBURY and DENHOLM, 1982.
Damaliscus dorcas blesbok	COLLY, 1977.
Elaphurus davidianus Pere David's deer	HEUSCHELE, 1982; HUCK et al., 1961; SENIOR et al., 1962; SCHRÖDER, 1985; TONG et al., 1961.
Gazella leptoceros slender-horned gazelle	HEUSCHELE, 1982.
Giraffa camelopardalis giraffe	DIECKERHOFF, 1903.
Kobus leche lechwe	COLLY, 1977.
Lama glama llama	COLLY, 1977.
Nesotragus maschatus zuluensis Zulu suni	HEUSCHELE, 1982.
Odocoileus hemionus mule deer	PIERSON et al., 1973.
Odocoileus hemionus columbianus black-tailed deer	JESSUP, 1985.
Odocoileus virginianus white-tailed deer	CLARK et al., 1970; CLARK et al., 1972; WOBESER et al., 1973; WYAND et al., 1971.
Oryx leucoryx Arabian oryx	HEUSCHELE, 1982.
Rangifer tarandus reindeer	ALTMANN et al., 1973.
Rupicapra rupicapra chamois	OTTE, 1928.
Syncerus caffer nana Congo buffalo	PETIT, 1965.

Genus and Species (Common Name)	Reference
Taurotragus euryceros bongo	HEUSCHELE, 1982.
Tragelaphus scriptus bushbuck	COLLY, 1977.
Tragelaphus spekei sitatunga	ASHTON, 1982; COLLY, 1977; RÖKEN and BJÖRKLUND, 1974.
Tragelaphus strepsiceros greater kudu	BOEVER and KURKA, 1974.

Etiology

The etiologic agent of MCF in Africa was first isolated from a blue wildebeest (Connochaetes taurinus taurinus) by PLOWRIGHT et al. in 1959 (PLOWRIGHT et al., 1960). He and coworkers subsequently characterized it as a herpesvirus (PLOWRIGHT et al., 1965). Because this virus is highly cell-associated, lymphotropic, slow-growing and sometimes oncogenic, it is tentatively classified as belonging in the subfamily Gammaherpesvirinae (HEUSCHELE and CASTRO, 1984; HEUSCHELE et al., 1985).

The first isolation of MCF virus in the USA was by CASTRO et al. in 1979 from a greater kudu (Tragelaphus strepsiceros) and a gaur (Bos gaurus) with clinical MCF at the Oklahoma City Zoo (CASTRO et al., 1982). Shortly thereafter several other isolations were made by these workers from asymptomatic white-tailed wildebeest (Connochaetes gnou) at the Oklahoma City Zoo (CASTRO et al., 1983; RAMSAY et al., 1982).

Between 1981 and 1986 several isolations of MCF viruses have been made at the San Diego Wild Animal Park and Zoo by HEUSCHELE (1983), HEUSCHELE and FLETCHER (1984) and HEUSCHELE et al. (1984) from animals with clinical MCF and from asymptomatic carriers. These are listed in Table 2.

Table 2: Species from which malignant catarrhal fever viruses have been isolated at the San Diego Zoo and Wild Animal Park

Common Name (Scientific Name)	Number of Isolates
Nilgai (Boselaphus tragocamelus)	2
White-tailed gnu (Connochaetes gnou)	1
Formosan sika deer (Cervus nippon taiouanus)	3
Axis deer (Cervus axis axis)	1
White-bearded gnu (Connochaetes taurinus albojubatus)	1
Scimitar-horned oryx (Oryx gazella dammah)	1

Common Name (Scientific Name)	Number of Isolates
Jimela topi (Damaliscus lunata jimela)	2
Cape hartebeest (Alcelaphus buselaphus caama)	1
Siberian ibex (Capra ibex sibirica)	1

Initial serologic and electron microscopic studies on the viruses isolated from animals at the Oklahoma City Zoo and the San Diego Wild Animal Park have indicated that they are antigenically closely related to the prototype blue wildebeest isolate of PLOWRIGHT et al., which was designated as strain WC11 (CASTRO et al., 1983; CASTRO et al., 1984, CASTRO et al., 1985; HEUSCHELE et al., 1984).

While the MCF virus of wildebeest origin has been designated as bovid herpesvirus 3 by some authors, the naming of the virus in relation to its subfamily of origin is preferred, i. e., alcelaphine herpesvirus 1. The isolation of a MCF virus from hartebeest (Alcelaphus buselaphus) by REID and ROWE (1973) led them to propose two types of alcelaphine herpesvirus, type 1 being that of wildebeest origin, and type 2 being that isolated from the hartebeest.

Recent work in our laboratory, using restriction endonuclease analysis of viral DNA and virus DNA hybridization procedures with ten MCF virus isolates, supports this proposal of REID and ROWE (SEAL et al., 1987). We found that MCF virus isolates made from a Cape hartebeest (Alcelaphus buselaphus caama) and from a Jimela topi (Damaliscus lunatus jimela) had restriction patterns very similar to each other, but strikingly different from those of all wildebeest isolates, which had considerable similarity to each other (SEAL et al., 1987). Using DNA blot hybridization it was found that the MCF viral DNA from the WC11 blue wildebeest isolate hybridized extensively with the DNA of MCF viruses isolated from two other wildebeest species (Connochaetes taurinus albojubatus and Connochaetes gnou), but had little homology with the DNA of herpesviruses isolated from the hartebeest and topi. Conversely viral DNA from the topi isolate had extensive homology with viral DNA from the hartebeest isolate, but hybridized only minimally with viral DNA from any of the wildebeest isolates (SEAL et al., 1987).

It has been recognized that sheep are also probably carriers of an agent causing MCF. Until recently, this agent has not been identified. Several workers have succeeded in serial transmission of presumed sheep-origin MCF infection from cattle and deer to rabbits using whole blood initially and blood lymphocates in subsequent passages. However in these studies a viral agent could not be visualized by electron microscopy, cell-free virus could not be demonstrated in cell culture fluids and immunofluorescence studies failed to demonstrate alcelaphine MCF viral antigens in lymphocytes (HEUSCHELE et al., 1985; ROSSITER, 1980).

Serologic studies have, however, shown that there is a relatively high prevalence (approximately 27 %) of antibodies reactive with alcelaphine herpesvirus 1 in sera from both domestic and wild sheep and goat species. These were demonstrated by virus neutralization, indirect immunofluorescence and enzyme-linked immunosorbent assay (HEUSCHELE et al., 1984; KALUNDA et al., 1981; ROSSITER, 1981). This suggests that the putative agent of sheep/goat associated MCF may very likely be a herpesvirus related to the alcelaphine herpesviruses.

We have recently isolated a virus from the blood lymphocytes of domestic sheep that were associated with cattle which died from clinical MCF. Cell cultures inoculated with lymphocytes from these sheep, developed typical MCF-viral cytopathic effect (CPE).

When these cultures were tested by direct immunofluorescence with a fluorescent antibody prepared against alcelaphine herpesvirus 1 they gave a positive reaction. Studies are in progress to further characterize this virus.

Clinical Features of MCF in Exotic Species

Most reports of MCF in exotic ruminants indicate that the clinical disease signs and pathology are similar to the spectrum of manifestations of disease seen in domestic cattle (HEUSCHELE, 1982; HEUSCHELE et al., 1984; PLOWRIGHT, 1981). These range from the peracute form in which fever, hemorrhagic gastroenteritis with bloody diarrhea and a short course of 1 - 3 days are seen, to the more characteristic so-called "head and eye" form with the classical signs of fever, nasal and ocular discharge, dyspnea, drooling, erosions of the oral, nasal and esophageal mucosae, and corneal opacity. In the latter more common form, animals may survive for 7 - 18 days, and sometimes longer.

Because of the similarity of clinical signs of MCF to bovine viral diarrhea-mucosal disease, rinderpest, and other diseases characterized by oral erosions, respiratory signs and gastroenteritis, the clinical and pathologic diagnosis of MCF must be confirmed by histologic demonstration of the pathognomonic lesions of MCF. These consist of a diffuse fibrinoid necrotizing vasculitis, and lymphoid cell infiltration of many tissues, especially brain, leptomeninges, carotid rete, kidney, liver, adrenal gland, thyroid, heart, the eye and the skin when skin lesions are present. All lymphoid tissues show destruction and loss of mature lymphocytes with concomitant increase in macrophages and lymphoblasts. Usually, the normal architecture of lymph nodes is completely altered with destruction of germinal centers. Since the overall pathology of MCF has been well-described elsewhere (HEUSCHELE and CASTRO, 1984; PLOWRIGHT, 1981) it will not be further detailed here.

Diagnosis

The combination of clinical signs, epidemiologic features of low morbidity and high case fatality rate, with characteristic gross and especially microscopic pathologic lesions provides a reasonable basis for the diagnosis of MCF. Virus isolation and serologic procedures can provide confirmation for a final diagnosis of MCF.

Bovine and ovine cell cultures derived from fetal or newborn animal tissues including kidney, thyroid, testis, adrenal, spleen, lung and choroid plexus cells have been used successfully for the isolation or propagation of alcelaphine herpesviruses. The Vero African green monkey kidney cell line and rabbit kidney cell lines have also been used to propagate MCF viruses after they have been adapted to cell cultures and are producing cell-free virus. In our laboratory, we have had the best success in initial virus isolation using kidney cell cultures derived from a fetal aoudad sheep (Ammotragus lervia) which we have designated FAK cells. For subsequent propagation of virus isolates we use bovine embryonic lung (BEL) cells, Vero cells and sheep choroid plexus (SCP) cells.

It is interesting to note that the herpesvirus isolated from a topi, mentioned previously, grows well in FAK and SCP cells but not in BEL cells. All other MCF virus isolates we have studied grow in both ovine and bovine cells.

We have confirmed the observations of HARKNESS and JESSETT (1981) that MCF viruses, which are highly cell-associated upon initial isolation, become more rapidly adapted to cell culture as evidenced by production of cell-free virus when cultures are incubated at 33 - 34° C rather than at 37° C. Once the viruses are adapted to cell culture and producing cell-free virus, yields of 10^4 to 10^6 $TCID_{50}$ per ml are obtained in production cultures incubated at 37° C as well as at the lower temperatures. In preliminary growth studies we have found peak infectious viral titers at 4 - 5 days postinoculation.

The cytopathic effect (CPE) observed in MCF virus infected cell cultures upon initial isolation is characterized by the formation of large multinucleated syncytia. These contract and ultimately detach progressively until the cell monolayer is completely destroyed. This process sometimes takes 2 - 3 weeks. At this stage there is little or no cell-free virus in culture fluids.

The character of CPE produced in infected cells changes dramatically once cell-free virus production occurs. Formation of synoytia ceases and CPE is characterized by shrinking and rounding of individual infected cells which accumulate in focal clusters. Cells at the center of such clusters detach leaving denuded microplaques, which coalesce as the infection progresses until the entire monolayer of cells is finally destroyed, usually between 10 and 14 days postinoculation.

Once viral CPE is seen in cell cultures, the use of direct or indirect immunofluorescence has been useful for preliminary identification as MCF or a bovine herpesvirus. Some cross-reaction has been observed when a fluorescent antibody prepared against alcelaphine herpesvirus 1 was applied to cell cultures infected with bovine herpesviruses 1, 2 and 4. However, no such cross-reactivity is observed when the virus neutralization test is used.

At present, MCF virus carriers are identified by the detection of serum virus neutralizing (SN) antibodies using a standardized SN test procedure in Vero cell cultures which has been previously described (HEUSCHELE et al., 1985). The use of the indirect immunofluorescence (IIF) test method is useful for screening sera, but, as mentioned previously, is not as specific as the SN test for detecting MCF antibodies. An enzyme-linked immunosorbent assay (ELISA) test for detecting MCF viral antibodies has recently been described (WAN et al., 1988). In our laboratory this procedure, although more rapid, has not been as reliable as the SN test for detecting MCF viral antibodies.
The use of direct immunofluorescence to detect MCF viral antigens in tissue sections from animals with clinical MCF has been relatively unsuccessful (REID and ROWE, 1973). We have, however, succeeded in demonstrating MCF antigens in lymphocytes in blood smears from infected animals by direct immunofluorescence (HEUSCHELE and FLETCHER, 1984).

Current molecular biologic studies in our laboratory are aimed at developing specific DNA probes for detecting MCF viral DNA in cells from infected animals. We hope to have this procedure established during the next year.

Prevention and Control

At present, there is no vaccine for MCF, although current research in our laboratory includes development of a vaccine as one of our goals. Prevention and control of MCF in zoos, game parks and ranches must therefore largely depend upon eliminating individual animals known to be potential carriers and shedders of MCF viruses, or separating and isolating them from contact with susceptible animals. Although serologic surveys of captive wild ruminants have revealed that a wide variety of species have SN antibodies against MCF viruses and are likely to be virus carriers, epidemiologic evidence suggests that only wildebeest, sheep and goats act as shedders of MCF viruses. For the past two years we have separated our male wildebeest from the females at the San Diego Wild Animal Park, thus preventing breeding. The absence of calves which shed cell-free MCF virus has resulted in there having been no cases of MCF in any species in the Park since this practice was begun. However, we do need to continue to produce replacements for our herd. We have therefore separated a small group of wildebeest cows and a bull into an isolation pen distantly removed from any other hoofed animals. We plan to remove calves that may be born shortly after birth and to hand-raise them in isolation. It has been shown by PLOWRIGHT (1965) that not all wildebeest calves are infected with MCF *in utero*, but more commonly about 90 % are infected from other calves in a herd during the first three months of life. Only about 10 % of calves he surveyed were infested with MCF at birth. It is our hope that by this method we can develop a herd of wildebeest free of MCF infection.

Summary

Malignant catarrhal fever in wild ruminants

Malignant catarrhal fever (MCF) continues to be a serious potential threat to the life and health of many valuable and endangered wild ruminant species. Improved methods for the laboratory confirmation of MCF diagnoses have been developed consisting of virus isolation in cell culture, identification of virus isolates by serum virus neutralization, immunofluorescence, ELISA, restriction endonuclease analysis of viral DNA and virus DNA probe hybridization studies. Although many species of captive wild ruminants have serum MCF virus neutralizing antibodies and are potential virus carriers, epidemiologic evidence suggests that infected (carrier) wildebeest, sheep and goats are the principal sources of infection for susceptible species. Serologic testing of wildebeest, sheep and goats, and either elimination or separation of seropositive animals of these species from susceptible animals is the only means of prevention of MCF at present, since no vaccine yet exists.

Zusammenfassung

Bösartiges Katarrhalfieber bei Wildwiederkäuern

Das Bösartige Katarrhalfieber ist nach wie vor eine ernste potentielle Bedrohung für das Leben und die Gesundheit wertvoller und gefährdeter Spezies von Wildwiederkäuern. Verbesserte Methoden für die Labordiagnostik des Bösartigen Katarrhalfiebers, wie die Virusisolierung in Zellkultur, der Neutralisationstest, die Immunfluoreszenz, der ELISA, die Analyse der Virus-DNA durch Restriktionsendonukleasen und DNA-Hybridisierung, wurden entwickelt. Obwohl viele Wildwiederkäuerarten virusneutralisierende Antikörper aufweisen und potentielle Virusträger sind, deuten die epidemiologischen Ergebnisse darauf hin, daß infizierte Gnus, Schafe und Ziegen die hauptsächlichsten Infektionsquellen für empfängliche Arten sind. Gegenwärtig ist die serologische Untersuchung von Gnus, Schafen und Ziegen und entweder die Eliminierung oder die Separation der serologisch positiven Tiere dieser Arten von empfänglichen Tieren das einzige Mittel zur Vorbeuge gegen Bösartiges Katarrhalfieber, da es bisher keine Vakzine gibt.

Résumé

Fièvres catarrheuses malignes chez les ruminants sauvages

La fièvre catarrhause maligne constitue tout comme avant une menace potentielle sérieuse de la vie et la santé des espèces de ruminants sauvages précieux ou en voie de disparition. On a développé des méthodes améliorées du diagnostic, de laboratoire de la fièvre catarrheuse telles que l'isolation du virus dans un bouillon de culture cellulaire, l'essai de neutralisation, l'immunofluorescence, l'ELISA, l'analyse de l' A.D.N. Virale par endonucléases de restriction et l'hybridisation A.D.N. Malgré le fait que beaucoup d'espèces des ruminants sauvages ont des anticorps neutralisant le virus et sont des excipients potentiels du virus les résultats épidémiologiques indiquent que les gnous, moutons et chèvres infectés sont les souces primaires d'infection des espèces sensibles. A l'heure actuelle l'examen sérologique des gnous, moutons et chèvres et soit l'élimination soit la séparation des animaux sérologiquement positifs de ces espèces des aminaux sensibles est la seule possibilité d'une prévention de la fièvre catarrheuse parcequ'il n'y a pas encore des vaccins jusqu' à présent.

Резюме

Злокачественная катаральная лихорадка у диких жвачных

Злокачественная лихорадка является как и раньше потенциальной угрозой для жизни различных специй диких жвачных. Разработаны улучшенные методы выявления злокачественных катаров, изолирование вируса в культуре клеток ,нейтролизация, иммунофлуоресценция,анализ вида вируса с помощью нуклеаз рестрикции и ДНС гибритизации . Несмотря на то, что многие дикие копытные имеют вируснейтролизующие антитела и являются потенциальными носителями вируса, основными источниками инфекции являются инфицированные гну, овцы и козы. В настоящее время основным методом борьбы является серологическое обследование гну, овец и коз и уничтожение или изиляция серологически положительных животных от других видов, так как до настоящего время не получена защитная вакцина.

Reference

ALTMANN, D., KRONBERGER, H., und K. F. SCHÜPPEL (1973): Bösartiges Katarrhalfieber (Coryza gangraenosa) bei zwei Elchen, zwei Rentieren und einer Hausziege im Thüringer Zoopark Erfurt. Verh. ber. Erkrg. Zootiere 15, 41 - 49.

ANDERSSON, P. (1954): Bovine malignant catarrh in an elk. Nord. Vet. Med. 5, 847 - 854.

ASHTON, D. G. (1982): Malignant catarrhal fever. Vet. Clinical Rept., Scientific Rept. The Zool. Soc. of London. J. Zoology of London 197, 82 - 83.

BALSAI, A. (1973): Bösartiges Katarrhalfieber beim Wisent (Bison bonasus). Verh.ber. Erkrg. Zootiere 15, 52 - 54.

BOEVER, W. J., and B. KURKA (1974): Malignant catarrhal fever in greater kudus. J. Am. Vet. Med. Assoc. 165, 817 - 819.

CASTRO, A. E., DALEY, G. G., ZIMMER, M. A., WHITENACK, D. L., and J. JENSEN (1982): Malignant catarrhal fever in an Indian gaur and greater kudu: Experimental transmission, isolation, and identification of a herpesvirus. Am. J. Vet. Res. 43, 5 - 11.

CASTRO, A. E., SCHRAMKE, M. L., RAMSAY, E. C., WHITENACK, D. L., and J. F. DOTSON (1983): A diagnostic approach in the identification and isolation of malignant catarrhal fever virus from inapparent carriers in a wildebeest herd. Proc. III Int. Symp. Vet. Lab. Diag. 715 - 721.

CASTRO, A. E., RAMSAY, E. C., DOTSON, J. F., SCHRAMKE, J. L., KOCAN, A. A., and D. L. WHITENACK (1984): Characteristics of malignant catarrhal fever isolated from captive wildebeest calves. Am. J. Vet. Res. 45, 409 - 415.

CASTRO, A. E., HEUSCHELE, W. P., SCHRAMKE, J. L., and J. F. DOTSON (1985): Ultrastructure of cellular changes in the replication of the alcelaphine herpesvirus-1 of malignant catarrhal fever. Am. J. Vet. Res. 46, 1231 - 1237.

CLARK, K. A., ROBINSON, R. M., MARBURGER, R. G., JONES, L. P., and J. H. ORCHARD (1970): Malignant catarrhal fever in Texas cervids. J. Wildlife Dis. 6, 373 - 383.

CLARK, K. A., ROBINSON, R. M., WEISHUHN, L. L., and S. A. McCONNELL (1972): Further observations on malignant catarrhal fever in Texas deer. J. Wildlife Dis. 8, 72 - 74.

COLLY, L. (1977): Malignant catarrh. Vet. Med. at the Johannesburg Zoo. Proc. A.A.Z.V. 11 - 12.

DENHOLM, L. H., and H. A. WESTBURY (1982): Malignant catarrhal fever in farmed Rusa deer (Cervus timorensis) I. Clinico-pathological observations. Austral. Vet. J. 58, 81 - 87.

DIECKERHOFF, W. (1903): Lehrbuch der Speziellen Pathologie und Therapie für Tierärzte, 2nd ed., 2, 97 - 112.

HÄNICHEN, R., und K. ERNST (1969): Bösartiges Katarrhalfieber bei Gaur und Bantengrindern. Verh.ber. Erkrg. Zootiere 11, 163 - 165.

HARKNESS, J. W., and D. M. JESSETT (1981): Influence of temperature on the growth in cell culture of malignant catarrhal fever virus. Res. Vet. Sci. 31, 164 - 168.

HATKIN, J. (1980): Endemic malignant catarrhal fever at the San Diego Wild Animal Park. J. Wildlife Dis. 16, 439 - 443.

HEUSCHELE, W. P. (1982): Malignant catarrhal fever in wild ruminants - A review and current status report. Proc. 86th Ann. Mtg. U. S. Anim. Hlth. Assn. 86, 552 - 570.

HEUSCHELE, W. P. (1983): Diagnosis of malignant catarrhal fever due to alcelaphine herpesvirus-1. Proc. III Int. Symp. Vet. lab. Diag. 707 - 713.

HEUSCHELE, W. P., and H. R. FLETCHER (1984): Improved methods for the diagnosis of malignant catarrhal fever. Proc. 27th Ann. Mtg. Amer. Assn. Vet. Lab. Diag. 27, 137 - 150.

HEUSCHELE, W. P., FLETCHER, H. R., OOSTERHUIS, J., JANSSEN, D., and P. T. ROBINSON (1984): Epidemiologic aspects of malignant catarrhal fever in the U.S.A. Proc. 88th Ann. Mtg. U.S. Anim. Hlth. Assn. 88, 640 - 651.

HEUSCHELE, W. P., and A. E. CASTRO (1984): Malignant catarrhal fever in Foreign Animal Diseases. U.S. Anim. Hlth. Assn. Richmond, VA, U.S.A., 244 - 253.

HEUSCHELE, W. P., CASTRO, A. E., WAN, S. K., METZ, C., WORLEY, M. B., FLETCHER, H. R., and W. PLOWRIGHT (1985): Recommended standard serologic method for malignant catarrhal fever. Proc. 28th Ann. Mtg. Amer. Assn. Vet. Lab. Diag. 28, 331 - 336.

HEUSCHELE, W. P., NIELSEN, N. O., OOSTERHUIS, J. E., and A. E. CASTRO (1985): Dexamethasone-induced recrudescence of malignant catarrhal fever and associated lymphosarcoma and granulomatous disease in a Formosan sika deer (Cervus nippon taiouanus). Am. J. Vet. Res. 46, 1578 - 1583.

HOFFMAN, D., SOERIPTO, S., SOBIRONINGSIH, S., CAMPBELL, S. F., and B. C. CLARKE (1984): The clinico-pathology of a malignant catarrhal fever syndrome in the Indonesian swamp buffalo (Bubalus bubalis). Austral. Vet. J. 61, 108 - 112.

HUCK, R. A., SHAND, A., ALLSOP, P. J., and A. B. PATERSON (1961): Malignant catarrh of deer. Vet. Rec. 73, 457 - 465.

JESSUP, D. A. (1985): Malignant catarrhal fever in a free-ranging black-tailed deer (Odocoileus hemionus columbianus) in California. J. Wildlife Dis. 21, 167 - 169.

KALUNDA, M., FERRIS, D. H., DARDIRI, A. H., and K. M. LEE (1981): Malignant catarrhal fever. III. Experimental infection of sheep, domestic rabbits and laboratory animals with malignant catarrhal fever virus. Can. J. Comp. Med. 45, 310 - 314.

MUSHI, E. Z., and F. R. RURANGIRWA (1981): Epidemiology of bovine malignant catarrhal fevers. A review. Vet. Res. Communic. 5, 127 - 142.

OTTE, W. (1928): Weitere Beiträge zur Ätiologie des Bösartigen Katarrhalfiebers. Berl. Münch. Tierärztl. Wochenschr. 44, 875 - 877.

PETTIT, T. (1965): An account of successful treatment of malignant head catarrh on a female Congo buffalo, Bubalus caffer nanus. Zool. Garten 31, 250 - 251.

PIERSON, R. E., THAKE, D., McCHESNEY, A. E., and J. STORZ (1973): An epizootic of malignant catarrhal fever in feedlot cattle. J. Am. Vet. Med. Assoc. 163, 349 - 350.

PLOWRIGHT, W., FERRIS, R. D., and G. R. SCOTT (1960): Blue wildebeest and the aetiological agent of bovine malignant catarrhal fever. Nature 188, 1167 - 1169.

PLOWRIGHT, W., MACADAM, R. F., and J. A. ARMSTRONG (1965): Growth and characterization of the virus of bovine malignant catarrhal fever in East Africa. J. Gen. Microbiol. 39, 253 - 266.

PLOWRIGHT, W. (1965): Malignant catarrhal fever in East Africa: I. Behavior of the virus in free-living populations of blue wildebeest (Gorgon taurinus taurinus Burchell). Res. Vet. Sci. 6, 56 - 68.

PLOWRIGHT, W. (1981): Herpesviruses of wild ungulates, including malignant catarrhal fever virus, in Infectious Diseases of Wild Mammals, 2nd ed., J. W. Davis, L. H. Karstad, D. O. Trainer, eds., Iowa State Univ. Press, Ames, Iowa, 126 - 146.

RAMCHANDRA, S., MALOLE, M., RITULIADI, D., and T. SAFRIATI (1982): Experimental reproduction of malignant catarrhal fever in Bali cattle (Bos sondaicus). Austral. Vet. J. 58, 169 - 170.

RAMSAY, E. C., CASTRO, A. E., and B. M. BAUMEISTER (1982): Investigations of malignant catarrhal fever in ruminants at the Oklahoma City Zoo. Proc. 86th Ann. Mtg. U.S. Anim. Hlth. Assn. 86, 571 - 582.

REID, H. W., BUXTON, D., CORRIGALL, W., HUNTER, A. R., McMARTIN, D. A., and R. RUSHTON (1979): An outbreak of malignant catarrhal fever in red deer (Cervus elaphus). Vet. Rec. 104, 120 - 123.

REID, H. W., and L. W. ROWE (1973): The attenuation of a herpes virus (malignant catarrhal fever virus) isolated from hartebeest (Alcelaphus buselaphus cokei Gunther). Res. Vet. Sci. 15, 144 - 156.

Röken, B. O., and N. E. BJORKLUND (1974): Elakartad Katarrhalfeber i en djurpark. Proc. 12th Nord. Vet. Congress, Reykjavik, 197 - 198.

ROSSITER, P. B. (1980): A lack of readily demonstrable virus antigens in the tissues of rabbits and cattle infected with malignant catarrhal fever virus. Brit. Vet. J. 136, 478 - 483.

ROSSITER, P. B. (1981): Antibodies to malignant catarrhal fever virus in sheep sera. J. Comp. Path. 91, 303 - 311.

RUTH, G. R., REED, D. E., DALEY, C. A., VORHIES, M. W., WOHLGEMUTH, K., and H. SHAVE (1977): Malignant catarrhal fever in bison. J. Am. Vet. Med. Assoc. 171, 913 - 917.

RWEYEMAMU, M. M., KARSTAD, L., MUSHI, E. Z., OTEMA, J. C., JESSETT, D. M., ROWE, L., DREVEMO, S., and J. G. GROOTENUIS (1974): Malignant catarrhal fever virus in nasal secretions of wildebeest: A probable mechanism for virus transmission. J. Wildl. Dis. 10, 478 - 487.

SANFORD, S. E., LITTLE, P. B., and W. A. RAPLEY (1977): The gross and histopathological lesions of malignant catarrhal fever in three captive Sika deer (Cervus nippon) in Southern Ontario. J. Wildl. Dis. 13, 29 - 32.

SEAL, B. S., KLIEFORTH, R. B., and W. P. HEUSCHELE (1987): Evidence for variation among malignant catarrhal fever virus isolates. Proc. 91st Ann. Mtg. Anim. Hlth. Assn. 91, 510 - 525.

SENIOR, M., HALNAN, C. R. E., and E. H. TONG (1962): An outbreak of malignant catarrh among the Pere David deer. Vet. Rec. 74, 932 - 936.

SCHRÖDER, H.-D. (1985): Beitrag zu den Infektionskrankheiten der Cerviden. Verh.ber. Erkrg. Zootiere 27, 51 - 54.

SINGH, G. B., SINGH, P. P., GUPTA, D. S., and D. S. HOTHE (1979): Epizootiological observations on malignant catarrhal fever and transmission of the disease in buffalo calves (Bubalus bubalis). Acta Vet. Brno 48, 95 - 103.

SKINNER, M. F. (1922): The pronghorn. J. Mammal. 3, 82 - 105.

STRAVER, P. J., and J. G. VAN BEKKUM (1979): Isolation of malignant catarrhal fever virus from a European bison (Bison bonasus) in a zoological garden. Res. Vet. Sci. 26, 165 - 171.

TONG, E. H., SENIOR, M., and C.R.E. HALNAN (1961): An outbreak of malignant catarrh among the Pere David deer. Proc. Zool. Soc. London 136, 1 - 7.

WAN, S. K., CASTRO, A. E., HEUSCHELE, W. P., and E. C. RAMSAY (1988): Enzyme-linked immunosorbent assay for the detection of antibodies to the alcelaphine herpesvirus of malignant catarrhal fever in exotic ruminants. Am. J. Vet. Res. 49 (in press).

WESTBURY, H. A., and L. J. DENHOLM (1982): Malignant catarrhal fever in farmed Rusa deer (Cervus timorensis). 2. Animal transmission and virological studies. Austral. Vet. J. 58, 88 - 92.

WIESNER, H. (1978): Versuche einer prophylaktischen Therapie bei Bösartigem Katarrhalfieber beim Gaur (Bos frontalis gaurus) mit Levamisol. Kleintier-Prax. 23, 391 - 394.

WILLIAMS, E. S., THORNE, T., and H. A. DAWSON (1984): Malignant catarrhal fever in a Shira's moose (Alces alces shirasi Nelson). J. Wildl. Dis. 20, 230 - 232.

WILSON, P. R., ALLEY, M. R., and A. C. IRVING (1983): Chronic malignant catarrhal fever: a case in a sika deer (Cervus nippon). New Zeal. Vet. J. 31, 7 - 9.

WOBESER, G., MAJKA, J. A., and J.H.L. MILLA (1973): A disease resembling malignant catarrhal fever in captive white-tailed deer in Saskatchewan. Can. Vet. J. 14, 106 - 109.

WYAND, D. S., HELMBOLDT, C. F., and S. W. NIELSON (1971): Malignant catarrhal fever in white-tailed deer. J. Am. Vet. Med. Assoc. 159, 605 - 610.

Address of authors: W. P. Heuschele
Center for Reproduction of
Endangered Species
Zoological Society of San Diego
P.O. Box 551
San Diego, CA 92112 (USA)

Aus der Forschungsstelle für Wirbeltierforschung (im Tierpark Berlin)
(Direktor: Prof. Dr. sc. Dr. h.c. H. DATHE) der Akademie der Wissenschaften der DDR

ZU DEN BAKTERIELLEN ERKRANKUNGEN DER BOVIDEN

Von H.-D. Schröder

Die Boviden sind zweifelsohne die größte und artenreichste Familie der Paarhufer. Zu ihr gehören, neben Rindern, Schafen und Ziegen, auch die Antilopen und Gemsen. Um einen Überblick über die bei ihnen auftretenden bakteriellen Erkrankungen und deren Bedeutung zu erlangen, wurden die Ergebnisse der in einem Zeitraum von 15 Jahren (1973 - 1987) bei 1562 Vertretern dieser Familie im Rahmen der Todesursachenermittlung durchgeführten bakteriologischen Untersuchungen ausgewertet. Das Untersuchungsmaterial stammte aus verschiedenen tiergärtnerischen Einrichtungen und aus der freien Wildbahn.

Bei insgesamt 145 Tieren, d.h. bei 9,28 % der untersuchten Boviden, konnten bakterielle Erkrankungen nachgewiesen werden. Die größte Bedeutung kommt zweifellos mit 3,59 % den Escherichia-coli-Infektionen zu. Sie wurden vorwiegend bei Jungtieren beobachtet. Die Hauptrolle spielte die perakut septikämisch verlaufende Form. Die Tiere zeigten Schwäche, Dyspnoe und Apathie und starben meistens in den ersten beiden Lebenstagen. Pathologisch-anatomisch standen die Gastroenteritiden im Vordergrund. In einigen Fällen wurden auch Pneumonien und Gelenkaffektionen festgestellt. Im Rahmen der bakteriologischen Untersuchungen wurden die Serovaren O78:K80 bei einer Zwergziege (C. aegagrus hircus), O26:K60 bei Heidschnucke (O. ammon aries), Zwergziege und Saiga-Antilope (S. tatarica) sowie O111:K58 bei einem Zackelschaf (O. ammon aries) nachgewiesen.

An zweiter Stelle in unserem Untersuchungsmaterial stehen die Mycobacterium-Infektionen (2,11 %), wobei in 19 Fällen Tuberkulose und bei 14 Tieren Paratuberkulose festgestellt wurde. Bei den Tuberkulosen dominierten die Infektionen mit Mycobacterium (M.) bovis. In drei Fällen, und zwar bei einer Addax-Antilope (A. nasomaculatus), einem Riedbock (R. redunca) und einer Indischen Langohrziege (C. aegagrus hircus), wurden Infektionen mit M. avium ermittelt. Besondere Beachtung verdient eine Tuberkulose-Enzootie bei Indischen Langohrziegen. Nachdem bei einem Tier bei der Sektion eine generalisierte Tuberkulose, die durch M. bovis verursacht worden war, festgestellt wurde, sind alle Tiere des Bestandes tuberkulinisiert worden. Dabei wurden weitere Reagenten ermittelt. Daraufhin wurden alle Tiere unter besonderen Sicherheitsvorkehrungen (isolierte Haltung, gesonderte Betreuung und entsprechende Desinfektionsmaßnahmen) aufgestallt. Unter strenger Kontrolle wurden die anstehenden Geburten abgewartet. Die Lämmer wurden dann unmittelbar nach der Geburt von der Herde getrennt und mutterlos aufgezogen. Nachdem alle Muttertiere abgelammt hatten, wurde der alte Bestand gemerzt. Bei der Sektion dieser Tiere wurde in zehn weiteren Fällen Tuberkulose festgestellt. Hauptsitz der Veränderungen waren vorrangig die Lungen; Uterustuberkulosen wurden nicht beobachtet. Bei den inzwischen verstorbenen Tieren des neuen Bestandes wurde in keinem Fall Tuberkulose nachgewiesen.

Bei den durch M. paratuberculosis verursachten Erkrankungen handelte es sich um einen enzootischen Verlauf bei Saiga-Antilopen. Die Tiere hatten klinisch therapieresistenten Durchfall und Abmagerung gezeigt. Bei der Sektion wurde, neben Kachexie und Schwellung der Mesenteriallymphknoten, die für Paratuberkulose typische gehirnwindungsartige Faltenbildung der Darmschleimhaut angetroffen (SCHRÖDER, 1985). Die bakterioskopische Untersuchung der Darmschleimhaut und der Darmlymphknoten führte zum Nachweis von säurefesten Stäbchen in der für Paratuberkulose bekannten nestförmigen Lagerung. Die kulturelle Untersuchung auf Mykobakterien, allerdings ohne den Einsatz mykobaktinhaltiger Nährmedien, verlief negativ.

An dritter Stelle folgen die Corynebakterium-Infektionen (0,96 %). Sie wurden vor allen Dingen bei den Rindern festgestellt. Vorrangig handelte es sich um Infektionen mit Corynebacterium pyogenes. Bei der Sektion wurden häufig Abszeßbildungen in den inneren Organen angetroffen, wobei in den meisten Fällen die Lunge und/oder die Leber betroffen waren. Bei einem Kamerunschaf (O. ammon aries) wurde außerdem eine Perikarditis ermittelt. Bei einem Gotlandschaf (O. ammon aries) mit Abszeßbildungen in der Lunge und einer Pleuritis wurde Corynebacterium pseudotuberculosis nachgewiesen.

In elf Fällen wurden Kokken-Infektionen festgestellt. Es handelte sich hauptsächlich um Jungtiere, deren Widerstandskraft durch die unterschiedlichsten Ursachen herabgesetzt war. Bei der Sektion standen Pneumonien und Enteritiden im Vordergrund.

Bei neun Tieren wurde Nekrobazillose ermittelt, wobei vorrangig Saiga-Antilopen betroffen waren. Das Sektionsbild entsprach weitgehend den bereits von IPPEN (1962) beschriebenen Veränderungen. Im Vordergrund standen wiederum ausgedehnte nekrotische Bezirke im Bereich der Maulhöhle einschließlich Zunge und Rachenschleimhaut sowie gleichartige Veränderungen in der Pansen- und Blättermagenschleimhaut.

In sieben Fällen wurden Pasteurella-Infektionen beobachtet. Pathologisch-anatomisch standen die Veränderungen am Respirationstrakt im Vordergrund. Bei einigen Tieren handelte es sich offensichtlich um Sekundärinfektionen nach vorausgegangenen viralen Infekten.

Bei sechs Tieren wurden Salmonella-Infektionen nachgewiesen. Bei der Sektion wurden Magen-Darmentzündungen und Leberveränderungen festgestellt. Ähnlich wie bei Hausrindern wurden Infektionen mit S. dublin und S. typhi-murium angetroffen.

In der letzten Zeit ist mehrfach Moderhinka beim Muffelwild beobachtet worden. Ähnlich wie beim Hausschaf beginnt die Erkrankung mit einer Stützbeinlahmheit. Es können mehrere Extremitäten gleichzeitig betroffen sein. Der Kronsaum ist meistens vermehrt warm. Oft wird eine Entzündung im Zwischenklauenspalt beobachtet. Später bestimmen tiefgreifende nekrotische Prozesse das Krankheitsbild. In vielen Fällen wird ein Auswachsen der Schalen festgestellt, das bis zum Ausschuhen führen kann. Vermutlich dienen Verletzungen und Mikrotraumen im Klauenbereich als Eintrittspforte für die entsprechenden Erreger. Aus den veränderten Klauenpartien wurde inzwischen Bacteroides nodosus isoliert (NATTERMANN et al., 1987).

Schließlich sollen noch einige Erkrankungen erwähnt werden, die ohne größere epizootiologische Bedeutung bei Einzeltieren beobachtet wurden. So wurden bei einer Hirschziegenantilope (A. cervicapra) und einem Mufflon (O. ammon musimon) Infektionen durch Yersinia-pseudotuberculosis ermittelt. Bei einem weiteren Mufflon wurde Erysipelothrix rhusiopathiae nachgewiesen. Bei einem Riedbock, der bei der Sektion Lebernekrosen erkennen ließ, wurde Listeria monocytogenes ermittelt.

Diskussion und Schlußfolgerungen

Bei einem Vergleich mit einer früheren Auswertung (SCHRÖDER und IPPEN, 1973) ist festzustellen, daß bei den Boviden ein Rückgang der bakteriellen Erkrankungen um fast 50 % zu verzeichnen ist. Das Spektrum der Erkrankungen ist aber nahezu gleich geblieben. Nach wie vor kommt den Escherichia-coli-Infektionen eine vorrangige Bedeutung zu. Offenbar reichen die durchgeführten Prophylaxemaßnahmen nicht aus, um Jungtiere sicher vor einer Coli-Infektion zu schützen. Neben Maßnahmen zur Erregerverdünnung sollten Jungtiere möglichst frühzeitig mit Multivitaminen und Rindergammaglobulin versorgt werden. In Problembeständen ist der Einsatz von Antibiotika und Colisepsis-Serum angezeigt, wie er von ELZE et al. (1973) bereits vorgeschlagen wurde.

Auch bei den Mycobacterium-Infektionen ist eine rückläufige Tendenz zu beobachten. Das Spektrum der betroffenen Tierarten ist ebenfalls kleiner geworden. Das wird besonders deutlich, wenn man sich vor Augen führt, daß über die Hälfte der ermittelten Tuberkulosefälle bei ein und derselben Tierart (Indische Langohrziegen) festgestellt wurde. Durch die bereits erwähnte Trennung der Muttertiere von den Lämmern sofort nach der Geburt und deren mutterlose Aufzucht ist es gelungen, einen neuen, tuberkulosefreien Bestand aufzubauen. Zumindest gibt es bis zum gegenwärtigen Zeitpunkt, inzwischen sind fünf Jahre vergangen, keine gegenteiligen Hinweise. Da die Möglichkeit einer intrauterinen Infektion nicht von vornherein auszuschließen ist, kommt der exakten Markierung der Jungtiere eine besondere Bedeutung zu, um bei diesbezüglichen Befunden bei der Sektion der Muttertiere entsprechend reagieren zu können. Durch dieses, auf begründete Ausnahmefälle beschränkte Vorgehen kann bei konsequenter Einhaltung definierter Bedingungen (Sperr-, Sicherheits- und Hygienemaßnahmen) nach unserer Ansicht ein wichtiger Beitrag zur Erhaltung vom Aussterben bedrohter Tierarten geleistet werden.

Infektionen mit M. tuberculosis, die wir in der bereits erwähnten früheren Auswertung noch in zwei Fällen nachgewiesen hatten, wurden diesmal nicht festgestellt. Dagegen wurden bei drei Tieren Erkrankungen durch M. avium ermittelt. Als Infektionsquelle sind hier infizierte Wildvögel (Tauben und Stockenten), die das Futter kontaminieren, in Betracht zu ziehen. Erst kürzlich haben wir wieder eine generalisierte Tuberkulose bei einer Stockente festgestellt.

Wie die Paratuberkulose-Enzootie bei Saiga-Antilopen zeigt, müssen derartige Infektionen durchaus nicht immer als Einzeltiererkrankung ablaufen. Auch die Berichte von SEFFNER (1964), GEISEL und HÄNICHEN (1971), BRAHM et al. (1972) sowie BOEVER (1978) weisen darauf hin, daß Infektionen mit M. paratuberculosis auch enzootisch verlaufen können. Es empfiehlt sich daher dringend, bei der Feststellung dieser Erkrankung sämtliche Tiere des entsprechenden Bestandes genauestens zu beobachten und den zur Zeit möglichen diagnostischen Untersuchungen zu unterziehen sowie die Reagenten zu separieren. Therapeutische Maßnahmen sind bisher nur in geringem Umfang erprobt worden, so daß der Schwerpunkt der Bekämpfung bei der Prophylaxe liegt. Diese basiert auf der Trennung der allergisch und serologisch positiv reagierenden Tiere in Verbindung mit stall- und gehegespezifischen Maßnahmen. Die Trennung der Reagenten von den übrigen Tieren ist insofern von erheblicher Bedeutung, da die Ausscheidung der Erreger hauptsächlich mit dem Kot erfolgt und somit eine Übertragung durch kotverschmutztes Futter sowohl im Stall als auch im Gehege möglich ist. Über Impfverfahren liegen bisher nur begrenzte Erfahrungen vor.

Die Bedeutung der Corynebacterium-Infektionen ist zweifellos gestiegen. Während sie bis 1972 nur in Einzelfällen angetroffen wurden, waren danach fast 1 % der Boviden davon betroffen, wobei sie hauptsächlich bei den Rindern auftraten. Im Vordergrund der Bekämpfung stehen Desinfektionsmaßnahmen, wobei berücksichtigt werden muß, daß Corynebacterium pyogenes in Wundsekreten sehr widerstandsfähig sein kann, obwohl die Tenazität im allgemeinen relativ gering ist. Beim Vorliegen von eitrigen Arthritiden und Gelenkpyemen bleibt die alleinige lokale und allgemeine Chemotherapie meist erfolglos, so daß chirurgisches Vorgehen angezeigt ist. Allerdings ist in derartigen Fällen eine allgemeine Antibiose erforderlich, um Pyämien und Metastasenbildung zu verhindern. Um die Gefahr der Erregerstreuung zu verringern, ist die isolierte Unterbringung der Patienten angezeigt.

Die Moderhinke beim Muffelwild hat erst in jüngster Zeit an Bedeutung gewonnen. Bei der Übernahme von Tieren aus der freien Wildbahn sollte auch genauestens auf derartige Veränderungen geachtet werden, um die Einschleppung dieser Erkrankung in die Zootierbestände zu verhindern. Grundsätzlich sollten nur klauengesunde Tiere übernommen werden. Sollte dies aus den verschiedensten Gründen nicht möglich sein, so hat sich das therapeutische Vorgehen wie beim Hausschaf bewährt. Nach HIEPE (1970) ist das gesamte befallene und veränderte Horn abzutragen, wobei keine Reste erkrankten Gewebes an der Klaue verbleiben dürfen. Anschließend wird ein Medikament aufgebracht, das neben einer bakteriziden Wirkung, auch einen adstringierenden Effekt besitzen sollte. Neben Sulfonamiden und Antibiotika wird das 10-20 %ige Kupfersulfat in Lösung, Pulverform oder als Salbe bevorzugt eingesetzt. Die behandelten Tiere sollten für mindestens 2 Stunden auf festem, trockenem Untergrund stehen, damit das Medikament einwirken kann. Alle bei der Behandlung anfallenden Abfälle müssen unschädlich beseitigt, am besten verbrannt werden. Die verwendeten Gerätschaften, die Arbeitsschutzbekleidung sowie der Fußboden müssen gründlich gereinigt und desinfiziert werden. Je nach Schweregrad der Klauenveränderungen sind meistens in drei- bzw. mehrtägigen Abständen Nachbehandlungen erforderlich. Nach Abschluß der Behandlung sind die Unterkünfte der Tiere gründlichst zu reinigen und zu desinfizieren. Ist die Kontamination eines Auslaufs durch ein erkranktes Tier zu befürchten, so sollte dieser Auslauf erst wieder nach einer Frist von 30 Tagen benutzt werden. Als Prophylaxemaßnahmen sind die Gewährleistung der natürlichen Hornabnutzung durch entsprechende Bodenbeschaffenheit der Gehege und gegebenenfalls die sachgemäße Klauenpflege zu nennen.

Alle anderen bakteriellen Erkrankungen liegen in ihrer Häufigkeit weit unter 1 %, so daß eine Diskussion ihrer Bekämpfungsmaßnahmen zum gegenwärtigen Zeitpunkt nicht erforderlich erscheint. Es muß allerdings berücksichtigt werden, daß möglicherweise einige bakterielle Infektionen durch den zwangsläufig "ungezielten" Einsatz von Antibiotika und seine Folgen (SCHRÖDER und RECKLIES, 1972) unerkannt blieben.

Zusammenfassung

Zu den bakteriellen Erkrankungen der Boviden

Auf der Basis der bei 1562 Boviden im Rahmen der Todesursachenermittlung durchgeführten bakteriologischen Untersuchungen wird zum Vorkommen und zur Bedeutung der bakteriellen Erkrankungen Stellung genommen. Bei 145 Tieren (9,28 %) konnten bakterielle Erkrankungen nachgewiesen werden. Die größte Bedeutung kommt in unserem Untersuchungsmaterial den Escherichia coli-, den Mycobacterium- und den Corynebacterium-Infektionen zu. Die sich daraus für die Diagnostik, Therapie und Prophylaxe ergebenden Schlußfolgerungen werden diskutiert.

Summary

Bacterial Diseases in Bovine Species

An account is given of the incidence and general importance of bacterial diseases, with reference being made to bacteriological investigations conducted to determine causes of death of 1,562 bovine individuals. Bacterial diseases were positively established in 145 animals (9.28 per cent). Escherichia coli, myobacterium, and corynebacterium infections played the greatest role in the author's material. Conclusions are discussed for diagnosis, therapy, and prophylaxis.

Résumé

A propos des maladies bactériennes des bovidés

Sur la base de 1562 bovidés qui ont été passés aux examens bactériologiques afin de déterminer leurs causes mortelles l'auteur explique l'apparition et l'importance des maladies bactériennes. Chez 145 animaux (9,28 %) on a identifié des maladies bactériennes Dans le cas de notre matériel les infestations aux Escherichia coli, Myobacterium et Corynebacterium sont les plus importantes. Les conclusions relatives au diagnostic, à la thérapie et la prévention sont discutées.

Резюме

О бактериальных заболеваниях Boviden

Для выяснения причин падежа проводились бактериологические исследования I562 Boviden У I45 животных (9,28%) обнаружены бактериальные заболевания. Особое значение придаётся инфекции, вызванной Escherichia coli-, Mycobacterium-, Corynebacterium-. На основе полученных данных обсуждается диагностика, терапия и профилактика заболеваний.

Literaturverzeichnis

BOEVER, W.J. (1978): Johne's Disease in Aoudads and Mouflon. In: MONTALI, R.J. (Ed.): Mycobacterial Infections of Zoo Animals. Washington D.C.: Smithsonian Institution Press.

BRAHM, E., FREESE, K., und W. SIMANOWSKI (1972): Paratuberkulose bei Hirschziegenantilopen (Antilope cervicapra Linné 1758). Verh.ber. Erkrg. Zootiere 14, 355 - 358.

ELZE, K., KRISCHE, G., EULENBERGER, K., und U. SCHNURRBUSCH (1973): Zur Bekämpfung der Neugeborenenerkrankungen bei in Zoos gehaltenen Wiederkäuern. Verh.ber. Erkrg. Zootiere 15, 85 - 92.

GEISEL, O., und Th. HÄNICHEN (1971): Paratuberkulose bei Zoowiederkäuern. Verh.ber. Erkrg. Zootiere 13, 245 - 247.

HIEPE, Th. (1970): Schafkrankheiten. Jena: G. Fischer.

IPPEN, R. (1972): Nekrobazillose als Folge hochgradiger Konstitutionsschwächung bei Saiga-Antilopen. 2. Miedzynarodowe Sympojzum Patologii Zwierzat Ogrodow Zoologicznych, Warszawa, 87 - 91.

NATTERMANN, H., BRIEDERMANN, L., und K. DOBIAS (1987): Die Moderhinke beim Muffelwild festgestellt. Unsere Jagd 37, 336 - 337.

SCHRÖDER, H.-D. (1985): Beitrag zu den Mykobakterien-Infektionen bei Zootieren. Milu 6, 209 - 214.

SCHRÖDER, H.-D., und H. RECKLIES (1972): Zum Nachweis von Hemmstoffen (Antibiotika) in den Organen von Zootieren. Verh.ber. Erkrg. Zootiere 14, 341 - 345.

SCHRÖDER, H.-D., und R. IPPEN (1973): Beitrag zu den virusbedingten und bakteriellen Erkrankungen der Zoowiederkäuer. Verh.ber. Erkrg. Zootiere 15, 35 - 40.

SEFFNER, W. (1964): Paratuberkulose (Johne'sche Krankheit) bei Afrikanischen Zwergziegen. Verh.ber. Erkrg. Zootiere 6, 149 - 151.

Anschrift des Verfassers: VR Dr. H.-D. S c h r ö d e r
Am Tierpark 125
DDR-1136 Berlin (DDR)

Aus dem Bezirksinstitut für Veterinärwesen Rostock (Direktor: OVR Dr. med. vet. H. EHRENTRAUT) und dem Rat des Kreises Wolgast, Abt. Veterinärwesen (Kreistierarzt: OVR Dr. med. vet. H. LOEPELMANN)

ERGEBNISSE FLÄCHENDECKENDER SEROLOGISCHER UNTERSUCHUNGEN BEIM ROT-, REH-, DAM- UND MUFFELWILD IN EINEM BEZIRK DER DDR

Von J. Dedek und H. Loepelmann

Bei Untersuchungen an wildlebenden Tieren sind solche beim jagdbaren Wild von besonderem Interesse. Dabei stehen einige Schwerpunkte im Vordergrund (LOEPELMANN und DEDEK, 1985):

- Schutz der Nutztierbestände vor Tierseuchen, Parasitosen und anderen besonderen Gefahren, einschließlich exotischer Tierseuchen.
- Rechtzeitiges Erkennen von Krankheiten mit Zoonosecharakter.
- Erhaltung und Entwicklung gesunder und leistungsfähiger Wildbestände.
- Sicherung der Unbedenklichkeit bei Einbürgerungen und Ausfuhren.
- Nutzung des Wildes als Indikator für Umweltbelastungen.

Die bisher in unserem Bezirk gesammelten Erfahrungen bei der Untersuchung von Blutproben verschiedener Wildarten auf Antikörper gegen bestimmte Erreger machten deutlich, welcher Stellenwert serologischen Befunderhebungen zukommt (DEDEK, 1983; DEDEK und ZIMMERMANN, 1984; WEHR et al., 1986; DEDEK et al., 1986; LIEBERMANN et al., 1986; NATTERMANN et al., 1986; WITT et al., 1986; LOEPELMANN und DEDEK, 1987; DEDEK et al., 1987). Im folgenden soll zusammenfassend über einige Ergebnisse serologischer Untersuchungen beim freilebenden Rot- (Cervus elaphus), Reh-, (Capreolus capreolus), Dam- (Dama dama) und Muffelwild (Ovis musimon) berichtet werden.

Material und Methodik

Die Blutproben stammten von Wildwiederkäuern, welche in den zehn Kreisen eines Bezirkes mit ca. 500.000 ha erlegt worden waren. Die Probenentnahme erfolgte durch die Jagdgesellschaften organisierter Jäger flächendeckend als Stichprobentest nach der Formel $n = p \cdot \sqrt{N}$, wobei n der Stichprobengröße, N der geplanten Abschußzahl und p einem in Abhängigkeit von der Bestandsgröße und epizootiologischen Fragestellung gewählten Wichtungsfaktor 1 bis 2 entspricht (LOEPELMANN und DEDEK, 1986). Jede Jagdgesellschaft hatte eine vorgegebene Anzahl von Proben zu erbringen. Die Untersuchungsmethoden sind in Tabelle 1 aufgeführt. An den Untersuchungen waren mehrere veterinärmedizinische und humanmedizinische Institute beteiligt. +)

Ergebnisse

In Tabelle 2 sind die Untersuchungszahlen und Ergebnisse aufgeführt. Reaktionen traten bei Brucellose, Leptospirose, Yersinia enterocolitica, Bordetella bronchiseptica, Paratuberkulose, Chlamydiose, Q-Fieber, Toxoplasmose, VD/MD, BD, RSV, IBR/IPV, PI-3 und Flaviviren auf.

Positive (ab 1:400) und verdächtige (1:200) Reaktionen auf Leptospirose wurden beim Rotwild in 3,2 % und beim Rehwild in 3,0 % der untersuchten Proben festgestellt. An erster Stelle steht L. grippotyphosa, gefolgt von L. bratislava und L. javanica. Zwei Rothirsche und zwei Rehe wiesen positive Titer gegen L. pomona auf. Antikörper gegen L. hardjo, L. canicola und L. tarassovi konnten nicht nachgewiesen werden.

Spezifische Titer wurden bei Rehen gegen die Serovare 03, 05 und 06 von Yersinia enterocolitica ermittelt.

Weitere Untersuchungen, unter anderem auf Antikörper gegen Borrelia burgdorferi (Lyme Disease), bovines Herpesvirus 2 (BHV 2, Mamillitisvirus), bovine Coronaviren, Bluetongue- und Influenza A-Virus, sind noch nicht abgeschlossen.

+) Bezirksinstitute für Veterinärwesen Rostock, Leipzig und Stendal; Friedrich-Loeffler-Institut Insel Riems; Institute für Veterinärmedizinische Mikrobiologie und Tierseuchenlehre der Humboldt-Universität Berlin und der Karl-Marx-Universität Leipzig; Institut für virale Zoonosen Potsdam; Institut für Medizinische Mikrobiologie der Arndt-Universität Greifswald; Abt. Veterinärmedizin des VEB Versuchstierproduktion Schönwalde.

Tabelle 1: Serologische Methoden bei der Untersuchung von Wildwiederkäuerblutproben

Methode	Parameter
Serumlangsamagglutination (SLA) und Komplementbindungsreaktion (KBR)	Brucellose (Br. abortus-Antigen)
Serumlangsamagglutination (SLA)	Tularämie, Yersinia enterocolitica, Bordetella bronchiseptica
Komplementbindungsreaktion (KBR)	Brucellose (Br. ovis-Antigen), Paratuberkulose, Chlamydiose, Q-Fieber, Lymphozytäre Choriomeningitis (LCM)
Serumneutralisationstest (SNT)	Virusdiarrhoe/Mucosal Disease (VD/MD), Border Disease (BD), Respiratory Syncytial Virus (RSV), Infektiöse Bovine Rhinotracheitis/Infektiöse Pustulöse Vulvovaginitis (IBR/IPV), Parainfluenza-3 (PI-3)
Immundiffusionstest (IDT)	enzootische Rinderleukose (eRL)
Indirekte passive Haemagglutination (IPHA)	Toxoplasmose
Mikroagglutinationsreaktion (MAR)+	Leptospirose
Haemagglutinationshemmungstest (HAH)	Arboviren (Flavi-, Alphaviren)
Plaquereduktionstest	Maul- und Klauenseuche (MKS O, A, C)

+ Leptospiren-Antigene: Leptospira (L.) pomona, L. tarassovi, L. icterohaemorrhagiae, L. grippotyphosa, L. sejroe, L. canicola, L. bratislava, L. javanica, L. hardjo, L. copenhageni, L. sarkoebing

Tabelle 2: Untersuchungszahlen und serologische Ergebnisse bei Wildwiederkäuern

Erreger/Krankheit	Rotwild UZ/Titer	Rehwild UZ/Titer	Damwild UZ/Titer	Muffelwild UZ/Titer
Brucellose: Br. abortus-Antigen	199/0	1352/6	121/1	3/0
Br. ovis-Antigen	63/0	455/0	36/0	3/0
Leptospirose (8 Serovare)	156/5	1566/47	94/0	5/0
Yersinia enterocolitica (03,5,6)	33/0	248/21	7/0	2/0
Bordetella bronchiseptica	6/0	93/5	1/0	-
Tularämie	53/0	454/0	14/0	3/0
Paratuberkulose	27/0	309/9	5/0	1/0
Chlamydiose	56/2	368/18	11/1	2/0
Q-Fieber	26/0	292/3	7/0	2/0
Toxoplasmose	21/1	187/22	18/1	1/0
MKS	18/0	156/0	6/0	2/0
VD/MD	151/2	1111/6	79/0	3/0
BD	34/3	325/30	12/3	1/0
RSV	43/1	261/10	15/0	1/1
eRL	95/0	1038/0	48/0	3/0
IBR/IPV	172/22	1305/35	83/2	3/0
PI-3	37/5	262/37	11/1	-
LCM	5/0	86/0	12/0	1/0
Arboviren (Flaviviren)	12/1	101/2	5/0	-
Arboviren (Alphaviren)	12/0	101/	5/0	-

UZ = Untersuchungszahlen

Diskussion

Mit Ausnahme des Muffelwildes, wo die Untersuchungszahlen absolut zu gering sind, spiegeln die Ergebnisse bei den anderen Wildwiederkäuerarten die epizootiologische Situation im Bezirk wider.

Der Nachweis von 7 Brucellosereagenten (6 Rehe, 1 Damhirsch) ist insofern von Interesse, weil die Nutztierbestände der DDR seit Jahren brucellosefrei sind. Kreuzreaktionen mit Yersinia enterocolitica und Francisella tularensis traten nicht auf. Im Gegensatz dazu konnten wir bei Hasen und beim Schwarzwild in unserem Territorium das enzootische Vorkommen von Br. suis,

Biovar 2-Infektionen nachweisen (DEDEK, 1983; DEDEK und ZIMMERMANN, 1984; DEDEK et al., 1986). Möglicherweise sind die von uns nachgewiesenen Titer auf eine Infektion durch Br. suis über die Äsung zurückzuführen. Bei Rindern konnten nach natürlicher und experimenteller Infektion mit Br. suis Titer nachgewiesen werden (WASHKO und HUZCHINGS, 1951; NORTON und THOMAS, 1979; TRUEMAN et al., 1979; COOK und NOBLE, 1984).
Die negativen Befunde mit dem Br. ovis-Antigen kommen erwartungsgemäß. In der DDR traten bisher auch bei Haustieren keine Br. ovis-Infektionen auf.
Die Wildwiederkäuer wiesen mit 2,9 % in geringerer Anzahl positive und verdächtige Leptospirosereaktionen auf als das Schwarzwild des gleichen Territoriums, wo in 4,8 % der Fälle relevante Titer festgestellt werden konnten (WITT et al., 1986). Wie beim Schwarzwild wurde auch beim Rot- und Rehwild L. grippotyphosa am häufigsten nachgewiesen, ähnlich wie bei Rindern und Schafen unseres Bezirkes. Die Infektion dürfte durch infizierte Nagetiere, aber auch durch andere wildlebende Tiere sowie Haustiere über Wasser und Futter erfolgen.

Die gegen die Serovare O3, O5 und O6 beim Rehwild nachgewiesenen Y. enterocolitica-Titer (8,5 %) werden von uns als spezifisch angesehen und sind als Hinweis dafür anzusehen, daß solche Infektionen auch bei Wildwiederkäuern auftreten, wobei Häufigkeit des Nachweises und Serovare denen bei Hauswiederkäuern entsprechen (NATTERMANN, unveröffentlich). Die von uns auch beim Schwarzwild (NATTERMANN et al., 1986) und beim Hasen (DEDEK, unveröffentlicht) festgestellte geringe Nachweishäufigkeit spricht dafür, daß der Infektkette über die Außenwelt (Abprodukte, Abwasser, Oberflächenwasser) nicht die entscheidende Bedeutung zukommt bei der Verbreitung der Infektion (NATTERMANN et al., 1986).
Die Untersuchung auf Bordetella bronchiseptica trug orientierenden Charakter und erbrachte nur eine geringe Anzahl von Nachweisen. Damit ergeben sich ähnliche Verhältnisse wie bei den Hauswiederkäuern (KRÜGER, unveröffentlicht). Eine Beteiligung an Pneumonien bei Wildwiederkäuern wird für möglich gehalten.
In unserem Territorium wurden vor mehr als drei Jahrzehnten die letzten Nachweise von Tularämie bei Hasen geführt (MOCHMANN, 1955). Serologische Untersuchungen bei Hasen in den letzten Jahren ergaben, daß die Tularämie in den gleichen Gebieten noch immer vorkommt (DEDEK, unveröffentlicht). Die Untersuchungen bei Wildwiederkäuern sind zwar negativ verlaufen, doch ist der Nachweis eines Reagenten beim Schwarzwild (DEDEK et al., 1986) als Hinweis dafür zu werten, daß auch beim Schalenwild in unserem Territorium Tularämieinfektionen vorkommen können. Wir sind deshalb der Ansicht, daß die Kenntnisse über die Verbreitung der Tularämie bei unseren einheimischen Wildtieren durch weitere Untersuchungen erweitert werden müssen.

Die serologische Feststellung von Paratuberkulosereagenten beim Rehwild (2,9 % weist darauf hin, daß auch bei Wildwiederkäuern mit dem Vorkommen dieser Infektion zu rechnen ist, worauf bereits von WEBER und CHRISTOPH (1980) hingewiesen wurde. Da die Paratuberkulose-KBR bekanntlich Nachteile hinsichtlich ihrer Spezifität aufweist, sollten serologische Befunde unbedingt durch pathomorphologische Verfolgsuntersuchungen im gleichen Territorium abgeklärt werden.

Der Nachweis von Chlamydienantikörpern bei Wildwiederkäuern unterstreicht erneut Beobachtungen anderer Untersucher, daß bei einheimischen Wildsäugetieren Infektionen mit Chlamydien vorkommen (SCHMATZ et al., 1977; WEBER et al., 1978; HÜBNER, 1982; SIXL et al., 1973). Zu ähnlichen Feststellungen gelangten wir bei der Untersuchung von Schwarzwildblutproben (WEHR et al., 1986). Wir halten Manifestationen wie bei den Nutztieren für möglich, doch gibt es bis heute über die wechselseitige Ansteckung zwischen Wild- und Haustieren, die Rolle von Vektoren u.a. weitgehend Unklarheit.

In der Diskussion über die Übertragung von Coxiella burnetii, dem Erreger des Q-Fiebers, spielen besonders Zecken der Gattung Dermacentor marginatus eine wesentliche Rolle (LIEBISCH, 1979). Einerseits konnten in den von uns untersuchten Gebieten keine Zecken dieser Gattung nachgewiesen werden (STÜBS, 1960), andererseits wurden in unserem Territorium mehrfach Infektionen bei Rindern festgestellt (KIUPEL et al., unveröffentlicht), so daß auch bei wildlebenden Tieren damit gerechnet werden könnte, worauf die von uns nachgewiesenen Titer bei 3 Rehen hinweisen. Weitere Untersuchungen an wildlebenden Tieren und verschiedenen Vektoren müssen zur Klärung der Epizootiologie beitragen.
Das Vorkommen von Antikörpern gegen Toxoplasma gondii war zu erwarten gewesen. Ein Infektionsrisiko für den Menschen besteht praktisch nur beim Verzehr ungenügend erhitzten Wildbrets (BOCH und SCHNEIDAWIND, 1988).

Die Untersuchung von Wildseren auf Antikörper gegen MKS-Viren erfolgte in der Umgebung eines getilgten Seuchenherdes bei Haustieren. Wenn man davon ausgehen kann, daß praktisch alle europäischen Paarhufer erkranken können (HOFFMANN, 1984), unterstreichen die negativen Ergebnisse, daß wildlebendem Schalenwild nur in Abhängigkeit von den Produktionsverhältnissen in der Viehwirtschaft, der Wilddichte, der Populationsstruktur und der Lebensweise des Wildes sowie der veterinärmedizinischen Absicherung von Seuchenherden bei landwirtschaftlichen Nutztieren eine epizootiologische Bedeutung zukommt.
Der Nachweis von VD/MD- und BD-Virusantikörpern beweist das Vorkommen und die Verbreitung dieser antigenverwandten Viren auch bei Wildwiederkäuern in unserem Territorium (DEDEK et al., 1988; LIEBERMANN et al., 1988). Gegenwärtig ist die epizootiologische Bedeutung als gering einzuschätzen.
RSV-Antikörper traten im Gegensatz zu Weiderindern der gleichen Untersuchungsgebiete bei Wildwiederkäuern nur in geringer Zahl auf (BERGMANN et al., unveröffentlicht). Diese Ergebnisse machen eine Virusübertragung von infizierten Rindern auf Wildwiederkäuer wahrscheinlich.
Auf Grund der negativen eRL-Ergebnisse teilen wir die Ansicht von WEBER et al. (1978), daß unsere einheimischen Wildwiederkäuer in der Epizootiologie dieser Erkrankung keine Rolle spielen (DEDEK et al., 1987).
Mit dem Nachweis von Infektionen mit IBR/IPV-Viren war zu rechnen. Der gegenüber dem Reh- und Damwild signifikant höhere Anteil von Reagenten beim Rotwild kann als Hinweis dafür angesehen werden, daß das zuerst von INGLIS et al. (1983) in Großbritannien beim Rotwild nachgewiesene und später als den IBR/IPV-Viren antigenetisch verwandtes, aber nicht identisches, cervides Herpesvirus, Typ 1, charakterisiert wurde, auch beim Rotwild in unserem Territorium vorkommt (KOKLES et al., 1988).
Im Gegensatz zu Rindern liegen die Antikörpernachweise gegen PI-3-Virus bei Wildwiederkäuern sehr niedrig (KOKLES et al., 1988). Eine Beteiligung an respiratorischen Erkrankungen bei diesen Wildarten halten wir für möglich.
Mäuse stellen ein Reservoir für das LCM-Virus dar (WITTMANN, 1969). Unsere negativen Befunde sprechen dafür, daß Infektionen bei anderen Tierarten zu den seltenen Ausnahmen gehören dürften.
Das Vorkommen von Antikörpern gegen das zur Gattung Flavivirus der Familie Togaviridae gehörende Zeckenenzephalitis-Virus bei einem Rothirsch und zwei Rehen unterstreicht, daß dieses Virus nicht nur bei Kleinsäugern in unserem Territorium auftritt (SINNECKER et al., unveröffentlicht).

Schlußfolgerungen

1. Wildhygienische Untersuchungen im Sinne eines Monitorings sind geeignet, die Wildbestände epizootiologisch zu überwachen, leistungsmindernde Faktoren aufzudecken und Risiken für Wild- und Haustiere sowie für den Menschen festzustellen.
2. Regelmäßige flächendeckende serologische Untersuchungen an ausreichenden Stichprobenzahlen ermöglichen Aussagen über den jeweiligen Infektionsstatus.
3. Diese Untersuchungen müssen durch gezielte pathomorphologische und kulturelle Befunderhebungen ergänzt werden.
4. Fragen der Erregerübertragung, insbesondere durch Arthropoden, sollte bei weiteren Untersuchungen verstärkt Aufmerksamkeit gewidmet werden.
5. Für Tiergärten und Tierparks bestimmte Wildfänge sollten in der Quarantäne gezielt serologisch und bakteriologisch auf epizootiologisch bedeutsame Infektionserreger untersucht werden.

Zusammenfassung

Ergebnisse flächendeckender serologischer Untersuchungen beim Rot-, Reh-, Dam- und Muffelwild in einem Bezirk der DDR

Flächendeckende serologische Untersuchungen beim Rot-, Reh-, Dam- und Muffelwild führten zum Nachweis von Antikörpern gegen Brucellen, Leptospiren, Yersinia enterocolitica, Mycobacterium paratuberculosis, Bordetella bronchiseptica, Chlamydien, Coxiella burnetii, Toxoplasma gondii, Virusdiarrhoe/Mucosal Disease-, Border Disease-, Respiratory Syncytial-, PI-3-Virus, IBP/IPV- sowie Flaviviren. Die Ergebnisse werden aus epizootiologischer und epidemiologischer Sicht diskutiert.

Summary

Results obtained from Large-Scale Serological Investigations of Red, Roe, and Fallow Deer, and Mouflon in One GDR Region

Large-scale serological screening of red, roe, and fallow deer, and mouflon led to the detection of antibodies against brucella, leptospira, Yersinia enterocolitica, myobacterium paratiberculosis, bordetella bronchiseptica, chlamydiae, coxiella burnetti, toxoplasma gondii, virus diarrhoea /mucosal disease virus, border disease virus, respiratory syncytial virus, PI-3 virus, IBR/IPV virus, and flavivirus. The results are discussed under epizootiological and epidemiological aspects.

Résumé

Résultats des examens sérologiques des bêtes fauves, chevreuils, daims et mouflons au terrain complet d''un arrondissement de la RDA

Des examens sérologiques des fauves, chevreuils, daims et mouflons dans le terrain complet d'une région ont permis d'identifier des anticorps contre les brucelles, leptospires, Yersinia enterocolitica, Mycobacterium paratuberculosis, Bordetella bronchiseptica, Chlamydien, Coxiella burnetii, Toxoplasma gondii, diarrhée virale, mucosal disease, border disease,affectations respiratoires virus PI-3, IBR/IPV et flavivires. Les résultats sont discutés du point de vue épizootiologique et épidémiologique.

Резюме

Результаты поверхностнопокрытых серологических исследований у оленя, косули,лани и муфлонов в районе ГДР

Поверхностнопокрытые серологические исследования у оленя, косули,лани и муфлона способствовали нахождению антител против: Brucellen, Leptospiren, Yersinia enterocolitica, Mycobacterium paratuberculosis, Bordetella bronchiseptica, Chlamydien, Coxiella burnetii, Toxoplasma gondii, Virusdiarrhoe/Mucosal Disease-, Border Disease-, Respiratory Syncytial-, PI-3-Virus, IBP/IPV-, Flaviviren.
Обсуждаются эпизоотиологичекие и эпидемиологические результаты.

Literaturverzeichnis

BOCH, J., und H. SCHNEIDAWIND (1988): Krankheiten des jagdbaren Wildes. Hamburg und Berlin; Paul Parey.

COOK, D.R., and J.W. NOBLÈ (1984): Isolation of Brucella suis from cattle. Austr. Vet. J. 61, 263.

DEDEK, J. (1983): Zur Epizootiologie der Schweinebrucellose unter besonderer Berücksichtigung von Erregerreservoiren. Mh. Vet.-Med. 38, 852.

DEDEK, J., und Eva-Maria ZIMMERMANN (1984): Zur Diagnostik der Hasenbrucellose. Mh. Vet.-Med. 39, 845.

DEDEK, J., LOEPELMANN, H., und H. NATTERMANN (1986): Serologische Untersuchung auf Brucellose und Tularämie beim Schwarzwild. Mh. Vet.-Med. 41, 150.

DEDEK, J., LOEPELMANN, H., MÜLLER, M., und S. DADEMASCH (1987): Serologische Untersuchungen bei einheimischen Wildwiederkäuern (Rot-, Reh-, Dam- und Muffelwild) auf enzootische Rinderleukose (Kurzmitteilung). Mh. Vet.-Med. 42, 784.

DEDEK, J., LOEPELMANN, H., KOKLES, R., KRETZSCHMAR, CHR., MÜLLER, M., und H. BERGMANN (1988): Ergebnisse serologischer Untersuchungen auf Antikörper gegen das Virus der bovinen Virusdiarrhoe/Mucosal disease beim Rot-, Reh-, Dam- und Muffelwild. Mh. Vet.-Med. 43, 63.

HOFFMANN, H. (1984): Zur Maul- und Klauenseuche beim Wild. Beitr. Jagd- und Wildforsch. XIII, 279.

HÜBNER, A. (1982): Serologische Untersuchungen über das Vorkommen von Leptospireninfektionen beim heimischen Wild bei Berücksichtigung weiterer Infektionskrankheiten. Vet.-Med. Diss. Berlin.

INGLIS, D.M., BOWIE, J.M., ALLAN, M.J., and P.F. NETTLETON (1983): Ocular disease in red deer calves associated with a herpes virus infection. Vet. Rec. 113, 182.

KOKLES, R., DEDEK, J., und H. LOEPELMANN (1988): Serologische Untersuchung auf Infektionen mit dem Virus der Infektiösen Bovinen Rhinotracheitis/Infektiösen Pustulösen Vulvovaginitis (IBR/IPV) und Parainfluenza-3 (PI-3) bei Reh-, Rot-, Dam- und Muffelwild. Mh. Vet.-Med. 43 (im Druck).

LIEBERMANN, H., DEDEK, J., LOEPELMANN, H., und G. HILLE (1986): Serologische Untersuchungen auf porcine Parvoviren beim Schwarzwild. Mh. Vet.-Med. 41, 410.

LIEBERMANN, H., DEDEK, J., und H. LOEPELMANN (1988): Zur Verbreitung des Border Disease-Virus bei Wildwiederkäuern im Ostseebezirk der DDR. Mh. Vet.-Med. 43 (im Druck).

LIEBISCH, A. (1979): Ecology and Distribution of Q-Fever Rickettsiae in Europe with special Reference to Germany. Recent Advances Acarology II, 225.

LOEPELMANN, H., und J. DEDEK (1985): Zur Notwendigkeit und epizootiologischen Bedeutung wildhygienischer Untersuchungen. Mh. Vet.-Med. 40, 757.

LOEPELMANN, H., und J. DEDEK (1986): Erste Erfahrungen bei Organisation und Durchführung wildhygienischer Untersuchungen im Bezirk Rostock. Unsere Jagd 36, 298.

LOEPELMANN, H., und J. DEDEK (1987): Erfahrungen bei der Bekämpfung der Schweinepest beim Schwarzwild in einem Beobachtungsgebiet der DDR. Mh. Vet.-Med. 42, 313.

MOCHMANN, H.-P. (1955): Tularämiefälle im Raum Mecklenburg in den Jahren 1952 bis 1955. Zbl. Bakt. Hyg. I. Abt. Orig. A 164, 106.

NATTERMANN, H., HORSCH, F., DEE, W., und Gudrun ORTMANN (1986): Die Yersinia-enterocolitica-Infektionen bei landwirtschaftlichen Nutztieren. Mh. Vet.-Med. 41, 23.

NATTERMANN, H., DEDEK, J., und H. LOEPELMANN (1986): Serologische Untersuchungen zum Vorkommen von Yersinia enterocolitica beim Schwarzwild. Mh. Vet.-Med. 41, 565.

NORTON, J.H., and Annette D. THOMAS (1979): Brucella suis in feral pigs. Austr. Vet. J. 52, 293.

SCHMATZ, H.D., SCHMATZ, S., WEBER, A., und J. SAILER (1977): Seroepidemiologische Untersuchungen zum Vorkommen vom Chlamydien bei Haustieren und Wildtieren. Berl. Münchn. Tierärztl. Wschr. 90, 74.

SIXL, W., STÜNZER, D., und B. SIXL-VOIGT (1973): Serologische Untersuchungen von Wildtier-, Haustier- und Humanseren auf Ornithose. Zbl. Bakt. Hyg. I. Abt. Orig. A 225, 381.

STÜBS, J. (1958): Über die Zeckenfauna einheimischer Wildsäuger. Ein Beitrag zur Kenntnis der Zecken Mecklenburgs. Dipl.-Arbeit, Arndt-Universität Greifswald.

TRUEMAN, K.F., THOMAS, Annette D., and G.A. SPINKS (1979): Observation on single brucellose reactors in large herds. Austr. Vet. J. 55, 175.

WASHKO, F.V., and L.M. HUTCHINGS (1951): Studies on the pathogenicity of Brucella suis for cattle. Amer. J. Vet. Res. 12, 165.

WEBER, A., PAULSEN, J., und H. KRAUSS (1978): Seroepidemiologische Untersuchungen zum Vorkommen von Infektionskrankheiten bei einheimischem Schalenwild. Prakt. Tierarzt 59, 353.

WEBER, A., und Hannelore CHRISTOPH (1980): Nachweis von Antikörpern gegen Paratuberkulose (Johne'sche Krankheit) bei Schalenwild. Z. Jagdwiss. 26, 194.

WEHR, J., DEDEK, J., und H. LOEPELMANN (1986): Serologische Untersuchungen bei Chlamydien-infektionen des Schwarzwildes. Mh. Vet.-Med. 41, 116.

WITT, W., FRIEDEL, Ulla, und Edda WINTER (1986): Zum Vorkommen von Leptospiren-Antikörpern bei Wildschweinen. Mh. Vet.-Med. 41, 153.

WITT, W., DEDEK, J., und H. LOEPELMANN (1988): Zum Vorkommen von Leptospiren-Antikörpern beim Rot-, Reh- und Dam- sowie Muffelwild. Mh. Vet.-Med. 43 (im Druck).

WITTMANN, W. (1969): Choriomeningitis der Mäuse. In: RÖHRER, H., Handbuch der Virusinfektionen bei Tieren, Bd. IV; Jena: Gustav Fischer, 655.

Anschrift der Verfasser: VR Dr. med. vet. J. Dedek
R.-Petershagen-Allee 1
DDR-2200 Greifswald (DDR)

Aus dem Bezirksinstitut für Veterinärwesen Rostock (Direktor: OVR Dr.med.vet. W. EHRENTRAUT) und dem Zoologischen Garten Rostock (Direktor: Doz. Dr.rer.nat. D. SCHWARZ)

TIERÄRZTLICHE BETREUUNG VON MILUS (ELAPHARUS DAVIDIANUS), MOORANTILOPEN (HYDROTRAGUS LECHE) UND PFERDEANTILOPEN (HIPPOTRAGUS EQUINUS)

Von Dagmar Ritscher

Davidshirsche, Litschi-Moorantilopen und Pferdeantilopen sind nicht allzuhäufig in tiergärtnerischen Einrichtungen zu finden. Da im Zoologischen Garten Rostock alle drei Arten unter annähernd gleichartigen Bedingungen in enger Nachbarschaft gehalten und gezüchtet werden, sollen unsere Erfahrungen bei der tierärztlichen Betreuung dieser Tiere hier mitgeteilt werden. 1966 bekamen wir unseren ersten Milu, ein männliches Tier, dem 3 Jahre später ein weibliches Tier zugesellt werden konnte. Die Gruppe wird in einem Gehege von ca. 640 m^2 gehalten. Seit 1970 züchtete das Paar. Während der ersten Jahre der Haltung im Zoo traten keine bemerkenswerten Probleme auf. Nachdem 1972 der Hirsch unerwartet in einer Nacht das alte Weibchen und ein zweijähriges weibliches Tier zu Tode geforkelt hatte, und ein 3,5 Monate altes männliches Tier gleichzeitig starb, mußte durch Zukauf von 2 weiblichen Davidshirschen erneut eine Zuchtgruppe aufgebaut werden. Die jährliche Abnahme des Geweihes wurde angeordnet. Die dadurch notwendig werdenden medikamentellen Immobilisationen sind in Tabelle 1 aufgeführt.

Tabelle 1: Immobilisationen bei Milus

Immobilisations-Nr.	Geschlecht/ Gewicht	Indikation	Medikament ^{x_1}	Verlauf/Bemerkungen
1	1,0	Stangenabnahme	2 ml Parkesernyl + 2 ml Combelen + 1,5 ml Parkesernyl + 2 ml Combelen	keine Wirkung nach 15' Schwanken in der Nachhand
2	1,0	Stangenabnahme	900 mg Xylazin per Narkosegewehr + 100 mg Xylazin i.m.	nach 5' Wirkung, gefesselt Somnolenz bis zum nächsten Tag, Radialislähmung 6 Wo.
3	1,0 ca. 100 kg	Stangenabnahme	100 mg Xylazin + 150 mg Ketamin + 0,5 ml Combelen per Narkosepistole	nach 5' vollständige Immobilisation
4	0,1 ca. 90 kg	Geburtshilfe	100 mg Ketamin + 150 mg Xylazin + 0,4 ml Combelen per Blasrohr	vollständige Immobilisation
5	1,0	Stangenabnahme	100 mg Xylazin + 150 mg Ketamin + 1 ml Combelen intramuskulär	nach 10' Immobilisation
6	0,1	Geburtshilfe	1,5 ml HM ^{x_2} per Blasrohr	ausreichend
7	1,0	Stangenabnahme	1 ml HM + 50 mg Ketamin + 0,5 ml Combelen per Pistole	nach 10' vollständige Immobilisation

Immobilisations-Nr.	Geschlecht Gewicht	Indikation	Medikament [x1]	Verlauf/Bemerkungen
8	1,0	Stangenabnahme	1 ml HM + 0,5 ml Combelen per Pistole	nach 10' vollständige Immobilisation
9	1,0 groß	Stangenabnahme	1,5 ml HM per Blasrohr	nach 10' Hinlegen, nach 15' Lidreflex erloschen, nach 2 Std. noch festliegend
10	1,0	Stangenabnahme Klauenkorrektur	1,8 ml HM per Blasrohr	nach 3' Gang unsicher, nach 10' Hinlegen, Zunge hängt aus dem Maul, nach 1 Std. noch Tiefschlaf
11	0,1	Geburtshilfliche Untersuchung	1,5 ml HM per Blasrohr	
12	0,1	Sectio caesarea	1 ml HM per Blasrohr	ausreichende Anästhesie, nach 6 Tagen Gangränose Pneumonie
13	1,0	Stangenabnahme	1,5 ml HM per Blasrohr	gute Immobilisation
14	1,0	Stangenabnahme	2 ml HM per Blasrohr	totale Immobilisation
15	1,0	Stangenabnahme	2 ml HM per Blasrohr	nach 6' Hinlegen, liegt noch nach 1 Std., Exitus nach 8 Tagen + jauchige Pleuropneumonie, Pseudomonas
16	0,1	Entfernung einer mazerierten Frucht	1 ml HM per Blasrohr	Wirkung ausreichend
17	0,1 ca. 100 kg	Schürfverletzung Flanke	1,4 ml HM	
18	1,0	Stangenabnahme	1,5 ml HM (Pistole)	liegt nach 8', liegt noch nach 7 Std., steht nach 17 Std. auf

[x1] Bei allen mit dem Blasrohr verabfolgten Präparaten wurden 150 - 300 IE Hylase "Dessau" zugesetzt.

[x2] "Hellabrunner Mischung" nach WIESNER. Kombination von Ketamin und Xylazin.

Seit 1979 traten verschiedentlich Störungen im Zusammenhang mit dem Fortpflanzungsgeschehen auf. Auch für dadurch erforderliche medikamentelle Immobilisationen sind die entsprechenden Daten der Tabelle 1 zu entnehmen.

Im März 1979 fiel bei einem adulten Milu Scheidenausfluß auf. 2 Jahre vorher hatte er ein Jungtier geboren, das nur 5 Tage lebte, 1 Jahr vorher hatte er sein Kalb aufgezogen. In den folgenden Tagen mehrten sich die Anzeichen für einen Abort. Am immobilisierten Tier (Nr. 4) wurde ein fast völlig entwickelter Fetus extrahiert, der nicht zur Untersuchung gelangte. 1980 lag bei demselben Muttertier eine Dystokie vor. Der Fetus befand sich in Hinterendlage und zeigte keine Lebenszeichen. Mit Mühe gelang es, am immobilisierten Tier (Nr. 6) eine tote Frucht zu entwickeln. Durch die pathologisch-morphologische Untersuchung wurde eine Mikroenzephalie festgestellt. Vom Großhirn waren nur Reste vorhanden, das Kleinhirn war als haselnußgroßes, wurmartiges Gebilde angelegt.

1981 wurde dieses Muttertier nicht tragend. 1982 fielen Wehen bei demselben Milu auf. Da in den folgenden Stunden die Geburt nicht erfolgte, entschlossen wir uns zur Immobilisation (Nr. 11) und Untersuchung. Die Zervix war für 1 Finger passierbar. Auch am nächsten Tage änderte sich der Zustand trotz der Injektion von 25 IE Glanduphen forte (R) (VEB Arzneimittelwerk Dresden) nicht. Am Tage darauf immobilisierten (Nr. 12) wir erneut und führten eine Sectio caesarea in der linken Flanke durch. Dem Milu wurden Antibiotika (2 x 20 ml)

Strepdipen(R) (Dihydrostreptomycin und Benzylpenicillin; VEB Serumwerk Bernburg) verabfolgt. 3 Tage nach der Operation machte die Hirschkuh einen munteren Eindruck, jedoch fiel schleimiges Sekret an den Nasenlöchern auf. Am 6. Tag p.op. verendete der Milu. Todesursache war eine gangränöse Pneumonie. Bakteriologisch wurden Pasteurellen und Pseudomonaskeime ermittelt.
Im April 1985 wurde Scheidenausfluß bei einer 9jährigen Davidshirschkuh gemeldet. Sie hatte bereits 5mal komplikationslos geboren. Bei einer Untersuchung des mit einer Druckplatte eingeengten Tieres konnte kein abnormer Scheideninhalt ermittelt werden. In der Folgezeit wurden mehrmals ähnliche Beobachtungen von Tierpflegern gemeldet. Wir entschlossen uns daher trotz der vorerwähnten schlechten Erfahrung bei der Immobilisation zum Eingriff. Nach der Applikation von 1 ml HM (Nr. 16) ließ sich am liegenden Tier ein rundes hartes Gebilde fühlen, das sich als Schädelteil einer mazerierten Frucht erwies. In mühevoller Kleinarbeit gelang es, ca. 95 % des Fetus (Abb. 1) per vaginam zu entfernen. Um eine manuell nicht mögliche, vollständige Entleerung des Uterus zu erzielen, applizierten wir lokal 100 ml Vetastrecillin(R) Suspension (Benzylpenicillinum und Streptomycin; VEB Serumwerk Bernburg) und außerdem 2,4 Mill. IE Retacillin(R) (Benzylpenicillinum, Benzathinpenicillinum; VEB Arzneimittelwerk Dresden) und 1 ml Östrophan (Cloprestenol/Spofa). Weil nach 2 1/2 Monaten noch immer Scheidenausfluß zu bemerken war, wiederholten wir die Behandlung. Da der Milu später umgesetzt wurde, konnten wir den weiteren Verlauf nicht verfolgen.

Auf tierärztliche und tiergärtnerische Maßnahmen wurde bei neugeborenen Milus verzichtet, um das Mutter-Kind-Verhältnis bei dieser seltenen Hirschart nicht zu gefährden und Schäden durch Fangaktionen zu vermeiden. Wir nahmen an, daß in dem anfänglich kleinen Bestand bei einer Zuwachsrate von 1 bis 2 Kälbern pro Jahr weniger mit der Verbreitung von Erregern zu rechnen sei, als in großen Herden mit einer hohen Zahl Neugeborener. Wenn auch der Einsatz von uns zur Verfügung stehendem Rindergammaglobulin(R) "Dessau" bei Damhirschkälbern anscheinend gute Erfolge hat (GARIT, 1970), erschien uns der Einsatz nicht homologer Globulingemische doch etwas risikobelastet und nur bei erwiesener Gefährdung indiziert. Tabelle 2 gibt Aufschluß über die Aufzuchtergebnisse.

Tabelle 2

Jahr	aufgezogen	nach Geburt verendet	Totgeburt	Abort
1970	0,1			
1972		1,0 3 1/2 Monate		
1976	0,1			
1977	1,0	1,0 5 Tage		
1978	1,0	0,1 1 Tag (Colisepsis, Nahrungsmangel)		
1979	1,0		0,1	
1980	0,2		0,1 (Microencephalie)	
1981	1,1			
1982	1,0		1,0 (Sectio)	
1983	0,1			Geschlecht nicht ermittelt
1984	1,0	0,1		
1985	1,0			mazerierte Frucht
1986	0,1			
1987	0,2			

Im Berichtszeitraum wurden Milus verschiedener Lebensalter häufiger als andere Hirsche mit Lahmheiten und Lähmungen vorgestellt, die in fast allen Fällen ohne intensivere Therapie zu beheben waren. Zweimal fielen bei Neugeborenen hochgradige Hangbeinlahmheiten an jeweils einer Vordergliedmaße auf, die dem Bild einer Radialislähmung entsprachen. Bei einem adulten männlichen Davidshirsch bestand einige Tage lang eine traumatisch bedingte Schulterlahmheit. Ein juveniles Tier zeigte eine hochgradige Stützbeinlahmheit mit Verdickung im Fesselkopfbereich.

Alle diese Bewegungsstörungen klangen ohne Behandlung ab.
Ein einjähriger Davidshirsch wurde wegen beobachteter Rangkämpfe aus der Gruppe genommen und einer Damhirschgruppe zugesellt. Kurz darauf wurde er tot aufgefunden. Als Todesursache wurden Listeriose und Trauma festgestellt.

Unser alter Hirsch zeigte seit 1978 häufig einen sehr verspannten Gang. 1979 kam es dann zu einer hochgradigen Lahmheit in der Hinterhand mit Atrophie der Kruppen- und Lendenmuskulatur. 105 Tage lang wurden dem Futter täglich 5 ml Vit. B-Komplex(R) (VEB Serumwerk Bernburg) und 5,0 Acetyl-Salicylsäure zugesetzt. Es kam zu einer Besserung der Erscheinungen. Im Juli 1980 trat bei dem nunmehr mehr als 16jährigen Tier eine totale Nachhandlähmung auf. Am Folgetag wurde das Tier tot aufgefunden.

Als Todesursache wurde ein akutes Lungenemphysem ermittelt. Es bestanden chronische Pleuritis und Peritonitis. Als Nebenbefund wurde eine Fraktur des Os pubis gefunden. Die Milugruppe unterliegt wie alle unsere Zootiere zweimal jährlich der planmäßigen parasitologischen und bakteriologischen Kotuntersuchung. Ektoparasiten und Salmonellen wurden niemals gefunden, bis 1980 auch Endoparasiten nicht nachgewiesen. Von dieser Zeit an wurde einige Male geringgradiger Magendarmstrongyliden- und einmal ein geringgradiger Kokzidienbefall festgestellt. Wurmkuren wurden nicht durchgeführt.

Litschi-Moorantilopen halten wir seit 1981. In dieser Gruppe machten sich häufig chirurgische Interventionen notwendig. Schon nach einigen Monaten des Aufenthaltes im Zoo mußte die weibliche Litschi-Antilope wegen einer Wunde distal der Schamkommissur chirurgisch versorgt werden. Die Ursache war vermutlich eine Verletzung durch den Bock. Dieser fiel bald darauf durch eine hochgradige Lahmheit hinten rechts auf. Am mit 1 ml HM per Blasrohr niedergelegten Tier wurde nach gründlicher Adspektion ein Gummiring gefunden, der sich dicht oberhalb des Kronsaumes eingeschnürt hatte und bereits von einer Gewebebrücke überdeckt war. Nach Entfernung des Fremdkörpers erhielt der Wasserbock einen Ichthyolsalbenverband, der sich leider als zu haltbar erwies. Nach 6 Wochen mußte daher das geraume Zeit lahmfreie Tier nochmals immobilisiert werden, um den Verband zu entfernen.

Im Folgejahr machte sich bei einer weiblichen Litschiantilope wegen umfangreicher Verletzungen mit Eröffnung der Beugesehnenscheide am Vorderbein eine intensive chirurgische Behandlung mit siebenmaligem Verbandwechsel erforderlich. Das Tier wurde dabei von jeweils 2 bis 3 Tierpflegern festgehalten. In 2 Monaten kam es zur Ausheilung. Nach ca. 6 Monaten traten an der gleichen Gliedmaße Lähmheit und Schwellung auf. Aufgrund der Umgänglichkeit dieser Litschi-Moorantilope gelang es, diesen Zustand mittels eines Angußverbandes auszuheilen. Das Tier wurde während der Behandlungszeit in einer Boxe gehalten. In den Folgejahren traten keine weiteren Komplikationen auf.

Im Jahre 1986 verletzte der Bock ein weibliches Tier unmittelbar neben dem After. Nach dem Einsatz von Hämostyptika und Antibiotika heilte die Wunde aus. Ein weiteres weibliches Tier wies eine Platzwunde oberhalb des Auges auf, die nach Naht per primam heilte.

Am 5.7.1982 wurde eine Moorantilope mit Vaginalprolaps vorgefunden, außerdem bestand Laktation. Nach Immobilisation mit 1 ml HM per Blasrohr wurde eine mangelhafte Weite des Geburtsweges festgestellt. Wir entschlossen uns daher zur Sectio caesarea in der linken Flanke. Das Kalb war leider tot. Nach 2 Tagen fraß das Muttertier wieder. Abgesehen von einer geringgradigen Serombildung war die Heilung komplikationslos. Im Folgejahr kam es zu einer nicht lebensfähigen Frühgeburt. Seitdem setzt die Antilope jedes Jahr komplikationslos ein lebendes Kalb. Bei den Jungtieren der Litschi-Antilopen erfolgten weder prophylaktische noch kurative Maßnahmen, dennoch wurden bislang alle Jungtiere gesund aufgezogen.
Bei Routineuntersuchungen wurden in dieser Gruppe Ektoparasiten und Salmonellen niemals festgestellt.
Einige Male wurde ein geringgradiger Befall mit Magendarmstrongyliden, einmal ein Capillaria-Befall festgestellt. Ein zugekauftes Tier war hochgradig mit Kokzidien befallen. Daraufhin wurde allen Tieren der Gruppe Esb_3 - 30 % (Sulfachlorpyrazin-Natrium) verabfolgt. In den folgenden 4 Jahren wurden Kokzidien nicht mehr gefunden.

Seit 1980 werden im Rostocker Zoo Pferdeantilopen gehalten. Das adulte Paar züchtete 1981 ein männliches Jungtier. Leider rannte dieses im Folgejahr in Panik gegen das Gitter und wurde festliegend mit Austritt von Blut aus der Nase und Opisthotonus aufgefunden. Trotz entsprechender Behandlung starb der junge Bock nach Zunahme der nervösen Symptome 4 Tage nach dem Unfall. Pathologisch-anatomisch wurden Absprengfrakturen am 3. und am 4. Halswirbel festgestellt.
Ein 2 Monate altes weibliches Tier klemmte den Hals im Gitter fest und konnte rechtzeitig befreit werden. 7 Wochen später wurde es verendet im Gitter klemmend aufgefunden. Der Sektionsbefund ergab ein Strangulationstrauma mit nachfolgendem Kollaps.

Im Mai 1985 machte sich bei unserem ca. 8 Jahre alten Bock dringend eine Klauenkorrektur erforderlich. Da uns Immobilon für diese Tierart nicht zur Verfügung stand, wir aber keine Hinweise für andere Möglichkeiten der medikamentellen Immobilisation für Pferdeantilopen fanden, versuchten wir mit 3 ml HM per Blasrohr eine Ruhigstellung zu erreichen. Der Bock legte sich zwar nach 10' nieder, sprang aber bei Annäherung sofort wieder auf. Wir applizierten zusätzlich 3 ml Combelen. Nach einigen Minuten des Liegens schien ein Atemstillstand eingetreten zu sein. Als wir die Reanimation beginnen wollten, sprang der Pferdeantilopenbock auf und ging in Angriffsstellung. Wir brachen den Versuch ab. Am nächsten Tage erreichten wir mit der Applikation von 1,5 ml Combelen und 150 mg Ketamin und 187,5 mg Xylazin keinerlei sichtbare Wirkung. 20' später wurden nochmals 200 mg Ketamin appliziert. Der Erfolg war nicht ausreichend. 20' darauf wurden nochmals 200 mg Ketamin und 62,5 mg Xylazin verabfolgt. 5' später legte sich das Tier endlich nieder. Beim Annähern zeigte es noch schwache Abwehrreaktionen. Es gelang mit 6 Haltepersonen das Tier für die Dauer der Klauenkorrektur zu fixieren. Am nächsten Tag zeigte das Tier beim Anblick des Zootierarztes Aggressivität und griff einen vorgehaltenen Stock voll an. Lediglich die leicht hängende Unterlippe erinnerte an die Prozedur der Vortage. Nach weiteren 36 Stunden wurde die Pferdeantilope tot aufgefunden. Als Todesursache wurde durch die Sektion ein "protrahierter" Schock ermittelt. Eine vermutlich sekundäre Clostridium perfringens-Enterotoxämie hatte zusätzlich belastend gewirkt. Unsere sehr alte weibliche Pferdeantilope fiel 1987 durch Gewichtsabnahme und Speicheln auf. Der Appetit war mäßig. Zwei Wurmkuren brachten keinen offensichtlichen Erfolg. Das Tier starb. Bei der Sektion ergaben sich Ösophagitis und Glomerulonephritis.

Im April 1982 wurde eine neugeborene männliche Pferdeantilope mit Festliegen und 36,1 °C Körpertemperatur vorgestellt. Trotz sofortiger zweimaliger Behandlung mit Elektrolytinfusionen, Antibiotika und Rindergammaglobulin starb das Tier. Sektionsbefund: Es lagen Zeichen einer Fruchtwasseraspiration und eines verzögerten Mekoniumabganges vor. Im Oktober des gleichen Jahres wurde ein nicht ausgetragener Fetus auf der Anlage gefunden, an dem weitere Untersuchungen nicht möglich waren.

1983 wurde die Retention des Nabelstranges bei einer jungen Pferdeantilope noch 3 Wochen post partum beobachtet. Mittels Jodtinkturbesprühungen und der Applikation desinfizierender Wundpuder erreichten wir das Abstoßen des Stranges, ohne daß Komplikationen auftraten.

Bei Routineuntersuchungen wurden Salmonellen nicht nachgewiesen. An Endoparasiten wurden geringgradig Magendarmstrongyliden, Kokzidien und Capillaria nachgewiesen. Je einmal wurde eine Wurmkur mit Mebenvet (Mebendazol, Richter Ungarn) und mit Panacur(R) (Fenbendazol, Hoechst) durchgeführt.

Diskussion

Bei den im Zoo Rostock gehaltenen Milus, Litschi-Antilopen und Pferdeantilopen haben sich kaum erregerbedingte Probleme ergeben. Fütterungsbedingte Schäden wurden nicht nachgewiesen. Die Schwerpunkte tierärztlichen Handelns lagen auf den Gebieten der Chirurgie und der Geburtshilfe. Bewegungsmangel und fehlende Möglichkeiten, dem männlichen Tier während dessen aggressiver Phasen auszuweichen, sind wohl die häufigsten Ursachen dafür. Die Dosierungen bei der medikamentellen Ruhigstellung der Milus entsprechen annähernd den in der Literatur angegebenen Werten (SEIDEL et al., 1984; WIESNER et al., 1985). Die beiden Todesfälle bei Milus (Nr. 11/12 und Nr. 15 - Tab. 1) sind mit der durch Anatomie und Physiologie der Ruminantier bedingten bekannten Problematik als Narkosenachwirkung erklärbar. Auch 24stündiges Fasten vor der Immobilisation und die Applikation eines Antibiotikums vermochten den fatalen Verlauf nicht zu verhindern. Dennoch halten wir weiterhin bei Ruminantiern am 24stündigen Fasten vor planbaren Eingriffen fest und applizieren ein Langzeitantibiotikum. Vorhandene Umgänglichkeit der Tiere, Beispiel weibliche Litschi-Moorantilope, sollte genutzt werden, um Behandlungen und kleinere chirurgische Eingriffe auch ohne medikamentelle Ruhigstellung durchzuführen. Pferdeantilopen bieten aufgrund ihrer Neigung zu panikartigen Reaktionen und zur Aggressivität eine besondere Problematik. Hinsichtlich ihrer Ruhigstellung kann nur anhand unseres einen fehlgeschlagenen Versuches angenommen werden, daß die bewährte Kombination von Xylazin und Ketamin bei dieser Tierart nicht geeignet erscheint.

Die Notwendigkeit der Geweihabnahme bei Hirschen kann jeweils nur für die konkrete Situation unter sorgfältigem Abwägen der Risiken entschieden werden. Wenn möglich, sollte dieser auch ästhetischen und biologischen Gesichtspunkten entgegenstehende Eingriff durch tiergärtnerische Maßnahmen (Bau von Brautgängen und Sichtschutz) vermieden werden.

Zusammenfassung

Tierärztliche Betreuung von Milus (Elapharus davidianus), Moorantilopen (Hydrotragus leche) und Pferdeantilopen (Hippotragus equinus)

Chirurgische und geburtshilfliche Probleme bei Milus, Litschi-Moorantilopen und Pferdeantilopen werden dargestellt. Zwischenfälle bei der medikamentellen Immobilisation von Milus und Pferdeantilopen werden diskutiert.

Summary

Veterinary Attention to Père David's Deer (Elapharus davidianus), Buffon's kob (Hydrotragus leche), and Roan Antelope (Hippotragus equinus)

Described in this paper are surgical and obstetric problems of Père David's deer, Buffon's kob or lechwe waterbuck, and roan antelope. Incidents that occurred in medicamentous immobilisation Père David's deer and roan antelope are discussed in greater detail.

Résumé

Surveillance vêtérinaire des cerfs du Père David (Elapharus davidianus), cobes Duffon (Hydrotragus leche) et antilopes Rouanne (Hippotragus equinus)

Des problèmes chirurgicaux et obstétriques des cerfs du Père David, cobes Duffon et antilopes Rouanne sont présentés. L'auteur discute des accidents lors d'une immobilisation médicamenteuse des cerfs du Père David et antilopes Douanne.

Резюме

Ветеринарное обслуживание милуса (Elapharaus davidianus) , болотной антилопы(Hydrotragus leche) и лошадиной антилопы (Hippotragus equinus)

Обсуждаются хирургические и родовые проблемы у милуса , болотной и лошадиной антилопы. Рассмотрены особые случаи, возникающие у милоса и лошадиной антилопы при иммобилизации медикаментами.

Literaturverzeichnis

GARLT, Chr. (1970): Zum Zuchtgeschehen in einer Damhirschgruppe (Cervus dama) unter der Berücksichtigung des Einsatzes von Rinder-Gammaglobulin "Dessau". Verh.ber. Erkrg. Zootiere 22, 65 - 69.

SEIDEL, B., und G. STRAUSS (1984): Beitrag zur klinischen Anästhesiologie der Hirschartigen (Cervidae). D. Zool. Garten (NF) 54, 49 - 100.

WIESNER, H., und Gisela von HEGEL (1985): Praktische Hinweise zur Immobilisation von Wild- und Zootieren. Tierärztl. Prax. 13, 113 - 127.

Anschrift des Verfassers: Dr. Dagmar R i t s c h e r
Bezirksinstitut für Veterinärwesen
Bereich Tierklinik
DDR - 2500 Rostock
Thierfelderstraße 18/19 (DDR)

Abb. 1: Teile der mazerierten Frucht eines Milus

Aus dem Wissenschaftsbereich Fortpflanzung landwirtschaftlicher Nutztiere (Leiter: OVR Prof. Dr. sc. J. SCHULZ) der Sektion Tierproduktion und Veterinärmedizin der Karl-Marx-Universität Leipzig und dem Zoologischen Garten Leipzig (Direktor: NPT Prof. Dr. S. SEIFERT)

HÄMATOLOGISCHE UND KLINISCH-CHEMISCHE UNTERSUCHUNGSERGEBNISSE BEIM HAUSREN (RANGIFER TARANDUS) IM LEIPZIGER ZOO

Von K. Eulenberger, Gisela Krische, Silke Block und G. Nötzold

Das Ren (Rangifer tarandus) gehört als einziger domestizierter Hirsch zum Schaubestand vieler Zoologischer Gärten. Hinsichtlich Haltung und Fütterung sind die Rene jedoch als Problemtiere anzusehen. Die Hauptursache dafür wird im wesentlichen in den speziellen, im Jahresablauf unterschiedlichen Nahrungsansprüchen gesehen, die auch zur Ausbildung einer spezifischen Jahresrhythmik im Stoffwechsel dieser Tierart geführt haben (NIEMINEN, 1980). Die Zucht des Rens in den Zoologischen Gärten gelingt heute häufig, die Verluste, insbesondere während der Aufzucht, liegen international gesehen jedoch relativ hoch.
Das Aufzuchtergebnis von 1984 nach Angaben des International Zoo Yearbook (1987) spiegelt diese Problematik wider: in 42 Beständen wurden 59.63.2 Rentiere geboren, von denen aber 19.20.4 den ersten Lebensmonat nicht überlebten. Mit nur 65,9 % ist die Aufzuchtrate bedauerlich niedrig.
Im Leipziger Zoo hat sich die Rentierhaltung und -zucht in den letzten 10 Jahren überdurchschnittlich gut entwickelt. Neben günstigeren Haltungsbedingungen, der erfolgreichen Akklimatisierung einer jungen Zuchtgruppe und der weitgehenden Beseitigung der Wurmbürde durch den Einsatz wirksamerer Anthelminthika sehen wir die Ursache dafür in den verbesserten Ernährungsbedingungen, obwohl beispielsweise Rentierflechte seit Jahren nicht mehr zum Futterangebot gehört.
Wir stellten uns deshalb die Aufgabe, an Hand hämatologischer und klinisch-chemischer Untersuchungen, die unter den jeweiligen Haltungs- und Fütterungsbedingungen bestehenden Stoffwechselsituationen zu analysieren und Rückschlüsse auf allgemeine Krankheitsresistenz sowie notwendige Verbesserungen des Fütterungsregimes zu ziehen, die durchaus Modellcharakter auch für andere Zoowiederkäuer haben könnten. Die Untersuchungen sind noch nicht abgeschlossen und die bisherigen Ergebnisse als vorläufige zu betrachten.

Material und Methodik

1. Angaben zur Bestandsentwicklung und Haltung

In Leipzig werden seit 1910 mit z.T. langen Unterbrechungen Rene gehalten. Am 1.12.1987 umfaßte der Bestand 2,6 Tiere, darunter 0,1 von 1987. Insgesamt sind 99 Individuen in den Tierbüchern verzeichnet, von denen 67, also zwei Drittel, im Zoo geboren wurden. Dieser Anteil erhöhte sich in den letzten Jahren beachtlich: Im Zeitraum 1977 bis 1987 stehen 4 importierten Weibchen 37 nachgezogene Tiere mit einer Aufzuchtrate von 81,1 % gegenüber. Bleiben die ungewöhnlich hohen Verluste von 1987 (4 von 5 = 80 %) unberücksichtigt, ergeben sich für eine Zehnjahresperiode nur 9,4 % Aufzuchtverluste. Bis 1976 überlebten hingegen von 30 Jungtieren 10 nicht den ersten Monat.
Hinsichtlich des erreichten Alters steht das 1961 in Leipzig geborene Ren "Tundra" mit 14,5 Jahren an der Spitze. Sie brachte 8 Kälber zur Welt, wie auch ein importiertes Weibchen der letzten Zuchtgruppe. Ein noch lebendes, heute fast 9 Jahre altes Ren gebar bereits 7 Kälber, ein weiteres hat mit 5 Jahren schon 4 Junge aufgezogen.
Die Haltung der Rene erfolgte von 1953 bis 1977 in einem vertieft liegenden Abschnitt des ehemaligen Pleißeflußbettes. Heute steht ihnen ein größeres Doppelgehege mit zwei massiven Innenställen zur Verfügung.

2. Ernährung und Fütterung

Tabelle 1 gibt einen Einblick in die Fütterung der Rene, jeweils bezogen auf 1 Tier, in den letzten 12 Jahren. Danach setzt sich die Gesamtration aus 4 Futtermittelgruppen zusammen: Gebirgsheu und Luzernehäcksel als Grobfutter, Konzentratfutter (Quetschhafer, Pflanzenfresserpellets, Knäckebrot, ungesüßter Zwieback, geröstetes Weißbrot) und "Saftfutter" (alles Obst und Gemüse, vor allem Möhren, Äpfel und Birnen) als Konzentratfutter sowie im Sommer Grünfutter in Form von Gras und Luzerne. Vor allem das Verhältnis von Konzentrat- zu Grobfutter beeinfluß den verdauungsphysiologisch wichtigen Faktor RFA (g Rohfaser in 1 kg Trockensubstanz oder prozentual angegeben). Der Eiweißanteil, ausgedrückt durch den PEQ (g verdauliches Rohprotein je 1000 Energetische Futtereinheiten), liegt meist relativ hoch, scheint aber den natürlichen Äsungsverhältnissen, unter denen auch tierisches Eiweiß aufgenommen wird, nahezukommen. Die Eiweißkonzentration mit Werten zwischen 91,7 - 124,4 g/kg TS oder etwa 9 - 12 % spiegelt einen höheren Gehalt wider, wie er sich auch aus einer Rationsangabe bei HERRE (1955) ergibt (Tabelle 1).

Tabelle 1: Futter- und Nährstoffaufnahme bei Renen im Zoologischen Garten Leipzig, jeweils auf ein Tier bezogen und berechnet nach dem DDR-Futterbewertungssystem (FUTTERMITTELTABELLENWERK, 1972)

Wiegetag	Gruppengröße	Futterration (kg)				Nährstoffaufnahme/Tier				allg. Futterwertkenndaten				
		Grobfutter	Grünfutter	Saftfutter	Kraftfutter	TS g	Energie EF_r	vRP g	RF g	EK	vRPK	PEQ	RFA	% Rohfaser aus Grobfutter
30.09.76	1,0	1,45	0,85	0,7	0,60+	2016	1232	192	423	611	95,2	156	210	88,7
04.11.76	2,0	1,35		1,2	0,35+	1800	1110	170	315	617	94,4	153	175	86,8
02.12.76	2,0	1,20		0,9	0,60+	1690	1085	164	320	650	97,0	151	192	88,4
06.01.77	1,0	1,00		1,3	0,35+	1385	854	127	274	617	91,7	149	198	87,2
06.01.77	1,0	1,25		1,5	0,30+	1555	935	143	326	601	91,7	153	210	89,9
23.06.77	1,2	0,70		1,1	0,75	1410	1013	133	188	718	94,3	131	133	83,0
23.06.77	1,3	0,90		1,5	1,00	1894	1359	183	254	718	96,6	135	134	83,0
22.08.78	2,6	0,30	2,00	1,0	2,75	3277	2139	324	453	652	98,9	151	138	41,7
03.09.80	4,5	0,10	5,50	0,9	1,10	2206	1376	251	356	624	113,8	182	161	72,9
26.01.81	4,5	0,20		1,2	1,90+	2050	1338	230	226	653	112,2	172	110	ohne Heuermittl.
02.12.83	4,7	0,85		1,3	1,80+	2528	1575	255	386	623	100,9	162	153	50,1
17.09.84	3,4	0,20	3,00	1,6	1,60	2324	1447	289	308	623	124,4	200	133	54,1
21.12.87	2,6	0,65		1,4	1,00	1618	979	194	261	605	119,9	198	161	79,0
nach HERRE (1955) berechnet	1	1,80			1,80	3114	1726	326	738	554	104,7	189	237	76,8

TS = Trockensubstanz

EFr = Energetische Futtereinheit Rind

vRP = verdauliches Rohprotein

RF = Rohfaser

EK = Energiekonzentration (EFr/kg TS)

vRPK = Proteinkonzentration (g/kg TS)

PEQ = Protein-Energie-Quotient (g/kg EFr)

RFA = Rohfaseranteil (g/kg TS)

+ einschl. Eicheln

Die Nährstoffaufnahme und auch die allgemeinen Futterwertkenndaten, wie sie Tab. 1 vermittelt, schwanken und weisen eine etwas höhere Futteraufnahme am neuen Standort ab 1978 aus. Da die Rene seitdem eine bessere Kondition aufweisen, ist anzunehmen, daß der Nährstoffbedarf besser abgedeckt wird, allerdings auf Kosten eines niedrigeren Rohfaseranteiles.
Von Bedeutung für die Bewertung der Interaktion Ernährung - Stoffwechsel ist auch die Kenntnis der Reihenfolge, wie die einzelnen Futtermittelgruppen verabreicht werden. Bis Ende August 1987 wurde folgendermaßen verfahren:

7.30 h Konzentrate plus Luzernehäcksel
10.30 h Saftfutter plus Luzernehäcksel
17.00 h Zugang zu Grün- und/oder Rauhfutter

Ab September 1987 kam nachstehende Fütterungssequenz zur Anwendung:

7.30 h Luzernehäcksel
10.30 h Konzentratfutter plus Luzernehäcksel
13.30 h Saftfutter
16.00 h Zugang zu Grün- und/oder Rauhfutter

Es ist allerdings zu bemerken, daß nach Aussagen der Tierpfleger die Rene nach etwa 14 Tagen den Häcksel am frühen Morgen nur noch teilweise aufnahmen und gelernt hatten, auf das für sie offensichtlich schmackhaftere Konzentratfutter zu warten.

3. Zum Krankheitsgeschehen

Eine Analyse des Krankheitsgeschehens bei den Rentieren des Leipziger Zoo bis 1985 ist bereits erfolgt (EULENBERGER et al., 1985). Im Untersuchungszeitraum trat lediglich beim Haupthirsch ein subakutes Durchfallgeschehen auf, dessen Ätiologie nicht eindeutig zu klären war. Eine kurzzeitige Störung des Allgemeinbefindens bei einem älteren Rentier am Ende der Säugeperiode konnte durch eine intravenös verabreichte Elektrolyt-Glukose-Puffer-Lösung beherrscht werden. Bei einem einjährigen Tier wurde durch Sectio caesarea nur noch ein toter Fetus entwickelt. Bei den 3 weiteren 1987 gestorbenen Jungtieren ergab die Sektion bei einem perakut ad exitum letalem gekommenen Jungtier eine partielle Lungenatelektase mit Streptokokkeninfektion der Lunge und bei den 2 anderen Kolisepsis. Diese relativ hohen Jungtierverluste waren - wie bereits oben angesprochen - die mit Abstand höchsten in den letzten 10 Jahren; es wurde ein Zusammenhang mit der anhaltend feucht-kalten Witterung während der Wurfzeit gesehen, eine gleichzeitige stoffwechselbedingte Immundepression jedoch nicht ausgeschlossen.

4. Charakteristik der Untersuchungszeiten

Bisher liegen die Untersuchungsergebnisse von 4 Entnahmedaten vor (Tabelle 2). Zwei Entnahmen entfallen auf die Grünfutterperiode, die in ihrem Nährstoffangebot durch die in Tabelle 1, vorletzte Spalte (17.09.84), angegebene und analysierte Ration gekennzeichnet ist.
Der Entnahme vom 18.12.86 entspricht die Nährstoffzusammensetzung der Ration vom 2.12.83.
Die am 21.12.87 analysierte Futterration basiert bereits auf der Ende August 1987 vorgenommenen Korrektur des Ernährungs- und Fütterungsregimes, und sie ist der Entnahme vom 22.10.87 zuzuordnen.
Die vorgenommenen Korrekturen in der Fütterung ergaben sich aus der Auswertung der bis dahin vorliegenden Stoffwechselanalysen und den auf Grund der Jungtierverluste vermuteten stoffwechselbedingten Immundepressionen in der Herde.

5. Methodik der Probengewinnung und -aufbereitung

Zur Probenentnahme wurden die Tiere jeweils morgens zwischen 8 und 10 Uhr, also 1 bis 3 Stunden nach der Morgenfütterung im Außengehege durch die Tierpfleger per Hand eingefangen. Ein kurzzeitiger Streß infolge Erregung war dabei unvermeidlich. Das Blut wurde durch Punktion der Vena jugularis, der Harn per Gummikatheter (mit Mandrin) gewonnen.
Die heparinisierten Blutproben wurden 1 bis 2 Stunden nach der Entnahme bei 3000 Umdrehungen/min 10 min lang zentrifugiert und das gewonnene Plasma unverzüglich zur Bestimmung ins Automatenlabor (Leiter: MR Prof. Dr. sc. W. ROTZSCH) des Bereiches Medizin der Karl-Marx-Universität Leipzig gebracht. Der Blutstatus wurde noch am selben Tage im eigenen Labor ermittelt. Die Bestimmung der NSBA erfolgte ebenfalls am selben Tag im Wissenschaftsbereich

Innere Medizin (Leiter: OVR Prof. Dr. sc. M. SCHÄFER) der Sektion Tierproduktion/Veterinärmedizin der Karl-Marx-Universität Leipzig, die Bestimmung von Cortisol und Thyroxin nach vorübergehender Lagerung der Plasmaproben bei -18 °C zu einem späteren Zeitpunkt im Zentralen Isotopenlabor (Leiter: Dr. H. BIER) der Sektion Tierproduktion/Veterinärmedizin der Karl-Marx-Universität Leipzig. Folgende klinisch-chemischen Parameter wurden mit den in Klammern angegebenen Methoden bestimmt und in die vorläufige Auswertung einbezogen (bleibt die Methode unerwähnt, so entspricht sie der im AB der DDR angegebenen): Blutstatus, Eiweiß gesamt, Elektrophorese, Glukose (Methode III im AB), Harnstoff-Stickstoff (Harnstoff-N.), Kreatinin, Eisen, Alaninaminotransferase (ALAT), Aspartataminotransferase (ASAT), Thyroxin (T_4-RIA-Testbesteck des Zentralinstituts für Isotopen- und Strahlenforschung), Cortisol (RIA nach KRATSCH, 1984), NSBA nach KUTAS (1965).

Tabelle 2: Hämatologische Ergebnisse und klinisch-chemische Befunde ($\bar{x} \pm s$) im Blutplasma sowie die NSBA im Harn

Parameter Entnahmen	1 16.07.86 14.07.87 n = 12	2 18.12.86 n = 7	3 22.10.87 n = 7	t - Test α
Hämatokrit (%)	48,3 ± 2,5	51,6 ± 2,9	44,9 ± 2,3	1 : 2,3 + 2 : 3 ++
Hämoglobin (g/l)	119 ± 17	104 ± 8	126 ± 10	1 : 2 + 2 : 3 +++
Erythrozyten (Tpt/l)	9,88 ± 0,87	10,9 ± 0,98	9,16 ± 0,37	1 : 2 + 2 : 3 +++
Leukozyten (Gpt/l)	5270 ± 850	4240 ± 580	4990 ± 800	1 : 2 +
Eiweiß gesamt (g/l)	80,2 ± 6,8	80,6 ± 4,8	76,9 ± 1,5	
Albumin	0,48 ± 0,07	0,50 ± 0,10	0,48 ± 0,05	
γ-Globulin	0,21 ± 0,06	0,10 ± 0,07	0,21 ± 0,03	1,3 : 2 ++
Glukose (mmol/l)	6,73 ± 1,15	11,6 ± 2,9	4,8 ± 1,3	1,2 : 3 +++ 1 : 2 ++
Harnstoff-N (mmol/l)	11,7 ± 1,9	14,3 ± 1,2	11,4 ± 0,9	1,3 : 2 +++
Kreatinin (μmol/l)	126 ± 19	174 ± 15	168 ± 15	1 : 2,3 +++
Eisen (μmol/l)	44,0 ± 7,5	54,3 ± 8,1	29,2 ± 12	1 : 2 + 1,2 : 3 ++
ALAT (μmol/s·l)	0,89 ± 0,27	1,26 ± 0,25	0,91 ± 0,26	1 : 2 ++ 2 : 3 +
ASAT (μmol/s l)	1,50 ± 0,26	1,87 ± 0,45	1,28 ± 0,19	2 : 1,3 +
Thyroxin (nmol/l)	244 ± 49	225 ± 26	249 ± 34	
Cortisol (nmol/l)	24,3 ± 24	33,0 ± 27	34,4 ± 16	
NSBA (mmol/l)	- 8,27 ± 28	- 14,3 ± 22	13,6 ± 14	1,2 : 3 +++

7. Mathematisch-statistische Auswertung

Für die biostatistischen Berechnungen wurden das arithmetische Mittel $\bar{x}$ und die Standardabweichung s bestimmt. Es fanden nach Prüfung mit dem F-Test (Vergleich zweier Varianzen) als Mittelwerttest der t-Test nach STUDENT Anwendung.
In Tabelle 2 sind nur die signifikanten Unterschiede unter der Irrtumswahrscheinlichkeit alpha = + (5 %), ++ (1 %), +++ (0,1 %) ausgewiesen.

Ergebnisse der hämatologischen und klinisch-chemischen Untersuchungen

Die in Tabelle 2 ausgewiesenen Mittelwerte mit ihren Standardabweichungen lassen signifikante Unterschiede zwischen den verschiedenen Untersuchungszeiten erkennen. Die Ergebnisse der beiden Juli-Untersuchungen unterschieden sich nicht signifikant voneinander, so daß ihre Werte zusammengefaßt werden konnten (Spalte 1).
Der Hämatokritwert war im Dezember 1986 mit 51,6 % am höchsten, und er lag mit 44,9 % am niedrigsten nach der Umstellung der Fütterung im Oktober 1987.
Für die Erythrozytenzahlen sind dieselben Relationen erkennbar, der Hämoglobingehalt verhält sich dagegen umgekehrt, so daß für die Dezember-Untersuchung der Trend zur mikrozytären hypochromen Anämie deutlich wird.
Auch die Anzahl der Leukozyten ist unter den Bedingungen der Winterfütterung signifikant niedriger als während der im Sommer. Ähnliche Relationen sind beim Gamma-Globulingehalt zu erkennen, der insbesondere bei 4 Tieren, bei denen dafür der alpha-2-Globulingehalt erhöht war, extrem niedrig lag.
Im Gesamteiweiß- und Albumingehalt ergaben sich dagegen keine signifikanten Unterschiede, so daß vor allem auf eine Verschiebung im Proteinmuster bei einigen der Tiere geschlossen werden muß. Die nach Umstellung der Fütterung nur in der Tendenz niedrigeren Gesamteiweißwerte spiegeln möglicherweise dennoch die geringere Aufnahme von verdaulichem Rohprotein (vRP) in dieser Zeit wider (Tab. 1).
Die Mehrzahl der untersuchten biochemischen Parameter erreichten die signifikant, z.T. hochsignifikant höchsten Werte in der Dezemberuntersuchung, so bei der Glukose, beim Harnstoff, beim Kreatinin, beim Eisen, den Transaminasen und bei der NSBA. Die Untersuchungsergebnisse im Sommer, also während der Grünfutterperiode, sind durch die trotz hohen Gesamteiweißgehalts niedrigeren Harnstoff- und Kreatininblutspiegel sowie die im Vergleich zur Winterfütterung mit - 8,27 mmol/l relativ günstige NSBA charakterisiert.
Zwischen den Ergebnissen dieser Untersuchung und denen nach Änderung der Fütterungsfolge im Oktober 1987 besteht weitgehende Übereinstimmung. Signifikante Unterschiede zur Sommerfütterung ergaben sich neben Hämatokrit und Glukose lediglich für den Eisengehalt mit nur durchschnittlich 29,2 µmol/l Plasma und hochsignifikant für den Kreatininblutspiegel (168 µmol/l). Die höhere NSBA - erstmalig wurden mit 13,6 ± 14 mmol/l positive Werte erreicht - erwies sich als nicht signifikant.

Diskussion

Die richtige Fütterung der Rene ist ohne Zweifel die wichtigste Voraussetzung für die erfolgreiche Haltung dieser halbdomestizierten Tiere im Zoo. Sie gehören zu den heikleren Fressern, obwohl die Rene unter den natürlichen Äsungsbedingungen ihrer Verbreitungsgebiete eine große Anpassungsfähigkeit beweisen. Dort steht ihnen ein artenreiches, jahreszeitlich stark wechselndes Nahrungsangebot zur Verfügung, im Frühling und Frühsommer höhere Anteile leichter verdaulicher Gräser, Kräuter, Blätter und Buschwerk. Die Aufnahme von Flechten tritt zurück, erhöht sich aber später im Jahr und kann 25 - 30 % der aufgenommenen Nahrung umfassen, aber auch zwischen 3 und 80 % schwanken (HERRE, 1955). Vor allem bei der Aufnahme hoher Anteile von Cladonia-Flechten steigt der Rohfasergehalt. STÄHLIN (1957) gibt diesen für die Rentierflechte, Cladonia rangiferina, mit 31,4 bis 32,9 % der TM (= 41,0 - 52,2 % der Originalsubstanz) an.

Die Hauptaufgabe in der Ernährung des Rens unter den Bedingungen der Zoohaltung besteht darin, ihnen vielseitig zusammengesetzte "wiederkäuergerechte" Rationen mit ausreichenden Anteilen pansenwirksamen Grobfutters zu verabreichen und die Aufnahme der notwendigen Mengen hochwertigen Rauhfutters zu sichern. Bei freier Wahl bevorzugen die Rene schmackhaftere und saftigere Bestandteile, die meist geringen Rohfasergehalt aufweisen. Dieser sollte den für eine "wiederkäuergerechte" Fütterung kennzeichnenden Mindestwert von 18 % möglichst nicht unterschreiten. Das Erreichen dieses Zieles hängt davon ab, wieweit es gelingt, eine optimale Aufnahme von Heu zu erreichen. Da die Rene in dieser Hinsicht sehr wählerisch sind, hat sich der Einsatz von Luzernehäcksel als stabilisierender Rohfaserträger sehr bewährt. Dennoch zeigen die Futtermittelanalysen (Tab. 1), daß der Anteil an Rohfaser (RFA) in der Ration, vor allem nach 1977, besonders auch während der Grünfutterperiode fast immer unter 160 (16 %) lag. Die Bemühungen um seine Erhöhung im letzten Quartal 1987 waren nur teilweise erfolgreich; eine höhere Aufnahme scheiterte am wählerischen Freßverhalten der Tiere selbst. Mit der Erhöhung des RFA mußte jedoch auch eine Reduzierung der Aufnahme an Trockensubstanz in Kauf genommen werden, wodurch sich auch die Energieeinnahmen der Tiere auf die Aufnahme an VRP verminderten. Ähnliche Rationen wurden von den Tieren in früheren Jahren aber bereits gut toleriert (s. Tab. 1). Dabei stellt sich gleichzeitig die Frage, inwieweit auch unter den Bedingungen der Haltung im Zoo der natürliche Wechsel des jahreszeitlichen Futterangebotes bei dieser Tierart wenigstens graduell abgestuft simuliert werden müßte, wie es KOCK (1985) z.B. für Elche (Alces alces) für anstrebenswert hält. Ein Training der neuroendokrinen Regelkreise wäre damit ohne Zweifel verbunden. Danach könnte eine etwas reduzierte Nährstoffaufnahme in den Wintermonaten durchaus angemessen sein, vorausgesetzt, daß während des Winters die dafür notwendigen Energie- und Proteindepots angelegt worden sind und daß deren Abbau - endokrin gesteuert - nicht überstürzt, sondern nur allmählich erfolgt. Hinweise auf eine in Anpassung an die extremen klimatischen und Ernährungsbedingungen des arktischen Winters stattfindende endokrin gesteuerte Drosselung kataboler Stoffwechselprozesse ergeben sich aus den Untersuchungen von RYG und JACOBSON (1981), NIEMINEN und TIMISJÄRVI (1983) sowie NIEMINEN et al. (1984), wonach bei den halbdomestiziert gehaltenen Renen Finnlands der Thyroxinblutspiegel in den Winter- bzw. Frühjahrsmonaten niedriger lag als im Sommer.

Bei unseren Untersuchungsergebnissen ist dieser Unterschied ebenfalls erkennbar, aber biostatistisch nicht zu sichern, wobei die Sommerwerte, die für die freilebenden Rene mit mehr als 400 nmol/l angegeben werden, bei weitem nicht erreicht wurden. Der außer von einem hohen Anteil leicht verdaulicher Kohlenhydrate auch von dem niedrigen RFA der Ration zu erwartende ungünstige Einfluß auf den Säure-Basen-Haushalt (verminderte Wiederkautätigkeit und damit weniger Pufferkapazität durch den Speichel) kann sicher dadurch gemildert werden, daß Konzentratfutter nicht vor rohfaserreichen Futtermitteln verabreicht werden. Wurde bei Rindern Getreideschrot 90 min vor dem Grobfutter verabreicht, so hatte sich 7 Stunden nach der Fütterung der pH-Wert des Pansens noch nicht wieder normalisiert; wurde umgekehrt verfahren, so war der Abfall des pH-Wertes in den sauren Bereich weniger stark und nicht so anhaltend (PIATKOWSKI, 1983). Wie bereits angesprochen, war das Bemühen um eine andere Fütterungsfolge jedoch nur teilweise erfolgreich, so daß nach der letzten Untersuchung erneut umgestellt wurde, indem jetzt als erste Fütterung des Tages ein Gemisch aus Luzernehäcksel und Saftfutter verabreicht wird, das offensichtlich besser genommen wird als Häcksel allein.

Die bei den Renen des Leipziger Zoo ermittelten hämatologischen und klinisch-chemischen Werte können ohne Zweifel nur bis zu einem gewissen Grad den jeweiligen nutritiven Status der Herde widerspiegeln. Ein Vergleich mit der Literatur, wo sich vorwiegend Werte von den wirtschaftlich genutzten, semidomestizierten, selten (NIEMINEN und LAITINEN, 1983) auch von wilden Renen finden lassen, ergibt beachtliche Unterschiede zu den Werten der im Zoo lebenden Tiere, die sicher nicht allein mit unterschiedlichen Ernährungsbedingungen erklärt werden können.

Im Vergleich unserer Ergebnisse mit denen aus der Literatur (DIETRICH und LUICK, 1971; NIEMINEN, 1980 a, b; TIMISJÄRVI et al., 1981; NIEMINEN und TIMISJÄRVI, 1982; NIEMINEN und LATINEN, 1983) ergibt weitgehende Übereinstimmung im Hämatokrit und damit auch bei den Erythrozytenzahlen, wobei die im Schrifttum angegebenen Werte zwischen 42 und 51 % bzw. 8 und 10,6 Tpt/t Erythrozyten schwanken.

Wesentlich niedriger liegen bei unseren Tieren die Hämoglobinwerte, die von TIMISJÄRVI et al. (1981) für 3 bis 5 Jahre alte weibliche Rentiere - in Abhängigkeit von Jahreszeit und Fortpflanzungsstatus schwankend - mit 118 - 178 g/l angegeben werden. Die Tendenz zur mikrozytären hypochromen Anämie besteht somit bei unseren Tieren generell. Sie war deutlicher ausgeprägt während der Winterfütterung, als höheres Konzentratfutterangebot zu stärkerer azidotischer Stoffwechsellage und Hyperproteinämie geführt hatte. Die Anämie ist dabei vor allem auf die infolge des gestörten Milieus im Pansen reduzierte mikrobielle Synthese an B-Vitaminen zurückzuführen. Ähnliche Beobachtungen beim Elch gelangen KOCK (1985), wobei er die Ursache der Anämie allein im Eiweißüberangebot mit seinen Folgen für die Vorgänge im Pansen sah. Vermindert - und hier ebenfalls wieder stärker während der Winterfütterung - sind auch die Leukozytenzahlen, die in der Literatur mit 6,4 bis 7,8 Gpt/t angegeben werden.

Der Gesamteiweißgehalt im Blut wird im Schrifttum sehr unterschiedlich angegeben, wobei offensichtlich starke jahreszeitliche Einflüsse bestehen. Während NIEMINEN et al. (1980) für 3 bis 10 Jahre alte, im Herbst (September - November) untersuchte Rene 84 - 90 g/l angeben, liegen die Durchschnittswerte bei NIEMINEN und TIMISJÄRVI (1983) im Herbst ähnlich hoch, während der übrigen Jahreszeiten mit durchschnittlich 63,3 (Frühjahr), 77,0 (Sommer) und 71,3 g/l (Winter) dagegen z.T. wesentlich niedriger und unter den von uns ermittelten Werten. Jeweils gegensätzlich dazu verhalten sich die Albuminwerte. Deutlich unter den von NIEMINEN et al. (1980) für gleichaltrige Tiere angegebenen Werten (0,31 - 0,34) liegen die von uns ermittelten Gamma-Globulinspiegel, extrem niedrig aber auch bei einigen Tieren während der Winterfütterung. Bei 4 Tieren wurden Einzelwerte unter 0,10 ermittelt, wobei dafür der alpha-2-Globulingehalt erhöht war. Weitere Untersuchungen zu dieser Problematik sind erforderlich, um zu schlüssigen Aussagen zu kommen.
Der Glukoseblutspiegel stimmt nur nach Umstellung des Fütterungsregimes mit dem von NIEMINEN und TIMISJÄRVI (1983) ermittelten überein. Im Dezember wurden vergleichsweise extrem hohe Werte erzielt, deren Ursache ebenfalls als noch ungeklärt angesehen werden muß.

Der Harnstoffgehalt liegt im Vergleich zum Schrifttum während der Winterfütterung deutlich höher und während der übrigen Untersuchungszeiten an der oberen Grenze der Literaturwerte. DIETERICH und LUICK (1971) sowie NIEMINEN und LAITINEN (1983) geben für Tiere nach Transportstreß auch höhere Werte an (25,0 bzw. 16,8 mmol/l).
Der Kreatininblutspiegel, der für adulte weibliche Tiere von NIEMINEN und TIMISJÄRVI (1983) mit 185 $\pm$ 7,8 im Sommer und mit 211 $\pm$ 11 μmol/l angegeben wird, lag in unseren Untersuchungen insgesamt niedriger. Während die Werte unserer Rene im Spätherbst die von den beiden Autoren angegebenen jedoch weitgehend erreichen, liegen die der beiden Sommeruntersuchungen mit nur 126 μmol/l extrem niedriger, so daß für diese Zeit auf vorwiegend anabole Stoffwechselprozesse geschlossen werden kann.
Übereinstimmung mit den Literaturwerten besteht bei den Transaminasen (nur die Werte vom 18.12.86 liegen geringfügig höher).
Der Literaturvergleich für das Thyroxin ist bereits oben erfolgt. Die Kortisolwerte liegen in den eigenen Untersuchungen deutlich unter den von NIEMININ und TIMISJÄRVI (1983) angegebenen (145 nmol/l).
Vergleichswerte aus der Literatur zur NSBA stehen nicht zur Verfügung, so daß diesbezüglich nur auf die von NIEMINEN und TIMISJÄRVI (1983) publizierten Blutgasanalysen verwiesen werden kann. Daraus läßt sich ableiten, daß Rentiere - möglicherweise im Zusammenhang mit dem Erregungsstreß beim Einfangen - in den Zustand einer Azidose geraten.

Der mit dem Einfangen der Tiere verbundene, wenn auch nur kurzzeitige Erregungsstreß hatte sicher Einfluß auf die Höhe der Werte der meisten der untersuchten Parameter. Nach den Untersuchungen von REHBINDER und EDQVIST (1981) und NIEMINEN und LAITINEN (1983) wirken sich einmaliges Fangen und Dauerstreß, z.B. durch Treiben oder längeren Transport, dabei unterschiedlich aus. Am stärksten waren der Hämatokrit, das Kortisol, die Glukose, Laktat, Harnstoff, Natrium, ASAT u.a. Enzyme durch die streßbedingte Situation beeinflußt.
Die von uns ermittelten Werte sind mit denen der o.g. Autoren nach einmaligem, kurzzeitigem Treiben weitgehend in Übereinstimmung, obwohl gerade beim Kortisol wesentlich niedrigere Werte gefunden worden sind. Da das Einfangen der Tiere bei den eigenen Untersuchungen hinsichtlich der Streßintensität gleich beurteilt werden kann, können die nachgewiesenen Unterschiede somit vorrangig auf jahreszeitliche, insbesondere aber fütterungs- und ernährungsbedingte Einflüsse zurückgeführt werden.

Schlußfolgerungen

Zunächst kann festgestellt werden, daß die in den letzten Jahren praktizierten Haltungs- und Fütterungsmethoden einschließlich der prophylaktischen veterinärmedizinischen Maßnahmen über ca. 15 Jahre eine erfolgreiche Rentierhaltung und -zucht im Leipziger Zoo garantiert haben.

Mit Ausnahme des letzten Jahres, in dem 4 von 5 geborenen Kälbern innerhalb der ersten Lebenstage starben, und 3 klinisch kranken Alttieren, ergeben sich keine Hinweise auf gravierende fütterungs- und ernährungsbedingte Störungen oder gar Immunsuppressionen.
Die Unterschiede in den hämatologischen und klinisch-chemischen Werten zu einigen aus der Literatur, vor allem aber zwischen den verschiedenen Entnahmezeiten lassen jedoch den Schluß zu, daß in der Herde eine latente azidotische Stoffwechselsituation besteht. Sie ist im Herbst und im Winter bei fehlendem Grünfutterangebot stärker ausgeprägt.
Neben relativ niedrigem Rohfasergehalt der Ration muß diese Situation auf die morgendliche alleinige Konzentratfuttergabe zurückgeführt werden.
Damit wird ein grundsätzliches Problem der Fütterung herbivorer Zootiere angesprochen. Eine falsche Fütterungssequenz dürfte aus den unterschiedlichsten Gründen sehr häufig zur Anwendung kommen.
Wie für das Rind nachgewiesen (BOUNACCORSI et al., 1982) ist unter den Bedingungen einer metabolischen Azidose neben anderen Folgen auch mit einer Abnahme der humoralen Immunität (IgG, IgM) zu rechnen, so daß auch bei den Tieren des Leipziger Zoos durchaus mit der Disposition zu stoffwechselbedingten Immunsuppressionen gerechnet werden muß.

Die vorgelegten Untersuchungsergebnisse sind als vorläufig zu betrachten. Weitere Untersuchungen, z.B. mit erweitertem Parameterspektrum, neu zusammengestellten Futterrationen sowie in anderen Zoologischen Gärten sind geplant.

Zusammenfassung

Hämatologische und klinisch-chemische Untersuchungsergebnisse beim Hausren (Rangifer tarandus) im Leipziger Zoo

Die Rentierherde des Leipziger Zoo hatte in den letzten 10 Jahren bemerkenswerte Zucht- und Aufzuchterfolge zu verzeichnen; Morbiditäts- und Mortalitätsrate liegen sehr niedrig. Hämatologische und klinisch-chemische Untersuchungsergebnisse während der Jahre 1986 und 1987 ergaben im Vergleich zu Literaturwerten jedoch niedrigeren Hämoglobingehalt und geringere Leukozytenzahlen im Blut, bei zeitweise erhöhtem Gesamteiweiß- einen niedrigeren Gammaglobulingehalt, niedrigeren Kreatinin-, aber höheren Harnstoffgehalt, überwiegend höheren Glukose-, aber niedrigere Thyroxin- und Kortisolblutspiegel, vor allem aber sehr niedrige NSBA-Werte im Harn, die eine azidotische Stoffwechselsituation anzeigen.
Während der Winterfütterung sind die Unterschiede zu den Literaturwerten stärker ausgeprägt. Die Ursachen für die festgestellten Differenzen zu den Literaturwerten und zwischen Sommer- und Winterfütterung werden auf zu niedrigen Rohfaseranteil in der Futterration, zeitweise zu hohes Angebot an verdaulichem Rohprotein sowie auf eine falsche Fütterungssequenz zurückgeführt. Weitere Untersuchungen sind vorgesehen.

Summary

Haematological and Clinico-Chemical Investigations of Reindeer (Rangifer tarandus) in Zoological Garden of Leipzig

Remarkable breeding and rearing results were achieved from the reindeer herd of Leipzig Zoo over the past ten years. Morbidity and mortality rates were extremely low. However, results obtained from examinations in 1986 and 1987 revealed values which differed from literature data so far available, including lower haemoglobin levels and lower leucocyte counts in the blood, temporarily increased total protein, lower gammaglobulin and creatinine, higher urea and glucose, lower thyroxine and cortisol levels in the blood, and, above all, extremely low NSBA values in urine which were indicative of acidosis. Discrepancies to literature values were even more strongly pronounced during winter feeding. These differences from literature data as well as those between summer and winter feeding were attributed to low crude fibre levels in feed rations as well as to temporary excessive supply of digestible crude protein and to inadequate feeding sequences. Further investigations are planned.

Résumé

Résultats des examens hématologiques, cliniques et chimiques de la renne domestique (Rangifer tarandus) dans le zoo de Leipzig

Pendant les dernières dix années nous avons eu un succès remarquable à Leipzig avec la reproduction et l'élevage de notre effectif des rennes domestiques. Les taux de morbidité et mortalité sont très faibles. Comparé aux valeurs qui sont induquées dans la littérature, cependant, les résultats des examens hématologiques, cliniques et chimiques faits dans les années 1986 et 1987 correspondent à une teneur en hémoglobine plus faible et un nombre plus faible de leucocytes dans le sang, une teneur temporairement plus élevée de la totalité de proteine, gammaglobuline et de créatinine plus faible mais une teneur plus élevée d'urée. Les analyses du sang produisent des teneurs en glucose plus élevées mais dans le cas de thyroxine et cortisole plus faibles, et surtout les valeurs très basses de NSBA dans l'urée qui indiquent une acidose du métabolisme. Pendant l'alimentation en hiver les déviations des valeurs indiquées dans la littérature sont plus prononcées. Ces déviations des valeurs de la littérature et celles entre l'alimentation en été et en hiver sont causées par une teneur trop faible en fibres brutes (du fourrage) dans les rations, temporairement un offre trop élevé de protéine brute digestible et une fausse séquence d'alimentation. Il est prévu de poursuivre ces études.

Резюме

Гематологические и клинико-химические результаты исследований у домашнего оленя (Rangifer tarandus) в зоопарке Лейпцига

В последние годы в зоопарке Лейпцига значительно возрасло стадо оленей. Степень падежа в течение 10 лет низкая. Однако, гематологические и клинико-химические обследования, охватывающие 1986 и 1987 год, показали в сравнении с литературными данными, низкое содержание гемоглобина, лейкоцитов крови, частичное повышение общего белка, низкое содержание гаммаглобулина, кретинина, но высокое содержание мочевины; повышенное содержание глюкозы, при заниженном количестве тироксина и кортизола крови, очень низкий уровень НСБА в моче, что указывает на ацидозную ситуацию. При зимнем кормлении разница в показателях значительнее. Причина различия результатов зимой илетом по сравнению с литературными данными является следствием пониженного количества скормленного баласта, часто завышенное количество протеина в кормёжке. Предусматриваются дальнейшие исследования.

Literaturverzeichnis

BOUNACCORSI, A., CROCE, G.D., and G.J. LUBAS (1982): Hepatic steatosis and immunitary deficiencies due to metabolic acidosis in pregnant cows. Proceedings XII. world congress on diseases of cattle, Amsterdam Vol. I, 508 - 511.

DIETERICH, R.A., and J.R. LUICK (1971): Reindeer in biomedical research. Lab. Anim. Sci. 21, 817 - 824.

EULENBERGER, K., SCHÜPPEL, K.-F., KRISCHE, G., HAUPT, W., SELBITZ, H.-J., SCHYRA, A., SEIFERT, S., und K. ELZE (1985): Beitrag zum Krankheitsgeschehen und zur Narkose bei Cerviden. Verh.ber. Erkrg. Zootiere 27, 37 - 50.

HERRE, W. (1955): Das Ren als Haustier. Leipzig: Akademische Verlagsgesellschaft Geest und Portig K.-G.

KOCK, R.A. (1985): Health and nutrition of the Moose (Alces alces) at Whipshade Park. Verh.ber. Erkrg. Zootiere 27, 101 - 106.

KRATSCH, J. (1984): Methodische Beiträge zur Competiven Proteinbindungsanalyse und zum Radioimmonu-assay für die Bestimmung von Cortisol und Corticosteron im Serum bzw. Plasma einiger landwirtschaftlicher Nutztiere. Rer.nat. Diss. Leipzig.

KUTAS, F. (1965): Determination of net acid-base extraction in the urine of cattle. A method for the estimation of acid-base equilibrium. Acta vet. Acad. Sci. hung. 15, 147-153.

NIEMINEN, M. (1980 a): The composition of reindeer blood in respect to age season, calving and nutrition. Acta Univ. Ouluensis, Serie D. Medica No. 54, Pharmacol. et Physiol. No. 11, 1 - 66.

NIEMINEN, M. (1980 b): Nutritional and seasonal effects on the haematology and blood chemistry in reindeer (Rangifer tarandus tarandus L.) Comp. Biochem. Physiol. 66 A, 399 - 413.

NIEMINEN, M., KOSKELA, M., LEINONEN, M., and I. TIMISJÄRVI (1980): Electrophoretical and immunoelectrophoretical studies on serum proteins in growing and fully - grown reindeer (Rangifer tarandus tarandus L.) Comp. Biochem. Physiol. 65 B, 35 - 44.

NIEMINEN, M., and M. LAITINEN (1983): Metsäpeuran palautusistutus ja stressi. Suomen Riista 30, 34 - 43.

NIEMINEN, M., and I. TIMISJÄRVI (1981): Blood composition of the reindeer. I. Haematology. Rangifer 1, 10 - 26.

NIEMINEN, M., and I. TIMISJÄRVI (1983): Blood composition of the reindeer. II. Blood chemistry, Rangifer 3, 16 - 32.

NIEMINEN, M. OJUTKANGAS, I., TIMISJÄRVI, I., and R. HISSA (1984): Serum lipids, thyroxine and catecholamine levels in the reindeer with reference to the annual climatic cycle. Comp. Biochem. Physiol. 79 A, 87 - 92.

REHBINDER, C., and L.E. EDQVIST (1981): Influence of stress on some blood constituents in reindeer (Rangifer tarandus L.) Acta vet. scand. 22, 480 - 492.

RYG, M., and E. JACOBSON (1981): Virkninger av ernaering pa serum-nivaer av thyroxin og triiodthyronin hos rein (Rangifer tarandus tarandus). Rangifer 1, 4 - 9.

PIATKOWSKI, B. (1983): Rinderfütterung. Berlin: VEB Deutscher Landwirtschaftsverlag.

STÄHLIN, A. (1957): Methodenbericht XII. Die Beurteilung der Futtermittel. Radebeul und Berlin: Neumann Verlag.

TIMISJÄRVI, I., NIEMINEN, M., and E. SAARI (1981): Haematological values for reindeer. J. Wildl. Managmt. 45, 976 - 981.

Anschrift der Verfasser: Dr. sc. K. E u l e n b e r g e r
Margarete-Blank-Str. 8 / Fach 26
DDR-7010 Leipzig (DDR)

From Department of Veterinary Medicine, College of Veterinary Science and Animal Husbandry, C. S. A. University of Agriculture and Technology, Mathura campus

HAEMATOLOGICAL STUDIES OF SOME ARTIODACTYLS OF A NORTH INDIAN ZOO

By S. K. Singh, B. P. Joshi, and P. Rai

Data are lacking on haemograms of wild artiodactyls of Southeast Asia, particularly India, although disease haemograms of some individual conditions have been published by some workers. Nevertheless, extensive studies have been carried out elsewhere on various species of deer and antelope (O'ROKE, 1936; PAULING et al., 1949; KITCHEN et al., 1964; SCHALM et al., 1975; ENGLISH, 1980; CHAPMAN and CHAPMAN, 1982). The present study incorporates haematological observations of some captive wild artiodactylids to provide reference values for clinical interpretation.

Material and methods

Five millilitres of jugular blood were collected from the Zoological Park of Kanpur, Uttar Pradesh, in the Western Indo-Gangatic plain of India. Included were 10 heads of deer, 2 hog deer (Axis procenus); 2 sika deer (Cervus nippon); 2 spotted deer (Axis axis); 2 barking deer (Muntiacus muntjak); 2 sambar (Cervus unicolor); 4 heads of black buck (Antelope cervicapra), and 3 blue bulls (Boselaphus tragocamelus). These animals were apparently healthy and well maintained in captivity under fairly good management. The animals were physically restrained without the use of immobilizers, inflicting minimum stress. Blood was collected in test tubes with oxalate anticoagulant, and haematological examinations were done within 1 - 4 hours after collection, using routine methods. Smears were examined for haemoprotozoan parasites.

Results and discussion

The results of the haematological examination are given in the ensuing table 1. The blood parameters in the animals examined were almost in agreement with those described by workers elsewhere (TERRI et al., 1958; KITCHEN and PRITCHARD, 1962; ENGLISH, 1980; CHAPMAN and CHAPMAN, 1982) with minor variations which could be associated with factors, such as species differences, nutritional status, climate, management practice, stress of capturing, and subclinical parasitoses etc. (ROSEN and BISCHOFF, 1952; BOWMAN and SEARS, 1955), and need be considered for interpretion of the results.

Table 1: Haematological parameters of some Indian artiodactylids

Species	Erythrocytes						Leucon	Relative different. leucocyte count (%)				
	RBCx10^6 ul	Hb g/dl	Haematocrit (Wint.) %	MCV fl	MCH Pg	MCHC g/dl	TLC x10^3 ul	N	L	M	E	B
1	2	3	4	5	6	7	8	9	10	11	12	13
Deer (A.procenus, A.axis, M. muntjak, C. unicolor, C. nippon) 10	20.31 ±0.31	15.68 ±0.12	53.5 ±0.29	23.94 ±0.87	7.0 ±0.4	29.3 ±0.44	8.12 ±0.64	45.67 ±1.82	48.67 ±3.94	1.33 ±0.67	4.33 ±1.86	0
Black buck (A.cervicapra) 4	22.3 ±0.21	15.0 ±0.37	48.5 ±1.37	21.81 ±1.07	6.71 ±0.33	30.77 ±0.79	7.77 ±0.27	62.0 ±2.84	37.2 ±5.07	0.4 ±0.25	2.4 ±0.25	0
Blue bull (B.tragocamelus) 3	13.28 ±1.52	17.33 ±0.14	50.67 ±0.33	41.36 ±7.27	14.17 ±2.54	34.22 ±0.2	12.84 ±0.71	59.0 ±3.24	35.6 ±2.65	0.6 ±0.25	4.0 ±0.33	0

90, 80, or 40 per cent of the erythrocytes were sickle-shaped in spotted (A. axis), sika (C. nippon), or hog deer (A. procenus), while no sickling was found in barking deer (M. muntjak), sambar (C. unicolor), black buck (A. cervicapra), and blue bull (B. tragocamelus). Sickling in deer is considered as a taxonomical phenomenon, although not very clearly understood (PRITCHARD et al., 1963). Some consider it related also to disease in deer (O'ROKE, 1936). Absence of sickling in some species of deer may be related to variations in their haemoglobin component (KITCHEN et al., 1964). The blood values of black buck closely resembled those of the other deer species studied.

Erythrocyte values of the blue bull were higher than the average values reported for domestic cattle of the Indian subcontinent which could be attributed to factors, such as lack of physiological stress (frequent pregnancies and lactation) and species variation. However, more elaborate studies are envisaged into this important wildlife of the Indo-Gangetic plain (FRANZMANN, 1985).

Comperatively higher leucocyte counts and higher percentages of neutrophils as compared to other domestic ruminants, were found in the captive feral artiodactyls studied. It is a feature just reverse to domestic ruminants and needs to be mentioned for further considerations. Higher neutrophil and lymphocyte ratios in deer have been reported by others, as well (KITCHEN et al., 1964). No haemoprotozoa were encountered in the stained blood films.

Acknowledgement

Thanks for assistance rendered to the authors are due to Drs. H. K. Gairola, Zoo Veterinarian, and S. D. Sharma of the Department.

Summary

Haematological studies of some artiodactyls of a North Indian zoo

Haematological studies were conducted into 17 wild artiodactylids in captivity in North India. The results indicated higher rbc counts, as compared to domestic ruminants. Sickling of erythrocytes was seen only in spotted, sika, and hog deer. Higher total wbc and neutrophil counts were observed in these animals. The results were in general agreement with those of other workers.

Zusammenfassung

Hämatologische Untersuchungen von einigen Paarhufern des Nord-Indischen Zoos

Untersuchungen wurden an 17 nichtdomestizierten Paarhufern im Zoo vorgenommen. Als Ergebnis ist auf eine höhere Zahl von roten Blutkörperchen als bei domestizierten Wiederkäuern zu verweisen. Sichelzellen wurden nur bei Cervus nippon, Axis axis und Axis procenus gesehen. Weiterhin wurden höhere Gesamtwerte des weißen Blutbildes und der Neutrophilen beobachtet. Die Ergebnisse standen in Übereinstimmung mit den Ergebnissen anderer Autoren.

Résumé

Examens hématologiques de quelques artiodactylés dans un zoo au nord de l'Inde

On a examiné dans le zoo 17 artiodactylés non-domestiqués. Le résultat est un nombre plus élevé des globules rouges comparé à celui des ruminants domestiques. Des cellules en faucille ont été observées chez les Cervus nippon et Axis procenus seulement. En outre des valeurs totales plus évelées des leucocytes et des neutrophiles ont été constatées. Les résultats correspondent à ceux des autres auteurs.

Резюме
Гематологические исследования некоторых парнокопытных Северно-Индийского зоопарка
Исследования проводились на I7 неодомашненных парнокопытных зоопарка.В результате обнаружено более высокое число красных кровяных телец крови , чем у одомашненных парнокопытных. Серповидные тельца наблюдались только у *Cervus nippon*, *Axis procenus* Кроме того. наблюдалось повышенное число белых кровяных телец и нейрофилов. Данные могут быть сравнимы с результатами, полученными другими авторами.

References

BOWMAN, L. G., and H. S. SEARS (1955): J. Mammal. 36, 474-

CHAPMAN, D. I., and N. G. CHAPMAN (1982): Res. Vet. Sci. 33, 205.

ENGLISH, A. W. (1980): Aust. Vet. J. 56, 398.

FRANZMANN, A. W. (1985): Personal communication (FAO Consultant, WII, Dehradun).

KITCHEN, H., and W. R. PRITCHARD (1962): 1st National White-tailed Deer Disease Symposium, 109, Georgia.

KITCHEN, H.; PUTENAM, F. W., and W. J. TAYLOR (1964): Science 144, 1237.

O'ROKE, E. C. (1936): Proc. Soc. Exp. Biol. and Med. 34, 738.

PAULING, L.; ITANE, H. A.; SINGER, S. J., and I. C. WELLS (1949): Science 110, 543.

PRITCHARD, W. R.; MOLEWITZ, T. D., and H. KITCHEN (1963): Exp. Molecular Path. 2, 173.

ROSEN, M. N., and A. I. BISCHOFF (1952): North American Wildlife Conf. 17, 482.

SCHALM, O. W.; JAIN, N. C., and E. J. CARROL (1975): Veterinary Haematology, 3rd edn. Philadelphia: Lea % Febiger, pp. 230.

TERRI, A. E.; VIRCHAW, W.; COLOVOS, N. F., and H. GREELEY (1958): J. Mammal. 39, 269.

Address of authors: S. K. S i n g h
College of Veterinary Science
Mathura Campus pin 281001 (U. P.) (India)

Aus dem Wissenschaftsbereichen Fortpflanzung landwirtschaftlicher Nutztiere (Léiter: OVR Prof. Dr. sc. J. SCHULZ), Pathologie (Leiter: VR Prof. Dr. sc. U. JOHANNSEN), Mikrobiologie und Tierseuchenlehre (Leiter: OVR Prof. Dr. sc. H. LIEBERMANN) der Sektion Tierproduktion und Veterinärmedizin der Karl-Marx-Universität Leipzig und dem Zoologischen Garten Leipzig (Direktor: Prof. Dr. S. SEIFERT)

ZUM FORTPFLANZUNGS- UND KRANKHEITSGESCHEHEN IN DER REHGRUPPE DES ZOOLOGISCHEN GARTENS LEIPZIG

Von K. Elze, Gisela Krische, K.-F. Schüppel und H.-J. Selbitz

Rehe gehören in ihrer Haltung, Ernährung und Zucht auch gegenwärtig noch zu den Problemtieren in Zoologischen Gärten. Konstant züchtende Gruppen verkörpern einen besonderen tiergärtnerischen Erfolg. Die Aufzuchtrate zeigt oft ein unbefriedigendes Ergebnis (DOLLINGER, 1981). Im Jahre 1983 wurden in 26 Beständen der durch das International Zoo Yearbook (1986) weltweit erfaßten Haltungen 30,35 (65) Kitze geboren. Davon verstarben 25 (mehr als jedes 3.) im ersten Lebensmonat.

Im Zoologischen Garten Leipzig werden nachweislich seit 1900 ununterbrochen Rehe gehalten. Insgesamt verzeichnen die seitdem geführten Tierbücher 263 Individuen, von denen 127 im Zoo Leipzig geboren wurden. Für fast alle Tiere (259) sind Lebens- und Haltungsdauer bekannt. Ende 1987 umfaßte der Bestand einen etwa vierjährigen erworbenen Bock und drei im Zoo geborene Ricken. Eine kontinuierliche Zucht mit 1 bis 4, meist 2 oder 3 Geburten jährlich besteht seit 1961. In diesen 27 Jahren ereigneten sich ohne Unterbrechung 62 Geburten mit 112 Kitzen, darunter 14mal ein Kitz, 46mal Zwillinge und 2mal Drillinge. Von 1900 bis 1960 erfolgten nur sporadisch 10 Geburten mit 15 Jungtieren in 9 Zuchtjahren. Seit 1959 geht der weibliche Zuchtbestand auf eine aus Wittenberg überbrachte Ricke zurück, während als Vatertiere immer fremdblütige Böcke in die Gruppe kamen. Insgesamt haben sich 11,21 Rehe fortgepflanzt.

Tabelle 1 gibt einen Gesamtüberblick über Lebens- und Haltungsdauer von 259 Rehen. Unter den 127 im Zoo gezüchteten Rehen (72 Geburten; durchschnittliche Setzstärke 1,76) wurden 34 = 26,7 % nicht älter als einen Monat. Bis zum Alter von einem Jahr starben weitere 19 Tiere, so daß bis zu diesem Alter fast so viele Rehe verloren wurden wie aus den nachgezogenen abgegeben werden konnten.

Ein Alter von 1 bis 6 Jahren erreichten 10 Tiere; 6 bis 11 Jahre alt wurden 7 Rehe. Sie waren meist als Nachzuchttiere im Bestand geblieben. Das langlebigste Tier starb im Alter von 10 3/4 Jahren und setzte in 9 Geburten 17 Kitze, von denen nur 3 als Jungtiere verstarben. Die von STUBBE und PASSARGE (1980) zitierten Höchstalter wurden bei weitem nicht erreicht.

Aufzuchtergebnisse und Geburtsmonat sind in Tabelle 2 in Beziehung gesetzt. Als Hauptsetzzeit ergibt sich der Zeitraum zwischen dem 6. Mai und dem 4. Juni, in dem 73,6 % der Geburten liegen und 76,4 % aller Kitze geboren werden. Als frühester Setztermin erscheint der 20. April 1966, als spätester der 22. Juni 1972. Die Verluste waren bei den im April geborenen Kitzen in der ersten Lebenswoche mit 41,7 % besonders hoch, bei den im Mai gesetzten mit 14,5 % relativ niedrig und bei denen vom Juni mit 28,2 % beachtlich. Bis zum Alter von einem Jahr starben von den April-Geborenen noch 16,6 %. Ähnlich hohe Verluste ergaben sich auch bei den im Juni geborenen Tieren, bei denen bis zum Alter von einem Jahr noch eine größere Zahl starb. Anders verhielt es sich mit den im Mai geborenen Kitzen; über zwei Drittel dieser maigeborenen Kitze wurde älter als ein Jahr.

Sehr unterschiedlich war das Aufzuchtergebnis in einzelnen Jahren. Von 7 geborenen Rehen konnten 1968 im Alter von 7 Monaten 6 abgegeben werden, ein Jahr später 5 der 6, während in anderen Jahren, wie 1974 (alle 4), 1984 (6 von 7) und 1986 (alle 4) fast alle Kitze starben.

Im Verlauf der fast 90jährigen Haltungsperiode lebten im Leipziger Zoo 136 Rehe, die erworben wurden. Vor allem vor 1960 ergänzte sich der Bestand weitgehend durch meist überbrachte Tiere, "Findlinge", die aus falschem Verständnis der Wildbahn entnommen wurden. Aber auch erschöpfte, kachektische Rehe trafen ein und überlebten nicht lange. Innerhalb der ersten drei Tage verstarben 8, innerhalb des ersten Monats nach Ankunft im Zoo 21 (15,9 %). Im Verlaufe des ersten

Tabelle 1: Lebens- und Haltungsdauer von Rehen im Zoologischen Garten Leipzig im Zeitraum von 1900-1987 (n = 259)

Alter / Herkunft Verbleib Abgang	geborene Kitze n = 127 = 100 %						übernommene Kitze n = 132 = 100 %					
	Tod		Abgabe		Ende 1987 im Bestand		Tod		Abgabe		Ende 1987 im Bestand	
	abs.	%	abs.	%	abs.	%	abs.	%	abs.	%	abs.	%
bis 3 Tage	22	17,3					8	6,1	1	0,8		
bis 1 Woche	5	3,9					3	2,3	1	0,8		
bis 1 Monat	7	5,5					10	7,5	2	1,5		
∑ bis 1 Monat	34	26,7					21	15,9	4	3,0		
bis 2 Monate	5	3,9					5	3,8	4	3,0		
bis 3 Monate	6	4,7	2	1,6			4	3,0				
bis 6 Monate	2	1,6	9	7,0			11	8,3	2	1,5		
∑ bis 6 Monate	47	37,0	11	8,6			41	31,0	10	7,5		
bis 9 Monate	5	3,9	22	17,3	1	0,8	9	6,9	6	4,5		
bis 12 Monate	1	0,8	8	6,3			4	3,0				
∑ bis 1 Jahr	53	41,7	41	32,2	1	0,8	54	40,9	16	12,0		
bis 2 Jahre	5	3,9	10	7,8			21	15,9	6	4,5	1	0,8
bis 3 Jahre	2	1,6	2	1,6	1	0,8	10	7,5	2	1,5		
bis 4 Jahre	1	0,8					8	6,1	1	0,8		
bis 5 Jahre							5	3,8				
bis 6 Jahre	2	1,6					1	0,8				
∑ bis 6 Jahre	63	49,6	53	41,6	2	1,6	99	75,0	25	18,8	1	0,8
bis 7 Jahre	2	1,6			1	0,8	2	1,5				
bis 8 Jahre	2	1,5	1	0,8			3	2,3	1	0,8		
bis 9 Jahre	1	0,8					1	0,8				
bis 10 Jahre	1	0,8										
bis 11 Jahre	1	0,8										
∑ alle	70	55,2	54	42,4	3	2,4	105	79,6	26	19,6	1	0,8

Haltungsjahres verstarben 54 (41,2 %) der aufgenommenen Rehe, etwa die gleiche Zahl überlebte diesen Zeitraum, darunter waren auch 3 der späteren Zuchtböcke, die über 7 Jahre im Bestand gehalten werden konnten. Seit 1978 wird die Gruppe von 1,3 bis 1,4 ad. Rehen in einem größeren Gehege mit wassergebundenem Boden gehalten. Als Unterkunft steht ein Abteil einer Doppelhütte zur Verfügung. Eine kleine Spitzhütte im Gehege dient zum Ablegen, eine Birkenholzpallisade als Raumteiler. Bei Bedarf kann ein kleineres Absperrgehege genutzt werden.

Die vollwertige Ernährung der Rehe gehört zu den Hauptproblemen ihrer Haltung. Das Reh gilt unter den Wiederkäuern als Konzentrat-Selektierer. Nach grundlegenden Arbeiten von HOFMANN (1969, 1973, 1976 - zit. nach MICHEL, 1986) hat vor allem MICHEL (1986) die Besonderheiten der funktionellen Morphologie des Verdauungstraktes beim Reh dargestellt. Sie haben ernährungsphysiologische und fütterungstechnische Konsequenzen. Besonders bedeutungsvoll ist das Auftreten vorwiegend amylolytischer Bakterien. Zellulosespaltende Vertreter fehlen weitgehend, wodurch eine intensive Verdauung von rohfaserarmer, nicht aber rohfaserreicher Nahrung bedingt wird. Das Reh benötigt bevorzugt nährstoffreiche, saftige und leicht verdauliche Pflanzen und Pflanzenteile und erscheint 8 bis 10mal täglich zur Nahrungsaufnahme (SCHWARK et al., 1986). Als Nährstoffbedarf für ein 20 kg schweres Reh geben STUBBE und PASSARGE (1980) sowie MISSBACH (1984) an: 400 g (400 - 800 g) Trockenmasse, 40 g Rohfaser, 40 g (30 - 50 g) verdauliches Rohprotein und 300 (200 - 350) energetische Futtereinheiten Rind, wobei in der Ration ein Rohfasergehalt von etwa 10 % nicht unterschritten werden sollte. Im Leipziger Zoo setzt sich die Futterration der Rehe aus Gebirgsheu und Luzernehäcksel als Grobfutter, Gemüse, insbesondere Möhren und Äpfel als "Saftfutter" sowie Haferflocken, Quetschhafer, Pflanzenfresserpellets, geröstetem Weißbrot und Knäckebrot als "Kraftfutter" zusammen. In den Sommermonaten werden Grünfutter, vor allem Wiesengras und Blätter, im Winterhalbjahr Eicheln angeboten.

Tabelle 2: Erkrankungs- und Todesfälle bei Jungrehen in Abhängigkeit von Setztermin und Alter

Alter / Setzzeit Setztermin Aufzucht-geschehen	16.-30.4. geb.			1.-30.5. geb.			31.5.-24.6. geb.			insgesamt		
	geb.	gest.	% Exit.	geb.	gest.	% Exit.	geb.	gest.	% Exit.	geb.	gest.	% Exit.
bis 1 Woche	12	4 (1 totgeb.)	41,7	76	11	14,5	39	11	28,2	127	26	21,3
bis 1 Monat		6	50		13	17,1		15	38,5		34	26,8
bis 6 Monate		6	50		22	28,9		19	48,7		47	37,0
bis 1 Jahr		7	58,3		25	32,9		21	53,8		53	41,7

Postmortale Untersuchungsergebnisse

In den letzten 30 Jahren (1958 - 1987) kamen insgesamt 42 Kitze und Schmalrehe zur Obduktion. Die untersuchten Tiere wiesen folgende Altersverteilung auf:

Tiere bis zum Alter von 1 Woche	18 (7,11)	=	43 %
danach " " " " 1 Monat	6 (5,1)	=	15 %
danach " " " " 6 Monaten	13 (7,6)	=	28 %
danach " " " " 1 Jahr	5 (3,2)	=	14 %
Gesamtzahl der eingesandten Tiere	42 (22,20)	=	100 %

In der Altersgruppe bis zu einer Woche wurden folgende Todesursachen ermittelt:

1 x Totgeburt
9 x Koliseptikämie
2 x Koliseptikämie plus Trauma
6 x Inanition

Im Alter von 2 Wochen bis 1 Monat wurden folgende Todesursachen ermittelt:

4 x Koliseptikämie (3 Tiere 2 Wochen alt, 1 Tier 3 Wochen alt)
1 x Gastritis und Capillariabefall
1 x Peritonitis (Streptokokkennachweis)

13 Tiere (7,6) der Altersgruppe 1 bis 6 Monate wiesen folgende Befunde auf, die den Tod der Tiere verursachten:

4 x Enteritis (Kokzidien- und Trichurisbefall)
1 x Enteritis (Kokzidien- und Koliinfektion)
1 x Enteritis (Kokzidien-, Capillaria- und Trichurisbefall)
1 x Gastroenteritis (Trichostrongylus-, Skrjabinagia-, Capillaria- und Trichuris- und Dictyocaulus viviparus-Befall)
1 x Ruminitis, Enteritis (Trichurisbefall)
1 x Enterotoxämie
2 x Trauma (1 x Brusthöhlen- und 1 x Bauchhöhlenperforation)
1 x Bronchopneumonie
1 x akutes Herz-Kreislauf-Versagen.

9 Rehe (69 % der in dieser Altersgruppe eingesandten Tiere) verstarben in den Monaten Juli und August. Diese Häufung signalisiert eine gewisse Anfälligkeit der heranwachsenden Jungtiere in diesem Zeitraum (abfallende kolostrale Immunabwehr, zunehmende Belastung durch Parasitenbefall, da noch zu geringe Futteraufnahme bei Gruppenverabreichung von Anthelminthika). Vier der fünf Tiere (3,2) im Alter von 6 Monaten bis zu 1 Jahr verstarben in den 2 Wintermonaten Januar und Februar im Schmalrehalter infolge einer parasitären Gastroenteritis bzw. Bronchopneumonie (Dictyocaulus viviparus).

<u>Sektionsbefunde von 18 Rehen (4,14), die im Alter über 1 Jahr verstarben</u>

Bei 9 Tieren lagen Erkrankungen des Magen-Darm-Kanals vor, wobei der überwiegende Anteil der Gastroenteritiden ätiologisch nicht völlig geklärt werden konnte. Obwohl bei Tieren Magen-Darmparasiten nachgewiesen wurden, ist jedoch die Befallsstärke häufig nicht so hoch gewesen, daß sie die gastroenteritischen Veränderungen erklären würde. Sicher spielen noch andere Noxen in der Ätiologie bzw. bei der Komplizierung und Unterstützung der Magen-Darm-Entzündungen eine Rolle, wobei möglicherweise schwer nachweisbare virale Infektionen wie auch haltungs- und fütterungsbedingte Irritationen in Betracht gezogen werden sollten. Die speziellen postmortalen Befunde dieser 18 Tiere werden in Tabelle 3 wiedergegeben.

<u>Tabelle 3</u>: Obduktionsbefunde von 18 Rehen im Alter über 1 Jahr im Zeitraum 1958-1987

Lfd. Nr.	Obduktions-Nr.	Alter in Jahren	Todesmonat	Todesursache	weitere Organbefunde	Parasitenbefall	Bakteriennachweis
1	2793 0,1	11	Febr.	Gastroenteritis	Hämatom am Brusteingang, Uterus trächtig	Trichostrongylus Trichuris	
2	3833 0,1	9	Juni	Trächtigkeitstoxikose		Sarkosporidien, Kokzidien, Trichuris	
3	4004 1,0	9	März	Enteritis		Kokzidien	
4	3315/67 0,1	8	Febr.	degen. Herz- und Leberschaden	interstitielle Nephritis	Kokzidien	
5	2331 0,1	8	Mai	fibrinöse Pneumonie		Trichostrongylus-, Kokzidien, Trichurisbefall	Mikrokokken Streptokokken
6	2055 0,1	7	Mai	katarrh. Enteritis Hepatitis, Glomerulonephritis	Eisenablagerung in Leberzellen	Trichostrongylusbefall	hämolysierende E. coli im Darm
7	324 0,1	6	Aug.	Enteritis		Kokzidien, Magen-Darm-strongyliden	
8	2989 0,1	6	April	Herz-Kreislauf-Versagen nach Schwergeburt		Magen-Darm-Strongyliden Dyctyocaulus viviparus	
9	4437 0,1	6	Sept.	Kachexie, chron. Enteritis		Trichuris	
10	5042 0,1	6	Juni	Pansenazidose	trächtig - 2 Früchte		
11	1062 1,0	5,5	Dezemb.	abszedierende Pneumonie und Myositis	chron. Pleuritis und Perikarditis		Actinomyces pyogenes
12	851 0,1	5	Sept.	Autolyse			
13	4843 0,1	5	Juni	Brustwandperforation		Capillaria- u. Haarlingsbefall	
14	4878 1,0	5	Sept.	Enteritis	Spitzenlappenpneumonie		koliforme Keime im Darm
15	2737 1,0	3	Sept.	akute Bronchopneumonie	Tubulonephrose, Enteritis		
16	936 0,1	3	Mai	Herz-Kreislauf-Versagen nach Sectio caesarea		Capillaria- und Trichurisbefall	
17	2740 0,1	1,5	Okt.	Enteritis		Trichostrongylusbefall	
18	2742 0,1	1,5	Okt.	Enteritis		Trichostrongylusbefall	

Zur Klinik der Kitzerkrankungen

Krankheitsbild und Ätiologie

Tabelle 2 weist aus, daß von den 127 im Untersuchungszeitraum geborenen Kitzen 1 tot geboren wurde und 26 in der ersten Lebenswoche, weitere 7 (also insgesamt = 26,8 %) im ersten Lebensmonat verstarben. Sie starben nahezu ausnahmslos an einem perakuten Krankheitsgeschehen und wurden zu nahezu 90 % bereits tot aufgefunden. Etwa 10 % kamen in schockartigem Zustand, mit ausgesprochener Zentralisation des Kreislaufes, Streckkrämpfen, stark gestauten Gefäßen der Sklera und der Konjunktiven sowie Schnappatmung völlig ausgekühlt in unsere Hände. Wie die Analyse der seit 1958 obduzierten Kitze zeigt, stehen als Todesursachen im Vordergrund:
- Kolisepsis
- Inanition
- traumatische Einflüsse.

Diese postnatalen Diagnosen decken sich mit den klinischen Befunden
- ohne vorher erkennbare Krankheitszeichen plötzlich tot aufgefunden (Verdachtsdiagnose: Kolisepsis und/oder Inanition)
- völlig ausgekühlt, zentralisierter Kreislauf, Schnappatmung, Verdacht auf traumatische Einflüsse.

Daraus geht hervor, daß etwa ein Viertel der neugeborenen Rehkitze gleichermaßen wie andere in Zoos gehaltene Wiederkäuer, worüber ELZE et al. (1973) und ELZE (1977) bereits in Kolmarden und Poznan berichteten, im Neugeborenenstadium verstarben. Das häufige Auftreten der Koliseptikämie wird erklärlich, wenn man bedenkt, daß die Prägungsphase zwischen Ricke und Kitz wesentlich länger als bei den meisten anderen Wiederkäuern dauern kann, was durch die Erfassung von Blut-Gammaglobulinwerten gerade in Zoos erneut Bearbeitung finden sollte. Nach KURT (1968) kann die tägliche Kontakt- und Säugezeit mit und an der Ricke nur 2 bis 35 Minuten betragen. In diesem Ricke-Kitz-Verhältnis kann eine unzureichende Kolostrumversorgung begründet sein, die eine Disposition für Koliinfektionen schafft. Wenn Prägung und Erstsäugung nicht innerhalb der ersten Lebensstunden erfolgen und im Gehege Koliserovaren wie 078; K80/B/ oder die O-Gruppen 015; 068; 0115 präsent sind, können sich diese Erreger auf Grund ihrer Fähigkeit, im präkolostralen, antikörperfreien Serum zu wachsen, in den Organen vermehren und durch einen bakteriämischen bzw. endotoxischen Schock schnell zum Tod der Kitze führen. Unsere klinischen Beobachtungen wie postmortalen Untersuchungsergebnisse zeigen aber auch, daß die Koliseptikämie bei den Kitzen nicht nur in den ersten Lebenstagen, sondern bis zum Alter von 1 Monat auftreten kann.

Bei plötzlichen Todesfällen in den ersten 3 Lebenstagen lautete die pathologisch-anatomische Diagnose häufig "Inanition". Das kann natürlich schon allein die Todesursache sein, denn die mit einem geringen Leberglykogenvorrat (gleichermaßen wie Ferkel oder auch Zwergziegenlämmer) geborenen Kitze verfallen schnell in eine Hypoglykämie. Da aber in der Mehrzahl der Fälle der Befund "fehlende Nahrungs(milch)-aufnahme" mit dem Nachweis von Kolisepsiserregern vergesellschaftet war, ist schwer zu sagen, ob sich die Kolisepsis infolge verspäteter Prägung oder zu spätem Milcheinschuß rasant entwickelt, oder ob eine unmittelbar nach der Geburt eingetretene Kolisepsis und die damit verbundene Schwächung des Kitzes Prägung und Erstkolostrumaufnahme verhinderte. Salmonellen waren während des gesamten Untersuchungszeitraumes von 19 Jahren als Todesursache der Kitze in keinem Falle beteiligt. Bei der Altersklasse 1 Monat bis 1 Jahr standen als Todesursache Enteritis mit Endoparasitenbefall im Vordergrund.

Die klinisch und pathologisch-anatomisch nachgewiesenen Erkrankungsschwerpunkte stimmen im wesentlichen mit den von anderen Autoren ermittelten überein (KRZAKOWSKI et al., 1982; IPPEN und HENNE, 1985; TSCHIRCH, 1985).

Mortalität der Kitze in Beziehung zur Setzzeit

Einer besonderen Analyse bedarf aber u.E. die große Differenz der Erkrankungs- und Todesrate in Abhängigkeit vom Geburtszeitraum innerhalb des Kalenderjahres. So liegen innerhalb der ersten Lebenswochen die Todesfälle der im April geborenen Kitze dreimal so hoch wie die der im Mai geborenen und die der im Juni geborenen wieder doppelt so hoch wie die der im Mai geborenen Kitze. Etwa die gleichen Verhältnisse treffen wir bis zum Ende des 1. Lebensmonats an. Worin sehen wir die möglichen Ursachen? Untersuchungen der Genitalorgane (Ovarien und Uteri) von im Raum Leipzig erlegten Rehen ergaben, daß in unserem Gebiet im November/Dezember Nachbrunft erfolgt und danach auch bei den in der Hauptbrunft beschlagenen Tieren die Vortragezeit beendet ist. Somit ist die Hauptsetzzeit - wie auch im Zoo Leipzig nachgewiesen - im Monat Mai. Unabhängig davon setzen vermutlich zu Beginn der Nachbrunft beschlagene Schmalrehe wie Ricken besonders in milden Frühjahren oder bei üppiger Graviditätsernährung (im Zoo schnell gegeben durch die unterschiedliche Futteraufnahme der einzelnen Stücke) bereits im April.

Die damit verbundene wesentlich höhere Letalität der Kitze sehen wie in folgendem Zusammenhang:

- kältere Außentemperaturen,
- Geburten von Schmalrehen, zwischen denen und deren Kitzen eine längere Zeit zur Prägung benötigt wird und deren Kolostrum in Analogie zum Rind einen geringen Antikörpergehalt erwarten läßt,
- verzögerter Milcheinschuß und Milchejektionsstörungen bei Schmalrehen und im Vorjahr stark abgesäugten Ricken,
- leicht azidotische Stoffwechselsituation und niedrigere Vitamin-A-Speicherung im Muttertier infolge einer geringen Aufnahme von Rauhfutter in der Winterzeit, die sich in einer geringeren Vitalität und Geburtsmasse der Kitze und einer damit verbundenen Disposition für verspätete Prägung äußern.

Die unmittelbaren Folgen sind:

- höherer Energieverbrauch
- Inanition
- geringerer passiver Immunschutz
- Kolisepsis sowie größerer Gefahr von
- traumatischer Beeinflussung.

Begünstigt wird die schnelle Vermehrung eintretender Kolisepsiserreger durch im April meist noch kältere oder naßkalte Witterungsverhältnisse und die dadurch häufig gegebene lokale oder allgemeine Unterkühlung. Schwer erklärbar ist der erneute Anstieg der Erkrankungsfälle bei den im Juni geborenen Kitzen. Wenn wir davon ausgehen, daß die Tächtigkeitsernährung und die Muttertiergesundheit den Setztermin mit beeinflussen, dann könnten mit Beginn der Grünfütterung einsetzende Pansenalkalosen oder subklinisch verlaufende Stoffwechselerkrankungen diesen späteren Setzzeitpunkt und eine gewisse erhöhte Anfälligkeit der Kitze mit bedingen. Ein anderes Moment ist der zunehmende Erregerdruck auf die am Ende der Setzzeit geborenen Kitze innerhalb einer größeren Gruppe.

Prophylaxemaßnahmen

- nur starke Schmalrehe zur frühen Hauptbrunftinduktion in der Gruppe belassen,
- Generaldesinfektion der Hütten im Herbst,
- besondere Beachtung einer bedarfsgerechten Ernährung während der Zeit der Fetalentwicklung, um die biologische Setzzeit im Monat Mai abzusichern,
- tägliche Gabe von 10.000 IE Vitamin A,
- Fernhaltung aller potentiellen exogenen Störfaktoren in der Vor- und Nachsetzzeit,
- planmäßige Entwurmungen der Tiere über die Gruppenfütterung in den Monaten Februar, April, Juni, August, November,
- Einzeltierwurmbehandlung der Kitze Anfang Juli,
- in Problemgruppen 2malige Immunisierung der Rehgruppen am besten mit E. coli-Oral-Vakzinen im Monat April,
- in Problemgruppen sofort nach der Geburt parenterale Applikation von Colisepsisserum oder eingefrorenem Blutserums eines Stückes der Gruppe,
- spezifische metaphylaktische Antibiose in Problemgruppen.

Zusammenfassung

Zum Fortpflanzungs- und Krankheitsgeschehen in der Rehgruppe des Zoologischen Gartens Le. zig

Es erfolgt eine Analyse der Rehzucht im Zoo Leipzig von 1900 bis 1987. Der Schwerpunkt der Arbeit ist die Analyse der Mortalität der Kitze. Die geringsten Verluste liegen bei im Mai geborenen Kitzen vor. Die Mortalitätsrate der im April und Juni geborenen Kitze ist höher. Als Todesursachen stehen Kolisepsis und Inanition bei den neugeborenen Kitzen, Enteritis bei den älteren Kitzen und Schmalrehen im Vordergrund. Es werden einige Erfahrungen und Vorschläge zur Prophylaxe dargelegt.

Summary

Reproduction and Diseases of Roe Group in Zoological Garden of Leipzig

Roe breeding in the Zoological Garden of Leipzig was analysed for the period from 1900 to 1987, with emphasis being laid on an analysis of fawn mortality. The lowest death rates were recorded from fawns born in May, with mortality rates of April-born and June-born fawns being higher. Major causes of death were colisepsis and inanition among newborn fawns, enteritis in fawns of somewhat advanced age, and the same in individuals in the second year of age. Experience and proposals for prophylaxis are presented in some detail.

Résumé

A propos de la reproduction et du déroulement des maladies dans le groupe des chevreuils du Jardin Zoologique de Leipzig

L' auteur présente une analyse de l'élevage de chevreuils dans la période de 1900 - 1987 dans le zoo de Leipzig. Il discute surtout la mortalité des chevrillards. Les pertes les plus faibles se produisent chez les chevrillards nés en mois de mai. La mortalité des chevrillards nés en avril et juin est plus élevée. Les causes mortelles sont la colisepsie et l'inanition chez les chevrillards nouveaux-nés, l'entérite chez les chevrillards plus âgés et les chevreuils étroits. Quelques expériences et propositions relatives à la prévention sont discutées.

Резюме

Разведение и картина заболеваний козули в зоопарке города Лейпцига

Проводится анализ разведения козуль взоопарке города Лейпцига с 1900 по 1987 год. Основное внимание уделлется выяснению причин падежа козлят Самые низкие потери наблюдаются у животных , рождённых в мае.Степень смертности животных, рождённых в апреле и в июне выше.Причиной смертности является коли сепсис , инанициация у новорожденных козлят , энтерит у молодняка. Описы опыт и прдложения по профилактике.

Literaturverzeichnis

DOLLINGER, P. (1981): Parasitenbefall, Sterblichkeit und Todesursachen bei Rehen. Verh.ber. Erkrg. Zootiere 23, 161 - 173.

ELZE, K., KRISCHE, G., EULENBERGER, K., und U. SCHNURRBUSCH (1973): Zur Bekämpfung der Neugeborenenerkrankungen bei in Zoos gehaltenen Wiederkäuern. Verh.ber. Erkrg. Zootiere 15, 85 - 92.

ELZE, K. (1977): Zur Bekämpfung der Koliseptikämie und Koliruhr der neugeborenen Ruminantia. Verh.ber. Erkrg. Zootiere 19, 203 - 208.

IPPEN, R., und D. HENNE (1985): Ein Beitrag zu den Erkrankungen der Cerviden. Verh.ber. Erkrg. Zootiere 27, 7 - 16.

KRZAKOWSKI, A., SKOTNICKI, J., und A. RAMISZ (1982): Aufzuchtprobleme und Todesursachen bei Rehen im Zoo Krakow. Verh.ber. Erkrg. Zootiere 24, 47 - 49.

KURT, F. (1968): Zusammenhänge zwischen Verhalten und Fortpflanzungsleistung beim Reh (Capreolus capreolus L.). Zschr. Jagdwiss. 14, 97 - 106.

MICHEL, G. (1986): Der Einfluß der Ernährungstypen auf den Bau des Magens der Wildwiederkäuer. IV. Wiss. Kolloquium "Wildbiologie und Wildbewirtschaftung", Dresden, 77 - 84.

MISSBACH, K. (1984): Die Winterfütterung des Rehwildes. III. Wiss. Kolloquium "Wildbiologie und Wildbewirtschaftung", Leipzig, 515 - 525.

STUBBE, Ch., und H. PASSARGE (1980): Rehwild. 2. Aufl. Berlin: Deutscher Landwirtschaftsverlag.

SCHWARK, H.-J., ROSIGKEIT, H., und J. BRÜGGEMANN (1986): Wachstum und Nährstoffbedarf des wiederkäuenden Schalenwildes in der äsungsarmen Jahreszeit. IV. Wiss. Kolloquium "Wildbiologie und Wildbewirtschaftung", Dresden, 28 - 55.

TSCHIRCH, W. (1985): Tierärztliche Probleme der Rehhaltung. Verh.ber. Erkrg. Zootiere 27, 107 - 111.

Anschrift der Verfasser: OVR Prof. Dr. sc. med. vet. K. Elze
Margarete-Blank-Straße 8, F. 26
DDR-7010 Leipzig (DDR)

Aus dem Forschungsinstitut für Wildtierkunde der Veterinärmedizinischen Universität Wien (Vorstand: O. Univ. Prof. Dr. K. ONDERSCHEKA)

HÄMATOLOGIE UND PATHOLOGIE DER ERKRANKUNG DURCH AUFNAHME VON O/O-RAPS (BRASSICA NAPUS SPEC.) BEI REHWILD

Von Theodora S t e i n e c k , Frieda T a t a r u c h
und K. O n d e r s c h e k a

Im Jahre 1986 wurde in Österreich als Alternativpflanze in der Landwirtschaft das erste Mal vermehrt Raps der Sorte O/O, der sich durch einen sehr niedrigen Gehalt an Glucosinolaten auszeichnet, großflächig angebaut.

Seit Dezember 1986 erhielt das Forschungsinstitut für Wildtierkunde zahlreiche Meldungen über Rehe, die auf bzw. in der Nähe von Rapsfeldern beobachtet wurden, schwere Verhaltensstörungen in Form von mangelnder Scheu vor Menschen zeigten und einen blinden Eindruck machten. Ab Februar wurden 20 lebende Rehe in das Forschungsinstitut für Wildtierkunde gebracht, die sich in einem unterschiedlichen Allgemeinzustand befanden. Allen Tieren war gemeinsam, daß sie sich anfassen ließen, somnolent wirkten und auf bewegte Dinge bis knapp an die Augen keine Reaktion zeigten. Eine Hell-Dunkelempfindung schien aber vorhanden zu sein. Auf akustische Reize reagierten die Rehe nur teilweise oder überhaupt nicht. Die Flüssigkeitsaufnahme war stark erhöht, die Futteraufnahme war teilweise als alieniert zu bezeichnen (Stroh, Federn etc.). Drei dieser Tiere waren zum Zeitpunkt der Übergabe an das Forschungsinstitut schon mehr als einen Monat in menschlicher Obhut, 17 kamen unmittelbar aus freier Wildbahn. Bei der Einlieferung wurden von allen Rehen Blutproben entnommen, die in wöchentlichen Abständen wiederholt wurden. Bis Ende Juni 1987 lebten von den 20 Rehen nur noch sieben.

Blutuntersuchung

Die Entnahme der Blutproben erfolgte aus der Vena jugularis mit Serum- bzw. Li-Heparin-präparierten Monovetten[R] der Fa. Sarstedt. Für die Vollblutanalysen wurden mit EDTA beschichtete Röhrchen verwendet. Das Vollblut wurde sofort für die Analyse eingesetzt, Serum und Plasma wurden nach 10 Minuten Zentrifugation bei 3000 Rpm abgetrennt und sofort analysiert bzw. bei -18° C konserviert. Die Zählung der Erythrozyten wurde mit einem automatischen Zählgerät (Coulter Counter[R] der Fa. Coulter Electronics Ltd.), die Bestimmung des Hämatokrits nach der Mikrohämatokritmethode durchgeführt. Die Ablesung der Blutkörperchensenkungsgeschwindigkeit erfolgte nach Einbringung des Vollblutes in spezielle Röhrchen der Fa. Sarstedt nach 1, 2 und 24 Stunden bei Raumtemperatur. Die Leukozyten wurden in einer Bürker-Türk-Zählkammer ausgezählt, die Blutausstriche nach Pappenheim gefärbt. Zur Untersuchung auf das Vorhandensein von Heinz'schen Innenkörpern in den Erythrozyten wurde Nilblau- bzw. Methylenblaufärbung verwendet. Für die Bestimmung der Blutparameter wurden die jeweiligen Test-Combinationen[R] der Fa. Boehringer-Mannheim eingesetzt, für Thyroxin der Enzymun-Test[R] T_4. Glucose wurde mittels eines Reflotrons[R] derselben Firma analysiert.

Die Analyse der Mineralstoffe erfolgte mit Hilfe der Atomabsorptionsspektralphotometrie. In Tabelle 1 sind alle jene Parameter erfaßt, die sich deutlich von den am Forschungsinstitut für Wildtierkunde erarbeiteten Normalwerten bei Rehwild unterscheiden (ONDERSCHEKA, unveröffentlicht).

Jene Rehe, die unmittelbar aus freier Wildbahn stammten, hatten um die Hälfte weniger Erythrozyten als gesunde Rehe, auch der Hämatokrit- und der Hämoglobingehalt waren bei diesen Tieren deutlich erniedrigt. Bei den kranken Rehen konnten in bis zu 50 % der Erythrozyten Heinz'sche Innenkörper nachgewiesen werden, deren Auftreten nach SPÖRRI (1969) bei toxisch hämolytischen Anämien typisch ist. Im Verlauf von hämolytischen Anämien kommt es vorübergehend zur Hämiglobinbildung, die in weiterer Folge zur Entstehung der bereits erwähnten Heinz'schen Innenkörper (BUDDECKE, 1978) und anschließend zur Hämolyse führt.

Tab. 1: Ergebnisse der Blutanalysen

	Gruppe 1 (kranke Rehe aus freier Wildbahn) (n = 17)				Gruppe 2 (kranke Rehe - mehr als 1 Mon. in menschl. Obhut) (n = 3)				Kontrollgruppe (gesunde Rehe) (n = 2)	
	$\bar{x}$	$\pm s$	Min.	Max.	$\bar{x}$	$\pm s$	Min.	Max.	Tier 1	Tier 2
Blutsenkung (mm/h)	30	42,67	1	157	1	0,81	0	3	1	1
Hämatokrit	0,31	0,09	0,13	0,48	0,55	0,03	0,53	0,54	0,53	0,57
Erythrozyten (10^{12}/l)	6,26	2,08	3,5	10,8	12,3	1,02	10,9	13,3	12,3	12,9
Hämoglobin (mmol/l)	9,14	2,58	5,06	13,21	12,72	0,17	12,60	12,91	16,50	12,39
Hämiglobin (%)	19,7	7,7	10,4	32,2	7,70	6,3	3,5	14,7	1,1	2,5
Harnstoff (mmol/l)	19,2	6,9	7,6	37,8	7,4	2,0	6,2	9,7	9,2	8,1
Alk. Phosphatase (U/l)	28,21	6,0	16,5	42,9	66,0	17,2	46,2	75,9	92,4	46,2
Creatinin (µmol/l)	104,3	20,3	54,8	129,0	119,3	11,5	107,9	130,0	264,3	198,0
Cholesterin (mmol/l)	1,14	0,47	0,24	1,83	1,49	0,24	1,35	1,76	1,50	0,93
Gesamtlipide (g/l)	1,59	0,70	0,40	3,02	2,55	0,45	2,21	3,06	2,68	2,08
Triglyceride (mmol/l)	0,15	0,13	0,01	0,52	0,10	0,07	0,05	0,18	0,86	0,07
Kupfer (µmol/l)	11,6	2,6	7,9	17,3	10,5	3,3	7,9	14,2	14,2	17,3
Zink (µmol/l)	12,7	2,6	7,7	16,8	12,2	3,1	9,2	15,3	15,3	13,8
Serumproteine										
Albumin (%)	52,0	9,9	37,2	74,1	53,7	11,1	41,4	62,9	62,0	57,5
γ-Globulin (%)	28,3	8,2	8,4	40,1	21,1	10,4	15,2	34,6	14,4	20,0

Die Blutkörperchensenkungsgeschwindigkeit war bei einigen erkrankten Rehen stark beschleunigt (bis zu 157 mm nach 1 Stunde), bei anderen lag sie jedoch im Bereich des Normalwertes (1 mm). Im Durchschnitt betrug sie nach 1 Stunde 30 mm, nach 2 Stunden 59 mm. Nach SPÖRRI (1969) ist die Blutkörperchensenkungsgeschwindigkeit bei vielen Anämien erhöht und rundet somit das Bild der bei den erkrankten Rehen vorliegenden hochgradigen hämolytischen Anämie ab.

Nach ca. 3 - 4 Wochen kam es bei den überlebenden Rehen, die mit einer Diät, bestehend aus Heu und pelletiertem, strukturreichem Futter (13 % Rohprotein und 20 % Rohfaser), ernährt wurden, langsam zu einer Normalisierung der hämatologischen Werte, wobei vor allem der Anteil an Hämoglobin und der Heinz'schen Innenkörper sank. Auch bei den Rehen, die vor der Einstellung am Forschungsinstitut für Wildtierkunde längere Zeit in menschlicher Obhut gehalten worden waren, war das Blutbild bei der Aufnahmeuntersuchung im Bereich des Normalen.

In der Anzahl der Leukozyten und im Differentialblutbild konnten keine einheitlichen Unterschiede zwischen gesunden und kranken Rehen beobachtet werden.

Die bei den Rehen der Gruppe 1 (direkt aus freier Wildbahn stammend) festgestellten Harnstoffwerte lagen mehr als doppelt so hoch wie die bei freilebenden Rehen im Winter ermittelten Normalwerte (ONDERSCHEKA, unveröffentlicht) von $\bar{x}$=8,0 mmol/l (s=±3,3; Min.= 3,1, Max.=14,7). Bei den überlebenden Rehen kam es aber mit der Zeit zu einem Absinken des Bluthamstoffwertes und damit zu einer Normalisierung.

Im Blutserum der Rehe der Gruppe 1 war die Konzentration an Gesamtlipiden deutlich erniedrigt. Bei freilebenden Rehen wurden selbst im Winter niemals Werte unter 2,10 g/l (Max. 10,37) registriert. Bei der Verteilung der Serumproteine ergab sich zu Lasten der Albuminfraktion ein deutlicher Anstieg des γ-Globulinanteiles.

Pathologische und histologische Befunde

Von Ende 1986 bis Ende April 1987 erhielt das Forschungsinstitut für Wildtierkunde 86 tote Rehe (im Vergleichszeitraum 1986 gelangten nur 11 Rehe zur Befundung) zur Untersuchung, bei denen ein anamnestischer Hinweis auf einen Zusammenhang mit Raps vorlag. Von den 86 tot übergebenen Rehen konnte auf Grund der Ergebnisse pathologisch-anatomischer, histologischer, chemischer und botanischer Untersuchungen bei 54 Rehen, also bei mehr als der Hälfte der Einsendungen, das Vorliegen einer Erkrankung nach erfolgter Rapsaufnahme zweifelsfrei diagnostiziert werden. Auffallend war, daß bei diesen sogenannten "Rapsrehen" der Anteil der Kitze mit 81 % besonders hoch war. Der Rest verteilte sich gleichmäßig über die anderen Altersklassen. Das Gewicht der Kitze betrug im Mittel nur 12,4 kg, während gesunde Tiere gleichen Alters durchschnittlich 15 kg wiegen. Das geringste Gewicht bei den erkrankten Rehen betrug 8,4 kg. Das Geschlecht scheint keinen Einfluß auf das Auftreten der Erkrankung gehabt zu haben.

In Tabelle 2 sind die am häufigsten diagnostizierten pathologischen und histologischen Veränderungen zusammengestellt.

Tabelle 2

	Fallwild n=25	Rehe vor dem Tod einige Zeit in menschl. Obhut n=29
Anämie	8 x	7 x
Ikterus	3 x	11 x
Myokarddegeneration	2 x	9 x
Schaumige Gärung	8 x	3 x
Abomasitis	7 x	9 x
Enteritis	13 x	15 x
Hyperämie, Ödem Nekrosen (Gehirn)	13 x	18 x
Hämosiderose (Leber, Milz, Niere)	22 x*	28 x*

* Feststellung durch histologische Untersuchung mittel HE-Färbung und Berlinerblau-Färbung.

Bei einem Drittel der Rehe aus freier Wildbahn konnte als unmittelbare Todesursache eine akute Tympanie mit schaumiger Gärung des Panseninhaltes festgestellt werden, für die sicherlich der hohe Rohproteinanteil (29,5-39,3 % i.d.Trs.) und der niedrige Rohfaseranteil (10,7-18,8 % i.d.Trs.) des Rapses verantwortlich war (ONDERSCHEKA et al., 1987).

Als Ausdruck der bei den Blutanalysen der lebenden Tiere festgestellten hämolytischen Anämie lag bei den toten Rehen häufig, vor allem bei den in Gefangenschaft bereits einige Wochen überlebenden Rehen, ein Icterus gravis vor.
Des weiteren wurden in unterschiedlichem Ausmaß Myokarddegenerationen, Gastroenteritiden sowie Hyperämie im Gehirn und Meningenbereich festgestellt. Herdförmige bis ausgedehnte Pneunomien, Lungenödem und Emphysem waren ebenfalls bei einigen Rehen vorhanden.

Bei allen erkrankten Rehen konnte in den Zellen der Milz, Leber und Nieren eine Hämosiderinspeicherung festgestellt werden (bei 4 Rehen wurde wegen des kadaverösen Erhaltungszustandes von einer histologischen Untersuchungen abgesehen), die nahezu immer hochgradig war. In den Großhirnhemisphären wurden bei mehr als der Hälfte der Tiere Ödeme und Nekrosen nachgewiesen. Augen und Sehnerven waren pathologisch und histologisch ohne krankhafte Veränderungen.

Bei 23 der unmittelbar aus freier Wildbahn stammenden toten Rehen wurde eine botanische Analyse des Panseninhaltes durchgeführt. Hierbei konnten bei 17 Tieren im Mittel rund 62 % Rapsanteile nachgewiesen werden, darunter lag bei 6 Tieren (= 35 %) der Rapsanteil zwischen 95 und 100 %. Dies beweist die ausgeprägte Beliebtheit des Rapses als Äsungspflanze. Bei den 6 anderen Rehen, in deren Panseninhalten zwar kein Raps nachgewiesen werden konnte, zeigte jedoch die histologische Untersuchung eindeutige pathologische Veränderungen, nämlich eine Hämosiderose, die auf die vorausgegangene Aufnahme von Raps zurückzuführen sind.

Differentialdiagnose

Differentialdiagnostisch kamen vor allem Erkrankungen des Zentralnervensystems in Frage, die mit Verhaltensstörungen und einer Beeinträchtigung der Sinnesempfindungen einhergehen. Durch entsprechende Untersuchungen konnte das Vorliegen von Tollwut, Borna'scher Krankheit, Listeriose, Coenurose, Cerebrocorticalnekrose und Bleivergiftung eindeutig ausgeschlossen werden. Auch die Analyse auf eine Vergiftung durch Pflanzenschutzmittel verlief negativ.

Verschiedene Autoren (GRÄFNER, 1986; KRESS, 1963) bringen die früher vereinzelt registrierten Erkrankungen nach Rapsaufnahme mit einem Pilzbefall dieser Pflanzen in Verbindung. Deshalb wurden auch mykologische Untersuchungen durchgeführt. Diese ergaben zwar vereinzelt einen Pilzbefall, der aber unchrakteristisch war und durch keine bekannt toxischen Arten verursacht wurde. Auch Mykotoxine konnten nicht nachgewiesen werden.

Diskussion

Nach unserem derzeitigen Wissenstand gilt es für uns als erwiesen, daß Raps die Ursache für die beschriebenen Rehwildverluste ist. Es ist davon auszugehen, daß es durch die Reduktion des Gehaltes an Senfölglykosiden in den 0/0-Rapssorten zu einer erhöhten geschmacklichen Attraktivität des Rapses für Wildtiere und dadurch zu einer verstärkten Aufnahme kommt. Dies gilt vor allem für Zeiten mit natürlicher Äsungsknappheit, wie den Winter (besonders bei relativ hoher und geschlossener Schneedecke). Durch die erhöhte und teilweise sogar ausschließliche Aufnahme von Raps kommt es infolge des hohen Eiweißgehaltes und des geringen Rohfaser- und Strukturanteils dieser Pflanze zu schweren Verdauungsstörungen, wie Tympanien, schaumiger Gärung des Panseninhaltes und dadurch zu einer weitgehenden Zerstörung der Pansenmikroflora und -fauna u. ä., die bei vielen Tieren bereits zum Tod führen können (akute Verlaufsform). Im Zuge dieser Indigestionen kommt es offensichtlich auch zu einer massiven zentralnervösen Dämpfung, die vor allem den Gesichtssinn beeinträchtigen dürfte. Bei jenen Rehen, die längere Zeit hindurch größere Rapsmengen aufnehmen, kommt es nach etwa 1 - 3 Wochen zu den beschriebenen Symptomen der hämolytischen Anämie, die auf das Vorhandensein von S-Methylcysteinsulfoxid (SMCO) im Raps zurückzuführen ist (subchronische Verlaufsform). Diese Animosäure wurde vor einigen Jahren als Inhaltsstoff von Brassicaarten, besonders im Futterkohl (Brassica oleracea), nachgewiesen und als sogenannter Kohlanämiefaktor identifiziert (SMITH et al., 1974; SMITH, 1980). In der Folge gelang der Nachweis auch in anderen Brassicaarten, so in Raps, Rüben, Markstammkohl etc.. Von uns durchgeführte Analysen ergaben, daß auch in den Rapsblättern der 0/0-Sorten diese Substanz nachweisbar ist.

Als eigentliches Toxin wird allerdings Dimethyldisulfid angesehen, das im Pansen durch mikrobielle Reduktion aus SMCO entsteht. Als Wirkungsmechanismus wird eine Reaktion dieses Dimethyldisulfids mit essentiellen Sulfhydryl-Gruppen, u. a. mit reduziertem Glutathion, diskutiert. Diese Blockade des Glutathions führt zu einer Instabilisierung der Erythrozytenmembran und in weiterer Folge zur hämolytischen Anämie, wobei als Zwischenstadium ein erhöhter Anteil an Hämiglobin auftritt. Vor einem merklichen Abfall der Hämoglobinkonzentration sind in den Erythrozyten bereits Heinz'sche Innenkörper nachweisbar (EARL und SMITH, 1982).

Die von verschiedenen Autoren (BARRY et al., 1982, EARL und SMITH, 1982) durchgeführten Fütterungsversuche mit Kohl und SMCO bzw. Dimethyldisulfid an Rindern und Schafen zeigen ein völlig analoges Erscheinungsbild, wie der Verlauf der von uns bei Rehwild registrierten Krankheitsfälle. Auch die verminderte Pansenmotorik, die bis zum Stillstand führen kann, wurde hierbei beobachtet (SMITH, 1980).

Wie bereits erwähnt, wiesen die von uns untersuchten Rehe alle einen relativ schlechten Ernährungszustand auf, wobei bei vielen Tieren überhaupt keine Fettreserven mehr vorhanden waren. Auch die für die Größe der Energiedepots aussagekräftigen Parameter Glykogen und Fett in der Leber zeigten extrem niedrige Werte, die Serumlipidgehalte waren ebenfalls erniedrigt. Es kann nun diese abnorm schlechte Kondition, gemeinsam mit dem relativ geringen Körpergewicht der Kitze, als Folge der längerfristigen SMCO-Aufnahme angesehen werden. Die geringen Körpergewichte könnten allerdings ihre Ursache unter Umständen auch im noch vorhandenen Gehalt an Senfölglykosiden haben, die eine antithyroide Wirkung besitzen. Histologische Untersuchungen der Schilddrüsen der verendeten Rehe zeigten aber keinerlei Hinweise auf solche Symptome, die meisten Drüsen waren sogar hochgradig aktiviert.

Die bei den erkrankten Tieren extrem hohen Bluthamstoffkonzentrationen sind nicht allein mit dem hohen Proteingehalt des aufgenommenen Rapses zu erklären, da selbst im Frühjahr, wenn das natürliche Nahrungsangebot des Rehwildes sehr eiweißreich ist, von uns niemals Harnstoffwerte über 16 mmol/l registriert wurden. Vielmehr sind diese Werte auf die auch histologisch nachgewiesenen Nierenschädigungen zurückzuführen, die eine Reduktion der Filtrationsleistung der Nieren und somit eine Erhöhung der harnpflichtigen Substanzen im Blutserum bewirken. Für die krankhaften Veränderungen der Nieren spricht auch die bei den moribunden Rehen registrierte Erhöhung der Phosphorkonzentration im Serum. Eine weitere mögliche Erklärung für den hohen Harnstoffwert liegt auch in einer katabolen Stoffwechsellage als Folge eines bereits erfolgenden Eiweißabbaus (ONDERSCHEKA et al., 1978).

Für den vielfach geäußerten Verdacht einer Nitratvergiftung konnten von uns keine Beweise gefunden werden: Die Nitratgehalte im Raps lagen zum Zeitpunkt der ersten Vergiftungsfälle in einem absolut unbedenklichen Bereich, des weiteren gibt es in der Literatur im Zusammenhang mit einer Nitrat-Nitritvergiftung keinen Hinweis auf das Auftreten von Heinz'schen Innenkörpern sowie einer hämolytischen Anämie. Das Vorhandensein von Hämiglobin, das als eines der Symptome einer solchen Vergiftung gilt, ist im vorliegenden Fall auf die Hämolyse zurückzuführen, die über die Zwischenstufe der Hämoglobinbildung abläuft. Außerdem konnten bei der histologischen Untersuchung keine Hämoglobin-Zylinder in den Tubuluslichtungen der Nieren gefunden werden, wie sie für Nitratvergiftungen als charakteristisch beschrieben werden (DAHME und WEISS, 1983).

Derzeit werden an unserem Forschungsinstitut weitere Untersuchungen durchgeführt. Vor allem wird versucht, jene Faktoren zu ermitteln, die für das lokal unterschiedlich starke Auftreten der Rehwildverluste verantwortlich sind. Im Dezember 1987 und Januar 1988 waren im Gegensatz zum Vorjahr die Fallwildeinsendungen im Zusammenhang mit einer Rapsaufnahme durch Rehwild wesentlich geringer, es wurden uns auch nur sieben lebende Rehe überlassen. Die Ergebnisse der Blutanalysen dieser Rehe entsprachen wieder völlig dem Bild einer hämolytischen Anämie.

Eine der Ursachen für das bis Ende Januar scheinbar geringere Auftreten an Erkrankungsfällen dürfte der bis zu diesem Zeitpunkt äußerst milde Winter und die dadurch leichter zugängliche und vielfältigere Äsung sein. Es wäre aber auch denkbar, daß die Jägerschaft, der die Krankheitserscheinungen bereits bekannt sind, die erkrankten bzw. toten Rehe nicht mehr zur Untersuchung schickt.

Danksagung

Die Autoren danken allen Personen und Institutionen, die durch ihre Mitarbeit zur Abklärung des Krankheitsgeschehens beigetragen haben. Ebenso bedanken wir uns bei allen Jägern, die durch Einsendung von toten Rehen bzw. durch Überlassung von lebenden Rehen wertvolle Mithilfe bei der Untersuchung dieser Erkrankung geleistet haben.

Zusammenfassung

Hämatologie und Pathologie der Erkrankung durch Aufnahme von O/O-Raps (Brassica napus spec.) bei Rehwild

Seit Mitte Dezember 1986 kam es in Österreich zu gehäuften Rehwildverlusten in Rapsanbaugebieten. Vor ihrem Tod zeigten die Tiere auffällige Verhaltensstörungen, sie verloren die Scheu vor dem Menschen, reagierten kaum auf Geräusche und waren offensichtlich blind. In den Pansen der toten Rehe wurden bis zu 95 % Rapsblätter nachgewiesen. Daraus ergab sich der Beweis, daß die verstärkte Aufnahme von Raps, im speziellen O/O-Raps, die Ursache für die aufgetretenen Verluste war.
Durch eine Vielzahl von Untersuchungen konnte das Krankheitsgeschehen exakt festgestellt werden. Bei der pathologisch-anatomischen Untersuchung der Rehe stand als Folge der hämolytischen Anämie ein prähepatischer Ikterus im Vordergrund. Des weiteren konnten Gastroenteritis, Myokarddegeneration, Hyperämie der Innenorgane und des Gehirns festgestellt werden.

Summary

Haematology and pathology of disease following uptake of O/O rape (Brassica napus spec.) by roe deer

Beginning in December 1986 losses in roe deer were accumulating in territories in Austria where rape was cultivated. Preceding their deaths the animals showed distinctive changes in behaviour, they lost their natural fear of human beings, they hardly reacted to acoustical stimuli and did not react for optical stimuli. In the rumen of the dead individuals up to 95 % of the content were found to be rape. Based on this finding it is evident, that the losses of roe deer were caused by the accumulated feeding of rape, especially that of the O/O species.
By performing a number of different examinations the exact pathogenesis could be clarified.
The major finding of the pathological-anatomical examinations was a prehepatic icterus following the haemolytic anaemia. Gastroenteritis, degeneration of the myocard, hyperaemia of the inner organs and the cerebrum could be found too.

Резюме

Гематология и патология заболевания серны после поедания о/о рапса

С декабря 1986 года в Австрии часто наблюдался падёж серны в районах, где выращивался рапс. Перед смертью у животных наблюдались нарушения в поведении, они теряли настороженность к человеку, почти не реагировали на шум и, по всей вероятности, были слепы. В рубце животных обнаружены 95% листьев рапса. Это явилось доказательством, что усиленное потребление о/о рапса привело к патерям. С помощью многочисленных опытов удалось выяснить течение заболевания. При пато-анатомических исследованиях у серны на первом месте выявлен прегепатический иктерус, возникший в результате гемалитической анемии. Кроме того обнаружен гастроэнтерит, дегенерация миокарда, гиперемия внутренних органов и мозга.

Literaturverzeichnis

BARRY, T. N., MANLEY, R. T., and K. R. MILLAR (1982): Nutrional evaluation of Scale (Brassica oleracea) diets. 4. Responses to supplementation with synthetic S-methylcysteinsulfoxid (SMCO). J. agr. Sci. Camb. 99, 1 - 12.

BUDDECKE, E. (1978): Pathobiochemie. Berlin - New York: De Gruyter.

DAHME, E., und E. WEISS (1983): Grundriß der speziellen pathologischen Anatomie der Haustiere. Stuttgart: Ferd. Enke.

EARL, C.R.A., and R.H. SMITH (1982): Dimethyldisulfid in the blood of cattle fed on Brassica. J. Sci. Fd. Agr. 34, 23.

GRÄFNER, G. (1986): Wildkrankheiten, 3. Aufl. Jena: G. Fischer.

KRESS, F. (1963): Beobachtungen über das Vorkommen von blinden Rehen. Österr. Weidw. 186.

ONDERSCHEKA, K., GATTINGER, G., FELDBACHER, P., und W. KLÄRING (1978): Zusammenhänge zwischen Ernährungstoffwechsel und Räude der Gemsen. Tag.ber. III. Int. Gamswildtreffen, Mayrhofen, 120.

ONDERSCHEKA, K. (unveröffentlicht): Physiologische Normalwerte von Wildtieren.

ONDERSCHEKA, K., TATARUCH, Frieda, STEINECK, Theodora, KLOMSEK, E., VOGNANSKY, M., WAGNER, J., und H. ECHSEL (1987): Untersuchungen über die durch Rapsaufnahme bedingten Rehwildverluste. Wien. Tierärztl. Mschr. 74, 369.

ONDERSCHEKA, K., TATARUCH, Frieda, STEINECK, Theodora, KLOMSEK, E., VOGNANSKY, M., WAGNER, J., und H. ECHSEL (1987): Gehäufte Rehwildverluste durch O/O Raps. Z. Jagdwiss. 33, 191.

SMITH, R. H., EARL, C.R.A., and N.A. ATHESON (1974): Probable role of S-mathylcysteinsulfoxid in Scale poisoning in ruminants. Trans. biochem. Soc. 2, 101.

SMITH, R. H. (1980): Kale-poisoning: Brassica anaemia factor. Vet. Rec. 107, 12.

SPÖRRI, H., und H. STÜNZI (1969): Pathophysiologie der Haustiere. Berlin - Hamburg: Paul Parey.

Anschrift der Verfasser: Dr. Theodora Steineck
Forschungsinstitut für Wildtierkunde
der Veterinärmedizinischen Universität Wien
Savoyenstraße 1
A-1160 Wien (Österreich)

Зоопарк, г. Ленинград (директор: В.Ф. АНДРЮХИН)

ЗАДЕРЖАНИЕ ПОСЛЕДА И ЛЕЧЕНИЕ ЭНДОМЕТРИТА У ЖИРАФА (Giraffa camelopardalis reticulata) В ЛЕНИНГРАДСКОМ ЗООПАРКЕ

Н.Н. Смирнова

Из 19 зарегистрированных случаев родов у жирафов в Ленинградском зоопарке задержание плаценты было отмечено лишь один раз при рождении мертвого детёныша.

Это произошло в июле 1977 года у самки "Джульетта" в возрасте 25 лет на II-х родах. Предыдущие десять родов у неё проходили без отклонений от нормы.

15 июля 1977 года роды начались в 7 часов утра: отошли воды, показались передние конечности плода до середины запястья. До 17.00 самку не беспокоили, ожидая самостоятельных родов. Но, к сожалению, самопроизвольного продвижения плода не наступило. Тогда самке была оказана помощь. Путем наложения петли на путовые суставы плода, применяя значительные физические усилия врачей и используя сильные потуги самой самки, плод удалось извлечь, но детёныш оказался мёртвым. При бактериологическом исследовании из патологического материала тканей плода был выделен возбудитель пастереллёза.

Через 15 минут после извлечения плода показался послед в виде тонкой петли, свисающей до уровня скакательного сустава. Спустя 24 часа послед находился на том же уровне. Следовало бы приступить к оперативному вмешательству. Но в связи с невозможностью в тот момент зафиксировать самку, к ручному отделению плаценты приступили через 48 часов после родов. Терапевтического лечения в первые двое суток не применяли по той же причине. Когда была подготовлена клетка для фиксации животного, приступили к оперативному отделению последа. Для этого самку фиксировали в одной из клеток при помощи подвижных стенок таким образом, чтобы животное не смогло развернуться. В задней стенке, на уровне тазовой части жирафы, в решетке было вырезано окно размером 35x35 см.

Операцию проводили на стоячем животном со специального помоста такой высоты, чтобы плечо ветврача, проводящего операцию, было на уровне тазовой части жирафы. Перед операцией половые губы, корень хвоста, промежность и свисающую часть плаценты тщательно обмыли теплой водой с мылом. Затем свисающую часть плаценты и влагалище дезинфицировали 0,1% раствором марганцево-кислого калия, чтобы не перенести рукой микрофлору из загрязненного влагалища в матку. Руку до плечевого сустава смазывали стерильным вазелином. В виду больших размеров плаценты и полости матки, операция проводилась в два приема. После того, как была отделена большая часть плаценты жирафе были сделаны внутримышечные инъекции окситоцина в дозе 10мл (5 ЕД в 1мл), бензилпенициллина 2млн.ЕД (5 тыс.ЕД/кг.м.), стрептомицина сульфата 2млн.ЕД (5 тыс.ЕД/кг.м.), бициллина-3 1,5 млн.ЕД (5 тыс.ЕД/кг.м.). В полость матки вводили вагинальные таблетки леворина 10-2500 ЕД (активность таблетки 250 тыс.ЕД по В.Ф.С. 42-1674 86 изгот. во ВНИАФ), три флакона трициллина (состав 1 флакона: 400000 ЕД пенициллина-триевой соли, 50000 ЕД стрептомицина сульфата, 5 гр. белого стрептоцида).

На 4-й день после родов полость матки была полностью освобождена от остатков последа, которые уже были грязнобурого цвета, с гнилостным запахом.

Лечение проводилось тоже. Последующие дни выделения из влагалища были обильные, грязнобурого цвета, густой консистенции с гнилостным запахом, удалять которые приходилось ежедневно путем промывания полости матки дезинфицирующим раствором. Для этого в полость матки кружкой Эсмарха вводили 3 л. 10% раствора хлористого натрия при 40-45°C. С помощью руки этим раствором тщательно обмывалась полость матки, а затем выводили его обратно через резиновую трубку. После этого тут же орошали полость матки раствором марганцево-кислого калия в разведении 1:5000. Дезинфицирующие растворы вливали и выводили до полного их просветления. После этих процедур проводили лечение, описанное выше. Причем пенициллин, стрептомицин, окситоцин вводили 2 раза в день в тех же дозах.

На 6-е сутки дополнительно к проводимому лечению было назначено внутримышечное введение 2 раза в день окситетрациклина в дозе 0,01 мг/кг.м. по 2 гр. (флаконы по 0,2 гр., растворитель - дистиллированная вода - 2,5мл). Витамин B_1 в виде 6% раствора и вита-

мин B_6 в виде 5% раствора по 500мг внутримышечно I раз в день.
Необходимо отметить, что общее состояние животного, как после родов, так и в последующие дни болезни мало чем отличалось от нормы: аппетит сохранялся, температура тела была в пределах нормы и колебалась от 37,5° до 37,9°C.
На 7-8 сутки выделения уменьшились, хотя гнилостный запах оставался.
Продолжалось лечение: введение антибиотиков внутримышечно, препараты, сокращающие мускулатуру матки и витамины.
На I2-й день выделения значительно уменьшились, стали светлые, слизистые, без запаха. Лечение пенициллином, стрептомицином и окситоцином прекращено и заменено на бициллин-3 по 5 млн.ЕД.
На I7-ый день выделений не отмечалось и лечение было отменено. Несмотря на проведенную операцию, на 20-ый день после родов самка пришла в охоту. В дальнейшем в течение трех летних месяцев эстральный цикл проходил нормально, наблюдались спаривания, но оплодотворение не наступало, возможно из-за перенесенного эндометрита. В зимнее время самка систематически приходила в охоту, но с самцом её не соединяли в связи с малыми размерами зимних клеток.

В следующий летний сезон самка была соединена с самцом. Каждые две недели самка приходила в охоту, наблюдались спаривания и после шестого случая наступило оплодотворение. Через I4 месяцев она без осложнений родила нормально развитого жирафёнка.
Таким образом, проведенные операция и лечение прошли успешно, о чем свидетельствуют последующие нормально протекающие половые циклы, беременность и роды у самки, а также рождение здорового детёныша.
Однако, следует отметить, что во избежание осложнений желательно начинать оперативное вмешательство не позднее 24 часов после родов.

Резюме

Задержание последа и лечение эндометрита у жирафа (Giraffa camelopardalis reticulata) в Ленинградском зоопарке

В Ленинградском зоопарке из I9 зарегистрированных случаев родов у жирафов задержание плаценты было отмечено один раз при рождении мертвого жирафенка.
Была проведена операция по отделению плаценты, после чего развился эндометрит. Проведенное в течение I7 дней комплексное лечение дало положительные результаты.
Спустя год у жирафы наступила беременность, закончившаяся рождением нормально развитого детёныша.

Zusammenfassung

Nachgeburtsverhaltung und Endometritisbehandlung bei einer Giraffe (Giraffa camelopardalis reticulata) im Leningrader Zoopark

Im Leningrader Zoopark wurde unter insgesamt 19 Giraffengeburten einmal eine Nachgeburtsverhaltung festgestellt. Nachdem sich eine Endometritis entwickelt hatte, mußte die Nachgeburt entfernt werden. Ein Jahr später wurde wieder eine Trächtigkeit beobachtet, die mit der Geburt eines normalentwickelten Jungtieres endete.

Summary

Placental Retention and Treatment for Endometritis of a Giraffe (Giraffa camelopardalis reticulata) in Zoo Park of Leningrad

One placental retention has so far been recorded from 19 giraffe births in the Zoo Park of Leningrad. Development of endometritis required removal of the placenta. After one year had passed, pregnancy was again detected, and a normally developed young was delivered.

Résumé

Retention du délivre et traitement de l'endométrite chez une girafe (Giraffa camelopardalis reticulata) dans le Parque Zoologique de Léningrade

Parmi 19 naissances de girafes dans le zoo de Léningrade on a constaté une seule retention du délivre. Après le développement d'une endométrite il a été nécessaire d'enlever le délivre. Un a après on a pu observer une nouvelle gravidité et la girafe a mis au jour un jeune tout à fait normal.

Aus dem Zoologischen Garten Berlin (Direktor: Prof. Dr. H.-G. KLÖS)

ZUR TIERÄRZTLICHEN BETREUUNG UND ZU DEN TODESURSACHEN DER NICHTDOMESTIZIERTEN SCHWEINE IM ZOO BERLIN

Von R. Göltenboth und H.-G. Klös

Der Zoo Berlin hat traditionsgemäß ein eigenes Haus für Schweine, das auch für das Publikum zugänglich ist. Die Stallungen sind rechts und links eines breiten Besucherganges in langen Reihen angeordnet, wobei in der Regel auf einer Seite verschiedene Hausschweinarten, auf der anderen Seite Wildschweinarten untergebracht sind. Alle Ställe sind mit Außengehegen verbunden, deren Böden zum kleineren Teil aus einem gepflasterten Randstreifen und zum größeren Teil aus tiefem lockerem auswechselbarem Sand bestehen.
An nichtdomestizierten Schweinearten hält der Zoo Berlin z.Z. 0,1 Warzenschwein (Phacochoerus aethiopicus), 1,3 europäische Wildschweine (Sus scrofa scrofa L.), 3,2 Hirscheber (Babyrousa babyrousa L.), 3,7 Weißbartpekaris (Tayassu albirostris) und 2,2 Halsbandpekaris (Tayassu tajacu L.).
In früheren Jahren gehaltene Pinselohrschweine (Potamochoerus porcus L.), Flußschweine (Potamochoerus choeropotamus Desm.) und Chaco-Pekaris (Catagonus wagneri) werden in Tabelle 1 über Todesursachen aufgeführt. Die Fütterung der nichtdomestizierten Schweine kann als konventionell bezeichnet werden. Die europäischen Wildschweine werden einmal am Tag mit Eicheln, Futterrüben und Brot im Winter und Gras, Brot und gelegentlich Kadaverabfälle im Sommer gefüttert. Falls Jungtiere vorhanden sind, gibt es zusätzlich Reis-, Weizen- sowie Haferkörner. Die anderen Schweinearten werden zweimal am Tag gefüttert. Morgens erhalten sie in täglichem Wechsel getrocknetes Weiß- oder Schwarzbrot, ungekochte Teigwaren, Reis, Mais, Eicheln, Nüsse oder Haferflocken, nachmittags verschiedenes Gemüse, Obst und gemahlenes Fleisch oder auch Kaninchen. Die Hirscheber erhalten noch zusätzlich Orangen, Birnen und Bananen mit Schale.
Im Gegensatz zu den anderen Schweinearten müssen die Weißbartpekaris wegen ihrer Unverträglichkeit und Aggressivität einzeln gefüttert werden. Bei diesen Tieren wird, falls Nachwuchs vorhanden ist, vom ersten Tag an kleingeschnittenes Futter angeboten.

Endoparasiten traten bei den Warzenschweinen und Hirschebern über Jahre hinweg nur ganz vereinzelt auf, so daß eine Behandlung nur selten erforderlich wurde. Bei allen Pekari-Arten dagegen kam es immer wieder zu massivem Befall mit Askariden, der vor allem bei Jungtieren gefährlich werden konnte. Durch regelmäßige Kontrollen und erfolgreiche Behandlung mit Febantel (Rintal) oder Levamisol (Concurat L) konnten aber Verluste vermieden werden. Sehr günstig für die Endoparasitenkontrolle wirkt sich aus, daß der lockere Sand in den Außengehegen ohne großen Aufwand häufiger ausgewechselt werden kann.

Als Ektoparasiten traten ausschließlich Milben in Erscheinung. Mehrfach mußte die ganze Gruppe der Weißbartpekaris mit Alugan-Lösung besprüht werden, da mehrere Tiere starke Borkenbildung am Kopf und Hals und Haarausfall am ganzen Körper zeigten. Im Hautgeschabsel konnten Sarkoptesmilben nachgewiesen werden. Auch bei einem Warzenschwein kam es zeitweilig zu Fußräude.

Zur Immobilisation europäischer Wildschweine eignet sich nach unseren Erfahrungen am besten eine Mischung aus 10 mg/kg KM Ketamin (Vetalar) und 10 mg/kg KM Metomidat (Hypnodil), wobei das Hypnodil in der Vetalarlösung gelöst werden kann. Auch HEINEMANN (1983) kommt zu diesem Ergebnis. WIESNER (1987) empfiehlt 4 mg/kg KM Stresnil und 20 mg/kg KM Hypnodil für jüngere Wildschweine, für adulte Tiere dagegen 1,2 ml Immobilon und 10 mg Xylazin (Rompun)/Tier.
Auch bei den Weißbart- und Halsbandpekaris konnten mit 10 mg/kg KM Vetalar plus 10 mg/kg KM Hypnodil gute Ergebnisse erzielt werden. Bei adulten Warzenschweinen reicht diese Kombination dagegen nicht aus. Hier empfiehlt sich ebenfalls der Einsatz von 0,8 - 1,2 ml Immobilon mit einem Zusatz von 10 - 20 mg Rompun/Tier. Bei den Hirschebern liegen uns nur wenige Erfahrungswerte vor. Mit 2,0 mg/kg KM Rompun plus 10 mg/kg KM Vetalar konnte eine gerade ausreichende Immobilisation erzielt werden.

Erkrankungen, Behandlungen, Todesfälle

In der Tabelle sind sämtliche im Zeitraum von 1966 - 1987 im Zoo Berlin gestorbenen nichtdomestizierten Schweine nach Tierarten geordnet, mit Geschlecht, Alter, Todesjahr und hauptsächlichem Sektionsbefund aufgeführt. Zu einigen dieser Fälle und zu weiteren Erkrankungen und Behandlungen sollen im folgenden noch nähere Erläuterungen und Ergänzungen gegeben werden.

Tabelle 1: Todesursachen bei nichtdomestizierten Schweinen im Zoo Berlin von 1966 - 1986

Tierart	Geschlecht	Alter	Todesjahr	Sektionsbefund
Warzenschwein	1,0	20 Jahre	1968	Zwerchfellshernie
	1,0	1 Jahr	1969	hämorrhagische Enteritis, Intoxikation
	1,0	18 Jahre	1975	generalisierte Tuberkulose
	0,1	12 Jahre	1977	Enterotoxämie
	0,1	6 Jahre	1977	Schock, akute Herzmuskelinsuffizienz
	1,0	6 Jahre	1981	infiltrativ wachsendes Stachelzellkarzinom am Hals
	1,0	10 Jahre	1987	abnorme Zahnabnutzung, Kolonkoprostase und Ruptur
	1,0	4 Monate	1969	toxische Leberdystrophie
	1,1	1 u. 3 Tage	72/70	Milchmangel, Lebensschwäche
	1,0	6 Tage	1971	Bronchopneumonie
	1,0	6 Tage	1971	Tracheobronchitis (Flaschenaufzucht)
	0,1	10 Tage	1971	Clostridieninfektion (Flaschenaufzucht)
Europäisches Wildschwein	0,1	5 Jahre	1972	Riß der Nierenvene
	1,0	3 Monate	1972	hämorrhagische Enteritis, Kolisepsis
	1,1	3 Monate	1973	katarrhal. Enteritis
	1,0	2 Monate	1973	fibrinöse Enteritis
	2,1	3 Wochen	1979	Bronchopneumonie, Anämie
	2,0	3 Monate	77/76	Askaridenbefall
	1,1	2 Wochen	1976	von Alttieren zerdrückt
	4,4	1-3 Monate	79/78	Traumen
	0,1	5 Monate	1979	Enterotoxämie
Hirscheber	1,0	9 Jahre	1984	Harnblasenruptur nach Harnröhrenverletzung durch Sediment
	1,0	1 Jahr	1978	Pasteurella-Septikämie
	1,0	1 Jahr	1980	akute Gastritis unbekannter Ursache
	0,1	20 Tage	1982	angeborene Lungenatelektase
	2,1	einige Stunden	1987	Kopftraumen durch Muttertier
Pinselohrschwein	1,0	8 Jahre	1970	Chronische Organtuberkulose
	0,1	6 Jahre	1968	toxische Leberdystrophie
Flußschwein	0,1	2 Jahre	1968	Osteodystrophia fibrosa
	0,1	5 Jahre	1971	enterogene Septikämie
	1,0	19 Jahre	1974	Alterskachexie
	1,0	12 Jahre	1974	Pneumonie
Weißbartpekari	0,1	8 Jahre	1971	diphtheroide Glossitis, Pseudomonas-infektion
	1,0	15 Jahre	1973	Ösophagitis, Gastritis (Candidainfektion)
	0,1	adult	1974	fibrinöse Perikarditis
	1,0	3 Jahre	1974	chron. isol. Lungentuberkulose
	0,1	2 Jahre	1975	interstitielle Pneumonie
	1,0	5 Jahre	1983	Selbstzerfleischung unbek. Ursache
	2,1	9 Monate	1977	Magenüberladung
	1,0	1 Tag	1986	von Alttieren gebissen worden
Halsbandpekari	1,0	20 Jahre	1968	Herzkammerdilatation, Myodegeneratio cordis
	1,0	6 Jahre	1973	eitrige Pankreatitis
	0,1	16 Jahre	1973	Adenokarzinom im Dünndarm
	1,0	17 Jahre	1980	Magen-Hyperkeratose, Jejunitis
	0,1	14 Jahre	1986	Bauchhöhlenkarzinomatose
	1,0	7 Monate	1983	Tod durch Artgenossen
Chako-Pekari	1,0	adult	1977	chronische Nephritis
	0,1	adult	1977	fettige Lebergeneration
	1,0	adult	1978	häm. Enteritis, Leberdystrophie

Ein an einer Zwerchfellshernie gestorbenes Warzenschwein zeigte nur einen Tag akute Atembeschwerden und allgemeine Mattigkeit. Durch die Bruchpforte waren Darmteile in den Brustraum eingetreten, und es bestand auch eine akute Peritonitis.
Bei einem dreijährigen Warzenschwein entwickelte sich im ventralen Halsbereich eine faustgroße Geschwulst. Nach Immobilisation mit 1 ml Immobilon wurde der Hauttumor operativ entfernt und die Wunde vernäht. Wenige Tage später hatte sich das Tier die Naht wieder aufgescheuert, so daß sich die Wunde erst nach zwei Monaten schließen konnte. Drei Jahre später hatte sich, wie eine nähere Untersuchung in Immobilon-Narkose zeigte, an derselben Stelle ein umfangreicher geschwürig zerfallener Tumor gebildet, der so infiltrierend in die Breite und Tiefe gewachsen war, daß an eine operative Entfernung nicht mehr gedacht werden konnte. Das Warzenschwein wurde daher eingeschläfert. Histologisch wurde der Tumor als Stachelzellkarzinom identifiziert.
Ein zehnjähriges Warzenschwein starb überraschend ohne sichtbare Krankheitsanzeichen an einer Koprostase mit Kolonruptur, da, wie die Sektion zeigte, seine Backenzähne bis auf das Zahnfleisch vollständig abgerieben waren. Vermutlich hatte das Tier sich angewöhnt, auf Steinen oder auf einer Gitterstange herumzukauen.
Im Gegensatz dazu mußten wir bei einem fünf Monate alten Warzenschwein die zu scharfen Spitzen und Kanten seiner Backenzähne abschleifen, da sie bereits die Backenschleimhaut stark verletzt hatten.
Eine geschlossene Tibiafraktur bei einem jungen Warzenschwein konnte durch Anlage eines Gipsverbandes ausgeheilt werden. Auch ein Rektumprolaps bei einem älteren weiblichen Warzenschwein konnte durch eine Tabaksbeutelnaht auf Dauer behoben werden.

Bei den europäischen Wildschweinen gab es Verluste vor allem bei Jungtieren durch Enteritiden, vermutlich weil sie verdorbenes Futter aufgenommen hatten und durch Traumen, die ihnen von den Alttieren zugefügt worden waren.

Wiederholt mußten die zu lang ausgewachsenen Hauer unserer männlichen Hirscheber gekürzt werden, da sie nach rückwärts gebogen in die Haut des Nasenrückens einzuwachsen drohten. Dies gelang regelmäßig ohne Immobilisation mit Hilfe einer langen Drahtsäge, die um die Zähne gelegt worden war. Zur Kürzung der zu lang ausgewachsenen Klauen bei einigen Hirschebern dagegen mußten die Tiere immobilisiert werden.

Mehrfach mußten größere Fleischwunden bei den Weißbartpekaris genäht werden, die sich die Tiere im Verlauf von Beißereien gegenseitig zugefügt hatten. Ein erwachsenes Männchen biß sich die bereits fast verheilten Wunden an den Hinterbeinen anfangs nur auf und ging dann aber im Verlauf von mehreren Monaten dazu über, sich selbst die Beine in immer kürzeren Abständen rücksichtslos zu zerfleischen. Behandlungsversuche mit juckreizstillenden Salben und Tabletten schlugen fehl. Ebenso war es nicht möglich, auf Dauer einen Halskragen anzubringen. Die Aufstallung des Tieres in einem so engen Zwangsstand, daß es sich nicht mehr umdrehen konnte, brachte zwar nach 14 Tagen eine Ausheilung der Wunden. In der ersten Nacht nach dem Herauslassen aus dem Zwangsstand zerfleischte das Tier sich dann aber wieder die Beine. Als auch das Abschleifen der scharfen Eckzähne nichts half, wurde das Weißbartpekari eingeschläfert. Die Sektion ergab keinerlei Hinweise auf die Ursache dieser Verhaltensstörung. Auch eine noch zu Lebzeiten des Tieres durchgeführte Blutuntersuchung auf Aujeszkysche Krankheit war negativ.

Zusammenfassung

Zur tierärztlichen Betreuung und zu den Todesursachen der nichtdomestizierten Schweine im Zoo Berlin

Nach Angaben zum derzeitigen Bestand, Haltung und Fütterung der nichtdomestizierten Schweine im Zoo Berlin werden die Erfahrungen bei der Bekämpfung der Endo- und Ektoparasiten und bei der Immobilisation verschiedener wilder Schweinearten mitgeteilt. Es folgen einzelne Krankheitsfälle und die durchgeführten Behandlungen. Eine Tabelle gibt Aufschluß über das Alter, das Todesjahr und den Sektionsbefund aller in den letzten 21 Jahren gestorbenen nichtdomestizierten Schweine im Zoo Berlin.

Summary

Veterinary Care and Causes of Death of Non-Domesticated Pigs in Berlin Zoo

Information on the present stock as well as on keeping and feeding of non-domesticated pigs in the Berlin Zoo is followed in this paper by communication of experience obtained from control of endoparasites and ectoparasites and from immobilisation of various species of non-domesticated swine. Reported are several cases and therapeutic approaches taken. A tabulated account is given of age, year of death, and postmortem findings of all non-domesticated pigs that had died on the premises of the Berlin Zoo over the past 21 years.

Résumé

Les soins vétérinaires et les causes mortelles des porcs non-domestiques dans le Zoo de Berlin

Après quelques détails relatifs à l'effectif, la garde et la nourriture des porcs non-domestiques dans le Zoo de Berlin les auteurs parlent de leurs expériences avec la lutte contre les endo- et ectoparasites et l'immobilisation de différentes espèces de porcs sauvages. Ensuite quelques maladies et leurs traitements sont expliqués. Un tableau contient des informations sur l'âge, l'année de la mort et les résultats des dissections de tous les porcs non-domestiques morts dans le Zoo au cours des dernières 21 années.

Резюме

Ветеринарное обслуживание и причины смертности диких свиней в зоопарке Берлина

После описания состава, содержания методов кормления диких свиней, сообщается об опытах по борьбе сэндо и экто-паразитами и о методах иммобилизации некоторых видов диких свиней. Освещены различные случаи заболеваний и проводимое лечение. В таблице отражены возрост, год падежа, секционные обследования павших свиней за последние 2I год в зоопарке Берлина.

Literaturverzeichnis

HEINEMANN, B. (1983): Medikamentelle Immobilisation bei nicht domestizierten Rindern (Bovinae) und Schweinen (Suoidea). Inaug. Diss., Berlin (West).

WIESNER, H. (1987): In GABRISCH/ZWART (Hrsg.): Krankheiten der Wildtiere. Hannover: Schlütersche Verlagsanstalt.

Anschrift der Verfasser: Dr. R. G ö l t e n b o t h und
Prof. Dr. H.-G. K l ö s
Zoologischer Garten Berlin
Hardenbergplatz 8
1000 Berlin 30 (Berlin-West)

Aus der Forschungsstelle für Wirbeltierforschung (im Tierpark Berlin) (Direktor: Prof. Dr. sc. Dr. h.c. H. DATHE) der Akademie der Wissenschaften der DDR

SEKTIONSBEFUNDE BEI TYLOPODEN AUS ZOOLOGISCHEN GÄRTEN

Von W. Jakob

Angaben über die häufigsten Sektionsbefunde und Todesursachen der in Zoologischen Gärten gehaltenen Tylopoden finden sich ziemlich verstreut in Zusammenstellungen und statistischen Auswertungen des Sektionsgutes verschiedener Einrichtungen (IPPEN, 1967; DOLLINGER, 1973; HERCEG et al., 1973; STEGER, 1973; GRINER, 1983). Darüber hinaus existiert eine relativ große Zahl von Publikationen, in denen entweder eine Gesamtübersicht über die wichtigsten Erkrankungen der Tylopoden gegeben wird (ALTMANN, 1975; HIGGINS, 1983; FOWLER, 1986) oder in denen speziell zu bestimmten Krankheiten oder Krankheitsbildern Stellung genommen wird (ALTMANN et al., 1976; BAUMGARTNER und ISENBÜGEL, 1985; BÖER und SCHOON, 1984; DABROWSKI, 1976; DOBOS-KOVACS et al., 1981; FOWLER, 1984; GEHRING, 1981; GUTKNECHT, 1955; HERCEG et al., 1976; MAYER und GEHRING, 1975; RÜDIGER et al., 1984; STROUD et al., 1982; VITOVEC, 1982 u.a.). Die vorliegende Arbeit dient dem Zweck, die anhand eines größeren Sektionsmaterials erhobenen wesentlichen Zerlegungsbefunde darzulegen, zu analysieren und, soweit möglich, mit den verfügbaren Literaturdaten zu vergleichen.

Material und Methoden

Bei der Sichtung der Sektionsaufzeichnungen über einen Zeitraum von 20 Jahren (1967 - 1986) wurden unter den von uns sezierten Zoo- und Wildtieren 160 Tylopoden erfaßt, die teilweise aus dem Tierpark Berlin, teilweise aber auch aus anderen Tiergärten und Zoos der DDR zu uns gelangt waren. Die Aufteilung dieses Materials auf die einzelnen Tierspezies sowie Angaben zum Geschlecht der Tiere sind der Tab. 1 zu entnehmen. Eine Aufschlüsselung nach den (leider nicht immer vollständigen) Altersangaben seitens der Einsender zeigt die Tab. 2. Die gestellten Diagnosen basieren im wesentlichen auf den makroskopischen Organbefunden, den Ergebnissen der bakteriologischen und in Verdachtsfällen durchgeführten parasitologischen Untersuchungen, sowie auf den Ergebnissen der histologischen Untersuchung. Hierzu wurden nach der üblichen Paraffintechnik Schnittpräparate angefertigt und mit Hämatoxylin-Eosin gefärbt. In ausgewählten Fällen waren auch Spezialfärbungen und einfache histochemische Reaktionen vorgenommen worden.

Ergebnisse

Unter den 160 obduzierten Tylopoden (Tab. 1) befinden sich 73 Altwelt- und 87 Neuweltkamele. Hinsichtlich der Geschlechtsverteilung sind im Gesamtmaterial die weiblichen Tiere mit 58 % gegenüber den männlichen Tieren mit 42 % deutlich in der Überzahl.

Tabelle 1: Aufteilung der 160 obduzierten Tylopoden nach Spezies und Geschlecht

Altweltkamele	Anzahl	männlich	weiblich	Neuweltkamele	Anzahl	männlich	weiblich
Trampeltier	49	23	25	Lama	44	20	14
Dromedar	22	5	15	Guanako	28	10	16
Tulu	2	1	1	Alpaka	13	5	8
				Vicunja	2	1	1
Insgesamt	73	29	41+)		87	36	49+)

+) 3 Altweltkamele und 2 Neuweltkamele ohne Angabe des Geschlechts

Eine Aufschlüsselung des untersuchten Tiermaterials nach dem Lebensalter (Tab. 2) zeigt einen unverhältnismäßig hohen Anteil von Jungtieren. In 17 Fällen (10,6 %) handelte es sich um Früh- oder Totgeburten, 24 Tiere (15 %) waren innerhalb der ersten Lebenswoche, und weitere 36 Tiere (22,5 %) innerhalb des ersten Lebensjahres gestorben. Addiert man zu dieser Zahl noch die Jungtiere mit der Bezeichnung "subadult", so zeigt sich, daß 88 von 160 obduzierten Tylopoden (55 %) nicht einmal das fortpflanzungsfähige Alter erreicht hatten.

Tabelle 2: Altersstruktur der obduzierten Tylopoden

Lebensalter	Anzahl der sezierten Tylopoden	Summen-prozent	Altweltkamele	Neuweltkamele
Früh- und Totgeburten	17	10,6 %	6	11
Neugeborene (1-7 Tage)	24	25,6 %	13	11
Jungtiere (1-12 Wochen)	15	35,0 %	9	6
Jungtiere (3-12 Monate)	21	48,1 %	12	9
Subadult	11	55,0 %	8	3
Adult	57	90,6 %	20	37
Alt (≧ 15 Jahre)	15	100,0 %	5	10
Insgesamt	160	100,0 %	73	87

Wie die Tab. 3 zeigt, nehmen die durch Viren, Bakterien und Pilze hervorgerufenen Krankheiten bei den Tylopoden insgesamt gesehen eine untergeordnete Stellung ein, wenn man von den hauptsächlich bei den Jungtieren auftretenden Koli- und Kokkeninfektionen einmal absieht. Nur bei 23 Tylopoden (14,4 %) konnten erregerbedingte Krankheiten diagnostiziert werden. Diese waren in den allermeisten Fällen (12,5 %) durch bakterielle Erreger verursacht worden.

Bezüglich des Parasitenbefalls bei den Tylopoden ist zu vermerken, daß 38 Parasitenbefunde bei 28 Tieren (17,5 %) erhoben werden konnten. Am häufigsten nachgewiesen wurden Endoparasiten, insbesondere Trichuris; Ektoparasiten, insbesondere Sarkoptes-Milben, und Sarkosporidien. Im Zusammenhang mit Räudemilben-, Echinokokken-, Leberegel- und Lungenwurmbefall war es zur Ausbildung pathologischer Organveränderungen gekommen, die bei den Erkrankungen der jeweiligen Organsysteme nicht mehr gesondert ausgewiesen werden.

Tabelle 3: Untersuchungsergebnisse bei 160 Tylopoden

Viruserkrankungen = 1	"Mucosal disease"	
Bakterielle Erkrankungen = 20	Koliseptikämie	9
	Kokkeninfektion	5
	Tuberkulose	2
	Paratuberkulose	2
	Pseudotuberkulose	1
	Pasteurellose	1
Mykosen = 2	Lungenaspergillose	1
	Soor (Candida albicans)	1
Parasitäre Erkrankungen (und zufällige Parasitenbefunde) = 38	Sarkoptes-Milben	6
	Trichuris spec.	7
	Nematoden (nicht spezifiziert)	5
	Lungenwürmer	4
	Echinokokken	4
	Leberegel	1
	Kokzidien	3
	Sarkosporidien	8
Erkrankungen der Organsysteme		
Herz-Kreislaufsystem = 48	Kreislaufinsuffizienz	17
	Myokarddegeneration und/oder Myokarditis	14
	Perikarditis	12
	Herzdilatation	2
	Endokarditis	1
	Foramen ovale persistens	1
	Aortenverkalkungen	1
Respirationssystem = 40	Pneumonie	22
	Pleuritis	13
	Verkalkungsprozesse (Lunge)	2
	Bronchitis	2
	Kehlkopfödem	1
Digestionssystem = 59	Gastroenteritis	26
	Labmagenulzera	4
	Fremdkörperperforation	1
	Leberdegeneration	6
	Hepatitis	4
	Leberzirrhose	7
	Parasitäre Leberveränderungen	6
	Abszesse	1

	Cholangitis	1
	Verkalkungsprozesse (Leber)	1
	Leberzellkarzinom	1
	Magenkarzinom mit Lebermetastasen	1
Urogenitalsystem = 42	Interstitielle Nephritis	9
	Nephrosklerose	8
	Pyelonephritis	1
	Glomerulonephritis	3
	Tubulusnephrose	5
	Kalkablagerungen	9
	Nierenzysten	3
	Hodenatrophie	1
	Kryptorchismus	1
	Vorhautentzündung	1
	Zystöse Entartung des Ovars	1
Zentrales Nervensystem = 7	Meningo-Enzephalitis	2
	Leptomeningitis	3
	Hirnhautblutungen	2
Bewegungsapparat = 14	Muskeldegenerationen und -verkalkungen	8
	Myositis	1
	Arthritis und Polyarthritis	4
	Epiphyseolysis	1
Haut und Anhangsgebilde = 1	Mastitis	1
Sonstige Befunde = 66	Mißbildungen und Entwicklungsstörungen	8
	Veränderungen durch Unfall und Trauma	12
	Geburtskomplikationen	9
	Mangelerkrankungen (Vitamin E/Selen)	9
	Kachexie	15
	Anämie	4
	Strumen	6
	Neubildungen	3

Zu den an den verschiedenen Organsystemen erhobenen Befunden ist festzustellen, daß unter den Erkrankungen des Herz-Kreislauf-Systems das pathologisch-anatomische Bild der zentralen Kreislaufinsuffizienz mit insgesamt 17 Fällen den 1. Platz einnimmt. Die Ursache dieses relativ häufig festgestellten Kreislauftodes, bei dem degenerative oder entzündliche Veränderungen am Myokard, an den Herzklappen usw. nicht festzustellen waren, blieb in nahezu allen Fällen ungeklärt. An 2. Stelle rangieren mit 14 Fällen (8,8 %) die Myokarddegenerationen und Myokarditiden. Dieser hohe Anteil ist größtenteils auf die Vitamin E/Selenmangelerkrankung zurückzuführen. Relativ häufig konnten auch fibrinöse Perikarditiden gefunden werden, die meist im Zusammenhang mit Jungtierseptikämien und Vitamin E/Selenmangelerkrankungen aufgetreten waren.

Bei den Erkrankungen der Respirationsorgane nehmen die Pneumonien mit 22 Fällen (13,8 %) den ersten Platz ein, gefolgt von den serofibrinösen Pleuritiden mit 8,1 %. Obwohl die Mehrzahl der Pneumonien auf eine bakterielle Ursache zurückgehen dürfte, gelang ein Erregernachweis, offenbar bedingt durch eine meist vorangegangene Antibiotikabehandlung, nur in wenigen Fällen. Nur dreimal konnten Streptokokken, einmal Pasteurellen und einmal Corynebacterium pseudotuberculosis als Ursache ermittelt werden. Als weitere Verursacher entzündlicher Lungenveränderungen konnten Aspergillen in einem, und Lungenwürmer in 4 Fällen nachgewiesen werden. Serofibrinöse Pleuritiden traten teils im Zusammenhang mit Pneumonien, teils aber auch ohne begleitende Lungenentzündung auf. Als Ursache dürften die gleichen oder ähnliche bakterielle Erreger wie bei den Lungenentzündungen in Betracht kommen. Bei den Jungtieren wurden serofibrinöse Pleuritiden häufig im Zusammenhang mit Koli- und Kokkenseptikämien gefunden.

Unter den Erkrankungen des Digestionsapparates nehmen die unspezifischen Magen-Darm-Entzündungen mit 26 beobachteten Fällen (16,3 %) eine Spitzenstellung ein, gefolgt von den Leberfibrosen und -zirrhosen (4,4 %), Leberdegenerationen und parasitären Leberveränderungen mit je 3,8 %. Alle anderen Befunde am Digestionsapparat rangieren unter 3,0 % oder stellen nur Einzelbeobachtungen dar.

Hinsichtlich der Erkrankungen des Urogenitalsystems dominieren die interstitiellen und chronischen Nephritiden mit je 5,6 und 5,0 %. Mit gleicher Häufigkeit wurde sonst nur noch das Vorkommen von herdförmigen Kalkablagerungen insbesondere im Nierenmark beobachtet. Abgesehen von den Tubulusnephrosen (5 Fälle) sowie Glomerulonephritiden und Nierenzysten (je 3 Fälle) stellen alle anderen Befunde nur Einzelbeobachtungen dar. Auch bei den an den Geschlechtsorganen festgestellten Veränderungen handelt es sich lediglich um Einzelbefunde, über die bereits IPPEN (1984) berichtet hat.

Bezüglich der Veränderungen am zentralen Nervensystem wurden die in der Tab. 3 aufgeführten Leptomeningitiden und Meningoenzephalitiden ausschließlich bei jungen Tieren beobachtet und waren in Zusammenhang mit Jungtierseptikämien aufgetreten.

Bei den Erkrankungen des Bewegungsapparates stellen die Muskeldegenerationen und -verkalkungen mit 8 Fällen (5,0 %) einen relativ hohen Anteil dar. Sie sind in allen Fällen als eine Manifestation der Vitamin E/Selenmangelerkrankung bei Jungtieren zu betrachten. Die in 4 Fällen beobachteten Arthritiden und Polyarthritiden traten ebenfalls nur bei Jungtieren infolge septikämischer Allgemeinerkrankungen in Erscheinung.

Mißbildungen und Entwicklungsstörungen wurden bei 8 Tieren (5,0 %) festgestellt. Es handelte sich dabei im einzelnen um eine kongenitale Struma colloides bei 2 Dromedaren, eine Brachygnathia superior mit Fehlen der Ossa frontales bei einem Trampeltier, und um ein offenes Foramen ovale bei einem neugeborenen Lama. Das Fehlen einer Niere wurde bei einem Alpaka und einem Dromedar beobachtet, und eine einseitige Nierenhypoplasie trat bei einem Trampeltier auf. Bei einem weiteren Trampeltier hatte ein beidseitiger Kryptorchismus vorgelegen.

Veränderungen, die durch Unfälle und Traumen hervorgerufen worden waren, konnten bei 12 Kameliden (7,5 %) festgestellt werden. Ausgedehnte Hämatome der Unterhaut und Muskulatur fanden sich bei 3 Tylopoden, einem Trampeltier, einem Dromedar und einem Vicunja. Knochenbrüche wurden bei 2 Kameliden beobachtet; eine Unterkieferfraktur bei einem adulten Trampeltier und eine Halswirbelfraktur bei einem 7 Monate altem Lama. Zwei neugeborene Lamas zeigten Schädeltraumen mit ausgedehnten meningealen Blutungen. Weiterhin hatten sich 2 Trampeltiere mit einer Kette stranguliert, und 2 Lamas waren in einen Wassergraben gestürzt und ertrunken. Bei einem weiteren Trampeltier hat eine chronische eitrig-apostematöse Peritonitis in Verbindung mit einer Fremdkörperperforation vorgelegen. Ein 10 cm langer Nagel hatte sich durch die Wand des Vormagens gebohrt und zu diesen Entzündungserscheinungen geführt.

Einer besonderen Erwähnung bedürfen auch die bei 9 Tieren (5,6 %) beobachteten Veränderungen, die mit dem Fortpflanzungsgeschehen (Trächtigkeit und Geburt) im Zusammenhang stehen. Es handelte sich hierbei meist um Schwergeburten, bei denen es zu Komplikationen wie Uterusperforation, Gefäßzerreißung mit innerer Verblutung sowie Kreislaufkollaps während des Geburtsvorganges gekommen war. In einem Falle hat eine Uterustorsion vorgelegen. Hierzu ist zu bemerken, daß von den betroffenen 9 Tylopoden 5 Tiere mindestens 15 Jahre, und 2 weitere Tiere mindestens 10 bzw. 13 Jahre alt waren. Die Häufung derartiger Befunde bei älteren Tieren weist darauf hin, daß die Wahrscheinlichkeit des Auftretens derartiger Geburtskomplikationen mit zunehmendem Lebensalter deutlich ansteigt.

Von den restlichen Befunden sollen hier die 9 Fälle herausgestellt werden, bei denen die typischen Veränderungen des Vitamin E/Selen-Mangelkomplexes aufgetreten waren. Die einzelnen Erkrankungsfälle waren sporadisch zwischen 1968 und 1974 bei Jungtieren (5 Trampeltiere, 2 Dromedare, 1 Tulu und 1 Lama) im Alter von 3 Wochen bis zu einem Jahr beobachtet worden.

Starke Abmagerungen der Tiere bis zur Kachexie sind bei insgesamt 15 Tieren festgestellt worden. Kachexien wurden fast immer in Zusammenhang mit anderen Erkrankungen beobachtet, so z.B. in Verbindung mit stärkerem Ekto- und Endoparasitenbefall sowie in Verbindung mit Paratuberkulose, Leberzirrhose und Tumormetastasierung. Auch bei sehr alten Kameliden konnten des öfteren Kachexien beobachtet werden. Die in 4 Fällen dokumentierten Anämien standen ebenfalls mit parasitären und anderen Erkrankungen in Zusammenhang.

Einer besonderen Hervorhebung bedürfen hier noch die bei 6 Tieren beobachteten Strumen bzw. zystösen Schilddrüsenentartungen. Wie bereits erwähnt, lag bei 2 Dromedaren diese Schilddrüsenveränderung schon bei der Geburt vor. Bei den übrigen 4 Tieren mit dieser Veränderung (2 Trampeltiere, 1 Dromedar und 1 Lama) handelte es sich dagegen um adulte und alte Tiere.

Neubildungen wurden im ausgewerteten Sektionsgut nur dreimal beobachtet. Es handelte sich dabei in einem Falle um ein metastasierendes Leberkarzinom mit Metastasenbildungen auf dem Peritoneum sowie in den Nieren und Nebennieren. Bei einem zweiten Tier, einem adulten Lama, wurde ein metastasierendes Magenkarzinom mit Lebermetastasen diagnostiziert. Im 3. Falle handelte es sich um eine fibromatöse Zahnfleischgeschwulst (Epulis) bei einem mindestens 25 Jahre alten Trampeltier.

Diskussion

Das in diese Auswertung einbezogene Tiermaterial weist hinsichtlich der Alterszusammensetzung einen ungewöhnlich hohen Anteil von Jungtieren auf. Dieses ungünstige Verhältnis von Jungtieren zu adulten und alten Tieren könnte einmal dadurch vorgetäuscht werden, daß gestorbene Jungtiere häufiger zur Sektion eingesandt werden als adulte und alte Tiere. Da jedoch aus dem Tierpark Berlin (und ebenso aus den meisten anderen Tiergärten) alle gestorbenen Tiere obduziert werden, muß dieses Ergebnis als eine tatsächliche Widerspiegelung einer sehr hohen Jungtiersterblichkeit betrachtet werden. 88 der 160 obduzierten Tylopoden (55 %) waren bereits vor dem Erreichen ihrer Fortpflanzungsfähigkeit gestorben. Die von uns beobachtete hohe Sterblichkeitsrate bei jungen Neu- und Altweltkamelen deckt sich mit den Angaben anderer Autoren. So berichteten ELZE et al. (1970), daß die Verlustrate bei in Menschenhand gehaltenen Trampeltier- und Dromedarfohlen häufig mehr als 30 % beträgt. Diese Feststellung steht auch im Einklang mit neueren Angaben von BENIRSCHKE et al. (1980), die eine perinatale Todesrate von 31 % bei Kameliden angeben, und von GRINER (1983), der 18 neonatale Todesfälle unter 42 autopsierten Kameliden (43 %) fand. Die Ursachen dieser relativ hohen Verluste bei der Geburt und Aufzucht von Kameliden in Zoologischen Gärten sind bereits an anderer Stelle (ELZE et al., 1970; IPPEN und SCHRÖDER, 1970; BENIRSCHKE et al., 1980) ausführlich diskutiert worden und bedürfen hier keiner weiteren Erörterung.

Hinsichtlich der erregerbedingten Krankheiten bei den Kameliden ist festzustellen, daß der von uns ermittelte prozentuale Anteil von rund 14 % am Gesamtmaterial mit früheren Angaben von SCHRÖDER und IPPEN (1973) übereinstimmt, die für den Zeitraum von 1958 - 1972 etwa den gleichen Prozentsatz ermittelten. Dieser gleichbleibende Prozentsatz zeigt, daß insbesondere hinsichtlich der Bekämpfung der Jungtierseptikämien, die in unserem Material über die Hälfte der festgestellten erregerbedingten Krankheiten darstellen, noch kein entscheidender Durchbruch erreicht werden konnte. Nach wie vor sterben noch zu viele Jungtiere an septikämischen Erkrankungen, insbesondere an Koliseptikämien und -toxämien.

Obwohl bei 17,5 % der obduzierten Kameliden ein Parasitenbefall nachgewiesen werden konnte, sind Endo- und Ektoparasiten nur in wenigen Fällen direkt für den Tod der Tiere verantwortlich zu machen. In vielen Fällen handelt es sich lediglich um Sekundärbefunde wie z.B. bei den 8 Sarkosporidiennachweisen, aber auch bei den meisten Helminthennachweisen im Darmkanal. Bei stärkerem Befall mit Räudemilben, bei kombiniertem Auftreten von Ekto- und Endoparasiten oder bei sehr starkem Helminthenbefall wurden jedoch fast regelmäßig Kachexien und Anämien festgestellt.

Unter den Erkrankungen der Organsysteme nehmen die unspezifischen Gastroenteritiden mit 16 % und die Pneumonien mit rund 14 % die vorderen Plätze ein. Diese hohen Prozentsätze entzündlicher Darm- und Lungenveränderungen sind durch den großen Anteil von Jungtieren am Gesamtmaterial zu erklären. Am Zustandekommen dieser Darmentzündungen dürften neben Futterunzuträglichkeiten auch unerkannte Infektionen und -intoxikationen beteiligt sein. Neben evtl. nicht erkannten Koli-Intoxikationen müssen in diesem Zusammenhang auch die Klostridieninfektionen und -intoxikationen genannt werden, die im ausgewerteten Material nicht festgestellt werden konnten. Das Organmaterial war zum Zeitpunkt der Sektion häufig nicht mehr frisch genug, um einen Toxinnachweis durchführen zu können. Auch die Ursache der häufig festgestellten unspezifischen Lungenentzündungen ließ sich in vielen Fällen nachträglich nicht mehr klären, da infolge einer meist vorangegangenen Antibiotikabehandlung ein bakteriologischer Erregernachweis nicht mehr gelang. Unerkannte Virusinfektionen stellen eine weitere mögliche Ursache derartiger unspezifischer Darm- und Lungenentzündungen dar.

In insgesamt 17 Fällen (10,6 %) wurde die Diagnose "Zentrales Kreislaufversagen" gestellt. Es handelt sich hierbei um solche Tiere, bei denen lediglich Erscheinungen einer allgemeinen venösen Blutstauung vorlagen, ohne daß charakteristische Veränderungen am Myokard gefunden werden konnten. Hinter der Diagnose "Kreislaufversagen" verbergen sich mit Sicherheit noch andere, ursächlich ungeklärte, wahrscheinlich noch unerkannte stoffwechselbedingte Störungen, die sich ohne zusätzliche klinisch-chemische oder toxikologische Untersuchungen nicht aufklären lassen. Von diesem relativ unspezifischen Sektionsbild des zentralen Kreislaufversagens abzugrenzen sind die 9 Fälle von Vitamin E/Selenmangelerkrankung, bei denen mehr oder weniger schwere Herzmuskelveränderungen vorlagen. Das Vorkommen der Weißmuskelkrankheit bei Kamelfohlen ist seit langem bekannt und in der Literatur wiederholt erwähnt oder beschrieben worden (KRAFT, 1961; STÜNZI, 1965; IPPEN, 1967; DOLLINGER, 1973; ALTMANN, 1975; GUTKNECHT, 1975; WIESNER und SCHLOTTKE, 1975; HELDSTAB und RÜEDI, 1980). Da trotz Kenntnis des Ursachenkomplexes dieser Krankheit und trotz entsprechender Substitution mit Vitamin E und Selenpräparaten sporadische Fälle von Weißmuskelkrankheit immer wieder vorkommen, ist zu vermuten, daß die zusätzliche Versorgung mit diesen Stoffen offensichtlich noch nicht in jedem Falle ausreichend ist, um das Zustandekommen dieser Krankheit zu verhüten.

Zum Komplex der stoffwechselbedingten Veränderungen müssen auch die 6 Tiere gezählt werden, bei denen strumöse Vergrößerungen der Schilddrüsen - meist im Sinne einer Struma colloides - vorgefunden wurden. Zwei Dromedarfohlen waren bereits mit diesen Veränderungen geboren worden. Hier stellt sich die Frage, ob sich die Schilddrüsenveränderungen dieser beiden Dromedarfohlen auf der Basis eines bestehenden Joddefizits der Muttertiere ausgebildet haben.

Kongenitale und hereditäre Erkrankungen scheinen bei den Kameliden relativ häufig vorzukommen. Nach FOWLER (1984) sind z.B. beim Lama über 20 kongenitale Schäden bekannt. Unter den häufiger zu beobachtenden Veränderungen befinden sich Herzschäden, Nierenagenesien und Kryptorchismus; Schäden, die auch in unserem Material auftraten und die auch im Sektionsmaterial von GRINER (1983) vorkamen. Die von uns beobachtete Brachygnathia superior gehört offenbar zu den selteneren kongenitalen Anomalien bei Tylopoden, da in dem uns zugänglichen Schrifttum kein diesbezüglicher Hinweis gefunden werden konnte.

Der Anteil von 3 Neubildungen, je ein metastasierendes Leberzell- und Magenkarzinom und eine Zahnfleischgeschwulst, im Gesamtmaterial von 160 autopsierten Tylopoden ist im Vergleich zu den Angaben von GRINER (1983), der 4 Neubildungen bei 42 sezierten Kameliden feststellen konnte, als relativ niedrig einzuschätzen. Der geringe Anteil von Tumoren in unserem Material läßt sich jedoch durch die verhältnismäßig große Zahl von Jungtieren und die relativ geringe Zahl alter Tiere in unserem Material erklären.

Zusammenfassung

Sektionsbefunde bei Tylopoden aus Zoologischen Gärten

Eine Analyse der Autopsie-Befunde von 160 Tylopoden, die im Zeitraum von 20 Jahren (1967 bis 1986) zwecks Todesursachenermittlung zur Sektion gelangt waren, zeigt, daß über die Hälfte der sezierten Tiere (55 %) schon vor dem Erreichen der Fortpflanzungsfähigkeit gestorben war. Zu den am häufigsten festgestellten wesentlichen pathologischen Organbefunden gehören unspezifische Magen-Darm-Entzündungen (16,3 %), Lungenentzündungen (13,8 %), Myokarddegenerationen und/oder Myokarditiden (8,8 %) sowie durch Unfall und Trauma hervorgerufene Veränderungen (7,5 %). Auch der Prozentsatz der bakteriellen Erkrankungen liegt mit 12,5 %, hauptsächlich bedingt durch die ziemlich hohe Zahl der Koli- und Kokkeninfektionen bei Jungtieren, relativ hoch. Hinsichtlich des Parasitenbefalls wurden 38 Parasitenbefunde bei insgesamt 28 Tieren erhoben.

Summary

Post-Mortem Findings from Tylopods in Zoological Gardens

An analysis was made of autopsy findings recorded from 160 tylopods which had been submitted for determination of causes of deaths, through a period of 20 years (1967 to 1986). Fifty-five per cent of these animals had died below reproduction age, as was histologically established. The most frequently recorded substantial pathological organ findings included non-specific gastro-intestinal inflammations (16.3 per cent), pneumonia (13.8 per cent), myocardial degeneration and/or myocarditis (8.8 per cent), and traumatic lesions (7.5 per cent). Bacterial diseases, too, ranked high on the list, accounting for 12.5 per cent of all findings, which was primarily attributable to a high incidence of coli and coccal infections among juvenile animals. Thirty-eight parasite findings were recorded from 28 individuals.

Résumé

Résultats de dissections de tylopodés des jardins zoologiques

Une analyse des résultats de l'autopsie de 160 tylopodés, qui avaient été passés à la dissection dans une période de vingt ans (1967 - 1986) afin de déterminer les causes mortelles, a montré que plus de la moitié des animaux dissequés (55 %) était morte déjà bien avant l'âge de la capacité de reproduction. Parmi les rapports médicaux pathologiques des organs on trouve le plus fréquemment des gastro-entérites non-spécifiques (16,3 %), pneumonies (13,8 %), dégénérations du myocarde et/ou myocarditides (8,8 %) ainsi que des modifications provoquées par accident et trauma (7,5 %). Le pourcentage des affectations bactérielles de 12,4 est relativement élevé, ce qui est surtout causé par le nombre assez important des infections des jeunes animaux au coli et coques. Relatif à l'envahissement aux parasites il y avaient 38 constatations de parasites chez un nombre total de 28 animaux.

Резюме

Секционные результаты у Tylopoden из зоологических садов

Анализы секционных исследований I60 Tylopoden , проводимые для выяснения причин падежа животных , проводимые в течение 20 лет (I967-I986), показали, что почти половина животных погибло не достигнув половой зрелости. Основными причинами патологических изменений в органах являлись воспаления желудочно-кишечного тракта (I6,3%), восполения лёгких (I3,8%), дегенерация миокарда и миокардиты (8,8%), и поражения , возникшие в результате несчастных случаев и травм. Процентная часть бактериальных зарожений равно I2,5%, в основном давольно высокая заражаемость коли и кокkенинфекция наблюдается у молодняка. Паразиты обнаружены в 38 пробах у 28 животных.

Literaturverzeichnis

ALTMANN, D. (1975): Die wichtigsten Erkrankungen der Alt- und Neuweltkamele. Verh.ber. Erkrg. Zootiere 17, 53 - 60.

ALTMANN, D., KRONBERGER, H., SCHÜPPEL, K.-F., LIPPMANN, R., und I. ALTMANN (1976): Bornasche Krankheit (Meningo-Encephalomyelitis simplex enzootica equorum) bei Neuwelttylopoden und Equiden. Verh.ber. Erkrg. Zootiere 18, 127 - 131.

BAUMGARTNER, R., und E. ISENBÜGEL (1985): Hochgradige Fasciolose beim Kamel (Camelus bactrianus). Verh.ber. Erkrg. Zootiere 27, 503 - 506.

BENIRSCHKE, K., ADAMS, F.D., BLACK, K.L., and L. GLUCK (1980): Perinatal Mortality in Zoo Animals. In: MONTALI, R.J., and G. MIGAKI: The Comparative Pathology of Zoo Animals, 471 - 481. Washington, D.C.: Smithsonian Inst. Press.

BÖER, M., und H.A. SCHOON (1984): Untersuchungen zu erblich bedingten Augen- und ZNS-Veränderungen in einer Zuchtgruppe von Vikunjas (Lama vicugna) im Zoologischen Garten Hannover. Verh.ber. Erkrg. Zootiere 26, 159 - 164.

DABROWSKI, J. (1976): Anämie bei Alpakas (Lama pacos L.) im Zoologischen Garten Lodz. Verh.ber. Erkrg. Zootiere 18, 121 - 122.

DOBOS-KOVÁCS, M., MÉSZÁROS, J., und Z. GRAF (1981): Chronische Glomerulonephritis bei einem Trampeltier (Camelus bactrianus). Verh.ber. Erkrg. Zootiere 23, 403 - 406.

DOLLINGER, P. (1973): Analyse der Wiederkäuerverluste des Züricher Zoos von 1954 - 1972. Verh.ber. Erkrg. Zootiere 15, 21 - 23.

ELZE, K., LIPPMANN, R., und R. HANSEN (1970): Zur Bekämpfung der Aufzuchtverluste bei Altweltkamelen. Verh.ber. Erkrg. Zootiere 12, 61 - 64.

FOWLER, M.E. (1984): Congenital and hereditary diseases of llamas. Verh.ber. Erkrg. Zootiere 26, 153 - 158.

FOWLER, M.E. (1986): Camelids. In: FOWLER, M.E. (ed.): Zoo and Wild Animal Medicine, 969 - 981. Philadelphia, London, Toronto: W.B. Saunders Company.

GEHRING, H. (1981): Sarkoptesräude bei Lamas (Lama guanicoe glama) und Alpakas (Lama guanicoe pacos). Verh.ber. Erkrg. Zootiere 23, 257 - 260.

GRINER, L.A. (1983): Pathology of Zoo Animals. San Diego: Zoological Society.

GUTKNECHT, P. (1975): Elevage et pathologie néonatale du chameau au Zoo de Mulhouse. Verh.ber. Erkrg. Zootiere 17, 43 - 51.

HELDSTAB, A., and D. RÜEDI (1980): The Occurrence of Myodystrophy in Zoo Animals at the Basle Zoological Garden. In: MONTALI, R.J., and G. MIGAKI: The Comparative Pathology of Zoo Animals, 27 - 34. Washington, D.C.: Smithsonian Inst. Press.

HERCEG, M., HUBER, I., und B. MARAN (1973): Sektionsbefunde bei Wiederkäuern des Zoologischen Gartens der Stadt Zagreb. Verh.ber. Erkrg. Zootiere 15, 15 - 20.

HERCEG, M., HUBER, I., und V. GOMERČIĆ (1976): Hyaline Membranen in der Lunge eines neugeborenen Lamas (Lama glama). Verh.ber. Erkrg. Zootiere 18, 123 - 125.

HIGGINS, A.J. (1983): Observations on the diseases of the Arabian camel (Camelus dromedarius) and their control. A review. Vet. Bull. 53, 1089 - 1100.

IPPEN, R. (1967): Auswertung der bei 1400 Zoo- und Wildtieren (Mammalia) erhobenen Zerlegungsbefunde. Zbl. Vet. Med. B 14, 293 - 320.

IPPEN, R. (1984): Auswertung von pathologischen Befunden an den Geschlechtsorganen bei Zoo- und Wildtieren. Verh.ber. Erkrg. Zootiere 26, 13 - 19.

IPPEN, R., und H.-D. SCHRÖDER (1970): Über die Verluste bei der Aufzucht von Säugetieren in Zoologischen Gärten. Verh.ber. Erkrg. Zootiere 12, 5 - 13.

KRAFT, H. (1961): Durch Vitamin-E-Mangel bedingte Herzmuskelschäden bei Zootieren. Kleintierprax. 3, 64 - 67.

MAYER, H., und H. GEHRING (1975): Listeriose bei Lamas. Verh.ber. Erkrg. Zootiere 17, 307-312.

RÜDIGER, B., SCHOON, H.-A., CHADLI, M., und B. BÖSCH (1984): Chondrosarkom bei einem Trampeltier (Camelus ferus bactrianus). Prakt. Tierarzt 65, 725 - 726.

SCHRÖDER, H.-D., und R. IPPEN (1973): Beitrag zu den virusbedingten und bakteriellen Erkrankungen der Zoowiederkäuer. Verh.ber. Erkrg. Zootiere 15, 35 - 40.

STEGER, G. (1973): Untersuchungsergebnisse an 1500 Objekten aus der Gruppe wildlebender Wiederkäuer. Verh.ber. Erkrg. Zootiere 15, 25 - 34.

STROUD, R.K., GRINER, L.A., and W.Y. HIGGINS (1982): Osteolipomatous metaplasia in the liver of cameloids. Vet. Pathol. 19, 215 - 217.

STUENZI, H. (1965): Beulenkrankheit beim Flamingo, Kardiopathie beim Kamel und Toxoplasmose beim Pinguin, drei ungewöhnliche Krankheiten aus dem Züricher Zoo. Verh.ber. Erkrg. Zootiere 7, 82 - 85.

VITOVEC, J. (1982): Renal cell carcinoma in a camel (Camelus dromedarius). Vet. Pathol. 19, 331 - 333.

WIESNER, H., und B. SCHLOTKE (1975): Weißmuskelerkrankungen im Münchner Tierpark Hellabrunn. Verh.ber. Erkrg. Zootiere 17, 217 - 220.

Anschrift des Verfassers: Dr. sc. med. vet. W. Jakob
Am Tierpark 125
DDR-1136 Berlin (DDR)

From Institute of Zoology, Zoological Society of London

A RATIONALE FOR THE CONTROL OF NEMATODE ENDOPARASITISM IN BACTRIAN CAMELS (CAMELUS BACTRIANUS)

By B.E. Hastings and R.A. Kock

INTRODUCTION

The design of a rational endoparasite control program first requires some basic information on the biology of the parasites. This information is usually specific for a given host species under the local husbandry and climatic conditions. Information which must be obtained before devising such a control program include (COURTNEY and KOLLIAS, 1983):

1) Which parasite species are pathogenic?
2) When does parasitic disease occur and in which animals?
3) When are infective larvae present in highest numbers?
4) When are the parasite ova produced which result in these peaks?

EL BIHARI (1985) summarized the numerous reports of camel helminths and identified five common nematode genera and eleven uncommon nematode genera in camels (Table 1). Prevalence patterns may vary with different husbandry conditions or in different climates. For instance, Haemonchus longistipes and various Trichostrongylus sp. appear to be the clinically most important helminths in native regions (EL BIHARI, 1985). Trichuris sp., on the other hand, appear to be less common in desert camels but may be important on pasture (HIGGINS, 1983). HUBER and EHRLICH (1979) reported 3 cases of fatal Trichuris sp. infection in Bactrian camels in Zagreb.

Table 1: Common and uncommon gastrointestinal nematodes of the camel and their pathogenicity (EL BIHARI, 1985)

Common parasites Haemonchus longistipes[1], Trichostrongylus sp.[1], Trichuris sp.[1], Camelostrongylus sp.[2], Parabronema sp.[3]
Uncommon parasites Haemonchus contortus[4], Ostertagia sp.[4], Cooperia sp.[4], Marshallagia sp.[4], Nematodirus sp.[4], Impalaia sp.[4], Physocephalus sp.[4], Strongyloides sp.[2], Chabertia sp.[4], Oesophagostomum sp.[4], Bunostomun sp.[4]
1 High pathogenicity, 2 Low pathogenicity, 3 Not regarded as pathogenic, 4 Pathogenicity unknown.

Parasite numbers in the alimentary tract have been rarely reported though this information is essential for a definitive diagnosis of clinical parasitism (JORDEN and STAIR, 1984). 337 adult Camelostrongylus mentulatus were recovered from a dromedary camel (Camelus dromedarius) during post mortem examination but no pathogenicity was attributed to this infection (AVERBECK et al., 1981).

Literature on the seasonality of camel parasites is also scarce. EL BIHARI (1985) reported peak egg production of Haemonchus longistipes in Saudi Arabia from October to February, during the short winter rains. He suggested hypobiosis may occur with this worm during the dry season.

The cornerstone of effective parasite control methods in domestic animals is the prevention of high levels of infective larvae on pasture (HERD, 1985). If larvae are allowed to build up on pasture, heavy reinfection can occur within a few days of anthelmintic treatment. Treatment strategies to prevent exposure to high levels of larvae include feeding away from pasture, rotational grazing, and anthelmintic medication (GEORGI, 1985). The design of an anthelmintic program depends on the seasonality of the parasite. Year round parasite problems require continuous suppressive anthelmintic treatment, while seasonal parasites respond to strategic anthelmintic treatments (COURTNEY and KOLLIAS, 1983). Strategic treatment usually involves applying anthelmintics during the period when larvae are ingested that would mature into those adults responsible for the high larval counts (HERD, 1985).

Numerous anthelmintic trials in camels have been reported, though usually involving only a few animals, and usually only dromedaries (Table 2). The most effective anthelmintics were found to be ivermectin, oxfendazole, and fenbendazole. Resistance of Trichuris sp. to several anthelmintics has been reported in the camel (JEWELL, 1985; CHANDRASEKHARAN et al., 1972, 1973).

Table 2: Reported efficacy of anthelmintics in camels

Anthelmintic	Efficacy	Reference
Morantel[1]	high Trichostrongylus & moderate Trichuris	CHANDRASEKHARAN et al., 1973
Thiabendazole[2]	high variable, dose dependent low	CHANDRASEKHARAN et al., 1970 KAPUR and SHARMA, 1972 EL BIHARI, 1985
Parbendazole[3]	high Trichostrongylus	CHANDRASEKHARAN et al., 1971
Oxfendazole[4]	high	MICHAEL et al., 1980
Fenbendazole[5]	high	BANSAL et al., 1981
Phenothiazine[6]	moderate	STEWARD et al., 1950
Ivermectin[7,8]	high low	BOYCE et al., 1984 JEWELL, 1985
Tetramisole[9]	high Trichostrongylus & moderate Trichuris	CHANDRASEKHARAN et al., 1972
Mebendazole[10]	moderate Dictyocaulus	WUNDERSEE and TSCHERNER, 1976

1 Banminth II (Pfizer)
2 thiabendazole powder (merck and Co. Inc.)
3 Helmatac (Smith Kline)
4 Systamex (Wellcome Foundation Ltd.)
5 Panacur granules (Hoescht) and Fenbendazole suspension (Hoescht)
6 phenothiazine suspension (B.W. and Co., and L.C.(P) Ltd.)
7 Boyce Eqvalan (Merck and Co. Inc.) and Ivomec (Merck and Co. Inc.)
8 Jewell Ivomec (MSD AGVET)
9 Nilverm (I.C.I.)
10 Mebenvet-Granulat 10 % (Fabrik Gedeon Richter AG)

Other parasite control methods can prevent helminthic disease, indirectly through nutritional adjustment or by the reduction of stress. Preexisting malnutrition has been demonstrated by numerous descriptive and experimental studies in man and domestic animals to affect helminth load (BUNDY and GOLDEN, 1987). The effect may be synergistic, increasing parasite numbers, or antagonistic, decreasing parasite load (BEISEL, 1982). BUNDY and GOLDEN (1987) speculated that at mild to moderate levels of malnourishment, the host-parasite interaction was likely to be synergistic. Certain stressors decrease immunity to gastrointestinal parasites and the identification and reduction of these may decrease worm loads (WAKELIN, 1984; KOCK, 1986).

Studies were undertaken over a number of years to determine the extent of clinical endoparasitism in Bactrian camels at Whipsnade Zoo and to gather the necessary information to design a rational parasite control program.

MATERIAL AND METHODS

During the course of the study, the population of Bactrian camels of Whipsnade Zoo averaged twelve adults and four juveniles. These camels were housed under two different sets of conditions. Pregnant and postparturient females were kept with yaks (Bos grunniens) and Persian onagers (Asinus hemionus) on a 10 acre grass paddock and were fed supplemental hay and concentrates. The grass became too short to graze in the winter, though the camels were observed eating straw bedding. The second group consisted of males, nonpregnant females and females in late lactation and were able to graze all year in on longer grass in a approximately 8,5 acre paddock. Free-ranging Bennett's wallabies (Macropus rufogriseus) and Chineso water deer (Hydropotes inermis) also used the paddock. A parasite control program was implemented during the study. One to ten anthelmintic treatments (mean, five treatments) were administered each year and were based on faecal egg count data. Drugs used are listed in Table 3.

Table 3: Anthelmintics used in parasite control, Whipsnade Zoo, 1976 - 1987

Trade name	Preparation	Active ingredient	Manufacturer
Nilverm	granules	levamisole	Coopers Animal Health Ltd.
Nemicide	injectable	levamisole	Coopers Animal Health Ltd.
Thibenzole	pellets	thiabendazole BP	MSD AGVET
Helmatac	pellets	endazole	Smith Kline
Panacur	pellets	fenbendazole	Hoechst UK Ltd.
Ivomec	injectable	ivermectin	MSD AGVET
Bayverm	pellets	febantel	Bayer UK Ltd.

To determine the extent of severe endoparasitism in Bactrian camels at Whipsnade Zoo, the records of all Bactrian camels examined post mortem at the zoo from 1976 to 1987 were examined.

Faeces were collected for faecal egg counts at irregular monthly intervals during the period 1976 to 1983 and weekly during the period 1983 to 1987. Faeces were collected randomly from the paddocks so it was not usually possible to identify the individuals from which the faeces came. Faecal egg counts were performed using a modified McMaster technique (M.A.F.F., 1986) and ova were identified as Trichuris sp., Nematodirus sp., or other trichostrongylid species. A Baermann apparatus was used to detect Dictyocaulus larvae in faeces. During the period February 1984 to February 1987, some faecal samples were cultured to allow generic identification of trichostrongylid larvae (M.A.F.F., 1986).

During the period February 1984 to February 1987, herbage samples were collected at irregular monthly to two weekly intervals, using the W-shaped route technique of the M.A.F.F. (1986). Larvae were recovered from herbage samples and identified as Nematodirus sp., other artiodactyl trichostrongylid species, equine strongylid species, macropod strongylid species, or Dictyocaulus sp.

The influence of season on faecal and herbage larval counts and on the proportion of samples containing larvae or eggs was examined using two statistical tests. Monthly or seasonal means were compared using analysis of variance · ANOVA (SOKAL and ROHLF, 1969). The same data was converted to proportions as percentage of samples containing eggs or larvae and tested for independence using the G statistic (SOKAL and ROHLF, 1969).

RESULTS

Post mortem examination (1976 - 1987)

26 Bactrian camels were examined post mortem during the period of this study. Of these, parasitism was not considered a significant cause of death in fourteen of the fifteen neonates and juveniles examined. One juvenile, a seven month old male had a mixed infection of Camelostrongylus mentulatus (2800 worms/litre of abdomasal fluid), Nematodirus helvetianus (greater than 470 worms per litre of small intestinal contents), and Dictyocaulus sp. in the lungs. Seven of eleven adult camels died of or were destroyed for severe apparent endoparasitic infections. The most common infection was Trichuris cervicaprae sp., as a pure infection in three cases, and contributory to a mixed infection in two cases, along with C. mentulatus, N. helvetianus, and Cooperia onchophora. Adult nematodes recovered from one of the camels included C. mentulatus and N. helvetianus in the abomasum (19.300 worms per litre), C. oncophora and N. helvetianus in the small intestine (1.500 worms per litre), and Trichuris sp. in the caecum (167 per litre). A faecal egg count from this camel revealed 100 Trichuris sp. per gram, 1.700 trichostrongylids per gram, and 800 Nematodirus sp. per gram. Verminous pneumonia due to infection with Dictyocaulus sp. was responsible for the deaths of two adult camels. The cases were distributed throughout the year with perhaps a slight clumping of cases in the autumn (Figure 1).

Faecal egg counts and pasture larval counts

Faecal egg counts revealed frequent infection with Trichostrongylus, Trichuris, Ostertagia, and Dictyocaulus spp. Less commonly Nematodirus and Cooperia spp. were found. Rarely a few Balantidium sp. cysts, coccidia, or Moniezia sp. segments were seen.
The results of statistical tests examining the influence of time on herbage and faecal data are depicted in Table 4.

Table 4: The significance of month or season on herbage larval counts and faecal egg counts of some endoparasites of Bactrian camels at Whipsnade Zoo

Herbage larval counts	trichostrongylids	Dictyocaulus
ANOVA- monthly means	NS[1]	NS
ANOVA- seasonal[3] means	NS	NS
G test for independence- monthly proportions[4]	significant at $p < 0,05$ $G = 18.42$, $df = 10$	NS

Faecal egg counts	trichostrongylids	Trichuris	Dictyocaulus
ANOVA- seasonal[3] means	NS	DNA[2]	DNA
ANOVA- monthly means	NS	DNA	DNA
G test- seasonal proportions[3,4]	NS	DNA	DNA
G test- monthly proportions[4]	NS	significant at p 0,005 $G = 29.8$ $df = 11$	NS

1 NS = Not significant
2 DNA = Data not available
3 Data divided into four seasons beginning January
4 Data as proportions = percentage of samples containing larvae of eggs

Percentage of herbage and faecal samples containing Dictyocaulus sp. were uniformly low throughout the year and there was no significant temporal cyclicity (Figure 2). A trend is evident, however, towards fewer samples containing the parasite in winter.

The quantity of trichostrongylid larvae sampled on pasture showed a decrease in late spring and early summer (Figure 3) though this was statistically significant only when the data was analyzed as the proportion of positive samples, rather than as mean number of larvae per dry kilogram of herbage. Faecal trichostrongylid ova, however, did not display this statistically significant variation, though levels similarly declined in late spring and peaked in September.

The proportion of faecal samples containing Trichuris sp. showed a highly significant decrease in spring and a peak in September (Figure 4). Trichuris sp. were not specifically identified in herbage samples.

DISCUSSION

The records of post mortem examination indicate that endoparasitism is indeed an important cause of death and severe debility in Bactrian camels at Whipsnade Zoo, causing 64 % of adult deaths. Although endoparasitism rarely caused death in camels under one year of age, clinical records show cases of parasitic diarrhoea occur not infrequently. The helminth control program to date was therefore not optimal, and all age groups must be treated.

Trichuris and Dictyocaulus spp. caused mortality in monospecific infections while the other common species, Camelostrongylus, Cooperia, and Nematodirus spp., appeared to be a problem only in mixed infections. The importance of Ostertagia and Trichostrongylus spp. is difficult to assess since they were frequently found in faeces but not on post mortem examination. These species might still be important in nonfatal cases and in mixed infections. Worm control programs should therefore control all these species, with particular emphasis on Trichuris and Dictyocaulus spp. This pattern of parasitism differs from that in desert areas where Haemonchus and Trichostrongylus spp. predominate (EL BIHARI, 1985) and probably is due to the continual availability of lush wet pasture at the zoo.

The post mortem data did not indicate a clearly defined time period during which parasitic disease was more prevalent. Cases of clinical parasitism tend to occur in well defined seasons in domestic ruminants (COURTNEY and KOLLIAS, 1983) but there appears to be no evidence of this seasonality in Bactrian camels at Whipsnade Zoo, although the numbers of cases were too small to demonstrate this statistically. An effective parasite control program thus should prevent the buildup of clinical infection throughout the year.

There was no evidence of seasonal variation in Dictyocaulus sp. levels on pasture or in the faeces (Figure 2). Lungworm infection and pasture contamination may therefore need to be controlled all year. It is notable that no cases of lungworm infection were recorded since 1979. Whether this is due to climatic factors or modern anthelmintics is uncertain.

Trichuris sp. however showed a marked seasonality, with a rise in faecal shedding of ova in September and a decline in early spring, though clinical cases occurred throughout the year. Anthelmintic treatment beginning in August, and continuing through the autumn, should decrease pasture larvae levels and might prevent severe accumulative infection in camels. The apparent aseasonality of clinical disease however suggests either that sufficient larvae are available all year to result in disease, or that hypobiotic larvae are maturing. Sufficient larvae would be available outside the seasonal peak of egg production if larval survival on pasture is extended or if trough pasture larval levels are still sufficient to allow clinical infection. The lack of an obvious seasonal pattern of clinical disease suggests that anthelmintic control may need to continue all year.

Trichostrongylid levels on pasture varied seasonally with a weakly significant peak in late summer and autumn. Faecal egg counts showed a similar but not statistically significant trend. This is similar to the epidemiology of trichostrongylid infection in domestic ruminants, thus strategic worming schedules for cattle and sheep may be of value here. Anthelmintic treatment in late Summer should kill adult worms before the rise in faecal egg output and perhaps decrease the observed peak in pasture levels.

Several major sources of error are present in any study of parasites in herbage and faeces. Larvae in herbage show a highly clumped distribution, making sampling error during herbage collection especially significant (GRENFELL et al., 1986). This may have been the cause of the high standard error observed in the herbage data in this study. Larger number of samples may have narrowed this error, and revealed a more significant pattern. Similarly, faecal egg counts tend to vary extensively between individuals and can change in any individual from day to day, thus to obtain an accurate picture of herd parasite output, large numbers of samples are necessary. 486 faecal egg counts were performed in this study, seemingly large enough to overcome this sampling error.

In summary, within the constraints of these sources of error, there is evidence in the three parasite groups examined (trichostrongylids, Trichuris sp., and Dictyocaulus sp.), that the potential for infection exists throughout the year. A parasite control program should therefore prevent worm accumulations at any time of year. Faecal shedding of Trichuris sp. and trichostrongylid eggs was increased in the late summer and autumn. Strategic anthelmintic treatment during this time would reduce pasture contaminantion by these parasites. Certain parasites such as Ostertagia ostertagi and Cooperia oncophora can survive up to two years on pasture (GRENFELL et al., 1986) so the prevention of faecal shedding during summer and autumn may reduce faecal contamination throughout the year, and possibly reduce parasitic disease all year.

As a result of these findings, we propose the following parasite control program for Bactrian camels at Whipsnade Zoo. Monthly strategic anthelmintic treatmant will begin in early August and continue until the end of the peak of faecal shedding. Faecal egg counts will determine the duration of monthly treatments, and treatments will continue until faeces contain fewer than 250 trichostrongylid eggs per gram and until fewer than 45 percent of faecal samples contain Trichuris ova. In the absence of faecal eggs counts, strategic worming could safely continue until December. In addition, suppressive dosing of anthelmintics will be administered at least once or twice through the remainder of the year to prevent the problem of chronic endoparasitism seen at other times of the year.

Faecal egg counts will continue on a random basis throughout the year since they are useful in the diagnosis of parasitic disease in individual animals. High counts are associated with a significant worm burden, however low counts may be found in animals with significant, or even lethal, parasitic infection (M.A.F.F., 1986).

Other methods of parasite control must also be considered, It is not known whether a periparturient rise in egg counts occurs in camels, though this is likely. Anthelmintic treatment before parturition and continuing through early lactation should prevent the periparturient rise.
Supplementary feed will be fed above ground. Rotational grazing should decrease pasture larval counts, though this is not possible at Whipsnade Zoo due to the lack of surplus grazing land available. Maintenance of an adequate diet will prevent malnutrition related immunosuppression and the reduction of stress such as overcrowding similarly will reduce stress-related declines in immune status.

Ivermectin, oxfendazole, and fenbendazole have been proven to be effective anthelmintics in camels (Table 2), although any of the newer benzimidazoles and levamisole are likely to be effective as well. Local patterns of parasitism and parasite resistance are important factors in anthelmintic choice. Anthelmintic resistent worms have evolved in recent years in domestic ruminants (HERD, 1986) and have been resported in Haemonchus contortus in roan antelope (ISAZA et al., 1987). Although this problem had not been reported with camel helminths, it should be kept in mind. Trichuris sp. were found to be resistent to numerous anthelmintics (Table 2), therefore particular attention must be made to the efficacy of medications against this parasite. Local climatic conditions may favour hypobiosis, necessitating the use of anthelmintics affective against arrested larvae.

Anthelmintics may be applied in discrete treatments, or continuously through medication of water or feed (JORGENSEN et al., 1987) or with sustained release devices (REINEMEYER and LINNABARY, 1987). The latter are currently under evaluation in camels at Whipsnade Zoo.

Acknowledgements

We would like to gratefully thank Richard Cinderey and all of the keeper staff for their help with animal related matters, Barry Lancaster and Stuart Anderson for performing the parasitological tests, Dr. James Kirkwood for his suggestions on this manuscript, and Stefan Stadler for the German translation.

Summary

A rationale for the control of nematode endoparasitism in Bactrian camels (Camelus Bactrianus)

Post mortem records of Bactrian camels at Whipsnade Zoo indicate that nematode parasitism is a significant cause of death and severe debility in adult camels. Primary helminths involved include Trichuris sp., Dictyocaulus sp., Camelostrongylus mentulatus, Nematodirus helvetianus, and Cooperia onchophora. No seasonal variation could be demonstrated from the post mortem data. Faecal and herbage samples were examined to determine seasonal patterns of parasite abundance. No significant seasonal variation was found in Dictyocaulus sp. levels on pasture or in faeces. However, Trichuris sp. showed a marked increase in faecal shedding of ova during September through March and trichostrongylid larvae on pasture were found to be more numerous in late summer and autumn. A parasite control program for Bactrian camels at Whipsnade Zoo is proposed. Monthly strategic anthelmintic treatments during late summer and autumn should decrease Trichuris sp. and trichostrongylid levels on pasture. Periodic anthelmintic treatments during the rest of the year should prevent the observed clinical cases of parasitic disease. Other methods of parasite control are suggested.

Zusammenfassung

Eine wissenschaftliche Grundlage zur Kontrolle von Nematoden-Endoparasitismus beim Trampeltier (Camelus bactrianus)

Im Whipsnade Park durchgeführte Autopsien an Trampeltieren zeigten, daß ein Nematodenbefall häufig zu einer schweren Schwächung oder zum Tod führte. Häufigste Helminthen waren: Trichuris sp., Dictyocaulus sp., Camelostrongylus mentulatus, Nematodirus helvetianus und Cooperia onchophora. Jahreszeitliche Unterschiede traten nicht auf. Kot- und Pflanzenproben wurden auf saisonale Muster der Parasitenhäufigkeiten untersucht. Dabei zeigte Dictyocaulus sp. weder am Boden noch im Kot signifikante Unterschiede; Trichuris sp. dagegen ließ einen deutlichen Anstieg der Eizahlen im Kot von September bis März erkennen; Trichostrongyliden-Larven waren häufiger im Spätsommer und Herbst am Boden zu finden. Ein Programm zur Kontrolle von Parasiten der Trampeltiere im Whipsnade Park wird vorgeschlagen. Im Spätsommer und Herbst sind monatliche Wurmbehandlungen geeignet, Trichuris sp. und Trichostrongyliden am Boden niedrig zu halten. Während des übrigen Jahres sollten regelmäßige Wurmbehandlungen die beobachteten klinischen Fälle verhindern können. Weitere Methoden zur Parasiten-Kontrolle werden vorgeschlagen.

Résumé

Une base scientifique du contrôle de l'endoparasitisme aux nématodes chez le dromadaire

Les autopsies du dromadaire au Whipsnade Park ont montré qu'une infestation aux nématodes suscite très souvent un affaiblissement marqué ou la mort. Les helminthes les plus fréquentes ont été: Trichuris sp., Dictoycaulus sp., Camélostrongylus mentulatus, Nematodirus helvetianus et Cooperia onchophora. Il n'y avaient pas de déviations saisonnales. Les prélèvements des excréments et plantes ont été examinés aux modèles saisonaux des fréquences de parasites. Dans le cas de Dictoycaulus sp. les différences qui se sont produites au sol ou dans les excréments ne furent pas significatives. Trichurus sp. a donné lieu à une augmentation sensible du septembre jusqu'au mars du nombre des oeufs dans les excréments. Les larves des trichostrongylides ont été plus fréquentes au sol à la fin d'été et en automne. Un programme est proposé qui permet le contrôle des parasites des dromadaires du Whipsnade Park. Fin de l'été et en automne des traitements des vers sont appropriés afin de maintenir à un niveau faible au sol les Trichuris sp. et Trichostrongylides. Pendant les autres mois des traitements réguliers des vers devraient éviter l'apparition des cas climiques observés. Autres méthodes du contrôle des parasites sont proposées.

Резюме

Научные основы контроля нематодного эндопаразитизма у верблюдов(Camelus bactrianus)

Проводимые в Випснаде парке обдукционные исследования верблюдов показали, что заражение животных нематодами часто приводит их к смерти. Больше всего встречаются следующие виды: Trichuris sp., Dictyocaulus sp., Camelostrongylus mentulatus, Nematodirus helvetanus Cooperia onchophora. Зависимости от времен года не наблюдалось.В различные сезонные времена года исследовался кал и остатки раситеной пищи не наличие паразитов. При этом не в земле ,не в кале не обнаружено зигнификантных различий по отношению Dictyocaulus sp. Trichuris sp. напротив,показывает явное повышение количества яиц в кале с сентября по март; Trichostrongyliden чаще всего встречались в земле поздним летом и осенью. Предложена программа контроля паразитов у верблюдов в Випснаде парке. Поздним летом и осенью рекомендуется выведение паразитов и уничтожение в земле Trichuris sp. TrichostrongylidenВ другие времена года должно проводится постоянное лечение против глистных заражений. Предложены дальнейшие мероприятия по борьбе с гельминтами.

References

AVERBECK, G.A., SCHOLTTHAUER, J.C., and J.G. HINUEBER (1981): Camelostrongylus mentulatus infection in a camel (Camelus dromedarius): A case report. J. Zoo Anim. Med. 12, 24-26.

BANSAL, S.R., GAUTAM, O.P., and S.L. GUPTA (1981): Efficacy on fenbendazole against clinical cases of pica in camels. Indian Vet. Med. J., 5, 80 - 82.

BEISEL, W.R. (1982): Synergism and antagonism of parasitic diseases and malnutrition. In Reviews of infectious diseases. Vol. 4, 746 - 750.

BOYCE, W., KOLLIAS, G., COURTNEY, C.H., ALLEN, J., and E. CHALMERS (1984): Efficacy of ivermectin against gastrointestinal nematodes in dromedary camels. J. Am. Vet. Med. Ass. 185, 1307 - 1308.

BUNDY, D.A.P., and M.H.N. GOLDEN (1987): The impact of host nutrition on gastrointestinal helminth populations. Parasitology 95, 623 - 635.

CHANDRASEKHARAN, K., NAIR, K.P.D., SUNDARAM, R.K., and C.T. PETER (1970): On the use of thiabendazole against Trichostrongylus and Trichuris infections in camel (Camelus dromedarius). Kerala J. Vet. Sci. 1, 129 - 132.

CHANDRASEKHARAN, K., NAIR, K.P.D., SUNDARAM, R.K., and C.T. PETER (1971): Anthelmintic activity of parbendazole (helmatac premix) in camel (Camelus dromedarius) and nilgiri tahr (Hemitragus hylocrius). Kerala J. Vet. Sci. 2, 135 - 138.

CHANDRASEKHARAN, K., NAIR, K.P.D., SUNDARAM, R.K., and C.T. PETER (1972): A note on a clinical trial with tetramisole (Nilverm) in camel (Camelus dromedarius) and nilgiri tahr (Hemitragus hylocrius) infected with gastrointestinal helminths. Kerala J. Vet. Sci. 3, 120 - 126.

CHANDRASEKHARAN, K., NAIR, K.P.D., SUNDARAM, R.K., and C.T. PETER (1973): Use of morantel tartrate (Banminth II) as an anthelmintic in zoo animals. Kerala J. Vet. Sci. 4, 193-195.

COURTINEY, C.H., and G.V. KOLLIAS (1983): Management concepts for endoparasitism in exotic ungulates. Proc. Am. Ass. Zoo Vets.

EL BIHARI, S. (1985): Helminths of the camel; A review. Vr. vet. J. 141, 315 - 326.

GEORGI, J.A. (1985): Parasitology for veterinarians. Philadelphia, London, Toronto; W.B. Saunders Company.

GRENFELL, B.T., SMITH, G., and R.M. ANDERSON (1986): Maximum likelihood estimates of the mortality and migration rates of the infective larvae of Ostertagia ostertagi and Cooperia oncophora. Parasitology 92, 643 - 652.

HERD, R. (1986?): Strategies for nematode control in sheep. Mod. Vet. Pract. 67, 817 - 820.

HERD, R. (1985): Strategies for nematode control in cattle. Mod. Vet. Pract. 66, 741 - 744.

HIGGINS, A.J. (1983): Observations on the diseases of the Arabian camel (Camelus dromedarius) and their control: A review. Vet. Bull. 52, 135.

HUBER, D., and I. EHRLICH (1979): Ecological approach to parasitic invasion of zoo animals. Verh.ber. Erkrg. Zootiere 21, 345 - 349.

ISAZA, R., COURTNEY, C.H., and F.C. NEAL (1987): Benzimidazole-resistant Haemonchus contortus in roan antelope (Hippotragus equinus). J. Zoo Anim. Med. 18, 96 - 97.

JEWELL, Z.C. (1985): The efficacy of ivermectin against gastrointestinal nematodes in bactrian camels (Camelus bactrianus) at Whipsnade Park Zoo, and an investigation of some factors influencing the epidemiology of such infections. Master's Thesis, University of London.

JORDEN, H.E., and E.L. STAIR (1984): The importance of endoparasite counts at necropsy. Mod. Vet. Pract. 65, 763 - 766.

JORGENSEN, R.J., HANSEN, P., MIDTGAARD, N., and J. MONRAD (1987): Preventive anthelmintic treatment of grazing young cattle via supplementary feed and drinking water. Vet. Rec. 121, 468 - 471.

KAPUR, I.S., and R.K. SHARMA (1972): A study on effectiveness of thiabendazole in treatment of pica in camels. Haryana Veterinarian 9, 11 - 15.

KOCK, R.A. (1986): Enteric nematod infestation in Thomson's gazelles (Gazella thomsoni) in Whipsnade Zoo. The Zoological Society of London. J. Zoo Anim. Med. 17, 61 - 64.

M.A.F.F. (1986): Manual of veterinary parasitological laboratory techniques. London; Ministry of Agriculture, Fisheries and Food.

MICHAEL, S.A., EL REFAH, A.H., and A.J. HIGGINS (1980): Evaluation of oxfendazole against natural infections of gastrointestinal nematodes and cestodes in Egyptian camels. Br. Vet. J. 136, 84 - 87.

REINEMEYER, C.R., and R.D. LINNABARY (1987): Parasite control in Tennessee stocker cattle; Efficacy of single spring treatments with ivermectin and the morantel sustained-release cartridge. Mod. Vet. Pract. 68, 231 - 235.

SOKAL, R.R., and F.J. ROHLF (1969): Biometry. San Francisco; W.H. Freeman and Company.

STEWARD, J.S. (1950): Trichostrongylosis and Haemonchosis in the camel; Their recognition and response to phenothiazine. Vet. Rec. 62, 837 - 839.

WAKELIN, D. (1984): Immunity to parasites. London; Edward Arnold Ltd.

WUNDERSEE, von W.J., und W. TSCHERNER (1976): Zur Behandlung des Dictyocaulus filaria-befalles bei Trampeltieren mit Mebenvet-Granulat 10 °/o. Verh.ber. Erkrg. Zootiere 18, 225 - 229.

Address of outhors: B. H a s t i n g s , D.V.M. and
R.A. K o c k , D.V.M.
Whipsnade Park
Dunstable Beds LU62LF (U.K.)

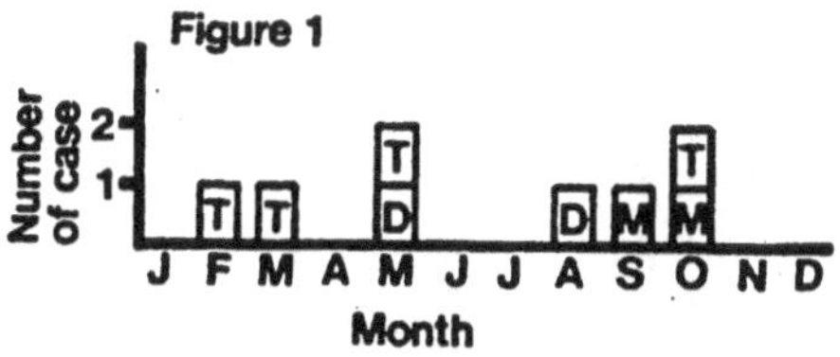

Fig. 1: Monthly distribution of post mortem endoparasitism cases. Predominant parasite species:

T = Trichuris sp.
D = Dictyocaulus sp.
M = mixed parasite species

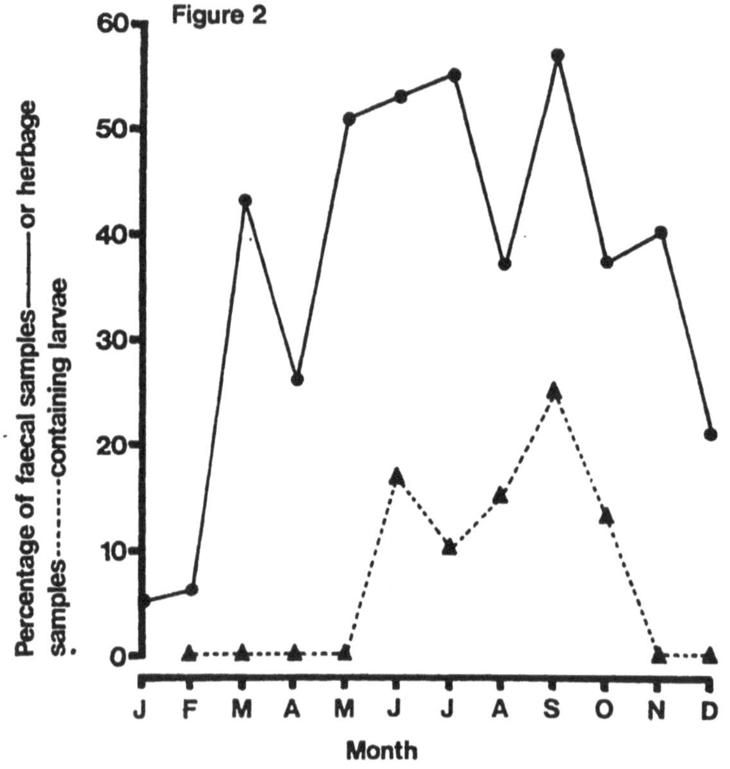

Fig. 2: Percentage of herbage and faecal samples containing Dictyocaulus larvae

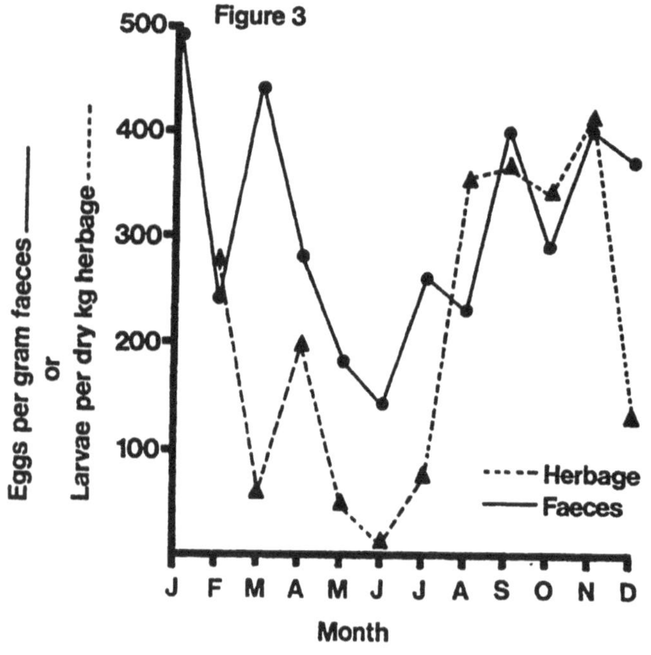

Fig. 3: Mean trichostrongylid faecal egg counts and herbage larval counts

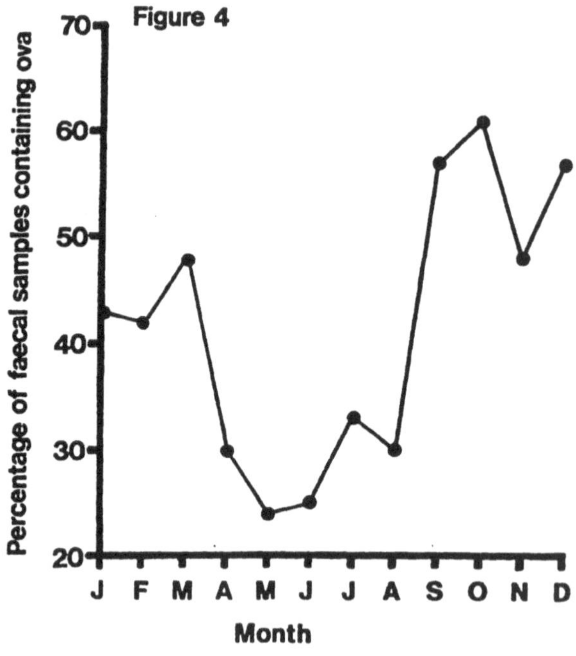

Fig. 4: Percentage of faecal samples containing Trichuris ova

Aus dem Zoologischen Garten Gottwaldov-Lešná (Direktor: Dipl.-Ing. J. ROŠTÍNSKÁ)

HELMINTHOFAUNA DES TRAMPELTIERES (CAMELUS F. BACTRIANUS) IM ÖKOSYSTEM DER ZOOLOGISCHEN GÄRTEN

Von J. Frolka

In Zoologischen Gärten leiden Kamele beträchtlich unter Wurmbefall, was auf ökologische Bedingungen sowie Sensibilität der Tiere zurückzuführen ist. Nach Untersuchungsergebnissen der diagnostischen Institute sind bis 87 % der Tiere aus der Familie Camelidae von Endoparasiten befallen (KOLÁŘ, 1979). STEGER (1973) gibt eine Befallsextensität von 74,4 % an. Im Zoo Lodž fand ZUCHOWSKA (1967) bei Dromedaren und Trampeltieren ebenfalls einen erheblichen Befall mit Würmern und wies ähnlich wie HUBER und EHRLICH (1979) auf Todesfälle in Folge von Magendarmnematodenbefall hin. Schwerwiegende ökonomische Verluste verursacht der Parasitenbefall bei Kamelen im Gebiet der Sahara. PAČENOVSKÝ et al. (1987) untersuchten die Verdauungsorgane von 65 geschlachteten Kamelen sowie 58 Kotproben aus dem gleichen Gebiet in Algerien und konnten 14 Wurmarten der Klassen Cestoda und Nematoda bestimmen. Die Ausbreitung der Arten Haemonchus longistipes, Cooperia oncophora und Strongyloides papillosus erreichte 100 %, die der Peitschenwürmer Trichuris ovis und T. globulosa 64,4 %. Aus allen diesen Angaben ist ersichtlich, daß Fragen des Wurmbefalles bei Kameliden weiterhin aktuell bleiben.

Material und Methoden

Der helminthologische Status von 10 Trampeltieren (Camelus f. bactrianus) im Ökosystem des Zoologischen Gartens Gottwaldov-Lešná wurde von 1978 bis 1987 verfolgt. Die Herde bestand aus zwei erwachsenen Hengsten und zwei geschlechtsreifen Kamelstuten, fünf jungen weiblichen Tieren unter zwei Jahre und einem männlichen Jungtier unter einem Jahr. Kotproben wurden viermal im Jahr, ab 1987 jeden Monat untersucht. Bei positiven Befunden wurden Wurmmittel mit breitem Wirkungsspektrum eingesetzt. Insgesamt wurden folgende Präparate geprüft:

1) Mebenvet gran. 10 % (Gedeon Richter Budapest)

5 mg Wirkstoff/kg KM	7 Tage
10 mg Wirkstoff/kg KM	2-5 Tage
15 mg Wirkstoff/kg KM	2-3 Tage
20 mg Wirkstoff/kg KM	2-3 Tage

2) Ivomec (ivermectine, MSD)
   1 ml/50 kg KM — s.c. einmal

3) Nilverm inj. (ICI - Bioveta Ivanovice n.H.)
   35 - 40 ml. — s.c. pro Tier

4) Helmisan oral. susp. (Galena)
   nach Anweisung des Herstellers zur Behandlung des Rindes

5) Medizinales Lecksalz mit 1 % Fenbendazol (Entwicklungspräparat Bioveta Nitra)
   5 mg Wirkstoff/kg KM — 7 Tage.

Zum zweitenmal wurde jedes Anthelminthikum einmalig 21 Tage später verabreicht. Die Wirksamkeit der Behandlung wurde ovoskopisch kontrolliert, und zwar vor der Verabfolgung und dann wiederholt im Laufe des ganzen Jahres. Die Befallstärke wurde je nach Ergebnis der Kotuntersuchung wie folgt ausgedrückt: + schwacher Befall, ++ mittlerer Befall, +++ starker Befall.

Ergebnisse

Im Laufe der Untersuchungen wurden bei den Trampeltieren neun Nematodengattungen und eine Einzellergattung ermittelt. Die Intensität und Extensität des Befalles ist aus der Tabelle 1 ersichtlich.

Tabelle 1

Wirtstier	Parasitengattung	Extensität (%)	Intensität
Trampeltier (Camelus f. bactrianus)	Trichuris	100	+ bis +++
	Ostertagia	100	+ bis +++
	Nematodirus	90	+ bis ++
	Chabertia	80	+ bis +++
	Trichostrongylus	60	+ bis ++
	Oesophagostomum	40	+
	Cooperia	30	+
	Capillaria	10	+
	Bunostomum	10	+
	Eimeria	50	+

Die größte Befallstärke und -breite war im Herbst zu verzeichnen. Reinvasionen waren im Winter in kürzeren Abständen als im Frühjahr und Sommer zu beobachten. Unter den geteste-ten Wurmmitteln bewährte sich am besten Mebenvet-gran. 10 % in der Dosierung von 10 mg Mebendazol/kg KM über drei Tage mit der Nachbehandlung durch eine einzige Dosis 21 Tage später.

Ivomec (MSD) 50 ml/kg KM subkutan war bei der Ostertagiose gut wirksam; wiederholt jedoch mußten wir feststellen, daß seine Wirksamkeit gegen Peitschenwürmer unbefriedigend war. Obwohl das Präparat ausschließlich für das Rind bestimmt ist, gab es bei Kamelen keine Nebenwirkungen.

Bei Trichocephalose erreichten wir einen 100 %igen Erfolg mit medizinalem Lecksalz, das 1 % Fenbendazol enthält. Es wurden sieben Tage täglich 5 mg des Wirkstoffes je kg KM verabreicht.

Dank der regelmäßigen helminthologischen Untersuchungen und wirksamer Entwurmung gelang es, die Extensität wie Intensität des Befalles auf ein annehmbares Maß zu senken. In den letzten beiden Jahren war es lediglich die Trichocephalose und in geringerem Maße die Ostertagiose, die epizootiologische und klinische Bedeutung hatten.

Klinisch äußerten sich mittlere und starke Nematodeninvasionen durch anhaltenden Durchfall, Appetitlosigkeit und abnehmendes Körpergewicht. Neugeborene Tiere waren kaum lebensfähig, ihre Mortalität war groß.

Innerhalb von 10 Jahren verendeten vier Kamele. Ein 8 Monate altes, weibliches Tier starb an massivem Wurmbefall. Aus seinen Verdauungsorganen und Kot konnten folgende Nematoden bestimmt werden: Trichuris ovis (+++), Chabertia ovina (+++), Trichostrongylus spp. (++), Ostertagia spp. (++), Nematodirus spp. (++), Capillaria spp. (++).

Ein Zuchthengst und zwei junge Kamelstuten verendeten an einer Intoxikation durch Clostridium perfringens. Alle drei Tiere starben innerhalb von 3 Wochen unter Symptomen einer perakuten Enterotoxämie. Als Nebenbefund wurde bei einem Kamelhengst ein mittlerer Befall durch Trichuris ovis und schwache Trichostrongylose festgestellt, bei einer zweijährigen Kamelstute lag schwache Trichocephalose vor.

Diskussion

Ähnlich wie andere Verfasser (ZUCHOWSKA, 1967; STEGER, 1973; PAČENOVSKÝ et al., 1987) fanden wir, daß die bei Kamelen am häufigsten vorkommenden Nematoden den Familien Trichostrongylidae, Trichuridae und Strongylidae (Chabertia) angehören. Übereinstimmend mit diesen Autoren überzeugten wir uns, daß als gefährlichste unter ihnen die Art Trichuris ovis anzusehen ist, da beim Kamel eine massive Invasion letal enden kann (ZUCHOWSKA, 1967; HUBER und EHRLICH, 1979). Die Pathogenität dieser Art dürfte damit zusammenhängen, daß dieser Geohelminth länger als 16 Monate lebt, einer Präpatenzperiode von 36 bis 104 Tagen bedarf, und seine Eier bei entsprechender Feuchtigkeit mehrere Jahre invasionstüchtig bleiben (HIEPE, 1985). Kotuntersuchungen auch bei weiteren Tierarten im Zoo Lešná belegen, daß die Trichocephalose in diesem Ökosystem den Charakter einer fokalen Seuche bekam.

Wie an anderer Stelle berichtet wurde (FROLKA und ZAVADIL, 1985), beherbergten die Trampeltiere und das benachbarte Schalenwild die gleiche Helminthofauna. Beim Schalenwild gab es zusätzlich Müllerius capillaris als häufigste Wurmart überhaupt, ferner Protostrongylus spp., Haemochus spp. und den Leberegel Faciola hepatica. Man kommt somit immer deutlicher zur Überzeugung, daß die ökologischen Faktoren in zoologischen Gärten den Entwicklungszyklus der Parasiten, die Dynamik des Befalles und die Pathogenität einzelner Wurmarten beeinflussen können.

Das breite Wirkungsspektrum der Mebendazol- und Fenbendazolpräparate wurde einmal mehr bestätigt. Bei der Dictyocaulose der Kamele und bei Magen-Darmnematoden des Rehwildes konnten WUNDERSEE und TSCHERNER (1976) und CHROUST (1982) die hohe Wirksamkeit von Mebenvet-Granulat 10 % nachweisen. Sie arbeiteten mit 10 mg Wirkstoff/kg KM in fünftägigen Zyklen. Im Zoo Lešná verabfolgten wir (FROLKA und ZAVADIL, 1985) dem Schalenwild 15 mg/kg KM drei Tage lang.

Bei Haustieren ist die hohe anthelminthische, insektizide und akarizide Wirksamkeit von Ivermektin-Präparaten in der Literatur reichlich belegt. Die ersten Versuche mit Ivomec[R] und Equalan[R] bei Exoten wurden von FROLKA und ROŠTÍNSKÁ (1984) beschrieben. Bereits damals verzeichneten wir die schwache Wirkung von Ivomec[R] gegen Trichurisarten beim Kamel. Bei seiner bewährten Wirksamkeit gegen Ostertagia und zweifellos auch andere Nematodenarten ist jedoch zu erwarten, daß es in Kombination mit Mebenvet-Granulat 10 % beim Wurmbefall von Kamelen weitgehend zur Geltung kommt.

Unsere Beobachtungen bestätigten abermals, daß die wechselseitigen Beziehungen zwischen Parasiten und Wirtstieren in tolerablen Grenzen gehalten werden können, vorausgesetzt, die Helmithenfauna der einzelnen Wirtstierarten wird laufend überwacht.

Zusammenfassung

Helminthofauna des Trampeltieres (Camelus f. bactrianus) im Ökosystem der Zoologischen Gärten

In den Jahren 1978 bis 1987 wurde der helminthologische Status von 10 Trampeltieren (Camelus f. bactrianus) überwacht und die anthelminthische Wirksamkeit von fünf Präparaten geprüft. Es wurden neun Nematoden- und eine Protozoen-Gattung bestimmt. Kamele und Schalenwild im Zoologischen Garten Gottwaldov-Lešná beherbergten die gleiche Helminthofauna. Der häufigste und schädlichste Nematode war Trichuris spp. Am wirksamsten war unter den geprüften Wurmmitteln Mebenvet-Granulat 10 % in Dosen von 10 mg Mebendazole/kg KM an drei aufeinander folgenden Tagen, mit Wiederholung einer einzigen Dosis 21 Tage später.

Summary

Helminthofauna of Bactrian Camel (Camelus f. bactrianus) in the Ecosystem of Zoological

Ten Bactrian camels (Camelus f. bactrianus) were monitored for their helminthological conditions, between 1978 and 1987, and five preparations were tested during that period of time for their anthelminthic action. Nine nematode and one protozoan genera were identified. Camels and cloven-hoof deer were found to be affected by one and the same helminthofauna in the Zoological Garden of Gottwaldov-Lešná. Trichuris spp. was found to be the most frequent and detrimental nematode. Ten-per-cent Mebenvet granulate proved to be the most effective of all tested anthelmintic agents. Doses of 10 mg of Mebendazole kg/body weight were applied on three consecutive days, with repetition of one single dose after 21 days.

Résumé

De 1978 à 1987, nous avons surveillé le statut parasitologique chez 10 chameaux (Camelus f. bactrianus) et déterminé 9 genres des nématodes et un genre protozoaire. En même temps on a testé 5 préparations anthelmintiques différentes. Au jardin zoologique de Gottwaldov-Lešná, la faune helmintique des chameaux et du gibier dans l'enclos voisin était identique. Trichuris spp. était le ver le plus fréquent et dangereux. Parmi les anthelmitiques étudiés, Mebenvet gran 10 %, 3 jours à 10 mg Mebendazole / kg poids vif et une dose single aprés 21 jours s'avéraient le plus efficace.

Резюме

Гельминтная фауна у двугорбых верблюдов (Camelus f. bactrianus) в экосистеме зоопарка

С I973 поI987исследовался гельминтный статус у I0 двугорбых верблюдов и изучался лечебный эффект 5 целебных препаратов. У верблюдов обнаружено 9 семейств нематод и I семейство протоцоа. Установлено, что гельминтная фауна двугорбых верблюдов в зоопарке Готвальдов-Лешна сходна с гельминтной фауной оленей, муфлонов и ланей, разводимых в том же зоопарке. Часто встречающемся и наиболее патогенным является гельминт
Самым действенным среди исследуемых препаратов являлся I0% , применяемый в дозе I0 мг. мебендазола на кг. ж.в. в течение 3 дней. Повторение терапии рекомендуется через 2I день введением единичной дозы.

Literaturverzeichnis

FROLKA, J., und J. ROŠTÍNSKÁ (1984): Über die Wirksamkeit von Invermectin MSD/Ivomec[R], Equvalan[R]/ gegen Sarcoptesräude und Nematodenbefall bei Zootieren. Verh.ber. Erkrg. Zootiere 26, 455 - 462.

FROLKA, J., und R. ZAVADIL (1985): Parasitenbefall bei Hirschen und Mufflons im Zoologischen Garten Gottwaldov-Lešná. Verh.ber. Erkrg. Zootiere 27, 149 - 154.

HIEPE, T. (1985): Lehrbuch der Parasitologie. Jena: VEB Gustav Fischer.

HUBER, D., and I. EHRLICH (1979): Ecological approach to parasitic invasion of zoo animals. Verh.ber. Erkrg. Zootiere 21, 345 - 349.

CHROUST, K. (1982): Výsledky sledování účinnosti některých širokospektrých anthelmintik u sparkaté zvěře. Folia venatoria Myslivecký sborník 12, 209 - 215.

PAČENOVSKÝ, J., BREZA, M., MICHNA, A., und E. MICHNOVÁ (1987): Helmintofauna tráviaceho traktu dromedárov na severovýchodě alžírskej Sahary. Veterinářství 37, 415 - 417.

STEGER, G. (1973): Untersuchungsergebnisse an 1500 Objekten aus der Gruppe wildlebender Wiederkäuer. Verh.ber. Erkrg. Zootiere 15, 25 - 34.

WUNDERSEE, W.-J., und W. TSCHERNER (1976): Zur Behandlung des Dictyocaulus filaria-Befalles bei Trampeltieren mit Mebenvet-Granulat 10 %. Verh.ber. Erkrg. Zootiere 18, 225 - 228.

ZUCHOWSKA, E. (1967): Über Trichocephalusinvasionen bei Kamelen. Verh.ber. Erkrg. Zootiere 9, 95 - 96.

Anschrift des Verfassers: MV Dr. J. Frolka, CSc.
Zoologischer Garten Lešná
CS - 763 14 Gottwaldov (ČSSR)

From Veterinary District of Ojdula and Research Station to Forest Arrange of Poiana Tapului, Romania

ASPECTS CONCERNING THE INTERRELATIONS BETWEEN PARASITOFAUNA OF CHAMOIS (RUPICAPRA RUPICAPRA CARPATICA, COUTURIER, 1938) AND SHEEP (OVIS ARIES L.) FROM THE SAME TROPHIC AREAS

By S. B. S i k ó and S. N e g u ş

Although relatively isolated from other animal stock, in the solitude and silence of the mountains, chamois are not free from diseases, especially parasitisation. SZTOJKOV's statement (1981) is entirely true. There is no game without parasites. In the case of chamois, parasitoses are maintained especially by sheep herds which use the same trophic areas during summer time, infesting pastures in alpine zones and implicitly the chamois (CHIRIAC and JACOB, 1967; KNAUS and SCHRÖDER, 1983; NESTEROV, 1960; PRAGER, 1955).
Data from specialised literature revealed the same parasitic interrelations among different domestic animals and (or) wild-living species (CHROUSTOVA, 1981; GRÄFNER et al., 1970; GRÄFNER, 1979; HÖNICH et al., 1978; SIKÓ, 1982; WETZEL and RIECK, 1962).
EUZEBY et al. (1981) and SIKÓ (1983) demonstrated a close correlation regarding the helminthofauna between sheep and chamois. According to data given by CHIRIAC et al. (1967), ALMASAN and NESTEROV (1972) 19 in 57 sheep parasitic species (35.8 %) were isolated also from chamois in the Carpathian Mountains. Similar results were obtained in Czechoslovakia (48 %), Yugoslavia (26 %), and Austria (48 %) (ALMASAN and NESTEROV, 1972; DELIC and CANKOVIC, 1961; KOTRLY and KOTRLY, 1970).
Starting from these considerations, we have analysed, for the 1981 - 1985 period the dynamics of these parasitic interrelations, their intensity, and possible factors of influence.

Material and methods

Parasitological investigations were conducted with a view to quantitative and qualitative determination of parasitofauna in chamois and sheep, predominance of some parasitic species, depending on pedoclimatic conditions in zones where samples were collected, relationship between chamois and sheep in connection with their infection as well as clinical conditions of both stocks.
Examinations were made of 3,600 samples of chamois faeces from six main groups of mountains from 1981 to 1985. Included were the most significant stocks (Retezat, Făgăras, Bucegi, Piatra Craiului, Lacul-Roşu, Lacul-Bicaz, and Rodnei). Also tested were 1,800 samples of sheeps faeces from the same alpine and subalpine grazing zones. Ten samples were monthly collected from chamois, shortly after defecation and departure from those pastures. Sheep samples were collected directly from the rectum (also ten samples per month), but only during the grazing period from May to October.
The samples were packed up and transported in plastic boxes to a microlaboratory. They were macroscopically and microscopically analysed within 48 to 72 hours from sampling. The macroscopic investigations were aimed at the aspect, faecal surface, and visualisation of some fragments of tapeworms. The microscopic examinations were aimed at quantitative and qualitative determination of parasitic elements (eggs, oocysts, etc.). The helminths detected were identified. The quantitative determination of the invading elements was based on the McMaster method. Ovoscopic and larvoscopic methods were used to identify the parasite species. The method of enrichment by successive washing and sedimentation was used to visualise the trematode eggs. For roundworm and tapeworm eggs and for Eimeria oocysts we used Willis' modified method. The larvoscopic investigations were aimed at emphasising and identifying the infective larvae of lungworms by the Baerman and Vajda methods. Protostrongylida larvae were identified by the following features: aspects of anterior and posterior extremities (precloacal papillas, vulva, gubernaculum, spicules etc.) DUNN, 1978; NEMESÉRI and HOLLÓ, 1972).
The coproscopically investigated individuals with evident symptoms were subjected to clinical and pathological examinations. Numerous faecal samples were taken from such individuals identified in this way.

Postmortem checks were made on 1,268 ovine individuals to obtain a full picture of the parasitic fauna in sheep.

Results and discussion

The investigations revealed highly variable parasitic infection of both species (Table 1). Of 53 species of parasites described for sheep in Romania, 17 (32 %) were found in sheep and 12 (22.6 %) in chamois from the same trophic areas.

Table 1: Species of endoparasites identified in sheep and chamois by coproscopical examination and morphoclinical investigations

No.	Species of parasites	sheep (1,800 sampl.)		chamois (3,600 sampl.)	
		No. of positive samples	%	No. of positive samples	%
1.	Eimeria (parva, alpina, faurei, rupicapra, arloingi, intricata)	136	7.5	27	0.7
2.	Other non-identified coccydis	295	16.3	79	2.1
3.	Fasciola hepatica	428	23.7	21	0.5
4.	Avitellina centripunctata	-	-	38	1.0
5.	Moniezia benedeni	121	6.7	22	1.0
6.	Moniezia expansa	142	7.8	-	-
7.	Coenurus cerebralis	391	21.7	93	2.5
8.	Hydatid	363	20.1	-	-
9.	Cysticercus tenuicollis	28	1.5	-	-
10.	Dictyocaulus filaria	493	27.3	192	5.0
11.	Müllerius capillaris	43	2.3	-	-
12.	Haemonchus contortus	612	34.0	863	23.9
13.	Trichostrongylus vitrinus	603	33.5	642	17.8
14.	Trichostrongylus axei	81	4.5	123	3.4
15.	Trichostrongylus colubriformis	52	2.8	-	-
16.	Ostertagia circumcinta	454	25.2	1,084	30.1
17.	Ostertagia trifurcata	184	10.2	-	-
18.	Nematodirus sparthiger	116	6.4	64	1.7
19.	Nematodirus filicollis	328	18.2	892	24.2

The predominant species were associated with the following genera: Eimeria (7.5 % in sheep and 16.9 % in chamois), Dictyocaulus (27.3 % in sheep and 5 % in chamois), Trichostrongylus (16.8 % in sheep and 16.9 % in chamois) as well as Coenurus cerebralis (21.7 % in sheep and 2.5 % in chamois).
Similar results were obtained by other authors (ALMASAN and NESTEROV, 1972; DELIC and CANKOVIC, 1961; KOTRLY and KOTRLY, 1970) (Table 2).

Table 2: Chamois and sheep parasitofauna

No.	Species	SIKO and NEGUS		ALMASAN and NESTEROV		KOTRLY and KOTRLY	DELIC and CANKOVIC	GEBAUER
		ch.	sh.	ch.	sh.	ch.	ch.	ch.
1.	Eimeria sp.	+	+	+	+	+	+	+
2.	Fasciola hepatica	+	+	-	+	-	-	+
3.	Avitellina centripunctata	+	-	-	-	-	-	-
4.	Moniezia benedeni	+	+	+	+	+	-	-
5.	Moniezia expansa	-	+	-	+	-	+	-
6.	Coenurus cerebralis	+	+	+	+	-	+	-
7.	Hydatid	-	+	+	+	+	+	+
8.	Cysticercus tenuicollis	-	+	+	+	+	+	+
9.	Dictyocaulus filaria	+	+	+	+	-	-	+
10.	Protostrongylus rupicapra	-	-	+	-	-	+	+
11.	Protostrongylus austriacus	-	-	-	-	-	-	+
12.	Mullerius capillaris	-	+	-	+	+	-	+
13.	Mullerius tenuispiculatus		-	-	-	+	-	+
14.	Neostrongylus linearis	-	-	-	-	+	-	+
15.	Haemonchus contortus	+	+	+	+	+	+	+
16.	Trichostrongylus vitrinus	+	+	+	+	+	+	+
17.	Trichostrongylus axei	+	+	-	+	-	-	+
18.	Trichostrongylus colubriformis	-	+	-	+	+	+	-
19.	Ostertagia ostertagi	-	-	+	+	+	-	+
20.	Ostertagia circumcinta	+	+	+	+	+	+	+

The incidence of parasitic species was wide-ranging, depending on geographic zones (Table 3) In the six geographic zones with large stocks of chamois sharing pastures with sheep, the most frequent infections were found in Bucegi, Făgăras, and Rodnei mountains, and to a smaller extent in Retezat and the Lacul Rosu karst complex. In the Piatra Craiului massif infections affected only one species. The fact was due to favourable pedoclimatic conditions (abundance of water), which supported the development of certain species of parasites. The low incidence of infection in the same places was due to great efforts made in preservation of natural reserves. In the Piatra Craiului massif, almost lacking of sheep, the

pedoclimatic conditions (absence of water and thick soil stratum) did not permit the existence of some biotopes, and the incidence of chamois infection was lower, with only one single genus of roundworm (SIKÓ, 1983).
Average infection of chamois in these six mountain areas ranged between 0.3 and 9.9 % (ALMASAN and NEGUS, 1985).

Table 3: Predominant genera of parasites, depending on geographic zones

Geographic zone	Predominant genera	sheep (about 300 sampl.)		chamois (about 600 sampl.)	
		No. of positive samples	%	No. of positive samples	%
Retezat massif	Eimeria	41	13.6	5	0.8
	Fasciola	282	90.0	13	2.1
	Trichostrongylus	40	13.3	62	10.3
Fagaras mountains	Dictyocaulus	275	91.6	86	14.3
	Coenurus	106	35.3	38	6.3
	Trichostrongylus	31	10.3	144	24.0
Piatra Craiului massif	Trichostrongylus	48	16.0	45	7.3
Bucegi massif	Eimeria	50	16.6	14	2.3
	Dictyocaulus	218	72.6	96	16.0
	Coenurus	108	36.0	21	3.5
	Trichostrongylus	122	40.6	186	31.0
Lacul Rosu Bicaz	Fasciola	146	48.6	8	1.3
	Coenurus	161	5.3	11	1.8
Rodnei mountains	Eimeria	45	15.0	8	1.3
	Coenurus	16	53.6	23	3.8
	Trichostrongylus	62	20.6	174	25.3

The parallelism between sheep and chamois infections was analysed. There was close agreement (Diagram 1). This was attributed to the fact that sheep and chamois represented reciprocal sources of indirect infection, through common pastures and intermediate hosts (pasture mites, snails) and shepherd dogs.
Annual and monthly variations of parasitic infection were also investigated. The most intensive and frequent infections were from May to October (Table 4). Eimeria sp. infections prevailed in spring, Trichostrongylidae in summer, and Fasciola hepatica, Trichostrongylidae, and cestodae at the beginning of autumn. Generally speaking, coccidian infections prevailed in years with abundant pulviometric regimes, such as 1982 and 1984. Severe infections were noticed in young animals of both species in autumn with high precipitations. Six of the ten species of Eimeria described for sheep by DULCEANU (1980) were recorded from the investigated stock (E. parva, E. alpina, E. rupicapra, E. arloingi, E. faurei, E. intricata). According to HELLE and HILALI (1973), lambs from old pastures eliminated a greater number of oocysts than those from new pastures (DULCEANU, 1980). The oocysts survived the winter season and were a source of infection for sheep and lambs, in the next spring.
For certain species of Eimeria, sheep is the source of parasitisation of young and adult chamois. Seasonal and annual variations of Fasciola hepatica were not too great, being more frequent in samples collected in late summer and early autumn, depending on precipitations in preceding months. Our observations are in agreement with findings by LUNGU et al. (1982): the common use of pastures by other ruminants, domestic or wild, as well as herd movement must be taken into consideration for epizootiological appreciation of fascioliasis and other parasitoses from a certain zone.

Diagram 1

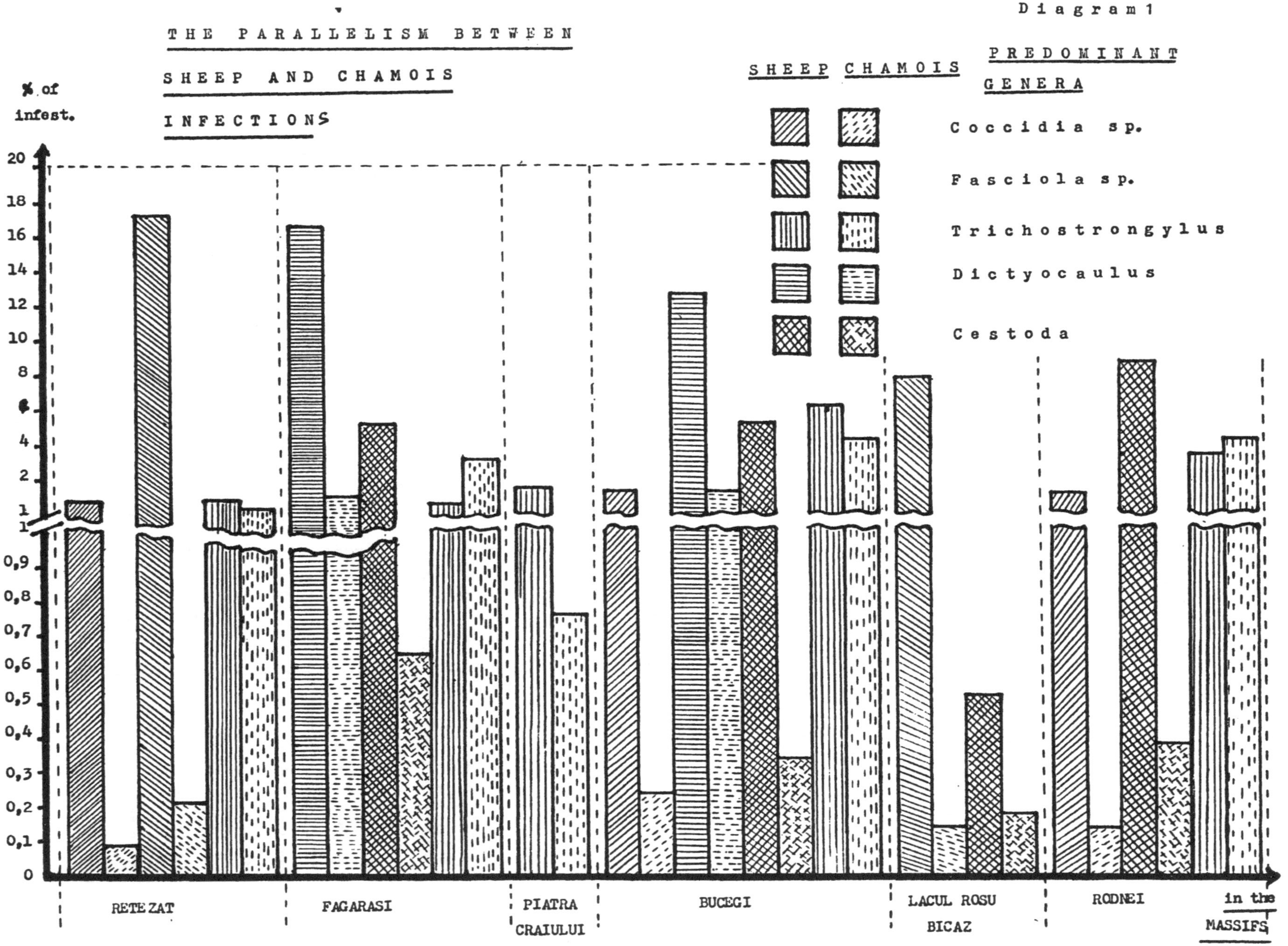
THE PARALLELISM BETWEEN
SHEEP AND CHAMOIS
INFECTIONS
% of infest.
20
18
16
14
12
10
8
6
4
2
1
1
0,9
0,8
0,7
0,6
0,5
0,4
0,3
0,2
0,1
0
SHEEP
CHAMOIS
PREDOMINANT GENERA
Coccidia sp.
Fasciola sp.
Trichostrongylus
Dictyocaulus
Cestoda
RETEZAT
FAGARASI
PIATRA CRAIULUI
BUCEGI
LACUL ROSU BICAZ
RODNEI
in the MASSIFS

Table 4: Monthly variations of parasitic infections with predominant genera

Month	Coccidia				Fasciola				Dictyocaulus				Cestoda				Trichostrongylus			
	SHEEP No.	SHEEP %	CHAMOIS No.	CHAMOIS %	SHEEP No.	SHEEP %	CHAMOIS No.	CHAMOIS %	SHEEP No.	SHEEP %	CHAMOIS No.	CHAMOIS %	SHEEP No.	SHEEP %	CHAMOIS No.	CHAMOIS %	SHEEP No.	SHEEP %	CHAMOIS No.	CHAMOIS %
I.	-	-	-	-	-	-	-	-	-	-	3	0,08	-	-	-	-	-	-	8	o,2
II.	-	-	2	0,05	-	-	-	-	-	-	4	0,1	-	-	-	-	-	-	5	0,1
III.	-	-	5	0,1	-	-	-	-	-	-	6	0,1	-	-	-	-	-	-	13	0,3
IV.	-	-	6	0,1	-	-	-	-	-	-	14	0,3	-	-	3	0,08	-	-	29	0,8
V.	16	0,8	4	0,9	19	1,0	-	-	111	6,1	31	0,8	101	2,6	1	0,02	40	2,2	54	1,5
VI.	23	1,2	1	0,02	29	1,6	-	-	192	10,6	42	1,1	125	2,9	7	0,1	78	4,3	98	2,7
VII.	43	2,5	2	0,05	64	3,5	3	0,1	143	7,9	51	1,4	112	2,2	6	0,1	69	3,8	143	3,9
VIII.	38	2,1	1	0,02	86	4,7	12	0,3	26	1,4	13	0,3	163	4,0	17	0,4	38	2,1	85	2,3
IX.	8	0,4	1	0,02	191	10,6	4	0,1	12	0,6	9	0,2	248	3,7	28	0,7	46	2,5	53	1,4
X.	5	0,2	2	0,05	40	2,2	2	008	9	0,5	2	0,08	296	6,4	51	1,4	32	1,7	59	1,6
XI.	-	-	3	0,08	-	-	-	-	-	-	4	0,1	-	-	18	0,4	-	-	46	1,2
XII.	-	-	-	-	-	-	-	-	-	-	3	0,08	-	-	22	0,6	-	-	18	0,5

Table 5: The relation of infected elements identified by coproscopic examinations

No.	Species	U/M	Number of infected elements (eggs, larvae, oocysts) sheep	chamois
1.	Eimeria sp.	eggs / g	300 - 14,000	1,100 - 4,500
2.	Fasciola hepatica	eggs / g	2,000 - 7,000	600 - 800
3.	Avitellina centripunctata	progl / g	-	8 - 32
4.	Moniezia benedeni	progl / g	22 - 66	16 - 61
5.	Moniezia expansa	progl / g	18 - 48	-
6.	Dictyocaulus filaria	larvae / g	6 - 350	12 - 280
7.	Mullerius capillaris	larvae / g	3 - 28	-
8.	Haemonchus contortus	eggs / g	4,000 - 10,000	4,000 - 12,000
9.	Trichostrongylus vitrinus	eggs / g	3,000 - 8,000	1,800 - 8,600
10.	Trichostrongylus axei	eggs / g	2,900 - 5,600	2,400 - 5,600
11.	Trichostrongylus colubriformis	eggs / g	1,600 - 2,100	-
12.	Ostertagia circumcinta	eggs / g	1,800 - 2,600	600 - 2,900
13.	Ostertagia trifurcata	eggs / g	200 - 800	-
14.	Nematodirus sparthiger	eggs / g	1,900 - 2,600	600 - 2,300
15.	Nematodirus filicollis	eggs / g	1,800 - 6,900	1,700 - 9,100

Diagram 2

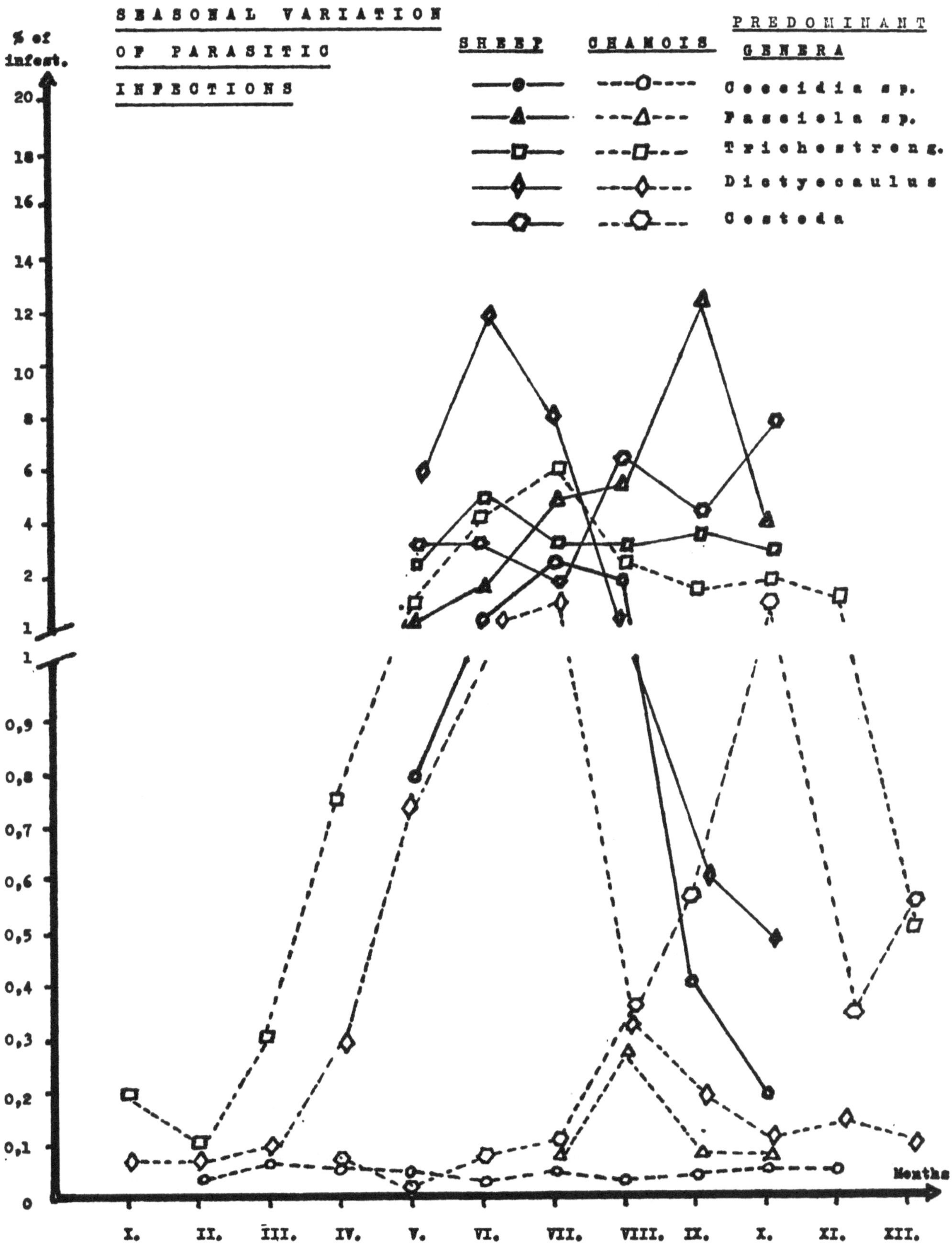
SEASONAL VARIATION OF PARASITIC INFECTIONS
% of infest.
SHEEP
CHAMOIS
PREDOMINANT GENERA
Coccidia sp.
Fasciola sp.
Trichostrong.
Dictyocaulus
Cestoda
20
18
16
14
12
10
8
6
4
2
1
1
0,9
0,8
0,7
0,6
0,5
0,4
0,3
0,2
0,1
0
Months
I.
II.
III.
IV.
V.
VI.
VII.
VIII.
IX.
X.
XI.
XII.

Infections with tapeworms, especially with Avitellina centripunctata and Moniezia sp., were frequent at the beginning of autumn, due to the presence of intermediate hosts (pasture mites) on alpine pastures. In fact, supra-infections with tapeworms from May to June are due to oribatid mites which survived the winter and wich harbour cysticercoids. According to NESTEROV (1984), the greatest importance in tapeworm spreading and affection of game, primarily young chamois, is assigned to the shepherd and shepherd dog.
The most frequent infections all over the year were caused by Trichostrongylidae. This may be explained by the fact that free forms of these roundworms, except Trichostrongylus vitrinus, T. axei, and T. colubriformis, are highly resistant to climatic conditions on alpine pastures. During winter, non-hatched larvae of Haemonchus contortus are in hypobiosis and can resist more than one year. Eggs of Nematodirus and Ostertagia are predominant in the helminthofauna of cold zones were chamois live (DULCEANU, 1981). In these areas, annual average temperatures ranges between - 1° C and + 2° C. The investigations carried out in the Piatra Craiului massif between 1980 and 1981 revealed that the rainy autumn of 1980 had been followed by a very severe winter. This caused infections even with evident clinical signs in weakened chamois, in spring and summer.
There was almost perfect parallelism of seasonal variations in parasitic infection of both species (Diagram 2). This again demonstrated the reciprocal maintenance of genera and common species of parasites on pastures shared by sheep and chamois.
Total numbers of infections elements per gram of faeces (Table 5) varied significantly from 300 to 14,600 in sheep and from 1,100 to 4,500 in chamois for Eimeria sp.; from 2,000 to 7,000 and from 600 to 800 for Fasciola hepatica; from 18 to 66 and 16 to 61 for Cestodae, and from 200 to 10,000 or 600 to 12,000 for Trichostrongylidae.

Observation of some clinical aspects was sometimes difficult with chamois. Clinical and parasitological analyses were made of those herds with evidently ill individuals. In severe infections with Eimeria sp. kids were more strongly affected than adults, primarily those aged 2.5 to four months. Digestive disorders, manifest through decrepit faeces covered with mucus and underdevelopment, were clinically recorded from 38 cases. Sixteen animals infected with Avitellina centripunctata exhibited general weakness and uniformity in hair shedding which lasted two to three months longer than in other species.
Evident clinical signs of Coenurosis were observed in 26 chamois, about five and twelve years old, with unsteady gait, turnings round, and frequent stopping. Four to twelve turnings per minute were recorded from eight animals. Distinctive clinical signs of dictyocaulosis were observed in 13 chamois. They were generally weakened, with hollow cough, especially in foggy mornings, and they avoided going down the valley or climbing up. The cough, respiration and general behaviour were identical with those described and observed in sheep.
Although, generally speaking, the infections with Trichostrongylus were more frequent, clinical signs were less evident. The faeces were soft, pasty or semifluid, with or without whitish mucus. More evident clinical features were observed in young chamois, with growing disturbance and digestive disorders (diarrhoea), and lagging behind the herd because of many stoppings for defecation and resting.
The incidence of parasitoses and their effects were proportionally increased in cases of nutritive deficiency, above all lack of trace elements. Against the background of old infections and nutritive deficiencies during winter, chamois may be supra-infected at the beginning of spring, and this changed the clinical status to the worse.
More prophylactic action is required to diminish these risk factors. Also, attention should be given to the existence of some common species of parasites among sheep and chamois. The following measures are proposed: restriction of sheep grazing in alpine zones, prophylactic antiparasitic treatment of sheep before grazing, permanent veterinary control of sheep, reduction in the number of shepherd dogs and their periodical treatment, inclusion of antiparasitic medicinal substances in salts given to chamois as well as cleaning and management of alpine pastures.

Acknowledgement

We express our thanks to Prof. Dr. N. D u l c e a n u , Head of Parasitology Department of the Faculty of Zootechnology and Veterinary Medicine, for his advice and to all colleagues for their help in collecting the samples we analysed.

Zusammenfassung

Aspekte zur Wechselbeziehung zwischen der Parasitenfauna der Gemsen (Rupicapra rupicapra) und den Schafen (Ovis aries) aus dem selben Gebirgsgebiet

Die Untersuchungen erfolgten über eine Zeitraum von 5 Jahren in sechs Gebirgsmassiven von Rumänien. Es zeigte sich eine enge Beziehung zwischen der Parasitenfauna der Schafe und der Gemsen. Von 53 Endoparasitenarten, die beim Schaf im Lande vorkommen, wurden 17 bei Schafherden im Gebirge und 12 bei Gemsen nachgewiesen. Die vorherrschenden Arten waren Eimeria, Fasciola, Dictyocaulus und Trichostrongylus.

Summary

Aspects concerning the interrelations between parasitofauna of chamois (Rupicapra rupicapra carpatica, Couturier, 1938) and sheep (Ovis aries L.) from the same trophic areas

Studies were conducted in a mountain range of Rumania through a period of five years. A close relationship was found to exist between parasites of sheep, on the one hand, and parasites of chamois, on the other. Seventeen of 53 endoparasites which occurred in sheep throughout the country were recorded from sheep in mountain regions, and twelve of them were recorded from chamois. Eimeria, Fasciola, Dictyocaulus, and Trichostrongylus were the predominant species.

Résumé

Quelques aspects des interactions entre la faune de parasites des chamois (Rupicarpa rupicarpa) et moutons (Ovis aries)de la même région montagneuse

Les examens ont été faits pendant une période de cinq ans dans six massifs montagneux de la Roumanie. On a constaté une relation étroite entre la faune des parasites des moutons et des chamois. Des 53 espèces d'endoparasites observées chez les moutons à la campagne 17 ont éte identifiées chez les troupeaux de moutons dans les montagnes et 12 chez les chamois. Les espèces dominates ont été les Eimeria, Fasciola, Dictocaulus et Trichostrongylus.

Резюме

Аспекты взаимодействия фауны паразитов у серны и овец из одной и той же области

Исследования проводились в течение 5 лет на 6 горных массивах Румынии. Выявлена тесная взаимосвязь между фауной паразитов у овец и серн. Из 53 видов паразитов , обнаруженных у овец на плоскогорье, I7 видов определены у овец в горах и I2 у серн. Доминирующими являлись следующие виды паразитов: Eimeria, Fasciola, Dictyocaulus, Trichostrongylus.

References

ALMĂŞAN, H., NESTEROV, V. (1972): Beitrag zur Kenntis der Parasitenfauna der Gemsen (Rupicapra rupicapra carpatica Couturier, 1938) in den rumänischen Karpaten. Zeitschr. Jagdwiss. 18, 103 - 106.

ALMĂŞAN, H., and S. NEGUŞ (1985): Date comparative ale indicilur de trofeu la populaţiile de capră neagră din Retezat, faţă de cele din Făgăraş, Bucegi şi Piatra Craiului. Simp. "50 ani de la crearea Parc. Nat. Retezat, 1 - 5 sept."

CHIRIAC, E., and T. JACOB (1967): Cu privire la parazitii caprei negre (Rupicapra rupicapra) din masivul Retezat. Natura ser. Biol. 5, 70 - 71.

CHROUSTOVÁ, E. (1981): Transfer of Fascioloides magna infestation between domestic and wild animals. 9th Int. WAAVP Conf. 13 - 17 jul. Budapest.

DELIC, S., and M. CANKOVIC (1961): Prilog poznavanju parasitofaune divokoze (Rupicapra rupicapra L.) sa producja planine Treskavice. Veterinarija 10, 483 - 485.

DULCEANU, N. (1980): Coccidioze si alte sporozooze la animale. Bucuresti: Ed. Ceres.

DULCEANU, N. (1981): Trichostrongylidozele animalelor domestice. Bucuresti: Ed. Ceres.

DUNN, A. M. (1978): Veterinary Helminthology. London: William Heinemann Books Ltd.

EUZEBY J., HUGONNET, L., and C. MONTAGUT (1981): Helminthic infections in wild ruminants and domestic sheep moved to alpine pastures in French Alps. 9th Int. WAAVP Conf. Budapest.

GRÄFNER, G., EICHORN, G., and A. BENDA (1970): Role of roe deer in the contamination of cattle pastures with lungworm larvae. Vet. Bull. 4, 3, 1222.

GRÄFNER, G. (1979): Wildkrankheiten. Jena: Gustav Fischer.

KNAUS, W., and H.-D. SCHRÖDER (1983): Das Gamswild. Ökologie, Hege, Verhalten, Krankheiten. 3. Aufl.

KOTRLY, A., and B. KOTRLY (1970): Helmintofauna kamziku z jesenik a Luzickych hor. Práce VULMH 39, 59 - 77.

KUTZER, E. (1972): Megelözö és terápiai intézkedések a vadon élö kérödzök parazitózisai ellen. Magy. All. orv. Lapja. 7, 365 - 371.

LUNGU, T., VARTIC, N., DULCEANU, N., COSOROABĂ, I., and I. Suteu (1982): Patologia şi clinica bolilor parazitare. Bucureşti: Ed. did. şi ped.

NEMESÉRI, L., and F.HOLLÓ (1972): Állatorvosi parazitológiai diagnosztika. Budapest: Mezögazd. kiadó.

NESTEROV, V. (1960): Răspîndirea bolilor la vînat. Rev. Vîn. şi pesc. sp. 11, 15.

NESTEROV, V. (1984): Bolile vînatului. Bucureşti: Ed. Ceres.

PRAGER, F. (1955): Gamswild. Jagd und Hege in aller Welt. Düsseldorf: Heinz Wolf Kolzig.

SIKÓ, B. S. (1982): Interrelaţiile dintre Trichostrongylidozele căpriorilor (Capreolus capreolus L.) şi cei ai ovinelor (Ovis aries L.) de pe aceleaşi areale trofice. Simp. Iaşi. 9 - 12 déc.

SIKÓ, B. S. (1983): Unele aspecte privind infestaţia cu Trichostrongili a caprelor negre (Rupicapra rupicapra carpatica Couturier, 1938) în munţii Bucegi şi Piatra Craiului, între anii 1981 - 1983. Sim. Iaşi. 7 - 10 dec.

SZTOJKOV, V. (1981): Állategészségügyi vizsgálatok. Nimród (Budapest) 8, 347.

WETZEL, R., und W. RIECK (1962): Krankheiten des Wildes. Hamburg und Berlin: Paul Parey.

Address of authors: Dr. S. B. S i k ó
Veterinary District
4084 Ojdula
4081 Ghelinţa, 530 (Romania)

Agricultural University of Keszthely, Faculty of Animal Science, Kaposvár, and CHINOIN Pharmaceutical and Chemical Works Ltd., Budapest

LUNGWORM CONTROL WITH ALBENDAZOLE (VERMITAN[R]) IN CAPTIVE RED DEER HERDS

By L. Sugár and P. Sárközy

Introduction

Dictyocaulus and Protostrongylida Lungworms are common parasites of red deer (and wapiti, Cervus elaphus) all over Europe, Asia, and North America (BERGSTROM, 1983; KUTZER and PROSL, 1979; PRYADKO et al., 1975, etc.). The infection is not very important in wild-living populations due to the free-ranging nature of the host and the activity of the biological control agents (BERGSTROM, 1983). However, it may become severe problem in herds kept under intensive conditions (zoo, enclosure, deer farm, KUTZER, 1981; 1983; MASON, 1985; PRESIDENTE, 1981). Having experienced a clinically manifest lungworm-infection in our own captive red deer herds, we decided to investigate the efficacy of albendazole (Vermitan[R], CHINOIN).

Material and methods

Im September 1987, a clinical lungworm-infection occurred on the experimental deer farm of Gálosfa (Kaposvár). The source of the infection had probably originated from deer specimens captured from the wild and transplanted to the farm in March 1986.

The infection was mixed (Dictyocaulus (D.) viviparus, Varestrongylus (V.) sagittatus and Elaphostrongylus (E.) cervi according to the reclassification by ANDERSON, 1978), with varying amounts of larvae (LPG) in all six herds (see Table 1) grazing on pastures separated by permanent fences. So, five herds (each including five to seven individuals of either sex and aged between 18 and 30 months) were exposed to different applications, dosages, and/or repetitions of albendazole (Vermitan[R]) treatment as below: Group 1 - 7.5 mg/kg body weight; Group 2 - 7.5 mg/kg body weight; Group 3 - 5 x 3 mg/kg body weight; Group 4 - 3 x 5 mg/kg body weight; Group 5 - 5 x 5 mg/kg body weight. Group 1 were drenched individually with Vermitan[R] 2.5 % susp. ad us. vet., (Chinoin). Groups 2, 3, 4, and 5 had albendazole (Vermitan[R] 20 % gran. ad us. vet., Chinoin) incorporated into supplement feed (oat-meal). The members of the sixth herd were subcutaneously injected ivermectin, 0.27 - 0.3 mg/kg body weight (Ivomec[R] 1 % inj., M.S.D.).

Table 1: Efficacy of albendazole (Vermitan[R]) and ivermectin (Ivomec[R]) against lungworms in red deer (LPG = amount of larvae in gram faeces)

1. Dictyocaulus viviparus

Anthelm./ dosage		No. deer	LPG on day - 5 and 0 $\bar{x}$	range	Reduction in LPG after treatment 1 week	3 week	6 week
Drench 7.5 mg/kg		6	63.2	0-380	100 %	100 %	95.8 %
Albendazole	7.5 mg/kg	7	186.5	0-1700	100 %	99.9 %	99.9 %
	5x3 mg/kg	6	1118.8	0-4800	100 %	100 %	100 %
	3x5 mg/kg	6	86.9	0-340	100 %	100 %	99.6 %
	5x5 mg/kg	5	54.9	0-228	100 %	100 %	100 %
Ivermectin inj. s.c. 0.3 mg/kg		5	962.0	0-3100	100 %	100 %	100 %

2. <u>Varestrongylus sagittatus</u>

	Anthelm./ dosage	No. deer	LPG on day - 5 and 0 $\bar{X}$	range	Reduction in LPG posttreatment 1 week	3 week	6 week
	Drench 7.5 mg/kg	6	1.5	0-6	100 %	100 %	100 %
Albendazole	7.5 mg/kg	7	8.1	0-32	100 %	100 %	100 %
Albendazole	5x3 mg/kg	6	7.1	0-26	100 %	100 %	100 %
Albendazole	3x5 mg/kg	6	1.1	0-12	100 %	100 %	100 %
Albendazole	5x5 mg/kg	5	5.5	0-28	100 %	100 %	100 %
	Ivermectin inj. s.c. 0.3 mg/kg	5	10.4	0-34	100 %	100 %	100 %

3. <u>Elaphostrongylus cervi</u>

	Anthelm./ dosage	No. deer	LPG on day - 5 and 0 $\bar{X}$	range	Reduction in LPG posttreatment 1 week	3 week	6 week
	Drench 7.5 mg/kg	6	67.7	1-370	ø	59 %	ø
Albendazole	7.5 mg/kg	7	79.4	0-290	ø	94.2 %	71 %
Albendazole	5x3 mg/kg	6	53.2	1-160	53.1 %	97.8 %	99.7 %
Albendazole	3x5 mg/kg	6	57.0	0-250	85.7 %	100 %	100 %
Albendazole	5x5 mg/kg	5	31.7	6-86	19.9 %	99.4 %	100 %
	Ivermectin inj. s.v. 0.3 mg/kg	5	44.3	3-110	63 %	94.6 %	88.3 %

The amount of the parasitism was determined by quantitative examination, in weekly intervals, of faecal samples for lungworm larvae, using the common glass-sedimentation-isolation technique (similar to the Bearmann's method). The samples were marked on collection by identification of ear-tags.

Results

Occurrence of D. viviparus and E. cervi larvae was prevalent (60 - 90 %) and mostly abundant ($\geq$ 50 larvae) in each deer group before treatment (days 5 to zero) as may be seen from Table 1. In contrast, the occurrence of V. sagittatus larvae was much less abundant ($\leq$ 10.4 larvae) and prevalent (16.7 - 42.9 %). A week after treatment, the reduction of D. viviparus and V. sagittatus larvae was, at least temporarily, complete (100 %) regardless dosage or anthelmintics. The second attack could be detected four to six weeks after treatment in Groups 1, and 2, which had received only one single dosage. As for E. cervi, considerable reduction (> 90 %) in the amount of larvae was recordable from Groups 1 and 2 two weeks after exposure to a second attack and four to six weeks after treatment. Reduction seemed to remain high, on the other hand, in Groups 3 to 6 (88.3 - 100 %) within six weeks from treatment.

Discussion

A single dose of albendazole (7.5 mg/kg body weight) or ivermectin (0.3 mg/jg body weight) seems to be highly effective against D. viviparus in red deer. The same result was experienced by others, using albendazole and oxfendazole (MASON and BEATSON, 1985), febantel and ivermectin (MACKINTOSH and MASON, 1985), fenbendazole (DÜWEL et al., 1979; KUTZER, 1981, 1983; KUTZER and PROSL, 1979; PROSL and KUTZER, 1980). Nevertheless, repeated doses on three to five consecutive days are recommended for prolonged action (see Table 1). In such case, one may reduce the daily dose to 3 - 5 mg/kg body weight or may be more (1.5 - 2 mg/kg), as had been experienced with fenbendazole by DÜWEL et al. (1979). The situation seems to be the same for V. sagittatus. However, further trials are required, because of the low prevalence and abundance in our experiments and the poorer effectiveness against V. sagittatus-infection of one single dose of fenbendazole (KUTZER, 1981) and even of the 3 x 7.5 mg/kg dosage of fenbendazole (KUTZER and PROSL, 1979).

In the case of E. cervi-infection it is necessary to use three to five daily doses of albendazole to achieve more than moderate quantitative reduction of larvae (> 60 - 70 %), although such dosage probably does not influence egg production of the E. cervi specimens harboured under the duramater (in the cranial cavity) because of the blood-liquor barrier, similar to Pneumostrongylus tenuis of the North American cervids treated with ivermectin (KOCAN, 1985).
On balance, albendazole (Vermitan[R], Chinoin Pharmaceutical and Chemical Works Ltd.) proved to be a very effective anthelmintic to control lungworm-infection in red deer (Cervus elaphus), with 3 - 5 x 5 - 3 mg/kg body weight being incorporated into supplementary feed.

Acknowledgement

The authors wish to acknowledge the assistance of Mrs. Ildikó F ü l e s s y for processing the faecal samples in the Animal Health Institute of Kaposvár, and also wish to thank J. T ó t h graduated student who collected many of the samples correctly identified.

Summary

Lungworm control with albendazole (Vermitan[R]) in red deer herds

The efficacy of orally administered albendazole (Vermitan[R] 2.5 % susp. and Vermitan[R] 20 % gran. ad us. vet.) at dosages of 5 x 3, 3 x 5, and 5 x 5 mg/kg body weight was very good against D. viviparus, V. sagittatus, and E. cervi, reducing by 97.8 - 100 % the amount of larvae in faeces of captive red deer.

Zusammenfassung

Behandlung des Lungenwurmbefalls mit Albendazole (Vermitan[R]) bei im Gatter gehaltenen Rothirschen

Albendazole (Vermitan[R] 2.5 % susp. und Vermitan[R] 20 % gran. ad us. vet.) 5 x 3, 3 x 5 bzw. 5 x 5 mg/kg Lebendgewicht erwies sich als sehr wirkungsvoll gegen D. viviparus, V. sagittatus und E. cervi bei im Gatter gehaltenen Rothirschen.

Résumé

Traitement à l'Albendazole (Vermitan[R]) de l'infestation au ver pulmonaire des fauves gardés en clôture

Albendazole (Vermitan [R] 2,5 % susp. et Vermitan[R] 20 % gran. ad us vet.) 5 x 3, 3 x 5 ou 5 x 5 mg/lg poids vif a été très efficace contre D. viviparus, V. saggitatus et E. cervi des chauves gardés en clôture.

Резюме

Лечение в неволе содержащихся оленей от лёгочных глистов с помощью (Vermitan^R)

Албендазол (Vermitan^R 2,5% суспензии и Vermitan^R 20% gran.ad us.) 5 x 3, 3 x 5 или 5 x 5мг/кг живого веса показал положительное действие против Д. viviparus, V. sagittatus, E. cervi у содержащихся за решёткой красных оленей.

References

ANDERSON, R. C. (1978): Keys to genera of the superfamily Metastrongyloidea. No. 5. CIH Keys to the nematode parasites of vertebrates. C.A.B. 40.

BERGSTROM, R. C. (1983): Aphodius beetles as biological control agents of elk lungworm, Dictyocaulus hadweni. Proc. Helminthol. Soc. Wash. 50, 236 - 239.

KOCAN, A. A. (1985): The use of Ivermectin in the treatment and prevention of infection with Parelaphostrongylus tenuis (Dougherty) (Nematoda: Metastrongyloidea) in white-tailed deer (Odocoileus virginianus Zimmermann). J. Wildl. Dis. 21, 454 - 455.

KUTZER, E. (1981): Zum Einsatz von Fenbendazol (Panacur^R) in Wildgehegen. Verh.ber. Erkrg. Zootiere 23, 243 - 245.

KUTZER, E. (1983): Erfahrungen mit der Entwurmung des Schalenwildes in freier Wildbahn und in Jagdgehegen mit Fenbendazol (Panacur^R). Die Blauen Hefte 67: 314 - 318.

KUTZER, E., and H. PROSL (1979): Zur anthelminthischen Wirkung von Fenbendazol (Panacur^R) bei Rothirsch (Cervus elaphus hippelaphus) und Wildschwein (Sus scrofa). Wien. Tierärztl. Mschr. 66, 281 - 285.

MACKINTOSH, C. G., and P. C. MASON (1985): Anthelmintics and lungworm in red deer. Biology of Deer Production. Eds. P. FENESSY and K. DREW. Royal Society of New Zealand, Bull. 22, 131 - 133.

MASON, P. C. (1985): Biology and control of the lungworm Dictyocaulus viviparus in farmed red deer in New Zealand. Biology of Deer Production. Eds. P. FENESSY and K. DREW. Royal Society of New Zealand, Bull. 22, 119 - 121.

MASON, P. C., and N. S. BEATSOND (1985): Anthelmintic activity against Dictyocaulus viviparus in farmed red deer. Biology of Deer Production. Eds. P. FENESSY and K. DREW. Royal Society of New Zealand, Bull. 22, 131 - 133.

PRESIDENTE, P. J. A. (1981): Prevalence of parasites in farmed and free-ranging deer in Southeastern Victoria. Proceedings of the 4th International Conf. Wildl. Dis. Ass. Sydney, Australia, 216.

PROSL, H., and E. KUTZER (1980): Zur Biologie und Bekämpfung von Elaphostrongylus cervi. Z. Jagdwiss. 26, 198 - 207.

PRYADKO, E. I.; SHARDINA, L. V.; KHAL'FIN, G. O., and Z. Z. ZHIRENCHIN (1975): Ispytanyije parbendazola pri strongyliatozah maralov. Materiali Naucsnyh Konferencii Vszjesszojuznovo Obscsesztva Gelmintologov. 27, 117 - 126.

Address of authors: Dr. L. Sugár
Agricultural University (Keszthely)
Faculty of Animal Science Kaposvár
P.O.B. 16
H 7401 Kaposvár (Hungary)

Aus der Helminthologie der Hoechst Aktiengesellschaft, Frankfurt/M

WURMBEFALL BEI REHEN (CAPREOLUS CAPREOLUS) - DIAGNOSTIK UND BEFALLSINTENSITÄT AUS MEHREREN JAHREN

Von D. Düwel

Seit es den Menschen gibt, hat er seinen Lebensraum beeinflußt und verändert. In dem Maße, in dem er das tut, trägt er Verantwortung für seine Umwelt und muß - soweit er das kann - für einen "geregelten" Ablauf der Geschehnisse sorgen: Überleben sichern, Mißentwicklungen vermeiden, ein Nebeneinander von Mensch und Tier, von Tieren ermöglichen und gewährleisten. In diesem Sinne verstehen wir unsere Untersuchungen beim Wild, wie weit unter dessen eingeengtem Lebensraum und bei (meist) erhöhter Besatzdichte Erkrankungen gefährdend oder gar bedrohend sich entwickeln können. In dem vorliegenden Beitrag werden die mehrjährigen Ergebnisse von Aufbruch-Untersuchungen über den Helminthen-Befall in einem Rehbestand berichtet.

Material und Methode

Das Revier (Kühkopf - Hess. Staatsrevier) ist ca. 1200 ha groß, rechts-rheinisch gelegen und besteht in großem Umfang aus Bruch und Auen des Altrheins. Bis 1983 betrug die Besatzdichte ca. 200 Stück und wurde dann auf weniger als 100 gesenkt (1984). Rhein-Hochwasser hatte den Bestand in großem Umfang dezimiert: im April (beschlagene Ricken) und erneut im Mai 1983 (frisch gesetzte Kitze). Entwurmungen mit der Winterfütterung fanden regelmäßig bis 1981/82 statt, anfangs Tiabendazol später Fenbendazol als Pellets.

Helminthologisch untersucht wurden insgesamt 197 Aufbrüche von erlegtem (bzw. ertrunkenem) Rehwild und aus dem Rektum entnommene Losung. Die Leber fehlte fast stets, die Lunge war häufig zerschossen; die Aufarbeitung des Materials erfolgte nach standardisierter Methode (DÜWEL et al., 1979; DÜWEL, 1988), Losungsproben wurden sofort, Aufbrüche nach Umfang der Anlieferung auch sofort oder nach Tieffrieren bei -24 °C aufgearbeitet. Die Losung wurde nach gebräuchlichen Methoden (McMaster-Technik und Kochsalz-Flotation, WETZEL, 1951; DÜWEL et al., 1979) untersucht.

Ergebnisse

Das Untersuchungsgut ist in der Tabelle 1 aufgelistet.
Fasciola hepatica bzw. deren Eier wurden zu keiner Zeit in Lebern oder in Losungsproben diagnostiziert.
Bei drei Tieren (1 Kitz, 2 Ricken) konnten wir vereinzelt Moniezia spp. im Spätherbst nachweisen.
Lungenwurmbefall trat nur sporadisch auf. Während Protostrongyliden nur einmal bei einer etwa 8jährigen Ricke in der Lunge - in der Losung sonst nie - festzustellen war, kamen nur bei 11 Tieren (7 Kitze, 3 Schmalrehe, 1 Bock von 3-4 Jahren Alter) Dictyocaulus viviparus zwischen 2 - 17 Exemplaren vor. Darüber hinaus waren bei einem Kitz und zwei Ricken in der Losung Larven von D. viviparus.

Gastro-intestinale Nematoden (s. Tab. 2, 3 und 4) waren am verbreitetsten vertreten und hier insbesondere im Labmagen: Vertreter der Ostertagia-Spiculopteragia-Gruppe mit ca. 50 %, Trichostrongylus axei und Haemonchus contortus mit etwa 10 % Anteil am Nematoden-Profil; im Dünndarm ist Trichostrongylus colubriformis mit ca. 20 % vertreten. Nematodirus filicollis, Oesophagostomum spp., Chabertia ovina sowie Trichuris spp. traten zu weniger als 5 % auf und nur vereinzelt wiesen wir Strongyloides, Cooperia bzw. Capillaria nach.

In Losungsproben waren Eier von gastro-intestinalen Nematoden in unterschiedlichem Ausmaß und nicht in Relation zur Wurmbürde zu diagnostizieren; während der Periode Mai/Oktober waren Eier häufiger in der Losung festzustellen als in der Periode November/April.

Diskussion

Eine Auswertung der in dieser Untersuchung erhobenen Befunde ist nur durch Vereinfachung möglich. Bei Angabe von Durchschnittswerten für die beiden zeitlichen Versuchsperioden (Mai/Oktober, November/April) müssen individuelle Altersgruppierungen unberücksichtigt bleiben. Beim Vergleich verschiedener Jahre sind unter anderem der Einfluß von Klima, von Futterangebot außer acht gelassen. Bei der diagnostischen Auswertung von Losungsproben mußte außer Betracht bleiben die altersabhängige Ei-Produkton wie auch das Vermehrungspotential der Würmer. Diese und noch weitere anzuführende Beispiele zeigen deutlich, daß die erhaltenen Resultate nur auf Trends hinweisen können.

Für die Darstellung der Befallsintensität haben wir jeweils drei Jahre des Berichtszeitraumes zusammengefaßt dargestellt (siehe Tabelle 3). Fasciola hepatica-Eier bzw. Würmer konnten weder in Losungsproben noch in wenigen Lebern nachgewiesen werden, obwohl in der Region geweidete Haustiere einen (geringen) Fasciola-Befall aufwiesen. Ein Moniezia-Befall war nur bei drei Tieren im Herbst von untergeordneter Bedeutung. Protostrongyliden (nur einmal nachgewiesen) und Dictyocaulus viviparus spielen in diesem Revier nach vorliegenden Befunden keine Rolle. Zwar sind die Lungen zum Teil zerschossen gewesen, aber auch der Kotbefund in den Sommermonaten brachte praktisch keine zusätzlich befallenen Tiere, so daß dieser Parasit nicht in die Übersichten aufgenommen wurde. Deutlich wird die generell geringe Bürde an gastro-intestinalen Nematoden bei Aufbrüchen von 1979 - 81, die untersucht wurden während bzw. nach Anthelminthika-Gabe mit dem Winterfutter. Mit dem Beenden von Entwurmungsmaßnahmen steigt die Wurmbürde sprunghaft und permanent bis Versuchsende an. Diese Entwicklung wird auch nicht durch die drastische Reduzierung des Rehbestandes durch Hochwasser und Hegemaßnahmen in den Jahren 1983/84 beeinflußt. Wir sehen hier eine Parallele zu den Beobachtungen in einem Rotwild-Revier, in dem bei starkem Besatz die Äsungsflächen auf Ackerland ausgedehnt wurden; nach Reduktion der Tierzahl waren genügend Futterflächen im und am Wald, so daß die Ansteckungsbereiche in beiden Fällen gleich stark frequentiert wurden.

Beim Vergleich der Ergebnisse zweier Untersuchungsperioden (S: Mai bis Oktober bzw. W: November bis April) ergibt sich hier - wie auch von anderen Autoren berichtet -, daß in den Sommermonaten die Wurmbürde i.a. höher ist als in den Wintermonaten (Tab. 2 und 5), bedingt durch natürliches Ende einer Infektion bei fehlenden Reinfektions-Möglichkeiten und als Ausdruck eines immunbiologischen Einflusses vom Wirt auf den Parasiten. Zwischen den drei willkürlich gewählten Altersgruppen zeichnen sich keine gesicherten Unterschiede im Hinblick auf die Zahl der Würmer/Tier ab; allerdings weisen Kitze einen rechnerisch höheren Wurmbefall auf, aber eine statistische Signifikanz läßt sich mit diesem heterogenen Material mehrerer Jahre nicht erstellen. Desgleichen ergeben sich auch keine Unterschiede im Ausmaß der Wurmbürde zwischen männlichen und weiblichen Tieren.

Dominierend mit jeweils mehreren hundert Würmern/Reh sind Labmagen-Nematoden der Ostertagia-Spiculopteragia-Gruppe (O. leptospicularis, O. trifurcata, O. circumcincta, Sp. spiculoptera, Skrjabinagia kolchida) über die gesamte Berichtszeit und bei allen Tieren. Trichostrongylus colubriformis breitet sich nach Ende der Entwurmungsmaßnahmen rasch aus, ein gleiches gilt - wenn auch nicht so ausgeprägt - für Haemonchus contortus; bei beiden wird ein Extrembefall mit über 1600 Würmern erreicht. Großrahmig lassen sich für die weiteren festgestellten Nematoden keine Trends nachweisen; der allgemeine Befall variiert stark durch individuelle Infektionen.

Vergleicht man das Nematoden-Profil in diesem Revier mit dem von anderen Revieren, so muß man feststellen, daß erhebliche Unterschiede bestehen können. In einem links-rheinischen, in der Nähe befindlichen Rehbestand mit Entwurmung im Winterfutter, dominiert zwar auch "Ostertagia", jedoch treten andere Nematoden nur in geringem Umfang (weniger als 5 %) auf (DÜWEL, 1988). Das hier unterschiedliche Profil basiert aber nicht auf der Anthelminthika-Anwendung. Aus anderen, vergleichbaren Untersuchungen bei Rehwild ist ebenfalls ein zum Teil stark variierendes Nematoden-Profil abzulesen (CHROUST und OSAKWE, 1970; DUNN, 1965; ILG, 1969; KUTZER und KNAUS, 1969; HAUPT und STUBBE, 1981). Hierfür sind nicht nur die recht unterschiedlichen Ausgangsbedingungen verantwortlich zu machen, sondern auch die verschiedenen Biotope haben Einfluß auf Persistenz und Verbreitung von Infektionsstadien der Nematoden.

Die Befallsextensität (s. Tab. 4) in diesem Versuchsmaterial ist besonders ausgeprägt für Labmagen-Nematoden. Für alle Altersgruppen und während beider Perioden besteht eine nahezu gleichbleibende Befallshäufigkeit durch die Ostertagia-Spiculopteragia-Gruppe (bei i.a. mehr als 90 % der Tiere), mit Trichostrongylus axei (um die 50 %) und Haemonchus contortus (etwa 20 % der Tiere). Die Dünndarm-Nematoden Trichostrongylus colubriformis fanden wir vermehrt bei älteren, unerwartet Nematodirus filicollis vermehrt bei jüngeren Tieren. Die Präsenz von Oesophagostomum ist hier gleichfalls bei jüngeren Tieren häufiger, Chabertia ovina tritt in allen Gruppen auf, beide Nematoden aber verstärkt in der Zeit von November bis April. Für Trichuris ist schließlich ein mit dem Alter zunehmender Befall zu registrieren.

Die vorliegenden Befunde lassen keine eindeutige Aussage über die Schadwirkung von Wurmbefall zu. In 7 Aufbrüchen von Fallwild war nur einmal eine Bürde von 6070 Würmern (davon 4830 "Ostertagia") zu diagnostizieren, in den weiteren sechs Fällen schwankt der Befall zwischen 1420 bis 2370, aber bei 54 anderen Aufbrüchen von erlegtem Rehwild waren ebenfalls über 1500 (bis 5900) Nematoden nachweisbar. Ein gewisser Trend läßt sich jedoch im Wildbret-Gewicht ablesen. Bei gleitenden Übergängen konnten wir eine Gewichtsdepression nach Befall durch 1500 "Ostertagia" und mehr feststellen: einjährige Böcke hatten ein Gewicht von nur 7 - 8 kg im Vergleich zu 10 - 12 kg gleichaltriger Böcke unter denselben Voraussetzungen; entsprechende Gewichtsminderungen gibt es auch bei 3 - 4jährigen Böcken: 11 - 14 kg im Vergleich zu 18 - 23 kg.

Die Untersuchung von Losungsproben ist - und wird es in Zukunft sicher auch bleiben - ein Hilfsmittel, um eine Information über den Helmithenbefall in einem Revier zu erhalten. Jeder Untersucher sollte jedoch wissen, daß dieses nur ein <u>Hilfs</u>mittel ist und eine sichere Aussage nur aufgrund helminthologischer Befundung von Gescheiden möglich ist. Die in Tab. 5 zusammengefaßten Ergebnisse der parallel durchgeführten Untersuchungen rektaler Losungsproben und Wurmbürde/Tier zeigen die breite Variation. Im Prinzip sind beide Extreme vorhanden: hohe Wurmbürde und keine oder kaum Ausscheidung von Nematoden-Eiern bzw. andererseits geringe Wurmbürde und eine relativ hohe Ei-Ausscheidung. In den Monaten von Mai bis Oktober sind generell mehr Eier in Losungsproben zu diagnostizieren als in der Periode von November bis April. Hierin drückt sich der immunbiologische Status des Wirt : Parasit-Verhältnisses aus. Die Problematik der Aussage von Untersuchungen von Losungsproben wird besonders darin deutlich, daß in der Sommerperiode unabhängig von der Höhe der Wurmbürde in über 30 % der Proben keine Nematoden-Eier nachzuweisen waren, in der Winterperiode steigt dieser Prozentsatz sogar auf über 40 %. Die Kochsalz-Flotation bringt einen besseren Ei-Nachweis als die McMaster-Untersuchung.

Als Konsequenz unserer Untersuchungen sehen wir außer Einsatz von Anthelminthika keine Möglichkeiten einer Minderung von Befalls-Intensität und -Extensität. Die geringeren Gewichte stark befallenen Rehwildes sind ein Symptom eines schädigenden Einflusses durch Helminthen unter Einwirkung weiterer Faktoren. Wird dieser Schädigung nicht Einhalt geboten, muß für die Zukunft eine Beeinträchtigung des Gesundheitszustandes eines derartigen Bestandes mit allen folgenden, negativen Konsequenzen gerechnet werden. In der überschaubaren Versuchsperiode zeichnet sich keine natürliche Bewältigung der Schädigung oder eine Auslese ab.

Diese Untersuchungen waren durch die Überstellung von Aufbrüchen durch Herrn Dr. W. D i n g e l d e i n und Frau Dr. D. K a b i s c h, Staatl. Veterinäruntersuchungsamt Frankfurt/M, möglich, wofür vielmals gedankt sei.

Zusammenfassung

Wurmbefall bei Rehen (Capreolus capreolus) - Diagnostik und Befallsintensität aus mehreren Jahren

Im Zeitraum von 9 Jahren wurden 197 Aufbrüche von Rehen helminthologisch untersucht. Es dominierten Nematoden der Ostertagia-Spiculopteragia-Gruppe, vermehrt wurden Trichostrongylus axei, T. colubriformis und Haemonchus contortus festgestellt. Es besteht keine Relation zwischen Tieralter und Wurmbürde, die im Sommer höher ist als im Winter. Gleichfalls besteht kein eindeutiger Zusammenhang zwischen Wurmbürde und Schadwirkung, obwohl Labmagen-Nematoden offensichtlich das Wildbretgewicht beeinflussen. Der Nachweis von Nematoden-Eiern ist im Sommer ausgeprägter als im Winter. Es besteht keine Übereinstimmung zwischen der Eizahl im Kot und der Wurmbürde.

Summary

Helminthosis of Roe Deer (Capreolus capreolus) - Diagnosis and Intensity - Record of Several Years

Helminthological examinations were applied to 197 roe carcasses through nine years. Nematodes of the Ostertagia-Spiculoptragia group were predominant, but Trichostrongylus axei, T. colubriformis, and Haemonchus contortus were increasingly detected, as well. No relationship was found to exist between animal age and infestation which was higher in summer than in winter. No unambiguous correlation was established either between infestation and damage, although the game weight was obviously affected by abomasal nematodes. Positive detectability of nematode eggs in summer was more strongly pronounced than that in winter. No agreement was found to exist between number of eggs in faeces and degree of infestation.

Résumé

Envahissement aux vers des chevreuils (Capreolus capreolus) - diagnostic et intensité de l'ènvahissement pendant plusieurs années

Dans la période de neuf ans 197 autopsies de chevreuils ont été étudiées du point de vue helminthique. Des nématodes du groupe Ostertagia/Spiculoptragia ont dominé et une apparition plus fréquente des Trichostrongylus axei, T. colubriformis et Haemonchus contortus a été constatée. Il n'existe pas une relation entre l'âge de l'animal et la charge des vers qui en été est plus élevée qu'en hiver. Pareillement il n'y a pas une connexion évidente entre la charge des vers et le potentiel de maux, les nématodes de la caillette, cependant, ont une influence marquée au poids du gibier. En été l'identification des oeufs de nématodes est plus édidente qu'en hiver. Il n'y a pas une correlation entre le nombre des oeufs dans les excréments et la charge des vers.

Резюме

Заражение глистами ланей - многолетняя диагностика и степень интенсивности заражений

В течение 9 лет обнаружены у ланей I97 случаев заражения глистами. Доминировали нематоды группы Ostertagia-Spiculoptragia встречаются также Trichostrongylus axei, T.colubriformis, Haemonchus contortus Не обнаружена зависимость между возростом животных и видом гельминтов, проявляющихся летом чаще, чем зимой.Не выялена также зависимость между степенью зараженности и негативным действием, однако сычужные нематоды влияют на вес животных. Определение яиц нематод интенсивнее летом чем зимой.Нет корреляции между количеством яиц в кале и степенью заражения.

Literaturverzeichnis

CHROUST, K., and J.R. OSAKWE (1970): Comparative study of the morphometric signs of helminths of the roe-deer digestive system in two South-Morovian preserves. Acta vet. Brno 39, 297 - 306.

DUNN, A.M. (1965): The gastro-intestinal helminths of wild ruminants in Britain. I roe-deer, Capreolus capreolus. Parasitoloy 55, 739 - 745.

DÜWEL, D., KIRSCH, R., und B. TIEFENBACH (1979): Zur Behandlung des Nematoden-Befalls beim Wild mit Panacur. Berl.Münch. Tierärztl. Wschr. 92, 400 - 405.

DÜWEL, D. (1988): Mehrjährige Panacur-Behandlungen im Winter zur Kontrolle des Nematoden-Befalls bei Rehen (Capreolus capreolus L.). Z. Jagdwiss. (im Druck).

HAUPT, W., und I. STUBBE (1984): Untersuchungen über die Helminthenfauna des Labmagens vom Rehwild im Wildforschungsgebiet Hakel. Beitr. Jagd-Wild-Forsch. 13, 261 - 265.

ILG, V. (1969): Die Helminthen des Rehwildes im Schwäbischen Jura und ihre Bekämpfung mit Thiabendazol. Vet.-med. Diss., München.

KUTZER, E., und F. KNAUS (1969): Untersuchungen über die Endoparasitenfauna eines Rehbestandes in der freien Wildbahn. Z. Jagdwiss. 15, 62 - 72.

WETZEL, R. (1951): Verbesserte McMaster-Kammer zum Auszählen von Wurmeiern. Tierärztl. Umschau 6, 209 - 210.

Anschrift des Verfassers: Dr. D. Düwel
Hoechst AG, Helminthologie
Postfach 800320
D-6230 Frankfurt/M-80 (BRD)

Tabelle 1: Jahres-, alters- und geschlechts-mäßige Verteilung von untersuchtem Rehwild

Revier Kühkopf, 1979 - 1987

Jahr	Periode S	Periode W		Alters-Aufteilung bis 1,5 J.	1,5-4 J.	über 4 J.
1979/80*	0	17	m:	3	1	5
			f:	1	4	3
1980/81*	0	9	m:	1	1	2
			f:	2	2	1
1981/82*	0	15	m:	4	1	3
			f:	1	2	4
1982	9		m:		4	3
			f:	1	1	
1982/83		11+19^{+}	m:	1	8	7
			f:	2	11	1
1983	17^{+}+2		m:	6	1	1
			f:	8	3	
1983/84		9	m:	1	3	1
			f:		3	1
1984	8		m:		2	5
			f:			1
1984/85		10	m:	2	1	3
			f:	1	2	1
1985	13		m:	3	3	5
			f:			2
1985/86		17	m:	3	3	3
			f:	2	1	5
1986	9		m:	2	1	6
			f:			
1986/87		21	m:	3	4	3
			f:	3		8
1987	11		m:	6	2	1
			f:			2

S: Periode Mai/Oktober W: Periode November/April
m: männlich f: weiblich
+) ertrunken bei Hochwasser im April bzw. Mai 1983
*) Untersuchung während bzw. nach Anthelminthika-Gabe; ab 1982 keine Entwurmungsmaßnahmen

Tabelle 2: Durchschnitt von Helminthen-Befall und Helminthen-Profil bei Rehwild

Revier Kühkopf, 1979 - 1987

Jahr		Wurmbürde x/Tier	Helminthen-Profil in Prozent§ O-Sp.	T.a.	H.c.	T.c.	N.f.	Oe.	Ch.	Tr.	Sonst.
1979/80*	W	327,3	43,1	21,6	3,1	7,3	0,9	0,7	8,1	14,1	1,1
1980/81*	W	385,1	39,9	17,8	4,1	11,1	1,2	0,6	6,4	17,8	1,1
1981/82*	W	270,8	41,3	19,1	4,4	7,8	1,4	1,3	6,1	15,6	3,0
1982	S	566,5	59,8	5,1	4,9	11,1	1,1	0,9	3,9	12,4	0,8
1982/83	W	648,7	43,6	6,8	6,1	21,6	1,4	1,1	5,2	10,1	4,1
1983	S	489,0	49,7	4,7	6,0	20,5	0,9	1,2	6,8	6,4	3,8
1983/84	W	381,4	55,1	6,9	7,9	22,0	0,6	0,6	3,9	2,2	0,8
1984	S	995,6	65,0	3,9	5,6	20,1	0,7	0,3	4,1	0,2	0,1
1984/85	W	661,2	51,9	5,8	5,7	21,9	1,8	1,1	5,6	0,4	5,8
1985	S	1282,3	54,6	8,1	9,4	19,3	2,3	0,9	3,8	0,9	0,7
1985/86	W	954,7	50,1	7,8	6,1	23,7	1,5	0,1	2,7	0,1	6,9
1986	S	1431,7	48,7	9,2	4,9	25,8	4,1	0,1	5,9	0,4	0,9
1986/87	W	1058,4	46,4	10,4	11,5	22,4	2,5	0,3	4,2	0,4	1,9
1987	S	973,9	41,8	11,5	18,7	17,9	2,1	0,1	6,8	0,3	0,8

* Untersuchung während bzw. nach Anthelminthika-Gabe; ab 1982 keine Entwurmungsmaßnahmen

§ O-Sp = Ostertagia-Spiculopteragia-Gruppe
T.a. = Trichostrongylus axei
H.c. = Haemonchus contortus
T.c. = Trichostrongylus colubriformis
N.f. = Nematodirus filicollis
Oe. = Oesophagostomum spp.
Ch. = Chabertia ovina
Tr. = Trichuris spp.
Sonst. = Sonstige (Strongyloides, Cooperia, Capillaria)

Tabelle 3: Altersabhängige Befallsintensität mit Nematoden bei Rehwild[3] Revier Kühkopf, 1979 - 1987

Gruppe/Periode	n	O-S	T.a.	H.c.	T.c.	N.f.	Oe.	Ch.	Tr.	Sonst.
bis 1,5 Jahre										
1979-1981*	12	122 0- 380	63 10- 100	14 0- 40	34 0- 40	28 10- 80	5 0- 10	12 0- 20	43 10- 80	4
1982-1984	22	841 40-3320	51 0- 770	97 0-1060	274 0-1120	17 0- 220	26 0- 40	31 0- 90	29 0- 60	72
1985-1987	22	980 20-3150	111 0- 410	167 0-1670	460 60-1680	181 0- 530	35 0- 110	16 0- 50	27 0- 80	34
1,5 - 4 Jahre										
1979-1981*	11	109 0- 240	52 0- 80	18 0- 40	55 0- 80	12 0- 20	8 0- 20	19 0- 80	52 10- 80	5
1982-1984	39	784 25-4830	49 10- 120	61 10- 340	137 40-420	66 30- 120	41 0- 80	79 0- 110	47 0- 240	32
1985-1987	14	840 10-5040	92 0- 300	195 0- 510	370 0- 980	135 0- 260	145 0- 450	188 0- 530	71 0- 190	99
über 4 Jahre										
1979-1981*	18	100 0- 260	56 0- 100	17 0- 40	60 0- 80	20 0- 40	6 0- 10	14 0- 40	51 10- 100	4
1982-1984	24	557 0-2160	84 0- 410	38 0- 500	122 10- 530	31 0- 170	35 0- 120	55 0- 170	68 0- 220	18
1985-1987	35	680 0-1320	73 0- 180	84 0-1150	260 0- 370	90 0- 180	131 0- 320	75 0- 170	96 0- 210	66

Legende siehe Tabelle 2

[3] Angabe von Mittelwerten und Schwankungsbreite

* Untersuchung während bzw. nach Anthelminthika-Gabe, ab 1982 keine Entwurmungsmaßnahmen

Tabelle 4: Altersabhängige Befallsextensität mit Nematoden beim Rehwild[2]

Revier Kühkopf, 1979 - 1987

Alter:	bis 1,5 Jahre				1,5 - 4 Jahre				über 4 Jahre			
Periode:	S		W		S		W		S		W	
Stückzahl:	26		30		17		47		26		51	
Labmagen:												
O-Sp	26	100 %	29	96,7%	14	82,4%	46	97,9%	22	84,1%	50	98,0%
T.a.	12	46,2%	17	56,7%	9	52,9%	25	53,3%	18	69,2%	27	52,9%
H.c.	7	26,9%	10	33,3%	3	17,7%	7	14,9%	5	19,2%	11	21,6 %
Dünndarm:												
T.c.	9	34,1%	11	36,7%	10	58,8%	38	80,9%	22	84,6%	45	88,2%
N.f.	13	50,0%	21	70,0%	2	11,8%	15	31,9%	3	11,5%	9	17,7%
Dickdarm:												
Oe.	15	57,7%	16	53,3%	3	17,7%	19	40,4%	7	26,9%	22	43,1%
Ch.	5	19,2%	14	46,7%	5	29,4%	30	63,8%	7	26,9%	21	41,2%
Tr.	15	57,7%	27	90,0%	12	70,6%	37	78,7%	24	92,3%	50	98,0%

Legende: siehe Tabellen 1 und 2

[2] Angaben in Stückzahl und prozentualer Anteile

Tabelle 5: **Losungsbefund in Relation zur Wurmbürde bei Rehwild**
Angaben nach Flotations- und McMaster-Untersuchung

Revier Kühkopf, 1982 - 1987

Alter (Jahre)	Wurmbürde ($\bar{x}$)	n	Flotation[a] EpG[a] 0/0	+/0	+/66-132	++/66-132	++/über 132
Versuchsperiode S: Mai/Oktober							
bis 1,5	bis 500	3	1	1			1
	501 - 2000	9	4	1	2	1	1
	über 2001	6	1	2	2		1
1,5 - 4	bis 500	3	1			1	1
	501 - 2000	5	2	2		1	
	über 2001	2	1				1
über 4	bis 500	3	1	1	1		
	501 - 2000	11	3	3		4	1
	über 2001	6	1	2	1	1	1
Versuchsperiode W: November/April							
bis 1,5	bis 500	3	1	2			
	501 - 2000	6	1	4		1	
	über 2001	3	1	1		1	
1,5 - 4	bis 500	11	5	2	3		1
	501 - 2000	10	2	3	3	1	1
	über 2001	7	3	2	1	1	
über 4	bis 500	9	5	4			
	501 - 2000	8	3	4		1	
	über 2001	6	1	4		1	

a) Kochsalz-Flotation bzw. Eier pro Gramm nach McMaster-Methode

Aus dem Forschungsinstitut für Wildtierkunde (Vorstand: O. Univ.Prof. Dr. K. ONDERSCHEKA) der Veterinärmedizinischen Universität Wien

VERGLEICHENDE ENDOPARASITOLOGISCHE UNTERSUCHUNGEN AN SCHWARZWILD AUS GATTERN MIT UND OHNE ANWENDUNG VON ANTHELMINTHIKA

Von Theodora Steineck, J. Olalde Quintanar und K. Onderscheka

In Österreich werden, wie in vielen anderen Ländern Europas auch, in zunehmendem Maße Wildschweine zum Ziel der jagdlichen Nutzung aber auch der extensiven Fleischproduktion in Gattern gehalten. Bei dieser Gatterhaltung besteht fast ausnahmslos eine Wilddichte, die weit über der in freier Wildbahn liegt und damit die Gefahr der Ausbreitung von Parasitosen.

BOCH und HÖRCHNER (1961), HAUPT und STUBBE (1975), HENNE et al. (1978), KUTZER und HINADY (1971), PÁV und ZAJÍČEK (1972) untersuchten das Endoparasitenspektrum des Schwarzwildes, von dem vor allem ein häufiger und intensiver Metastrongylidenbefall, aber auch ein solcher mit Darmnematoden zu Wildbretverlusten und Todesfällen führt. Um diese wirtschaftlichen Verluste so gering wie möglich zu halten, wird in den meisten Gehegen eine medikamentelle Prophylaxe und Therapie durchgeführt (KUTZER, 1978, 1981; KUTZER und PROSL, 1979).

Ziel dieser Arbeit war es, die Auswirkung der Verabreichung eines Anthelminthikums auf die Verparasitierung der Wildschweine zu prüfen. Zu diesem Zweck wurden Wildschweine aus einem Gehege, in dem im Hinblick auf den Endoparasitenbefall noch nie prophylaktische oder therapeutische Maßnahmen getroffen wurden (Gehege I), vergleichend mit einer Population aus einem Gehege, in dem durch viele Jahre hindurch regelmäßig Anthelminthika zur Anwendung gelangten (Gehege II), untersucht.

Als Anthelminthikum wurde Fenbendazol (Panacur^{R} Pulver 4 %) in Form eines pelletierten Arzneifuttermittels in einer Dosierung von 150 mg/kg Futter über 5 Tage verabreicht. Frischlinge erhielten es in Frischlingsrechen aus Futterautomaten, die älteren Wildschweine breitflächig auf Betonboden gestreut.

Der Schwarzwildbestand betrug im Gehege I während des Versuchszeitraumes ca. 600 Tiere auf 2600 ha, jener im Gehege II 450 Stück auf 1200 ha (OLALDE, 1986). Das Untersuchungsmaterial (Lunge und Darmtrakt von Dünndarm bis zum Rektum) wurde in beiden Gehegen während der Jagdzeit gesammelt und sowohl koprologisch als auch nativ untersucht. Aus dem Gehege I, wo keine Anthelminthika angewendet wurden, standen 36 Lungen und 38 Darmtrakte zur Untersuchung zur Verfügung, aus dem Gehege II sind 48 Lungen und Darmtrakte beurteilt worden. Für den statistischen Vergleich zwischen den beiden Untersuchungsgehegen wurde der U-Test (Rangtest von Mann und Whitney) verwendet (SACHS, 1978).

Ergebnisse und Diskussion

In Tabelle 1 sind die vorgefundenen Parasitenarten, die Häufigkeit ihres Vorkommens und ihre durchschnittliche Anzahl dargestellt.

Tabelle 1: Vorgefundene Parasitenarten bei den Wildschweinen im Gehege I und Gehege II

Parasitenart	Befallshäufigkeit (%)		Ø Wurmanzahl	
	I	II	I	II
Gnathostoma hispidum	0,0	13	-	30
Ascarops strongylina	0,0	9	-	28
Physocephalus sexalatus	0,0	2	-	10+)
Globocephalus urosubulatus	92	81	228	116
Strongyloides ransomi	8	0,0	10	-
Ascaris suum	5	9	27	13
Macracanthorhynchus hirudinaceus	0,0	26	-	18
Trichuris suis	3	45	60+)	49

Parasitenart	Befallshäufigkeit (%) I	II	∅ Wurmanzahl I	II.
Oesophagostomum dentatum	42	2	93	60+)
Oesophagostomum quadrispinulatum	34	2	92	30+)
Oesophagostomum spezies++)	5	9	45	1
Metastrongylus salmi	79	85	77	33
Metastrongylus pudendotectus	70	68	95	144
Metastrongylus Apri	76	87	51	62
Metastrongylus confusus	3	0,0	4+)	-
Metastrongylus spezies++)	81	79	29	24
Eimeria spez.	71	44	-	-

I: Gehege I, keine Anthelminthikumanwendung
II: Gehege II, Anthelminthikumanwendung
+) nur 1 Tier
++) nicht differenzierbar, da deformierte Würmer vorhanden waren

Tabelle 2 gibt einen Überblick über die Befallsextensität und -intensität in Lunge und Magendarmtrakt ohne Berücksichtigung des Alters. In Tabelle 3 ist der Endoparasitenbefall bei Frischlingen dargestellt.

Tabelle 2: Befallsextensität und -intensität in beiden Gehegen

Probenmaterial		n	davon positiv (%)	befallene Tiere %G	%M	%H	Zahl der Parasiten	x̄
Dünndarm	I	38	95	30	31	39	8330	219+++)
	II	48	85	73	7	20	4740	99
Blinddarm	I	38	42	80	20	0	970	26+)
	II	48	23	100	0	0	190	4
Dickdarm	I	38	37	79	0	21	1850	49
	II	48	46	86	9	5	1170	24
Lunge	I	36	89	31	22	47	7103	197
	II	48	96	53	11	36	9585	200

n: Zahl der untersuchten Proben
G: geringgradig (0-100 Parasiten)
M: mittelgradig (101-200 Parasiten)
H: hochgradig (mehr als 200 Parasiten)
x: Durchschnittswert
+++) $p < 0,001$
++) $p = 0,01$ bis 0,001
+) $p = 0,05$ bis 0,01
I: Gehege I, keine Anthelminthikumanwendung
II: Gehege II, Anthelminthikumanwendung

Tabelle 3: Parasitenbefall der Frischlinge in beiden Gehegen

Probenmaterial		n	davon positiv (%)	befallene Tiere %G	%M	%H	Zahl der Parasiten	x̄
Dünndarm	I	28	96	29	30	41	6400	229+++)
	II	26	85	86	9	5	1230	47
Blinddarm	I	28	36	90	10	0	440	16
	II	26	42	100	0	0	172	7
Dickdarm	I	28	21	100	0	0	200	7+++)
	II	26	77	85	10	5	1040	40
Lunge	I	26	96	27	19	54	6369	245
	II	26	96	60	8	32	5421	208

n: Zahl der untersuchten Proben
G: geringgradig (0-100 Parasiten)
M: mittelgradig (101-200 Parasiten)
H: hochgradig (mehr als 200 Parasiten)
x: Durchschnittswert
+++) $p < 0,001$
++) $p = 0,01$ bis 0,001
+) $p = 0,05$ bis 0,01
I: Gehege I, keine Anthelminthikumanwendung
II: Gehege II, Anthelminthikumanwendung

Im folgenden sollen hauptsächlich die Ergebnisse der Nativuntersuchungen von Lunge und Verdauungstrakt diskutiert werden, da die bei der koprologischen Untersuchung feststellbare Eiausscheidungsrate keinen eindeutigen Rückschluß auf die tatsächliche Wurmbürde zuläßt (BARTH, 1972). Die Eiausscheidungsrate ist meist geringer als es dem effektiven Befall entspricht, da nicht bei jedem Kotabsatz Parasitenprodukte mit abgehen. Deshalb kann die koprologische Untersuchung zwar zur groben Orientierung über den Stand der Verparasitierung in einem Gehege dienen, exakte Ergebnisse erhält man aber doch nur durch direkte Untersuchung der Organe (Darm, Lunge).

Der Kokzidienbefall wird jedoch nur anhand der Untersuchungsergebnisse des Enddarmkotes beurteilt, da keinerlei pathologisch-anatomische Veränderung am Darm, die für einen Kokzidienbefall typisch sind, festgestellt werden konnten. Im Gegensatz zu anderen Autoren (BAETTIG, 1986; KUTZER, 1971) wurden Kokzidien mit 71 % im Gehege I und mit 44 % im Gehege II häufiger festgestellt.

Die Untersuchungsbefunde hinsichtlich des Lungenwurmbefalles zeigten bei Tieren aus dem Gehege I, wo noch nie ein Anthelminthikum angewendet wurde, daß die Gesamtpopulation (89 %), sowie alle Altersklassen (Frischlinge 96 %, Überläufer 67 % und ältere Tiere 71 %), zu einem hohen Prozentsatz mit Metastrongyliden befallen waren.

Im Gehege II, in dem Anthelminthika ausgebracht wurden, war aufgrund des derzeitigen Stand des Wissens eine Auswirkung dieser Maßnahme auf diese wichtige Helminthose des Wildschweines zu erwarten. Entgegen diesen Erwartungen erwies sich aber die Befallsextensität mit Metastrongyliden mit 96 % als insgesamt höher als im Gehege I (89 %). Besonders auffällig war dieser Unterschied bei den Überläufern, die im Gehege II alle einen Befall mit Metastrongyliden aufwiesen, im Gehege I waren es dagegen nur 67 %. Auch die älteren Tiere waren im Gehege II häufiger (92 %) befallen als jene aus dem Gehege I (71 %). Bei den Frischlingen lag mit 96 % in beiden Gehegen die gleiche, hohe Befallsintensität vor.

Betrachtet man jedoch die Befallsintensität, so war doch im Gehege mit Behandlung ein höherer Prozentsatz, nämlich 53 % nur geringgradig befallen, wogegen im unbehandelten Gehege insgesamt 47 % der Tiere hochgradig befallen waren.

Trennt man das Untersuchungsergebnis nach Altersklassen, so konnte bei den Frischlingen im Gehege II öfter eine geringere Intensität festgestellt werden als im Gehege I. Bei den Tieren, die älter als 2 Jahre waren, gab es die wenigsten hochgradig befallenen Individuen. Demnach machte sich eine altersbedingte Resistenz deutlich bemerkbar. Ein Grund, weshalb in dem Gehege, in dem die Wildschweine einer Behandlung unterzogen wurden, die Häufigkeit des Metastrongylidenbefalles entgegen den Erwartungen nicht deutlich geringer war, könnte in der Möglichkeit einer Neuinfektion im Zeitraum zwischen der Behandlung und der Untersuchung liegen.

Außer den Metastrongyliden können auch einige im Verdauungskanal parasitierende Nematodenarten eine Gefahr für die Gesundheit des Wirtstieres darstellen. Dazu zählen Haken- und Spulwürmer, Peitschenwürmer und Knötchenwürmer. Dabei kommt den im Dünndarm schmarotzenden Parasiten die größte Bedeutung zu, da sie ihre schädigende Wirkung in jenem Darmabschnitt, in dem zum überwiegenden Teil die Resorption der Nährstoffe erfolgt, ausüben (SCHEUNERT und TRAUTMANN, 1976).

Aus diesem Grund wird der Parasitenbefall des Dünndarmes als Beurteilungskriterium für den Grad der Gesundheitsgefährdung herangezogen. Sowohl die Befallsextensität als auch die Befallsintensität mit Dünndarmparasiten war bei den Tieren aus dem Gehege II geringer als bei den unbehandelten Wildschweinen aus dem Gehege I. Dies trifft für alle Altersklassen und gleichermaßen für männliche und weibliche Wildschweine zu. Bezogen auf die Gesamtpopulation war der Unterschied in der Intensität sogar hochsignifikant, ebenso bei Frischlingen und männlichen Tieren.

Eine Ausnahme bildete die Befallsintensität im Dickdarm von Frischlingen aus dem Gehege II, die signifikant stärker mit Dickdarmnematoden befallen waren als die Frischlinge aus dem anderen Gehege. Dieses Ergebnis ist sicher hauptsächlich auf das wesentlich häufigere Vorkommen von Trichuris suis zurückzuführen. Diese Parasiten waren in diesem Gatter die zweithäufigste festgestellte Darmnematodenart.

Der Grund für das wesentlich häufigere Vorkommen von Trichuris suis im Gehege II könnte folgender sein: nach dem 2. Weltkrieg war die Mauer des Geheges II lange Zeit beschädigt, sodaß immer wieder Hausschweine in das Gehege eindringen konnten. Es ist anzunehmen, daß diese vermutlich kaum therapierten Haustiere das Gehege mit Eiern von Trichuris suis stark kontaminierten. Die hohe Widerstandsfähigkeit der Eier und ihre langanhaltende Infektiosität, die für die Neuinfektion entscheidend gewesen sein dürften, verwischt den möglichen Einfluß der medikamentellen Behandlung, da das angewendete Anthelminthikum auch gegen Trichuris suis wirksam ist.

Bei Betrachtung aller Befunde kann schlußfolgernd gesagt werden, daß die Ausbringung des Medikamentes einen Einfluß auf den Darmparasitenbefall im Sinne einer Reduzierung der Befallsextensität und -intensität gehabt hat, wobei vor allem die Befreiung der Frischlinge von der Wurmbürde hervorzuheben ist. Hinsichtlich des Metastrongylidenbefalles war eine Wirksamkeit nur bezüglich der Intensität gegeben, da im unbehandelten Gehege ein wesentlich geringerer Prozentsatz nur geringgradig befallen war.

Zusammenfassung

Vergleichende endoparasitologische Untersuchungen an Schwarzwild aus Gattern mit und ohne Anwendung von Anthelminthika

Der Endoparasitenbefall von Wildschweinen unterschiedlichen Alters aus 2 Gehegen wurde verglichen. In einem Gehege wurde seit mehreren Jahren Fenbendazol (Panacur[R]) in einer Dosierung von 150 mg/kg Futter an 5 Tagen ausgebracht, im anderen Gehege wurden noch nie Anthelminthika angewendet. Im letztgenannten Gehege war sowohl die Befallsextensität als auch die -intensität und Darmnematoden höher, hinsichtlich des Metastrongylidenbefalles bewirkte die Medikamentenapplikation eine Reduzierung der Intensität. Dies erscheint vor allem für die Entwicklung der Jungtiere von Bedeutung.

Summary

Comparison of the Endoparasitic Infestation of Wild Boars in Enclosures with and without Anthelminthic Treatment

The endoparasitism of wild boars of different age, living in two enclosures was compared. In one of these enclosures Fenbendazol had been administered for several years by means of medicated food (150 mg/kg food) during 5 days, whereas in the other enclosure anthelminthic drugs never had been used. In this enclosure the extensity as well as the intensity of nematodes of the gut was higher than in the enclosure with treatment. The administration of the anthelminthic drug also led to a reduction of the intensity of the metastrongylid infestation, which seems to be important for the development of young animals, especially.

Résumé

Examinations endoparasitologiques comparees a sangliers dans deux enclos avec et sans traitement anthelminthique

L'endoparasitism des sangliers d'ages differentes dans deux enclos etait comparé. Dans un enclos Fenbendazol (150 mg/kg nourriture/5 jours) etait administre pedant quelques ans, dans l'autre enclos un traitement anthelminthique ne jamais existait. Dans cet enclos l'extensité et l'intensité des parasites d'intestin etaient plus élevé. Le traitement anthelmintique fait egalement une reduction de l'intensité des metastrongylides, un effet plus important pour le développement des animaux jeunes.

Резюме

Сравнительные эндопаразитологические исследования у чёрной дичи из Гаттерн без и с применением антигельминтики

Сравниваются заражения диких свиней различного возраста в двух огороженных стойлах эндопаразитами. В одном стойле многие годы применялся фебендазол в дозе 150мг/кг пищи каждый 5 день, в другом антигельминтика не употреблялась. Во вторм случае наблюдалось более интенсивное заражение кишечными нематодами. Медикамент снижает интенсивность заражения метастронгилидиями. По всей вероятности это играет большую роль при развитии молодняка.

Literaturverzeichnis

BAETTIG, M. (1985/86): Untersuchungen zum Parasitenbefall beim Wildschwein (Sus scrofa L.) in der Schweiz. Jagd und Hege H. 1-6/85 und H. 1/86.

BARTH, D. (1972): Vorkommen, Diagnose und Therapie des Magen-Darm-Nematodenbefalles bei Reh- und Rotwild. Dtsch. tierärztl. Wschr. 79, 508 - 514 und 559 -

BOCH, J., und F. HÖRCHNER (1961): Untersuchung über Helminthen des Schwarzwildes. Zschr. f. Parasitenkd. 21, 113 - 122.

HAUPT, W., und I. STUBBE (1975): Endoparasitologische Untersuchungen an Schwarzwildpopulationen (Sus scrofa L.) des Wildforschungsgebietes Hakel. Beiträge zur Jagd- und Wildforschung 19, 195 - 203.

HENNE, E., NICKEL, S., und T. HIEPE (1978): Untersuchungen zum Helminthenvorkommen beim europäischen Wildschwein (Sus scrofa L.). Angew. Parasitol. 19, 52 - 57.

KUTZER, E., und K.H. HINAIDY (1971): Die Parasiten der Wildschweine (Sus scrofa L.) Österreichs. Zschr. f. Parasitenkd. 35, 205 - 217.

KUTZER, E. (1978): Die Behandlung der Metastrongylose in Wildschweingehegen. Tierärztl. Praxis 6, 325 - 334.

KUTZER, E. und H. PROSL (1979): Zur anthelminthischen Wirkung von Fenbendazol (Panacur®) bei Rothirsch (Cervus elaphus hippelaphus) und Wildschwein (Sus scrofa). Wien. tierärztl. Mschr. 66, 285 - 290.

OLALDE QUINTANAR, J. (1986): Vergleich des Befalles mit Eingeweideparasiten bei Wildschweinen (Sus scrofa Linné) in Großgehegen mit und ohne Einsatz von Anthelminthika. Vet. Diss. Wien.

PAV, Z.J., und D. ZÁJIČEK (1972): Epizootologie der Helminthen Ascarops strongylina (Rud.) und Physocephalus sexalatus (Molin) bei Gatter-Schwarzwild (Sus scrofa L.). Zschr. f. Jagdwiss. 18, 6 - 15.

SACHS, L. (1978): Angewandte Statistik. 5. Auflage, Berlin-Heidelberg-New York: Springer.

SCHEUNERT, A., und A. TRAUTMANN (1976): Veterinär-Physiologie. 6. Aufl., Hamburg und Berlin: Paul Parey.

Anschrift der Verfasser: Dr. Theodora Steineck
Forschungsinstitut für Wildtierkunde
der Veterinärmedizinischen Universität Wien
Savoyenstraße 1
A - 1160 Wien (Österreich)

From Department of Zoology, Jhargram Raj College, Jhargram, Dist. Midnapur, West Bengal, India

INTESTINAL PROTOZOA OF SOME WILD ARTIODACTYLS OF SUNDARBANS AND BETLA FORESTS

By D. Mandal and A. Choudhury

Introduction

Sundarbans Tiger Reserve forest (West Bengal) and Betla forest under the Palamau Tiger Reserve (Bihar) differ from each other for flora, fauna, and environmental factors. However, Axis axis is the artiodactyl common in both forests. On the other hand, the Sundarban harbours another member of the order, Sus scrofa. The Betla forest shelters Cervus unicolor, Boselaphus tragocamelus, and Bos gaurus. The authors while investigating communicable diseases of Indian wild mammals during 1977 - 1980 encountered several protozoan parasites in different animals. This communication is to present a review of the parasites so far recorded from free-living wild artiodactyls of two important Tiger Reserves of India.

Material and methods

The investigation was conducted mainly by examining fresh faecal samples of animals collected from the forests. The samples were examined under the microscope immediately after collection and then permanent slides were prepared by staining with Heidenhain haematoxylin. In cases in which there were too few parasites, in vitro cultures were maintained to obtain sufficient numbers of parasites for permanent slide preparation.

Results and discussion

The spotted deer Axis axis was found to harbour Eimeria cervis (MANDAL and CHOUDHURY, 1982), Monocercomonas ruminantium (MANDAL and CHOUDHURY, 1984) and Entamoeba cervis (MANDAL and CHOUDHURY, 1981). The spotted deer of both forests were found to bear similar types of parasites except Eimeria.

Wild boar of Sundarbans, Sus scrofa, was found to be infected by Balantidium coli (MANDAL and CHOUDHURY, 1985), Copromonas ruminantum, and Tetratrichomonas buttreyi. Normally, the frequency of flagellates in fresh faeces was not high. Copromonas was found to grow well in cold culture (NOBLE, 1956), while Tetratrichomonas was maintained in the medium formulated by DOBELL and LAIDLAW (1926).

Entamoeba chattoni was found in the faecal samples of Cervus unicolor. The protozoon was found to share also monkeys and spotted deer (MANDAL, 1982). E. chattoni has been described by different authors as a common intestinal amoeba of monkeys (SALIS, 1941; HOARE, 1959; LEVINE, 1961). No detailed information is available regarding its host specificity and distribution. Both monkeys and deer share a common habitat in the forest complex. The close association formed by the occurrence of monkeys in the canopy and deer on the floor of the forest complex may have facilitated the infection of amoeba between the two groups of hosts.

Entamoeba antilocapra has been encountered in stool samples of Boselaphus tragocamelus. This protozoon was first discovered by NOBLE (1953), and the authors of this paper have reported its occurrence also in India (MANDAL and CHOUDHURY, 1987).

Entamoeba bovis the common bovine intestinal amoeba was recorded from faeces of the Indian bison, Bos gaurus. Eimeria bovis and Isospora bisoni, too, were recorded from the same host (MANDAL and CHOUDHURY, 1983).

All parasites mentioned in this report are known to be non-pathogenic, and in the present observation no clinical sign of pathogenicity was detected. However, their pathogenic impact on heterologous hosts cannot be ruled out.

Acknowledgement

The authors are thankful to the authorities of Palamau Tiger Reserve and Sundarbans Tiger Reserve for their permission to work in the forests. One of the authors (DM) thankfully acknowledges the financial assistance given by the Ministry of Agriculture and Irrigation, Govt. of India, through the President, Forest Research Institute and Colleges, D e h r a D u n .

Summary

Intestinal protozoa of some wild artiodactyls of Sundarbans and Betla forests

Intestinal protozoa recorded from the wild artiodactyls of Sundarbans and Betla forests, India, are reported in this paper. The investigation was conducted on Axis axis, Cervus unicolor, Boselaphus tragocamelus, Bos gaurus, and Sus scrofa.

Zusammenfassung

Darmprotozoen von einigen wildlebenden Artiodactyla des Sundarbans und Betla forests

Es wird über parasitologische Untersuchungsergebnisse bei Axis axis, Cervus unicolor, Boselaphus tragocamelus, Bos gaurus und Sus scrofa berichtet.

Résumé

Protozoaires des intestins chez quelques artiodactylés sauvages de Sunderban et Betla Forests

Rapport sur les résultats des examens parasitologiques des Axis axis, Cervus unicolor, Boselaphus tragocamelus, Bos gaurus et Sus scrofa.

Резюме

Кишечные протоцоа унекоторых диких Artiodactyls из Зундарбанс и Бетла форетс

Сообщается о паразитологических исследованиях у Axis axis, Cervus unicolor, Boselaphus tragocamelus, Bos gaurus, Sus scrofa.

References

DOBELL, C., and P. P. LAIDLAW (1926): On the cultivation of Entamoeba histolytica and some other entozoic amoeba. Parasitology 18, 283 - 318.

HOARE, C. A. (1959): Amoebic infections in animals. Vet. Rev. Annot. 5, 91 - 102.

LEVINE, N. D. (1961): Protozoan parasites of domestic animals and of man. Minneapolis, Minnesota: Burgess Publ. Co.

MANDAL, D. (1982): Investigations on protozoan parasites of wild mammals of Sundarbans and Betla forests. Ph. D. Thesis, Calcutta University.

MANDAL, D., and A. CHOUDHURY (1981): Studies into Entamoeba of cervid animals in Sundarbans Tiger Reserve and Calcutta Zoological Garden. Verh.ber. Erkrg. Zootiere 23, 179 - 184.

MANDAL, D., and A. CHOUDHURY (1982): Intestinal coccidia in spotted deer (Axis axis) in Sundarbans Tiger Reserve. Verh.ber. Erkrg. Zootiere 24; 327 - 330.

MANDAL, D., and A. CHOUDHURY (1983): Coccidian parasites of some wild mammals in Betla forest, Palamau Tiger Reserve, Bihar, India. Verh.ber. Erkrg. Zootiere 25, 309 - 313.

MANDAL, D., and A. CHOUDHURY (1984): On two trichomonad flagellates from the wild boar and deer of Sundarbans forest, India. J. Beng. Nat. Hist. Soc. 3 (2), 36 - 40.

MANDAL, D., and A. CHOUDHURY (1985): On the parasitofauna of some wild mammals of a mangrove forest Sundarbans, India. The Mangroves: Proc. Nat. Symp. Biol. Util. Cons. Mangroves, 453 - 455.

MANDAL, D., and A. CHOUDHURY (1987): Protozoan parasites of wild mammals in Betla forest, India. Verh.ber. Erkrg. Zootiere 29, 363 - 365.

NOBLE, G. A. (1953): An intestinal amoeba from the prong-horned antelope. Trans. Am. Micros. Soc. 72, 248 - 252.

NOBLE, G. A. (1956): Cold culture. J. Parasitol. 42, 581 - 583.

SALIS, H. (1941): Studies on the morphology of the Entamoeba histolytica like amoeba found in the monkey. J. Parastitol. 27, 327 - 341.

Address of authors: Dr. D. Mandal
Jhargram Raj College
Jhargram, Dist. Midnapur
West Bengal (India)

Aus dem Zoologischen Garten Łódź (Direktor: Dr. A. SOSNOWSKI)

HELMINTHOSEN BEI ZOOWIEDERKÄUERN

Von Ewa Zuchowska

In zoologischen Gärten gewinnen die Wiederkäuer mit den zahlreichen seltenen Arten in den letzten Jahren immer größere Bedeutung. Ein wichtiges veterinärmedizinisches Problem bei diesen Tieren bilden die Helminthosen, vor allem die Nematodosen. Die Nematodenfauna bei den Zoowiederkäuern ist mannigfaltig, wobei die einzelnen Familien eine unterschiedliche Rolle spielen. An erster Stelle sind die überall auftretenden Trichostrongyliden mit direktem Entwicklungweg zu erwähnen. Die Magen-Darmwürmer sind weit verbreitet, und es gibt keine Zooruminantia, die nicht davon betroffen sind. Es ist aber schwer, die Wirtsspezifität für die einzelnen Trichostrongylidenarten abzuschätzen. Die Pathogenität der Magen-Darmwürmer, besonders der Subfamilie Ostertaginae, ist bekannt. Die Trichostrongylidosen verlaufen mit deutlichen Krankheitserscheinungen wie Appetitlosigkeit, Durchfall und Abmagerung. Nicht selten verursachen sie auch größere Tierverluste. Einige von ihnen wie z.B. Ostertagiosen und Nematodirosen können bei der Anwendung verschiedener Anthelminthika eine Therapieresistenz aufweisen.
Ähnlich wie die Trichostrongyliden sind auch die Peitschenwürmer (Trichocephalus) unter den Zootieren weit verbreitet. Diese Helminthen treten praktisch bei allen Wiederkäuerarten auf. Bei sehr hoher Invasionsextensität ist die Intensität dagegen niedrig. Die Pathogenität der Peitschenwürmer ist im allgemeinen als unbedeutend einzuschätzen. Manche Wiederkäuerarten (Altweltkamele und Giraffen) erweisen sich jedoch als besonders empfindlich. Die Invasionsintensität beträgt oft bis zu 10.000 Peitschenwürmer. Nematoden sind, außer im Dickdarm, auch im Dünndarm und sogar im Magen zu finden. Bei einer Giraffe wurden z.B. im 5 ml Darminhalt 337 Nematoden ermittelt. In solchen Fällen ist die Trichocephalose zweifellos auch als Todesursache einzuschätzen.

Andere Nematoden, wie z.B. aus den Familien Strongyloididae, Strongylidae, Ancylostomatidae, Syphaciidae und Ascarididae, treten viel seltener auf. Die Invasionen verlaufen gewöhnlich ohne Krankheitssymptome. Erscheinungen wie Durchfälle und Appetitlosigkeit wurden bei jungen Tieren einiger Wirtstierarten, wie z.B. Mufflons und Hirschziegenantilopen, durch Zwergfadenwürmer (Strongyloididae) verursacht.

Von Lungenwürmern (Dictyocaulus filaria) waren vor allem Altweltkamele befallen. Die Invasionsintensität war in der Regel sehr hoch und der Krankheitsverlauf schwer. Die zweite Art Dictyocaulus viviparus wurde nur einmal bei Wisenten nachgewiesen. Von den Trematoden spielt nur die Familie Fasciolidae eine Rolle. Der große Leberegel (Fasciola hepatica) wurde lediglich in Einzelfällen nachgewiesen. Die Invasionsintensität war dagegen auffällig, ohne daß deutliche Krankheitssymptome auftraten. Die Wiederkäuer im Zoo Łódź waren niemals End- oder Zwischenwirte für Zestoden. Alle von uns getroffenen Feststellungen basieren auf Beobachtungen im parasitologischen Laboratorium des Zoo Łódź. Sie betreffen nicht die aus der freien Wildbahn neu zukommenden und erst kurze Zeit im Zoo gehaltenen Tiere.

Zusammenfassung

Helminthosen bei Zoowiederkäuern

Es werden die Untersuchungsergebnisse über die Helminthosen bei Zoowiederkäuern im Zoo Łódź besprochen. Zestoden wurden niemals nachgewiesen. Als Trematoden wurden nur Fasciola hepatica in Einzelfällen ermittelt. Von den Nematoden haben die Magen-Darmwürmer (Trichostrongylidae), Peitschenwürmer(Trichocephalus) und Lungenwürmer (Dictyocaulidae) die größte Bedeutung.

Summary

Helminthoses of Zoo Ruminants

Discussed in this paper are results obtained from examinations of zoo ruminants with helminthoses in the Zoological Garden of Łódz. Cestodes were not detected at all. Fasciola hepatica was the only trematode species recordable in few cases. Gastro-intestinal worms (Trichostrongylidae), whipworms (Trichocephalus), and lungworms (Dictyocaulidae) were found to be the most important nematodes.

Résumé

Helminthiases chez les ruminants des zoos

L' auteur discute les résultats des helminthiases chez les ruminants dans le zoo de Lodz. Des cestodes ne furent jamais identifiées. A propos des trématodes dans quelques cas individuels on n'a trouvé que Fasciola hepatica. Parmi les nématodes les vers gastro-intestinaux (Trichostrongylidés), les vers de fouet (Trichocéphale)et vers pulmonaires (Dictyocaulidae) étaient les plus importants.

Резюме

Гельминтоз у жвачных зоопарка

Описаны результаты изучения гельминтоза у жвачных в зоопарке города Лодзя. Цестоды никогда не были обнаружены . Среди наматод выявлена только в некоторых случаях Fasciola hepatica. Вольшое значение играют желудочно-кишечные (Trichostrongylodae), бичевые (Trichocephalus) и лёгонные (Dictyocaulidae) нематоды.

Anschrift des Verfassers: Dr. Ewa Z u c h o w s k a
Zoologischer Garten Łódź
ul. Konstantynowska 8/10
94-303 Łódź (VR Polen)

Зоологический сад г. Софии (Директор: СТ. МАТЕВСКИ)

ГЕЛЬМИНТЫ И ГЕЛЬМИНТОЗЫ ЖИВОТНЫХ ЗООЛОГИЧЕСКОГО САДА ГОРОДА СОФИИ

Ст. Матевски

Гельминты являются одной из самых распространенных групп паразитов животных. Они паразитируют как у диких животных в природе, так и у сельскохозяйственных животных и животных в неволе.

Исследования гельминтов диких животных в Зоологическом саду в Софии начались еще в 1948 году. С самого начала это были гельминты из аутопсионного материала. Впоследствии начали проводить регулярные исследования млекопитающих и птиц методом копроовоскопии для диагностики и профилактики этих заболеваний.

В последние годы земноводные и пресмыкающиеся тоже подвергаются таким исследованиям.

До 1985 года копрологические исследования проводились как в Зоологическом саду, так и в Ветеринарном факультете, в Центральном ветеринарном институте, в Центральной лаборатории гельминтологии Болгарской Академии Наук и в Городской ветеринарной лечебнице, а с 1986 года эти исследования проводятся только в созданной паразитологической лаборатории Зоологического сада.

Характерной особенностью всех зоологических садов является наличие большого разнообразия разных видов животных и скопление многих экземпляров на относительно ограниченной площади сооружений и вольер, а так же и поступление новых экспонатов. Эта особенность в сочетании с повседневными массовыми посещениями людей, обособляет зоологический сад как открытую систему, что осложняет эффективную борьбы с гельминтозами.

Детальное познание гельминтов и методов современной гигиены, является предпосылкой проведения всех антигельминтных мероприятий, направленных на прерывание цикла развития этих паразитов.

Оценивая роль гигиены в старом и новом Зоологическом саду в Софии, напрашивается вывод, что в новом саду условия несравненно лучше и поэтому борьба с гельминтозами проводится результатнее. Так например, аскаридоз, который в старом саду являлся стационарным гельминтозом хищных мликопитающих и трихостронгилез у травоядных, теряют свое эпизоотологическое значение.

Цель настоящего доклада - дать представление о гельминтологическом статусе животных Зоологического сада в Софии, на основании копроовоскопических исследований, исследований аутопсионного материала, исследований выделенных после дегельминтизации гельминтов и спонтанно выброшенных таковых, морфологическими и цитогенетическими методами. Многие из гельминтов определены до вида. Остановимся на иллюстрации данных из гельминтологических исследований только некоторых животных, которые представляют более широкие группы в коллекции Зоологического сада в Софии.

Обезьяны

У обезьян чаще всего встречается трихоцефалез. Вопреки многократным лечебным мероприятиям антигельминтиками, результатов мы не добились. В 1987 году провели эксперименты лечения "АЙВОМЕК",ОМ /per os-доза в два раза превышала рекомендацию фирмы/. Животные переносили препарат хорошо, побочных явлений не было, но результат оказался негативным.

Trichocephalus sp. обнаружен почти у всех видов обезьян в Зоологическом саду: у шимпанзе, у обыкновенных мартышек, у макаков, у бабуинов, у павианов, у диадемовых обезьян, у мандрилов, у резусов, у капуцинов и некоторых других.

С 1986 года у шимпанзе, которые до того были интенсивно заражены представителями рода *Trichocephalus*, уже не обнаруживались яйца этих гельминтов. Это самоочищение вероятно является результатом уничтожения разных стадии паразита в окружающей среде, посредством улучшения гигиены кормления и гигиены помещений в новом Зоологическом саду и таким образом не наступила реинвазия животных. Такое самоочищение наблюдалось и у свинохвостого макака. При вскрытии животного в 1987 году, гельминтов не было обнаружено. С мая 1987 года, копроовоскопические исследования львинохвостого макака показали отрицательные результаты. В течении полтора года у группы бабуинов не было яиц *Trichocephalus* sp., после чего снова

произошла реинвазия.
У некоторых животных, преимущественно у шимпанзе, обнаруживались тоже и стронгилоидные личинки, при чем за последние годы интенсивность инвазии падает, вплоть до полного отсутствия личинок в фекалиях.

Хищные млекопитающие

Среди этих животных самым обычным гельминтозом является аскаридоз. Как уже было упомянуто, в течение долгих лет это были стационарные паразитозы. За последние три года было установлено, что в результате дегельминтизации и соответствующих гигиенно-профилактических мероприятий, новая инвазия появляется значительно позже, а у некоторых животных она вообще не появляется, т.е. мы добылись полной ликвидации инвазии. Так например при исследовании сервалов, каракалов, леопардов, собак динго в 1986 и 1987 годах, гельминтных яйц не было обнаружено. При исследовании львов, тигров, рысев, лисиц, лесных кошек, реинвазия была обнаружена 2-3 месяца после дегельминтизации.
Копрологическими, морфологическими и цитогенетическими исследованиями гельминтного материала было установлено, что у шакалов, лисиц и волков паразитирует Toxocara canis, у пум, леопардов и львов - Toxascaris leonina, а у лесных кошек - Toxocara mistax. В 1986 году виды рода Uncinaria и Ancylostema были установлены у импортированных песцов и леопардов. С марта 1987 года этих гельминтов уже не было.
У белого, бурого, гималайского и у медведя кодиак паразитирует Toxocara transfuga. У белого медведя это стационарная инвазия, перенесенная из старого зоосада. В 1986 и в 1987 годах наблюдалась реинвазия 2-3 месяца после дегельминтизации. Фактором, способствующим появлению новой инвазии является неэффективность дегельминтизации, потому что белые медведи трудно принимают лекарственные препараты. После 1986 года экстензивность инвазии падает и у других видов медведей. Копрологические исследования бурых и гималайских медведей и медведя губача в 1986 году и в 1987 году не показали наличие яйц Toxocara transfuga. В некоторых случаях единичные яйца были установлены 8 месяцев после последней дегельминтизации. У бурых медведей однократно были установлены единичные яйца рода Trichocephalus. У медведя губача и у малайских медведей были установлены яйца представителей рода Uncinaria.

Травоядные животные

Это самая многочисленная группа животных в нашем Зоологическом саду, чем и обуславливается большое разнообразие установленных гельминтных видов: класс Trematoda - Fasciola hepatica и Paramphistomum sp.класс Nematoda - Trichostrongylus sp.; Ostertagia sp., Nematedirus sp.
Paramphistomum sp. был обнаружен только у верблюдов и американских бизонов.
F. hepatica была установлена у одногорбых верблюдов в 1972 году, у двугорбых - в 1973 году, у кенгуру бенет - в 1975 году и у ламы в 1977 году.
Принимая во внимание биологический цикл развития трематод /Fasciola hepatica и Paramphistomum sp./ и условия содержания и кормления животных в нашем саду, а так же и спорадийность заболевания, считаем, что инвазия осуществилась посредством сена. Эти животные не подвергались лечению и через год произошло полное самоочищение.
У верблюды, ламы, косули, лося, ватуси, зебу и антилопа нильгау были обнаружены представители рода Trichocephalus. Лечение этих гельминтозов при травоядных животных не всегда является успешным. Многолетные оводиагностические исследования выявлют постоянное наличие яйц Trichocephalus sp. Только в 1986 и 1987 году исследованные методом ФЮЛЕБОРНА косули и антилопы канна и нильгау показали отрицательные результаты. Возможно, что произошло самоочищение у этих видов.
Представители рода Nematodirus были установлены у верблюдов, ламы, сибирского горного козла, благородного оленя, камерунской козы, но интензитет инвазии был слабым.
Нематодные яйца обнаруженные в фекалиях травоядных животных принадлежат преимущественно родам Ostertagia, Oesophagostomum, Nematodirus. Род Ostertagia повсеместно распространен, а род Oesophagostomum был установлен только у американских бизонов.
В 1986 и 1987 году яйца рода Trichostrongylus не были обнаружены в фекалиях оленей, косуль, антилопы канна и нильгау, яков и зебу. Проблема лечения трихостронгилидоза в высшей степени связан с возможностью переживания яйц зимой во внешной среде /в загонах животных/, где практически невозможно провести эффективную дезинфекцию. Другими авторами установлено,

что климатические условия Софийского поля зимой обеспечивают переживание и жизнеспособность личинок Ostertagia sp. и яйц Nematodirus sp. Следовательно, существуют условия распространения и сохранения инвазии.
Улучшение гигиены кормления и содержания травовоядных, а так же и обеспечение большей площади загонов, является предпосылкой уменьшения возможности реинвазии. Вот почему этот гельминтоз пока не имеет большого эпизоотологического значения.
При вскрытии слона "Сативан" в 1964 году, ЯНЧЕВ установил в печени Fasciola hepatica и массивную инвазию Murschidio faleifera в толстой кишке. Почти такую-же находку установилась в 1975 году при вскрытии слона "Паша". Копрологические исследования слона "Паша" и слонихи "Савитри" в 1972 году тоже показали наличие яйц Fasciola hepatica и M. faleifera. До 1985 года исследования фекалий слонихи "Савитри" выявило только яйца M. faleifera. В 1986 году и в 1987 году в фекалиях слоних "Савитри" и "Зита" яйц не было обнаружено. Заслуживает внимание и факт, что 10 лет после импортирования слона "Сативан" при вскрытии был установлен трематод Hawkesius hawkesii. Это специфический паразит слонов, но не и для условия Болгарии.
Все новые животные подвергаются обязательному карантинному периоду, после чего они включаются в коллекцию зоосада. Основное исследование, которое проводится во время карантинного периода эта копроовоскопия. Наша практика показала, что очень часто импортные животные являются источником разных гельминтозов. Так например, полученные в 1986 году зебры были массивно инвазированы Parascaris equorum. Муфлоны были инвазированы Dicrocelim lanceatum, Nematodirus sp., Protostrongylus sp., Trichostrong sp. Тоже в 1986 году кенгуру бенет были инвазированы нематодами, а методом ларводиагностики были установлено, что это Ostertagia sp. После дегельминтизации более не было обнаружено нематодных яйц.

Птицы

Копроовоскопические исследования птиц в Зоологическом саду в Софии показали, что они относительно слабо инвазированы гельминтами. У голубей были обнаружены яйца Capillaria sp. и у гусей - Amidostomum sp. Регулярные оводиагностические исследования в 1986 и 1987 году всех видов птиц, выявили отсутствие яйц гельминтов.

Из вышесказанного, хотя в общем плане видно, что в Зоологическом саду в Софии встречаются гельминты разных видов, родов и семейств. Необходимо проводить системные и всесторонние исследования гельминтологического статуса для установления точного видового состава гельминтов и для проведения научно обоснованной борьбы с этими паразитозами.

Резюме

Гельминты и гельминтоз у животных зоопарка Софии

Дается обзор о выявленных видах гельминтов и гельминтозе, обнаруженном у животных в зоологическом саду Софии.

Zusammenfassung

Helminthen und Helminthosen bei Tieren im Zoologischen Garten Sofia

Es wird ein Überblick über festgestellte Helminthenarten und Helminthosen gegeben, die bei Tieren im Zoologischen Garten Sofia vorkamen.

Summary

Helminths and Helminthoses in Zoo Animals in Sofia

An account is given in this paper of helminth species and helminthoses recorded from animals in the Zoological Garden of Sofia.

Résumé

Helminthes et helmintiases des animaux dans le Jardin Zoologique de Sofia

Aperçu sur les types des helminthes et helminthiases que l'on a trouvé chez des animaux dans le Jardin Zoologique de Sofia.

Адрес автора: Ст. М а т е в с к и
Зоологический сад
иг. парфомфска
София (България)

Aus der Forschungsstelle für Wirbeltierforschung (im Tierpark Berlin)
(Direktor: Prof. Dr. sc. Dr. h.c. H. DATHE) der Akademie der Wissenschaften der DDR

OBDUKTIONSBEFUNDE BEI IN MENSCHENHAND GEHALTENEN MOSCHUSOCHSEN (OVIBOS M. MOSCHATUS)

Von Jutta W i s s e r

Über die Haltung und Zucht von Moschusochsen in Zoologischen Gärten außerhalb der nördlich borealen Klimazone bestehen noch immer Skepsis bzw. zurückhaltende Aussagen. POHLE (1981) stellt seinen Ausführungen voran, daß die Haltung dieser Tierart einige Besonderheiten innehat und aufgrund der geringen Anzahl in Tiergärten lebende Moschusochsen als Seltenheit zu werten sind. Es erschien daher sinnvoll, die seit dem Zuchtbeginn im Jahre 1969 im Tierpark Berlin gestorbenen Moschusochsen, die zur Obduktion in unsere Einrichtung eingesandt wurden, hinsichtlich der pathomorphologischen Befunde einer näheren Betrachtung zu unterziehen.

Literaturangaben über Erkrankungen und Mortalitätsursachen von Moschusochsen sollen hier, unter Berücksichtigung der ausführlichen Zusammenstellung von SEIDEL (1979), nur aus dem letzten Dezennium erwähnt werden. Über eine vermehrt 1974 in Norwegen, 1976 in Alaska und in den folgenden Jahren in Kanada sowie in anderen skandinavischen Ländern aufgetretene Viruserkrankung, dem Ecthyma contagiosum oder Orf, bei Moschusochsen berichten FALK (1978), NIETSCHE und LOMHOLT (1980), DIETERICH (1983) und MATHIESEN et al. (1985). Die Autoren teilen mit, daß die durch Parapoxviren hervorgerufene Infektion, die außerdem eine Zoonose ist, in fast allen Fällen tödlich für Kälber und Bullen verlief, während die Kühe überlebten. MATHIESEN et al. (1985) gelang ab 1982 in Norwegen eine erfolgreiche Vakzination der neugeborenen Kälber, bei der ausreichende Antikörperproduktion erst mittels einer zweiten Vakzine, die vermehrt das zelluläre Immunsystem aktivierte, zu erreichen war. In den Jahresberichten über Moschusochsen aus dem Wildgebiet Alaskas werden von SEWARD (1985) und TOWNSEND (1986) Ergebnisse serologischer Untersuchungen angeführt. Es konnten dort keine Antikörper gegen Bluetongue, EHD, Orf, Q-Fieber, IBR, BVD, Parainfluenza III oder Bruzellose festgestellt werden. Lediglich eine Probe reagierte positiv auf Leptospirose (TOWNSEND, 1986). GATES et al. (1984) schildern eine hochgradige Lahmheit beider Vorderextremitäten eines Bullen vom zentralen arktischen Festland in Kanada. Ursache war eine chronische Bursitis der Karpalgelenke, infolge Infektion mit Brucella suis Biotyp 4, dem Erreger der Rentierbruzellose. Über Erkrankungen des Zentralnervensystems bei Moschusochsen in Form von Abszessen im Gehirn und Rückenmark berichtet DIETERICH (1983). Die befallenen Tiere zeigten symptomatisch unkoordinierte Bewegungen oder waren blind. Bakteriologisch ließen sich Corynebacterium pyogenes und auch eine Mischflora isolieren. Als vermutliche Eintrittspforte für die Bakterien sieht der Autor Kopfwunden an. In der freien Natur tot aufgefundene Moschusochsen, bei denen kein Hinweis auf ursächlich natürliche Feinde (Wölfe und auch Braunbären) vorlag, konnten in den meisten Fällen nicht obduziert werden, so daß ihre Todesursache ungeklärt blieb (URQUHART, 1982; SEWARD, 1985 und TOWNSEND, 1986). TESSARO et al. (1983) hatten die Möglichkeit, 90 erlegte Moschusochsen von Banks Island postmortal zu untersuchen. Davon wiesen 11 Tiere in Lunge, Leber und Nieren entzündliche Granulome unbekannter Pathogenese auf. Bei 9 Tieren ließen sich mikroskopisch Lungenveränderungen feststellen, die möglicherweise durch eine Virusinfektion entstanden waren. Nach den Erfahrungen von DIETERICH (1983) scheinen Moschusochsen besonders anfällig gegen Fangmyopathien zu sein, wobei die Therapie äußerst aufwendig, langwierig und nicht immer erfolgreich ist. Weiterhin schildert er eine große Empfindlichkeit dieser Tiere gegenüber aufgenommenem Kupfer. Derartige Intoxikationen, die auf Holzschutzmittel zurückzuführen waren, verursachten hämolytische Anämie mit dunklem Urin, Schwäche, schwere Atmung und führten innerhalb von 48 Stunden zum Tode der Tiere. Erwähnt seien noch die umfangreichen Untersuchungen von HENRICHSEN (1981 und 1982) sowie HENRICHSEN und DIETERICH (1984) über Zahnanomalien bei Moschusochsen, weil die Verfasser damit genetische Einflüsse in den verschiedenen Herden von Grönland, Kanada und Alaska aufzeigen konnten. Außerdem brachten ihre Erhebungen Kenntnisse über die Lokalisation von größeren Moschusochsenpopulationen, die sich auf kreisförmige Gebiete unterschiedlicher Winterbedingungen konzentrieren.

Eigene Untersuchungen

Die im Zeitraum von 1970 bis Ende 1987 in der Abteilung für Zoo- und Wildtiererkrankungen o.g. Einrichtung durchgeführten Autopsien von Moschusochsen wurden aus der Sektionskartei erfaßt und ausgewertet. Routinemäßig erfolgte nach der makroskopischen Befunderhebung die Probenentnahme für die histologischen, bakteriologischen und parasitologischen Untersuchungen. Mikroskopische Schnittpräparate wurden nach allgemein bekannter Paraffintechnik in ca. 5 µm Dicke angefertigt, mit Hämatoxylin-Eosin gefärbt und bei Bedarf Spezialfärbungen wie van Gieson, Goldner, Kossa, Kongorot, Ziehl-Neelsen sowie PAS-Reaktionen unterzogen. Zur bakteriologischen Untersuchung gelangten Lunge, Milz, Leber, Niere, Enddarm, Galle oder auffällig veränderte Organstückchen. Makroskopische Hinweise auf Endoparasitosen konnten parasitologisch durch Artbestimmung und quantitative Ergebnisse abgesichert werden.

Insgesamt kamen 29 Moschusochsen zur Obduktion, die folgenden Altersgruppen zuzuordnen waren:

		Anzahl	Geschlecht
Totgeburten	=	9	(4,5)
Juvenile (neugeboren - 4 Monate)	=	11	(6,5)
Subadulte (5 Monate - 2,5 Jahre)	=	2	(2,0)
Adulte (über 2,5 Jahre)	=	7	(3,4)
gesamt	=	29	(15,14)

Die Tiere stammen in erster Generation von 2,2 Moschusochsenkälbern der Nominantform Ovibus moschatus moschatus (Zimmermann, 1780), die in den Jahren 1966 (1,1 "Bogomil" und "Tapsi"), 1969 (0,1 "Krümel") und 1974 (1,0 "Quintus") von der Alberta Game Farm in Edmonton, Kanada importiert wurden (POHLE, 1981). In zweiter Generation erfolgte die Zucht im Tierpark Berlin mit der 1971 geborenen Kuh "Minox" (Mutter "Tapsi", Vater "Bogomil") und dem 1977 von "Krümel" und "Quintus" abstammenden Bullen "Leopold". Die Abbildung 1 gibt einen Überblick über die Altersverteilung der Nachzuchten. Es muß erwähnt werden, daß von einer mit aufgeführten Kuh aus der Zucht "Tapsi" x "Bogomil" keine weiteren Angaben gemacht werden können, da sie an den Moskauer Zoopark abgegeben wurde. Außerdem sind zwei juvenile Moschusochsen einer neu hinzugekommenen Kuh "Zensie" seziert und mit ausgewertet worden.

Abb. 1: Verteilung der Nachzuchten von den Moschusochsenkühen "Tapsi", "Krümel" und "Minox" auf die einzelnen Altersgruppen

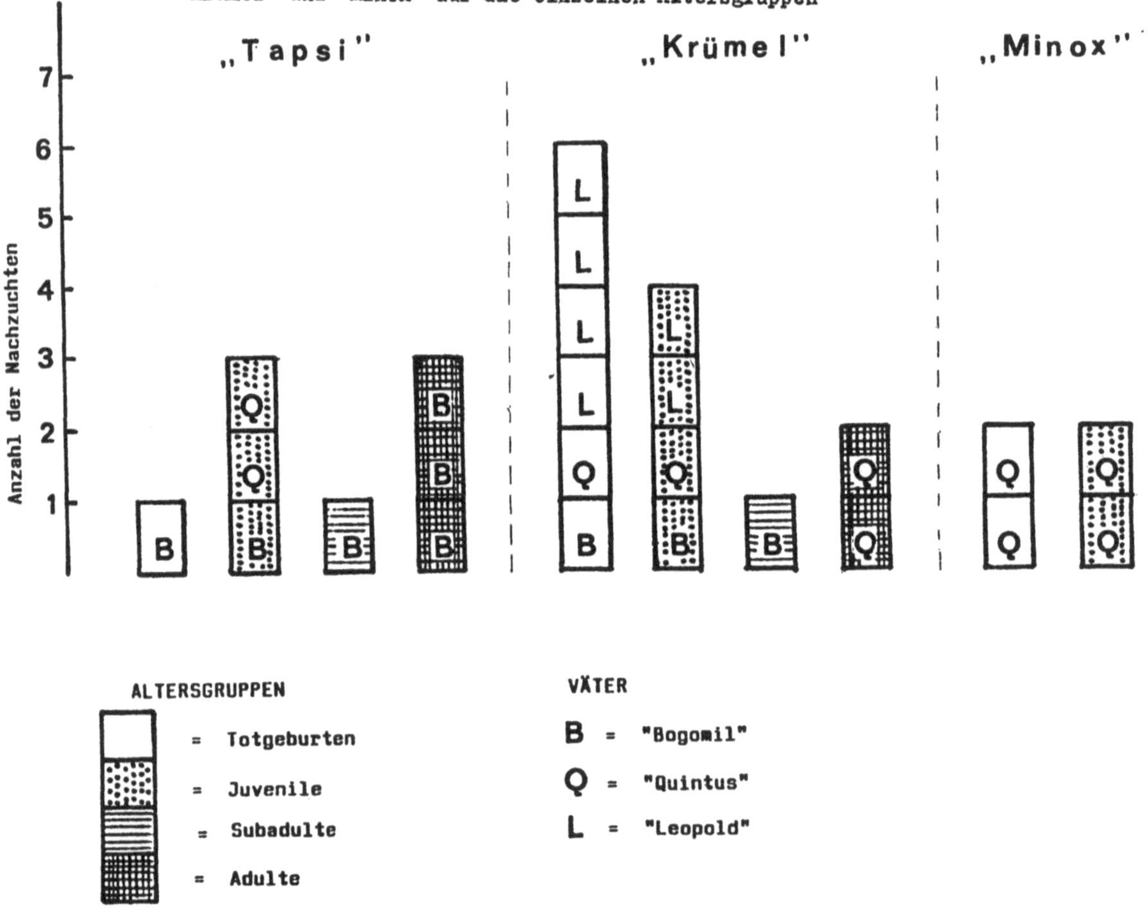

Wie aus der Aufstellung und der Abbildung 1 zu ersehen ist, wurden relativ viele (9) totgeborene Moschusochsen untersucht. Unter Abzug der für die Zucht importierten Tiere, nämlich "Bogomil", "Quintus" und "Tapsi", beträgt das Verhältnis tot- zu lebendgeborenen 9:17. Einen auffallend hohen Anteil an den Totgeburten hatte die Kuh "Krümel" (fast die Hälfte aller von ihr geborenen Kälber), insbesondere in der Paarung mit dem eigenen Sohn "Leopold". Darauf hinzuweisen ist, daß die Kuh von 1972 bis 1986 (außer in den Jahren 1975/76, in denen kein Bulle vorhanden war) jährlich gekalbt hat. Zwei der Totgeborenen waren untergewichtige Frühgeburten vom Februar bzw. September. Die übrigen vier wiesen durchschnittlich 6 kg KM auf und wurden im Juni (3) und Ende April (1) geboren. Die Kuh "Minox" kalbte Ende Mai bzw. Anfang Juni, und ihre Totgeburtengewichte betrugen nur 2,8 bzw. 3,6 kg. Dagegen wog das einzige totgeborene Kalb von "Tapsi" (Geburtszeit Anfang Juni) 10,2 kg.

Pathomorphologisch ließen sich bei den totgeborenen Moschusochsen verschiedene Befunde an den Organen, speziell an den Lungen, erheben. Während die zwei Frühgeburten generell noch nicht voll entwickelte Organe zeigten, waren histopathologisch bei den beiden untergewichtigen Totgeburten von "Minox" kubisch bis isoprismatische Alveolarepithelien als typische Zeichen einer Lungenunreife zu erkennen. Bei drei Totgeburten (2 von "Krümel" und 1 von "Tapsi") wurden Fruchtwasseraspirationen, die Obstruktionen größerer Luftwege bewirkt hatten, diagnostiziert. Ungeklärte Atelektasen lagen bei den übrigen zwei Totgeburten vor.

Tabelle 1: Sektionsbefunde bei juvenilen Moschusochsen

Nr.	Alter	Geschlecht	Anamnese	Pathomorphologie	Bemerkungen
1	2 Tage	0,1	Größe unter Artmittel	Gastroenteritis	4,8 kg KM Mutter: "Krümel" Vater: "Leopold"
2	4 Tage	1,0	Ataxien, Lähmung d.HE, Beckenfissur, künstl. Aufzucht, hochfrequente Atmung	Invaginationsileus, Spitzenlappenpneumonie, großtropfige Hepatozytenverfettung	
3	5 Tage	1,0	Künstl. Aufzucht ab 3. Lebenstag, hochfieberhafte Lungensymptome, Diarrhoe	Katarrh.-hämorrh. Enteritis, serofibrinöse Peritonitis, Lungenödem, geringgradige Herdpneumonie	
4	9 Tage	0,1	Künstl. Aufzucht ab 3. Lebenstag, Metaphylaxe	Fibrinöse Peritonitis, akute katarrh. Enteritis, herdförmige Lebernekrosen	
5	4 Wo.	0,1	4 Tage ante mortem Anämie u. Pneumoniesymptome	Fibrinöse Peritonitis, Darminvagination	s. auch WISSER und IPPEN (1981)
6	5 Wo.	1,0	Chron. Kokzidiose u. Askaridose, Myiasis, kurz nach Therapie kollabiert	Lungenödem, pass. Hyperämie in Leber, Milz, Niere, katarrh. Enteritis, perianale Myiasis	
7	5 Wo.	0,1	2 Tage ante mortem Koliksymptome	Invaginationsileus, fibrinöse Peritonitis	s. auch WISSER und IPPEN (1981)
8	5 Wo.	1,0	Morgens tot aufgefunden	Katarrh.-eitrige Bronchopneumonie	
9	6 Wo.	1,0	Künstl. Aufzucht wegen Frakturen an Brustwirbeln und Infraktion Metatarsus	Nephrose, herdf. nichteitrige interst. Nephritis, feintropfige Leberzellverfettung	"Arktur" ausführliche Klinik s. SEIDEL (1979)
10	8 Wo.	1,0	Allgem. Schwäche, seit 2 Wochen Pneumoniesymptome	Interst. Pneumonie, katarrh. Enteritis, Muskeldegenerationen	Mutter: "Krümel" Vater: "Leopold"
11	13 Wo.	0,1	Seit 2 Wochen intermittierende Diarrhoe - Endoparasitose	Katarrh. Enteritis, Trichurisbefall, eitrige Spitzenlappenpneumonie	

Die Befunde der 11 juvenilen Moschusochsen sind in der Tabelle 1 zusammengestellt. Wie daraus ersichtlich, sind in dieser Gruppe fünf Kälber an akuten Enteropathien im Alter von 4 Tagen bis 5 Wochen (Nr. 2,3,4,5 und 7) gestorben. Drei der Fälle waren auf Darminvaginationen mit Verschlußbildungen und fibrinösen Bauchfellentzündungen zurückzuführen. Massive entzündliche Reaktionen des Bauchfells konnten als Folge akuter Enteritiden bei den Kälbern

Nr. 3 und 4 beobachtet werden. Katarrhalische Enteritiden infolge chronischer Endoparasitosen wurden bei den Kälbern Nr. 6 (Kokzidiose und Askaridose) und 11 (Trichurisbefall) nachgewiesen. Das Kalb Nr. 6 hatte daneben, als unmittelbar für den Tod des Tieres verantwortliche Veränderungen, passive Hyperämien in den großen Parenchymen. Mit 4,8 kg KM ist der unter Nr. 1 eingeordnete Moschusochse lebensschwach geboren und zeigte am 2. Lebenstag pathomorphologisch beginnende Gastroenteritis. Zwei Kälber (Nr. 8 und 10) verstarben an Lungenentzündungen. Mikroskopisch wurde einmal das Bild der katarrhalisch bis eitrigen Bronchopneumonie und bei dem anderen Tier vermehrte Infiltration von Lymphozyten, Histiozyten und Plasmazellen im Lungeninterstitium sichtbar. Entzündliche Prozesse im Bereich der Lungenspitzenlappen erweiterten bei den Kälbern Nr. 2 und 11 sowie geringfügige Pneumonieherde bei dem Kalb Nr. 3 die Befundskala. Der Fall des 6 Wochen alten Moschusochsen (Nr. 9) mit hochgradigen Nephropathien in Form von Tubulonephrose und herdförmig nichteitrig interstitieller Nephritis ist bereits in der Arbeit von SEIDEL (1979) beschrieben. Wie aus der Anamnese zu entnehmen, wurden mit Ausnahme der Kälber Nr. 1 und 8 alle Tiere ante mortem klinisch behandelt. Ihnen wurden u.a. Antibiotika verabreicht, so daß die postmortalen bakteriologischen Untersuchungen dadurch eingeschränkt waren und nur Escherichia coli angezüchtet wurde. Generell erhielten alle neugeborenen Moschusochsen am 1. und 14. Lebenstag eine umfangreiche Metaphylaxe (genaue Dosierungen bei SEIDEL, 1979).

Tabelle 2: Sektionsbefunde bei subadulten und adulten Moschusochsen

Name Geschlecht	Alter	Anamnese	Pathomorphologie	Bakteriologische Untersuchung	Bemerkungen
"Al" 1,0	14 Mon.	Metacarpusfraktur, bei 2. Immobilisation Atemstillstand	Rechtsherzdilatation, Myokarddegeneration, Lungenödem, passive Hyperämie in parenchymatösen Organen	Organe kein Keimwachstum	Klinik s. SEIDEL (1979)
"Erik" 1,0	14 Mon.	Chron. Kokzidose u. Trichurose, Abmagerung, letzte Woche Pneumoniesymptome	Herdförmige Zellinfiltrate in Lunge, Leber, Nieren und Darmmukosa, Nekrosen in Leber, Nieren und Darmwand, generalisierte Lymphadenitis, Trichurisbefall	Organe: + - ++ E. coli und Pseudomonas sp.	
"May" 0,1	3 Jahre	Vom Bullen getrieben	Lungenödem, Futteraspiration, subendokardiale Hämorrhagien, Blutstauungen in Leber, Milz, Nieren	Darm, Leber (+) Nieren (+): E. coli	
"Una" 0,1	6 Jahre	2 Tage ante mortem festliegend, Krämpfe, Schluckbeschwerden, Speicheln	Hochgradige Tubulonephrose, Lungenödem, Hämorrhagien unter Epi- u. Endokard, herdf. interst. Pneumonie, katarrh. Enteritis	Organe: E.coli, Mikrokokken + - ++	
"Quintus" 1,0	6 Jahre	Seit 2 Tagen Diarrhoe, Inappetenz, pumpende Abdominalatmung, Kreislaufinsuffizienz	Katarrh. Gastrojejunitis, fibrin.-hämorrh. Kolitis und Typhlitis, Glomerulonephrose, interst. Nephritis, infektiös dystrophische Hepatopathie, generalisierte Lymphadenitis, herdf. Pneumonie	Organe kein Keimwachstum, Galle, Darm: E. coli	
"Bogomil" 1,0	7 Jahre	Reduzierter Allgemeinzustand, Anorexie, Apathie, Hämoglubinurie, festliegend	Tubulo- u. Glomerulonephrose, herdf. interst. Begleitnephritis, toxische Leberdystrophie, entzündliche Infiltration in Darmmukosa	Organe kein Keimwachstum	Intoxikation durch Eichelfütterung s. WUNDERSEE (1979)
"Leopold" 1,0	10 Jahre	Eitriger Nasenausfluß, stark abdominale Atmung	Fibrinös-eitrige Pleuropneumonie u. Perikarditis, dystrophische Myokardverkalkungen, Tubulonephrose	Lunge: Pasteurella spez.+++ α-hämol. Streptokokken +++	

Name Geschlecht	Alter	Anamnese	Pathomorphologie	Bakteriologische Untersuchung	Bemerkungen
"Minox" 0,1	11 Jahre	Seit längerer Zeit therapieresistente Diarrhoe, Abmagerung	Kachexie, fibrinöseitrige Pneumonie, Leberfibrose, katarrhalische Jejunitis, feinstaubige Mediaverkalkungen der Aorta	Bronchialschleim: Pseudomonas aeruginosa; Organe: E. coli	
"Tapsi" 0,1	15 Jahre	Verschlechterung des Allgemeinzustandes, Pneumoniesymptome	Katarrh.-eitrige Bronchopneumonie, Glomerulonephrose, entzündl. Infiltration in Darmmukosa, grobschollige Aortaverkalkungen	Lunge: Diplococcus pneumoniae ++++, E. coli +++, Galle, Darm: E. coli	

Aus der Tabelle 2 sind die wesentlichsten pathomorphologischen Befunde der 2 subadulten und 7 adulten Moschusochsen zu entnehmen. Während bei "Al" typische Zeichen für die Diagnose Herzversagen nach Immobilisation vorlagen, konnten bei dem anderen stark abgemagerten Jungtier "Erik" herdförmige entzündliche Zellinfiltrate, überwiegend Histiozyten, Epitheloidzellen und Lymphozyten, in Lunge, Leber, Nieren und Darmwand bei generalisierter Lymphadenitis neben dem klinisch schon lange behandelten Trichurisbefall festgestellt werden. Die Ziehl-Neelsen Färbung verlief negativ.

Von den adulten Moschusochsen ist die Pathomorphologie der Kuh "May" in Verbindung mit den vorberichtlichen Angaben eindeutig als ein streßbedingtes Kreislaufversagen zu interpretieren. Akute Verlaufsformen führten bei "Una", "Quintus" und "Bogomil" zum Tode. Die Intoxikation als Folge vermehrter Eichelfütterung bei dem Bullen "Bogomil" schilderten bereits WUNDERSEE et al. (1979). Hochgradige Nephropathien mit völligem Untergang von rindennahen Tubuli und Glomerula, ein ausgeprägtes Lungenödem, Blutungen unter dem Epi- und Endokard, katarrhalische Enteritis sowie fokale entzündliche Infiltrate im Lungeninterstitium waren die wichtigsten Obduktionsergebnisse an der Kuh "Una". Aus den Organproben wurden geringfügig E. coli und Mikrokokken angezüchtet, ein Toxinnachweis konnte aus technischen Gründen nicht durchgeführt werden. Bei "Quintus" stellten sich umfangreiche entzündliche Veränderungen am Magen-Darmtrakt, in allen Lymphknoten, in der Lunge, Leber und in den Nieren dar. Das Gehirn konnte leider nicht untersucht werden. Fibrinös bis eitrige Lungenentzündungen verursachten den Tod von "Leopold", "Minox" und "Tapsi". Bei "Leopold" ließen sich weiterhin großflächige fibrinöse Verklebungen des Mediastinums mit dem Perikard erkennen, und mikroskopisch waren erhebliche dystrophische Verkalkungen des Myokards auffällig. Die bakteriologische Untersuchung führte zur Isolierung von Pasteurellen und Streptokokken aus der Lungenprobe. "Minox" war völlig abgemagert, und die Autopsie ergab außer der hochgradigen Pneumonie, Leberfibrose und katarrhalische Entzündungen des Jejunums. Aus dem Bronchialschleim wurde bakteriologisch Pseudomonas aeruginosa nachgewiesen. Mit 15 Lebensjahren darf die Moschusochsenkuh "Tapsi" wohl als relativ alt angesehen werden. Bei ihr lag eine durch Pneumokokken verursachte Bronchopneumonie vor.

Diskussion

Die aufgeführten Verluste an Moschusochsen aus der Haltung und Zucht des Tierpark Berlin innerhalb eines Zeitraumes von 17 Jahren haben in der Altersverteilung der gestorbenen Tiere keine überraschenden Abweichungen gegenüber ähnlichen Aufschlüsselungen bei anderen Vertretern der Artiodactyla gezeigt. Hierbei ist zu berücksichtigen, daß es sich um eine geringe Anzahl an Tieren (29) handelt und demzufolge keine Verallgemeinerungen über Mortalitätsraten der verschiedenen Altersstufen gegeben werden können. Es hat sich durch die Analyse herausgestellt, daß der hohe Anteil an perinatalen Todesfällen verschiedenen Ursachenkomplexen zuzuordnen ist. Mit großer Wahrscheinlichkeit darf genetischen Einflüssen eine besondere Bedeutung beigemessen werden. Wie gezeigt wurde, sind die Nachkommen des hier gezüchteten Bullen "Leopold" mit seiner Mutter "Krümel" überwiegend tot und untergewichtig bzw. lebensschwach (Tabelle 1, Nr. 1 und 8) geboren worden. Aus der Arbeit von POHLE (1981) lassen sich demgegenüber Geburtsgewichte für Kälber aus den Paarungen "Krümel" mit "Bogomil" bzw. mit "Quintus" von 8,9 bis 11 kg ("Klaus", "Erik" und "Leopold" selbst) entnehmen. Weiterhin stellt sich die Frage, weshalb mit einem zwei Jahre jüngeren Geschwister von "Leopold", der Kuh "Una", die ein Lebensalter von 6 Jahren erreichte, nicht gezüchtet wurde. Für die künftige Zucht der Moschusochsen unter Zoobedingungen sind entsprechend dem heutigen Erkenntnisstand Chromosomenuntersuchungen, wie sie BENIRSCHKE und KUMAMOTO (1988) von Sömmering-Gazellen und Dikdiks beschreiben, eine wertvolle Hilfe, damit nur kompatible Tiere gepaart werden. Allerdings ist bei Moschusochsen weniger mit verschiedenen Chromosomenzahlen zu rechnen, denn HECK et al. (1968) halten die Chromosomenwerte von 2 n = 48 für konstant bei dieser Tierart. Es sind aber Abweichungen in der Chromosomenmorphologie zu berücksichtigen. Auch Enzym- und nichtenzymatische Proteinuntersuchungen, wie von FLEISCHMANN (1986) an Moschusochsen durchgeführt, können weitere Aufklärung über Gen-Mutationen geben.

Eine andere bedeutende Verlustursache während der Geburtsphase stellen die Fruchtwasseraspirationen dar. Bei drei totgeborenen Moschusochsen wurden Massenaspirationen von Fruchtwasserbestandteilen nachgewiesen. Pathogenetisch ist nach SCHOON und KIKOVIC (1987) die Fruchtasseraspiration als fetale pulmonale Frühasphyxie zu charakterisieren. Intrauterine Hypoxie des Feten geht mit vorzeitigem Absetzen von Mekonium einher. Zugleich erfolgt eine Stimulierung des Atemzentrums und Fruchtwasserbestandteile einschließlich Mekonium werden eingeatmet. Beide Autoren belegen mittels ihrer grundlegenden Untersuchungen an Kälbern und Fohlen praktikable Möglichkeiten für die pathohistologische Diagnostik von Fruchtwasserbestandteilen in der Lunge. Ihren Ergebnissen zufolge wirken Haare und insbesondere Mekonium als Stimulans für entzündliche Reaktionen und können bei massenhaftem Vorkommen Ursache für protrahiert verlaufende Bronchopneumonien oder eitrig-alveoläre Herdpneumonien in der postnatalen Entwicklungsphase sein. Ätiologisch sind fetale Hypoxien auf Schäden zwischen maternalem und fetalem Kreislauf (z.B. durch Plazentitis oder Streß der Mutter) zurückzuführen. Möglicherweise bringen jährliche Geburten für die Mutter zu große Belastungen mit sich, denn CAVENDER (1977) und auch andere Autoren beobachteten Geburten bei Moschusochsen in der freien Natur nur alle zwei Jahre.

In der Gruppe der juvenilen Moschusochsen stellten sich Enteropathien als häufige Todesursachen heraus. Aufgrund der Metaphylaxe, die die Neugeborenen erhielten, ähnelten die akuten Fälle weniger den pathomorphologischen Bildern der Koliseptikämien oder Koli-Infektionen wie sie von anderen gleichaltrigen Wiederkäuern bekannt sind. Es zeigten sich vielmehr bei fünf Moschusochsenkälbern sekundäre Peritonitiden, die in drei Fällen auf Darminvaginationen und zweimal auf akuten Enteritiden basierten. Offensichtlich führen bereits geringste Indigestionen bei den Saugkälbern zu verstärkter Peristaltik in den einzelnen Darmabschnitten in deren Folge es zur ein- oder mehrfachen Invagination bis hin zum Ileus kommt. Ausführliche Pathogenesevorgänge schildern WISSER und IPPEN (1981). Desweiteren muß ein schnelles Übergreifen bzw. Fortleiten von Entzündungserregern aus dem Darm auf das Bauchfell in Betracht gezogen werden. Ätiologisch sind vorwiegend bakterielle Infektionen als Enteritisursachen anzusehen, die aufgrund der Antibiotikabehandlungen aber nicht nachweisbar waren. Die chronischen Verlaufsformen an Enteritiden konnten ausschließlich auf Endoparasitosen, insbesondere Kokzidiosen und Trichurosen, zurückgeführt werden. Zu den Therapieschwierigkeiten und den anderen Endo- und Ektoparasitosen der Moschusochsen wurde von SEIDEL (1979) eingehend Stellung genommen.

Die bei zwei juvenilen und drei erwachsenen Tieren diagnostizierten Lungenentzündungen, von denen teilweise die verursachenden Bakterienarten angezüchtet wurden, müssen ätiopathogenetisch aber auch unter dem Aspekt möglicher primärer Virusinfektionen betrachtet werden. Daneben sind aus den anamnestischen Angaben deutliche Konditionsschwächungen einiger Tiere durch vorangegangene Erkrankungen wie Diarrhoen zu entnehmen, so daß hierbei an sekundäre Pneumonnien zu denken ist.

Zwei Fälle von hochgradiger Nephrose (Kalb "Arktur" und Kuh "Una") sind in ihrer Entstehung als völlig unterschiedliche Prozesse zu deuten. Wie aus dem Bericht von SEIDEL (1979) hervorgeht, erhielt "Arktur" eine nötige und aufwendige Therapie sowie künstliche Aufzucht während der es wiederholt zu Durchfällen gekommen war. Dabei entstehende Dehydratationen führen sehr schnell zu Epithelschädigungen der Nierentubuli worauf SICKERT und WISSER (1988) in ihren Untersuchungen über interstitielle Nephritiden bei Zoosäugetieren hinweisen. Außerdem wirken auch Antibiotika bei exsikkotischen Zuständen toxisch auf die Nierenepithelien. Der Krankheitsverlauf und die vorherrschende Nephrose bei "Una" sind eher als infektiös-toxische Nephrose zu charakterisieren und in möglicher Beziehung mit einer Clostridium perfringens-Typ-D-Enterotoxämie zu betrachten. Obwohl die Pathomorphologie der Breinierenkrankheit patho-

gnostisch ist, gibt es doch Grenzfälle, die nicht sicher zu diagnostizieren und erst durch den Toxinnachweis zu klären sind.
Die pathologischen Befunde von dem Bullen "Quintus" können als Folge einer unbekannten Virusinfektion mit akutem Verlauf gewertet werden.
Zum Schluß sind die herdförmigen Zellinfiltrate, die bei dem subadulten Tier "Erik" histopathologisch auffielen, als ähnlich den von TESSARO et al. (1983) bei 11 Moschusochsen beobachteten Granulomen gleicher Organlokalisation und Entzündungszellart aber ungeklärter Pathogenese einzuordnen.

Danksagung

Mein herzlicher Dank gilt Frau Dorothea L e i d e r t für die technischen Arbeiten und dem Oberassistenten des Tierparks Berlin, Herrn Dipl.-Biol. C. P o h l e für die Angaben aus den Zuchtbüchern.

Zusammenfassung

Obduktionsbefunde bei in Menschenhand gehaltenen Moschusochsen (Ovibos m. moschatus)

Die wesentlichsten pathomorphologischen Befunde von 29 obduzierten Moschusochsen aus der Haltung und Zucht des Tierparks Berlin werden dargestellt. Es wird versucht, mögliche genetische Einflüsse auf die Totgeburtenrate nachzuweisen. Diskutiert werden ätiopathogenetische Aspekte entsprechend der Befundarten anhand der einzelnen Fallschilderungen.

Summary

Postmortem Findings from Musk Ox (Ovibos m. moschatus) in captivity

An account is given of the most substantive pathomorphological findings recorded from postmortem examinations of 29 musk oxen hand-raised in Tierpark Berlin. An attempt was made to find evidence to possible genetic effects on the rate of stillbirths. Aetiopathogenetic aspects of the findings are discussed on the basis of the cases reviewed.

Résumé

Résultats de l'autopsie des muses (Ovibos m.moschatus) gardés dans un zoo

Les résultats pathomorphologiques les plus importants de l'autopsie de 29 muses gardés et élevés dans Tierpark Berlin sont présentés. Il est essayé d'identifier les effets génétiques possibles aux taux des mort-nés. Les aspects étiopathogénétiques sur la base du type des résultats sont discutés pour les différents cas étudiés.

Резюме

Обдукцинные исследования кабарги (Ovibos m. moschatus) содержащейся в домашних условиях

Представлены основные патоморфологические результаты 29 секционных исследований кабарг из зоопарка Берлина. Изучалось слияние генетических факторов на причины падежа во время рождаемости. Обсуждаются этиопатогенетические аспекты исследований некоторых случаев.

Literaturverzeichnis

BENIRSCHKE, K., und Arlene T. KUMAMOTO (1988): Zur Bedeutung der Chromosomenuntersuchungen für die Züchtung von Gazellen. Verh.ber. Erkrg. Zootiere 30,

CAVENDER, Barbara (1977): Muskoxen - survivor from the Ice Age. The Zoo Review (Denver), Summer, 2 - 3.

DIETERICH, R.A. (1983): Muskox medical practices. Proc. First Internat. Muskox Symp. Biol. Pap. Univ. Alaska Spec. Rep. No. 4, 26 - 36.

FALK, E.S. (1978): Parapoxvirus infections of Reindeer and Musk Ox associated with unusual human infections. Brit. J. Dermatol. 99, 647 - 654.

FLEISCHMAN, Claire, L. (1986): Genetic variation in Muskoxen (Ovibos moschatus). MS. thesis, Univ. of Alaska, Fairbanks.

GATES, C.C., WOBESER, G., and L.B. FORBES (1984): Rangiferine Brucellosis in a Muskox, Ovibos moschatus moschatus (Zimmermann). J. Wildl. Dis. 20, 233 - 234.

HECK, H., WURSTER, D., and K. BENIRSCHKE (1968): Chromosome study of members of the subfamilies Caprinae and Bovinae, family Bovidae; the Musk Ox, Ibex, Aoudad, Congo buffalo and Gaur. Zschrt. Säugetierkd. 38, 172 - 179.

HENRICHSEN, P. (1981): Dental anomalies in Muskoxen from Greenland. Vidensk. Meddr dansk naturh. Foren, 143, 113 - 123.

HENRICHSEN, P. (1982): Population analysis of Muskoxen, Ovibos moschatus (Zimmermann 1780), based on occurrence of dental anomalies. Säugetierkdl. Mitt., München, 30, 260 - 280.

HENRICHSEN, P., and R.A. DIETERICH (1984): Dental lesions in Muskoxen from natural introduced and captive populations. Proc. First Internat. Muskox Symp. Biol. Pap. Univ. Alaska Spec. Rep. No. 4, 183 - 185.

MATHIESEN, S.D., JORGENSEN, T., TRAAVIK, T., and A.S. BLIX (1985): On contagious ecthyma and its treatment in Muskoxen (Ovibos moschatus). Acta Vet. Scand. 26, 120 - 126.

NIETSCHE, Ulla-Britt, and G. LOMHOLT (1980): Human infections with Orf and papillomatosis in Musk Oxen and Reindeer. Contact Dermatitis 6, 40.

POHLE, C. (1981): Tiergärtnerische Beobachtungen bei der Haltung und Zucht von Moschusochsen (Ovibos m. moschatus) im Tierpark Berlin. D. Zool. Garten (NF) 51, 289 - 322.

SCHOON, H.-A., und D. KIKOVIC (1987): Morphologischer Nachweis und pathogenetische Bewertung von Fruchtwasseraspirationen hinsichtlich der Diagnose "pulmonale Asphyxie" bei neugeborenen Kälbern und Fohlen. Dtsch. Tierärztl. Wschr. 94, 73 - 76.

SEIDEL, B. (1979): Tierärztliche Gesichtspunkte der Gefangenschaftshaltung von Moschusochsen (Ovibos moschatus). D. Zool. Garten (NF) 49, 131 - 160.

SEWARD, Alma (1985): Annual report of survey - inventory activities. Part X. Musk-Oxen. Alaska Department of Fish and Game, Juneau, Alaska vol. XV, Fed. Aid. Wildl. Rest., Proj. W-22-3, Job 16.0.

SICKERT, L., und Jutta WISSER (1988): Untersuchungen zum Vorkommen interstitieller Nephritiden bei Zoosäugetieren. Verh.ber. Erkrg. Zootiere 30

TESSARO, S., ROWELL, J., CAWTHORN, R., and P. LATOUR (1983): Banks Island Muskox harvest, 1982. Proc. First Internat. Muskox Symp. Biol. Pap. Univ. Alaska spec. Rep. No. 4, 96 - 109.

TOWNSEND, Barbara (1986): Annual report of survey - inventory activities. Part X. Musk-Oxen. Alaska Department of Fish and Game, Juneau, Alaska vol. XVI, Fed. Aid Wildl. Rest., Proj. W-22-4, Job 16.0.

URQUHART, D.R. (1982): Muskox. Life history and current status of Muskoxen in the NWT. Northwest Territories Renewable Resources, Wildlife Service, Yellowknif. N.W.T.

WISSER, Jutta, und R. IPPEN (1981): Beitrag zu erworbenen Lageveränderungen des Magen-Darmtraktes bei Zootieren. Verh.ber. Erkrg. Zootiere 23, 373 - 384.

WUNDERSEE, M.-J., PITSCHKE, Helga, und P. HUNSDORFF (1979): Zur Eichelfütterung in Zoologischen Garten. Verh.ber. Erkrg. Zootiere 21, 357 - 363.

Anschrift des Verfassers: Dr. med. vet. Jutta W i s s e r
Am Tierpark 125
DDR-1136 Berlin (DDR)

Aus der Forschungsstelle für Wirbeltierforschung (im Tierpark Berlin)
(Direktor: Prof. Dr. Dr. h.c. H. DATHE) der Akademie der Wissenschaften der DDR

GENERALISIERTE AMYLOIDOSE BEI SAIGAS

Von W. Z s c h i e s c h e

Unter den Amyloidosen innerhalb der Familie Bovidae ist vor allem die spontane generalisierte Amyloidose der Hausrinder (Bos domesticus) seit Anfang dieses Jahrhunderts mehrfach kasuistisch beschrieben worden (JOEST, 1908; PRIMGAARD, 1929; HJÄRRE, 1933; ANDERSSON, 1936; BOS, 1946, CORDY, 1949; ROONEY, 1956). Ihr relativ häufiges Auftreten wurde auch in den letzten Jahren bestätigt (CORSICO und MANDELLI, 1962; GRÜNDER und TRAUTWEIN, 1965; JOHNSON und JAMISON, 1984) und anhand des Vorkommens von Nierenamyloid an großen Serien statistisch untersucht. GRUYS (1977) fand in den Niederlanden bei 1326 Schlachtrindern und 378 Milchkühen eine Häufigkeit von 2,6 - 2,7 %. MONAGHAN (1982) stellte dagegen in Irland bei 2539 Schlachtrindern im Alter von 2 - 3 Jahren überhaupt kein Nierenamyloid fest und beobachtete bei 1627 älteren Tieren sein Auftreten nur in 0,4 % aller Fälle.

Eine spontane generalisierte Amyloidose wurde weiterhin lediglich bei Schafen (Ovis aries und Ovis canadensis) (WERNER, 1873; HADLOW und JELLISON, 1962) sowie als seltener Befund bei Ziegen (Capra hircus) (CRAWFORD et al., 1980; FARNSWORTH und MILLER, 1985) und einer in einem Zoo gestorbenen Gazelle (Gazella gazella) (LINKE et al., 1986) beschrieben. Autoptische Untersuchungen an gestorbenen Tieren des Tierparks Berlin ergaben eine auffallende Häufigkeit der systemischen Amyloidose bei Saigas (Saiga tatarica), über deren Pathologie anschließend berichtet werden soll.

Material und Methoden

Zur Untersuchung kamen alle im Zeitraum 1980 - 1986 im Tierpark Berlin spontan gestorbenen Tiere, die als Neugeborene gefangen und aufgezogen bzw. im Tierpark geboren worden waren. Nach der makroskopischen Beurteilung wurden Organstückchen aus Milz, Leber, Nieren, Herz, Lungen, Nebennieren, Schilddrüse, Darm und Gehirn entnommen, routinemäßig in 10 %igem Formalin fixiert und in Paraffin eingebettet. Zur histologischen Untersuchung wurden Paraffinschnitte mittels Hämatoxylin-Eosin gefärbt. Bei Verdacht auf Amyloidablagerung erfolgte eine polarisationsoptische Beurteilung mittels der alkalischen Kongorotmethode (PUCHTLER et al., 1962), wobei Doppelbrechung, positiver Dichroismus und anomale grüne Polarisationsfarbe als positiv gewertet wurden (MISSMAHL und HARTWIG, 1953). Zur Differenzierung des Amyloidtyps AA wurde das Verschwinden der Doppelbrechung nach $KMnO_4$-Oxidation herangezogen (van RIJSWIJK und van HEUSDEN, 1979).

Signifikanzprüfungen erfolgten mittels des $\chi 2$-Tests (WEBER, 1961). Die Häufigkeit des Auftretens von Amyloid ($P(E_1)$) und potentiell amyloidogener Erkrankungen ($P(E_2)$) im Untersuchungsgut sowie der zu erwartenden und beobachteten Wahrscheinlichkeiten ihres Zusammentreffens ($P(E_1E_2)$ wurden nach WEBER (1961) ermittelt.

Ergebnisse

Die Aufteilung des Sektionsgutes auf die Jahre 1980 - 1986 sowie die entsprechenden Häufigkeiten des Nachweises einer generalisierten Amyloidose sind in Tabelle 1 dargestellt. Es wurden nur Tiere mit einem Gewicht von mehr als 10 kg berücksichtigt, was einem Alter von etwa 6 Monaten entspricht. Amyloidosen waren sowohl bei den in der freien Wildbahn geborenen und in Menschenhand aufgezogenen als auch bei den im Tierpark Berlin geborenen Tieren nachweisbar. Obgleich die Häufigkeit der Amyloidose in den einzelnen Jahren aufgrund der hier nur geringen Tierzahlen stark schwankt, liegt die Gesamtfrequenz mit 17,5 % ungewöhnlich hoch. Signifikante Geschlechtsunterschiede waren nicht nachweisbar ($\chi^2 > 0{,}05$). Das früheste Auftreten einer Amyloidose wurde bei einem Tier im Alter von 6 - 7 Monaten beobachtet.

Histologisch waren in nahezu allen Fällen Nieren, Milz, Leber, Nebennieren und Darmschleimhaut betroffen, wobei Jejunum, Duodenum und Dickdarm in abnehmender Frequenz und Stärke beteiligt waren. In geringerer Häufigkeit fanden sich Amyloidinfiltrate auch in Herz, Schilddrüse, Pankreas, Lymphknoten, Lungen und Gehirn.

Tabelle 1: Amyloidhäufigkeit bei Saigas im Tierpark Berlin 1980 - 1986

Jahre	♂♂	♀♀
1980	0/0 [1)]	0/2
1981	0/2	0/3
1982	1/1	2/4
1983	0/5	0/5
1984	1/2	1/11
1985	2/14	2/18
1986	2/11	6/19
1980-1986	6/35 = 17,1 %	11/62 = 17,7 %
Gesamt	17/97 =	17,5

1) Amyloidtiere/Gesamtzahl

In den betroffenen Organen war regelmäßig eine Amyloidinfiltration der Arteriolen und kleinerer Arterien sowie hiervon ausgehend in wechselnder Stärke des interstitiellen Bindegewebes nachweisbar. - In den Nieren dominierten eine glomeruläre Ablagerung mit zunehmender Verödung des Kapillarnetzes sowie eine Infiltration der Arterien und Arteriolen der Rinde und Mark-Rindengrenze. In fortgeschrittenen Fällen kam es zu zunehmender interstitieller Ablagerung mit Atrophie aller Tubulusabschnitte und der Sammelröhrchen im Bereich von Mark und Papillen. - In der Leber fand sich überwiegend eine Infiltration der periportalen Felder (Aa. hepaticae, Bindegewebe) und hiervon ausgehend der peripheren Läppchenabschnitt mit progredienter Parenchymatrophie. In einzelnen Fällen wurde jedoch auch eine diffuse panlobuläre Amyloidinfiltration mit unregelmäßigen plaqueförmigen Ablagerungen und nur geringer periportaler Beteiligung festgestellt. Hierbei bestand eine stark ausgeprägte Parenchymatrophie. - Zwei verschiedene Ablagerungstypen fanden sich auch in der Milz. In der Mehrzahl der Fälle bestand eine massive Infiltration der Follikelarterien, der Trabekel und der Milzkapsel bei relativ gut erhaltenem lymphoretikulären Gewebe. Andererseits wurde auch die von anderen Tierspezies her bekannte Infiltration der Follikelarterien und des perifollikulären Gewebes mit zunehmendem Follikelschwund (Sagomilztyp) beobachtet.

Entsprechend dem relativ häufigen Vorkommen chronisch-infektiöser und parasitärer Erkrankungen bei Saigas (Mykobakteriosen, Toxoplasmose u.a.) wurde das Zusammentreffen zwischen diesen und einer generalisierten Amyloidose geprüft. Die Ergebnisse in Tabelle 2 zeigen, daß die Koinzidenz beider Erkrankungskomplexe statistisch zufällig ist. In mindestens 41 % aller Amyloidfälle läßt sich keine assoziierte Erkrankung nachweisen.

Tabelle 2: Häufigkeit der generalisierten Amyloidose ($P(E_1)$) und chronischer Infektionen und Parasitosen ($P(E_2)$) bei Saigas sowie Erwartungs- und Beobachtungswerte der Koinzidenz beider Erkrankungen

	Wahrscheinlichkeiten
$P(E_1)$	0,1752
$P(E_2)$	0,5979
$P(E_1E_2)$ erw.	0,1047
$P(E_1E_2)$ beob.	0,1031

Nach den Ergebnissen des $KMnO_4$-Testes handelt es sich in allen untersuchten Fällen um eine reaktive Amyloidose vom Typ AA, d.h., die Kongorotbindung an Amyloid wurde durch vorherige $KMnO_4$-Oxidation aufgehoben.

Diskussion

Die generalisierte Amyloidose wurde im Tierpark Berlin bei 17,5 % aller spontan gestorbenen adulten Saigas beobachtet. Ihre Häufigkeit liegt damit offensichtlich über dem bisher bei allen Zoo-, Wild- und Haustierspezies gefundenen Prozentsatz, wenn man von einigen in Laboratorien gehaltenen Mäuseinzucht- und Hamsterstämmen absieht (JAKOB, 1971; ZSCHIESCHE und JAKOB, 1988). Ihr Vorkommen verteilt sich gleichmäßig auf die in freier Wildbahn und im Tierpark geborenen Tiere. Auffallend ist das ungewöhnlich frühe Auftreten von Amyloidablagerungen, da bereits im Alter von 6 Monaten an idiopathischer Amyloidose gestorbene Tiere beobachtet wurden, obwohl die ältesten entsprechenden Saigas ein für diese Spezies hohes Alter von 8 Jahren erreichten.

Die generalisierte Amyloidose der Saigas entspricht morphologisch dem bekannten reaktiven Typ der Bovidae. Organverteilung und histologisches Infiltrationsmuster, einschließlich des Auftretens zweier Ablagerungsformen in Leber und Milz, zeigen weitgehende Übereinstimmung (PRIMGAARD, 1929; GRÜNDER und TRAUTWEIN, 1965; GRUYS, 1977; LINKE et al., 1986). Auch nach den Ergebnissen der $KMnO_4$-Reaktion ist die Amyloidose der Saigas dem reaktiven Typ AA zuzuordnen. Dies ist der einzige Typ, der bei allen bisher untersuchten generalisierten Amyloidosen der Boviden (Rind, Gazelle) chemisch und/oder immunhistochemisch nachgewiesen werden konnte (HOL und GRUYS, 1984; LINKE et al., 1984, 1986).

Experimentell induzierbare, reaktive, generalisierte Amyloidosen sind bei Serumschafen beobachtet worden (DAHLENBURG, 1948; LORENZ, 1951). Obgleich auch die generalisierte Amyloidose der Saigas in etwa 59 % der Fälle mit einer nach den Erfahrungen der allgemeinen Pathologie amyloidogenen Grunderkrankung kombiniert auftritt, fehlt eine statistisch signifikante überzufällige Koinzidenz. Dies bedeutet, daß in mindestens 41 % der Fälle das Vorliegen einer "idiopathischen" Form anzunehmen ist. Auch nach Beobachtungen an anderen Boviden (s. JAKOB, 1971, LINKE et al., 1986), zeigt ein wechselnder Prozentsatz der generalisierten Amyloidosen keine Kombination mit amyloidogenen chronischen Infektionen. Hier könnten nach den Erfahrungen bei Vögeln (COWAN und JOHNSON, 1970; ZSCHIESCHE und LINKE, 1986) und Nagern (HALL et al., 1960; EBBESEN, 1968; PAGE und GLENNER, 1972) Reaktionen im Sinne eines chronischen psychosozialen Streß als ein wesentlicher amyloidinduzierender Faktor anzusehen sein.

Zusammenfassung

Generalisierte Amyloidose der Saigas

In 17,5 % der im Tierpark Berlin zwischen 1980 und 1986 spontan gestorbenen adulten Saigas von mehr als 10 kg Gewicht wurde post mortem eine generalisierte Amyloidose festgestellt. Ihr Auftreten war geschlechtsunabhängig und sowohl bei in der Wildnis als auch im Tierpark geborenen Tieren nachweisbar. In 59 % aller Fälle fand sich eine Kombination mit chronisch-infektiösen und parasitären Erkrankungen, während 41 % als idiopathische Form zu betrachten sind. Das histologische Ablagerungsmuster entspricht dem einer reaktiven Amyloidose. Nach den Ergebnissen der polarisationsoptischen Untersuchungen mittels Kongorotfärbung und Kaliumpermanganat-Oxidation gehört das Amyloid zum Typ AA. Die Häufigkeit der spontanen Amyloidose bei Saigas übersteigt, abgesehen von einigen Laboratoriumsnager-Stämmen, offenbar die aller bisher untersuchten Mammalierspezies.

Summary

Systemic Amyloidosis in Saiga

Systemic amyloidosis was recorded by postmortem investigations from 17.5 per cent of all adult saigas weighing more than 10 kg which had died spontaneously on the premises of Tierpark Berlin, between 1980 and 1986. The incidence was independent of sex and was equally recordable from animals born in the wild and those born in Tierpark. Combinations with chronic infectious and parasitic diseases were recordable from 59 per cent of all cases, while an idiopathic form was established from the remaining 41 per cent. The histological pattern was that of reactive amyloidosis. The amyloid involved was Type AA, as was suggested by polarisation-optical investigations, using Congo-red staining and potassium permanganate oxidation. The incidence of spontaneous amyloidosis among saigas was obviously higher than any level so far recorded from other mammalian species, except for some strains of laboratory rodents.

Résumé

Amyloidose généralisée des saïdas

Chez 17,5 % des Saidas adultes de plus de 10 kg spontanément morts entre 1980 ét 1986 dans Tierpark Berlin on a identifié post mortem une amyloidose généralisée. Elle s'est produite indépendante du sexe chez les animaux sauvages et ceux nés dans Tierpark. Dans 59 % de tous les cas on a trouvé une combinaison avec des maladies chroniques contagieuses et parasitaires, pendant que 41 % doivent être considérés comme des formes idiopathiques. Le modèle du dépôt histologique correspond à celui d'une amyloidose reactive. Sur la base des résultats des examens optiques de polarisation par moyen d'une coloration rouge Congo et oxydation au permanganate de potassium l'amyloide appartient au type AA. Abstraction faite de quelques souches des rongeurs de laboratoire la fréquence de l'amyloidose spontanée surpasse toutes les espèces mammaliennes examinées.

Резюме

Генерализированный амилоидоз у сайгаков

У 17,5% погибших в зоопарке Берлина сайгаков весом более 10кг. в период между 1980 и 1986 годом посмертно обнаружен генерализированный амилоидоз. Его проявление не зависило от пола животных и обнаружено у сайгаков, рождённых на воле, так и в условиях зоопарка. В 59% случаев наблюдалась комбинация с хроническо- инфекционными и паразитологическими поражениями, в то время как 41% имел идиопатическую форму. Гистологический пример отложений соответстновал реактивному амилоидозу. В результате поляризационно-оптических исследований с помощью окраски красного конго и калиево-перманганатной оксидации, выяснено, что амилоид принадлежит к типу АА. Частота проявления амилоидоза у сайгаков является самой высокой среди обследованных специй животных, исключая некоторых лабораторных штаммов грызунов.

Literaturverzeichnis

ANDERSSON, A. (1946): On amyloidosis of the kidneys in cattle. Skand. Vet. Tidskr. 26, 241-290.

BOS, A.W. (1946): Amyloidnephrose bij het rund. (Bijdrage tot de kennis van de pathogenese der "groote, bleeke" nieren bij het rund). Tijdschr. Diergeneesk. 71, 741 - 752.

CORDY, D.R. (1949): Traumatic reticulitis, chronic nephritis, generalized edema and amyloidosis in a bull. North. Am. Vet. 30, 504 - 508.

CORSICO, G., e G. MANDELLI (1962): Morfologia delle nefropatie inflammatorie spontanee del bovino. Atti Soc. Ital. Sci. Vet. 16, 129 - 169.

COWAN, D.F., and W.C. JOHNSON (1970): Amyloidosis in the white Pekin duck. I. Relation to social environmental stress. Lab. Invest. 23, 551 - 555.

CRAWFORD, T.B., ADAMS, S., SANDE, R.D., GORHAM, J.R., and J.B. HENSON (1980): The connective tissue component of the caprine arthritis-encephalitis syndrome. Am. J. Pathol. 100, 443 - 454.

DAHLENBURG, I. (1948): Pathologisch-anatomische und histologische Untersuchungen bei Serumtieren. Leipzig: Vet.-Med. Diss.

EBBESEN, P. (1968): Spontaneous amyloidosis in differently grouped and treated DBA/2, BALB/c, and CBA mice and thymus fibrosis in estrogen-treated BALB/c males. J. Exp. Med. 127, 387 - 396.

FARNSWORTH, G.A., and S. MILLER (1985): An unusual morphologic form of hepatic amyloidosis in a goat. Vet. Pathol. 22, 184 - 186.

GRÜNDER, H.-D., und G. TRAUTWEIN (1965): Das klinische und pathologisch-anatomische Bild der Amyloidnephrose des Rindes. Dtsch. Tierärztl. Wschr. 72, 442 - 447.

GRUYS, E. (1977): Amyloidosis in the bovine kidney. Vet. Sci. Commun. 1, 265 - 276.

HADLOW, W.J., and W.L. JELLISON (1962): Amyloidosis in Rocky Mountain bighorn sheep. J. Am. Vet. Med. Ass. 141, 243 - 247.

HALL, C.E., CROSS, E., and O. HALL (1960): Amyloidosis and other pathologic changes in mice exposed to chronic stress. Texas Tep. Biol. Med. 18, 205 - 213.

HJÄRRE, A. (1933): Über das Vorkommen der Amyloiddegeneration bei Tieren. Acta Pathol. Microbiol. Scand. Suppl. 16, 132 - 162.

HOL, P.R., and E. GRUYS (1984): Amyloid A proteins in different species. Appl. Pathol. 2, 316 - 327.

JAKOB, W. (1971): Sontaneous amyloidosis of mammals. Vet. Pathol. 8, 292 - 306.

JOEST, E. (1908): Die Amyloiddegeneration bei Tieren. Ergeb. Pathol. 12, 444 - 459.

JOHNSON, K.H., and K. JAMISON (1984): Amyloidosis in six dairy cows. J. Am. Vet. Med. Ass. 185, 1538 - 1543.

KAGOTA, K. (1967): Clinicopathological observation on two cases of general amyloidosis in dairy cows. J. Jap. Vet. Med. Ass. 20, 50 - 54.

LINKE, R.P., HOL, P.R., and O. GEISEL (1986): Immunihistochemical identification of generalized AA-amyloidosis in a mountain gazella (Gazella gazella), by cross-reaction using monoclonal and polyclonal anti-AA antibodies. Vet. Pathol. 23, 63 - 67.

LINKE, R.P., HOL, P.R., GRUYS, E., GEISEL, O., NATHRATH, W.B.J., and G. TRAUTWEIN (1984): Immunohistochemical identification and crossreactions of amyloid-A fibril protein in man and eleven other species. J. Comp. Pathol. 94, 339 - 356.

LORENZ, H. (1951): Amyloidablagerungen bei Serumschafen. Leipzig: Vet.-Med. Diss.

MISSMAHL, H.P., und M. HARTWIG (1953): Polarisationsoptische Untersuchungen an der Amyloidsubstanz. Virch. Arch. (Pathol. Anat.) 324, 489 - 508.

MONAGHAN, M. (1982): Renal amyloidosis in slaughter cattle in Ireland. Irish. Vet. J. 36, 88 - 90.

PAGE, D.L., and G.G. GLENNER (1972): Social interaction and wounding in the genesis of "spontaneous" murine amyloidosis. Am. J. Pathol. 67, 555 - 568.

PRIMGAARD, T. (1929): Amyloidniere und Amyloiddegeneration beim Rind. Virchow's Arch. (Pathol. Anat.) 274, 111 - 138.

PUCHTLER, H., SWEAT, F., and M. LEVINE (1962): On the binding of Congo red by amyloid. J. Histochem. Cytochem. 10, 355 - 364.

ROONEY, J.R. (1956): Amyloidosis in a cow. Cornell Vet. 46, 369 - 378.

van RIJSWIJK, M.H., and C.W.G.J. van HEUSDEN (1979): The potassium permanganate method. A reliable method for differentiating amyloid AA from other forms of amyloid in routine laboratory practice. Am. J. Pathol. 97, 43 - 58.

WEBER, E. (1961): Grundriß der biologischen Statistik, 4. Aufl. Jena: Gustav Fischer.

WERNER, K.T. (1873): Amyloidentartung der Leber. Mitteil. Tierärztl. Praxis Preuss. Staate 22, 166 - 177.

ZSCHIESCHE, W., and W. JAKOB (1988): Pathology of animal amyloidoses. Pharmacol. Ther., submitted.

ZSCHIESCHE, W., und R.P. LINKE (1986): Zur Amyloidose der Zoovögel unter besonderer Berücksichtigung des Wassergeflügels. Verh.ber. Erkrg. Zootiere 28, 301 - 306.

Anschrift des Verfassers: Prof. Dr. W. Z s c h i e s c h e
Am Tierpark 125
DDR-1136 Berlin (DDR)

Aus dem Tiergarten Heidelberg (Direktor: Dr. D. POLEY), dem Staatlichen Tierärztlichen Untersuchungsamt Heidelberg (Leiter: Ltd. Reg.-Vet.-Direktor Prof. Dr. J. NASSAL), der dermatologischen Praxis Dr. med. WIEGAND, Heidelberg und der tierärztlichen Praxis Dres. Ch. und F. BACH, Schriesheim

MUCORMYKOSE MIT DEM KLINISCHEN BILD EINER TRICHOPHYTIA PROFUNDA BEI EINEM KUDU/SITATUNGA-MISCHLING

Von F. Bach, Ingrid Poley, Karin Wiegand und R. Wacker

1. Allgemeines

Systemmykosen, auch als Endomykosen bezeichnet, sind bei Zootieren keine Seltenheit und haben seit langem, in letzter Zeit sogar eine ständig zunehmende Beachtung gefunden. Man findet sie am häufigsten bei Vögeln, wo sie vor allem Luftsäcke und Lungen befallen (KLÖS und LANG, 1976). Pinguine sind besonders häufig betroffen (DATHE, 1962; SCHRÖDER, 1986). Häufigste Erreger sind Aspergillusarten.

Über Mucormykosen bei Zootieren wird wesentlich seltener berichtet, obwohl sie bei Menschen und Tieren keine Seltenheit sind. Bei den Haustieren sind Wiederkäuer - namentlich das Rind - am häufigsten betroffen. Seltener stellt man sie beim einheimischen Rehwild (KÖNIG et al., 1967) und nur in wenigen Fällen bei Zootieren fest. GISLER und PITCOCK (1962) sowie LUCKE und LINTON (1965) fanden sie bei Affen, KAPLAN et al. (1960) beim Seehund und KÖNIG et al. (1967) beim Flamingo.

Sicherlich gibt es noch zahlreiche weitere, nicht publizierte und noch mehr nicht diagnostizierte Fälle. Die von uns beobachtete Mucormykose bei einem neugeborenen Kudu/Sitatunga-Bastard würde kaum besondere Aufmerksamkeit verdienen, wenn nicht der klinische Verlauf der Erkrankung, Erfolge und Mißerfolge der Therapie und schließlich die Rekonvaleszenz des heute gesunden Tieres in allen Phasen und Einzelheiten vorliegen würden.

2. Fallbericht

Am 28. September 1984 wurde ein Jungtier geboren, dessen Mutter - ein Sitatunga - bei der durch eine absolut große Frucht bedingten Schwergeburt verendete. Väterlicherseits stammte das Jungtier von einem Großen Kudu ab. Dementsprechend betrug sein Geburtsgewicht 5,5 kg gegenüber dem Geburtsgewicht des Sitatunga von 3 - 3,5 kg. Dieser Bastard wurde ohne mütterliches Kolostrum von Geburt an mit der Flasche aufgezogen, nachdem er kurz nach der Geburt mit Gammaglobulinen und Vitamin A/E versorgt worden war. Die Krankheit begann am 5. Lebenstage mit einer haarlosen Stelle am Schultergelenk. Wenige Tage später stellte sich starker Juckreiz am Kopf und an den Ohren ein und es zeigten sich "merkwürdige" kleine Pickel in der Drosselrinne und am Oberarm, aus denen sich einige Tage später Hautläsionen entwickelten. (Abb. 1).
Die Diagnose war und blieb unklar. Ein anfänglicher Räudeverdacht konnte schnell ausgeschlossen werden. Weiter diskutiert wurden:
- Staphylokokkeninfektion der Haut
- Dermatomykose
- Unverträglichkeit des Milchaustauschfutters.

Die Möglichkeit des Vorliegens einer viralen Dermatose, wobei wir auch an die Lumpy skin disease dachten, wurde durch die zweimal pro Woche vorgenommene Applikation von DUPHAMUN(R) abgedeckt.

2.1. Bakteriologisch-mykologische Untersuchungen

Im Milchaustauschfutter, das nicht in Originalverpackung zur Untersuchung vorgelegt wurde und das, wie sich später herausstellte, überlagert war, ermittelten wir: $1,8 \times 10^4$ Staphylococcus epidermidis, 3×10^3 aerobe Sporenbildner und 3×10^3 nicht näher bestimmte Schimmelpilze (KbE/g). Eine Probe von zubereiteter, verfütterungsfertiger Milch wies Keimzahlen unter 10^2 KbE/g auf. Bei der späteren Untersuchung einer anderen, gleichfalls überlagerten Charge fanden wir im Milchaustauschfutter 10^4 Aerokokken und 10^2 Aspergillus, in einer Probe zubereiteter Futtermilch 2×10^2 aerobe Sporenbildner, aber keine Schimmelpilze. Somit enthielt das Futter keine obligaten Krankheitserreger und sein Keimgehalt war entsprechend geltender Normen als durchaus normal anzusehen.

Kotuntersuchungen ergaben eine gramnegative Flora, in der kulturell E. coli überwog, aber auch Enterobakter vorlag, wobei die Frage des Bestehens einer Dysbakterie offen gelassen wurde.

In ersten Hautabstrichen des Kudu/Sitatunga-Bastards wurden E. coli und ß-hämolysierende Staphylokokken gefunden. Später kam noch Pseudomonas aeruginosa hinzu, vor allem nach der Antibiotikatherapie. Erreger von Dermatomykosen fanden wir nicht, dagegen eine mykologische Mischflora mit Überwiegen von Aspergillus und Mucor. Somit konnten Staphylokokken die Erreger der Hautläsionen sein, so daß eine Antibiotikabehandlung angezeigt war. Das Jungtier erhielt Chloromycetin F(R) oral und Gentamycin(R) i.m. 6 Tage lang verabreicht (Abb. 2).
Eine Besserung, aus klinischer Sicht gesehen, war dadurch jedoch nicht erreicht worden.

2.2. Untersuchungen auf Dermatomykose-Erreger und erste antimykotische Therapie

Die erste antimykotische Therapie setzte im Anschluß an die erfolglose Antibiotikabehandlung ein und bestand aus lokaler Behandlung mit Gentianaviolett 0,5 %, Fucidine-Salbe, Wasserstoffperoxid und Fifonazol (MYOFUNGAR(R)). 6 Tage später näherte sich das klinische Krankheitsbild seinem kritischen Höhepunkt. Es bildeten sich erneut intrakutane Pusteln, die sich von der Größe eines Mohnkorns bis zu Erbsengröße entwickelten, aufbrachen und später abtrockneten. Eine Besserung des klinischen Zustandes war auch durch diese kombinierte Behandlung nicht erreicht worden. Einiges spricht sogar dafür, daß im Krankheitsbild das pustulös-knotige Stadium die ekzematöse Phase ablöste.

3. Die mykologische Diagnostik mittels Gewebebiopsie

Schon mit dem ersten Auftreten knotiger Veränderungen, die als unterschiedlich große, derbe Knötchen in der Haut palpierbar waren, kam der Verdacht des Vorliegens von Dermatophilose in die Diskussion. Für eine derartige Infektion sprach vor allem, daß sich im Verlauf der Krankheit Pusteln bildeten, abtrockneten und zusammen mit den Haaren abfielen (FREESE und WEBER, 1971). Zudem kann die Dermatophilose auch schon bei sehr jungen Tieren auftreten, wie dies EZEH und MAKINDE (1984) bei nur zwei Tage alten Kälbern beobachtet haben.

Nachdem Abstriche offener Pusteln nochmals erfolglos auf Dermatophilus congolensis, dem Erreger der Dermatophilose, untersucht worden waren, entschlossen wir uns zur Gewebebiopsie. Dazu wurde das Tier mit je 40 mg ROMPUN(R) und VETALAR(R) sediert und unter Lokalanästhesie eine ausreichend große Gewebeprobe entnommen und die durchtrennte Haut mit mehreren Stichen genäht. Die Wundheilung erfolgte problemlos. Auf Grund der histologischen Untersuchungen handelte es sich bei den makroskopisch wie ausgestanzt wirkenden Effloreszenzen um entzündliche Granulome. Die Epidermis und Papillarkörper waren nekrotisch und bildeten einen stark verhornenden Zelldetritus. In der Subkutis lag ein zellreiches, überwiegend aus Makrophagen bestehendes Granulationsgewebe vor, das neben verkalkten Nekrosen auch Riesenzellen vom Langhans-Typ, Fibrozyten, lympoplasmozelluläre Zellen sowie vereinzelt neutrophile Granulozyten enthielt. Der gesamte Herd war durchsetzt mit Pilzhyphen, die sich PAS-positiv und agyrophil verhielten. Die Mycelfäden erwiesen sich als nicht oder nur unregelmäßig septiert und als nicht dichotom verzweigt. An den primär sphärischen Prozessen war peripher die Tendenz zur Ausbreitung in Form kleinerer Tochtergranulome erkennbar.

Durch die kulturelle Untersuchung des aus der Tiefe entnommenen Materials wurde Mucor in Reinkultur isoliert. Diese Schimmelpilze waren auch schon bei früheren Untersuchungen nachgewiesen, als ubiquitäre mikrobielle Verunreinigung des Materials angesehen, aber nicht als ätiologisch wichtig erkannt worden. Somit konnte die Diagnose "Mucormykose" erst durch die histologische Untersuchung von Gewebebiopsie-Material endgültig gesichert werden (Abb. 3).

4. Antimykotische Therapie und Rekonvaleszenz

Ab 28. November 1984 bestand die Therapie aus nachstehenden Maßnahmen:

4.1. Allgemeinbehandlung durch tägliche orale Verabreichung von 150 mg FULCIN(R), das nach etwa 14 Tagen durch 1 Tabl. POLYGRIS(R) (= 330 mg Griseofulvin) ersetzt wurde. Letzteres ist wasserlöslich, FULCIN(R) nur in Fett, das in dem Milchaustauschfutter in nur sehr begrenzter Menge enthalten ist.

4.2. Örtliche Behandlung durch Betupfen der Ekzeme mit Solutio CASTELLANI und Versorgung mit den Breitspektrum-Antimykotika TRAVOGEN(R)-Spray, später BATRAFEN(R)-Lösung und schließlich MYCOSPOR(R)-Spray, Gel oder Puder.

Unter dieser Behandlung besserte sich der Allgemeinzustand zusehends. Das Tier wurde schließlich lebhaft und forderte begierig seine Milchmahlzeit. Die Erosionen und Plaques epithelisierten aber nur sehr langsam.
Ab 31. Januar 1985 erfolgte nur noch Behandlung mit UV-Licht. 3 x täglich, beginnend mit 10 Min. und allmählicher Steigerung auf 20 und zum Schluß 30 Minuten. Dadurch heilten die Defekte weitgehend ab, so daß der Kudu-Sitatunga-Hybride im Juni 1985 auf der Afrika-Anlage des Tiergartens zur Schau gestellt werden konnte.

Vom Krankheitsgeschehen sind auch heute noch Residuen erkennbar: Dunkel pigmentierte, hanfkorngroße Herdchen, die sich jedoch kaum von der Haut abheben (Abb. 5). Die Haare sind bis auf kleine narbige Defekte überall gut nachgewachsen und das inzwischen erwachsene Tier nahm eine ungestörte Entwicklung.

Diskussion

Der im Tiergarten Heidelberg abgelaufene Fall einer Mucormykose bei einem neugeborenen Kudu/Sitatunga ist hinsichtlich seiner Genese auch retrospektiv schwer durchschaubar.

5.1. Gewichtsentwicklung und Krankheitsverlauf

Unterstellen wir eine normale Gewichtsentwicklung, wenn innerhalb von 4 Wochen das Geburtsgewicht verdoppelt wird. Dieser, gemessen am Kalb, normalen Gewichtsentwicklung stehen die schon vom 5. Lebenstage an bestehenden Krankheitserscheinungen gegenüber, die sich zunehmend verschlechterten und nach der 5. Lebenswoche zu einem kritischen Zustand führten. Dieser wirkte sich auch vorübergehend in einer Abflachung der Gewichtskurve aus (Abb. 4). Es scheint aber eine Relation zu bestehen zwischen verminderter Gewichtszunahme und der in dieser Zeit durchgeführten Vitaminbehandlung. Wiederholte Vitamingaben ließen die Gewichtszunahme wieder steiler ansteigen und die danach einsetzende "Verschlimmerung" der Prozesse könnte als Aktivierung der unspezifischen Abwehr gedeutet werden (Abb. 6). Daraus könnte ein Hinweis auf die primäre Ursache der Hauterkrankung abgeleitet werden, denn für das Bestehen eines Vitaminmangels würden sprechen:

- die mit Haut- und Haardefekten beginnende Symptomatologie, die sich über Hautläsionen und Keratokonjunktivitis bis zu zentralnervösen Erscheinungen und unkoordinierten Bewegungen steigerte
- Verfütterung eines überalterten Milchaustauschfutters, dessen Verwendbarkeitsdatum abgelaufen war
- ein wahrscheinlich zu geringer, nur auf die Bedürfnisse des Kalbes ausgerichteter Fettgehalt des Milchaustauschfutters.

Die unzureichende Versorgung mit Vitaminen könnte auch die Entstehung der sekundären Mucormykose begünstigt haben, denn die Vitamine A und E sind unentbehrlich für die spezifische und unspezifische Infektionsabwehr. Vitamin A-Mangel führt in der Regel zu Beeinträchtigung der Immunantwort mit daraus resultierender Infektionsanfälligkeit. Vitamin E stimuliert die humorale Immunität und erhöht die Phagozytosekapazität der Lymphozyten, so daß Vitamin E für die Infektionsabwehr außerordentlich wichtig ist (SCHEUNERT und TRAUTMANN, 1987).

5.2. Pathogenese

Angesichts des ubiquitären Vorkommens der verschiedenen Mucoraceen ist es aussichtslos, darüber zu spekulieren, woher der Erreger kam. Auch wie er in den Körper gelangte und sich dort verbreitete, ist nicht sicher bekannt. Daß er alimentär in den Körper gelangte, wäre im Hinblick auf die kolostrumfreie, mutterlose Aufzucht und die wahrscheinlich ungenügende Vitaminversorgung die wahrscheinlichste aller Möglichkeiten. Begünstigend gewirkt haben mag auch die gegen

die in den Hauteffloreszenzen angesiedelten Staphylokokken gerichtete mehrtägige Antibiotikabehandlung.
Fälle von alimentärer Mucormykose, der innerhalb von 7 Wochen 11 von 40 Kanarienvögel nach Tetracyklinbehandlung zum Opfer fielen, teilten MITCHELL et al. (1986) mit. Alimentäre Mucormykosen kennen wir auch beim Schwein (HIHAYA, 1983; SANFORD et al., 1985).

Charakteristisch für alimentäre Mucormykosen sind Abszesse und Geschwürbildungen im Verdauungskanal, Schwellungen und verschiedene Einschmelzungsprozesse in den intestinalen oder peripheren Lymphknoten sowie mykotische Herde in den Organen. Wir haben Veränderungen der Lymphknoten nicht beobachtet und keine Kenntnis über abgelaufene innere Krankheitsprozesse. Unter Berücksichtigung der Lokalisation der mykotischen Veränderungen ausschließlich auf die bekratzten Stellen und des Therapieerfolges mit den nur äußerlich wirkenden Breitbandantibiotika ergibt sich die differentialdiagnostisch zu beachtende Möglichkeit einer über belebte oder unbelebte Vektoren von außen erfolgten Infektion. Von einer Systemmykose wäre dann nicht zu sprechen.

Wir konnten auch nicht abklären, ob der vorliegende Fall eine primäre Mykose oder nur eine sekundäre Verpilzung von Prozessen anderer Genese darstellte. Beides wäre möglich, das Vorliegen der primären Mykose halten wir jedoch für wahrscheinlicher.

5.3. Diagnostik

Über den hohen Stellenwert der Gewebebiopsie für die Diagnostik bestimmter Zootiererkrankungen bedarf es eigentlich keiner Diskussion. Durch sie kamen wir in der Diagnostik der Pocken bei Seehunden auf die richtige Spur (BACH et al., 1983), so daß wir Biopsien für überall dort angebracht halten, wo verändertes Gewebe durch einfache chirurgische Eingriffe entnommen werden kann. Histologische Untersuchungen haben sich dabei stets vorteilhafter erwiesen als rein bakteriologische Auswertungen. Der Wert einfacher bakteriologischer Untersuchungen ist bekanntlich dann besonders eingeschränkt, wenn ubiquitär vorhandene, schnell wachsende Keime die sich meist langsamer entwickelnden Krankheitserreger überdecken. Auch diese Mucormykose wurde endgültig durch die Gewebebiopsie diagnostiziert.

5.4. Therapie

Da die Diagnose sehr lange unklar und die Pathogenese der Erkrankung undurchsichtig blieb, waren die Erfolge der anfänglichen symptomatischen Therapieversuche sehr bescheiden. Besserung und Heilung brachte erst der Einsatz der Breitspektrumantimykotika, die, anders als GRISEOFULVIN(R), außer den Dermatophyten ein weites Spektrum von Schimmelpilzen und Hefen therapeutisch abdecken. Sie sind nur äußerlich anwendbar, so daß der Therapieerfolg für das Bestehen einer nur auf die Haut beschränkten Mucormykose hinweist.
Es bedarf sicherlich keines besonderen Hinweises darauf, daß die Durchführung aller Behandlungen ein Maß an Aufwand und Einsatz beanspruchte, das nur in seltenen Einzelfällen zu erbringen ist.

Zusammenfassung

Mucormykose mit dem klinischen Bild einer Trichophytia profunda bei einem Kudu/Sitatunga-Mischling

Es wird über eine kurz nach der Geburt bei einem Kudu/Sitatunga-Bastard aufgetretene Mucormykose berichtet, die wahrscheinlich durch kolostrumfreie und mutterlose Aufzucht sowie durch Vitaminmangel ausgelöst bzw. begünstigt wurde. Die klinische Entwicklung des Falles und die Sicherung der Diagnose durch histologische und mykologische Untersuchung von Biopsiematerial werden beschrieben und die Pathogenese diskutiert. Therapeutisch erwiesen sich Breitspektrum-Antimykotika als wirksam, durch die es unter Zurückbleiben kleiner, dunkel pigmentierter Herdchen zur völligen Genesung des Tieres kam.

Summary

Mucormycosis with Clinical Pattern of Trichophytia profunda in Kudu/Sitatunga Half-Breed

Mucormycosis, probably caused or favoured by no-colostrum, motherless raising vitamin deficit, developed in a kudu/sitatunga half-breed, immediately after birth. The clinical course is described in this paper together with the diagnostic procedure through histological and mycological testing of biopsy material, and the pathogenesis is discussed in some detail. Wide-spectrum antimycotics proved to be therapeutically effective and resulted in complete recovery of the animal, with small, darkish-pigmented foci being left behind.

Résumé

Mucormycose à l'image clinique d'une trichophyxie profonde chez le bâtard d'un boubale et sitatunga

Rapport sur une mucormycose chez le bâtard d'un boubale et un sitatunga qui s'est produite immédiatement après la naissance et a été provoquée ou favorisée probablement par l'élevage sans colostrum et sans mère et une avitaminose. Le développement clinique de ce cas et l'assurance du diagnost ic par un examen histologique et mycologique du matériel de biopsie sont décrits et la pathogénèse est discutée. Des antimycotiques du spectre large étaient une thérapie efficace et permettaient la guérison complète de l'animal mais petits foyers pigmentés sombres persistaient.

Резюме

Мукоромикоз с клинической картиной Trichophytia profunda у куду-ситатунга бастарда

Сообщается о выявлении мукоромикоза у новорожденного куду-ситатунга бастарда, который возник, по всей вероятности, в результате отсутствия молозева при выращивании животного без матки, а также в следствие недостатка витаминов.Описана клиническая картина заболевания и дан диагноз на основе гистологических и микологических исследований материалов биопсии. Обсуждается патогенез.Терапевтические результаты получены применением антимикотики широкого спектра,с помощью которых достигнуто полное выздоровление животного. На коже остались набольшие тёмные пигментные пятна.

Literaturverzeichnis

BACH, F., WACKER, R., POLEY, D., und H. MAYER (1983): Pocken der Haut bei Seehunden (Phoca vitulina, Linnè 1758). Verh.ber. Erkrg. Zootiere 25, 255 - 261.

CHIHAYA, Y. (1983): A case of swine gastric mucormycosis. Jap. Vet. Med. Assoc. 36, 743 - 746.

DATHE, H. (1962): Zur Pathogenese von Mykosen bei Zoovögeln. Mh. Vet.-Med. 12, 544 - 548.

EZEH, A.O., and A.A. MAKINDE (1984): Case of dermatophilus congolensis infection in a two-day-old calf. Vet. Rec. 114, 321 - 327.

FREESE, K., und A. WEBER (1971): Eine Dermatitis bei Mähnenrobben, hervorgerufen durch Dermatophilus congolensis. Berl. Münch. Tierärztl. Wschr. 84, 50 - 54.

GISLER, D.B., and J.A. PITCOCK (1962): Intestinal mucormycosis in the monkey (Macaca mulatta). Am. J. Vet. Res. 23, 365 - 366.

KAPLAN, W., GOSS, L.J., AJELLO, L., and IVENS (1960): Pulmonary mucormycosis in a Narp seal caused by Mucor pusillus. Mycopath. Mycol. appl. 12, 101 - 110.

KLÖS, H.-G., und E.M. LANG (1976): Zootierkrankheiten. Berlin und Harmburg: Paul Parey.

KÖNIG, H., NICOLET, J., LINDT, S., und W. RAAFLAUB (1967): Einige Mucormycosen bei Rind, Schwein, Katze, Reh und Flamingo. Schweiz. Arch. Tierheilkd. 109, 260 - 268.

LUCKE, V.M., and A.H. LINTON (1965): Phycomycosis in a Mandrill (Mandrillus sphinx). Vet. Rec. 77, 1306 - 1309.

MITCHELL, G., ESNOUF, D., and R. PRITCHARD (1986): Mucormycosis in Canaries (Serinus canarius) fed damp germinated Seed. Vet. Pathol. 23, 625 - 627.

ROSENBERGER, G. (1978): Krankheiten des Rindes, 2. Aufl.: Berlin und Hamburg: Paul Parey.

SANFORD, S.E., JOSEPHSON, G.K.A., and E.H. WATERS (1985): Submandibular and disseminated zygomycosis (mucormycosis) in fedder. J. Am. Vet. Med. Ass. 186, 171 - 174.

SCHEUNERT, A., und A. TRAUTMANN (1987): Lehrbuch der Veterinärphysiologie, 7. Aufl. Berlin und Hamburg: Paul Parey, 72 - 80.

SCHRÖDER, H.-D. (1986): Beitrag zu den Erkrankungen der Pinguine. Verh.ber. Erkrg. Zootiere 28, 107 - 112.

Anschrift der Verfasser: Dr. F. Bach
Friedrichstr. 22
D-6905 Schriesheim (BRD)

Abb. 1

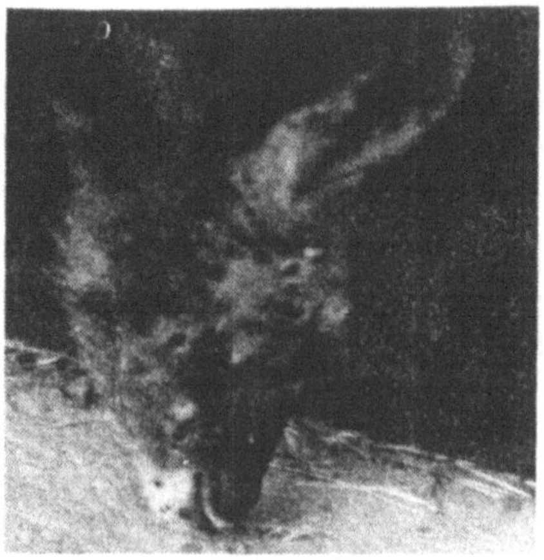

Abb. 2

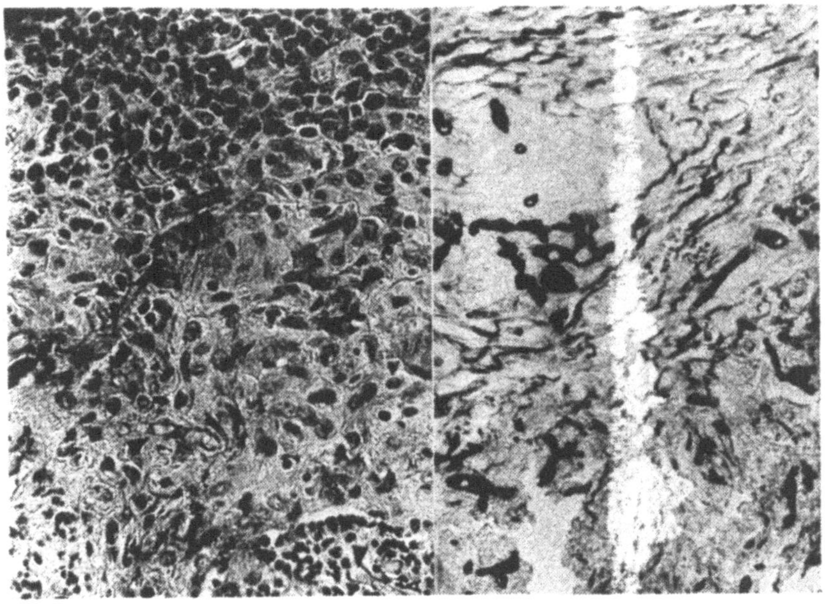

Abb. 3: Mukormykose
(A) Granulomatöse Entzündung in der Unterhaut mit einzelnen Pilzhyphen (▶). HE, x 250.
(B) Agyrophile, nicht oder nur unregelmäßig septierte und nicht dichotom verzweigte Hyphen des Genus Mucor. Crocott, x 160.

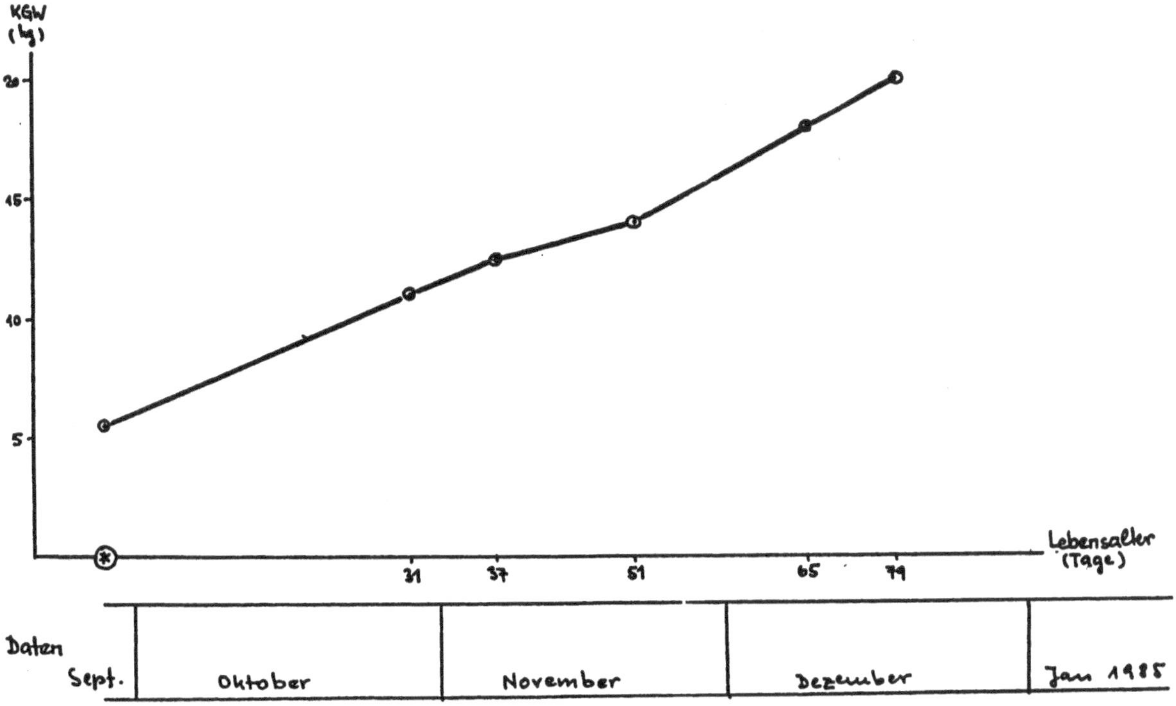

Abb. 4: Gewichtsentwicklung während des Verlaufs der Mucormykose beim Sitatunga-Mischling

Abb. 5

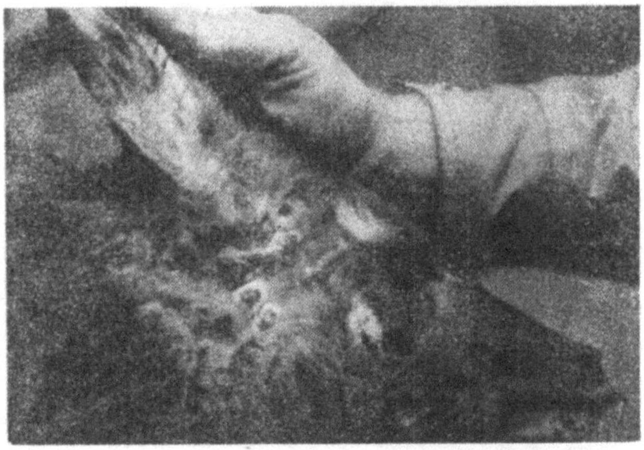

Abb. 6

Aus dem Tiergarten "Inselzoo" Altenburg (ehem. Direktor: H. LANGE) und der Staatlichen Tierärztlichen Gemeinschaftspraxis Altenburg (Leiter: Dr. J. VAERST)

CHIRURGISCHE KORREKTUR EINER BASTLÄSION BEIM DAMHIRSCH (DAMA DAMA)

Von J. Vaerst

Geweihverletzungen bei Cerviden werden in Tiergehegen und in freier Wildbahn beobachtet (BUBENIK, 1966 und GRÄFNER, 1979). Sie resultieren häufig aus Fluchtreaktionen oder Rangordnungskämpfen. Nach PUSCHMANN (1983) kommt es zu Frakturen und anderen Läsionen durch Aufprall auf Gehegegitter. FRANZKE (1960) berichtet über eine Rosenstockfraktur der rechten Stange bei einem Rothirsch (Cervus elaphus) infolge eines Kampfes mit einem Artgenossen. Beschädigungen des Rosenstockes oder des Bastes während der Geweihentwicklung führen oft zu Verlagerungen und Mißbildungen berichten KLÖS und LANG (1976).

Kasuistik

Mitte Mai kam es im Tiergarten "Inselzoo" in Altenburg zu einer Bastverletzung bei einem Damhirsch (männlich; ca. 2 Jahre). Das Tier war vermutlich infolge einer Schreckreaktion gegen das Gehegegitter gerannt. Als wir Stunden später konsultiert wurden, stellte sich folgende Situation dar: Der Damhirsch hatte seit 3 - 4 Wochen frische Stangen geschoben, in diesem Stadium kolbenförmig mit einer Länge von ca. 10 cm und einem Durchmesser von ca. 3,5 cm. Das juvenile Geweih war mit dicker Basthaut umgeben. An der linken Stange diagnostizierten wir eine umfangreiche kranio-kaudal verlaufende Rißverletzung im dorsalen Bereich der Basthaut. Die Wunde war mit Blutkoagula bedeckt und blutete auch noch. Wegen des Umfanges dieser Läsion und des nicht unerheblichen Blutverlustes entschieden wir uns für eine chirurgische Intervention. Das Tier konnte in eine Ecke gedrängt und mit 5 mg/kg/KM Xylazin (Rompun$^{(R)}$) immobilisiert werden. Wir schätzten das Gewicht des Tieres auf 60 kg KM und applizierten 6,0 ml einer 5 %igen Injektionslösung tief intramuskulär.

Nachdem der Damhirsch zum Liegen kam und von Tierpflegern noch fixiert wurde, konnte eine gründliche Adspektion der Wunde vorgenommen werden. Nach Reinigung der Region stellte sich eine nahezu geradlinig verlaufende 5 mm tiefe, 1 cm breite und 8 cm lange, klaffende Wunde dar. Bei einer Gesamtlänge der juvenilen Stange von 10 cm, war die Basthaut über 3/4 der Länge im dorsalen Bereich eröffnet. Die Wunde wurde am Rand geringgradig korrigiert. Ein dabei entferntes kleines Gewebestück der Basthaut gelangte zur histologischen Untersuchung an das Pathologische Institut der Friedrich-Schiller-Universität in Jena.

Das Untersuchungsergebnis lautete: "Zur Untersuchung kommt Basthaut nach einer Geweihverletzung. Es handelt sich um ein stark durchblutetes Gewebe, dessen Korium großen Zellreichtum und Zellpolymorphie aufweist. In den oberflächlichen Schichten sind reichlich Eosinophile zu finden. Normales, offenbar stark proliferierendes Gewebe mit besonderer Versorgungsfunktion".

Nach Abschluß der Wundtoilette brachten wir das schwammig-weiche Gewebe der Basthaut unter entsprechender Vorsicht mit sechs Knopfheften (Dederon Nr. 6) zur Adaptation. Die lokale Wundversorgung wurde durch Einpudern mit Sulfonamid-Puder (100 g enthalten 20 g Sulfanilamid, VEB Serum-Werk Bernburg) und anschließendem Besprühen der Wunde mit einem elastischen Wundschnellverband Ankerplast$^{(R)}$Spray (100 g enthalten 3,5 g Kopolymerisat aus Akryl- und Methakrylsäureestern, VEB Ankerwerk Rudolstadt) vervollständigt. Zwecks allgemeiner antibiotischer Abschirmung verabreichten wir ein Depot-Penizillin. Wir applizierten 10,0 ml Strepdipen$^{(R)}$-Suspension, wäßrig, subkutan an der seitlichen Brustwand.

Die auf diese Weise chirurgisch korrigierte Verletzung der Basthaut zeigte eine Heilung per primam, so daß nach Ablauf von 10 Tagen die Fäden gezogen werden konnten.

In der Folgezeit kontrollierten wir das Geweihwachstum, anfangs im wöchentlichen, später im monatlichen Abstand. Abschließend kann gesagt werden, daß das Geweih ein paralleles Längenwachstum beider Stangen aufwies, sich jedoch an der linken ehemals lädierten Stange keine Augsprosse gebildet hatte. Mittelsprosse und schaufelartige Hauptsprossen waren links wie rechts voll ausgebildet.

Diskussion

Eine massive Verletzung der Basthaut beim Damhirsch stellt nach KLÖS und LANG (1976) eine akute Gefahr für die weitere Entwicklung eines Geweihes dar. Der Bast der Cerviden, so zeigt die histologische Untersuchung und berichtet auch PUSCHMANN (1983), ist ein stark durchblutetes, von Nerven durchzogenes, stark proliferierendes Gewebe mit nutritiver Funktion für den wachsenden Geweihknochen.

Bei der Entscheidung für eine chirurgische Korrektur ließen wir uns von folgenden Überlegungen leiten.

1. Der operative Eingriff war notwendig, da es sich um eine frische und noch blutende Wunde handelte.
2. Der operative Eingriff war sinnvoll, da es sich um stark proliferierendes, unseres Erachtens, um sehr regenerationsfähiges Gewebe handelt, welches eine sanatio per primam erwarten ließ.
3. Der operative Eingriff war erforderlich, da im Anfangsstadium der Geweihentwicklung diese gravierende Läsion ohne chirurgische Korrektur unseres Erachtens eine stärkere Fehlentwicklung als nur den Verlust der Augsprosse zur Folge gehabt hätte.

Danksagung

Für die histologische Untersuchung möchte ich Herrn Dr. sc. H. P r a n g e am Pathologischen Institut der Friedrich-Schiller-Universität Jena (Direktor: Prof. Dr. G. W a l d m a n n) herzlich danken.

Zusammenfassung

Chirurgische Korrektur einer Bastläsion beim Damhirsch (Dama dama)

Berichtet wird über eine massive Bastverletzung bei einem Damhirsch. Histologische Untersuchung des Bastgewebes, operatives Vorgehen, Heilungsverlauf und Operationserfolg werden beschrieben. Es folgen Ausführungen zur Notwendigkeit der chirurgischen Korrektur der Bastläsion.

Summary

Surgery for Antler Velvet Lesion of Fallow Deer (Dama dama)

Massive antler velvet lesion of a fallow deer is reported in this paper. Histological examination of the antler velvet tissue, the surgical approach, healing, and surgical success are described in some detail. This is followed by some reflections on the need for surgery in cases of antler velvet lesion.

Résumé

Correction chirurgicale d'une lésion des cornes caduques du daim (Dama dama)

Rapport à propos d'une lésion massive des cornes caduques d'un daim. L'examen histologique du tissu de la corne, le procédé opérative, le cours de la guérison et le succés de l'intervention sont décrits. La nécessité de la correction chirurgicale de la lésion des cornes caduqués est commentée.

Резюме

Хирургическая корректура поражения баста у лани (Dama dama)

Авторы сообщают о массивном поражении баста у лани. Описаны гистологические исследования оперативное вмешательство, течение заболевания и успехи, достигнутые при операции. Дальше даны предпосылки , указывающие на необходимость хирургической корректуры.

Literaturverzeichnis

BUBENIK, A. B. (1966): Das Geweih. Berlin und Hamburg: Paul Parey.

FRANZKE, H. J. (1960): Rosenstockbruch bei einem Hirsch. Mh. Vet.-Med. 15, 383 - 384.

GRÄFNER, G. (1979): Wildkrankheiten. Jena: Gustav Fischer.

KLÖS, H.-G., und E. M. LANG (1976): Zootierkrankheiten. Berlin und Hamburg: Paul Parey.

PUSCHMANN, W. (1983): Wildtiere in Menschenhand. Bd. 2. Berlin: Deutscher Landwirtschaftsverlag.

Anschrift des Verfassers: Dr. med. vet. J. V a e r s t
DDR-7400 Altenburg
Karl-Liebknecht-Straße 26 (DDR)

From Zoological Park of Wielkopolska and Local Veterinary Centre, Poznan

TREATMENT OF REINDEER (RANGIFER TARANDUS) FOR RADIO-ULNAR FRACTURE

By W. J. Golec and W. Peisert

The common technique of internal fixation in wild animals has been rarely used in zoological garden practice. Described in this paper is a reindeer aged seven months from the Zoological Park of Wielkopolska, Poznan, with a radio-ulnar fracture accompanied by dislocation (Fig. 1). This fracture was classified 2. 3. A. 1. by the short code of AO-VET ASIF (International Association for the Study of Internal Fixation in Animals). The first number of the code stands for the bone affected, antebrachium - 2, the second for the distal end - 3. The third number suggests that the fracture area is smaller than five per cent (1/20) of the bone length - A, while any further subdivision refers to the number of fragments involved in the fracture, with a two-fragment fracture being denoted - 1.

Initial conservative treatment included external fixation, using plaster cast as well as splint of wood or metal. It failed, as was realised by X-ray check.

The reindeer was then surgically treated by internal fixation, using the plate bone and cortex screws. The patient was under general anaesthesia, with 3 mg of atropine sulphate being subcutaneously injected for premedication. Rompun (2 mg/kg body weight) was intramuscularly applied and was followed by slow intravenous injection of 5 mg/kg body weight of Ketavet in five per cent of glucose solution. Halothane anaesthesia was administered in a semi-open system. The fracture was immobilised by a plate bone and four cortex screws, 3.5 mm in length (Fig. 2). The limb was additionally stabilised by external fixation, using a Thomas splint, for three postoperative weeks (Fig. 3).

The process of fracture healing was radiologically followed up. The first periosteal reaction was observed three weeks after fracture. However, when the plate bone was removed (Fig. 4), four months after the operation, the fracture gap was found to have completely healed.

Minimum periosteal reaction was observed in a final radiological check on the bone healing process. The fracture gap had been remodelled mainly by endosteal callus. The healing process produced evidence to very good, rigid internal fixation.
The animal was kept under observation for a long postoperative period. The limb was found to be restored to full functionality (Fig. 5), with no occurrence of any disorder that might be attributable to the fracture. The reindeer has been moved back to public display.

Summary

Treatment of reindeer (Rangifer tarandus) for radio-ulnar fracture

Reported in this paper is a case of radio-ulnar bone fracture in a reindeer which was surgically treated by internal fixation with good success. The animal was kept under postoperative observation for four months. Healing is complete, as may be seen from full-scale clinical, radiological, and photographic documentation.

Zusammenfassung

Behandlung einer Radius-Ulnafraktur beim Rentier (Rangifer tarandus)

Eine Radius-Ulnafraktur bei einem Rentier wurde mit gutem Erfolg chirurgisch durch interne Fixierung behandelt. Das Tier wurde vier Monate lang postoperativ beobachtet. Die umfassende klinische, röntgenologische und fotografische Dokumentation belegt die vollständige Heilung.

Резюме

Лечение радиус-ульна фрактуры у оленя (Rangifer tarandus)

Радиус-ульна фрактура успешно вылечена хирургическим методом путём фиксации. Клинические рентгенологические и фотографические результаты подтвердили полное излечение животного.

Address of authors: W. J. Golec, DVM, and
W. Peisert, DVM
Grunwald Street
60-166 Poznan (Poland)

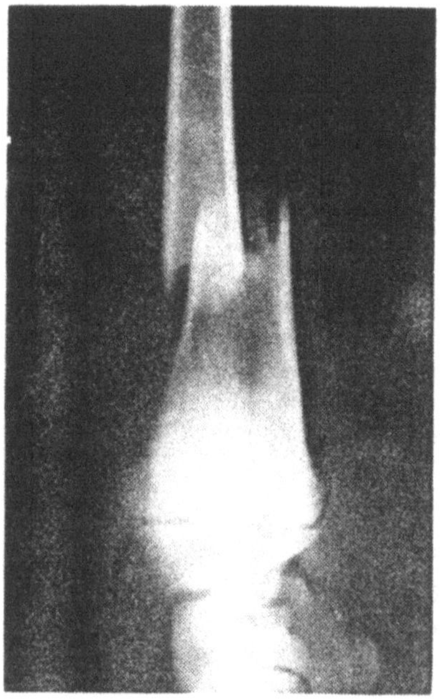

Fig. 1: Radio-Ulnarfracture, one day post fracture

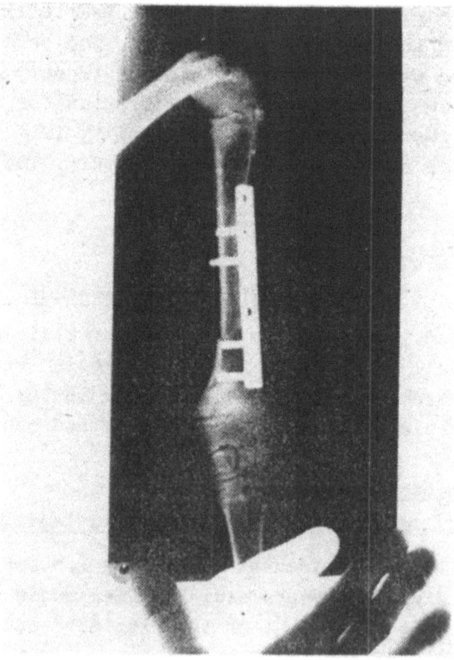

Fig. 2: Internal fixation of the fracture

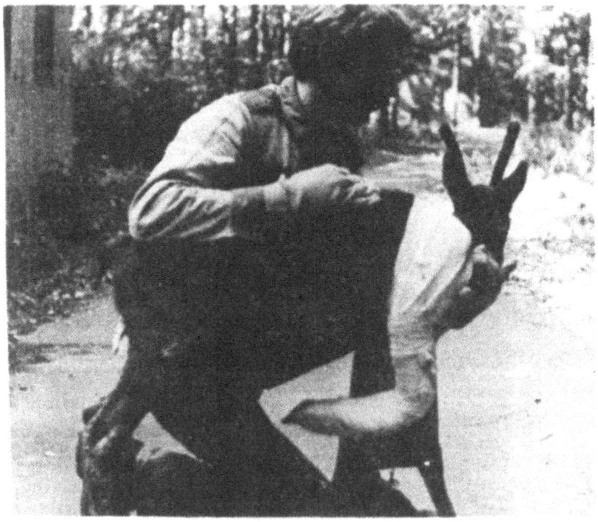

Fig. 3: External fixation with Thomas splint

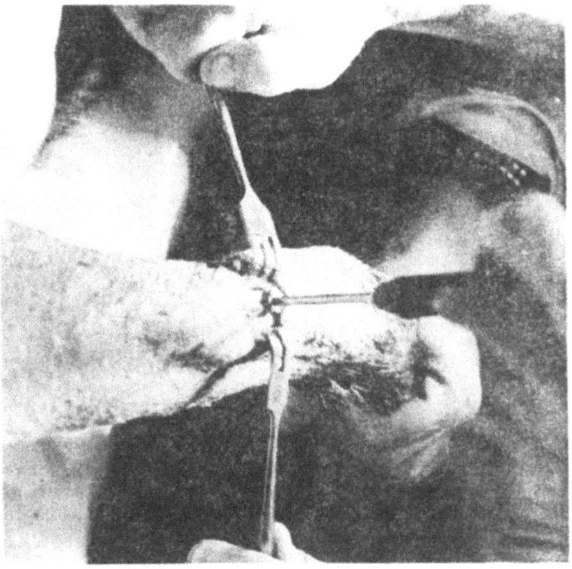

Fig. 4: Removing of the plate bone

Fig. 5: Full funktion of the limb

Aus der Universität von Californien, San Diego und dem San Diego Zoo

ZUR BEDEUTUNG DER CHROMOSOMENUNTERSUCHUNGEN FÜR DIE ZÜCHTUNG VON GAZELLEN

Von K. Benirschke und Arlene T. Kumamoto

Einleitung

Es ist noch nicht mit Sicherheit geklärt, wie viele Arten von Gazellen unterschieden werden sollen, noch, ob einige der jetzt als Unterart bekannten Tiere eines Genus-Rang würdig sind. Noch vor kurzem haben GROVES und LAY (1985) eine "neue" Art des Genus Gazella beschrieben, die Gazella bilkis von Yemen. Die Neubestimmung geschah, wie gewöhnlich, auf Grund osteologischer Befunde und charakteristischer Hautfärbung. Nach wie vor muß man GROVES (1969) beistimmen, der damals schrieb: "It has been justly remarked (..) that the taxonomy of the genus Gazella is one of the most confused in the whole class Mammalia. It is probable that no other genus of large mammal creates such problems in regard to its classification".

Gewöhnlich werden 11 Arten von Antilopini aufgezählt und die meisten sind in den Zoos verbreitet. Ebenso sind mindestens 9 dieser Gazellen stark gefährdet und, wenn sie auch in Zukunft noch bestehen sollen, dann wird ihre Zucht in zoologischen Gärten außerordentlich wichtig sein.

Die ungewöhnlich hohe Totgeburtenrate der Sömmerring-Gazellen in Zoos war für uns Anlaß, vor einiger Zeit deren Chromosomen zu untersuchen. Bei dieser Gelegenheit stellte es sich heraus, daß die Gruppen, die als einwandfreie "Sömmerring-Gazellen" dargestellt wurden, viele verschiedene Chromosomenzahlen und -muster besaßen (BENIRSCHKE et al., 1984). Es wird z.Zt. angenommen, daß diese genetischen Unterschiede Grund für die so häufig erfolglose Nachzucht der Sömmerring-Gazellen in Gefangenschaft sind.

Nun stellt es sich heraus, daß andere Gazellen und Dikdiks auch einen chromosomalen Polymorphismus besitzen. Aus diesem Grunde sollte man berücksichtigen, wenn neue Zuchtgruppen aufgestellt werden, die auf lange Sicht erfolgreich sein sollen, daß die Chromosomenanzahl und deren Morphologie zu Anfang untersucht werden und nur kompatible Tiere gepaart werden. Für die Systematik haben diese Befunde ebenfalls Bedeutung, denn bevor die Tiere neu aufgegliedert werden können, müßten ihr Ursprungsort und Morphologie, wie auch die Genetik weitgehend neu bearbeitet werden. Da diese Tiere rapide in der Wildbahn abnehmen, einige vielleicht schon nicht mehr existieren, ist es hohe Zeit, mit solchen Untersuchungen zu beginnen. Unter anderen hat RYDER (1987) vor kurzem darauf aufmerksam gemacht, daß die von ISIS erfaßten Gazellen langsam in den Zoos abnehmen. Er erfaßt auch die sich reduzierenden Wildbestände und macht darauf aufmerksam, daß die Zucht im Zoo ferner sehr ernst genommen werden muß, wenn die schwindenden Bestände einiger dieser Arten gerettet werden sollen.

Es wird hier versucht, die bisher veröffentlichten Befunde zusammenzutragen und Richtlinien für die weitere Bearbeitung zu geben.

Literaturübersicht

Die derzeitige Verbreitung von Gazella ist problematisch, wie UERPMANN (1987a) es kürzlich berichtete. Hybridisierung von privat-gehaltenen Tieren, Verödung des Habitats, Ausrottung usw. haben dazu beigetragen, daß man sich kaum noch einen guten Überblick über die Stellung der Gazellen verschaffen kann. UERPMANN (1987a) meint, daß es zumindest vier Gazellen in S.W. Asien gibt: G. subgutturosa, G. gazella, G. dorcas und G. bennetti. Die letztere wird von einigen Autoren als Unterart der G. gazella zugerechnet, aber wurde vor kurzem wieder der G. dorcas zugeordnet. Obwohl G. leptoceros in N.O. Afrika gewöhnlich als eigene Art angesehen wird, hat diese Gazelle viele Eigenschaften, die der G. subgutturosa gleichen. Und die arabische G. marica steht zwischen diesen beiden Arten; so mag es sich hier um ein großes Kontinuum handeln und genetische Daten sind nötig, um diese Unterschiede klarzustallen. Auch hat dieser Autor richtig gemeint, daß genaue Ursprungsorte untersuchter Gazellen wünschenswert sind, wenn die Systematik weiter geklärt werden soll. Ich meine, daß es ohne Chromosomenuntersuchung nicht gelingen wird, klare Verhältnisse zu schaffen.

In seinem Buch hat UERPMANN (1987b) die folgenden Datails beschrieben:
Gazella gazella gazella, typische Form, "Edmi" Gazelle von S.W. Arabien.

G. g. cora, kleinere Form, "Arabische Gazelle".

G. g. muscatensis, in Oman, "Muscat Gazelle".

(Es muß hier erwähnt werden, daß die sogenannte "Arabische Gazelle" einenebenso unklaren Rang hat, wie viele andere Mitglieder der Gazellen. So meint GROVES (1983), daß Gazella arabica eine separate Art darstelle und nicht auf G. g. cora übertragen werden sollte, welche wiederum große Ähnlichkeit mit G. dorcas isabella hat. In seiner Arbeit von 1969 zählte er 4 Unterarten auf. Die hier beschriebenen Befunde helfen, diesen Disput zu klären.)

Gazella dorcas, kleinste Gazelle des Genus, häufigste Gazelle in N.O. Afrika bis zum Roten Meer und im S.W. asiatischen Gebiets, kann als afrikanische Gazelle angesprochen werden. Ob die G. (dorcas) saudiva eine "gute" Art ist, kann zur Zeit nicht entschieden werden.

(GROVES (1987) beschreibt in der gleichen Zeitschrift drei Unterarten von G. dorcas und deutet auf den Ursprung der Benennung hin: G. d. pelzelni, G. d. isabella und G. d. beccarii, während er 1969 noch 10 Unterarten zählte, die inzwischen zum Teil revidiert wurden).

Gazella bennetti, Chinkara, die Indische Gazelle. Sie ist vor kurzem durch Chromosomenuntersuchung von anderen Vertretern abgetrennt worden, denn die Chromosomenzahl wurde als wesentlich höher gefunden als die der G. dorcas oder G. gazella (FURLEY et al., im Druck). Auch war die Morphologie der Chromosomen unterschiedlich.

Gazella subgutturosa, die Kropfgazelle aus Persien, hat noch eine ungeklärte Verwandtschaft zur G. marica, der "arabischen Rhim" Gazelle. GROVES (1969) zählt die "Marica" als eine der vier Unterarten von Kropfgazellen.

Gazella leptocerus, "afrikanische Rhim", "Loder Gazelle", hat laut GROVES (1969) zwei Unterarten.

Gazella rufifrons kommt vom Rande der Sahara.

(GROVES (1975) unterscheidet 4 Unterarten: G. r. hasleri, kanuri, centralis und laevipes.)

Gazella dama, die "Addra Gazelle" ist eine Art im Subgenus Nanger und kommt vom nördlichen Afrika. Diese Gruppe besteht aus verschiedenen Nanger-(Spiegel-)Gazellen und hat in den letzten Jahren mehrere Revisionen erlebt. WALTHER im GRZIMEK (1968) unterscheidet:
Gazella dama (mit 5 Unterarten; GENTRY (1971) beschrieb 8 Unterarten, während LANGE (1971) Schädel von nur 3 Unterarten untersuchte), Gazella soemmeringi (wo KINGDON (1982) zwei Unterarten bestimmt; LANGE (1971) hingegen untersuchte Schädel von 5 Unterarten), und Gazella granti (wo KINGDON (1982) 4 Unterarten zählte, während LANGE (1971) Schädel von sogar 9 Unterarten beschrieb).

Vor kurzem haben EIGNER und SCHLIEMANN (1983) darauf aufmerksam gemacht, daß die z.Zt. in Zoos gezeigten und aus der spanischen Almeira Zucht stammenden "Mhorr-Gazellen" unrichtig als Mhorr-Gazellen benannt sind, sondern als G. D. lozanoi gedeutet werden müßten. PEREZ (1984) andererseits meint, daß man sich auf nur drei Unterarten der Dama-Gazelle beschränken solle: G. dama mhorr, G. d. ruficollis und G. d. dama. DRÜWA (1985) stimmt diesem Resultat mehr oder weniger zu und bemerkt, daß "die taxonomische Unsicherheit .. momentan so groß ist, daß keine systematisch klar abgegrenten Unterarten aufgestellt werden sollten".

Gazella spekei von N.O. Afrika ist nach GROVES (1969) der Dorcasgazelle und der G. gazella sehr ähnlich und ist monotypisch.

Gazella cuvieri, "Edmi" oder Berggazelle von den N.O. afrikanischen Gebirgen, hat nach GROVES (1969) 5 Unterarten, von anderen Autoren ist sie der G. gazella unterstellt.

Gazella bilkis ist vor kurzem von GROVES und LAY (1985) beschrieben und von G. gazella abgetrennt worden. Weitere Literatur besteht nicht über diese neue Form.

Chromosomenuntersuchungen

In Tabelle 1 werden alle bislang bekannten Untersuchungen der Chromosomen dieser Gazellen festgehalten. Tabelle 2 beschreibt dann die Befunde der Chromosomen anderer, nicht unbedingt verwandter Boviden, die aber, wie die Gazellen, einen chromosomalen Polymorphismus aufweisen, der bei Zuchtbemühungen berücksichtigt werden sollte.

Tabelle 1

Tierart	Untersucht wurden M/W		Chromosomenbefund 2n	X	Y(Y1)	(Y2)	Autor+
Gazella dama	2,2	♂	39	X/A	kA	kA	EFFRON et al.,1976
		♀	38	X/A			"
		♂	40	X/A	kA	kA	"
		♀	40	X/A			"
Gazella granti	2,1	♂	31	X/A	kA	kA	"
		♀	30	X/A			"
Gazella gazella	?	♂	35	X/A	kA	kA	"
		♀	34	X/A			"
Gazella gazella arabica	1,3	♂	35	X/A	kA	kA	KUMAMOTO, 1985
		♀	34	X/A			"
Gazella dorcas	1,2	♂	31	X/A	kA	kA	EFFRON et al.,1976
		♀	30	X/A			"
Gazella spekei	2,1	♂	33	X/A	kA	kA	"
		♀	32	X/A			"
Gazella leptoceros	3,2	♂	33	X/A	kA	kA	"
		♀	32	X/A			"
Gazella subgutturosa	2,1	♂	31	X/A	kA	kA	"
		♀	30	X/A			"
G. s. marica	35,32	♂	31;33	X/A	kA	kA	BENIRSCHKE u. KUMAMOTO, 1987
		♀	30;32	X/A			
Gazella sömmerringi	7,20	♂	35	X/A	Y/A		BENIRSCHKE et al.,1984
		♂	36	X/A	Y/A		"
		♂	37	X/A	Y/A		"
		♂	38	X/A	Y/A		"
		♀	34	X/A			"
		♀	35	X/A			"
		♀	36	X/A			"
		♀	37	X/A			"
		♀	38	X/A			"
		♀	39	X/A			"
	5,2	♂	35-38	X/A	Y/A		KUMAMOT, 1985
		♀	37	X/A			"
Gazella cuvieri	2,1	♂	33	X/A	gA	kA	KUMAMOTO u. BOGART, 1984
		♀	32	X/A			
Gazella thomsoni	2,1	♂	58	X	kA		EFFRON et al.,1976
		♀	58	X			"
Gazella bennetti							FURLEY et al.

2n = Diploide Chromosomenzahl
X/A = X-zum Autosom Translokation
Y/A = Y-zum Autosom Translokation
kA = kleines acrozentrisches Chromosom
gA = großes acrozentrisches Chromosom

+ Die Literatur ist z.T. vorher zusammengefaßt worden (s. EFFRON et al., 1976)

Tabelle 2

Tierart	Untersucht wurden M/W			Chromosomenbefund 2n	X	Y(Y_1)	(Y_2)	Autor*
Antilope cervicapra	2,1		♂	31	X/A	kA	kA	Effron et
			♂	33	X/A	kA	kA	al. 1976
			♀	30	X/A			"
Aepyceros melampus	2,1		♂	59	gA	kM		"
			♂	60	gA	kM		"
			♀	58	gA			"
Dikdiks								
Madoqua kirki	13,11	Typ A	♂(3)	46				Benirschke&
		Typ B	♂(10)	47	X/A			Kumamoto '87
		Typ A	♀(3)	46				"
		Typ B	♀(8)	46				"
" " F_1 Hybriden	6,2	(AxB)	♂(4)	46				"
			♂(2)	47				"
			♀(4)	46				
Madoqua kirki	16,11	Typ A	♂(4)	46				Ryder et al.
		Typ B	♂(12)	47				
		Typ A	♀(3)	46				im Druck
		Typ B	♀(8)	46				
" " F_1 Hybriden	7,6	(AxB)	♂(1)	47				"
" "		(AxB)	♂(5)	46				
" "		(AxB)	♀(5)	46				"
" "		(ABxB)	♂(1)	47				"
" "		(ABxA)	♀(1)	46				"
Madoqua guentheri	2,3		♂(2)	50				Benirschke&
			♀(1)	48				Kumamoto '87
			♀(2)	50				"
" " Hybriden	0,1		♀(1)	49				"
Madoqua guentheri	5,8		♂(4)	50				Ryder et al.
			♂(1)	49				im Druck
			♀(4)	50				"
			♀(1)	48				"
			♀(3)	49				"
Madoqua guentheri x Madoqua kirki B	5,8		♂(5)	48				"
			♀(1)	48				"

2n = Diploide Chromosomenzahl
X/A = X-zum Autosom Translokation
kA = kleines acrozentrisches Chromosom
kM = kleines metazentrisches Chromosom

* Die Literatur ist zum Teil vorher zusammengefaßt worden (s. EFFRON et al., 1976)

Von besonderem Interesse hier ist die Tatsache, daß die meisten Gazellen durch eine (ansonsten seltene) Kombination von X-Geschlechschromosom mit einem gewissen Autosom (X/A Translokation) von anderen Tieren differenziert werden können. (Die Dorcas-Gazelle ist die seltene Ausnahme.) Man muß deshalb annehmen, daß es ursprünglich einmal einen Vorläufer gab, der durch diese Mutation zum "Founder" dieser Gazellenarten wurde, die sich dann weiter differenziert haben (Fig. 1). Die Tatsache, daß solch eine seltene Mutation fixiert wurde, läßt Rückschlüsse auf den Stammbaum zu, der in weiteren Erwägungen der Systematik der Gazellen berücksichtigt werden sollte.

Nicht nur sind die Chromosomenbefunde durch die fast universelle Translokation von diesen zwei Elementen bemerkenswert, die auch bedingt, daß der männliche Chromosomensatz ein Chromosom mehr hat als der weiblich, sondern es ist wichtig zu erkennen, daß viel numerischer Polymorphismus besteht. Das heißt, es sind in einer "Art" Tiere einbegriffen, die eine verschiedene Chromosomenzahl haben. Das ist unter Säugetieren im allgemeinen selten und ist gewöhnlich auf eine von zwei Ursachen zurückzuführen:

1) Es bestehen Hybriden in der Zucht, oder

2) Es sind keine reinen "Arten", sondern ein Gemisch von Tieren verschiedener Arten, die vielleicht ein gleiches Aussehen haben, aber voneinander genetisch getrennt sind. Dies gibt für die Zucht der Tiere im Zoo den Hinweis, daß man Tiere mit verschiedenem Chromosomensatz nicht

auf lange Zeit erfolgreich züchten kann. Denn eines Tages kommt es zu Nachkommen, die chromosomal unbalanziert und deshalb nicht lebensfähig sind. Ferner kommt es zur Sterilität der Hybriden, wie sie vom Maultier wohlbekannt ist. Man müßte daher in diesen Tiergruppen schon vor der Zucht auf chromosomale Kompatibilität prüfen und nur gleichartige Tiere einstellen.

Die Morphologie der vielen Chromosomenvarianten ist sehr kompliziert. Um sie genauer zu erforschen benötigt es vorzügliche Bandmusterpräparate, die es dann ermöglichen, die Translokationen der Autosomen näher zu erfassen. So sind in Fig. 1 die "Knotenpunkte" durch solche Translokationen gekennzeichnet, die von den Nachfolgern ererbt wurden. Dies führte zur Reduktion der Chromosomenzahl. In allen Fällen aber ist das Chromosom, das sich mit dem X-Chromosom vereinigt hat, das gleiche Autosom.

Andere Genera

Chromosomenunterschiede bei Tieren, die als "Art" erklärt sind, werden auch beim Dikdik häufig gefunden (BENIRSCHKE und KUMAMOTO, 1987; RYDER et al., im Druck). Wie allgemein bekannt ist, sind beim Orang-Utan Chromosomenunterschiede von Tieren, die von verschiedenen Inseln stammen (Inversionen) gefunden worden, wie sie auch bei Schlankaffen und einigen anderen südamerikanischen Primaten bestehen. Andere Arten mit so eklatanten chromosomalen Unterschieden, wie z.B. Mus, hat man in verschiedene Arten aufgeteilt (GROPP und WINKING, 1972), ein Vorbild, dem man vielleicht eines Tages bei Gazella folgen wird.

Weitere Bearbeitung der chromosomal verschiedenen Dikdiks und deren Hybriden hat gezeigt, daß die Samen-Produktion der Hybriden entweder minimal oder überhaupt nicht vorhanden ist. Hodenbiopsien zeigten Atrophie und Azoospermie wie beim Maulesel (RYDER et al., im Druck). Diese Befunde wurden vor kurzem auf zoologischen Tagungen vorgetragen und haben inzwischen zu einem Reassortiment der Dikdiks in den USA geführt, das auf chromosomalen Befunden basiert. Ferner werden zukünftige Importe auf deren Chromosomen-Morphologie geprüft, denn, wie es bei den vor kurzem importierten Sömmerring-Gazellen der Fall war, muß man auf Variabilität gefaßt sein. Durch solche Untersuchungen wird es dann vielleicht auch möglich sein, die Befunde mit präziser Herkunft der Tiere zu korrelieren.

Zusammenfassung

Zur Bedeutung der Chromosomenuntersuchungen für die Züchtung von Gazellen

Die Ergebnisse der Chromosomenuntersuchungen bei Gazellen werden dargestellt. Es wird berichtet, daß die meisten Vertreter Translokationen aufweisen und einige Tiere einen eklatanten Polymorphismus zeigen. Diese Befunde müssen in Zukunft berücksichtigt werden, wenn erfolgreiche Nachzuchten von Gazellen und Dikdiks erwartet werden.

Summary

Chromosomal Investigations - Importance to Gazelle Breeding

An account is given in this paper of results obtained from chromosome testing of gazelles. Most representatives of this species were found to exhibit translocations, while drastic polymorphism proved to be recordable from some individuals. These findings ought to be taken into due consideration for successful re-breeding of gazelles and dikdiks.

Résumé

L'importance des examens aux chromosomes pour l'élevage des gazelles

Les résultats des examens aux chromosomes des gazelles sont expliqués. Des translocations ont été observées chez la plupart des animaux examinés dont quelquesuns ont manifesté un polymorphisme éclatant. Ces résultats devraient être pris en considération quand à l'avenir on procède aux reproductions des gazelles et dik-diks.

Резюме

Результаты по исследованию хромосом при разведения газелей

Сообщается об изучении хромосом у газелей. У большенства представителей выявлена транслокация и у некоторых животных обнаружен полиморфизм. Данные факты должны быть учтены при раведении газелей.

Literaturverzeichnis

BENIRSCHKE, K., KUMAMOTO, A.T., OLSEN, J.H., WILLIAMS, M.M., and J. OOSTERHUIS (1984): On the chromosomes of Gazella soemmeringi Cretzschmar, 1826. Z. Säugetierk. 49, 368 - 373.

BENIRSCHKE, K., and A.T. KUMAMOTO (1987): Challenges of artiodactyl cytogenetics. La Kromosomo II-45.

DRÜWA, P. (1985): Die Damagazelle (Gazella dama ssp. Pallas, 1767), einige Beiträge zur allgemeinen Biologie, Haltung und Zucht im Zoologischen Garten. D. Zool. Garten N.F. 55, 1 - 28.

EFFRON, M., BOGART, M.H., KUMAMOTO, A.T., and K. BENIRSCHKE (1976): Chromosome studies in the mammalian subfamily Antilopinae. Genetica 45, 419 - 444.

EIGNER, W., und H. SCHLIEMANN (1983): Anmerkungen zu der irrtümlicherweise als Mhorr-Gazelle bezeichneten Gazella dama aus der spanischen Sahara. D. Zool. Garten N.F. 53, 313-316.

FURLEY, C.W., TICHY, H., and H.-P. UERPMANN (1988): Systematics and chromosomes of the Indian gazelle, Gazella bennetti (SYKES, 1831). Zitiert von UERPMANN (1987a) (im Druck).

GENTRY, A.W. (1971): Genus Gazella. In: The Mammals of Africa. An Identification Manual. Ed. J. MEESTER and H.W. SETZER, Washington, Part 15, 1, 85 - 93.

GROPP, A., and H. WINKING (1972): Robertsonian chromosomal variation and identification of metacentric chromosomes in feral mice. Chromosoma 39, 265 - 288.

GROVES, C.P. (1969): On the smaller gazelles of the genus Gazella de Blainville, 1816. Z. Säugetierk. 34, 38 - 60.

GROVES, C.P. (1975): Notes on gazelles. 1. Gazella rufifrons and the zoogeography of Central African Bovidae. Z. Säugetierk. 40, 308 - 319.

GROVES, C.P. (1983): Notes on the Gazelles. IV. The Arabian Gazelles collected by Hemprich and Ehrenberg. Z. Säugetierk. 48, 371 - 381.

GROVES, C.P., and D.M. LAY (1985): A new species of the genus Gazella (Mammalia: Artiodactyla: Bovidae) from the Arabian Peninsula. Mammalia 49, 27 - 36.

GROVES, C.P. (1987): Pelzeln's gazelle and its relatives. Chinkara 1, 20 - 25.

KINGDON, J. (1982): East African Mammals. V.III, Part D (Bovids). Academic Press.

KUMAMOTO, A.T., and M.H. BOGART (1984): The chromosomes of Cuvier's gazelle. In: One Medicine, Ed. RYDER, O.A., and M.L. BYRD. Heidelberg: Springer.

KUMAMOTO, A.T. (1985): Unveröffentlicht.

KUMAMOTO, A.T. (1987): Unveröffentlicht.

LANGE, J. (1971): Ein Beitrag zur systematischen Stellung der Spiegelgazellen (Genus Gazella Blainville, 1816, Subgenus Nanger Lataste, 1885). Z. Säugetierk. 36, 1 - 18.

PEREZ, M.C. (1984): Revision der Systematik von Gazella (Nanger) dama. Z. Kölner Zoo 27, 103 - 107.

RYDER, O.A. (1987): Conservation action for gazelles: An urgent need. Trends in Ecology and Evolution. 2, 143 - 144.

RYDER, O.A., KUMAMOTO, A.T., DURRANT, B.S., and K. BENIRSCHKE: Chromosomal divergence and reproductive isolation in Dik-Diks. In: Speciation: An International Symposium. November 1987, Academy of Natural Sciences, Philadelphia, Pennsylvania (im Druck).

UERPMANN, H.-P. (1987a): Remarks on the prehistoric distribution of gazelles in the middle east and northeast Africa. Chinkara 1, 2 - 11.

UERPMANN, H.-P. (1987b): The Ancient Distribution of Ungulate Mammals in the Middle East. Beihefte zum Tübingen Atlas des Vorderen Orients. Reihe A, Nr. 27, Wiesbaden.

WALTHER, F. (1968): Die Gazellen und ihre Verwandten. In: GRZIMEKS Tierleben. Bd. 13, 472 - 501.

Anschrift der Verfasser: K. Benirschke, M.D.
University of California San Diego
Department of Pathology H-720-A
University Medical Center
225 Dickinson Street
San Diego, CA 92103 (USA)

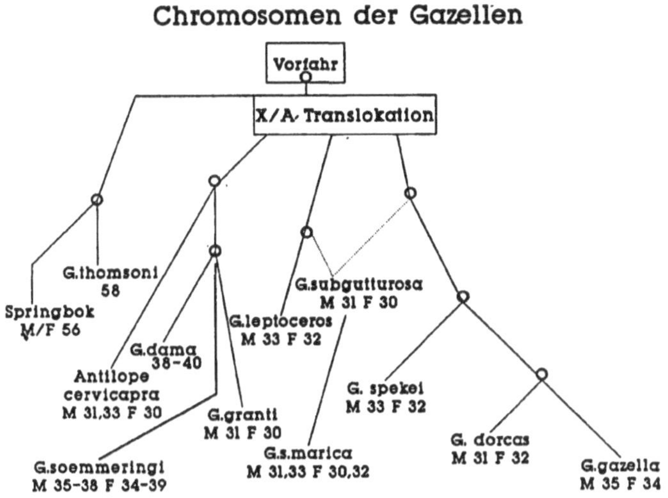

Chromosomen-Verteilung der Gazellen

Die "Knotenpunkte" bezeichnen autosomale Translokationen.

Fig.1

From Department of Obstetrics and Gynecology, Tokyo Medical College, Shinjuku, Tokyo

THE CHROMOSOMES OF MUNTJACS

By H. Soma and H. Kada

The muntjacs, Muntiacus, and the tufted deer, Elaphodus, native to eastern and southeastern Asia, represent the oldest and most primitive of the antelered deer. They first appear in the early Miocene. In these two genera the antelers are either a single spike or forked. At the beginning of their history, members of these group with six-prolonged antelers were rare but did occur in an extinct form, Dicrocerus legans. The primitive muntjacs disappeared in Europe in the early Pliocene. The Asiatic genus, Eostyloceros, of the Pliocene can be considered as the forerunner of the modern genus Muntiacus.

The genus Muntiacus of the subfamily Muntiacinae is divided taxonomically into five species, M. muntjak (Indian muntjac), M. reevesi (Chinese muntjac), M. rooseveltorum (Roosevelt's muntjac), M. crinifrons (Black muntjac), and M. feae (Fea's muntjac). The recent muntjacs show numerous primitive characteristics - the long flat pedicles on which the antelers grow, forked antlers, dagger-shaped upper canines and small body size. The most common in captivity is Chinese muntjac, Muntiacus reevesi reevesi, one of the smallest of the existing forms being wide-spread in China and Formosa. The Indian muntjacs are native in South Asia and Borneo. The recent chromosome studies undertaken by WURSTER and BENIRSCHKE (1970) indicate that the difference in chromosome number between M. m. vaginalis and M. reevesi with its subspecies on Formosa, justify separating the two as distinct species. The diploid number of M. reevesi is 46 and the elements consisted of acrocentrics only including the sex chromosomes, whereas M. m. vaginalis (Indian muntjac) amazingly has a diploid number of only 2n=7 in male and 2n=6 in female.

The latter has the lowest known chromosome number of any mammal. C-banding pattern of Indian muntjacs indicated that the X chromosome appears to have been translocated onto an autosome. A female M. m. muntjak captured near Kuala Lumpur showed 2n=8 (WURSTER and ATKIN, 1972). The karyotype of the male has not been studied, but presumably a diploid number of 9 would be expected.

Recently we investigated the chromosomes of a pair of Nepalese muntjacs at the Kathmandu Central Zoo in Nepal (Fig. 1). As a result, it is evident that the Giemsa banding patterns of Nepalese muntjacs are very similar to those of M. m. vaginalis being 2n=7 in male and 2n=6 in female (Fig. 2a, 2b).

Roosevelt's muntjac has been considered to be a hybrid between M. muntjak and M. reevesi, but WURSTER-HILL and SEIDEL (1985) reported that the chromosome pattern of a female Roosevelt's muntjac captured in Laos has a diploid number of 2n=6 being indistinguishable from that of the female M. m. vaginalis.

According to SHI's report (1981), the tufted deer (Elaphodus cephalophus) being found in southern China and northern Burma has a diploid number of 47 with a long arm No. 1 chromosome.

Fea's muntjacs are now in captivity at Dusit Zoo, Bangkok. Muntjac feae is an endangered species confined to the mountain areas of southern Burma and western Thailand and is thought to be related to the black muntjac (M. crinifrons) of southeast China. The face and body of Fea's muntjac are dark brown and it has a black-brown tuft on the forehead and white markings on both sides of the tail (Fig. 3). Frontal glands are present in the usual position, which are also seen in the black muntjac. It might be mistaken for the tufted deer by superficial examination. Little is known about the biology of this rare species.

The single, female Fea's muntjac analysed in 1983 had 13 chromosomes: one metacentric and four acrocentric pairs and one metacentric and two acrocentric chromosomes which were not paired (SOMA et al., 1983) (Fig. 4). The chromosomes are numbered in order of decreasing size, except for the unpaired metacentric. Chromosome 1 appears to be the sex chromosome, formed by a fusion of the X and an autosome.

A similar type of X-autosome translocation has been described in the Indian muntjac by

WURSTER and BENIRSCHKE (1970). The unpaired metacentric is a Robertsonian translocation chromosome involving the 2 and the 7, t (2;7), the unpaired acrocentrics in the karyotype. Recently the karyotype of a male Fea's muntjac in captivity at Dusit Zoo, Bangkok was investigated (SOMA et al., 1987). The diploid number of the male Fea's muntjac was 15 (Fig. 5). The G-band chromosomal constitution had one metacentric and fourteen acrocentrics including the Y chromosome. The X chromosome was presumed to have found with the short arm of chromosome 1. A similar autosome translocation of the X chromosome was thus observed in both sexes. Accordingly, the NF of Fea's muntjac is 16.

Fea's muntjac has remarkedly fewer chromosomes than Reeve's muntjac. A similar low number has also been noted in the Indian muntjac, in which it has been ascribed to sequential tandem fusions of the acrocentric chromosome in the line leading to M. muntjak from an ancestor common to both M. muntjak and M. reevesi. This karyotype is thought to have evolved in southern India. According to YOSHIDA (1982), such remarkable karyotypic evolution in other mammals has occurred often in this area.

M. crinifrons (Black muntjac) is an extinct rare deer in China (SHENG and LU, 1980). General color is dark blackish brown. On top of the head is a prominent tuft of hair. The karyotype of the black muntjac in southeast China was examined by SHI (1985). The diploid number of this muntjac is 2n=9 in male and 2n=8 in female. In the male karyotype, there is an extraacrocentric in the regular X and the small submetacentric Y. The situation is thus similar to that of M. m. muntjak.
In conclusion, it can be considered that the karyotypes of the pair of Fea's muntjacs analysed are indeed different from those of the other muntjac species.

Summary

The chromosomes of muntjacs

The subfamily Muntiacinae is divided taxonomically into five species: M. muntjak, M. reevesi, M. rooseveltorum, M. crinifrons and M. feae. The muntjacs have genetic reduction in chromosome number from 2n=46 (M. reevesi) to 2n=7 in males and 2n=6 or 2n=8 in females (M. muntjak). In this report, it is pointed out that the karyotypes of Fea's muntjac also consist of few chromosomes: 2n=13 in females and 2n=15 in males.

Zusammenfassung

Die Chromosomen der Muntjaks

Die Unterfamilie Muntiacinae besteht taxonomisch aus fünf Arten: M. muntjak, M. reevesi, M. rooseveltorum, M. crinifrons und M. feae. Muntjaks zeigen eine genetische Reduktion der Chromosomenzahl von 2n=46 (M. reevesi) auf 2n=7 bei männlichen und 2n=6 oder 2n=8 bei weiblichen (M. muntjak). Dieser Bericht zeigt, daß auch der Karyotyp der M. feae aus wenigen Chromosomen besteht, nämlich aus 2n=13 bei weiblichen und 2n=15 bei männlichen Tieren.

Résumé

Les Chromosomes des Muntjaks

La sous-famille des Muninacinae se divise taxonomiquement en cinq espéces, M. mutjak, M. reevesi, M. rooseveltorum, M. crinifrons et M. feae. Les muntjaks présentent une réduction génétique du nombre des chromosomes de 2n = 46 (M. reevesi) à 2n = 7 chez le mâle et 2n = 6 ou 2n = 8 chez la femelle (M. muntjak). Dans cet exposé j'indique que le type nucléaire (caryotype) du M. feae posséde peu de chromosomes, à savoir 2n = 13 chez la femelle et 2n = 15 chez le mâle.

Резюме

Хромосомы у мунтяка

Подфамилия Muntiacinae состоит таксономически из 5 видов: M. muntjak, M. reevesi, M.roosoveltorum, M.feae. Мунтяки имеют генетическую редукцию числа хромосом от 2n =46 (M. reevesi) вис 2n = 7 у самцов и 2n = 6 или 2n = 8 у самок (M. muntjak). Данная работа показывает,что и у кариотипа M. feae наблюдается уменьшенное число хромосом: 2n = I3 у самок и 2n = I5 у самцов.

Fig. 1: A male Nepalese muntjac

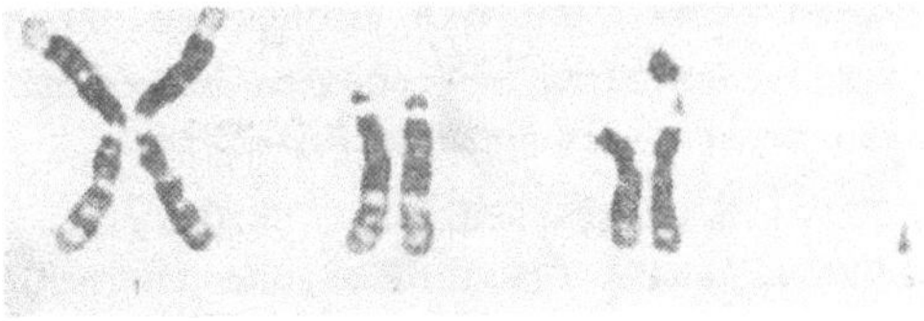

Fig. 2a: G-banded chromosomes of a male Nepalese muntjac. 2n = 7

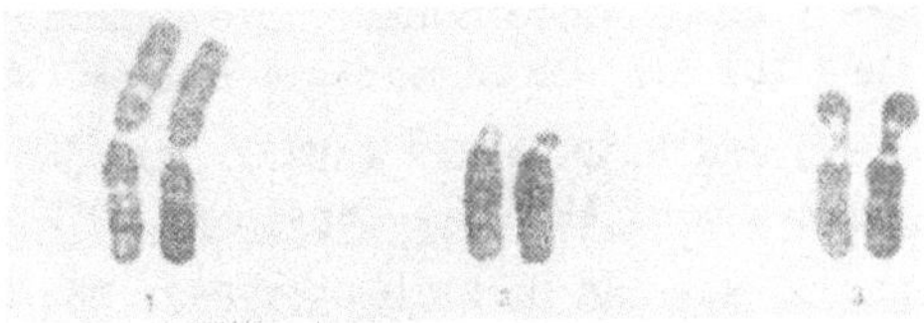

Fig. 2b: G-banded chromosomes of a female Nepalese muntjac. 2n = 6

Fig. 3: A male Fea's muntjac

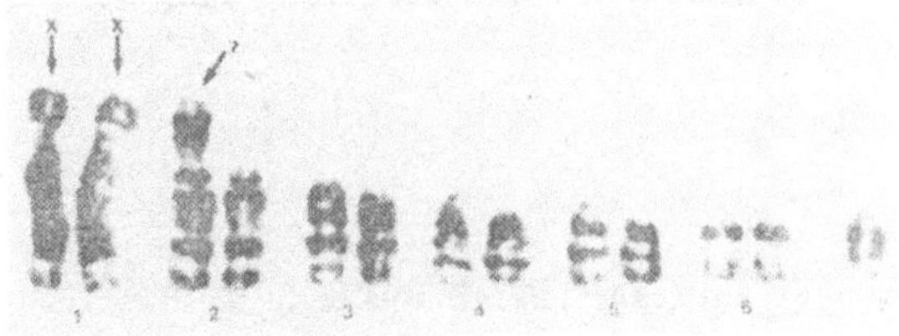

Fig. 4: G-banded chromosomes of a female Fea's muntjac. 2n = 13

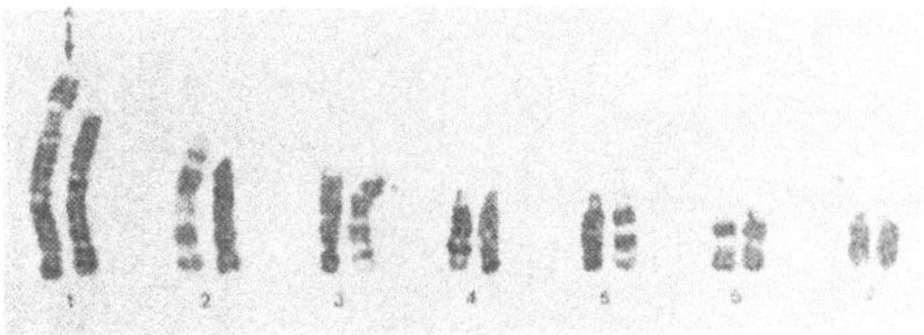

Fig. 5: G-banded chromosomes of a male Fea's muntjac. 2n = 15

References

SHENG, H., and H. LU (1980): Current studies on the rare Chinese black muntjac. J. Natural History 14, 803 - 807.

SHI, L. (1981): Unique cytogenetic characteristics of a tufted deer, Elaphodus cephalophus. Mammalian Chromosome Newsletter, December 1981.

SHI, L. (1985): Sex linked-chromosome polymorphism in black muntjac Muntiacus crinifrons. Personal communication.

SOMA, H., KADA, H., MATAYOSHI, K., SUZUKI, Y., MECKVICHAI, C., MAHANNOP, A., and B. VATANAROMYA (1983): The chromosomes of Muntiacus feae. Cytogenet. Cell Genet. 35, 156 - 158.

SOMA, H., KADA, H., MECKVICHAI, C., and A. MAHANNOP (1987): Confirmation of the chromosomal constitution of Fea's muntjac, Muntiacus feae. Proc. Japan Academy 63, Ser. B, 253 - 256.

WURSTER, D. H., and K. BENIRSCHKE (1970): Indian muntjac, Muntiacus muntjak: A deer with a low diploid chromosome number. Science 168, 1364 - 1366.

WURSTER, D. H., and N. B. ATKIN (1972): Muntjac chromosomes: A new karyotype for Muntiacus muntjak. Experientia 28, 972 - 973.

WURSTER-HILL, D. H., and B. SEIDEL (1985): The G-banded chromosomes of Roosevelt's muntjac, Muntiacus rooseveltorum. Cytogenet. Cell Genet. 39, 75 - 76.

YOSHIDA, T. H. (1982): Cytogenetical studies on Insectivora. II. Geographical variation of chromosomes in the house shrew, Suncus murinus (Soricidae), in east, southeast and southwest Asia, with a note on the karyotype evolution and distribution. Jpn. J. Genet. 57, 101 - 111.

Address of authors: H. S o m a , M. D.
Department of Obstetrics and Gynecology
Tokyo Medical College Hospital
1 - 7, Nishishinjuku 6, Shinjuku-ku,
Tokyo 160 (Japan)

Aus dem Zoologischen Garten Sofia (Direktor: Dr. St. MATEVSKI) und dem Veterinärinstitut Sofia

ÜBER EINIGE INTERESSANTE ERKRANKUNGEN IM ZOO SOFIA

Von A. Dshurow, St. Matevski, A. Iwanow, Christa Schoilew, Z. Dikowa und N. Kolew

Nachfolgend soll zu vier unterschiedlichen Erkrankungskomplexen, anhand von Befunden, die an Tieren des Zoologischen Gartens Sofia erhoben wurden, Stellung genommen werden.

1. Über eine metaplastische Verknöcherung der Lungen beim Asiatischen Elefanten (Elephas maximus)

Literaturangaben über metaplastische Verknöcherungen in den Lungen bei Haustieren und auch Tieren , die in zoologischen Gärten aufgezogen wurden, sind verhältnismäßig selten. NIEBERLE und COHRS (1961) unterscheiden zwei Formen der Ossifikation in den Lungen, und zwar die richtigen Tumoren und solche, die auf Basis einer metaplastischen Genese entstehen. Osteome werden sehr selten ermittelt. In den Lungen der Rinder treten gelegentlich metaplastische Verknöcherungen auf. Genau wie bei alten Hunden werden nicht selten durchsichtige Knötchen von unterschiedlicher Größe festgestellt, die vom Bindegewebe umgeben, über das ganze Lungengewebe verstreut sind.

DAHME und WEISS (1983) weisen im Abschnitt der Stoffwechselstörungen der Lungen darauf hin, daß eine diffuse oder lokale metaplastische Verknöcherung in der Regel als eine Metaplasie von Bindegewebszellen in Verbindung mit den entzündlichen Prozessen oder Kalzifikationen auftritt. Makroskopisch ähneln die diffus verknöcherten Areale Bimssteinlungen.

Im Jahre 1975 wurde beim Sezieren des 58jährigen Asiatischen Elefanten "Pascha" im Zoologischen Garten Sofia eine interessante diffuse metaplastische Verknöcherung der Lungen, verbunden mit entzündlichen und dystrophischen Prozessen in anderen Organen, beobachtet. Der Elefant "Pascha" wurde im Jahre 1935 im Alter von 17 Jahren von Karl HAGENBECK aus Hamburg erworben und in den Zoologischen Garten Sofia gebracht. Der Elefant hat oft die Türen des Aufenthaltsraumes kaputtgeschlagen und mit seiner Böswilligkeit Schwierigkeiten bereitet. Bei den Schlägen an die Wände und Türen hat er sich öfter ein Teil der Stoßzähne abgebrochen. Es wurde beobachtet, daß er sich auf den linken Stoßzahn stützte. Im Winter 1974 und im frühen Frühjahr 1975 zeigte er eine fortschreitende Abmagerung, schlechte Verdauung und ein Wiederherausbringen eines Teils des aufgenommenen Futters. Seine Bewegungen waren mühsam und er atmete schwer. Am 3.12.1975 verstarb er dann.

Beim Zerlegen wurden auf der Oberfläche und hauptsächlich subpleural auf beiden Lungenflügeln viele unterschiedlich große, grauweiße Knötchen von schwammiger Struktur ermittelt. Sie ähnelten Glassplittern und entsprachen einer Bimsstein- oder Turffsteinlunge. Diese Veränderungen waren mit dem Messer schwer oder überhaupt nicht schneidbar. Außerdem wurden eine vermehrte Menge Flüssigkeit im Herzbeutel, eine Ödematisierung des Epikards, eine interstitielle Nephritis, eine Hypertrophie der rechten Niere und etwa 4 bis 5 Liter Eiter im frontalen und maxillaren Sinus festgestellt. Das Material für die histologische Untersuchung wurde von unterschiedlichen Abschnitten der Lungen, Nieren, Leber, Herz, Milz und Hoden entnommen und in 10 % Neutralformalin fixiert. Die Stückchen von den Lungen wurden in 5 % Salpetersäure entkalkt. Die Materialien wurden in Paraffin eingebettet und nach der noutinemäßigen histologischen Technik mit Hämatoxylin-Eosin gefärbt.

Einzelne Schnitte der Lungen wurden nach van Gieson und Kossa und mit Azan nach Haidenhein gefärbt. In den Leberschnitten erfolgte der Eisennachweis nach Perl.

Bei der histologischen Untersuchung wurden auf der Oberfläche der Lungen und Pleura unterschiedlich große violett gefärbte Areale mit unregelmäßiger Form und Bau des lamellären Knochengewebes festgestellt. Unmittelbar daneben wurde eine starke Bindegewebsbildung beobachtet. Neben den unregelmäßig konzentrisch gelagerten Knochenlamellen wurden auch Haversche Kanälchen und leere Räume mit Osteozyten nachgewiesen. Histologisch zeigten sich ferner Veränderungen einer eitrigen, interstitiellen und zystösen Nephritis, einer lokalen serösen Glomerulonephritis und fettigen Degeneration. In der Leber trat eine Hämosiderose auf, und die Hoden ließen eine Dystrophie erkennen.

Die Befunde der Obduktion sprechen für das Vorliegen entzündlicher Prozesse in den Kieferhöhlen und den Nieren. Wahrscheinlich bestand zuvor auch eine Pleuritis, die bereits abgeklungen war. Das häufige Abbrechen der Stoßzähne und die damit verbundene Eröffnung der Zahnpulpa sind wahrscheinlich die Ursache für das Eindringen von Erregern, die zur Entwicklung einer eitrigen frontalen und maxillaren Sinusitis führten. Als Ursache für die beschriebenen diffusen metaplastischen Verknöcherungen in den Lungen des Elefanten vermuten wir einen vorausgegangenen Entzündungsprozeß in der Pleura mit nachfolgender Bindegewebszubildung. Durch eine allmähliche Homogenisierung der Grundsubstanz bildete sich ein Osteoidgewebe, das sich mit Kalziumsalzen anreicherte und sich in ein Knochengewebe umwandelte.

2. Plötzlicher Herztod bei einem jungen Trampeltier (Camelus bactrianus)

Der plötzliche Herztod bei Trampeltieren ist seit langem bekannt, wird aber oft nicht diagnostiziert, weil das pathomorphologische Bild nicht erkannt wird. Angaben über plötzliche Todesfälle bei acht Monate alten Trampeltieren in Asien macht HECK (1941). Weiterhin beschreibt STÜNZI (1947) diese Herzerkrankung bei drei Trampeltieren im Alter von 3 Wochen bis 3 Monaten im Zoologischen Garten der Stadt Basel. Später berichtet OEHMICHEN (1949) über drei neue Fälle eines plötzlichen Herztodes bei Trampeltieren des Zoologischen Gartens Hannover. Entsprechende Berichte aus jüngerer Zeit finden sich bei KRAFT (1961), RÜEDI et al. (1980), KRUSCHINSKI und IPPEN (1984) und anderen. Makroskopisch wurden in allen Fällen grauweiße unregelmäßige Herde in der linken Herzkammer und im geringeren Umfang in der Trennwand der Kammern und der Wand des rechten Vorhofes entdeckt. Die histologischen Veränderungen im Myokard ähnelten den beschriebenen Befunden bei der enzootischen Muskeldystrophie der Wiederkäuer, verbunden mit hyaliner Dystrophie und manchmal Ablagerung von Kalziumsalzen im veränderten Muskelgewebe.

Ein Fall eines plötzlichen Herztodes bei einem einen Monat alten Trampeltier wurde im Zoologischen Garten Sofia beobachtet. Das Tier starb plötzlich ohne vorherige Krankheitsanzeichen. Bei der Sektion des Tieres wurde eine Flüssigkeitsansammlung im Herzbeutel und in der Brusthöhle festgestellt. Das Herz war von weicher Konsistenz und die linke Vorkammer war dilatiert. Subepikardial und auf der Schnittfläche des Myokards wurden verstreut grauweiße Areale und Streifen beobachtet. In der linken Kammer und in geringerem Umfang in der interventrikulären Trennwand sowie im rechten Vorhof fanden sich die Hauptveränderungen. Die Lungen waren ödematös.

Bei der histologischen Untersuchung wurde im Herzen eine hyaline Muskeldystrophie mit diskoiden Fragmentierungen und Bindegewebszubildungen im Interstitium angetroffen. In den Lungen zeigte sich eine Hyperämie und Ödembildung. Die übrigen Organe waren unverändert, die Skelettmuskulatur wurde jedoch nicht untersucht. Die beobachteten pathomorphologischen Veränderungen beim Trampeltier entsprechen der Beschreibung von STÜNZI (1947) und der ernährungsbedingten Muskeldystrophie der Jungtiere. Eine Abklärung der Ätiologie erfolgte nicht.

3. Enterotoxämie bei einer Elenantilope (Taurotragus oryx)

Am 19.2.1986 wurde im Zoologischen Garten in Sofia eine männliche Elenantilope seziert. Das Tier war plötzlich nach dem Import aus England gestorben. Der frische, gut genährte Tierkörper wies blasse Konjunktiven und erhaltenen Rigor mortis auf. Nach dem Abzug des Felles wurde in der Region des Sternums eine breiig-gelatinöse Masse festgestellt. Bei der Eröffnung der Organe des Magen-Darm-Traktes wurde eine leichte Rötung der Mukosa des Blättermagens und der Dünndarmabschnitte gefunden. Der Dünndarm war mit einer normalen Menge verdauten Mageninhaltes, der mit Gasbläschen durchsetzt war, gefüllt. Die Leber zeigte eine dunkelbraune Farbe, hatte abgerundete Ränder und von der Schnittfläche floß viel Blut ab. Das Nierenmark erschien tief dunkelrot. Die Lungen hatten abgerundete Ränder, waren von blauroter Farbe und enthielten in den Bronchien eine rosarote schaumige Flüssigkeit. Im Perikard wurden etwa 10 - 20 ml einer klaren Flüssigkeit nachgewiesen. Das Herz war deutlich vergrössert, das Epikard ödematisiert und verdickt. In den übrigen Organen wurden makroskopisch keine Veränderungen festgestellt.
Bei der bakteriologischen Untersuchung der Organe und der ödematisierten Gewebe wurde Cl. perfringens Typ A nachgewiesen. Die Diagnose wurde durch Neutralisationstest gesichert. Der isolierte Stamm erwies sich im Tierversuch als hoch toxisch.

Bei der histologischen Untersuchung wurden eine diffuse Hyperämie und ein Ödem in den Lungen, sowie schwache degenerative Veränderungen und eine Hyperämie und Lymphozyteninfiltrate im Myokard nachgewiesen. In den Nieren zeigte sich eine Hyperämie des Markes, eine Aktivierung der Endothelzellen in den Glomerulikapillaren, und degenerative Veränderungen und Eiweißmassen im Lumen der Tubuli. In der Leber wurde eine diffuse Hyperämie gesehen. In den Lymphknoten und in der Milz wurden eine diffuse Hyperplasie der Lymphozyten, Lymphoblasten und Plasmazellen (proliferative Lymphadenitis und Splenitis) deutlich.

Die chemisch-toxikologische Untersuchung verlief negativ. Auf Grund der Ergebnisse der bakteriologischen und pathomorphologischen Untersuchungen wurde der Tod der Elenantilope auf eine Enterotoxämie durch Cl. perfringens Typ A zurückgeführt, die durch ein Transporttrauma ausgelöst wurde.

4. Über eine Glomerulonephritis beim Kragenbären (Selenarctos tibetanus)

Bei Haustieren werden die unterschiedlichen Formen einer Glomerulonephritis (diffus oder fokal) angetroffen, am häufigsten aber bei älteren Hunden (NIEBERLE und COHRS, 1961; DAHME und WEISS, 1983).

Ein Fall von Glomerulonephritis wurde im Jahre 1980 bei einem 23 Jahre alten Kragenbären, Eigentum des Zoologischen Gartens Sofia, diagnostiziert. Nach Angaben der Anamnese zeigte der Bär am 12.7.1980 morgens Appetitlosigkeit, allgemeine Schwäche und Durchfall, vermischt mit Blut. Er wurde mit Herzmitteln, Antibiotika, Vitaminen und anderen Arzneien behandelt, allerdings ohne Erfolg und starb am nächsten Tag.

Bei der Sektion wurde ein gut genährter Kadaver mit erhaltenem Rigor mortis und kotverschmutzter Analgegend festgestellt. Aus den Blutgefäßen floß nach Eröffnung dunkelrotes Blut ab. Die Nierenkapsel löste sich ohne Substanzverlust. Die Nieren selbst erschienen vergrößert, von hellroter Farbe und die Schnittfläche war sehr feucht. In der Harnblase befand sich eine größere Menge von rötlichem Urin. Im Magen-Darm-Trakt wurde bei der Eröffnung ein cremiger dunkelroter Inhalt deutlich. Die Mukosa war diffus gerötet, die Leber zeigte abgerundete Ränder und war von dunkelroter Farbe. Die Lungen waren rosarot, und auf dem Endokard der linken Kammer wurden streifige Blutaustritte sichtbar.

Bei der histologischen Untersuchung der Nieren wurden an 70 - 80 % der Glomeruli Veränderungen festgestellt. Am häufigsten ließen sich vermehrte Exsudation von Eiweißmassen mit Fibrinfäden im Kapselraum der Malphigischen Körperchen und Atrophie der Glomeruli und Tubuli beobachten. In einigen Glomeruli traten dystrophische Veränderungen mit einer Nekrose des Kapillargeflechtes hervor. Weiterhin wurden eine Hyperämie und Hämosiderose in der Leber, Hyperämie und Blutungen in den Lungen und im Herzen, eine diffuse Hyperämie in der Milz mit Atrophie der weißen Pulpa nachgewiesen. Die chemisch-toxikologische Analyse von Proben des Magen-Darminhaltes und der Parenchymorgane verlief negativ. Auch die bakteriologische Untersuchung führte zu keinem Nachweis pathogener Mikroorganismen.

Auf Grund der ausgeprägten pathomorphologischen Veränderungen in den Nierenglomeruli und Tubuli, nehmen wir eine Nierenerkrankung als Grundleiden an, ohne die Ursache dafür bestimmen zu können. Der Tod des Bären ist wahrscheinlich auf eine Urämie infolge der Glomerulonephritis und dystrophisch-nekrotischen Nephrose zurückzuführen. Mit der eingetretenen Urämie (Autointoxikation) werden auch die Veränderungen im Verdauungskanal, im Blut und in der Harnblase in Einklang gebracht.

Zusammenfassung

Über einige interessante Erkrankungen im Zoo Sofia

Basierend auf Sektionsbefunden aus dem Zoo Sofia wird über metaplastische Verknöcherungsvorgänge in den Lungen eines Asiatischen Elefanten (Elephas maximus), den plötzlichen Herztod eines jungen Trampeltieres (Camelus bactrianus), eine Enterotoxämie bei einer Elenantilope (Taurotragus oryx) sowie über eine Glomerulonephritis bei einem Kragenbären (Selenarctos tibetanus) berichtet.

Summary

Some Interesting Diseases in Zoo of Sofia

Reported in this paper are postmortem findings recorded from zoo animals in Sofia, with particular reference being made to metaplastic ossification in the lungs of an Asian elephant (Elephas maximus), sudden cardiac death of a young two-humped camel (Camelus bactrianus), enterotoxaemia in an eland (Taurotragus oryx), and glomerulonephritis in an Asiatic black bear (Selenarctos tibetanus).

Résumé

Quelques cas de maladies intéressantes dans le zoo de Sofia

Sur la base des résultats de dissections faites dans le zoo de Sofia l'auteur rapporte sur des procédés d'une ossification métaplastique dans les poumons d'un éléphant asiatique (Elephas maximus), la mort cardiaque subite d'un jeune dromadaire (Camelus bactrianus), une entérotoxémie d'un élan du Cap (Taurotrabus orys) et une glomérulonéphrite de l'ours à collier (Selenarctos tibetanus).

Резюме

О некоторых интересных заболеваниях в зоопарке Софии

На основе секционных результатов из зоопарка Софии сообщается о метапластическом окостенении в лёгких африканского слона (Elephas maximus) о неожиданной смерти молодого верблюда (Camelus bactrianus) об энтеротоксемии у элен-антилопы (Taurotrabus oryx) а также о гломерулонефрите у воротникового медведя (Selenarctos tibetanus).

Literaturverzeichnis

DAHME, E., und E. WEIS (1983): Grundriß der speziellen pathologischen Anatomie der Haustiere. Stuttgart: Ferdinand Enke, 89.

HECK, F. (1941): Das Tier und wir. 3.

KRAFT (1961): Durch Vitamin-E-Mangel bedingte Herzmuskelschäden bei Zootieren. Kleintierprax. 3, 64 - 66.

KRUSCHINSKY, Monika, und R. IPPEN (1984): Ein Beitrag zu den Muskeldegenerationen bei Zoo- und Wildtieren. Verh.ber. Erkrg. Zootiere 26, 285 - 292.

NIEBERLE, K., und P. COHRS (1961): Lehrbuch der speziellen pathologischen Anatomie der Haustiere. Jena: Gustav Fischer.

OEHMICHEN, F.O. (1949): Über die Degeneration im Herzmuskel eines Kamelfohlens. Inaug. Diss. Hannover.

RÜEDI, D. HELDSTAB, A. VÖLLM, J., and P. KELLER (1980): White muscle disease in the Lesser Kudu at the Basle Zoological Garden: Case histories of three animals, diagnostic possibilities, and prophylactic and therapeutic measures. In: The comparative pathology of zoo animals. Eds.: MONTALI, R.J., and G. MIGAKI, 21 - 24. Smithsonian Institution Press, Washington D.C.

STÜNZI, H. (1947): Pathologisch-anatomische Befunde beim plötzlichen Herztod eines jungen Kamels. Schweiz. Z. Path. Bakt. 10, 219 - 228.

Anschrift der Verfasser: Prof. Dr. A. D s h u r o w
Boul. "P. Slaveikov" 15 A
Abt. Pathomorphologie
1606 Sofia (VR Bulgarien)

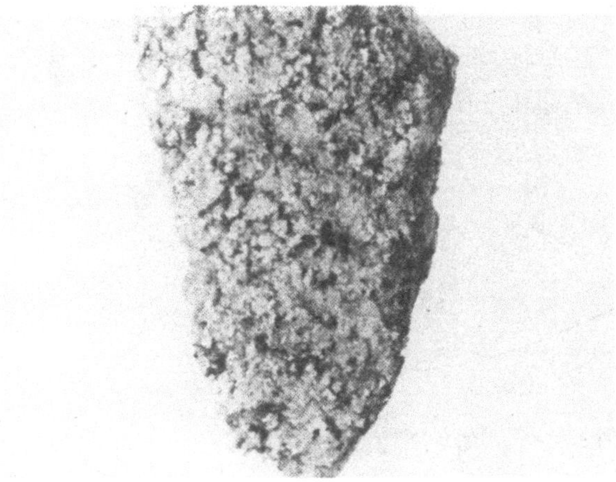

Abb. 1: Metaplastische Verknöcherung der Lunge beim Asiatischen Elefanten

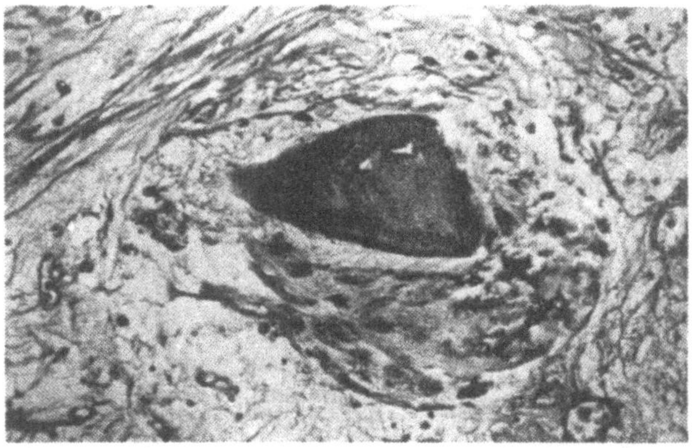

Abb. 2: Histologische Aufnahme der metaplastischen Verknöcherungen

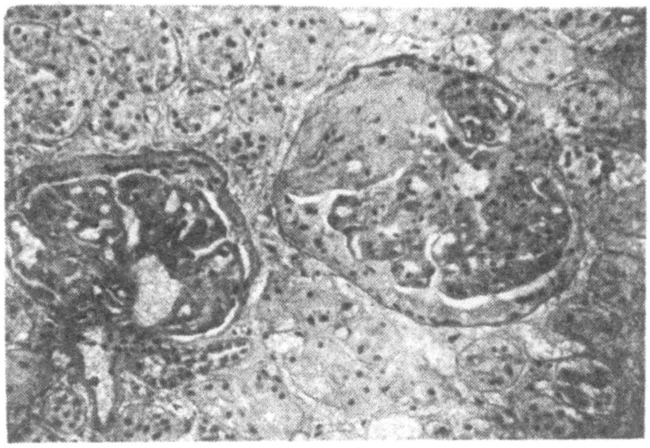

Abb. 3: Glomerulonephritis beim Kragenbären

Aus dem Deutschen Primatenzentrum, Göttingen

TUMOREN IM SEKTIONSGUT DES DEUTSCHEN PRIMATENZENTRUMS (1973 - 1987)

Von M. Brack

Einleitung

Tumoren von Haus- und Wildtieren sind stets von vergleichend pathologischem, daneben aber evtl. auch von epidemiologischem Interesse. Sie sind es, auf den Menschen bezogen, umso mehr, je näher die betroffene Tierspezies phylogenetisch dem Menschen steht. Insofern nehmen Tumorerkrankungen nichthumaner Primaten vielleicht eine Sonderstellung ein, nicht zuletzt, weil einige dieser "Affentumoren" innerhalb einzelner oder zwischen verschiedenen Spezies übertragbar sind, und da Yaba- und Tanapox-Pseudotumoren auch spontan bei Menschen beobachtet wurden. Statistisches Problem der Tumorerkrankungen nichthumaner Primaten ist die vergleichsweise geringe Zahl pro Spezies an einem Ort zu haltender Tiere. Die Gründe dieser Beschränkungen sind vielfältig und außerhalb des Blickpunkts der vorliegenden Zusammenstellung; sie fordern als Konsequenz aber die Publikation auch von Einzelfällen, um letztlich zu speziesbezogenen statistisch verwertbaren Zahlen zu kommen. Unter diesem Gesichtspunkt wurden im folgenden die am Deutschen Primatenzentrum (DPZ) (und seinen vorherigen Einrichtungen) diagnostizierten Tumoren aufgelistet und die Daten dabei so weit wie möglich konzentriert.

Material und Methoden

Im Zeitraum vom 1.3.1973 bis zum 31.8.1987 wurden am DPZ insgesamt 1053 Affen und Halbaffen (Tupaias zugerechnet) aller Altersgruppen seziert, darunter 270 Tupaia belangeri, 36 Galagoides demidovii, 43 Cercopithecus aethiops, 112 Saguinus fuscicollis, 54 Callithrix jacchus geoffroyi, 14 Callithrix penicillata, 221 Saguinus oedipus, 29 Papio hamadryas und 1 Ateles paniscus.

Die Tiere kamen überwiegend aus den DPZ-eigenen Kolonien, der Rest aus vom DPZ betreuten Kolonien anderer Institute, aus Zoologischen Gärten, in Einzelfällen aus Privathaltungen. Die Sektionen wurden so bald als möglich nach Ankunft der Tiere oder Tierkörper in der Abteilung Pathologie durchgeführt, was Autolyse oder Fäulnisveränderungen als Folge verspäteten Auffindens oder längerer Transportzeiten nicht ausschließt. Der Sektion schloß sich routinemäßig u.a. die histologische Untersuchung aller Brust- und Bauchhöhlenorgane, des Gehirns und sichtbar veränderter sonstiger Gewebe an. Standardverfahren waren Formalinfixierung für wenigstens 1 Woche, Paraffineinbettung, HE- und Trichromfärbung. Andere Methoden wurden teilweise entsprechend den speziellen Fragestellungen eingesetzt. Der Nomenklatur von Leukämien/Lymphoma wurde die Kieler Klassifikation zugrunde gelegt.

Ergebnisse

I. MESENCHYMALE TUMOREN

1. G 20: 1.0 Galagoides demidovii - adult

   Malignes fibröses Histiocytom der Unterhaut (BRACK, 1985a)

2. G 383: 1.0 Saguinus oedipus - alt

   Intramurales Leiomyom des Dickdarms

Euthanasie wegen zunehmener Urämie. Zufallsbefund bei der Sektion waren zwei halbkugelige, subseröse, grau-rötliche Knötchen von etwa 2 - 3 mm Durchmesser im Grenzbereich von Kolon und Rektum. Die darüber liegende Darmmukosa war unverändert, die abdeckende Serosa glatt und glänzend. Histologisch bestanden die Tumoren aus einförmigen, verwobenen Bündeln länglicher Zellen mit leptochromatischen, abgerundeten, bzw. stumpf endenden Kernen. Mitosen fehlten, die Tumorzellen gingen kontinuierlich in die Longitudinalmuskulatur des Darms über.

3. G 569: 0.1 Callithrix jacchus geoffroyi - 2 1/2 Jahre

Angiosarkom der perimammären Unterhaut

Eingeschläfert wegen eines schnell wachsenden großen Tumors im Bereich der rechten Mamma. Bei der Sektion Vorliegen eines walnußgroßen, konglomerierten Tumors zwischen rechter Scapula und gleichseitiger Mamma. Infiltratives Wachstum in Mamma, Musculus latissimus dorsi und M. teres major. Ein zweiter Tumor von 2 cm Durchmesser im Bereich des rechten Achsellymphknotens.
Das histologische Bild war sehr polymorph. In einigen Abschnitten entsprach es hochgradig entdifferenzierten Sarkomen, in anderen herrschten vielkernige Riesenzellen vor, in wieder anderen wuchsen längliche Zellen zirkulär um Blutgefäße und schließlich war in noch anderen Teilen schienenähnliches Endothelwachstum in nekrotisch aufgelöste Gewebeteile charakteristisch.

4. G 687: 0.1 Galagoides demidovii - 9 Jahre

Fibrosarkom der Unterhaut

Einlieferung zur Sektion ohne Vorbericht. Bereits äußerlich ist ein ulzerierter Tumor von 8 x 5 x 5 mm Größe in der rechten Kreuzbeingegend erkennbar. Der auf der Schnittfläche grau-rot marmorierte Tumor wuchs infiltrativ in die homolaterale Glutealmuskulatur und den Schwanzansatz ein. Metastasen waren in Leber, Lunge und thorakalen Aperturlymphknoten vorhanden.

Histologische Charakteristika waren verwobene Bündel länglicher, zytoplasmareicher Zellen mit spitz zulaufenden Kernen. Als Zellprodukt waren reichlich oft parallel verlaufende Retikulinfasern bei Gomorifärbung nachweisbar.

5. G 725: 0.1 Galagoides demidovii - alt

Fibrosarkom der Unterhaut/Mamma

Seit längerer Zeit bemerkter, während der letzten Monate rapide sich vergrößernder und ulzerierender Tumor am rechten ventralen Thorax. Herausragender Sektionsbefund war ein gestielter Tumor (28 x 22 x 20 mm) in der rechten axillären/perimammären Unterhaut. Er setzte sich kaudal bis in die Inguinalgegend fort und war durch einen unscharf begrenzten Strang mit einem zweiten Tumor von 8 mm Durchmesser im rechten 5. Interkostalmuskel verbunden.
Das histologische Bild wurde beherrscht von spindeligen bis länglichen Zellen mit spitzzulaufenden Kernen. In kleineren Abschnitten dominierten ein mehr retikulosarkomartiges Wachstum oder große, histiozytäre Zellen mit schaumigem, undeutlichem Zytoplasma.

6. G 801: 0.1 Galagoides demidovii - 8 1/2 Jahre

Wenig differenziertes Fibrosarkom der Unterhaut/Mamma

Eingeliefert zur Sektion ohne Vorbericht. Ausgedehnte Unterhauttumoren im Gebiet der rechten Mamma, dem kaudalen Manubrium sterni, der linken 9. bis 11. Rippe. Tumormetastasen in portalen und mesenterialen Lymphknoten, der Leber, der rechten Parotis/Parotislymphknoten und (histologisch) Herzmuskel.
Histologisch variierte das Erscheinungsbild zwischen Gebieten mit dicht gewachsenen, großen, polymorphen, histiozytenähnlichen Zellen mit leptochromatischen, überwiegend runden Kernen und Arealen mit Vorherrschen fibroblastenähnlicher Zellen und reichlicher Retikulinfaserbildung. Mitosen beschränkten sich weitgehend auf die histiozytären Zellformen.

7. G 1074: 0.1 Galagoides demidovii - alt

Fibrosarkom der Unterhaut/Mamma

Kein Vorbericht. Bei der Sektion ein 15 x 13 mm großer, gelappter Unterhauttumor zwischen rechter Mamma und rechtem Epigastrium. Auch dieser Tumor setzte sich aus Zügen großer, fibroblastenartiger, mitosereicher Zellen zusammen.

II. TUMOREN DES HAEMATOPOETISCHEN SYSTEMS

8. G 35: 0.1 Saguinus fuscicollis - adult

Centrocytäres malignes Lymphom

Einziges klinisch erkennbares Krankheitszeichen war Futterverweigerung am letzten Tag vor dem natürlichen Tod. Bei der Sektion fielen Lymphadenomegalie und Hepatomegalie auf. Histologisch war totaler Verlust der Lymphknoten- bzw. Organstrukturen infolge massiven Wachstums mittelgroßer Zellen zu erkennen. Follikelbildung fehlte, die Kerne der gewucherten Zellen waren rund bis dreieckig, oft gespalten oder bizarr. Das in mittlerer Menge vorhandene Zytoplasma war undeutlich begrenzt und enthielt gelegentlich kleine Ventrikel. Zwischen den Zellen waren relativ zarte Retikulinfasern gleichmäßig verteilt, epitheloide Venulenbildung fehlte.

9. G 720: 1.0 Callithrix penicillata - adult

Lympho-plasmazelluläres malignes Lymphom - polymorpher Subtyp

Euthanasie aus Tierschutzgründen wegen schwerer Bewegungsstörungen infolge länger bestehender Ellbogenluxation.
Als Nebenbefund wurde bei der Sektion ein 25 x 15 x 15 mm großer Tumor mit marmorierter gelb bis schwarzrot gefärbter Schnittfläche und glatter Oberfläche im rechten Leberlappen gefunden. Ein zweiter, sehr ähnlicher Tumor von 5 x 3 x 3 mm Größe befand sich im Pankreaslymphknoten. Wieder waren totale Zerstörung organoider Strukturen in Leber und Lymphknoten durch dichte Infiltrate lymphatischer Zellen und großer vielkerniger Riesenzellen auffallend. Der häufigste Zelltyp war etwas größer als reife Lymphozyten mit kleinen rundlichen bis gespaltenen oder gelappten Kernen mit relativ grobem, dichtem Chromatingerüst und einem mittleren Zytoplasmaanteil (unreife B-Lymphozyten). Ein zweiter Zelltyp bestand aus großen Zellen mit großen leptochromatischen runden bis ovoiden Kernen, die oft multiple, der Kernmembran aufgelagerte Nucleoli enthielten (Centroblasten), ein dritter aus großen Zellen mit verknäulten Kernen und mittlerem Zytoplasmaanteil (Centrocyten). Am auffälligsten waren schließlich vielkernige Riesenzellen mit reichlich PAS-positivem Zytoplasma. Die Riesenzellkerne enthielten nur kleine, unauffällige Nucleoli im Gegensatz zu Reed-Sternberg Zellen. Schließlich waren noch einzelne typische Plasmazellen zwischen den Tumorzellen verteilt.

10. G 1081: 0.1 Tupaia belangeri - 1 Jahr, 9 Monate

Immunoblastisches malignes Lymphom vom Leukämietyp

Während der letzten Lebenswoche kontinuierlicher Gewichtsverlust, an den beiden letzten Tagen deutliche Depressionserscheinungen.
Auffälligste Sektionsbefunde waren die mit 6 x 1 cm Ausmaßen enorm vergrößerte Milz und generalisierte Lymphadenopathie. Die Leber war zwar nicht vergrößert, hatte aber eine deutlich feinhöckrige Oberfläche mit überdeutlicher Interstitiumzeichnung.
In den histologischen Schnitten waren praktisch alle Bauch-, Becken- und Brustorgane, die Lymphknoten und Skelettmuskeln durch malignes Lymphomgewebe invadiert. Die Blutgefäße und der rechte Ventrikel des Herzens enthielten riesige Mengen kleiner Lymphozyten.
Im malignen Lymphomgewebe war vielerorts Follikelbildung erkennbar mit deutlichen Koronen aus kleinen Lymphozyten mit gespaltenen oder gelappten Kernen um "Keimzentren" aus großen Blasten. Der Übergang zwischen Follikelzentren und Koronen war ziemlich abrupt. Die Blasten der Follikelzentren waren sehr große Zellen mit reichlich, aber undeutlich begrenztem Zytoplasma und großen runden bis länglichen, manchmal gar succulenten Kernen mit einzelnen oder mehreren großen, gelegentlich bandförmigen Nucleoli. Mitosen waren zahlreich, aber auf die großen Blasten (Immunoblasten) beschränkt. Einzelne histiozytäre Retikulumzellen mit zahlreichen zytoplasmatischen "tingible bodies" verstreut im Tumorgewebe vervollständigten das Bild. Epitheloide Venulen und Retikulinfaserbildung fehlten.

11. G 1191: 0.1 Tupaia belangeri - 3 1/2 Jahre

Malignes Lymphom: Chronisch lymphozytärer, leukämischer, pseudofollikulärer Subtyp

Das Tier starb offenbar ohne beobachtete Krankheitserscheinungen und wurde einen Tag später seziert.
Die Sektionsbefunde der Bauchorgane waren durch beginnende Fäulnis überlagert, ansonsten waren alle erkennbaren Lymphknoten einschließlich der Achsellymphknoten und die Milz stark vergrößert, die wenig vergrößerte Leber war deutlich gelb-grau gefärbt.
Histologisch zeigte sich, daß praktisch alle Organe mit Ausnahme des Herzmuskels, der Hoden und Nebenhoden von malignem Lymphomgewebe durchsetzt waren, Milz und Lymphknotenstrukturen dadurch auch vollkommen zerstört waren. Die Lymphome bestanden vorherrschend aus kleinen Lymphozyten mit runden Kernen und nur spärlichem Zytoplasma, daneben etwas größeren Prolymphozyten mit deutlichem, zur Zellwand hin oft akzentuiertem Zytoplasma und dazwischen einzelnen großen, oft Mitosefiguren enthaltenden Lymphoblasten. Regellos verstreut waren dazwischen dendritische Retikulozyten. In Lymphknoten und Milz war verschiedentlich Pseudofollikelbildung erkennbar. Epitheloide Venulen und Retikulinbildung fehlten.

III. EPITHELIALE TUMOREN

12. G 75: 0.1 Cercopithecus aethiops - subadult

Tubuläres Adenom einer Pankreasinsel (α-Zellen-Adenom)

Das offenbar klinisch gesunde Tier wurde im Rahmen eines neurologischen Tests getötet, und Organproben wurden dem DPZ übersandt. Bei der Routine-Histologie fielen in einer leicht vergrößerten Pankreasinsel tubuläre Strukturen aus einreihigem zylindrischem Epithel auf. Die Zellen ähnelten normalen Inselzellen, ihre Kerne waren aber etwas chromatinreicher, ihr Zytoplasma dichter und eosinophiler. Immunhistochemische Untersuchungen ergaben, daß der Tumor ausschließlich aus Glucagon-produzierenden α-Zellen zusammengesetzt war.

13. G 267: 0.1 Saguinus oedipus - adult

Papilläres Nierenadenom (BRACK, 1985b)

14. o. N.: 1.0 Macaca sylvanus - 8 Jahre

Trichoepithelium der Haut (BRACK und MARTIN, 1984)

15. G 321: 1,0 Galagoides demidovii - 7 Jahre

Papilläres Adenokarzinom intrahepatischer Gallengänge (BRACK, 1985a)

16. G 430: 0.1 Papio hamadryas - alt

Inselzellkarzinome des Pankreas

1982 erwarb das DPZ eine aus adulten weiblichen Pavianen und deren Nachkommen beiderlei Geschlechts bestehende Gruppe. Mangels eines adulten Mannes war das hier zu besprechende weibliche Tier in absoluter α-Position. Sie hielt diese Position über Jahre bis der erste männliche Nachkomme Geschlechtsreife erlangte und das α-Weib kampflos aus seiner Position an die Peripherie der Gruppe verdrängte. 3 Monate später mußte es wegen schwerer Depressionen, totaler Nahrungsverweigerung und fortschreitender Kachexie aus Tierschutzgründen getötet werden.
Auffälligster Sektionsbefund waren zahlreiche Magenulzera und -erosionen verschiedenen Alters (zunächst als soziale Streßfolge gedeutet). Erst bei der histologischen Bearbeitung zeigte sich, daß

a) es sich nicht um peptische Ulzera handelte, sondern um Sekundärveränderungen chronisch zystisch-hyperplastischer Gastritis, und
b) viele kleine Tumoren im Pankreas verstreut waren. Die Tumoren bestanden aus kleinen bis mittelgroßen Läppchen in Strängen oder Acini gewachsener kleiner kuboider bis zylindrischer Zellen mit basalständigen runden, mitosearmen Kernen und relativ spärlichem, hellem Zytoplasma. Elektronenoptisch wurden auf endokrine Aktivität hinweisende Zytoplasmaeinschlüsse nachgewiesen (Prof. Schauer, Pathol. Inst. Univ. Göttingen). Immunhistologische Reaktionen

auf Insulin-, Glucagon-, pankreatisches Polypeptid-, Gastrin- und Somatostatinproduktion verliefen negativ. Die Tumorläppchen wuchsen eindeutig infiltrativ in das umgebende Pankreas ein.

17. G 470: 1.0 Saguinus fuscicollis - kastriert, 15 Jahre

Gut differenziertes tubuläres Adenokarzinom des Colons (BRACK, im Druck)

18. G 471: 0.1 Ateles paniscus - adult

Nicht keratinisiertes szirrhöses Plattenepithelkarzinom der Lippenschleimhaut

Das Tier gehörte einem Zoologischen Garten, es mußte wegen nicht aufzuhaltender Tumorerkrankung eingeschläfert werden. 9 Monate zuvor wurde am linken Lippenwinkel eine nichtheilende, offene Wunde festgestellt mit nachfolgender Gewebeproliferation. 3 Monate danach wurde ein Teil des proliferierten Gewebes chirurgisch entfernt, weitere 2 Monate später wurden Biopsien des wieder gewucherten Gewebes entnommen und als nicht keratinisiertes szirrhöses Plattenepithel am nächstgelegenen humanmedizinischen Institut für Pathologie diagnostiziert.

Die Sektion ergab, daß die linke Ober- und Unterlippe durch ulzeriertes, derbes, gelbgefärbtes Tumorgewebe von ca. 4 cm Durchmesser ersetzt waren, Mundschleimhaut, Gesichtsmuskulatur, Haut und linker Unterkieferast von Tumorgewebe infiltriert waren, und daß der Tumor außerdem in den regionalen Lymphknoten metastasiert hatte.
Histologisch war das Tumorgewebe durch Stränge mäßig differenzierter Plattenepithelzellen ohne Verhornungsanzeichen und durch sehr großen Stromaanteil gekennzeichnet. Typische Basalzellen und Mitosen waren sehr selten. Einbrüche in Lymphgefäße sehr extensiv.

19. G 742: 1.0 Saguinus fuscicollis - adult

Adenom einer Pankreasinsel

Seit längerer Zeit leichter Diabetes ohne Ketonurie, plötzlicher Tod an Kreislaufversagen. Zufallsbefund bei der histologischen Untersuchung war ein isolierter Tumor einer einzelnen Pankreasinsel mit weitgehend organoider Struktur, d.h. verschlungenen Strängen palisadenartig angeordneter prismatischer Zellen. Die Tumorzellen ähnelten weitgehend normalen Inselzellen, waren aber etwas kleiner. Immunhistochemische Bestimmungen mißlangen wegen der Kleinheit des Objektes. Der Tumor war von einer delikaten Bindegewebskapsel umgeben, Mitosen, infiltratives Wachstum oder Metastasen wurden nicht festgestellt.

20. G 677: 1.0 Saguinus oedipus, ca. 9 Jahre

Gallertkrebs des Colons (BRACK, im Druck)

21.-23. G 755: 0.1 Galagoides demidovii - alt

a) Comedo-Karzinom der Mamma
b) Cystopapillom des Gartner'schen Ganges
c) Inselzellkarzinom des Pankreas

Eingeliefert ohne Vorbericht. Bei der Sektion wurde ein 3 x 2,5 cm großer Tumor am Kaudalpol der rechten Mamma, ein zweiter von 3 x 2,5 x 1,5 cm als zystisches Gebilde an der kraniodorsalen Außenfläche des linken Uterushorns notiert. Ein dritter Tumorkomplex wurde erst bei der histologischen Untersuchung im Pankreas entdeckt.

a) Der Mammatumor war aus soliden Strängen kleiner kubischer bis polygonaler Zellen mit kleinen, meist hyperchromatischen Kernen zusammengesetzt. Gelegentlich wuchsen die Zellen an der Peripherie der Stränge auch basaliomähnlich in palisadenartiger, paralleler Anordnung. Besonderes Charakteristikum der Tumoren war die Bildung mit Zelldetritus gefüllter Hohlräume in den Tumorzellsträngen analog Comedomen der Haut. Die mit mäßiger Menge bindegewebigen Stromas ausgestatteten Tumorzellstränge wuchsen infiltrativ ins umgebende Gewebe ein. Invasion kleiner Gefäße war verschiedentlich festzustellen, Tumormetastasen waren aber nicht zu erkennen.
b) Der schon makroskopisch zystisch aufgebaute periuterine Tumor mit Zystengrößen bis zu mehreren Millimetern Durchmesser wurde von hochprismatischen bis kubischen Epithelzellen

gebildet. Die hochprismatischen Zellen waren mit Zilien ausgestattet, ihr färberischer Nachweis auch bei den kubischen Zellen war zumindest unsicher. Das reichliche Tumorstroma enthielt sowohl glatte Muskulatur als auch Nester runder Zellen mit hellem, klarem Zytoplasma und hyperchromatischen, runden Kernen. Ausgangspunkt des Zystopapilloms war offenbar eine den Zwerggalagos eigene Struktur - persistierende Gartner'sche (Wolf'sche) Gänge, die normalerweise als paariges, jeweils etwa 2 x 2 x 5 mm großes, meist dunkelgraues Organ dem Uterus kranio-dorsal aufsitzen.

c) Das sekretorische Pankreas war größtenteils zerstört durch infiltrativ gewachsenes Tumorgewebe. Die insgesamt relativ kleinen Zellen besaßen kleine, hyperchromatische Kerne und undeutliches, leicht schwammiges Zytoplasma. Ein Teil dieser Veränderungen ebenso wie das Fehlen von Mitosen mag allerdings auf beginnende Autolyse zurückzuführen sein. Die Tumorzellen wuchsen meist sehr diffus, vor allem in infiltrierenden Teilen, zeigten aber doch verschiedentlich die typische Struktur von Inselzellsträngen.

24. G 915: 1.0 Tupaia belangeri - adult

<u>Maligner Leydig-Zell Tumor</u> (BRACK, im Druck)

25. G 962: 1.0 Saguinus fuscicollis - 16 Jahre

<u>Adeno-Karzinom des sekretorischen Pankreas</u>

Seit ca. 1 Jahr wegen leichten Diabetes in Behandlung, unerwarteter Tod über Nacht.
Bei der Sektion waren Pankreaskopf und -körper zu einer großen, die proximalen Mesenteriallymphknoten einschließenden, gelappten Masse von 2 bis 3,5 cm großen Zysten mit dazwischen liegendem solidem Tumorgewebe umgewandelt. Zwei weitere solide Tumoren von 0,5 bzw. 1,5 cm Durchmesser waren im restlichen Pankreas gewachsen.
Die Tumorgewebe bestanden histologisch aus großen, polygonalen bis kubischen Zellen mit reichlich granuliertem oder klarem, amphotär gefärbtem Zytoplasma, deutlichen Zellmembranen und normochromen runden bis ovoiden Kernen mit kleinen zentralen oder peripheren Nucleoli. Mitosen waren häufig, aber unregelmäßig verteilt. Die Tumorzellen wuchsen in Trabekeln, von denen einige kleine zentrale Lumina enthielten. Die manchmal rosettenförmig solche Läsionen umgebenden Tumorzellen enthielten in ihrem luminalen (apikalen) Zytoplasma PAS-positive, argentaffine, bei Trichromfärbung sich rot färbende Granula analog normalen sekretorischen Pankreaszellen. Bei der Masse der Tumorzellen fehlten aber solche Zellprodukte. Nekrosen und Hämorrhagien waren weit verbreitet, insbesondere in der Umgebung von Blutgefäßen, und oft waren sie Folgen venöser Fibrinthromben.
Ähnlich gebaute Abklatschmetastasen hatten sich auf den Serosen der Bauchorgane und im perirenalen Gewebe angesiedelt, lymphogene Metastasen hatten die Mesenteriallymphknoten weitgehend zerstört.

26. G 1116: 1.0 Saguinus oedipus - 3,5 Jahr

<u>Intrahepatische Gallengangs-Adenome</u> (?)

Das fettleibige Tier wurde eines Morgens tympanisch und komatös auf dem Käfigboden liegend gefunden. Behandlungsversuche blieben erfolglos, das Tier wurde deswegen eingeschläfert. Die Sektion ergab, daß akute Pankreasnekrose und Fettgewebsnekrose in Verbindung mit Typ II-Diabetes die Ursache der schweren Erkrankung war. Ein großer, landkartenartig gefeldeter Nekroseherd befand sich im rechten Leberlappen, ansonsten war die Leber leicht vergrößert.

Im nicht-nekrotischen Teil der Leber waren histologisch viele kleine Herde mit Ansammlungen gallengangsähnlicher Tubuli zu sehen. Die Tubuli wurden von ausgereiftem, einförmigem, einschichtigem kubischen Epithel gebildet, dazwischen war in meist nur geringer Menge bindegewebiges Stroma mit spärlichen Entzündungszellen. Die Tubuli waren gefüllt mit eiweißreicher Flüssigkeit. Tubulusproliferationen gingen oft, aber nicht immer nachweisbar, von den Glisson'schen Dreiecken aus, einige entstanden auch direkt unter der Leberkapsel. Bindegewebige Tumorkapseln fehlten, die Tubuli dehnten sich in Richtung benachbarter Leberläppchen aus. Anzeichen infiltrativen Wachstums fehlten aber. Die Diagnose "intrahepatische Gallengangs-Adenome" wurde mit einem in Klammern gesetzten Fragezeichen versehen, da nicht klar ist, ob es diese Geschwulst überhaupt gibt, oder ob es sich dabei um zystische Erkrankungen oder Hamartome handelt.

27. G 1134: 0.1 Saguinus fuscicollis - 14 1/2 Jahre

Carcinoma in situ des Colons

Klinisch relevanter Diabetes seit längerer Zeit (Semi-Euglucon-Behandlung). Wegen multipler Automutilationen eingeschläfert. Bei der Sektion waren Kolon und Zaekum leicht dilatiert und mit normal erscheinendem Inhalt gut gefüllt. Histologische Befunde waren neben hochgradiger chronischer Colitis sehr zahlreiche Durchbrüche der Krypten durch die Muscularis mucosae mit Teilung und Lateralwachstum der Kryptentubuli in der Submukosa. Einige dieser "Schleimhautprolapse" ereigneten sich in Lymphfollikeln des Darmes, die meisten aber waren unabhängig von lokalen lymphatischen Strukturen des Darmes.
Das in der Submukosa proliferierte Epithel unterschied sich von dem an normaler Stelle liegender Krypten durch den höheren Anteil von Becherzellen. Es traten gelegentlich mehrschichtiges Epithelwachstum und stärkere Zytoplasma-Eosinophilie der Epithelzellen auf.

28. G 1146: 1.0 Callithrix jacchus geoffroyi - 4 1/2 Jahr

Harnblasen-Karzinom

Eingeschläfert wegen starker Hämaturie, Bewegungsunlust und drastischer Verschlechterung des Allgemeinzustandes seit drei Tagen.
Sektionsbefunde: Flächige Hämatome von Subkutis und allen Muskelschichten des Unterbauchs vom Sternum bis zum Beckeneingang, der Unterhaut des Skrotums und der Tunica vaginalis des rechten Hodens. Die sehr brüchige Harnblase war unter Wandverdickung (bis 2 mm) vergrößert, schwarzrot und fibrinös-gelb marmoriert, auf der Außenseite von Fibrinbelägen bedeckt, auf der Schleimhautseite im Bereich des Harnblasenfundus zusätzlich durch ein umschriebenes Hämatom von etwa 8 mm Durchmesser verdickt.
Histologische Grundlage der Harnblasenwandzerstörung war multifokales Tiefenwachstum endophytisch-papillomatöser Urothelzapfen mit ausgeprägter Entdifferenzierung, vielen Mitosen und Invasion auch großer Blutgefäße. Die gewucherten Epithelzellen besaßen eine mittlere Menge leicht eosinophilen Zytoplasmas mit undeutlichen Zellgrenzen, ihre Kerne waren rundlich, meist leptochromatisch, Nukleoli meist nur schwer erkennbar. Das Ganze wurde überlagert durch großflächige Nekrosen und Hämorrhagien in allen Abschnitten der Harnblasenwand.

29. G 1147: 0.1 Tupaia belangeri - 1 Jahr

Papillomatöses Karzinom der Harnblase

Das Tier wurde im Verlauf eines Experiments getötet. Während der letzten Wochen fiel ein etwa 1 cm großes Hautulkus an der Außenseite des rechten Oberschenkels auf, das auch der einzige bemerkenswerte Sektionsbefund war neben einer mäßigen Verdickung der Harnblasenwand.
Histologisch stellte sich heraus, daß die Harnblasenwandverdickung Folge exo- und endophytisch papillomatös wachsenden Urothels war. Die Tumorzellen waren durch undeutliches, leicht eosinophiles Zytoplasma und ovoide, leptochromatische Kerne mit kleinen Nucleoli gekennzeichnet. Die Tumorzellstränge setzten sich gelegentlich im dysplastischen Urothel fort, sie invadierten kleine Blutgefäße und verursachten dadurch kleine Hämorrhagien. In der Umgebung in die Tiefe wachsender Tumorzellstränge kam es zu deutlicher Entzündungsabwehr mit vielen Eosinophilen und einzelnen großen, vielkernigen Fremdkörper-Riesenzellen im Entzündungsinfiltrat.

Diskussion

Manche der beschriebenen Tumoren sind als Einzelfunde zwar interessant, brauchen aber an dieser Stelle nicht weiter diskutiert zu werden.

Zu erwähnen ist das Gallertkarzinom des Kolon eines Liszt-Äffchens aus zwei Gründen. Derartige Krebsformen wurden außer beim Menschen bisher nur in 2 Liszt-Äffchen-Kolonien der USA (Marmoset Research Center, Oak Ridge und New England Regional Primate Research Center, Southborough) und bei Liszt-Äffchen der University of Bristol/England gefunden (CLAPP et al., 1985; LUSHBAUGH et al., 1985; KIRKWOOD et al., 1986). Die Ursache solch streng lokalisierten Auftretens ist unbekannt. Umwelteinflüsse oder eine genetische Basis wurden vermutet; Zusammenhänge mit den bei allen Callithriciden häufigen subakuten bis chronischen Kolitiden werden angenommen. Beim Menschen gehören Gallertkrebse des Kolon zu den häufigeren Dickdarmkrebsformen mit Häufigkeitsraten bis zu 30 % in Afrika (WOOD, 1967).

Ein zweiter diskussionswürdiger Einzelfund ist das Inselzellkarzinom in Zusammenhang mit chronischer Gastritis und Magengeschwüren beim alten Pavian-Weib. Elektronenmikroskopische Befunde deuten auf endokrine Aktivität der Tumorzellen hin, trotzdem waren immunhistochemische Untersuchungen auf Insulin, Glucagon, Sonatostatin, pankreatisches Polypeptid und Gastrin klar negativ, d.h. der oder die Tumoren gingen nicht von normalen A, B oder D (α)-Zellen aus. Fraglich ist die Aussagekraft des negativen Gastrinbefundes, da auch der Nachweis im Magen-Darmepithel mißlang. Möglicherweise waren die Fixierungszeiten zu lang. Beim Menschen ist die Kombination gastrinbildender, von G-Zellen ausgehenden Inselzelltumoren mit Geschwüren des oberen Verdauungstraktes als Zollinger-Ellison Syndrom eine wohlbekannte pathogenetische Einheit.

Kurz diskutiert werden sollte das pointierte Auftreten maligner mammärer oder perimammärer mesenchymaler Tumoren bei Zwerggalagos einer nicht dem DPZ gehörenden Kolonie. Ein derartiges Zusammentreffen läßt zumindest an eine Virusätiologie ähnlich SSV_1 denken. Leider kamen bisher alle Tiere erst mit Verspätung zur Sektion, so daß alle Versuche eines Virusnachweises fehlschlugen.

Eine gemeinsame Klammer haben schließlich auch die malignen Lymphome, die, soweit rein morphologische Gesichtspunkte für eine solche Aussage ausreichend sind, alle aus der B-Zellreihe hervorgingen. Auch hier gibt es denkbare Verbindungen zu Viren, denn bei nichthumanen Primaten einschließlich Tupaias sind mehrere Epstein-Barr-Virus ähnliche Gamma-Herpesviridae und eine ganze Reihe von C-Typ Retroviren als Erreger von B-Zell-Leukämien bekannt. Leider war am DPZ bisher eine gezielte virologische Untersuchung nicht möglich.

Zusammenfassung

Tumoren im Sektionsgut des Deutschen Primatenzentrums (1973 - 1987)

Es wird über 27 Tumoren bei am Deutschen Primatenzentrum sezierten nichthumanen Primaten berichtet. 7 Geschwülste waren mesenchymalen Ursprungs mit Schwerpunkt Fibrosarkome der mammären/perimammären Unterhaut bei Zwerggalagos, 4 Tumoren waren maligne Lymphome der B-Zellreihe, 16 Tumoren gingen von Epithelgeweben aus, darunter 4 Tumoren der Pankreasinselzellen und 1 Gallertkarzinom des Kolons bei einem Liszt-Äffchen.

Summary

Post-Mortem Tumour Findings at German Primate Centre (1973 - 1987)

Reported are 27 tumours recorded from post-mortem examinations of non-human primates at the German Primate Centre. Seven tumours were of mesenchymal origin, primarily fibrosarcomas of the mammary and perimammary subcutis in Demidoff's bushbabies. Four tumours were malignant lymphomas of the beta-cell type, while 16 tumours had originated from epithelial tissues, including four tumours of pancreatic islet cells, and one colonic colloid carcinoma in a cotton-head tamarin.

Résumé

Tumeurs dans le matériel de dissection du Centre Allemand des Primates (1973 - 1987)

Rapport à propos de 27 tumeurs chez des primates non-humains qui ont été disséqués dans le Centre Allemand des Primates. 7 tumeurs avaient des causes mésenhymates et étaient surtout des fibrosarcomes hypodermiques mammaires/périmammaires chez des galagos nains, 4 tumeurs étaient des lymphomes malignes de la série des cellules B, 16 tumeurs procédaient des tissus épithéliaux, entre eux 4 tumeurs des cellules de l'ilot du pancréas et 1 carcinome gélatineux du colon d'un sagouin.

Резюме

Опухоли секционных исследований в немецком центре приматов (I973–I987)

Сообщается о 27 опухолях, сицированных в немецком центре у не гуманных приматов. 7 опухолей имели мезенхимальную натуру, центральную роль играли фибросаркомы маммерально/перимаммеральной подкожи у карликовых галагос, 4 опухоли представляли злокачественные лимфомы В-клеточного ряда, I6 опухолей исходили из эпителиальных тканей, среди них 4 из клеток панкреаса и I галлертная карцинома обнаружена в колоне у лисц-обезьянки.

Literaturverzeichnis

BRACK, M. (1985a): Tumors in Dwarf Galagos (Galagoides demidovii). Vet. Pathol. 22, 344–346.

BRACK, M. (1985b): Renal Papillary Adenoma in a Cotton-Topped Tamarin (Saguinus oedipus). Lab. Anim. 19, 132–133.

BRACK, M. (im Druck): Intestinal Carcinomas in two tamarins (Saguinus fuscicollis, S. oedipus) of the German Primate Center. Lab. Anim.

BRACK, M. (im Druck): Malignant Leydig cell tumour in a Tupaia belangeri – case report and literature review of male genital tumours in non-human primates. Lag. Anim.

BRACK, M. and D.P. MARTIN (1984): Trichoepithelioma in a Barbary Ape (Macaca sylvanus): Review of Cutaneous Tumors in Nonhuman Primates and Case Report. J. Med. Primatol. 13, 159–165.

CLAPP, N.K., LUSHBAUGH, C.C., HUMASON, G.L., GANGAWARE, B.L., and M.A. HENKE (1985): Natural History and Pathology of Colon Cancer in Saguinus oedipus oedipus. Dig. Dis. Sci. 30, 1078 – 1138.

KIRKWOOD, J.K., PEARSON, G.R., and M.A. EPSTEIN (1986): Adenocarcinoma of the Large Bowel and Colitis in Captive Cotton-Top Tamarins (Saguinus o. oedipus). J. Comp. Pathol. 96, 507–515.

LUSHBAUGH, C., HUMASON, G., and N. CLAPP (1985): Histology of Colon Cancer in Saguinus oedipus oedipus. Dig. Dis. Sci. 30, 1198 – 1258.

WOOD, D.A. (1967): Atlas of Tumor Pathology. Sect. VI, Fasc. 22; Tumors of the Intestines, p. 174. Armed Forces Inst. of Pathology, Washington, DC.

Anschrift des Verfassers: Dr. M. B r a c k
Deutsches Primatenzentrum
Kellnerweg 4
D-3400 Göttingen (BRD)

Aus der Forschungsstelle für Wirbeltierforschung (im Tierpark Berlin)
(Direktor: Prof. Dr. sc. Dr. h.c. H. DATHE) der Akademie der Wissenschaften der DDR

UNTERSUCHUNGEN ZUM VORKOMMEN INTERSTITIELLER NEPHRITIDEN BEI ZOOSÄUGETIEREN

Von L. Sickert und Jutta Wisser

Statistische Erhebungen über Erkrankungen der Zoo- und Wildtiere weisen stets auch Nierenveränderungen, sowohl als Todesursache als auch als Nebenbefunde der pathologischen Diagnostik aus. Entzündliche Prozesse in Form von Glomerulonephritiden und interstitiellen Nephritiden stehen hierbei im Vordergrund. Beide Begriffe umschreiben ätiologisch und pathogenetisch, morphologisch und klinisch vielfältige und nicht einheitliche Krankheitsbilder, deren Pathogenesemechanismen teilweise durch Einsatz moderner Untersuchungsmethoden besonders in der Humanmedizin aufgeklärt werden konnten. Bei den Haustieren stellt die interstitielle Nephritis die bei weitem häufigste Form der Nierenentzündung dar (JOHANNSEN und ŠKARDA, 1986). Ziel der vorliegenden Untersuchungen war es deshalb, einen Überblick über Art und Häufigkeit interstitieller Nephritiden bei Zoosäugetieren zu schaffen und einige ätiologische Probleme näher zu beleuchten.

Entzündliche Nierenveränderungen werden auch heute noch unterschiedlich eingeteilt. Überwiegend wird nur der allgemeine Begriff "Nephritis", ohne nähere Bestimmung der Form, verwendet. In der jüngeren veterinärmedizinischen Literatur scheint sich nun doch eine Klassifikation der interstitiellen Nephritiden durchzusetzen, wie sie u.a. von WEISS (1983), VON SANDERSLEBEN et al. (1985) sowie JOHANNSEN und ŠKARDA (1986) in nahezu identischer Form angegeben wird. Dieses Schema bildete im weiteren auch die Grundlage der eigenen Untersuchungen.

Interstitielle Nephritiden spielen in der Todesursachenstatistik von Zoosäugetieren zumeist eine untergeordnete Rolle. Als Nebenbefunde haben sie dagegen eine weitaus größere Bedeutung. In der Ordnung der Beuteltiere (Marsupialia) werden nach WIESNER (1976) häufig chronische Nephrosen oder akute Nephritiden beobachtet. IPPEN (1967) konnte bei 59 Beuteltiersektionen 3 Fälle von Nephritis und Urämie nachweisen.

Bei Primaten (Primates) stellte MEHRING (1965) eine eitrige und eine interstitielle Nephritis im Sektionsgut von 356 Tieren fest. KRONBERGER (1960) kommt zu ähnlichen Ergebnissen. Chronisch interstitielle Nephritiden als Todesursache ermittelten SCHÜPPEL et al. (1980) an 6 von 146 obduzierten Affen. KRILOVA und LAPIN (1976) diagnostizierten 5 dieser Erkrankungen bei 22 Primatensektionen.

Eine vorrangige Stellung im Auftreten von Nierenentzündungen nehmen die Raubtiere (Carnivora) ein. So stellt EULENBERGER (1981) fest, daß die ausschließlich fleischfressenden Feliden besonders häufig an Nephritiden erkranken. Dabei ist die interstitielle Nephritis die am meisten anzutreffende Form. IPPEN und SCHRÖDER (1974) sehen im hohen Lebensalter von Landraubtieren einen ausschlaggebenden Faktor für Urogenitalerkrankungen, mit chronisch interstitiellen Nephritiden und Nephrosen. Zu anderen Ergebnissen kamen MAŘAN et al. (1974), die Krankheiten des Harn- und Geschlechtsapparates bei Karnivoren als relativ seltenes Ereignis bezeichnen und diese nur in 1,9 % aller Fälle beobachteten. Weitere Berichte, in denen die Häufigkeit der interstitiellen Nephritis bei Karnivoren mit 2 % bis 5 % angegeben wird, liegen von RICHTER (1957), CHRISTENSEN (1963), IPPEN (1967) sowie BALSAI et al. (1979) vor.

Unter den Paarhufern (Artiodactyla) werden Erkrankungen des Urogenitalsystems nur vereinzelt als Hauptbefunde beschrieben, häufiger jedoch als Nebenbefunde genannt. Die interstitielle Nephritis ist selten (MIKULICA et al., 1984). Die Auswertungen von RICHTER (1957), MEHRING (1965), IPPEN (1967) und STEGER (1973) unterstreichen diese Feststellung. WALLACH und BOEVER (1983) sprechen von einer "gewissen" Häufigkeit an Nierenerkrankungen bei erwachsenen und alten Wiederkäuern. IPPEN und SCHRÖDER (1976) konnten bei 222 im Gebirge beheimateten Caprinae keine entzündlichen Nierenveränderungen nachweisen.

Vertreter anderer Säugetierordnungen werden im Zusammenhang mit der interstitiellen Nephritis kaum oder gar nicht erwähnt. Interessant scheint jedoch der Fall eines an interstitieller Nephritis verstorbenen Elefanten (RICHTER, 1957) und das Auftreten von Nierenabszessen, Nephritiden und Nierennekrosen bei Delphinen (BROWN et al., 1960).

Als Ursachen interstitieller Nephritiden bei Zoo- und Wildsäugetieren werden vor allem Septikämien verschiedenster Genese sowie hämatogen zugeführte Protozoen, Viren, Toxine und andere Noxen aufgeführt. Leptospireninfektionen scheinen bei Karnivoren und Igeln eine Rolle zu spielen (RICHTER, 1957; SZÉKY und KEMENES, 1965). Hervorzugeben ist ein Fall von Klebsiella-Hospitalismus, der unter 21 Wollaffen bei 8 Weibchen regelmäßig mit chronisch-interstitieller Begleitnephritis einherging und vermutlich durch Uteruserkrankungen begünstigt wurde (RÜEDI und HELDSTAB, 1980).

Einen häufigen Befund stellen herdförmig oder diffus nichteitrige Nephritiden infolge von Toxoplasma-Infektionen dar. MØLLER (1962) sowie BLAŽEK et al (1969) sehen diesen Zusammenhang als typisch an. IPPEN et al. (1981) vermuten bei 10 an Toxoplasmose gestorbenen Saiga-Antilopen ein ursächlich anderes Krankheitsgeschehen, da sie in 7 Fällen mit interstitieller Nephritis nur einmal Toxoplasmazysten in der Nierenrinde nachweisen konnten. Tuberkulöse Erkrankungen scheinen in der Phase der Generalisation regelmäßig mit granulomatösen Nierenentzündungen einherzugehen, wie es u.a. auch die Untersuchungen von KLÖPPEL (1959) sowie BRACK und STOLL (1963) ausweisen. Pseudotuberkulose führt nach SCHÜPPEL et al. (1984) zu ähnlich gearteten Veränderungen.

Eigene Untersuchungen und Diskussion der Ergebnisse

Grundlage der eigenen Untersuchungen bildeten die in den Jahren 1979 bis 1985 in der Abteilung für Zoo- und Wildtiererkrankungen der Forschungsstelle für Wirbeltierforschung der Akademie der Wissenschaften der DDR untersuchten Säugetiere. Anhand der vorhandenen Sektionsprotokolle wurden zunächst alle im entsprechenden Zeitraum sezierten Zoo- und Wildsäugetiere erfaßt, und anschließend die Tiere ausgewählt, die den begründeten Verdacht auf das Vorliegen einer interstitiellen Nephritis zuließen. Von den histologisch untersuchten Nieren wurden diejenigen als interstitielle Nephritiden befundet, bei denen entzündliche interstitielle Prozesse die primäre Veränderung darstellten.

Entsprechend Verteilung und Art der Entzündungszellen konnten 5 Erkrankungsformen unterschieden werden. Die Häufigkeit des Auftretens interstitieller Nephritiden im Untersuchungsmaterial, bezogen auf verschiedene Säugetierordnungen, ist in der Tabelle 1 dargestellt.

Tabelle 1

Säugetierordnung	Tierzahl	Diffuse nichteitrige int. N.	Herdförmige nichteitrige int. N.	Herdförmig embolisch eitrige int. N.	Pyelonephritis	Granulomatöse Nephritis	Int. N. gesamt	Prozent
Beuteltiere (Marsupialia)	55	6	0	0	0	0	6	10,90
Insektenfresser (Insectivora)	18	0	1	0	0	0	1	5,55
Flattertiere (Chiroptera)	12	0	0	0	0	0	0	0
Primaten (Primates)	220	16	15	2	1	1	35	15,90
Zahnarme Tiere (Edentata)	1	0	0	0	0	0	0	0
Hasentiere (Lagomorpha)	4	0	0	0	0	0	0	0
Nagetiere (Rodentia)	133	7	3	1	0	0	11	8,27
Raubtiere (Carnivora)	420	37	22	4	1	0	64	15,23
Rüsseltiere (Proboscidea)	3	0	0	1	0	0	1	(33,33)
Unpaarhuftiere (Perissodactyla)	84	2	2	0	0	0	4	4,76
Paarhufer (Artiodactyla)	1235	60	68	20	9	4	161	13,03
Gesamt	2185	128	111	28	11	5	283	12,95
Prozent	100	5,86	5,08	1,28	0,50	0,23	12,95	-

Anmerkung: Int. N. = Interstitielle Nephritis

Wie aus Tabelle 1 ersichtlich, traten interstitielle Nephritiden bei 13 % aller sezierten Säugetiere auf. Innerhalb der verschiedenen Ordnungen schwankt der prozentuale Anteil dieser Erkrankungen zwischen 4,8 % und 15,9 %. Hierbei ist zu beachten, daß einzelne Angaben auf Grund der zu geringen absoluten Tierzahlen nicht aussagekräftig sind (Prozentangaben in Klammern).

Bei den Primaten lagen die Ergebnisse weitaus höher als in vergleichbaren Literaturangaben. Während WIETHÖLTER (1964) sowie GÖLTENBOTH (1976) die Erkrankungen der Harnorgane bei Affen als gelegentlichen Befund beschreiben, ergaben unsere Untersuchungen ein relativ häufiges Vorkommen an insterstitiellen Nephritiden bei diesen Tieren (15,9 %). Dabei lagen Tieraffen (Cercopithecidae) mit einem Erkrankungsanteil von 14 % über dem Durchschnitt und könnten möglicherweise auf Grund längerer Behandlungen bzw. Grundkrankheiten, die häufiger mit interstitiellen Nephritiden im Zusammenhang stehen, zu einer Verschiebung der Relationen geführt haben. Allgemein überwogen bei den Primaten die akuten Fälle interstitieller Nephritiden gegenüber den chronischen.

Ein anderes Geschehen wurde innerhalb der Ordnung Raubtiere (Carnivora) (15,2 % mit interstitiellen Nephritiden) beobachtet. Hier traten chronische Prozesse nahezu zweimal häufiger auf als akute. Neben dem bereits erwähnten relativ hohen Lebensalter dieser Tiere spielen wohl ebenso ernährungsphysiologische Aspekte eine Rolle, auf die später eingegangen werden soll.

Entgegen den in der Literatur gemachten Angaben zeichnete sich innerhalb der Familie der Hundeartigen (Canidae) eine höhere Erkrankungshäufigkeit ab, da fast ein Drittel aller Tiere betroffen war. Allerdings läßt die zu geringe Anzahl (53 Canidae) keine Verallgemeinerung zu.

Unter den Paarhufern (Artiodactyla), bei denen sich eine Befundhäufigkeit von 13 % herausstellte, wies die Familie der Hornträger (Bovidae) eine wesentlich höhere Rate (11,8 %) als beispielsweise die Hirsche (Cervidae) mit 6,9 % auf. Besonders auffällig war mit 22,4 % ein sehr hoher Anteil interstitieller Nephritiden in der Unterfamilie der Saigas (Saiginae). Mögliche Ursachen für dieses Geschehen ließen sich nicht klar herausstellen. Inwieweit hierbei genetische Aspekte eine Rolle spielen könnten, war durch die eigenen Untersuchungen nicht zu ermitteln.

Weiterhin geht aus Tabelle 1 hervor, daß die diffusen und herdförmigen nichteitrigen interstitiellen Nephritiden mit insgesamt 11 % der erhobenen Befunde dominierten. Über die Haussäugetiere berichtet WEISS (1983) hingegen, daß die diffus nichteitrigen Formen der interstitiellen Nierenentzündungen kaum zu beobachten sind. Selten wurden bei den Zoosäugern eitrige Entzündungsformen des Niereninterstitiums und -beckens gefunden. Die granulomatösen Nephritisfälle sind mit 0,2 % als Ausnahme zu werten.

Als Beitrag zu einer möglichen Klärung ätiologischer Fragen erfolgte eine Gegenüberstellung von Todesursache bzw. Grundleiden sowie bakteriologischem Nierenbefund bei Tieren mit interstitieller Nephritis. Hierbei traten Bronchopneumonien, Enteritiden, Toxoplasmosen, Traumen, unbekannte Infektionen und Entzündungen seröser Häute besonders häufig gemeinsam mit den entsprechenden Nierenveränderungen auf.

Tuberkulöse Prozesse bewirkten mit einer Ausnahme regelmäßig granulomatöse Nephritiden. Bei 22 Tieren (1 %) erwies sich die interstitielle Nephritis als direkte Todesursache bzw. Grundleiden. Es handelte sich um 8 Vertreter der Paarhufer (Artiodactyla), 5 Primaten (Primates), 3 Katzenartige (Feloidea) sowie um einzelne Tiere anderer systematischer Gruppierungen. Aus der bakteriologischen Untersuchung der nichteitrig entzündeten Nieren ging E. coli als der am häufigsten nachgewiesene Erreger hervor. Daneben traten eine Reihe anderer Bakterien auf, wobei Kokken, Salmonellen, aerobe Sporenbildner und Proteuskeime zu nennen sind. Bei über einem Drittel der Fälle konnten keine bakteriellen Erreger aus den Nieren isoliert werden.

Auffällig häufig wurden Enteritiden sowie Bronchopneumonien gemeinsam mit interstitiellen Nephritiden festgestellt und boten Anlaß für weitere Untersuchungen. In Tabelle 2 sind alle Nephritisfälle zusammengestellt, bei denen Entzündungen der Lungen und des Darmtraktes in verschieden starker Ausprägung vorlagen. Die angegebene Prozentzahl bezieht sich dabei auf die Gesamtzahl der interstitiellen Nephritiden im Untersuchungsmaterial.

Tabelle 2

Befund	Gleichzeitig vorliegende interstitielle Nephritis	Prozent (283 = 100 %)
Enteritis	71	25,09
Bronchopneumonie	67	23,67
Enteritis und Bronchopneumonie in Kombination	78	27,56
Gesamt	216	76,32

Enteritiden und Bronchopneumonien traten im Zusammenhang mit interstitiellen Nephritiden bei insgesamt 76,3 % auf. Bestehende Parallelitäten wurden bereits von FOX (1923), KLÖS und LANG (1976) sowie EULENBERGER (1981) für das Enteritisgeschehen bei verschiedenen Tierarten in Erwägung gezogen. Die Autoren sehen zumeist infektiös-enterotoxämische Reize infolge von subklinisch verlaufenden Futterintoxikationen als vorrangige Ursache für das Entstehen interstitieller Nephritiden an. Außerdem muß wohl auch die bei schweren Enteritiden einsetzende Dehydratation bzw. Exsikkose in Betracht gezogen werden, die als häufigste Ursache extrarenal bedingter Nierenschädigungen anzusehen ist (ROSSOW und HORVATH, 1985). Blutdruckabfall und eingedicktes Blut können den wirksamen Filtrationsdruck der Glomerula nicht aufrechterhalten und begünstigen somit u.a. eine Besiedlung des Nierenstromas mit Erregern und Toxinen. Verbindungen zwischen Bronchopneumonien, die selbst relativ häufige Erkrankungen darstellen, und interstitiellen Nephritiden sind wohl in erster Linie in der hämatogenen Erreger- und Toxinstreuung begründet.

Im Ergebnis weiterer Untersuchungen läßt sich feststellen, daß interstitielle Nephritiden sowohl junge als auch alte Tiere betreffen. Unter Beachtung der Tatsache, daß häufiger adulte Säugetiere zur Sektion gelangen, zeichnet sich trotzdem mit einem Anteil von 80 % eine überwiegende Entzündungsrate der Nieren bei den erwachsenen Tieren ab. Während bei Jungtieren das Verhältnis von akuten zu chronischen Entzündungen 9:1 betrug, war es bei erwachsenen Tieren wesentlich enger, nämlich nur noch 2:1. Weiterhin konnte ermittelt werden, daß sich die Befunde an interstitiellen Nephritiden relativ gleichmäßig auf beide Geschlechter verteilen.

Eine Gegenüberstellung des Ernährungstyps verschiedener Tiergruppen zur Häufigkeit des Auftretens interstitieller Nephritiden machte eine Neuordnung des Tiermaterials in sich vorwiegend herbivor, omnivor oder karnivor ernährende Säugetiere notwendig. Derartige Unterteilungen sind in Einzelfällen zwar nicht immer eindeutig, können aber für Gesamtgruppierungen durchaus zulässig sein, um einen möglichen kausalen Zusammenhang zwischen der Ernährung und dem Auftreten interstitieller Nephritiden herauszufinden.

Tabelle 3

Ernährungstypen	Tierzahl	Interstitielle Nephritiden	Prozent
Herbivoren	1341	165	12,30
Omnivoren	441	60	13,60
Karnivoren	403	58	14,39

Obwohl auf der Grundlage der in der Tabelle 3 zusammengestellten Ergebnisse keine gesicherte Aussage möglich ist, läßt sich dennoch ein tendentiöser Anstieg der Nephritishäufigkeit mit zunehmendem Fleischanteil der Nahrung erkennen. Schon FOX (1923) vermutete in der überwiegenden Proteinernährung einen wesentlich prädisponierenden Faktor für die Entstehung von Nierenentzündungen. Weiterhin ist zu beachten, daß zuviel verabreichte Aminosäuren verlustreich abgebaut werden und der vermehrt anfallende Harnstoff nierenbelastend mit dem Harn ausgeschieden wird, wie FREUDIGER (1986) für die Verhältnisse beim Haushund feststellt.

WALLACH und BOEVER (1983) sehen u.a. in einem Phosphorüberschuß sowie in einer exzessiven Vitamin-D_3-Versorgung eine wesentliche Ursache für die Entstehung chronisch interstitieller Nephritiden. Ein Kalzium-Phosphor-Quotient von 1:22 bei beispielsweise ausschließlicher Muskelfleischfütterung der Karnivoren bewirkt in erster Linie eine verstärkte Parathormonsekretion und ggf. einen sich daraus entwickelnden alimentären Hyperparathyreoidismus (BRAHM et al., 1979;

WISSER, 1986). In jedem Fall jedoch ist eine vermehrte Ausscheidung von Phosphaten über die Nieren die Folge. Die dadurch entstehende zusätzliche Belastung renaler Regelmechanismen wurde von NEUMANN (1979) und JAHN (1980) beschrieben. Die Schädigung der Nieren beruht vermutlich auf einer Überbeanspruchung der Tubuluszellen, die zunehmend an Energie verarmen (SIMON und KNAUF, 1976). Folgen sind u.a. reaktive Prozesse im Interstitium, d.h. eine Begleitnephritis im Anschluß an die Tubulusschädigung, die bei anhaltender Belastung in chronisch interstitielle Nephritis übergehen kann. Der hohe Anteil chronischer Nephritiden bei den untersuchten Karnivoren unterstützt diese These. Da Vitamin-D_3 ebenfalls die Phosphatausscheidung über die Nieren fördert, dürfte eine exzessive Verabreichung ähnliche Pathomechanismen zur Folge haben.

Zu einer weiteren Klärung ätiologischer sowie pathogenetischer Fragestellungen sind gezieltere Untersuchungen an umfangreicherem Sektionsmaterial erforderlich, um außerdem Möglichkeiten für konkrete Prophylaxemaßnahmen zu erschließen.

Zusammenfassung

Untersuchungen zum Vorkommen interstitieller Nephritiden bei Zoosäugetieren

Es wird über die Art und Häufigkeit des Auftretens interstitieller Nephritiden bei Zoosäugetieren berichtet. Von 2185 Tieren wurden 283 Fälle (13 %) mit interstitiellen Nephritiden nachgewiesen. Besonders häufig waren dabei Vertreter der Ordnungen Primaten (Primates) mit 16 %, Raubtiere (Carnivora) mit 15 % sowie Paarhufer (Artiodactyla) mit 13 % von derartigen Erkrankungen befallen. In 1 % aller Fälle bewirkten interstitielle Nephritiden den Tod der Tiere direkt. Einige mögliche ätiologische bzw. pathogenetische Faktoren werden diskutiert.

Summary

Studies into Occurrence of Interstitial Nephritis in Zoo Mammals

Types and incidence of interstitial nephritis in zoo mammals are reported in this paper. Interstitial nephritis was recorded from 283 in 2,185 animals (13 per cent). The highest incidence figures were recordable from primates (16 per cent), carnivores (15 per cent), and artiodactyls (13 per cent). Interstitial nephritis was the direct cause of death in one per cent of all cases. Possible aetiological or pathogenetic factors are discussed in some detail.

Résumé

Etudes relatives à l'occurence de néphritides interstitielles chez les mammifères zoologiques

L'auteur discute la nature et la fréquence de l'occurence des néphritides interstitielles chez les mammifères zoologiques. Parmi 2.185 animaux 283 (13 %) avaient des néphritides interstitielles. Les représentants des ordres suivants ont été atteints le plus fréquement des maladies pareilles: primates (Primates) 16 %, carmivores (Carmivora) 15 % et artiodactylés (Artiodactyla) 13 %. Dans 1 % de tous les cas les néphritides interstitielles ont provoqué directement la mort des animaux. Certains facteurs possibles étiologiques ou pathogénétiques sont discutés.

Резюме

Изучение иктестинального нефритида у млекопитающих животных зоопарка

Сообщается о различных видах и частоте заболевания интерстицинальными нефритидами животных зоопарка. Из 2185 заболеваний животных выявлено 283 случая нефритидов (I3). Особо часто нефритиды проявляются у порядка приматов (I6%), у хищных (I5%) и парнокопытных (I3%). Один процент животных погиб непосредственно от нефритидов.Обсуждаются возможные этиологические и патогенетические факторы.

Literaturverzeichnis

BALSAI, A., TURY, E., und L. FABIAN (1979): Analyse der Raubtierverluste (1968 - 1977) im Zoo Budapest. Verh.ber. Erkrg. Zootiere 21, 311 - 313.

BLAŽEK, K., JAROŠ, Z., und I. LITOŠOVÁ (1969): Toxoplasmose bei syrischen Klippschliefern. Verh.ber. Erkrg. Zootiere 11, 85 - 87.

BRACK, M., und L. STOLL (1963): Tuberkulose bei einem Eisbären, verursacht durch M. tuberculosis (Typus humanus). Verh.ber. Erkrg. Zootiere 5, 94 - 96.

BRAHM, R., BRAHM, E., und W. BARTMANN (1979): Osteodystrophia fibrosa bei Feliden. Verh.ber. Erkrg. Zootiere 21, 73 - 75.

BROWN, D.H., MC INTYRE, R.W., DELLI QUADRI, C.A., and R.J. SCHROEDER (1960): Health problems of captive dolphins and seals. J. Am. Vet. Med. Ass. 137, 534 - 538.

CHRISTENSEN, N.O. (1963): Some observations on diseases in carnivores in the Copenhagen Zoo. Verh.ber. Erkrg. Zootiere 5, 46 - 55.

EULENBERGER, K. (1981): Zur Bedeutung der Bestimmung der Kreatininkonzentration im Blutserum für die Frühdiagnostik von Nierenfunktionsstörungen bei Zootieren unter besonderer Berücksichtigung der Feliden. Verh.ber. Erkrg. Zootiere 23, 327 - 337.

FOX, H. (1923): Diseases in captive wild mammals and birds. Philadelphia - London - Chicago: J.B. Lippincott Company.

FREUDIGER, U. (1986): Nieren und Harnwege. In: FREUDIGER, U., GRÜNBAUM, E.-G., und E. SCHIMKE: Klinik der Hundekrankheiten. Jena: Gustav Fischer.

GÖLTENBOTH, R. (1976): Menschenaffen, Affen, Halbaffen. In: KLÖS, H.-G., und E.M. LANG: Zootierkrankheiten. Berlin - Hamburg: Paul Parey.

IPPEN, R. (1967): Auswertung der bei 1400 Zoo- und Wildtieren (Mammalia) erhobenen Zerlegungsbefunde. Zbl. Vet. Med. B, 14, 293 - 320.

IPPEN, R., JIRA, J., und K. BLAŽEK (1981): Toxoplasmose als Todesursache bei Saiga-Antilopen (Saiga tatarica). Verh.ber. Erkrg. Zootiere 23, 185 - 193.

IPPEN, R., und H.-D. SCHRÖDER (1974): Auswertung der postmortalen Untersuchungsergebnisse bei in Gefangenschaft gehaltenen Landraubtieren. Verh.ber. Erkrg. Zootiere 16, 29 - 37.

IPPEN, R., und H.-D. SCHRÖDER (1976): Beitrag zu den Erkrankungen der im Gebirge beheimateten Caprinae. Verh.ber. Erkrg. Zootiere 18, 81 - 88.

JAHN, C. (1980): Ein Beitrag zur histologischen Nierenuntersuchung bei azidotisch belasteten Mastrindern. Vet. Dipl.-Arb., Berlin HU.

JOHANNSEN, U., und R. ŠKARDA (1986): Harnapparat. In: JOHANNSEN, U., KARDEVAN, A., und U. ZENDULKA: Lehrbuch der speziellen Veterinärpathologie. Jena: Gustav Fischer.

KLÖPPEL, G. (1959): Ein Beitrag zum Tuberkuloseproblem der Feliden. Kleintierpraxis 4, 139 - 143.

KLÖS, H.-G., und E.M. LANG (1976): Zootierkrankheiten. Berlin - Hamburg: Paul Parey.

KRILOVA, R.I., und B.A. LAPIN (1976): Diseases of apes in the sukhumi monkey colony, according to autopsy data. Verh.ber. Erkrg. Zootiere 18, 245 - 248.

KRONBERGER, H. (1960): Befunde bei Affensektionen. Verh.ber. Erkrg. Zootiere 2, 221 - 227.

MARAN, B., HERCEG, M., HUBER, I., TADIĆ, M., und S. CUTURIĆ (1974): Zur Statistik der Sektionsbefunde bei Raubtieren des Zoologischen Gartens der Stadt Zagreb. Verh.ber. Erkrg. Zootiere 16, 45 - 53.

MEHRING, M. (1965): Beitrag zur Pathologie der Säugetiere Zoologischer Gärten. Vet. med. Diss., Hannover.

MIKULICA, V., MIKULICOVÁ, E., MOUCHA, P., und J. VÁHALA (1984): Postmortale Untersuchungsergebnisse bei Antilopen im Zoologischen Garten DVUR KRALOVE (1979 - 1983). Verh.ber. Erkrg. Zootiere 26, 273 - 281.

MØLLER, T. (1962): Eine kasuistische Mitteilung über Toxoplasmose bei Zootieren. Verh.ber. Erkrg. Zootiere 4, 233 - 243.

NEUMANN, J. (1979): Klinische und labordiagnostische Untersuchungen zur Nierenfunktion bei Mastbullen. Vet. Dipl.-Arb., Berlin HU.

RICHTER, B. (1957): Beitrag zur Pathologie der Zootiere. Vet. med. Diss., Leipzig.

ROSSOW, N., und Z. HORVATH (1985): Innere Krankheiten der Haustiere - Bd. I: Organkrankheiten. Jena: Gustav Fischer.

RÜEDI, D., und A. HELDSTAB (1980): Wollaffenhaltung (Lagothrix lagotricha) im Zoologischen Garten Basel: Klinik und Pathologie. Verh.ber. Erkrg. Zootiere 22, 45 - 53.

SCHÜPPEL, K.-F., SELBITZ, H.-J., SEIFERT, S., und D. ALTMANN (1980): Weitere Befunde bei Primatensektionen. Verh.ber. Erkrg. Zootiere 22, 21 - 29.

SCHÜPPEL, K.-F., SELBITZ, H.-J., und K. ELZE (1984): Zur Pseudotuberkulose bei Großkatzen. Verh.ber. Erkrg. Zootiere 26, 395 - 399.

SICKERT, L. (1987): Interstitielle Nephritiden bei Zoosäugetieren. Vet. Dipl.-Arb., Berlin HU.

SIMON, B., und H. KNAUF (1976): Die Bedeutung der HCO_3-ATPase in der H^+/HCO_3-Sekretion. Klin. Wschr. 54, 97 - 102.

STEGER, G. (1973): Untersuchungen an 1500 Objekten aus der Gruppe wildlebender Wiederkäuer. Verh.ber. Erkrg. Zootiere 15, 25 - 34.

SZÉKY, A., und KEMENES (1965): Über das Vorkommen der Igel-Leptospirose in Ungarn mit besonderer Berücksichtigung ihrer pathologischen Nierenveränderungen. Verh.ber. Erkrg. Zootiere 7, 165 - 170.

VON SANDERSLEBEN, J. (1981): Harnorgane. In: VON SANDERSLEBEN, J., DÄMMRICH, K., und E. DAHME: Pathologische Histologie der Haustiere. Jena: Gustav Fischer.

WALLACH, J.D., and W.J. BOEVER (1983): Diseases of exotic animals. Philadelphia - London - Toronto, Mexico City - Rio de Janeiro - Sidney - Tokyo: W.B. Saunders Company.

WEISS, E. (1983): Harnorgane. In: DAHME, E., und E. WEISS: Grundrisse der speziellen pathologischen Anatomie der Haustiere. 3. Aufl. Stuttgart: Ferdinand Enke.

WIESNER, H. (1976): Beuteltiere. In: KLÖS, H.-G., und E.M. LANG: Zootierkrankheiten. Berlin - Hamburg: Paul Parey.

WIETHÖLTER, R. (1964): Krankheiten der Zoo- und Manegetiere (Affen, Landraubtiere, Beuteltiere und Kaltblüter). Vet. med. Diss., Leipzig.

WISSER, J. (1986): Häufiges Vorkommen von Kalzinosen bei Nordluchsen (Lynx lynx). Verh.ber. Erkrg. Zootiere 28, 255 - 260.

Anschrift der Verfasser: Dipl.-Vet.-Med. L. Sickert
und Dr. Jutta Wisser
DDR-1136 Berlin
Am Tierpark 125 (DDR)

Aus dem Institut für pathologische Anatomie (Direktor: Prof. Dr. habil. G. WALDMANN), der Klinik für Urologie (Direktor: Prof. Dr. sc. med. W. PIRLICH) des Bereiches Medizin der Friedrich-Schiller-Universität Jena und aus dem Zoologischen Garten Halle (Direktor: Dipl.-Biol. A. JACOB)

VERGLEICHENDE ERHEBUNGEN ZUR ZYSTINURIE BEI BESONDERER BEACHTUNG DES MÄHNENWOLFES

Von H. Prange, W. Berg und A. Jacob

Beim Harnsteinleiden handelt es sich um eine weit verbreitete Krankheit, die die verschiedensten Tierklassen betrifft (GRÜNBERG, 1964; ANKE und HENNIG, 1973). Zystinsteine sind beim Menschen allgemein verbreitet, jedoch in der Regel relativ selten. Dagegen können sie beim Hund regional wesentlich häufiger auftreten. Der Mähnenwolfbestand ist bereits zum größeren Teil von einer erblichen Zystinurie betroffen (BROWN et al., 1977a; BRADY und DITTON, 1979; BOVÉE et al., 1981; MATOUSCHEK und HUBER, 1981; BERG, 1983; HESSE et al., 1988). Daher bieten sich Vergleiche zwischen den genannten Spezies an.

Der seltene Mähnenwolf (Chrysocyon brachyuris, ILLIGER 1811) lebt in den Grassavannen und Buschlandschaften Südamerikas. Kultivierungsmaßnahmen führen zur Schrumpfung des Bestandes, wodurch die Existenz dieser seltenen Tierart zunehmend gefährdet ist (BARTMANN, 1988). Diese Entwicklung könnte nach BOVÉE et al. (1981) durch die Zystinurie zusätzlich negativ beeinflußt werden. Unter Einbeziehung von 6 Fällen aus einer Zootierhaltung wird der Bedeutung dieser Stoffwechselkrankheit für den Mähnenwolf nachgegangen.

Literaturübersicht

Pathophysiologie der Zystinurie

Aminosäuren werden glomerulär filtriert und fast vollständig in den Nierentubuli rückresorbiert, so daß ihre Sekretion unbedeutend ist. Eine Hyperzystinurie wird auf eine Aufnahmestörung im Jejunum, vor allem aber auf ein fehlerhaftes Transportsystem in den Nierentubuli zurückgeführt (MATOUSCHEK und HUBER, 1981). Ein proximales tubuläres System sezerniert die basischen Aminosäuren (Lysin, Arginin, Ornithin), ein distales dagegen die sauren (Zystin, Zystein). Bei einer erhöhten Ausscheidung der ersteren wird auch die Rückresorption der letztgenannten in den distalen Tubulusabschnitten gehemmt. Bei der Störung des zystinspezifischen Transportsystems kommt es außerdem zur seltenen isolierten Zystinurie, die beim Menschen und neuerdings auch beim Hund festgestellt wurde (WATTS, 1976; KARLSON et al., 1978; HESSE et al., 1988). Transportstörungen der Aminosäuren ergeben sich aus deren fehlerhafter Bindung an die Zellmembran, aus einer mangelhaften Übertragung durch den Carrier und/oder durch Schäden im energieliefernden System (BRIEN et al., 1986).

Die Carrier sind an Polypeptide gebunden, die autosomal-rezessiv vererbt werden. Ein spezifisches Membranpolypeptid ist für die Absorption des Zystins in der Jejunummukosa wie auch für die Rückresorption in den Nierentubuli zuständig. Es wird durch 3 Gene polygonal determiniert, weshalb die Zystinurie genotypisch in verschiedene Varianten mit mehreren Typen unterschieden werden kann (BRIEN et al., 1986):

1. Beim komplett-rezessiven, homozygoten Erbgang ist das Transportsystem der basischen Aminosäuren defekt, wodurch vermehrt Lysin, Arginin, Ornithin und auch andere Aminosäuren sowie nachfolgend dann Zystin ausgeschieden werden. Bei dieser klassischen Zystinurie steigen die Zystinwerte erheblich über die Sättigungsgrenze des Harns an.

2. Beim inkomplett-rezessiven, heterozygoten Erbgang läßt ein vergleichbarer Defekt vor allem Lysin im Urin auftreten, so daß die Zystin-Rückresorption wiederum gestört ist. Bei dieser Zystinlysinurie bleiben die Zystinwerte häufig unterhalb der Sättigungsgrenze.

Entstehung von Zystinsteinen

Als normale Zystinkonzentration wurden in morgendlichen Spontanurinen des Menschen bis zu 0,42 mmol/l (≈ 100 mg/l) gemessen. Bei Kindern betrug der Konzentrationsmittelwert 0,26 mmol/l, und als obere Normalwertgrenze ($\bar{x}$ + 2 s) haben BERG et al. (1988) 0,58 mmol/l Zystin bei normaler Kreatininausscheidung als Ausdruck einer normalen Harnkonzentration angegeben. Der Steinbildung liegt ein multifaktorielles Geschehen zugrunde, in dem die Zystinübersättigung des Urins als wesentlicher Faktor wirkt. Zystin ist im neutralen und sauren Milieu schwer löslich und erreicht bei etwa 1,25 mmol/l (pH 5 - 7, 37° C) die Sättigungsgrenze (BRIEN et al., 1986). Ab pH 8 steigt die Löslichkeit. Bei heterozygoten Zystinurikern ist der Harn häufig untersättigt (0,2 - 0,6 mmol/l), so daß seltener Steine gebildet werden (KALLISTRATOS und MALORNY, 1972). Dagegen erreichen die Werte bei homozygotem Erbgang mit 1,4 - 4,2 mmol/l eine beträchtliche Höhe (MATOUSCHEK und HUBER, 1981).

Beim Ausfallen des Zystins entstehen zunächst submikroskopische Keime (Einkristalle), die zu mikroskopisch feststellbaren Kristallen heranwachsen und bei ausreichender Übersättigung Kristallaggregate bilden können (Abb. 1). Sie werden normalerweise infolge der geringen Verweilzeit des Harns ausgeschieden. Die Kristallurie ist pathognomonisch für eine Zystinurie und anhand typischer hexagonaler, farbloser Kristalle im Sediment nachzuweisen (Abb. 2a). Allerdings wurde bei gut 10 % aller homozygoten Zystinuriker keine Kristallisation festgestellt. Normalerweise wächst aber die Anzahl der Zystinkristalle mit steigender Harndichte (KŘÍŽEK, 1968).
Stärkere Kristallaggregationen bilden einen erhöhten Risikofaktor für Zystinsteine, die meist gelblich gefärbt sind und bei leicht gekörnter bis rauher Oberfläche ein speckähnliches Aussehen ("Specksteine") haben (Abb. 3a). Sie können das Hohlraumsystem der Nieren teilweise oder vollkommen ausfüllen, in der Blase erhebliche Größen erreichen, in den Harnwegen festsitzen sowie ein- und beidseitig, einzeln und gehäuft oder auch gemeinsam mit Harngries auftreten (MATOUSCHEK und HUBER, 1981; BERG und SZABO-FÖLDVARI, 1982; BRIEN et al., 1986; HESSE et al., 1988). Auf der Schnittfläche sind die Steine meistens homogen körnig, aber auch konzentrisch lamelliert oder radiär gestreift. Im Dünnschliff sind die hexagonalen Zystinkristalle oft eindrucksvoll zu erkennen, während die Bruchflächen den polykristallinen Aufbau deutlich machen (Abb. 3b). Durch Mitwirkung fremder Partikel, wie Erregeraggregate, Epithelien oder Entzündungsprodukte, kann die Kristallisation gefördert werden, so daß dann häufig schon Harnwerte unterhalb der Sättigung genügen.

Welche Bedeutung weitere Stoffwechselstörungen bzw. erhöhte Urinwerte anderer Substanzen haben, ist weitgehend ungeklärt. Beispielsweise wurde in Zystinsteinen Ca-Phosphat oder Na-Urat selbst dann festgestellt, wenn die Harnsäuren in Plasma und Urin normale Werte zeigten (PYRAH, 1979; DIMOPOULOS et al., 1982; HESSE et al., 1988). Außerdem bestanden signifikante Veränderungen der Plasma-IgG-Werte auch bei Abwesenheit entzündlicher Veränderungen, so daß immunologische Mechanismen in die Pathogenese der Zystinurie einbezogen sein können (DIMOPOULOS et al., 1982).

Zystinsteine beim Menschen

Im umfangreichen, EDV-gerechten Datenbestand von über 200 000 Harnsteinanalysen in der DDR waren die Zystinsteine mit 0,21 % beteiligt, wobei es sich in 89,2 % aller Fälle um reines Zystin handelte. Bei 10,8 % der Steine lagen Mischformen vor, in denen Zystin dominierte, außerdem kamen Oxalate (Whewellit, Weddellit), Carbonatapatit, Harnsäure und Struvit ($MgNH_4PO_4 \cdot 6H_2O$) vor (BERG, 1983; KILIAN, 1988). Bei Einbeziehung regionaler und altersabhängiger Schwankungen ist mit einem Anteil der Zystinsteine von 0,2 - 1,3 % zu rechnen MATOUSCHEK und HUBER, 1981).

Der A l t e r s g i p f e l liegt beim Menschen im 3. Dezennium, aber bereits 25 % aller Zystinsteine treten bei Jugendlichen unter 15 Jahren auf (KŘÍŽEK und VENDL, 1978; KŘÍŽEK, 1987).
Bei Kindern sind sie mit bis zu 6 % an den Harnkonkrementen beteiligt (PAVANELLE et al., 1981), und sogar im Säuglingsalter wiesen 10 % der Zystinuriker schon Steinbildungen auf (KŘÍŽEK, 1976).

Zur G e s c h l e c h t s b e t e i l i g u n g werden unterschiedliche Angaben gemacht. Im vorgenannten DDR-Material mit 465 Steinen von 225 Patienten betrugt die Relation zwischen männlich und weiblich 1,04 : 1 (KILIAN, 1988). KŘÍŽEK (1976, 1987) stellte ein Verhältnis von 1,5 : 1 für Erwachsene und von 4 : 1 für Kleinstkinder (unter 1 Jahr) fest. Auch im Bonner Material von GEBHARD et al. (1979) war das männliche Geschlecht 2,5mal häufiger betroffen.

Bei homozygoter Zystinurie bildeten sich in 47 - 81 % der Fälle Konkremente (ALKEN et al., 1982; KŘÍŽEK, 1987; KILIAN, 1988), wobei gewöhnlich über 3,33 mmol/l Zystin ausgeschieden wurden (BERG und SZABO-FÖLDVARI, 1982).

Die R e z i d i v i e r u n g s q u o t e ist bei der Zystinlithiasis hoch und nach HESSE et al. (1986) mit 65,9 % die höchste aller Steinbildungen. In der DDR lag sie bei 51,6 %, wobei von einem Patienten in 15 Jahren sogar 15 Steine entwickelt wurden (KILIAN, 1988).

Metaphylaxe beim Menschen

Die Therapie des Harnsteinleidens erfolgt symptomatisch und dabei in der Regel operativ.

Eine wirksame Metaphylaxe hat dieVerringerung der Zystinkonzentration zum Ziel.Diese kann in vielen Fällen durch Harndilution bei erhöhter Getränkeaufnahme (eventuell leicht gesüßt oder gesalzen) unter die Löslichkeitsgrenze gesenkt werden.
Eine Alkalisierung des Urins wird durch Na- oder K-Zitrat bzw. durch $NaHCO_3$ erreicht. Während bei pH 7 nur etwa 10 % leicht lösliche Zystinanionen vorhanden sind, steigt deren Anteil bei pH 8 auf 50 %, wodurch eine Steinbildung zu reduzieren, jedoch bei hohen Ausscheidungswerten noch nicht zu unterbinden ist (KALLISTRATOS und MALORNY, 1972).

Zur medikamentellen Metaphylaxe werden Sulfhydrylpräparate (D-Penizillamin, Thiola) eingesetzt, die in einer Austauschreaktion das schwer lösbare Zystin in das besser wasserlösliche gemischte Disulfid überführen. Deren Unverträglichkeitserscheinungen entfallen, wenn als starkes Reduktionsmittel beispielsweise L-Askorbinsäure (erwachsener Mensch 5g/Tag) verwendet wird, das das normale Redoxgleichgewicht Zystin - Zystein zugunsten des letzteren verschiebt und dadurch den Zystinanteil des Urins um durchschnittlich 40 % senkt (MATOUSCHEK und HUBER, 1981; ASPER und SCHMUCKI, 1982).

Schließlich trägt die Einschränkung der Zufuhr tierischen Eiweißes, insbesondere des Zystins und des Methionins als dessen Vorstufe, zur Verringerung der Zystinausscheidung im Urin bei.

Die Wirksamkeit dieser Maßnahmen wird durch Senkung der Zystinkonzentration im Harn und durch das Fehlen von Zystinkristallen im Sediment angezeigt.

Zystinurie bei Tieren

Die Urolithiasis ist auch bei Tieren eine phylogenetisch sehr alte Krankheit, worauf zahlreiche Beispiele aus fossilen Funden verweisen. Bei GRÜNBERG (1964) waren 2000 Urolithen auf 48 Tierarten verteilt, die zahlreichen Tierklassen unterschiedlicher Entwicklungshöhe angehörten. Vergleichbar breit ist auch das Spektrum der chemischen Zusammensetzung, so daß ANKE und HENNIG (1973) auf 22 verschiedene Steinarten verweisen konnten.

Die Steinhäufigkeit betrug bei röntgenologisch in Wien untersuchten H u n d e n (42 211 Tiere) 2,56 %, wobei einerseits vor allem die unteren Harnwege und zum anderen besonders die Rüden betroffen waren (POBISCH, 1969). In New York litt ein vergleichbarer Anteil (2,8 %) aller hospitalisierten Hunde an Urolithiasis (BROWN et al., 1977a). Die Angaben zur Steininzidenz schwanken in der Literatur ansonsten zwischen 0,4 und 2 % (WEAVER, 1970; FINCO et al., 1970; WILKINS, 1972; BOVÉE, 1973;CLARK, 1974; SCHNEIDER et al., 1980). Für verschiedene Rassen bestehen dabei extrem große Häufigkeitsdifferenzen, die bei POBISCH (1969) zwischen völligem Fehlen beim Bernhardiner (160 Tiere) und 18,5 % beim Pekinesen (124 Tiere) schwankten. Danach ist mit ausgeprägten Rassedispositionen zu rechnen, die jedoch regional sehr unterschiedlich sind (TSAN et al., 1972; BROWN et al., 1977a; SCHNEIDER et al., 1980).

Zystinsteine bilden beim Hund einen wesentlichen höhren Anteil am gesamten Steinaufkommen als beim Menschen, wobei allerdings große regionale Unterschiede auffallen. Im Gegensatz zum Menschen erkranken beim Hund nahezu ausschließlich die männlichen Tiere (Tab. 1). Zuystinsteine ergaben bei BROWN et al. (1977a) das geringste Durchschnittsalter aller Steinbildungen ($\bar{x}$ = 4,8 Jahre, Gesamtmittelwert $\bar{x}$ = 5,5 Jahre), so daß vor allem Tiere jüngeren und mittleren Alters betroffen waren.

Tabelle 1: Literaturangaben zur relativen Häufigkeit der Zystinsteine an den Urolithen des Hundes (in %)

Autoren	untersuchte Steine	Zystinsteine	Bemerkungen
FINCO et al. (1970)	133	3,8	-
WILKINS (1972)	122	11,5	13 ♂, 1 ♀ ?
BOVÉE (1973)	52	0	-
WEAVER (1973)	143	20,0	-
KALLISTRATOS et al. (1973)	1564	1,53	-
BROWN et al. (1977a)	561	27,0	151 ♂, 1 ♀
SCHNEIDER et al. (1980)	58	5,2	3 o
HESSE et al. (1988)	741	21,54	159 o
vorliegende Ergebnisse	225	5,3	9 ♂ 2 ?

Zystin- und Harnsäuresteine sitzen beim Hund besonders häufig in der Urethra fest, wodurch es zu Harnabsatzstörungen kommt. Rezidive betrafen 47 % aller Fälle im Vergleich zu 25 % im gesamten Steingut (BROWN et al., 1977a), wobei die steinfreien Intervalle beim Zystin besonders kurz waren. Bemerkenswert ist weiterhin, daß 47 % aller Zystinsteine und sogar 63 % ihrer Rezidive im infizierten Milieu - vergleichsweise 77 % bei Phosphat- und keine Infektion bei Oxalatsteinen - gebildet wurden (BROWN et al., 1977a). Von 9 mit D-Penizillamin behandelten Zystinrezidiven blieben immerhin 6 Tiere steinfrei, während 3 Rüden danach Phosphatkonkremente entwickelten (BROWN et al., 1977b).

Aminosäure-Bestimmungen wurden im Harn von HESSE et al. (1988) bei 40 zystinurischen und bei 11 gesunden Hunden durchgeführt. Danach lag bei 28 Tieren die Zystinkonzentration im metastabilen Übersättigungsbereich (über 0,63 mmol/l Harn). Bei Ausnahme eines Hundes mit isolierter Zystinurie betrafen in allen Fällen die Reabsorptionsstörungen auch andere dibasische Aminosäuren, wobei - trotz hoher Variabilität der Meßwerte - unterschiedliche Ausscheidungsmuster auffielen. Danach bestehen beim Hund wie beim Menschen verschiedene Formen der Zystinurie (HESSE et al., 1988).

Der M ä h n e n w o l f ist in der uns zugängigen Literatur von JENSEN (1977), BUSH und BOVÉE (1978), BRADY und DITTON (1979) sowie von BOVÉE et al. (1981) als Bildner von Zystinsteinen genannt. Von den nachgewiesenen Steinträgern starben die meisten infolge der Harnwegverlegung , zu der es - ähnlich den Hunden- vor allem im engen Bereich der urethralen Peniskurvatur kommt. Die Steine bestanden zu über 95 % aus Zystin (BOVÉE et al., 1981), in einem Fall wurden 96 % Zystin und 4 % gemischtes Protein nachgewiesen (BUSH und BOVÉE, 1978).

Die Messung der Nierenclearance durch BOVÉE et al. (1981) ergab bei einem Tier extrem hohe Ausscheidungen von Zystin sowie Lysin, Ornithin und Arginin, während die anderen 4 Mähnenwölfe neben dem erhöhten Zystin (12 - 30 % des Filtrats) auch bei Lysin (2 Tiere), Ornithin (4), Serin (1) und anderen Aminosäuren eine reduzierte Rückresorption (2 - 10 %) aufwiesen. Danach waren bei allen Mähnenwölfen Ausscheidungsstörungen verschiedener Aminosäuren festzustellen, die mit der mehr oder weniger ausgeprägten klassischen Zystinurie des Menschen verglichen werden können.

Die Untersuchung einer Stichprobe von 42 Mähnenwölfen ergab den im Tierreich außergewöhnlichen Befund, daß 81 % aller Tiere erhöhte Zystinwerte im Harn aufwiesen (BOVÉE et al., 1981). Dabei bestanden keine prinzipiellen Differenzen zwischen Wildtieren Brasiliens (6 von 8 Tieren positiv) und Zootieren aus 6 Ländern (28 von 34 Tieren positiv). Zuvor hatten schon BRADY und DITTON (1979) bei allen untersuchten Mähnenwölfen eine Zystinurie nachgewiesen. Danach scheinen die Wild- und Zootierpopulationen dieser Spezies weitestgehend vom Erbschaden einer Zystinurie betroffen zu sein.

Eigene Untersuchungen

Material und Methoden

Im Harnsteinlabor der Urologischen Klinik Jena wurden 331 Harnkonkremente von 11 Tierarten mit Hilfe der IR-spektroskopischen Harnsteinanalyse auf ihre chemische Zusammensetzung untersucht. Zum Einsatz kam das IR-Spektralphotometer Specord 75 IR (Kombinat VEB Carl Zeiss Jena). Für die Analyse wurden 1 mg Harnsteinsubstanz mit KBr zu einer Probetablette verpreßt. Aus den erhaltenen Absorptionsspektren kann gegen Vergleichsspektren von Mustersubstanzen auf die qualitative Harnsteinzusammensetzung geschlossen werden. Die semiquantitative Beurteilung erfolgt durch Intensitätsvergleich der Analysepeaks.
Außerdem wurden frische bzw. eingefrorene Harnproben von 4 Mähnenwölfen kolorimetrisch auf ihren Zystingehalt untersucht. Nach dem Reaktionsprinzip der Brand'schen Probe wird Zystin zunächst durch Zyanidionen gemäß Gleichung 1 gespalten:

1) $R - S{-}S{-}R + CN^- \longrightarrow R - S^- + RSCN$

Das entstandene Thiolat (Zystein) wird durch die in Gleichung 2 dargestellte Farbreaktion angezeigt:

2) $R - S^- + [Fe\ (CN)_5NO]^{2-} \xrightarrow{(K_2CO_3)} [Fe\ (CN)_5NOSR]^{3-}$

$R = -CH_2 - CH\ (NH_2) - COOH$

Durchführung:
10 ml Urin werden mit 100 mg festem Ätznatron (NaOH) bis zu dessen völliger Auflösung gerührt. Nach 15 min. wird vom ausgeflockten Phosphat abfiltriert. 500 µl dieser so präparierten Urinprobe werden mit 2 ml 0,05 M Triäthylaminlösung versetzt und gut durchgemischt. Anschließend werden gleichzeitig 500 µl Natriumzyanidlösung (5 %ig) und 1000 µl frisch bereitete Nitroprussidlösung (5 %ig) zugegeben. Danach ist erneut gut zu mischen und die Absorption im Photometer nach genau 16 min. Inkubationszeit gegen Wasser als Leerwert zu messen (d = 1,0 cm, λ = 535 nm). Die Bestimmung der Konzentrationswerte erfolgt gegen eine aus Vergleichsurinen ermittelte Bezugskurve.

Sektionen wurden an 3 Mähnenwölfen durchgeführt, die jeweils im höheren Alter als Folge anderer Erkrankungen ad exitum kamen.

Ergebnisse

Zystinurie beim Mähnenwolf

In allen 6 Fällen (Tabelle 2) war anhand der Kristallisation sowie stark erhöhter Zystinwerte im Harn (Tier 5 und 6) bzw. ausgeprägter Zystinkonkremente in den Harnwegen (Tier 1 bis 4) eine Zystinurie nachzuweisen. Bei keinem Tier wurden auffällige klinische Erscheinungen beobachtet. Die Todesursachen bestanden in fortgeschrittenen Tumorerkrankungen (Tier 1 und 3, siehe PRANGE et al., 1986) bzw. in einer schweren Wundheilungsstörung nach Knochenfraktur (Tier 2). Die Analyse der Konkremente ergab jeweils reines Zystin. Im Sediment eines Tieres (Wolf 5) wurden außer Zystinkristallen auch Tripelphosphate und vereinzelt Oxalate gefunden (Abb. 2b).

Tabelle 2: Klinische und autoptische Befunde von 6 Mähnenwölfen mit Zystinurie

Geschlecht/ Alter	Klinik	Pathologie	Harnorgane	Sonstiges
1. "Arco" ♂ 15 J.[1] * 18. 1. 71 + 21. 2. 86	wochenlang Schwäche, Abmagerung trotz starkem Appetit, Anämie	leichte Struma beiderseits mit Psammomkörperchen, ausgebreitetes Leberzell-Ca mit NNR- und Implantationsmetastasen, Aszites, Leydigzell-Tumor eines Hodens, chronische Lungenstauung, Kreislaufversagen	1 Teelöffel Harngries, bis stecknadelkopfgroß	Leber 2,5 kg! Harnuntersuchung (März 1986): 0,61 mmol/l, Zystinkristalle +++, Eiweiß +++, Leukos ++, Erys +, Epithelien ++, pH 7,0
2. "Celly" ♀ > 14 J.[2] gef. April 71 + 11. 10. 85	Bruch d. linken Unterarmes, Wundgangrän, Amputation infolge Störung der Wundheilung	Autopsie: Mäßige bis starke zentrolobuläre Leberzellverfettung, Hypertrophie der linken Herzkammermuskulatur, Verdacht Bluthochdruck	Aplasie rechte Niere! Nierenkelch- und -beckensteine, haselnußgroßer Blasenstein, Harngries in der Blase, links chronische Pyelonephritis	Euthanasie, Harnsediment: Zystinkristalle +++, Leukos +++, Bakterien ++, Erys +
3. "Felix" ♂ 13 J.[2] gef. April 72 + 31. 12. 85	Rezidiv eines kindskopfgroßen Tumors am link. Oberschenkel nach 6 Monaten, handflächengroß ulzerierend, blutiger Durchfall, Schwäche	Autopsie: Doppelt faustgroßes, stark infiltrierendes Malignes Fibröses Histiozytom[4], ohne Metastasen; NNR-, Parathyreoidea- u. Leydigzell- (Hoden) Hyperplasien	beiderseits geringgradige chronische interstitielle Nephritis; Papillen-, Kelch-, Nierenbeckensteine bds. (20 g), reichlich Harngries in Nierenbecken und Blase	Euthanasie, Harnsediment: Zystinkristalle +++
4. "Caesar" ♂ 6 J.[3] (Vater "Felix", Mutter "Celly")	Bruch d. linken Unterarmes, Operation durch Osteotomie; Lahmheit und Muskelatrophie	-	Harnröhre durch Zystingries versetzt, jedoch noch Harnabsatz im Strahl (Jan. 1988)	Harnuntersuchung (März 1986): 3,46 mmol/l Zystin, Kristalle +++
5. "Baras" ♂ 1 J.[3] (Vater: "Caesar", Mutter: "Cora")	normaler Allgemeinzustand	-	klinisch o. B.	Harnuntersuchung (Jan. 1988): 6,87 mmol/l Zystin (Kreatinin: 24,5 mmol/l), Zystin- (++), Phosphatkristalle (++), Bakterien (+), Leukos (+)
6. "Basra" ♀ 1 J.[3] (Vater: "Caesar", Mutter: "Cora")	normaler Allgemeinzustand	-	klinisch o. B.	Harnuntersuchung (Jan. 1988): 4,2 mmol/l Zystin (Kreatinin: 15,9 mmol/l), Sediment o. B., Eiweiß (+)

1) gezogen im Zoo Prag; 2) gefangen in Paraguay; 3) gezogen im Zoo Halle;

4) siehe PRANGE et al. (1986)

Zystinsteine beim Hund

Von 225 Steinen bestanden 11 (5,3 %) aus reinem Zystin (Tab. 3). In einer Sektionsstichprobe von 900 Hunden, die teilweise nach dem Zufallsprinzip ausgewählt worden sind, insgesamt aber ein überdurchschnittlich hohes Alter hatten, wurden 6 Steinbildner (0,67 %) gefunden. Der Bezug beider Relativzahlen zueinander läßt für die gegebenen Bedingungen rund 3,3 Zystinsteinbildner unter 10 000 Hunden erwarten. Bei aller Unsicherheit verweist diese orientierende Angabe auf eine geringere Inzidenz der Zystinurie in unserem Gebiet im Vergleich zu den Befunden aus New York (BROWN et al., 1977a) oder Bonn (HESSE et al., 1988).

Tabelle 3: Zusammensetzung von 331 Harnsteinen bei 11 Tierarten (in %)

Tierart	einfache Steine	komplexe Steine	Struvit	Ca-Oxalate	Zystin	Apatit	Brushit	NH_4-Urat	$CaCO_3$	$Ca_3(PO_4)_2$	organ. Mischsteine	SiO_2	Steine insges.
Hund	55,6	44,2	29,7x)	16,0x)	5,3	19,5x)	3,6	2,7	23,0x)	-	-	0,4	225
Katze	78,3	21,7	33,3x)	-	-	45,9	-	-	20,8x)	-	-	-	24
Schaf	25,8	74,2	77,4x)	-	-	16,1	-	-	-	6,5x)	-	-	31
Nerz	95,8	4,2	91,7x)	-	8,3	-	-	-	-	-	-	-	24
Kaninchen	37,5	62,5	-	-	-	-	12,5	-	25,0x)	62,5x)	-	-	8
Schwein	100	0	25,0	-	-	-	-	-	75,0	-	-	-	4
Rotwild	100	0	-	-	-	-	-	-	-	-	100,0	-	4
Ziege	66,7	33,3	-	100x)	-	-	-	-	-	-	-	-	3
Waschbär	0	100	-	-	-	-	-	66,7x)	-	-	-	-	3
Bulle	100	0 -	100	-	-	-	-	-	-	-	-	-	1
Mähnenwolf	100	0	-	-	100	-	-	-	-	-	-	-	4

x) Substanz als Hauptanteil und

xx) als Nebenanteil in komplexen Steinen einbezogen

Im eigenen Material waren übereinstimmend mit den Literaturangaben nur Rüden von der Zystinlithiasis betroffen, deren verlegte Harnröhre eine Operation (Urethrotomie, teilweise mit Zystotomie) erforderlich machte. Auffällig waren auch hier das geringe Alter ($\bar{x}$ = 4,1 Jahre; 3,5 - 6,0) sowie die unverhältnismäßig häufige Beteiligung des Teckels (5 Fälle aus 3 Städten) und des Bassets (2 Fälle aus 2 Städten).

Zystinsteine bei anderen Tierarten

Weiterhin wurden 102 Harnsteine von 9 weiteren Tierarten (Katze, Schaf, Ziege, Schwein, Rind, Pferd, Kaninchen, Waschbär, Rotwild, Nerz) untersucht, wobei beim Farmnerz auf 22 Struvitsteine 2 Zystinkonkremente kamen, so daß die Liste der Zystinsteinbildner um diese Tierart erweitert werden kann. Die ansehnlichen Stichproben von 30 bzw. 22 Urolithen bei Schaf und Katze blieben wie auch die wenigen Fälle der übrigen Tierarten ohne Zystinnachweise.

Der Tabelle 3 ist zu entnehmen, daß sowohl die Anteile einfacher und komplexer Steine als auch die verschiedenen Steinsubstanzen zwischen den Tierarten erheblich variieren. Insgesamt wurden 10 unterschiedliche Steinarten in Reinsubstanz ermittelt, von denen allein 8 beim Hund zu finden waren. Komplexe Urolithen betrafen 23 Mischungen, von denen wiederum

die meisten (18) beim Hund auftraten.
Als besondere Prädispositionen erwiesen sich

- bei Hund und Katze die Struvit-("Entzündungs-"), Karbonat- und Apatitsteine,
- bei Schaf und Nerz die Struvitsteine,
- beim Kaninchen die Phosphat-, beim Schwein die Karbonat-, bei der Ziege die Ca-Oxalat-, beim Waschbär die Urat- und beim Rotwild die sogenannten Eiweißsteine.

Über die Bedeutung und Epidemiologie der verschiedenen Steinarten bei Tieren wird an anderer Stelle berichtet.

Diskussion

Ein Vergleich der relativen Zystinsteinhäufigkeit ergibt bei Gegenüberstellung des gesamten DDR-Steinguts vom Menschen (0,21 %) und eines ausgewählten Materials vom Hund (5,3 %) große Unterschiede zwischen beiden Spezies. In anderen Regionen (Bonn, Schottland, New York) bestanden sogar 20 - 27 % aller Hundesteine aus Zystin (WEAVER, 1973; BROWN et al., 1977a; HESSE et al., 1988). Nach Einbeziehung aller Zystinuriker ist beim Menschen mit einem Fall auf durchschnittlich 7000 bis 16000 Personen zu rechnen (MATOUSCHEK und HUBER, 1981; ASPER und SCHMUCKI, 1982; REMMELE, 1984), wobei auch Populationen mit einem wesentlich höheren Aufkommen bekannt geworden sind (REMMELE, 1984). Beim Hund ist für unser Gebiet bereits mit einem Steinbildner unter 3000 Tieren zu rechnen. Anderenorts scheint eine größere Inzidenz zu bestehen, die wiederum spezielle Rassen bevorzugt. Besonders betroffene Erblinien könnten zum Modelltier für die Zystinurieforschung entwickelt werden (HESSE et al., 1988).

Von der erblichen Zystinurie sind die Mähnenwölfe bereits weitestgehend betroffen, wie vorliegende Untersuchungen an einem kleinen Zootierbestand bestätigten. Die gleichzeitige Mehrausscheidung dibasischer Aminosäuren im Harn (BOVÉE et al., 1981) verweist auf das Vorliegen einer klassischen Zystinurie mit komplett rezessivem Erbgang, die auch bei Mensch und Hund im Vordergrund steht (BRIEN et al., 1986; HESSE et al., 1988). Die Verwandtschaftsbeziehungen mindestens eines Mähnenwolfes der eigenen Fälle (siehe Tabelle 2) belegen, daß hier eine homozygote Erbanlage zu einer hochgradigen Zystinausscheidung führt.

Beim Vergleich epidemiologischer Daten wird deutlich, daß die Altersgipfel der Zystinsteinbildung bei Mensch (2. und 3. Jahrzehnt) und Hund (4. bis 5. Jahr) durchaus vergleichbar sind. Deutliche regionale Häufigkeitsdifferenzen beim Menschen (MATOUSCHEK und HUBER, 1981) und extreme Unterschiede beim Hund (siehe Tab. 1) verweisen darauf, daß der Erbschaden bei beiden Spezies zwischen verschiedenen Teilpopulationen erheblich differiert. Dagegen ließ sich für den Mähnenwolf selbst in Wild- und Zoobeständen keine nennenswerte Differenz ermitteln (BOVÉE et al., 1981), was sicherlich darauf zurückzuführen ist, daß letztere aus der freien Wildbahn entnommen wurden oder von Wildtieren abstammen. Überraschend ist jedoch die Tatsache, daß bei Mensch und Mähnenwolf beide Geschlechter in einem allerdings wechselnd angegebenem Verhältnis die Zystinurie entwickeln, während beim Hund nahezu ausschließlich männliche Tiere betroffen sind. Da es sich hierbei stets um klinisch erkrankte Harnsteinträger handelte, ist es naheliegend, vordergründig die anatomischen Verhältnisse der Urethra des Hundes und nicht einen anderen Erbgang (TSAN et al., 1972) für diese Geschlechtsdisposition verantwortlich zu machen. Immerhin ist bemerkenswert, daß die glatten, in ihrer Konsistenz weicheren Phosphatsteine sogar häufiger bei weiblichen Hunden vorkommen (BROWN et al., 1977a).

Während Hunde wie Menschen in relativ jungen Jahren bereits Harnsteinleiden entwickeln, wurden bei den von uns untersuchten Mähnenwölfen keine klinisch relevanten Steinepisoden bekannt. Das kann allerdings auch diagnostische und verhaltenstypische Ursachen haben.
Die Nebenbefunde der Zystinurolithiasis bei 3 relativ alten Mähnenwölfen zeigen, daß die Tiere mit diesem erblichen Stoffwechselschaden leben und auch alt werden können. Immerhin sind in den Jahren 1985 und 1986 nur knapp 3 % aller Zootiere 13 Jahre und älter (Höchstalter: 16 Jahre) gewesen (Internationales Zuchtbuch für den Mähnenwolf, Frankfurt/M.). Andererseits fällt auf, daß sich die Anteile männlicher Tiere im höheren Alter stark verringerten:

In Altersgruppe 1 - 5 Jahre: 245 Wölfe mit 58,0 % Rüden,
in Altersgruppe 6 - 10 Jahre: 117 Wölfe mit 55,6 % Rüden,
in Altersgruppe über 10 Jahre: 28 Wölfe mit 28,6 % Rüden.

Möglicherweise sind an dieser Verschiebung des Geschlechtsverhältnisse auch in verstärktem Maß Harnsteinleiden beteiligt, die bei Rüden infolge der langen, engen Harnröhre viel eher zu erwarten sind. Unter Umständen ist vor allem hierdurch die nahezu ausschließliche Erkrankung männlicher Hunde verursacht, wobei allerdings das deutlich geringere Alter der Steinleiden im Vergleich zum Mähnenwolf auffällt.

Verschiedene Literaturangaben und Hinweise in den Zuchtbüchern stellen außer Frage, daß die Zystinlithiasis bei Mähnenwölfen Todesfälle verursacht (JENSEN, 1977; BRADY und DITTON, 1979; BOVÉE et al., 1981). Sie wirken sich bei einem langsam ansteigenden Zootierbestand nicht offensichtlich bestandslimitierend aus. Dagegen dürfte ein Wildtierbestand im Zustand pessimaler Gesamtbedingungen zusätzlich geschwächt werden.

Relativ häufig bilden sich Zystinsteine im infizierten Milieu, womit aufsteigende Infektionen und die Ausbildung einer Pyelonephritis verbunden sein können (BROWN et al., 1977a; REMMELE, 1984). Letztere war auch bei einem autopsierten Mähnenwolf nachzuweisen. Danach können chronische Harnweginfektionen die normale Lebenserwartung einschränken.

Bemerkenswert ist weiterhin die Aplasie einer Niere bei einem Mähnenwolf, die einen von FEEBACK et al. (zit. BURTON und RAMSEY, 1986) beschriebenen Fall ergänzt. Letztgenannte Autoren diagnostizierten als weitere Erbschäden bei jeweils 4 von 6 Tieren aus 2 Würfen teilweise kombiniert auftretenden Kryptorchismus und zur Erblindung führende Augenschäden. Diese Befunde sind bei Annahme einer insgesamt geringen Aufklärungsquote beträchtlich und offensichtlich dadurch bedingt, daß über 50 % der nordamerikanischen Mähnenwölfe auf 4 Stammtiere zurückgehen (BURTON und RAMSEY, 1986). Vorgenannte Befunde und das nahezu durchgängige Vorkommen der Zystinurie verweisen auf eine insgesamt kritisch zu beurteilende Erbgesundheit mindestens der Zootierpopulation.

Handel und Umsetzung von Mähnenwölfen werden teilweise vom Freisein der Zystinurie abhängig gemacht (BRADY und DITTON, 1979). Bei einer Befallsquote von rund 80 % (BOVÉE et al., 1981), die von BRADY und DITTON (1979) sowie durch vorliegende Ergebnisse nicht widerlegt wird, erscheint eine Sanierung über züchterische Maßnahmen als außerordentlich problematisch. Daher ist eine internationale Zusammenarbeit zur Entwicklung Zystinurie - freier Teilbestände wünschenswert. Das Teilziel einer phänotypischen Verringerung der Zystinausscheidung durch Einbeziehung schwach ausscheidender Tiere, zum Beispiel unterhalb der Sättigungsgrenze (unter 1,25 mmol/l Zystin), erscheint nur innerhalb größerer Bestände erwägenswert, da die Ausscheidung durch diätetische und medikamentelle Maßnahmen beeinflußt werden kann.

Eine Voraussetzung von Sanierungsprogrammen ist die Kenntnis des Befundes in jedem Einzelfall, die die Testung aller Tiere anstreben sollte. Negative Mähnenwölfe wären beispielsweise im 2-Jahresabstand erneut zu untersuchen. Hierzu eignet sich die beim Menschen verwendete und in dieser Arbeit aufgeführte Methodik. Erwähnt werden soll auch die Anwendung eines semiquantitativen Schnelltestes, der mit Hilfe einer $N^{2+}S_2O_4^{2-}$-Tablette selbst beim frei beweglichen Tier zu Ergebnissen führt, sofern auf fester, sauberer Unterlage abgesetzter Harn direkt nach dem Urinieren getestet wird (KILIAN, 1988; BERG et al., 1988).

Inzwischen sind metaphylaktische Maßnahmen entsprechend dem humanmedizinischen Einsatz empfehlenswert, wobei der Alkalisierung des Harns und einer Verschiebung des Redoxgleichgewichts besondere Bedeutung zukommen. Hierdurch wird die Löslichkeit erhöht (z. B. $NaHCO_3$) bzw. die ausgeschiedene Zystinmenge verringert (L-Askorbinsäure). Durch geeignete Nahrungszusammensetzung sollte den Tieren ebenfalls ständig ein Höchstmaß an Flüssigkeit (Harnverdünnung) und möglichst wenig tierisches Eiweiß (Zystin, Methionin) zugeführt werden, wobei es zu keinem Defizit der essentiellen Aminosäuren Lysin, Arginin und Ornithin kommen darf. Durch gemeinsamen Einsatz vorgenannter Möglichkeiten kann das Risiko einer Steinbildung erheblich reduziert werden.

Die Zystinlithiasis des Mähnenwolfes läßt zur Zeit noch zahlreiche Fragen offen. Sie betreffen ebenso begünstigende Faktoren der Steinbildung wie die Voraussetzungen und Folgen der pathologisch erhöhten Ausscheidung dieser nicht essentiellen Aminosäure. Weiterführende

Untersuchungen zur Pathogenese der Krankheit sind darüber hinaus von vergleichend-medizinischer Bedeutung. Inwieweit die Mähnenwölfe zukünftig als Modelltiere für die Zystinurieforschung herangezogen werden können, wird zuerst von der weiteren Entwicklung des Zootierbestandes und dessen Aufzuchtquoten abhängen.

Zusammenfassung

Vergleichende Erhebungen zur Zystinurie bei besonderer Beachtung des Mähnenwolfes

Die Zystinurie des Mähnenwolfes, Hundes und Menschen wird hinsichtlich ihrer Häufigkeit sowie ihrer Beziehung zu Alter, Geschlecht und regionalem Vorkommen miteinander verglichen. An 331 Harnsteinen von 11 Tierarten waren Zystinsteine zu 5,3 % beim Hund (n = 225 Steine) und zu 8,3 % beim Nerz (n = 24 Steine) beteiligt.
Alle 6 untersuchten Mähnenwölfe schieden Zystinmengen aus, die über der Sättigungsgrenze lagen, zur Kristallisation führten und bei 3 sezierten Tieren als ausgeprägte Konkremente nachzuweisen waren. Diese Wölfe erreichten trotz des Erbschadens ein hohes Alter, wobei ein Tier außerdem eine Aplasie einer Niere aufwies. Abschließend werden vergleichende Aspekte sowie diagnostische, metaphylaktische und züchterische Maßnahmen diskutiert.

Summary

Comparative Studies into Cystinuria, with Particular Reference to Maned Wolf

Comparative studies were conducted into incidence, relationship with age and sex as well as regional occurrence of cystinuria in maned wolf, dog, and man. A check on 331 uroliths of eleven animal species revealed involvement of 5.3 per cent of cystine calculi of dog (n = 225 calculi) and 8.3 per cent in mink (n = 24 calculi). Six maned wolves were examined, with all of them excreting cystine quantities above saturation limits and leading to crystallisation. In three postmortem examinations, they were retrieved as unambiguously developed concretions. These wolves had reached high age levels in spite of their hereditary defect. Aplasia of one kidney was recorded from one of them. Comparative aspects are discussed in conclusion together with actions relating to diagnosis, after-care, and breeding.

Résumé

Etudes statistiques de la cystinurie surtout chez le loup à crinière

La cystinurie chez le loup à crinière, le chien et l' homme est discutée relative à sa fréquence et sa relation à l'âge, au sexe et à l'apparition régionale.
Parmi 331 calculs urinaires de 11 espèces d'animaux 5,3 % (n = 225 calculs) étaient des calculs de cystine du chien et 8,3 % (n = 24 calculs)du vison.
Tous les six loups à crinière examinés ont sécrété des quantités de cystine au-dessus de la limite de saturation qui ont produit une cristallisation et dans le cas de trois animaux disséqués ont été identifiées comme concréments évidents. Malgré ces manifestations ces loups sont devenus très vieux. Chez un des animaux une aplasie du rein a été démontrée. A la fin l'auteur compare les aspects statistiques et discute des mesures diagnostiques, métaphylactiques et de l'élevage.

Резюме

Сравнительные исследования цистинурии особенно принимая во внимание гривастого волка

Изучалась цистинурия у гривастого волка, собаки и человека в зависимости от возроста, пола,регинального распространения. Из 33I мочевого камня , полученных от II видов животных, цистиновые камни 5,3% обнаружены у собак (= 225 камней) и 8.3% у соболей (= 24 камня). Все 6 обследованных гривастых волка выделяли цистин,который превосходил степень насыщения и кристализовался, приэтом у 3 сецированных животных обнаруживались явновыраженные скопления камней. Несмотря на это волки достигли давольно высокого возроста, причём у одного животного наблюдалась аплазия почки.В конце работы обсуждаются сравнительные аспекты а также диагностетические, метафилактические мероприятия.

Literaturverzeichnis

ALKEN, C. E.; MAY, P., und J. BRAUN (1982): Harnsteinleiden. Stuttgart - New York: G. Thieme.

ANKE, M., und A. HENNIG (1973): Harnsteine bei Tieren. In: E. HIENZSCH und H.-J. SCHNEIDER (Hrsg.): Der Harnstein. Jena: Gustav Fischer.

ASPER, R., und O. SCHMUCKI (1982): Zystintherapie mit Ascorbinsäure. Urol. int. 37, 91 - 109.

BARTMANN, W. (1988): Brasiliens Mähnenwölfe geben ihre Geheimnisse preis. Das Tier, Frankfurt, H. 1, 72 - 75.

BERG, Ch. (1983): Auswertung von 100 000 Harnsteinanalysen in der DDR. Med. Diss. A, Jena.

BERG, W., und E. SZABO-FÖLDVARI (1982): Das kristalline Harnsediment in seiner Bedeutung für die Ätio-Pathogenese und Diagnostik des Harnsteinleidens. Wiss. Beiträge FSU Jena, 1 - 119.

BERG, W., PIRLICH, W., and O. KILIAN (1988): Investigations on the early diagnosis of cystinuria in children. Eur. Urol. (im Druck).

BOVÉE, K. C., BUSH, M., DIETZ, J., PEZYK, P., and SEGAL, S. (1981): Cystinuria in the Maned Wolf of South America. Science 212, 919 - 920.

BRIEN, G., BERG, W., BICK, C., BOTHOR, C., GREMSKE, D., und G. SCHUBERT (1986): Urolithiasis. In: G. W. HEISE, E. HIENZSCH, M. MEBEL und W. KREBS (Hrsg.): Allgemeine und spezielle Urologie, Bd. 8. Leipzig: G. Thieme.

BROWN, N. O., PARKS, I. L., and R. W. GREENE (1977a): Canine urolithiasis - retrospective analysis of 438 cases. J. Am. Vet. Med. Ass. 710, 414 - 418.

BROWN, N. O., PARKS, J. L., and R. W. GREENE (1977b): Recurrence of Canine Urolithiasis. J. Am. Vet. Med. Ass. 170, 419 - 422.

BURTON, M., and E. RAMSEY (1986): Cryptorchidism in Maned Wolves. J. Zoo An. Med. 17, 133 - 135.

BUSH, M., and K. C. BOVÉE (1978): Cystinuria in a Maned Wolf. J. Am. Vet. Med. Ass. 173, 1159 - 1162.

CLARK, W. T. (1974): Staphylococcal Infection of the Urinary Tract and Its Relation to Urolithiasis in Dogs. Vet. Rec. 95, 204 - 206.

DIMOPOULOS, C., KYRIAKIDIS, A., STOKIDIS, D., KARAYANNIS, A., and G. KALLISCRATOS (1982): Metabolic Disturbances in Cystinuria. Eur. Urol. 8, 367 - 369.

FINCO, D. R., ROSEN, E., and K. H. JOHNSON (1970): Canine urolithiasis: a review of 133 clinical and 23 necropsy cases. J. Am. Vet. Med. Ass. 157, 1225.

GEBHARD, M. A., BASTIAN, H.-P., und W. VAHLENSIECK (1979): Statistische Auswertung von 4000 Harnsteinanalysen. Fortschr. Urol. Nephrol. 14, 315.

GRÜNBERG, W. (1964): Harnsteine bei Tieren. Zbl. allg. Pathol. 105, 256 - 271.

HESSE, A., SANDERS, G., and D. B. LEUSMANN (1986): Analysis of canine urinary stones using infrared spectroscop and scanning electron microscopy. Scanning Electron Microscopy 4, 1705 - 1712.

HESSE, A., SANDERS, G., BIRWE, H., und N. LIAPPIS (1988): Zystinurie beim Hund. Fortschr. Urol. u. Nephrol. 26, Hrsg.: G. GASSER und W. VAHLENSIECK: Pathogenese u. Klinik der Harnsteine XIII, S. 219 - 223, Darmstadt: Steinkopff.

HICKING, W. (1981): Aspekte der Urolithiasis bei Säugern. Med. Diss., Bonn.

JENSEN, J. (1977): Wolf gehts good medical report. Zoosounds (Oklah. Zool. Soc.) 13, H. 6, 13.

KALLISTRATOS, G., und G. MALORNY (1972): Experimentelle Untersuchungen zur Frage der chemischen Auflösung von Cystinsteinen. Arzneimittel-Forsch. 22, 1434 - 1444.

KALLISTRATOS, G., FENNER, O., und U. BERG (1973): Cystinurie und L-Cystinsteinbildung beim Hund. Experientia 29, 791.

KARLSON, P., GEROK, W., und W. GROSS (1978): Pathobiochemie, Stuttgart: Thieme.

KILIAN, O. (1968): Die Zystinurie - Erarbeitung und Anwendung eines Such- und Schnelltestes mit Ni^{++}-$S_2O_4^{--}$ zur Pro- und Metaphylaxe des Zystinsteinleidens, Med. Diss. A, Jena.

KŘÍŽEK, V. (1968): Das kristalline Harnsediment bei Zystinurie. Therapie d. Gegenw. 107, 1302 - 1305.

KŘÍŽEK, V. (1976): Angeborene Stoffwechselstörungen und ihre Bedeutung in der Urologie und Nephrologie. Z. Urol. Nephrol. 69, 369.

KŘÍŽEK, V. (1987): Verlaufsbeobachtungen bei Patienten mit Zystinurie und Zystinnephrolithiasis. Fortschr. Urol. Nephrol. 25, 5 - 10.

KŘÍŽEK, V., und L. VENDL (1978): Urolithiasis cystinurica bei Kindern. V. Jenaer Harnsteinsymposium, Wiss. Beiträge FSU Jena, S. 195.

MATOUSCHEK, E., und H.-D. HUBER (1981): Urolithiasis. Pathogenese, Diagnostik, Therapie. Stuttgart - New York: F. K. Schattauer.

PAVANELLE, L., RIZZONI, G., DUSSINI, N., ZACHELLO, G., PASSINO, G., and F. PAGANO (1981): Cystinuria in children. Eur. Urol. 7, 139.

POBISCH, R. (1969): Urolithiasis bei Hund und Katze. Wien. Tierärztl. Mschr. 56, 3 - 12, 93 - 105.

PRANGE, H., KATENKAMP, D., KIRSTE, M., und V. ZEPEZAUER (1986): Maligne Fibröse Histiozytome bei Tiger und Mähnenwolf sowie Schilddrüsenkarzinom beim Waschbären. Verh.ber. Erkrg. Zootiere 28, 269 - 274.

PYRAH, N. L. (1979): Renal calculus. S. 339 - 354, Berlin: Springer.

REMMELE, W. (1984): Pathologie. Bd. 4. S. 538 - 539, Berlin: Springer.

SCHNEIDER E., SCHIMKE, E., und H. J. SCHNEIDER (1980): Ergebnisse von Harnsteinanalysen beim Kleintier. Mh. Vet.-Med. 35, 744 - 747.

TSAN, M. F., JONES, T. C., THORNTON, G. W., LEVY, H. L., GILMORE, C., and CH. WILTSON (1972): Canine cystinuria. Its urinary amino acid pattern and genetic analysis. Am. J. Vet. Res. 33, 2455 - 2461.

WATTS, R. W. (1976): Cystinuria and cystine stone disease. In: D. I. WILLIAMS and G. D. CHISHOLM (Eds.): Scientific Foundations of Urology. Vol. 1. London: W. Heinemann Med. Books.

WEAVER, A. D. (1970): Canine urolithiasis: Incidence, chemical composition and outcome of 100 cases. J. Small Anim. Pract. 11, 93.

WEAVER, A. D. (1973): The prognosis in canine urolithiasis. Tijdschr. Diergeneesk. 98, 72 - 74.

Anschrift der Verfasser: Dr. sc. med. vet. H. Prange
Ziegelmühlenweg 1
DDR 6900 Jena (DDR)

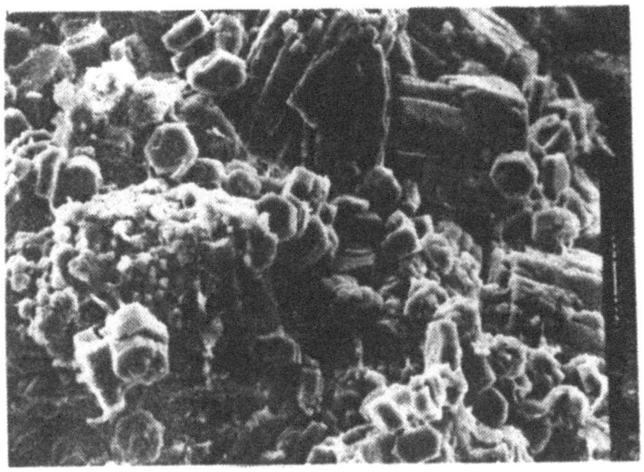

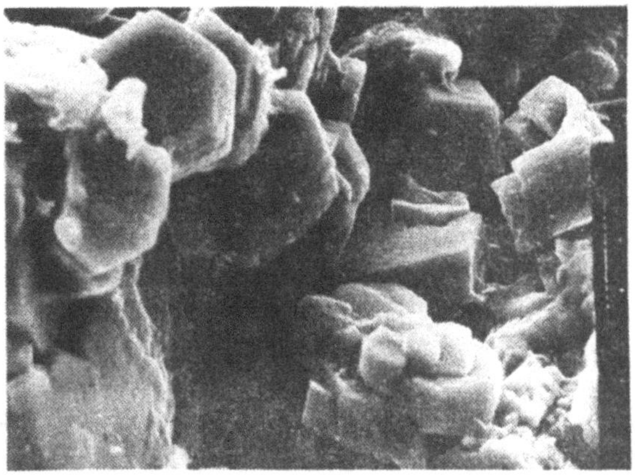

Abb. 1a u. 1b: Harngries mit hexagonalen Zystinkristallen - Aufsicht (Rasterelektronenmikroskop: 300- bzw. 1000fach vergrößert)

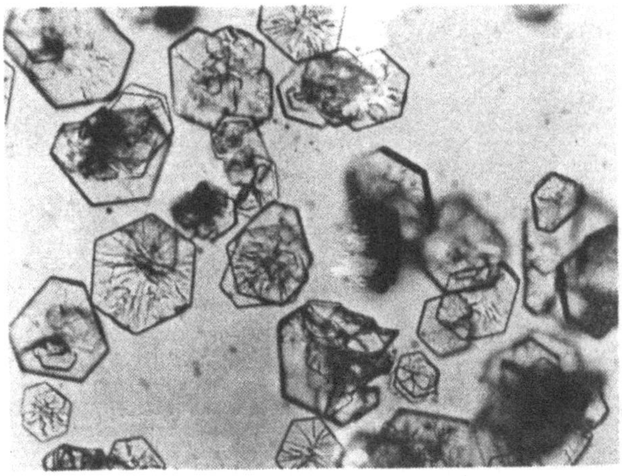

Abb. 2a: Zystinkristalle im Sediment - Durchsicht (Lichtmikroskop: etwa 200fach)

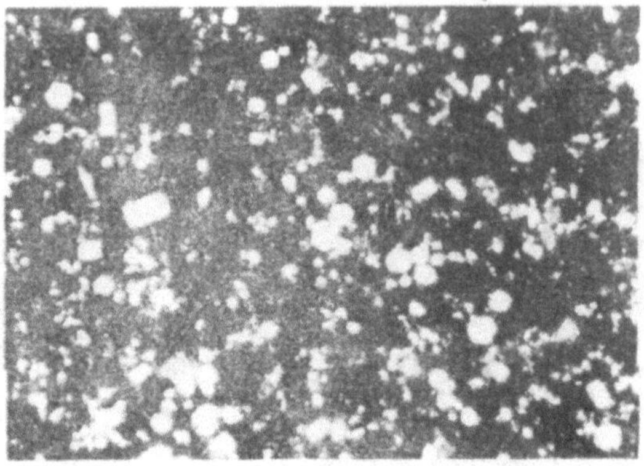

Abb. 2b

Harnsediment mit Zystin-, Tripelphosphat- und anderen Kristallbildungen - Polarisation (Lichtmikroskop mit Polarisationsfilter: etwa 120fach)

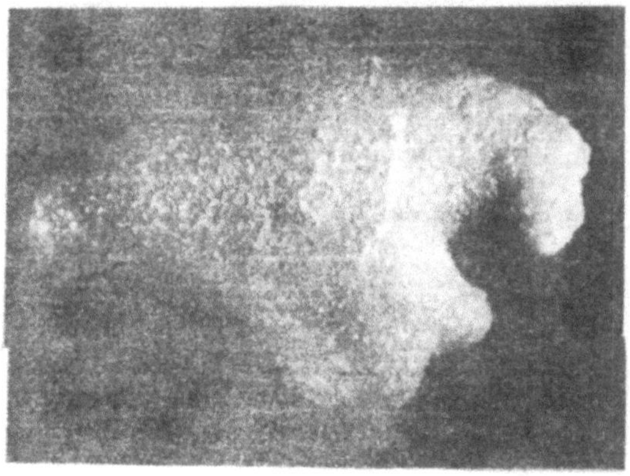

Abb. 3a

Zystinstein als Teilausguß des Nierenbeckens

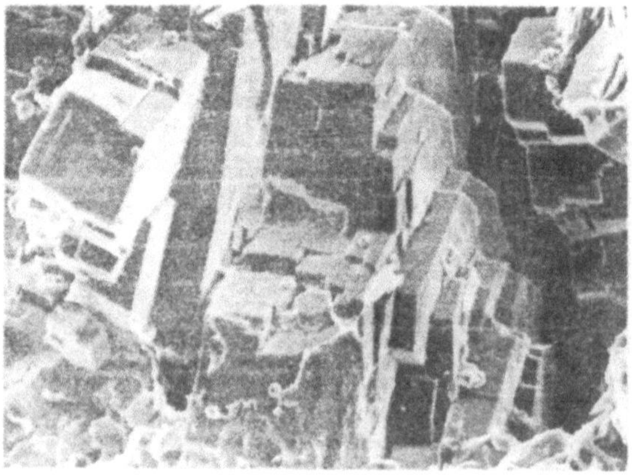

Abb. 3b

Bruchkanten eines gespaltenen Zystinsteins - Aufsicht (Rasterelektronenmikroskop: 100fach)

Aus dem Institut für Zuchthygiene (Prof. Dr. K. ZEROBIN), Abteilung für Zoo- und Heimtiere (PD Dr. E. ISENBÜGEL), der Veterinär-Medizinischen Klinik (Prof. Dr. P.F. SUTER), dem Institut für Veterinärpathologie (Prof. Dr. A. POSPISCHIL), dem Institut für Immunologie und Virologie, Nationales Zentrum für Retroviren (Dr. J. SCHÜPBACH) der Universität Zürich, dem Departement für innere Medizin, Abteilung für klinische Immunologie (Prof. P. GROB) des Universitätsspitals Zürich, dem deutschen Primatenzentrum, Göttingen, Abteilung Virologie und Immunologie (Prof. G. HUNSMANN) und dem Zoologischen Garten Zürich (Dr. P. WEILENMANN)

RETROVIRUSINFEKTION BEI ZWERGMEERKATZEN (CERCOPITHECUS TALAPOIN) IM ZÜRCHER ZOO: MIT LENTIVIREN KREUZREAGIERENDE ANTIKÖRPER UND REVERSE TRANSKRIPTASE NACH LYMPHOZYTENSTIMULATION

Von A. Rübel, H. Lutz, B. Hauser, J. Schüpbach, J. Schneider und H. Joller

Einleitung

Retroviren kennt man seit längerer Zeit bei verschiedenen Säuger- und Vogelarten. In der Veterinärmedizin wurden in den letzten Jahren besonders Retroviren des C-Typus (Oncornaviren), die unter anderem für die Virusleukämie von Katze (FeLV) und Gibbon (GaLV) verantwortlich sind, näher untersucht. Auch bei einem kürzlich im Zoologischen Garten Zürich an einer Leukämie verstorbenen Kappengibbon (Hylobates pileatus) fanden wir Hinweise für eine Infektion mit dem Gibbon Ape Leukemia Virus (GaLV) (RÜBEL et al., 1988).

Die Isolation von T-lymphotropen Lentiviren beim Menschen, die ebenfalls den Retroviren zugerechnet werden und eine Immunschwäche (AIDS) hervorrufen, hat das Interesse für diese Virusarten geweckt, nicht zuletzt wegen einer möglichen phylogenetischen Beziehung der menschlichen Retroviren mit denen der Primaten.

Zumal der Zoologische Garten Zürich seit 1984 eine Zuchtgruppe Zwergmeerkatzen (Cercopithecus talapoin) besitzt, ist den zoonotischen Fragestellungen besonderes Gewicht beizumessen. Wie aus Tabelle 1 ersichtlich, stammen diese Tiere aus verschiedenen Kollektionen.

Tabelle 1: Zwergmeerkatzenbestand im Züricher Zoo seit 1984

Tier Nr.	m/w	Geburt	Import/ Nachzucht	Ursprung	Abstammung	Eintritt in Zoo	Abgang nach
101	m	1978	N. Zoo A	Zoo A	-	6.6.1984	
102	w	1982	N. Zoo A	Zoo A	-	6.6.1984	25.5.85 Sektion
103	w	vor 1977	N. Zoo B	Zoo B	-	28.6.1984	14.11.86 Sektion
104	w	1980	N. Zoo B	Zoo B	-	28.6.1984	
105	m	17.2.85	N. Zürich		101 x 104	17.2.1985	25.3.85 Sektion
106	m	vor 1971	I. 1976	Privat	-	21.5.1985	12.5.86 Zoo E
107	m	24.9.85	N. Zürich		101 x 104	24.9.1985	9.11.85 Sektion
108	m	18.4.71	N. Zoo D	Zoo C	-	10.10.1985	12.5.86 Zoo E
109	w	1973	I.	Zoo C	-	10.10.1985	10.10.86 Sektion
110	w	1974	I.	Zoo C	-	10.10.1985	11.11.87 Sektion
111	w	1976	I.	Zoo C	-	10.10.1985	23.4.87 Sektion
112	w	11.5.86	N. Zürich		101 x 104	11.5.1986	
Bei der Untersuchung in Quarantäne:							
113	w	1982	I. Zürich	Kamerun	-	27.8.1986	10.9.86 Sektion
114	w	1982	I. Zürich	Kamerun	-	27.8.1982	

Im Juli 1986 wurden zwei weitere Tiere zur Ergänzung der Gruppe über einen Tierhändler in Florida aus Kamerun importiert. Ein weibliches, subadultes Tier starb drei Wochen nach dem Import noch in der Quarantäne. In Kenntnis der möglichen phylogenetischen Beziehungen der Lentiviren des Menschen und der Cercopithecus-Arten wurde das Tier nicht nur pathologisch-anatomisch, sondern auch serologisch auf Antikörper gegen HIV I untersucht. Diese Untersuchung wurde im Labor der Veterinär-Medizinischen Klinik der Universität Zürich mit einem

Western-Blot-Verfahren durchgeführt und ergab ein positives Resultat. Eine Wiederholung dieser serologischen Untersuchung in einem zweiten Labor (Klinische Immunologie, Universitätsspital Zürich) bestätigte das Vorliegen von Antikörpern, die mit HIV kreuzreagierten. In demselben Zeitraum erfolgten auch die Untersuchungen von LOWENSTINE et al. (1986), welche ebenfalls spezifische Antikörper gegen verschiedene Retroviren bei Zwergmeerkatzen fanden. Eine Isolierung des Virus gelang aber nicht.

Aufgrund des positiven serologischen Untersuchungsergebnisses wurde die bereits bestehende Gruppe im Züricher Zoologischen Garten näher untersucht.

Material und Methoden

Bei allen Zwergmeerkatzen der Gruppe und beim verbleibenden Tier in der Quarantäne wurde eine Blutprobe entnommen. Die Gruppe hatte nie Kontakt mit den in der Quarantäne gehaltenen Tieren. Die Untersuchungen wurden in der Western-Blot-Technik durchgeführt, wobei gereinigtes HIV (von Prof. HUNSMANN, Deutsches Primatenzentrum in Göttingen) verwendet wurde. Als Konjugat kam ein käuflich erhältliches mit menschlichem Immunglobulin induziertes Peroxydasekonjugat zur Anwendung, welches mit dem Antigen keine Reaktion zeigte.

Die gleichen Seren wurden im Universitätsspital Zürich mit einem in der Humanmedizin gebräuchlichen Western-Blot-Verfahren überprüft. Die Seren wurden zusätzlich im Primatenzentrum in Göttingen mit einem Radioimmunopräzipitationstest mit radioaktiv markiertem SIV, Stamm African Green Monkey, untersucht.

Wir versuchten ferner, das Virus in Kultur zu bringen und nahmen den Tieren Nr. 101 und 104 nochmals Blut ab. Aus den unter aseptischen Bedingungen entnommenen Blutproben wurden mittels Ficoll-Paque-Gradienten (Pharmacia, Upsala, Schweden) Lymphozyten gereinigt. Diese wurden in Kultur mit Concanavalin A und Interleukin-2 stimuliert. Nach zwei, drei und vier Wochen wurde im Überstand Reverse Transkriptase bestimmt (SCHÜPBACH et al., 1986). Im weiteren wurden die bei der Blutentnahme angefertigten Blutausstriche gefärbt und auf Blutparasiten untersucht. Von den vierzehn Zwergmeerkatzen sind bis heute sieben Tiere gestorben. Alle diese Tiere wurden einer Routinesektion zugeführt.

Resultate und Diskussion

Tabelle 2: Serologische und kulturelle Untersuchungen in Zwergmeerkatzenbestand

Tier Nr.	Western-Blot-Technik	Western-Blot-Überprüfung	Radioimmuno-präzipitation	Wachstum in Kultur
101	neg.	neg.	pos.	ja mit 104
102	-	-	-	-
103	pos. p 24	pos	pos	-
104	pos. p 24/p 55	pos.	pos.	ja mit 101
109	neg.	neg.	neg.	-
110	pos. p 17/p 55	pos.	pos.	-
111	neg.	neg.	neg.	-
112	neg.	neg.	pos.	-
113	-	pos.	pos.	-
114	neg.	neg.	neg.	-

Die radioimmunologischen Resultate bestätigten die Befunde, wie sie mit der Western-Blot-Technik festgestellt wurden, wobei zusätzlich das männliche Tier Nr. 101 stark positiv und das Jungtier Nr. 112 positiv gefunden wurden. Dieses dürfte darauf zurückzuführen sein, daß die Affen mit einem Virus infiziert sind, welches jenem des SIV, African Green Monkey, näher verwandt ist als dem HIV 1. Das Serum des männlichen Tieres Nr. 101 erkennt ein Glykoprotein und damit Antigen des SIV besonders gut, welches in unserer Viruspräparation nicht vorhanden ist und deshalb auch den Nachweis von Antikörpern nicht zuläßt.

In der Kokultur peripherer Blutlymphozyten der Zwergmeerkatzen Nr. 101 und 104 konnte Reverse Transkriptase und ein deutlicher zytopathischer Effekt festgestellt und damit der Beweis für das Vorhandensein des Virus erbracht werden.

Die pathologischen Befunde und Diagnosen sind in Tabelle 3 festgehalten.

Tabelle 3: Pathologische Befunde der untersuchten Zwergmeerkatzen

Tier Nr.	Serol.	Alter	m/w	Diagnosen
102	-	3 Jahre	w	Kachexie, akute Myokardose, Stauungsleber, mäßige interstitielle Pneumonie, leichtgradige chronische Gastritis
103	pos.	9 Jahre	w	Kachexie
105	-	36 Tage	m	Kachexie, mäßige interstitielle Pneumonie
107	-	48 Tage	m	Abmagerung, mangelhafte Entfaltung der Lunge
109	neg.	13 Jahre	w	Kachexie, akute Streptokokken-Sepsis
110	pos.	13 Jahre	w	Kachexie
111	neg.	11 Jahre	w	subakute eitrige Endometritis, eiternde Hautwunden, Anämie, zentrolobuläre Lebernekrosen, subakute interstitielle Nephritis, disseminierte intravasale Gerinnung (bakteriologischer Befund negativ)
113	pos.	4 Jahre	w	Kachexie, akute eitrige Hepatitis, geringgradige akute Myokarditis (bakteriologischer Befund negativ), Befall mit Mikrofilarien

Im lymphatischen Gewebe der seropositiven Tiere ließ sich im Fall 110 eine deutliche Aktivierung von Follikeln und periarteriolären Lymphscheiden und bei Tier Nr. 113 eine mittelgradige Entleerung der parakortikalen Lymphknoten-Zonen bei normalem Milzbefund erkennen, während im Fall 103 keine Veränderungen auffielen. In den Fällen 110 und 113 lag gleichzeitig eine mäßige Hyalinose der weißen Pulpa vor. Bei einem serologisch nicht untersuchten (102) und einem seronegativen Tier (111) zeigten die lymphatischen Gewebe keine Abweichungen von der Norm. Bei den übrigen Tieren wurden die lymphatischen Gewebe nicht histologisch untersucht.

Wenn es bisher auch nicht gelang, das Virus in größeren Mengen zu produzieren, bestätigten die vorliegenden Untersuchungen doch den Verdacht, daß die Zwergmeerkatzen latent mit einem Retrovirus infiziert waren. Bei den serologischen Untersuchungen erwies sich dabei das Radioimmunopräzipitationsverfahren als die empfindlichste Nachweismethode. Wir führten dies darauf zurück, daß das vorliegende Virus mit dem SIV, African Green Monkey, näher verwandt ist als mit dem HIV 1. Die Lymphozyten ließen sich in der Kultur gut anzüchten, und Reverse Transkriptase konnte festgestellt werden. Das Isolat wurde zur weiteren Bearbeitung Dr. P e d e r s e n, Davis, CA. überlassen.

Die Tatsache, daß Zwergmeerkatzen in der Quarantäne und im angestammten Bestand, aber auch in Zoologischen Gärten der Vereinigten Staaten (LOWENSTINE et al., 1986) seropositiv waren, und das Virus aus zwei Tieren angezüchtet werden konnte, die bereits in Gefangenschaft geboren wurden, deutet darauf hin, daß dieses Virus innerhalb der Spezies weit verbreitet ist. Das bei uns in der Quarantäne gestorbene Tier stammte aus Kamerun und kam über einen Händler in Florida nach Zürich. Aufgrund unserer Rückfragen ergaben sich keine Hinweise auf eine mögliche Ansteckung der Tiere auf dem Transportweg, in den entsprechenden Unterkünften oder durch Kontakt mit anderen Primaten.

Der Gruppe um LOWENSTINE (1986) ist es nicht gelungen, das Virus bei den in zwei zoologischen Gärten gefundenen seropositiven Zwergmeerkatzen zu kultivieren, obwohl Hinweise für eine Immunschwäche bei einem Tier vorlagen.

Die im Zoo Zürich erkrankten Zwergmeerkatzen zeigten Hautausschläge, massiven Gewichtsverlust und im Endstadium Apathie. Pathologisch-anatomisch fiel bei allen Tieren eine ursächlich nie eindeutig geklärte hochgradige Abmagerung auf, welche wahrscheinlich den Tod herbeiführte. Eindeutig auf Infektionen zurückzuführende entzündliche Prozesse in verschiedenen Organen ließen sich bei einem seropositiven Tier (113) und zwei seronegativen Tieren finden, wobei die Mikroorganismen nur bei einem der seronegativen Tiere isoliert werden konnten. Eine Tendenz zur Infektion seropositiver Tiere mit opportunistischen Erregern wie sie OSBORN et al. (1984) bei Rhesusaffen (Macaca mulatta) fanden, ließ sich bei den untersuchten Tieren nicht nachweisen. Einzig beim erwähnten Tier 113 könnte die Allgemeininfektion auf eine pathomorphologisch durch Entleerung der parakortikalen Lymphknotenzonen gekennzeichnete Immunschwäche zurückzuführen sein. 113 ist auch das einzige seropositive Tier, das bereits in relativ jugendlichem Alter verstorben ist.

Diese Ergebnisse stehen im Einklang mit KANKI et al. (1985), welche bei ihrer Isolierung von SIV bei der Grünen Meerkatze (Cercopitheous aethiops) keine pathologischen Veränderungen infizierter Tiere finden konnten.

Unsere Untersuchungen haben gezeigt, daß das vorliegende Zwergmeerkatzenvirus mit HIV 1 weniger nahe verwandt ist als mit dem SIV (African Green Monkey). Ob es sich beim Zwergmeerkatzenvirus um ein eigenständiges, vom SIV (African Green Monkey) abgrenzbares Virus handelt, ließe sich nur durch Vergleich der Basensequenz der beiden Viren bestimmen. Immerhin läßt sich festhalten, daß das Zwergmeerkatzenvirus innerhalb der Spezies Cercopitheous talapoin weit verbreitet ist und entweder nur eine geringe Morbidität oder im Gegensatz zu den Beobachtungen von LETVIN et al. (1985) bei experimentell infizierten Makaken eine sehr lange Inkubationszeit aufweist. Auf das Fortpflanzungsgeschehen scheint das Virus keinen entscheidenden Einfluß zu nehmen.

Seropositive Tiere in zwei verschiedenen Zoos der Vereinigten Staaten und die Tiere verschiedenen Ursprungs im Züricher Zoo stammen mit Sicherheit aus verschiedenen Importen in verschiedenen Jahren. Der Import der Züricher Tiere aus den Ursprungstiergärten liegt dabei überall bereits mehrere Jahre zurück. Die Mortalität in der Gruppe ist im Vergleich zu anderen Primaten im Zoo relativ hoch, entspricht aber ähnlichen Beobachtungen bei anderen mit Retroviren infizierten Primaten (LETVIN und KING, 1984).

Aufgrund dieser Anzeichen scheint das Virus stark an die Spezies adaptiert. Es ist zwar verwandt, aber mit den von Menschen isolierten Lentiviren nicht identisch. Trotzdem kann eine Zoonose nicht mit letzter Sicherheit ausgeschlossen werden; es bestehen diesbezüglich allerdings noch keine weiteren Untersuchungen.

Der Nachweis von seropositiven Tieren im Züricher Zoo hat in den Medien für Aufsehen gesorgt. Die Verwandtschaft des Virus mit dem menschlichen HIV macht es nötig, sich mit diesen Viren näher zu befassen. Wie die Untersuchungen von LOWENSTINE et al. (1986) zeigen, ist dieses Problem aber nicht nur auf die Zwergmeerkatzen beschränkt. In jener Studie wurden Antikörper gegen Lentiviren auch bei dreißig anderen Primatenarten gefunden, so unter anderen beim Gorilla (Gorilla gorilla), Orang-Utan (Pongo pygmaeus) und Schimpansen (Pan troglodytes).

Zur Überwachung der Infektionslage der Zwergmeerkatzengruppe im Zoo haben wir verschiedene Maßnahmen geprüft, aber eine Ausmerzung nicht in Betracht gezogen, weil eine Ansteckungsgefahr bei den vorliegenden Haltungsbedingungen nicht vorhanden war. Die Ursache des Ausschlusses dieser Spezies aus der Gefangenschaftshaltung hätte zudem auch bei anderen Arten sehr weitreichende Konsequenzen.

Vorsichtshalber wurden im Zoo aber doch einige prophylaktische Maßnahmen getroffen:
Das Personal des Zoos wurde unmittelbar nach Bekanntwerden des serologischen Ergebnisses umfassend über die im Zusammenhang mit der Infektion auftretenden Probleme, vor allem über den Infektionsweg und die notwendigen Hygienemaßnahmen, orientiert. Das Innengehege ist bereits durch eine Glasscheibe vom Publikum getrennt. Vor dem Außengehege wurde gegen die Besucher hin eine zweite Abschrankung angebracht. Für den direkten Kontakt zu den Tieren wurden die Tierpfleger und weitere Beteiligte verpflichtet, Handschuhe zu tragen und die allgemeinen Hygienevorschriften einzuhalten.

Danksagung

Wie danken Frau E. N i e d e r h a u s e r für die sorgfältige Durchführung der Western-Blots.

Zusammenfassung

Retrovirusinfektion bei Zwergmeerkatzen (Cercopithecus talapoin) im Zürcher Zoo: mit Lentiviren kreuzreagierende Antikörper und Reverse Transkriptase nach Lymphozytenstimulation

Sowohl bei einer neu erworbenen Zwergmeerkatze (Cercopithecus talapoin) in Quarantäne, als auch bei der Gruppe im Zoologischen Garten Zürich fanden wir mit Lentiviren kreuzreagierende Antikörper und Reverse Transkriptase nach Lymphozytenstimulation. Pathologisch-anatomische Befunde zeigten eine mögliche, aber nicht eindeutige Korrelation mit einer natürlich auftretenden erworbenen Immunschwäche. Aufgrund der bekannten epidemiologischen Fakten der Infektion und unter Berücksichtigung einer möglichen Zoonosegefahr wurden die Hygienemaßnahmen im Zoo verstärkt.

Summary

Retrovirus Infection of Dwarf Guenons (Cercopithecus talapoin) in Zurich Zoo - Antibodies Cross-Reactive with Lentiviruses and Reverse Transcriptase, following Lymphocyte Stimulation

Antibodies cross-reactive with lentiviruses and reverse transcriptase, following lymphocyte stimulation, were recorded from a newly purchased dwarf guenon (Cercopithecus talapoin) still in quarantine and from a group kept for some time in the Zoological Garden of Zurich. Pathologico-anatomic findings revealed possible but not unambiguous correlations with natural occurrenve of an acquired immunodeficiency syndrome. Action was taken to improve the hygiene situation on the premises of the zoological garden, with reference being made to the well known epidemiological facts of the infection and with due consideration of a possible danger of zoonosis.

Résumé

Infection au rétrovirus chez des Cercopithecus talapoin au Parc zoologique de Zurich: des anticorps réagissant avec des lentivirus et après stimulation de lymphocytes des réverse transcriptase

Aussi bien chez un talapoin (Cercopithecus talapoin) en quarantaine, récemment acquis, que chez un groupe du jardin zoologique de Zurich, nous avons trouvé des anticorps réagissant avec des lentivirus et après stimulation de lymphocytes des réverse transcriptase. Les examens pathologiques montrérent une corrélation possible, mais pas prouvée, avec une déficience immunitaire naturellement acquise. Connaissant l'épidémiologie et le danger éventuel de zoonose de ce virus, on a renforcé les mesures d'hygiéne dans le zoo.

Резюме

Ретровирусная инфекция у карликовой морской кошки(Cercopithecus talapoin)зоопарке Цюриха с ленти вирусно перекрёсно реагирующими антителами и ревензной транскриптазой после стимуляции лимфоцитов

Как у всех вновь приобретенных морских кошек в карантине, так и у группы, проживающей в зоопарке Цюриха обнаружены ленти вирусно перекрёстнореагирующие антитела и реверзная транскриптаза после стимуляции лимфоцитов.Пато-анатомические данные показывают возможную, но не сомсем подтверждённую кореляцию с возникшей в естественных условиях иммунной слабостью. ВВиду выявленых эпидемиологических фактов инфекции и учёте возможной зональной опасности, в зоопарке усилины гигиенические меропрятия.

Literaturverzeichnis

KANKI, P.J., ALROY, J., and M. ESSEX (1985): Isolation of T-Lymphotropic Retrovirus Related to HTLV-III/LAV from Wild-Caught African Green Monkeys. Science 230, 951 - 954.

LETVIN, N.L., DANIEL, M.D., SEGHAL, P.K., DESROSIERS, R.C., HUNT, R.D., WALDRON, L.M., MacKEY, J.J., SCHMIDT, D.K., CHALIFOUX, L.V., and N.W. KING (1985): Induction of AIDS-like Disease in Macaques with T-Cell Tropic Retrovirus STLV-III. Science 230, 71 - 73.

LETVIN, N.L., and N.W. KING (1984): Clinical and Pathological Features of an Aquired Immune Deficiency Syndrome (AIDS) in Macaque Monkeys. Ads. Vet. Sci. Comp. Med. 28, 237-265.

LOWENSTINE, L.J., PEDERSEN, N.C., HIGGINS, J., PALLIS, K.C., UYEDA, A., MARX, P., LERCHE, N.W., MUNN, R.J., and M.B. GARDNER (1986): Seroepidemiologic Survey of Captive Old-World Primates for Antibodies to Human and Simian Retroviruses, and Isolation of a Lentivirus from Sooty Mangabeys (Cerocebus atys.). Int. J. Cancer 38, 563 - 574.

OSBORN, K.G., PRAHALADA, S., LOWENSTINE, L.J., GARDNER, M.B., MAUL, D.H., and R.V. HENRICKSON (1984): The Pathology of an Epizootic of Aquired Immunodeficiency in Rhesus Macaques. Am. J. Pathol. 114, 94 - 103.

RÜBEL, A., ISENBÜGEL, E., HAGEN, A., und O. GLARDON (1988): Atemwegsobstruktion und lymphatische Leukose bei einem Kappengibbon. Kleintierprax. (im Druck).

SCHÜPBACH, J., DI MARZO VERONESE, F., and R.C. GALLO (1986): In: SPECTER, S., and G.J. LAVECZ: Clinical Virology Manual. New York: Elsevier.

Anschrift der Verfasser: Dr. A. R ü b e l
Institut für Zuchthygiene
der Universität Zürich
Abteilung für Zoo- und Heimtiere
Winterthurerstr. 260
CH-8057 Zürich (Schweiz)

Aus dem Medizinischen Institut für Umwelthygiene an der Universität Düsseldorf (Direktor: Prof. Dr. H.-W. SCHLIPKÖTER), dem Landesuntersuchungsinstitut für Lebensmittel, Arzneimittel und Tierseuchen, Berlin (West) (Direktor: Dr. GÜNTHER), der Klinik für Pferdekrankheiten, Berlin (West) (Direktor: Prof. Dr. WINTZER) und der tierärztlichen Praxis Nastätten (Leiter: Dr. H.-D. ROSSBACH)

ZWEI VIRUSERKRANKUNGEN UNTERSCHIEDLICHER ÄTIOLOGIE BEI ASIATISCHEN ELEFANTEN (ELEPHAS MAXIMUS) IN EINEM KLEINEN WANDERZIRKUS

Von J. Pilaski, J. Hentschke, D. Sinn, R. Francke, M. Rosenbruch, P. Olberding und G. Mölle

Einleitung

Nachdem in den letzten Jahren aus Furcht vor den Pocken die Mehrzahl der zoologischen Gärten und großen Zirkusunternehmen in der Bundesrepublik dazu übergegangen ist, ihre Elefanten zu impfen, sind große Pockenausbrüche kaum noch zu erwarten. So richtet sich das Interesse des Epidemiologen immer mehr auf die kleinen Wanderzirkusunternehmen, die in der Regel 2 bis 4 ungeimpfte Elefanten haben und ihren Standort während der Sommermonate häufig wechseln.

Tierbestand, Vorbericht, klinischer Verlauf

Der Wanderzirkus R. ist wie ähnliche Unternehmen ein Familienbetrieb. Die vier weiblichen Asiatischen Elefanten (Elephas maximus) sind etwa 12 bis 20 Jahre alt und alle seit mindestens 8 Jahre im Zirkus (Tabelle 1).

Tabelle 1: Der Bestand an Asiatischen Elefanten im Wanderzirkus R.

Name	Alter (in Jahren)	Dauer der Zugehörigkeit zum Zirkus (in Jahren)
Rani	ca. 20	18
Karla	ca. 20	15
Limara	12 - 14	8
Laika	ca. 12	8 - 10

1. Krankheitsausbruch

Im Winter 1985/86 war der Zirkus in alten Stallgebäuden in Berlin-Spandau untergebracht. Das Auftreten der klinischen Symptome und die durchgeführten therapeutischen Maßnahmen werden hier kurz in chronologischer Reihenfolge aufgeführt:

Am 22.3.86 zeigt "Laika" reduziertes Allgemeinbefinden; ihre Bewegungen sind "klamm und vorsichtig". Am rechten Vorderfuß befindet sich eine etwa fünfmarkstückgroße Hautläsion. Daneben sind auch noch kleinere Läsionen an beiden Vorderbeinen (Abb. 1) und am Rüssel vorhanden. Beide Vorderbeine sind geschwollen. "Laika" erhält ein Penicillin-Streptomycin-Präparat (Paratopen, Hersteller: Grüntex) intramuskulär verabreicht.

Am 23.3.86 ist die Umfangsvermehrung im Bereich der Vorderbeine noch deutlicher feststellbar. Es sind für Pocken typische Hautveränderungen vorhanden, so an den Vorderbeinen 5 - 6 Pocken, außerdem Hautläsionen im Bereich des Rüssels, sowie auf der Maul- und Zungenschleimhaut (Abb. 2). "Laika" erhält ab dem 23.3. Chloramphenicol (Hersteller: Parke Davis) über einen Zeitraum von 5 Tagen intramuskulär verabreicht, die übrigen Tiere Tardomyocel (Hersteller: Bayer, Leverkusen). Die Tardomyocelapplikation wird bei allen Tieren über einen Zeitraum von bis zu 14 Tagen fortgesetzt. Außerdem erhält "Laika" das Vitaminpräparat A D3E50 (40 ml = doppelte Pferdedosis; Hersteller: Albrecht, Aulendorf). Die veränderten Hautbezirke werden mit Braunovidonsalbe (Hersteller: Braun, Melsungen) behandelt.

Am 24.3. sind die Ulzera auf der Maulschleimhaut von "Laika" deutlich kleiner geworden, ihr Durchmesser ist etwa um die Hälfte verringert. Das Tier ist im Allgemeinbefinden wieder ungestört.

Am 25.3.86 ist das Allgemeinbefinden von "Rani" deutlich reduziert. Sie verweigert die Futter- und Wasseraufnahme. Am 1.4.86 erscheinen bei "Rani" die ersten kleinen Pocken am Rüssel, und am folgenden Tag auch auf der Körperseite.

Bemerkungen zum Krankheitsverlauf: Während die Veränderungen in der Maulhöhle bei "Laika" innerhalb von etwa 3 bis 4 Tagen weitgehend abheilten, waren die Läsionen im Bereich der Füße, vor allem am Kronsaum, recht hartnäckig. Hier kam es erst nach etwa zwei Wochen zur Abheilung.

2. Krankheitsausbruch

Am 21.8.87 befindet sich der Zirkus in Bendorf bei Koblenz. Wegen vorhandener Hautveränderungen bei "Limara" wird ein Tierarzt (F r a n c k e) zu Rate gezogen. Das Tier ist in gutem Allgemeinzustand. Es zeigt Hautveränderungen unterschiedlicher Struktur und Größe, zwei "frische" und zwei im Abheilen befindliche. Die "frischen" sind etwa daumendick, kreisrund und ragen ca. 4 cm hervor. Ihre Oberfläche ist zerklüftet, blumenkohlartig, leicht blutend. Aus einer dieser Warzen wird eine Probe für die Untersuchung in Düsseldorf abgenommen. Die im Abheilen begriffenen Stellen sind handtellergroß und nur nahe den Rändern zur gesunden Haut leicht nässend. Der Pfleger berichtet, daß diese Veränderungen auf der Haut wie Pilze aus dem Boden knospen, sich anschließend entzünden und zu schwärenden Hautwunden werden. Die Veränderungen werden mit Betaisodona-Salbe (Hersteller: Mundpharma GmbH, Limburg; enthält 10 % verfügbares Jod) behandelt. Außerdem wird das homöopathische Präparat Traumeel (Hersteller: Biologische Heilmittel, Baden-Baden) auf Anraten von Frau M ü n c h a u, Saarbrücken, verabreicht.

Am 29.8.87 erfolgt eine erneute Adspektion der Hautveränderungen von "Limara" durch P i l a s k i. Die beiden "Warzen" bei "Limara" sind noch vorhanden. Ihre Oberfläche ist nach wie vor zerklüftet, blumenkohlartig, gegenüber der umgebenden Hautoberfläche vorgewölbt (Abb. 3). Außerdem besteht bei "Limara" auch eine ca. 12 cm im Durchmesser große, schwärende Wunde an der linken Backe. Aus den veränderten Hautbezirken von "Limara" wird Material für die virologische Untersuchung entnommen. Für die serologische Untersuchung wird bei "Laika" Blut aus der Ohrvene abgenommen. Bei "Laika" werden kleine rote Flecken auf der Schleimhaut im Bereich der Vulva festgestellt, nicht dagegen bei "Limara".

Am 22.12.87 befindet sich der Zirkus im Winterquartier in Leverkusen. Bei "Limara" sind die warzenartigen Hautveränderungen inzwischen abgeheilt. Im Bereich der rechten Schulter besteht eine im Durchmesser ca. 10 cm große Hautverdickung, die am unteren Rand eine etwa 1 cm große Öffnung enthält, aus der ein zäher, milchig-weißer Eiter herausfließt.

Pathohistologische und virologische Untersuchungen

1. Material und Methoden

Die am 23.3.86 bei "Laika" entnommenen Proben von Pustelmaterial wurden nach erfolgter Homogenisation und einem Zusatz von Penicillin und Streptomycin auf die abgesenkte Chorioallantoismembran (CAM) von 12 Tage bebrüteten Hühnereiern in der bereits beschriebenen Weise verimpft. Außerdem wurde ein Teil des Pustelmaterials für die Negativ-Kontrastierung mit 2 % Phosphorwolframsäure (pH 7,2) in der bereits beschriebenen Weise (vergl. PILASKI et al., 1983) verwandt. Die Präparate wurden im Zeiss EM 109 durchgemustert.

Die am 21.8.87 entnommene Probe von "Limara" hatte eine pastöse Konsistenz und wurde in der gleichen Weise (vergl, PILASKI et al., 1983) mit einem Tropfen Aqua dest. verrieben und für die elektronenmikroskopische Untersuchung (Philips EM 300) verwandt.

Die Stammdifferenzierung des isolierten Poxvirus erfolgte zunächst nach den von MAHNEL (1974) angegebenen biologischen Verfahren wie Kaninchenhaut- und Kükentest. Die kutane Infektion von Kaninchen (Weiße Riesen) erfolgte auf die enthaarte Rückenhaut nach der Skarifikationsmethode, die Follikelinfektion am Oberschenkel von 3 Tage alten Küken durch Einreiben von 0,05 ml CAM-Primärherdverreibung.

Die am 29.8.87 bei "Limara" entnommene Probe enthielt zottenartige Hautveränderungen. Ein 3 x 2 x 2 mm großes Stück wurde für die histologische Untersuchung verwendet. Die Probe wurde

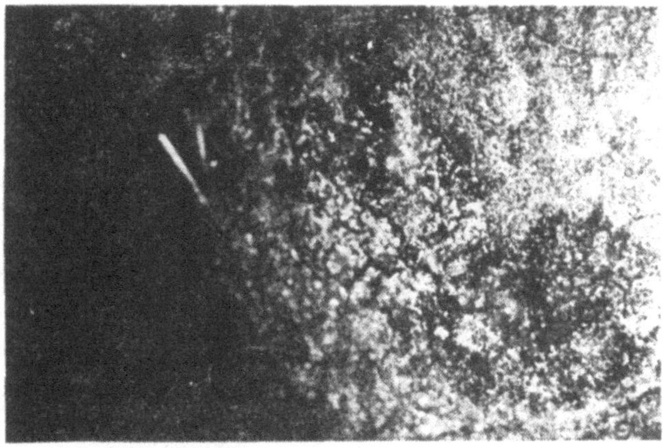

Abb. 1

Hautläsion am rechten Vorderfuß bei "Laika" am 23. 3. 86

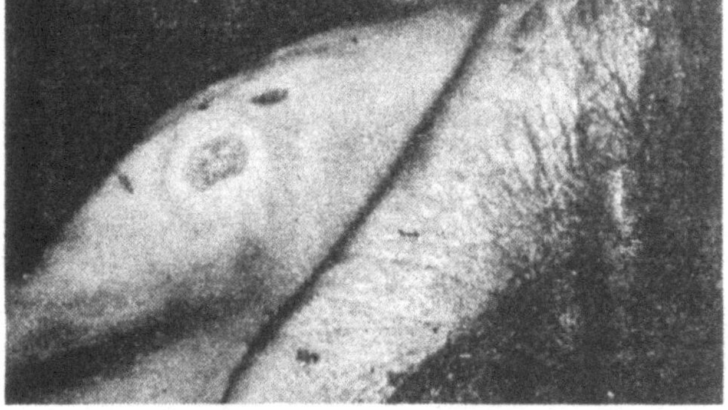

Abb. 2

Pockenartige Veränderung im Bereich der Zungenschleimhaut von "Laika" am 23. 3. 86

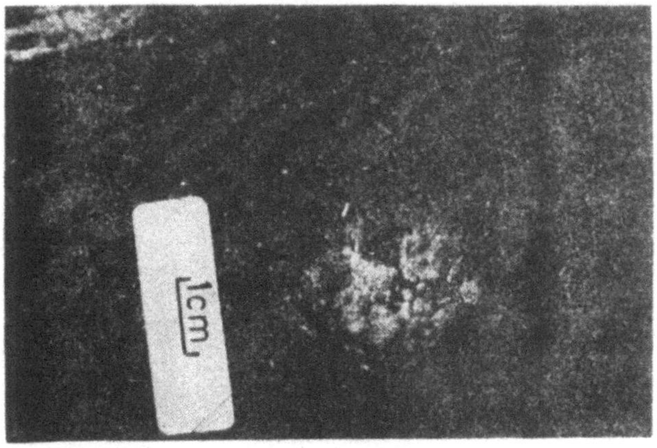

Abb. 3

Warzenartige Hautveränderung bei "Limara" am 29. 8. 87

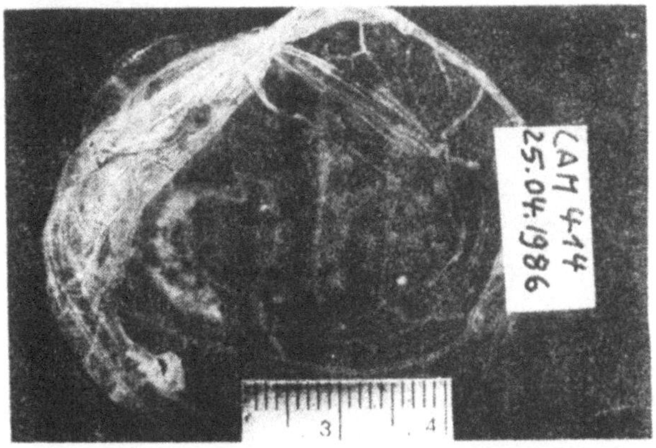

Abb. 4

Eimembran mit typischen Effloreszenzen 48 h nach einer Inokulation des von "Laika" im März 86 isolierten Poxvirusstammes

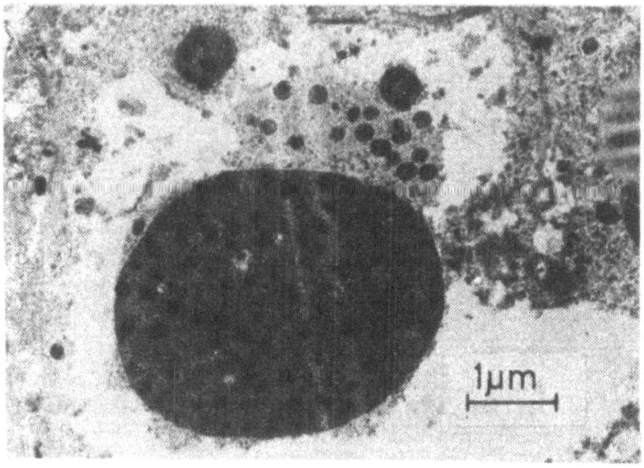

Abb. 5

Einschlußkörperchen vom Typ A V+ in Zellen der Chorioallantoismembran des bebrüteten Hühnereies

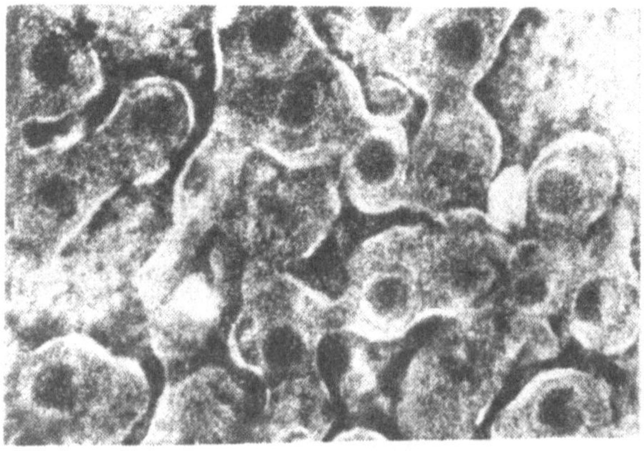

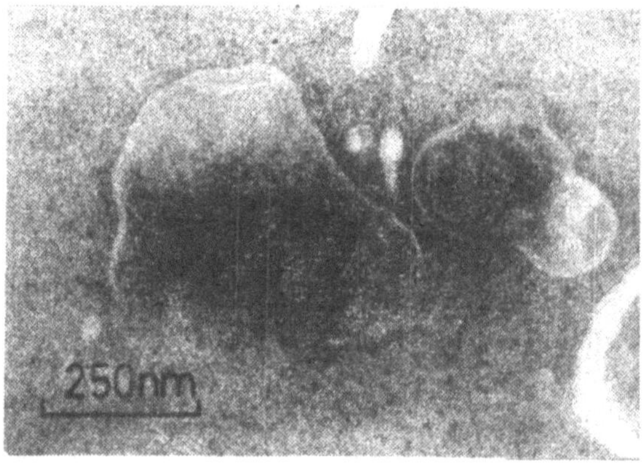

Abb. 6, Abb. 7

Typische Herpesvirus-Partikeln in Vereibungen des am 21. 8. 87 bei "Limara" entnommenen Hautmaterials (Negativkontrastierung)

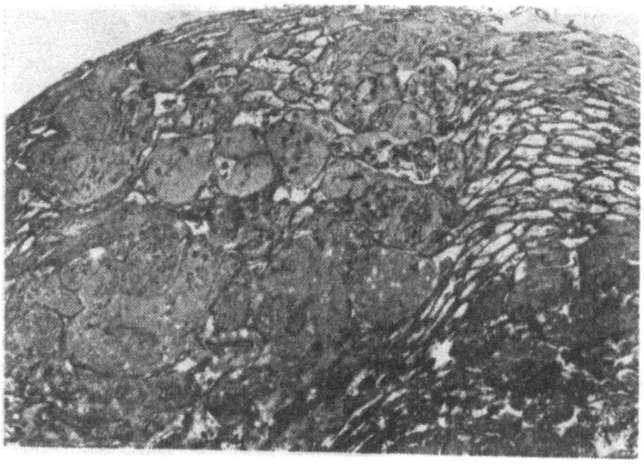

Abb. 8

In der am 29. 8. 87 bei "Laika" entnommenen Hautprobe lassen sich deutlich Bezirke mit einer ballonierenden Degeneration nachweisen.

geteilt und je zur Hälfte in Paraffin und Glycol-Meth-Acrylat (GMA) eingebettet. Die Schnittdicke der paraffineingebetteten Präparate lag bei 4 µm, die der in GMA eingebettenen bei 1-2 µm. Als Übersichtsfärbung wurde eine Hämalaun-Eosin-Färbung, als Spezialfärbungen eine Giemsa-Färbung, eine Azanfärbung und eine PAS-Reaktion durchgeführt.

Eine am 29.8.87 bei "Laika" entnommene Blutprobe wurde in der an anderer Stelle beschriebenen Weise (PILASKI et al., 1982, 1983) auf neutralisierende Antikörper gegen Vaccinia-Virus (Elstree) in der Zellkultur (Vero) geprüft.

Außerdem wurden die Organe (Leber, Niere, Milz, Lunge) von zwei auf dem Gelände in Spandau tot aufgefundenen Nagetieren homogenisiert und auf die CAM von Hühnereiern zum Zwecke der Virusisolierung verimpft. Es handelte sich hierbei um eine Brandmaus (Apodemus agrarius) vom 17.4.86 und eine Wanderratte (Rattus norvegicus) vom 15.5.85.

2. Ergebnisse

Bei der virologischen Untersuchung des am 23.3.86 bei "Laika" entnommenen Materials werden auf der CAM der ersten Eipassage vereinzelt graue, bis 2 mm große Effloreszenzen gefunden. Ihr Zentrum ist deutlich hämorrhagisch. Das Virus läßt sich ohne Schwierigkeit auf der CAM weiter passagieren.(Abb. 4). Ultradünnschnitte infizierter Eimembranen zeigen im Bereich der Effloreszenzen typische Einschlußkörperchen vom Typ A V+ (Abb. 5). Das hier ursächlich beteiligte Virus muß also wie die anderen bei Elefanten isolierten Poxvirusstämme in die Gruppe der kuhpockenähnlichen Viren (vergl. PILASKI und RÖSEN-WOLFF, 1988) eingeordnet werden. 4-6 Tage nach einer kutanen Infektion der Kaninchenhaut werden ca. 3 mm große Effloreszenzen mit einem leicht hämorrhagischen Zentrum festgestellt. Der Kükenfollikeltest verläuft negativ.

In der am 29.8. entnommenen Serumprobe wird ein neutralisierender Antikörper-Titer von 1:256 festgestellt. Eine Virusisolierung aus Organen der beiden tot aufgefundenen Nagetiere gelingt nicht. In den Verreibungen, die mit dem am 21.8.87 bei "Limara" entnommenen Hautmaterial hergestellt wurden, finden sich nach erfolgter Negativkontrastierung für Herpesviren typische Partikeln (Abb. 6 und 7).

Bei der histologischen Untersuchung der Gewebsprobe vom 29.8.87 erkennt man in der Übersichtsvergrößerung verhornende Epidermisstrukturen der äußeren Haut, die eine deutliche kleinknotige Vorwölbung zeigen. Basal liegen feinverteilt Gewebstrümmer und zugrunde gegangene Blutzellen. In weiten Bereichen besteht eine ausgeprägte Degeneration der Zellen mit Infiltration von phagozytierenden Zellen, vor allem neutrophilen Granulozyten. Herdförmig lassen sich Befunde wie bei ballonierender Degeneration erheben. In diesen Arealen des histologischen Bildes erscheinen Zellen teils hochgradig vergrößert, aufgequollen und mit zahlreichen kleineren und herdförmig größeren Vakuolen. Intakte Zellkerne sind nur noch selten zu sehen. Hinweise auf Einschlußkörperchen, sowohl intranukleär, als auch intrazytoplasmatisch, bestehen nicht (Abb. 8).

Speziell in der Giemsa-Färbung, aber auch in den anderen Präparaten, erkennt man besonders in basalen Arealen zahlreiche, teils einzeln, teils in Gruppen, teils auch in größeren Ansammlungen liegende kleine, rundliche, granula-ähnliche Teilchen. Dabei handelt es sich wahrscheinlich um bakterielle Erreger - eventuell Kokken -, da die Lagebeziehung bzw. Zuordnung zu Zellen, bei diesem Bild möglicherweise Mastzellen, nicht besteht.

Diskussion

Als ursächlich beteiligtes Agens wurde bei dem ersten Krankheitsausbruch im März 1986 ein kuhpockenähnliches Virus nachgewiesen. Obwohl der Nachweis des Virus bei zwei tot auf dem Gelände aufgefundenen Nagetieren nicht gelang, kommen nach dem heutigen Stand der Kenntnis vor allem diese Kleinsäuger als Virusreservoir in Frage. Die Stallungen in Spandau liegen etwas außerhalb der menschlichen Wohngebiete und sind von Ackerland umgeben. Bei einem Besuch am 15.5.86 waren mehrere Hauskatzen auf dem Gelände vorhanden. Neben der erwähnten toten Wanderratte fanden sich Rattenkot und zur Bekämpfung von Ratten ausgelegte vergiftete Köder.

Das beim zweiten Krankheitsausbruch ursächlich beteiligte Herpesvirus muß noch weiter charakterisiert werden. Es handelt sich hierbei um den zweiten Nachweis eines Herpesvirus bei einem Asiatischen Elefant in der BRD. Der erste Nachweis gelang im August 1986 bei einer Elefantenkuh im Tierpark Carl Hagenbeck in Hamburg (PILASKI et al., 1987). In beiden Fällen war das makroskopische Erscheinungsbild der Hautveränderungen ähnlich; die etwa 1-2 cm im Durchmesser großen "Warzen" zeigten eine charakteristische Innenstruktur aus handschuhfingerartigen Epidermisproliferationen. Histologisch waren in beiden Fällen ballonierende Degenerationsprozesse der Epidermis nachweisbar. Intranukleäre Einschlußkörperchen fanden sich nur im ersten Fall. Der Nachweis des Herpesvirus war in beiden Fällen unterschiedlich; Im Gegensatz zu dem Hamburger Fall, konnten 1987 im endoplasmatischen Retikulum keine Viren ultrahistologisch festgestellt werden. Dagegen fanden sich im zweiten Fall massenhaft Viruspartikeln in den Verreibungen von Hautproben.

Zur Zeit lassen sich keinerlei Angaben über den Verwandtschaftsgrad der bei diesen beiden Krankheitsfällen ursächlich beteiligten Herpesvirustypen machen. Auch fehlen Informationen über die zeitliche Entwicklung der Herpesviruseffloreszenzen beim Asiatischen Elefanten. Sind die Warzen möglicherweise das Endstadium und entstehen sie im Anschluß an ein Vesikulastadium? Hier würden uns fortlaufende Untersuchungen mit in regelmäßigen Abständen durchgeführten fotografischen Aufnahmen und Biopsieproben herpesviruskranker Elefanten weiterhelfen. Die hier mitgeteilten Befunde können daher nur als Basisinformation für gründlichere Studien angesehen werden.

Danksagung

Herrn Dr. G. T e i c h e r t, Berlin, danken wir für die Überlassung von Fotomaterial, Frau Hildegard H u ß, Düsseldorf, für die Anfertigung einiger elektronenmikroskopischer Präparate.

Zusammenfassung

Zwei Viruserkrankungen unterschiedlicher Ätiologie bei Asiatischen Elefanten (Elephas maximus) in einem kleinen Wanderzirkus

Im März 1986 erkrankten zwei von vier Asiatischen Elefanten in einem kleinen Wanderzirkus während des Winteraufenthaltes in Berlin-Spandau. Als ursächlich beteiligtes Agens wurde ein Pockenvirus isoliert, das sich wegen der Bildung von Einschlußkörperchen vom Typ A V+ als kuhpockenähnliches Virus bestimmen ließ. Bei einem zweiten Krankheitsausbruch im August 1987 erkrankte ein dritter Elefant, wobei in den warzenartigen Hautveränderungen ein Herpesvirus nachgewiesen wurde.

Summary

Two Virus Diseases of Different Aetiology in Asian Elephant (Elephas maximus) in small Travelling Circus

Two of four Asian elephants of a small travelling circus fell sick in March 1986 during winter accommodation in Berlin-Spandau. A smallpox virus was isolated as an agent causatively involved and was subsequently identified as a cowpox-resembling virus on account of formation of Type A V+ inclusion bodies. A third elephant fell sick in a second outbreak in August 1987, with herpes virus being detected from its warty skin lesions.

Résumé

Deux maladies virales avec une étiologie différente des éléphants asiatiques (Elephas maximus) dans un petit cirque forain

En mars 1986, deux des quatre éléphants asiatiques d'un petit cirque forain qui passait les mois d'hiver à Berlin-Spandau sont tombés malades. Comme agent causal un virus de variole a été isolé et à cause de la formation de corpuscules d'inclusion type A V + celui-ci a été déterminé comme virus similaire à la vaccine. Lors d'une deuxième éruption de la maladie en août 1987 un troisième éléphant à été atteint et dans les modifications verruqueuses de la peau on a pu identifier un virus herpétique.

Резюме

Два вирусных заболевания у азиатских слонов в небольшом передвижном цирке

В 1986 году на зимней квартире в Берлин-Шпандау в небольшом цирке заболело 2 из 4 слонов. Был выявлен коровоподобный оспеный вирус типа A V+. В августе 1987 года заболел 3 слон, на коже которого обнаружены бородавчатые изменсния из которых был выделен вирус герписа.

Literaturverzeichnis

MAHNEL, H. (1974): Labordifferenzierung der Orthopoxviren. Zbl. Vet. Med. 21 B, 242 - 258.

PILASKI, J., SCHALLER, K., MATERN, B., KLÖPPEL, G., und H. MAYER (1982): Pockenerkrankungen bei Elefanten und Nashörnern. Verh.ber. Erkrg. Zootiere 24, 257 - 265.

PILASKI, J., BÖSCH, B., MARSCHALL, H.-H., FREY, H.-R., LIESS, B., und H. MAYER (1983): Ein Beitrag zu weiteren Pockenausbrüchen bei Elefanten (Elephas maximus) in Europa mit methodischen Hinweisen für die Diagnostik. Verh.ber. Erkrg. Zootiere 25, 249 - 254.

PILASKI, J., ROSENBRUCH, M., GELDERBLOM, H., OLBERDING, P., und C. HAGENBECK (1987): Eine Herpesvirus-Infektion bei einem Asiatischen Elefanten (Elephas maximus). Verh.ber. Erkrg. Zootiere 29, 179 - 184.

PILASKI, J., and A. RÖSEN-WOLFF (1988): Poxvirus infection in zookept mammals. In: DARAI, G. (editor): Virus Diseases in Laboratory and Captive Animals. Martinus Nijhoff Publishers, Boston, 83 - 100.

Anschrift der Verfasser: Dr. med. vet. J. Pilaski
Medizinisches Institut für Umwelthygiene
Auf'm Hennekamp 50
D-4000 Düsseldorf (BRD)

Aus dem Institut für Tierpathologie der Universität Bern (Direktor Prof.Dr. H. LUGINBÜHL)

IRIDOVIRUS-EPIDEMIE BEI DER GRIECHISCHEN LANDSCHILDKRÖTE (TESTUDO HERMANNI HERMANNI)

Von M. Müller, N. Zangger und T. Denzler

Einleitung

Spontane virale Infektionen bei Schildkröten sind in der Literatur nach wie vor selten dokumentiert: Es sind dies durch Herpesviren bedingte Infektionen bei der Pazifik-Wasserschildkröte (Clemmys marmorata; FRYE et al., 1977), der Grünen Meeresschildkröte (Chelonia mydas mydas; REBELL, 1975), der Zierschildkröte (Chrysemis picta; COX et al., 1980), der Gopherschildkröte (Gopherus agassini; HARPER et al., 1982), der Landkartenschildkröte (Graptemys sp.; JACOBSON et al., 1982) der Griechischen Landschildkröte (Testudo hermanni; HELDSTAB et al., 1984) und der Argentinischen Schildkröte (Geochelone chilensis; JACOBSON et al., 1985) sowie eine durch ein Iridovirus bedingte Hepatitis bei einer einzelnen Griechischen Landschildkröte (Testudo hermanni; HELDSTAB et al., 1982).
In dieser Arbeit wird zum ersten Mal über eine spontane Iridovirämie bei 200 Griechischen Landschildkröten (Testudo hermanni hermanni) berichtet.

Material und Methoden

Aus einer Importsendung von ungefähr 2000 Griechischen Landschildkröten aus Jugoslawien gelangten 10 Tiere zur Autopsie. Organstücke wurden in 4 %igem Formalin fixiert, in Paraffin eingebettet, 5 μ dick geschnitten und H.E. gefärbt. Etliche Präparate wurden zusätzlich mit Van Gieson und PAS gefärbt. Für die elektronenmikroskopische Untersuchung wurden formalinfixierte Organstücke in 1 %igem Osmiumtetroxid nachfixiert und in Spur eingebettet. Die Semidünn-Schnitte der Leberstückchen und des Plexus chorioideus wurden mit Toluidinblau gefärbt, die Ultradünn-Schnitte mit Uranylazetat und Bleizitrat versetzt und mit einem Philips EM 300 Elektronenmikroskop untersucht.
Die Organe sind routinemäßig bakteriologisch untersucht worden. Eine virologische Kultivierung konnte nicht durchgeführt werden.

Resultate

Klinik

Ein Schweizer Zoohändler importierte aus Jugoslawien ungefähr 2000 Griechische Landschildkröten. Innert eines Monats sind 200 Tiere verstorben (5 - 15 Tiere pro Tag). Das klinische Krankheitsbild zeigte einen subakuten und einen akuten Verlauf. Das subakute Stadium manifestierte sich vorwiegend in purulenter Rhinitis und Konjunktivitis, Pneumonie (Negative Schwimmprobe), ausgeprägter Stomatitis ulzerosa mit foetor ex ore und massiver Anasarka. Tiere, die innert 1 - 2 Tagen verstarben, zeigten lediglich ein Hängenlassen des Kopfes, Maulatmen und ein subkutanes Halsödem. Alle Tiere waren inappetent. Koprologisch konnte ein massiver Befall mit Oxyuren sp. nachgewiesen werden. Therapeutisch wurde Frieso-Gent (Gentamicin-Sulfat, Coopers Tierarzneimittel; 3 mg/kg KM) i.m., Panacur (Fenbendazol, Hoechst Veterinär; 50 mg/kg KM), Multi-Vitamine und NaCl-Glucose per os verabreicht. Die Therapie zeigte bei keinem Tier einen Erfolg.

Pathologie

Das makroskopische Sektionsbild kann wie folgt charakterisiert werden; bei allen Tieren fand sich ein ausgeprägtes subkutanes Ödem; multiple, miliare, helle Herde durchsetzten Leber- und Milzparenchym, zudem bestand eine massive Hepatosplenomegalie; die nekrotische Zunge war mit purulent-fibrinösen Belägen bedeckt; Pharynx und Larynx waren mit purulent-fibrinösem Material substenosiert; Ösophagus- und Magenmukosa zeigten eine striäre Hyperämie; das Zäkum war angeschoppt mit Oxyuren sp., eine derbe Konsistenz konnte in der Lunge nachgewiesen werden; eine gallertige Leptomeninx und ein ödematisiert erscheinendes Gehirnparenchym vervollständigten das Sektionsbild.

Histologisch zeigten sich in der Leber multiple, miliare akute Nekroseherde, disseminierte Einzelzellnekrosen sowie multiple Petechien. Akzentuiert um die Nekroseherde waren im Zytoplasma der Hepatozyten die verschiedenen großen, kompakten basophilen Einschlußkörper auffällig. Erreichten die Einschlüsse die Größe eines Hepatozytennukleus, verdrängten sie diesen an die Zellperipherie. Ein rundzelliges Infiltrat fehlte, jedoch manifestierte sich bei bakterieller Komplikation eine im Ausmaß variierende purulente, teils ganulomatöse Hepatitis.

Massive zytoplasmäre Ballonierung mit Vakuolenbildung und Einzelzellnekrosen, vereint mit verschieden großen Zytoplasmaeinschlüssen, konnten in den Epithelien der Gallengänge, Ductus pancreaticus, proximalen und distalen Nierentubuli, Trachea, Magen- und Dünndarmmukosa erfaßt werden. Eine hydropische Degeration des Stratum germinativum mit Ablösung von der Basallamina, einem interzellulären Ödem und Zytoplasmaeinschlüssen waren typische Veränderungen an Zungen-, Pharynx-, Ösophagus- und Larynxepithel. Das bakterielle Reaktionsmuster reichte von PMN-Diapedesis und Exozytose, Munro-Mikroabszessen und Pustelbildung bis zu purulenter, tiefnekrotisierender Entzündung.

In der mit miliaren hämorrhagischen Nekroseherden durchsetzten Milz konnten nie Einschlüsse nachgewiesen werden. Im exokrinen wie auch im endokrinen Pankreas jedoch fanden sich Zytoplasmaeinschlüsse und Einzelzellnekrosen. Charakteristisch in der Niere war eine Hyperplasie der distalen Tubulusepithelien, welche mit der Quantität der Einschlüsse zu korrelieren schien. Die hydropischen Tubulusepithelien führten oft zu einer nekrotisierenden Tubulonephrose. Die Glomeruli manifestierten nebst einer exsudativen Glomerulonephritis eine Hyalinisierung der Kapillarschlingen.

Epithelnekrosen und Desquamation, submukosales Ödem, hyporegenerative Zottenatrophie und ein rundzelliges Infiltrat waren die Befunde des Dünndarms. Im Dickdarm konnten nie virusbedingte Läsionen nachgewiesen werden. Bezüglich Lunge ließ sich histologisch die klinische Diagnose bestätigen: bei allen Tieren bestand eine diffuse, purulente, interstitielle, teils granulomatöse Bronchopneumonie.

Uniform waren die Läsionen des Ependyms des Gehirns und des Plexus chorioideus. Die ballonierten Epithelzellen zeigten viele kleine Zytoplasmaeinschlüsse, wobei der Nukleus von basal nach apikal verschoben wurde. Dystrophie mit Kernpyknose ging neben Einzelzellnekrose einher. Oft fielen größere Plexusbezirke der Nekrose anheim. Im Nervengewebe konnten keine Einschlüsse gefunden werden.

Die elektronenmikroskopische Beurteilung der Zytoplasmaeinschlüsse von Hepatozyten und Epithelzellen des Plexus chorioideus ergab eine Ansammlung von hexagonalen Viruspartikeln. Charakteristisch für das Virion war ein elektronendichtes Kapsid und eine geschichtete Hülle. Zudem ließen sich leere Envelopes nachweisen. Der Durchmesser des Virions bewegte sich zwischen 135 und 150 nm.
Bakteriologisch wurde bei den vorgängig nicht therapierten Tieren in allen Organen und in den Gelenken Aeromonas sp. kultiviert. Die Keime erwiesen sich gegenüber Cephalotin und Kanamycin als empfindlich, gegenüber Ampicillin und Polymixin als resistent. Die Organe von drei therapierten Tieren zeigten kein Keimwachstum.
Allen Tieren gemeinsam war der extreme Parasitenbefall mit Oxyuren sp. (Zäkum, Kolon) und Sarcocystis sp. (M. masseter, Zungenmuskulatur). In einem Fall wurden zusätzlich Angusticaecum holoptera (Kolon) diagnostiziert.

Diskussion

Die primär nicht purulenten multifokalen Nekroseherde in Leber, Milz, Lunge und Plexus chorioideus, die hydropischen Degenerationen und Einzelzellnekrosen der verschiedenen Epithelien, die basophilen Zytoplasmaeinschlüsse sowie das nicht Ansprechen der Tiere auf die Antibiotika-Therapie ließen einen Virusinfekt vermuten.
Iridoviren enthalten DNS, sind hexagonal, behüllt und vermehren sich im Zytoplasma. Der Viriondurchmesser beträgt etwa 130 nm (MATTHEWS, 1981). Die Angaben decken sich mit unseren elektronenmikroskopischen Ergebnissen.

Wie für viele virale Erkrankungen typisch, scheint auch die Iridovirusinfektion bei den Griechischen Landschildkröten zu bakterieller Sekundärinfektion zu prädisponieren. Iridoviren bei den Reptilien werden beschrieben beim Maurischen Hausgecko (Tarentola mauritanica; AHNE, 1977) als "Geckovirus", eine Erythrozytendegeneration verursachend, und bei einer Griechischen Landschildkröte (HELDSTAB et al., 1982). Die von HELDSTAB beschriebenen Organveränderungen und elektronenoptischen Befunde lassen vermuten, daß es sich bei dieser Iridovirus-Hepatitis und unseren iridovirämie-bedingten Läsionen um denselben Iridovirus-Infekt handelt.

Nach dem klinischen Verlauf der Krankheit muß postuliert werden, daß die Griechischen Landschildkröten beim Import latente Träger des Iridovirus waren und die Krankheit unter dem Streß von massivem Endoparasitenbefall, Transport und Massenhaltung beim Tierhändler zum Ausbruch kam. Offen bleibt, ob sich unter den in Jugoslawien lebenden Griechischen Landschildkröten stumme Träger von Iridoviren befinden.

Zusammenfassung

Iridovirus-Epidemie bei der Griechischen Landschildkröte (Testudo hermanni hermanni

Aus einer Importsendung von 2000 Griechischen Landschildkröten aus Jugoslawien starben 200 Tiere. Klinisch waren eine Anasarka, Rhinitis, Stomatitis, Pneumonie und starke Endoparasitose auffällig. Das pathologische Bild charakterisierte sich durch multiple Einzelzell- und Herdnekrosen mit basophilen Zytoplasmaeinschlüssen in Leber, Niere, Trachea, Pankreas, Verdauungstrakt, Ependym und Plexus chorioideus. Elektronenmikroskopisch ließen sich die Einschlüsse als Virione, den Iridoviren ähnlich, identifizieren. Terminal erlagen die Schildkröten einer bakteriellen Septikämie.

Summary

Epidemic Iridovirus Outbreak among Spur-Tailed Mediterranean Land Tortoises (Testudo hermanni hermanni)

Death occurred to 200 of 2,000 spur-tailed Mediterranean land tortoises imported from Yugoslavia. Anasarca, rhinitis, stomatitis, pneumonia, and severe endoparasitosis were clinically recorded. The pathological pattern was characterised by multiple single-cell and focal necroses with basophilic intracytoplasmic inclusions in liver, kidney, trachea, pancreas, digestive tract, ependyma, and plexus choroideus. The inclusions were identified by electron microscopy as virions similar to iridoviruses. Bacterial septicaemia was the actual cause of death.

Résumé

Epidémie à Iridovirus chez la Tortue d'Hermann (Testudo hermanni hermanni)

D'un groupe de 2000 Tortues d'Hermann importées de Yougoslavie, 200 sont mortes dans le cours d'un mois. Cliniquement on a constaté un anasarca, une rhinite, une stomatite, une pneumonie et une forte endoparasitose. L'image pathologique était caractérisée par de multiples nécroses focales avec des corps d'inclusion cytoplasmatiques basophiles dans le foie, les reins, la trachée, le pancréas, le tube digestif, l'épendyme et le plexus choroideus. L'examen au microscope électronique révéla des virions, semblables aux Iridovirus. Les analyses bactériologiques mirent en évidence une septicémie bacterielle terminale.

Резюме

Эпидемия иридовируса у греческой полевой черепахи (Testudo hermanni hermanni)

Из 2000 греческих полевых черепах, импортированных из Югославии, погибло 200 штук. Клиническая картина показала наличие анaзарки, ринита, стоматита, пневонии и сильной зараженности эндопаразитами. Патологическая картина характеризуется множественными и единичными некротическими язвами с базофильными цитоплазматическими включениями в печени,почках, трахеи, панкреасе, в пищеварительном тракте, эпендуме и Plexus chorioideus. Электронномикроскопически удалось обнаружить включения в виде вирионов, похожих на иридовирусы. Непосредственно животные погибали от бактериальной септикемии.

Literaturverzeichnis

AHNE, W. (1977): Übersicht über die bei poikliothermen Vertebraten vorkommenden Viren. Tierärztl. Prax. 5, 529 - 540.

COX, W. R., RAPLEY, W. A., and I. K. BARKER (1980): Herpesvirus-like infection in a painted turtle (Chrysemys picta). J. Wildl. Dis. 16, 445 - 449.

FREYE, F. L., OSHIRO, L. S., DUTRA, F. R., and J. D. CARNEY (1977): Herpesvirus-like infection in two Pacific pond turtles. J. Am. Vet. Med. Ass. 171, 882 - 884.

HARPER, P. A. W., HAMMOND, D. C., and W. P. HEUSCHELE (1982): A herpesvirus-like agent associated with a pharyngeal abscess in a desert tortoise. J. Wildl. Dis. 18, 491 - 494.

HELDSTAB, A., and G. BESTETTI (1984): Herpesviridae causing glossitis and meningoencephalitis in land tortoises (Testudo hermanni). Sec. internat. Colloquium on pathology of reptiles and amphibians, Nothingham.

HELDSTAB, A., and G. BESTELLI (1982): Spontaneous viral hepatitis in a Spur-tailed Mediterranean Land Tortoise (Testudo hermanni). J. Zoo An. Med. 13, 113 - 120.

JACOBSON, E. R., CLUBB, S., GASKIN, J. M., and C. GARDINER (1985): Herpesvirus-like infection Argentine tortoises. J. Am. Vet. Med. Ass. 187, 1227 - 1229.

JACOBSON, E. R., GASKIN, J. M., and H. WAHLQUIST (1982): Herpesvirus-like infection in map turtles. J. Am. Vet. Med. Ass. 181, 1322 - 1324.

MATTHEWS, R. E. F. (1979): Classification and nomenclature of viruses. Intervirology. 12, 174 - 176.

REBELL, G., RYWLIN, A., and H. HAINES (1975): A herpesvirustype agent associated with skin lesions of green sea turtles in aquaculture. Am. J. Vet. Res. 36, 1221 - 1224.

Anschrift der Verfasser: Dr. med. vet. M. Müller
Länggasstr. 122
CH-3012 Bern (Schweiz)

From Center of Vertebrate Research (Tierpark Berlin)
(Director: Prof. Dr. sc. Dr. h. c. H. DATHE) Academy of Sciences GDR and the
Institute of General and Comparative Pathology
(Director: Prof. Dr. Z. MLADENOV) of the Bulgarian Academy of Sciences

LYMPHOID LEUKEMIA WITH PRESENCE OF TYPE C VIRUS PARTICLES IN A FOUR-LINED CHICKEN SNAKE: ELAPHE OBSOLETA QUADRIVITTATA

By W. Zschiesche, A. Konstantinov, R. Ippen, and Z. Mladenov

A survey of all the snake malignancies published till the beginning of the eighties was recently given by IPPEN (1985). Among them, the incidence of neoplasms of the hemopoietic system which amounts to about 18 % is relatively high. The pathohistologic classification, however, seems to be non-uniform and comprises a variety of terms such as lymphoid leukemia, lymphosarcoma, and malignant lymphoma. In a few cases, erythroleukemias, reticulosarcomas and plasma cell tumors have been diagnosed. A final decision is generally rendered more difficult by the failure to obtain clinical data, particularly hemograms. Nevertheless, the overwhelming majority of the hemopoietic malignancies with certainty belongs to the lymphocytic series whereas those of the myeloid series seem completely lacking. This situation apparently resembles the physiologic lymphocyte/granulocyte ratio in the peripheral blood of snakes (WILL, 1985).

IPPEN et al. (1978) and KONSTANTINOV and IPPEN (1982) were the first to describe the presence of C-type virus particles in leukemic tissue of 3 individuals of Boa constrictor as demonstrated by electron microscopy. These findings point to a possible viral pathogenesis of leukemias in reptiles in accordance with the already proved viral pathogenesis of various animal species (birds, mice, cats, cattle) and man.
In the following, we will report on a further case of leukemia in a four-lined chicken snake (Elaphe obsoleta quadrivittata) with detection of C-type virus particles.

Material and methods

The female rat snake was provided by the Tierpark Berlin. The subadult animal had been found dead in its cage without previous signs of illness. Necropsy was performed and pieces of the visceral organs were fixed in 10 % formaldehyde, embedded in paraffin and processed as usually.

Material for electron-microscopic investigations was taken from tissue stored in 10 % formaldehyde for several months. Very small parts of the surface of these tissues were washed for 24 hours in running water, additionally fixed in 4 % glutaraldehyde for 24 hours in a refrigerator and in 1 % OsO_4 (according to Palade) for 2 hours, dehydrated in alcohol, and embedded in durcopan. Ultrathin sections were cut using a Reichert ultramicrotome. The electron microscopic examinations were carried out by means of a JEM 1200 EX electron microscope.

Results

The animal was found well-nourished by gross inspection with 60 g of weight and 80 cm of length. A slight infestation by ectoparasites accompanied by miliar hemorrhages of the corium was noted. Necropsy revealed slightly anemic visceral organs and an edematous consistency of the lungs. By bacteriological examination, Pseudomonas aeruginosa were found in the intestinal lumen and E. coli in the visceral organs.

Light microscopy revealed massive isomorphous cellular infiltrates in the majority of the visceral organs studied (liver, spleen, kidney, pancreas, thymus, myocardium). The cells showed round nuclei with 1 - 2 centrally located nucleoli and a moderately broad cytoplasmic edge. No granules could be discovered. Mitotic figures were occasionally to be seen (Fig. 1 and 2).

In the liver, massive cellular accumulation was found in the periportal triangles, extending into the perilobular areas and locally compressing the parenchym (Fig. 3). Both the stellate and endothelial cells were preserved. - The normal spleen architecture was completely destroyed by diffuse cellular infiltrates. - The renal cellular infiltrates were found restricted to the interstitium of the cortex and the cortico-medullary junction. They led to local atrophy of the adjacent tubular apparatus. - Single small infiltrates were seen in the heart immediately beneath the endocardium. - The normal thymus architecture was completely destroyed and replaced by isomorphous cellular infiltrates which croached on the capsule and the adjacent adipous tissue. - In all organs, the above cells were found in blood vessels. The electron microscopic studies confirmed the isomorphous appearance of the leukemic cells. The majority of them possessed nuclei with folded margins exhibiting deep indentations (Fig. 4). The latter are considered to be typical of malignant cells. Particles, being 80 - 100 nm in diameter, with central, electron dense nucleoids were detected in cytoplasmic vacuoles of some cells (Fig. 5). According to their morphology, they have to be classified as type C virus particles.

According to the organ distribution of the infiltrates, especially their accumulation in the thymus, and to the cytology as revealed by light and electron microscopy, the pathological process has to be classified as an immature lymphoid leukemia.

Discussion

This is the first report on the occurrence of a leukemia in a four-lined chicken snake. The histological pattern closely resembles that of an immature lymphatic type, and the malignancy has thus to be classified as a lymphoblastic leukemia. As in the preceding snake species studied in our institutes (IPPEN et al., 1978; KONSTANTINOV and IPPEN, 1982), type C virus particles could be detected in leukemic cells of various organs.

The reptilian type C oncoviruses were classified as a separate genus since they are antigenically not related to other members of the subfamily Oncovirinae (LIEBERMANN and WITTMANN, 1987). Only few reports describe their detection in normal tissue of tumor-bearing individuals (ZEIGEL and CLARK, 1969a, b, 1971), in cells of a rhabdomyosarcoma (LUNGER et al., 1974), and in leukemic tissue of snakes (IPPEN et al., 1978; KONSTANTINOV and IPPEN, 1982). The present paper adds a further observation to this list. The apparently regular association between the presence of C particles and leukemic transformation as revealed from the necropsy series of our institutes may suggest an etiological role of the type C oncoviruses. Analogous observations from mammalian animal species lend strong support to this suggestion although conclusive evidence is so far lacking.

Summary

Lymphoid leukemia with presence of type C virus particles in a four-lined chicken snake: elaphe obsoleta quadrivittata

A case of lymphoblastic leukemia in a chicken snake is described. Leukemic infiltration of spleen, thymus, liver, kidney and myocardium dominated as revealed by light microscopy. C-type virus particles could be detected in various leukemic tissues using electron microscopy.

Zusammenfassung

Lymphoide Leukämie mit Typ C-Virus-Partikeln bei einer Küken-Schlange (Elaphe obsoleta quadrivittata)

Es wird ein Fall einer lymphoblastischen Leukämie mit vorherrschender Infiltration von Milz, Thymus, Leber, Niere und Herzmuskel beschrieben. Elektronenmikroskopisch konnten Viruspartikel vom Typ C nachgewiesen werden.

Résumé

Leucémie lymphoide d'un serpent à poussin (Elaphe obsolete quadrivitata) avec des particles du vitus type C

Le cas d''une leucémie lymphoblastique avec une infiltration prépondérante de la rate, du thyme, du foie, des reins et du myocarde est décrit. Des particles du virus type C ont été identifiés par microscopie électronique.

Резюме

Лимфоидный лейкоз типа C вируса у цыплячей змеи (Elaphe obsoleta quadrivittata)

Сообщается об одном случае лимфобластичного лейкоза с инфильтратами в селезёнке, тимусе, печени, почках и в сердечной мышце. Электронномикроскопически выявлен вирус типа C.

References

IPPEN, R. (1985): Geschwülste der Reptilien. In: Handbuch der Zootierkrankheiten, Bd. 1: Reptilien, hrsg. von R. IPPEN, H.-D. SCHRÖDER und K. ELZE, S. 270 - 301. Berlin: Akademie-Verlag.

IPPEN, R., MLADENOV, Z., und A. KONSTANTINOV (1978): Leukose mit elektronenoptischem Virusnachweis bei zwei Abgottschlangen (Boa constrictor). Schweiz. Arch. Tierheilk. 120, 357 - 369.

KONSTANTINOV, A., and R. IPPEN (1982): Erythroleukosis with presence of virus particles in two Boa constrictor. Proc. 1st Int. Coll. Pathol. Reptiles Amphibians, pp. 123 - 128.

LIEBERMANN, H., und W. WITTMANN (1987): Eigenschaften und Taxonomie der Retroviren. Mh. Vet.-Med. 42, 853 - 858.

LUNGER, P. D., HARDY, D. W., and H. F. CLARK (1974): C-type virus particles in a reptilian tumor. J. Nat. Cancer Inst. 52, 1231 - 1235.

WILL, R. (1985): Blut. In: Handbuch der Zootierkrankheiten, Bd. 1: Reptilien. Hrsg. von R. IPPEN, H.-D. SCHRÖDER und K. ELZE, S. 81 - 127. Berlin: Akademie-Verlag.

ZEIGEL, R. F., and H. F. CLARK (1969a): Morphological aspects of a new "C" type viral agent of reptilian origin. In: 27th Ann. Proc. Electron Microscopy Soc. Amer., ed. by C. ARCENEAUX. Baton Rouge: Claitor's Publ. Div.

ZEIGEL, R. F., and H. F. CLARK (1969b): Electron microscopic observations on a "C" type virus in cell cultures derived from a tumor-bearing viper. J. Nat. Cancer Inst. 43, 1097 - 1102.

ZEIGEL, R. F., and M. F. CLARK (1971): Histologic and electron microscopic observations in a tumor-bearing viper: establishment of a "C"-type virus producing cell line. J. Nat. Cancer Inst. 46, 309 - 321.

Address of authors: Prof. Dr. W. Z s c h i e s c h e
Am Tierpark 125
DDR 1136 Berlin (GDR)

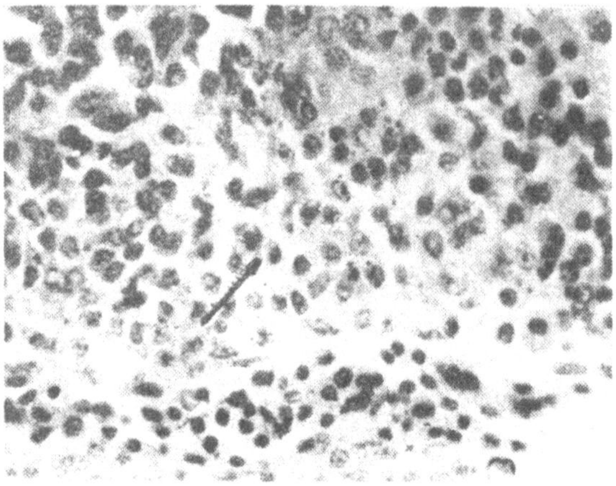

Fig. 1: Perilobular leukemic infiltrates of the liver.
Mitotic figures (arrow).
H. & E., x 1,800

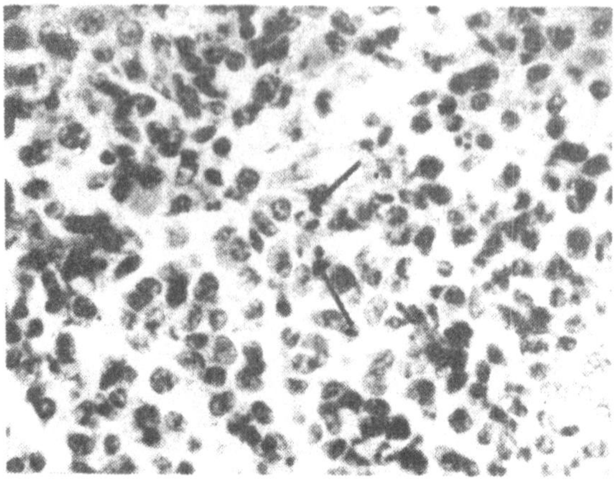

Fig. 2: Centrolobular leukemic infiltrates of the liver.
Mitotic figures (arrow).
H. & E., x 1,800

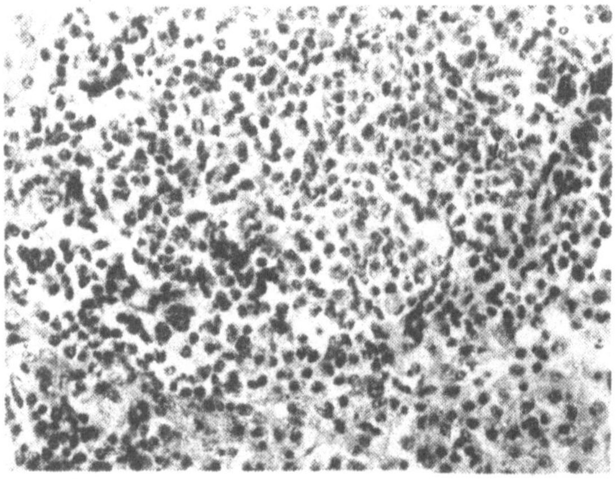

Fig. 3: Massive isomorphous leukemic infiltration of the liver.
H. & E., x 750

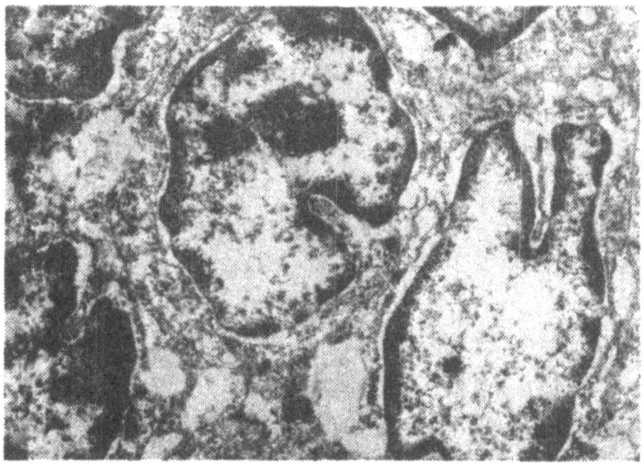

Fig. 4: Leukemic cells. Nuclei with marginal indentations.
x 25,000

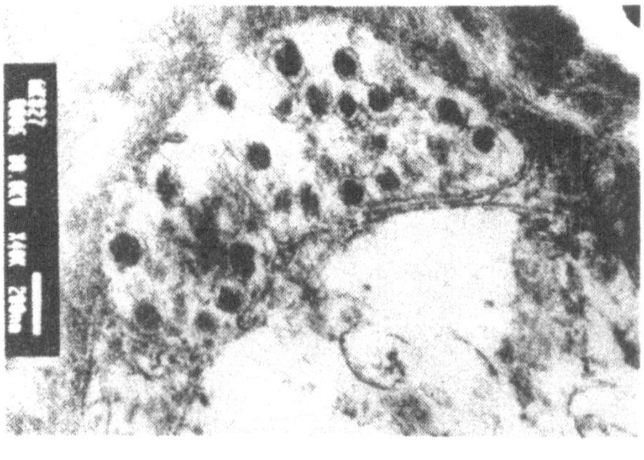

Fig. 5: Cluster of type C virus particles in cytoplasmic vacuoles of leukemic cells. Disrupted capsids are artifacts because of inappropriate fixation procedure.
x 100,000

Районная ветеринарная станция - г. Хасково

ВОРОБЬ И ГОРЛИЦЫ В ЭПИЗООТИЧЕСКОЙ ЦЕПИ ТИФА У КУР

Т.П. Кокошаров

При изучении эпизоотологии тифа птиц важным моментом является установление источника инфекции. В связи с этим не выяснен вопрос о роли диких птиц, живущих в близности с птицефермами.

В литературе существуют противоречивые данные о восприемчивости диких птиц к заболеванию тифом. Еще в 1891-ом году LUCET по HALL (1962) описал тиф у индеек, но утверждает, что утки, гусьи и голубы невосприемчивый к нему. EL DINE по HALL (1962) в 1939 году сообщает о этой болезни у цыплят, индеек и павлинов, но считает, что гусьи, утки и голубы нечувствительные. Наоборот, TRUCHE по HALL (1962) в 1929 году находил, что фазаны, лебеды, куропатки, воробьи, один вид голубей и штраусы обычно болеют. RAO et al. по HALL (1962) сообщают, что S. gallinarum вискокопатогенна для голубей. Некоторые авторы (DALLING et al. по ROBIN, 1960) установили пуллороз у воробей м естественных условиях.

У нас такие исследования не проводились. Поэтому мы поставили себе задачу изучить могут ли воробьи (Passer domesticus) и горлицы (Streptopelia decaocto), живущие на птицеферме, на которой встречается периодически обострящийся тиф, быт сальмонелоносителями и сальмонелоотделителями, а такие изучить возможность для экспериментального или путем контакта с зараженными курами, заражения.

Материалы и методы

На протежение шести месяцев мы провели наблюдения за смертностью воробей и горлиц в районе птицефермы с белым легхорном, хронически болевший тифом, который периодически обострялся. В период акутного проявления болезни у кур мы убили 20 воробей и 10 горлиц, которых разработали бактериологически. Шести от горлиц предварительно исследовали в кровекапельной реакции агглютинации /ККРА/ и СРА /реакции аглютинации/ атнигеном "тест тифус"-производство ВИИ София. Кроме того на протежение 3 недель 10 клинически здровые, но положительно реагировавшие в ККРА, курицы находились в едной клетке с 6-ью незараженными горлицами. Через каждые 5 дней мы брали клоачные пробы тампонами, а после 21-го дня убили горлиц и разработали их бактериологически. Дополнительно содержали совместно 6 экспериментально зараженных per os штаммам S. gallinarum горлиц и 6 незараженных кур породы белый легхорн /I-ая группа/, а также 6 экспериментально зараженных per os кур и 6 незараженных горлиц /II-ая группа/. На 4-ти, 7-ой и 14-й день брали клоачные пробы тампонами, а на 14-й, 21-, 45-й день кровь для серологического исследования. После этого срока всех подопытных птиц убили и провели бактериологические исследования.

Результаты и обсуждение

Наши несколькомесячные наблюдения и анкеты среди работающих на птицеферме показали, что в районе фермы, на которой существует хроническое заболевание тифом у куры породой белый легхорн и то заболевание периодически экзальируется, нет повышенной смертности среди воробей и горлиц. Ни одна птица из 10-ти горлиц и 20-ти воробей, убитых в очаге акутного тифа, не была сальмонеллоносителям. Бактериологически нам не удалось изолировать инфекциозного агента, также не удалось и серологически /ККРА и СРА/ доказать антитела против возбудителя тифа. Несмотря на то, что в естественных условиях горлицы и воробьи живут совместно с птицами на ферме и вопреки острого течения заболевание у кур, исследованные дикие птицы не били сальмонеллоносителями и не имели иммунобиологической переустройки своих организмов.

При совместного 20-ти дневного содержании 6-ти горлиц и 10-ти клинически здоровых, но положительно реагировавших в ККРА кур, ни у одной из горлиц заболевание не проявилось клинически, из тампонных клоачных проб, которых брали через каждые 5 дней, и из внутренних органов убитых горлиц нам не удалось изолировать S. gallinarum.

Результаты, полученные при совместного содержании экспериментально зараженных горлиц со здоровыми курами и при совместном содержании экспериментально зараженных кур со здоровыми горлицами на протяжение 45 дней отражены в таблице I. Видно, что горлицы, инфицированные штаммом S. gallinarum, не выделяют сальмонелл с фекалиями. Однако две и них имели на 14 день

ниский титр антител /I:40/. Интересный результат получился и одной у кур, которая находилась в контакте с зараженными горлицами. На I4-й день она показала титр антител I:40, а на 2I и 5 день-выше чем I:80. Явно, что эта курица каким то образом заразилась от горлиц. Другая курица этой же группы на 45-й день имела ниский титр антител /I:20/.
В другой подопытной группе, в которой 45 дней совместно находились экспериментально зараженные куры и незараженные горлицы, не установили сальмонеллы из птиц. Куры однако имели високий титр антитела, что указывает на прошедший в организмах инфекциозный процесс.

На весь период наблюдения ни у одной из зараженных или из живущих с ними, птиц не проявились клинические признаки заболевания. Для этого явно необходимо кроме инфекциозного агента и пред располагающие к заболеванию, неблагоприятные условия содержания.
Обобщая данные эксперимента надо отметить, только две из экспериментально зараженных штаммом S. gallinarum горлиц показали на I4 день после заражения сравнительно высокий титр антител против S. gallinarum, которого при дальнейших исследованиях не обнаружили.
Горлицы, каким то образом, вероятно механически, перенесли возбудителя инфекции и одна из кур имела на 45 день високий титр антитела. Горлицы, которые жили вмести с зараженными курами не выделяли сальмонелл в период исследования и не показали наличия антител. Наши результаты показали, что в первой группе, зараженные экспериментально горлицы передали возбудителя инфекции одной из куры, которая показала високий титр антител против S. gallinarum.
Не смотря на то, что клинические признаки заболевания не проявились высокий титр антител является убедительным доказательством реализованной в организме инфекции. Наши результаты подтверждает данные ГАДЖИВЕВА (1976), который работая на птицеферме в период заболевания тифом, исследовал 844 проб крови, яйца, эмбрионы, умерших воробей и не изолировал инфекциозного агента. Но изолированные СЛАВКОВА (1964) штамм S. gallinarum-pullorum из фазана, штамм S. gallinarum из чучулиги (ROBIN; 1960) и из других диких птиц показывает, что носительство этого вида сальмонелл, которые вызывают спцифическое для домашных птиц заболевание. Своими опытами мы не смогли доказать, что воробьи и горлицы, которые живут в контакте с больными тифом птицами, являются сальмонеллоносителями и сальмонелловыделителями. По нашим данным у горлиц не возможен эпизоотический процесс тифа. Однако, как показали наши опыты возможен механический перенос инфекциозного агента горлицами.

Резюме

Роль воробьёв и голубей в инфекционной цепи тифы у домашней птицы

Экспериментально изучалась эпизоотиолгическая взаимосвязь между домашними воробьми или голубями и живностью, содержащейся в вольерах на сальмонелльное заражение. Результаты исследовались и дополнялись серологическими контрольными опытами.

Zusammenfassung

Zur Rolle von Haussperling und Taube in der Infektionskette des Geflügeltyphus

In experimentellen Untersuchungen wurden die epizootiologischen Wechselbeziehungen zwischen Haussperlingen bzw. Tauben und den in Volieren gehaltenen Vögeln im Rahmen des Salmonellengeschehens untersucht. Die Untersuchungsergebnisse wurden durch serologische Kontrolluntersuchungen ergänzt.

Summary

Role of House Sparrow and Pigeon in Chain of Infection of Fowl Typhoid

Experimental studies were conducted into epizootiological correlations between house sparrow or pigeon and birds kept in aviaries, in the context of salmonellosis. The results thus obtained were supplemented with serological follow-up checks.

Résumé

A propos du rôle qui jouent le pigeon et le moineau domestiques dans la chaîne d'infestation à la fièvre typhoide de la volaille

Des examens expérimentaux du développement des salmonelles ont permis une comparaison des interactions épizootiologiques entre les moineaux et pigeons domestiques et les oiseaux gardés dans les volières. Les résultats des examens sont complétés par les analyses sérologiques de contrôle.

Таблица 1.

Группа	Птицы	Число	Зараженные	Исследование перед заражением			Исследование после зараженным /по дням/						
				ККРА	СРА	Т П	4	7	I4		2I	45	
							ТП	ТП	ТП	СРА	СРА	СРА	Бакт. иссл.
I-ва	Горлицы	6	да	-	-	-	-	-	-	2/I:40/	-	-	-
	Куры	6	не	-	-	-	-	-	-	I/I:40/	I/I:80/	I/I:80/ I/I:20/	-
II-рая	Горлицы	6	не	-	-	-	-	-	-	I/I:20/	-	-	-
	Куры	6	да	-	-	-	-	-	-	2/I:I60/ I/I:20/	I/I:I60/ I/I:40/	I/I:I60/	-

Литература

ГАДЖИЕВ, К.Ш. (I976): Ветеринария, I2, 47.

МИНЕВ, М. и И. МИНЕВА (I98I): У. Конгр. по микроб. Т. II, 349

СЛАВКОВ, Ил. (I964): Салмонелозите в България, Земиздат, С.

HALL, W.J. (1962): Fowl Typhoid. In: Diseases of Poultry, IV ed. Iowa St. University Press, Ames Jowa, U.S.A., 249 - 272.

ROEKEL, V.H. (1962): Pullorum disease. In: Diseases of Poultry, IV ed., Jowa St. University Press, Ames Jowa, U S A, 162 - 202.

ROBIN, B. (1960): Rec. Med. Vet.,

Адрес автора: Т. К о к о ш а р о в
ОВМЦ
г. Хасково - 6300 (Н.Р. Болгария)

Aus dem Veterinärmedizinischen Impfstoffwerk PHYLAXIA, Budapest (Direktor: Dr. F. CZELLENG)

VERGLEICHENDE UNTERSUCHUNGEN ZUR EMPFINDLICHKEIT DER MAUS (MUS MUSCULUS) UND DER FELDMAUS (MICROTUS ARVALIS) FÜR LISTERIA MONOCYTOGENES UND ERYSIPELOTHRIX RHUSIOPATHIAE

Von F. Kemenes und L. Fábián

Weiße Mäuse werden sowohl für L. monocytogenes als auch für E. rhusiopathiae empfänglich gehalten. Es ist aber weniger bekannt, daß die fakultativ intrazellulär liegenden Listerien, bei parenteraler Verabfolgung, nur in großen Dosen (mindestens 100.000 Keime), die ebenfalls als fakultativ pathogen betrachteten Schweinerotlaufkeime aber in minimalen Dosen die Mäuse töten. Es interessierte uns, wie sich Feldmäuse gegenüber dieser Infektion verhalten und ob in der Empfänglichkeit Unterschiede bestehen.

Methodik

Insgesamt 261 Weiße Mäuse und 120 Feldmäuse wurden verwendet. Die parenterale Infektion erfolgte i.p. oder s.c. Die Mäuse stammten aus der kommerziellen Kleintierzucht LATI, die Feldmäuse aus unserer eigenen Zucht. Letztere vermehrten sich bei Grünfütterung auch im Winter. Gleichgeschlechtliche 20 - 25 g schwere Mäuse und 22 - 28 g schwere Feldmäuse wurden zu Gruppen von je 4 Tieren zusammengestellt. Die Infektion erfolgte mit je 0,2 ml in 10er Potenz verdünnten, 20 Stunden alten Tarozzi-Kulturen. Die Bakterienzahlen der Inokula wurden nachträglich auf Blutagarplatten bestimmt. Verwendet wurden ein hämolysierender L. monocytogenes-Stamm des Typs 1/2a, aus einem an Enzephalitis gestorbenen Schaf und ein E. rhusiopathiae-Stamm des Serotyps 1 aus einem an Septikämie gestorbenen Schwein. Die Virulenz dieser Stämme wurde laufend durch monatliche Passage an Mäusen aufrechterhalten. Die infizierten Tiere wurden 10 Tage hindurch beobachtet, und die Empfänglichkeit auf Grund der 50%igen Letalität bestimmt. Als Endtiter galt die Gruppe, in der 2 von 4 Tieren gestorben waren. Eine genauere statistische Auswertung wurde nicht vorgenommen, da die Gruppen zu klein waren und nur orientierende Ergebnisse angestrebt wurden.

Resultate

Die Ergebnisse (Letalität) der Mäuse- bzw. Feldmäuse-Gruppen, die i.p. bzw. s.c. infiziert wurden, sind in den Tabellen 1 und 2 angegeben. Aus diesen geht hervor, daß sowohl Mäuse als auch Feldmäuse für die i.p. Infektion empfänglicher als für die subkutane Infektion sind, und daß Feldmäuse bedeutend (100 - 120mal) empfindlicher für L. monocytogenes als Mäuse sind.

Tabelle 1: Letalitätsrate bei Mäusen und Feldmäusen nach intraperitonealer Infektion mit L. monocytogenes

Inokulum (Keimzahl in 0,2 ml)	Mäuse	Feldmäuse
1 200 000+)	3/4++)	4/4
120 000	<u>2/4</u>	4/4
12 000	0/4	3/4
1 200	0/4	<u>3/4</u>
120	0/4	0/4

+) Die Grundverdünnung der Bouillonkultur enthielt ungefähr 6 Mill. Keime/ml.
++) Nenner: Zahl der infizierten Tiere, Zähler: Zahl der gestorbenen Tiere

Die Ergebnisse (Letalität) der Mäusegruppen nach i.p. und s.c. Infektion mit E. rhusiopathiae sind in Tabelle 3 angegeben. In diesem Fall waren die Ergebnisse nach i.p. und s.c. Infektion gleich. Bereits 2 - 5, aber in jedem Fall 25 parenteral injizierte Keime töteten Mäuse, die Feldmäuse aber widerstanden mehreren Millionen injizierten Keimen. Bei s.c. mit hohen Dosen infizierten Feldmäusen war aber die Letalität etwas höher, vermutlich weil die Empfindlichkeit der Haut für E. rhusiopathiae größer ist, wie das auch von der intrakutanen Infektion bei Schweinen nach FORTNER her bekannt ist. Bei Infektion über die skarifizierte Haut konnten Feldmäuse nicht letal infiziert werden. Auch in das Kniegelenk injizierte Keime erzeugten

Tabelle 2: Letalitätsrate bei Mäusen und Feldmäusen nach subkutaner Infektion mit L. monocytogenes

Inokulum (Keimzahl in 0,2 ml)	Mäuse	Feldmäuse
1 500 000+)	3/4++)	4/4
150 000	1/4	4/4
15 000	0/4	3/4
1 500	0/4	3/4
150	0/4	0/4

+) Die Grundverdünnung der Bouillonkultur enthielt ungefähr 9 Mill. Keime/ml
++) Erklärung siehe bei Tabelle 1

Tabelle 3: Letalitätsrate bei Mäusen und Feldmäusen nach intraperitonealer bzw. subkutaner Infektion mit E. rhusiopathiae

Inokulum (Keimzahl in 0,2 ml)	Mäuse	Feldmäuse
5 000 000+)	8/8++)	3/8
500 000	8/8	0/8
50 000	8/8	0/8
5 000	8/8	0/8
500	8/8	0/8
50	7/8	0/8
5	5/8	0/8

+) Die Grundverdünnung der Bouillonkultur enthielt ungefähr 25 Mill, Keime/ml
++) Erklärung siehe in Tabelle 1

keine Gelenkentzündung, was aber bei resistenten Ratten möglich ist.

Diskussion

Gemäß unserer vergleichenden Untersuchungen sind also Feldmäuse empfänglicher gegenüber L. monocytogenes als Mäuse. Umgekehrt sind Mäuse gegenüber E. rhusiopathiae empfänglicher als Feldmäuse, letztere sind resistent. Die Ursache dafür mag genetisch verankert sein. Es soll aber erwähnt werden, daß Mäuse gegenüber Trypanosoma equiperdum sehr empfänglich sind, wobei Feldmäuse die Infektion überleben und eine 10- bis 15fache Vergrößerung der Milz zeigen. Feldmäuse sind auch gegenüber dem Tyzzerschen Bacillus piliformis resistent. Für die obligat-pathogene Francisella tularensis aber sind sowohl Feldmäuse als auch Mäuse sehr empfindlich und werden von wenigen Keimen getötet.

Um die Empfindlichkeit verschiedener Nagetierarten für verschiedene Krankheitserreger zu bestimmen und genetische Eigenschaften sowohl der Erreger als auch der Tierarten zu klären, sind weitere Untersuchungen nötig, wobei eventuell immunsuppressive Eingriffe vorgenommen werden sollen.

Zusammenfassung

Vergleichende Untersuchungen zur Empfindlichkeit der Maus (Mus musculus) und der Feldmaus (Microtus arvalis) für Listeria monocytogenes und Erysipelothrix rhusiopathiae

Es wurde die Empfindlichkeit von Labor- und Feldmäusen gegenüber Infektionen mit Listerien und Rotlaufbakterien geprüft. Dabei erwiesen sich Feldmäuse Infektionen durch Listeria monocytogenes gegenüber als wesentlich empfindlicher als Labormäuse. Bei Infektionen mit Erysipelothrix rhusiopathiae war es genau umgekehrt.
Die Empfindlichkeit der zwei Tierarten für diese beiden grampositiven, fakultativ pathogenen Erreger wurde auf Grund der parenteralen Verabfolgung dieser Erreger an insgesamt 261 Mäusen und 120 Feldmäusen geprüft.

Summary

Comparative Studies into Sensitivity of Mouse (Mus musculus) and Common Vole (Microtus arvalis) to Listeria monocytogenes and Erysipelothrix rhusiopathiae

Laboratory mice and common voles were tested for their vulnerability to infections in which Listeriae and erysipelas bacteria were involved. The vulnerability of common voles to Listeria monocytogenes infections proved to be mugh higher than that of laboratory mice, whereas the situation was just the opposite, when it came to Erysipelothrix rhusiopathiae infections. The sensitivity of either species to both gram-positive, facultatively pathogenic bacteria was tested on the basis of parenteral administration of these pathogens to 261 mice and 120 common voles.

Résumé

Etudes comparatives relatives à la sensibilité aux Listeria monocytogenes et Erysipelothrix rhusiopathiae de la souris (Mus musculus) et du campagnol (Microtus arvalis)

La sensibilité des souris de laboratoire et des campagnols aux infections aux listéries et bactéries de l'érysipèle a été examinée. Il a été demontré que les campagnols réagissent beaucoup plus sensibles que les souris de laboratoire aux infections à listeria monocytogenes. Dans le cas des infections à Erysipelothrix rhusiopathiae, cependant, il a été exactement le contraire. A cause de l'application parentérale de ces agents pathogènes la sensibilité de ces deux espèces d'animaux aux deux agents grampositifs facultativement pathogènes a été examinée chez 261 souris et 120 campagnols.

Резюме

Сравнительные исследования чувствительности мышей (Mus musculus) и полевых мышей (Microtus arvalis)к Listeria monocytogenes, Erysipelothrix rhusiopathiae

Изучена чувствительность лабораторных и полевых мышей к листерии и к Listeria monocytogenes. Выяснено, что полевая мышь значительно чувствительнее к листерии чем лабораторная. При инфекции Erysipelothrix rhusiopathiae всё было наоборот. Исследования чувствительности у данных видов на двух грамположительных факультативно патогенных возбудителях проводилось парентерально на 261 лабораторной мыше и на 120 полевых мышах.

Anschrift der Verfasser: Dr. F. K e m e n e s und
Dr. L. F a b i a n
Veterinärmedizinisches Impfstoffwerk "PHYLAXIA"
Postfach 23
H-1486 Budapest (Ungarische VR)

Aus dem Zoologischen Garten Leipzig (Direktor: Prof. Dr. S. SEIFERT) und den Wissenschaftsbereichen Mikrobiologie und Tierseuchenlehre (Leiter: OVR Prof. Dr. sc. H. LIEBERMANN) und Fortpflanzung landwirtschaftlicher Nutztiere (Leiter: OVR Prof. Dr. sc. J. SCHULZ) der Sektion Tierproduktion und Veterinärmedizin der Karl-Marx-Universität Leipzig

UNTERSUCHUNGEN ZUM VORKOMMEN VON CLOSTRIDIUM PERFRINGENS IM DARMKANAL VON RAUBTIEREN (CARNIVORA)

Von H.-J. Selbitz, K. Elze, S. Seifert, Sybille Radelow und P. Müller

Seit seiner Gründung vor 110 Jahren fühlt sich der Zoologische Garten Leipzig der Haltung und Zucht von Großkatzen und anderen Vertretern der Ordnung Carnivora in besonderem Maße verpflichtet. Die Erforschung von Erkrankungen dieser Tiere bildet daher einen Schwerpunkt in der traditionsreichen Zusammenarbeit von Tierärzten und Tiergärtnern. So wurde anläßlich des 1. Internationalen Tigersymposiums 1978 durch eine von SEIFERT und ELZE geleitete interdisziplinäre Arbeitsgruppe aus Tiergärtnern, Veterinär- und Humanmedizinern unter Einbeziehung von Ergebnissen einer internationalen Umfrage eine umfangreiche Studie über die sogenannte Tigerkrankheit vorgelegt.

Aus den im damaligen Kongreßbericht ausführlich niedergelegten und im wesentlichen heute noch gültigen Ergebnissen läßt sich ableiten, daß es sich hierbei nicht um eine primäre Infektionskrankheit handelt, sondern der Tigerkrankheit Funktionsstörungen des Pankreas, des Magen-Darm-Kanals und der Niere und wahrscheinlich auch Autoimmunreaktionen zugrunde liegen, die letztlich zu einer subakuten bis chronischen Gastritis führen, die mit Ulzerationen einhergehen kann (ELZE und SEIFERT, 1978).

Bakteriologische Untersuchungen (SELBITZ et al., 1978) sowie ermutigende therapeutische Resultate mit einer frühzeitigen oralen Antibiotika- bzw. Chemotherapie (ELZE, 1978; ELZE et al., im Druck) wiesen dabei immer wieder auf eine sekundäre Beteiligung von Erregern wie z.B. Clostridium (C.) perfringens und bestimmten Stämmen von Escherichia coli an diesem Krankheitskomplex hin.
Aus dieser Entwicklung leitete sich die Aufgabe ab, die ätiologischen Faktoren der Tigerkrankheit schrittweise weiter zu erforschen. Um die Rolle von C. perfringens in diesem Erkrankungskomplex und bei weiteren Magen-Darm-Erkrankungen von Karnivoren besser beurteilen zu können, wurden Untersuchungen über das Vorkommen dieser Bakterienspezies im Kot klinisch gesunder Raubtiere des Zoologischen Gartens Leipzig durchgeführt.

Material und Methoden

Insgesamt 52 Einzel- bzw. Sammelkotproben wurden an mehreren Tagen entnommen, wobei Wert darauf gelegt wurde, möglichst frischen Kot zu erhalten und die bakteriologischen Kulturen innerhalb von 1 - 2 Stunden nach der Probenentnahme anzulegen. Als Nährmedien dienten aerob bebrütete Platten von Blut- und Gassneragar sowie die Kaliumtetrathionatanreicherung, außerdem Leberbouillon nach Tarozzi, Thioglykolatbouillon und Blutplatten mit Zusatz von Neomyzin, die nach dem Pyrogallolpasteverfahren bearbeitet und anaerob bebrütet wurden.
Eine Übersicht zum Probenmaterial enthält die Tabelle 1.

Tabelle 1: Übersicht zum Untersuchungsmaterial

Familie/Art	lfd. Probennummer
1. Familie: Marder (Mustelidae)	
Streifenskunk (Mephitis mephitis)	1
2. Familie: Kleinbären (Procyonidae)	
Krabbenwaschbär (Procyon cancrivorus)	2
Südamerikanischer Nasenbär (Nasua nasua)	3 - 4
3. Familie: Großbären (Ursidae)	
Braunbär (Ursus arctos)	5 - 6
Baribal (Ursus americanus)	7
Eisbär (Thalarctos maritimus)	8
Lippenbär (Melursus ursinus)	9 - 10
Brillenbär (Tremarctos ornatus)	11 - 14

Familie/Art	lfd. Probennummer
4. Familie: Schleichkatzen (Viverridae)	
Fleckenmusang (Paradoxurus hermaphroditus)	15 - 17
5. Familie: Hyänen (Hyaenidae)	
Streifenhyäne (Hyaena hyaena)	18 - 19
Braune Hyäne (Hyaena brunnea)	20 - 23
6. Familie: Hundeartige (Canidae)	
Mähnenwolf (Chrysocyon brachyurus)	24 - 25
7. Familie: Katzen (Felidae)	
Amurkatze (Felis euptilura)	26 - 27
Schwarzfußkatze (Felis nigripes)	28 - 29
Nordluchs (Lynx lynx)	30
Bengalkatze (Prionailurus bengalensis)	31 - 32
Ozelot (Leopardus pardalis)	33 - 34
Nebelparder (Neofelis nebulosa)	35
Irbis (Uncia uncia)	36 - 37
Leopard (Panthera pardus)	38 - 39
Jaguar (Panthera onca)	40
Tiger (Panthera tigris)	41 - 50
Löwe (Panthera leo)	51 - 52

Die Identifizierung von C. perfringens erfolgte an Hand folgender Kriterien: Koloniemorphologie, Gramausstrich, negativer Ausfall der aeroben Subkultur, Ausschluß der Beweglichkeit in der Stichkultur nach Oldekop, Koagulation von Lackmusmilch, Schwärzung des Sulfitreduktionsmediums. In einigen Fällen prüften wir die Toxinbildung der angezüchteten Klostridien im Tierversuch mit Meerschweinchen sowie im Lezithinasetest mit Eigelbmedium.

Ergebnisse

In keiner der 52 Proben wurden Salmonellen nachgewiesen, koliforme Bakterien waren in 50 Proben enthalten, ein großer Teil dieser Isolate konnte in der Objektträgeragglutination mit diagnostischen Kälber- und Schweinekoliseren typisiert werden.

In der Tabelle 2 sind die Ergebnisse der Untersuchungen auf C. perfringens dargestellt. Insgesamt 75 % aller Kotproben enthielten anaerobe Sporenbildner, die als C. perfringens einzuordnen waren, wobei Unterschiede zwischen den einzelnen Familien hervortraten.

Tabelle 2: Nachweishäufigkeit von C. perfringens im Kot von Raubtieren

Familie	Anzahl der Proben	Anteil von C. perfringens absolut
Mustelidae	1	1
Procyonidae	3	1
Ursidae	10	0
Viverridae	3	3
Hyaenidae	6	6
Canidae	2	1
Felidae	27	27
Gesamt	52	39

6 C.-perfringens-Stämme wurden im Meerschweinchenversuch hinsichtlich der Bildung von Letaltoxinen geprüft. In allen Fällen verendeten die Versuchstiere innerhalb von 24 bis höchstens 48 Stunden. Im Eigelb-Nährmedium konnte bei allen 7 geprüften Stämmen die Bildung von Lezithinase nachgewiesen werden, die als Indikator für das Partialtoxin Alpha gilt.

Diskussion

Durch die Untersuchungen über das Vorkommen serologisch typisierbarer Kolikeime im Kot der Karnivoren ließen sich frühere eigene Ergebnisse (SELBITZ et al., 1978, 1986) im vollen Umfang bestätigen. Auf diese Bakterienart soll deshalb hier nicht weiter eingegangen werden. C. perfringens konnte in der Mehrzahl der bearbeiteten Kotproben nachgewiesen werden. Als auffälligster Unterschied zwischen den Familien der Ordnung Carnivora stellt sich das Fehlen von Perfringens-Anzüchtungen aus den 10 Kotproben von Bären dar.

Über das Vorkommen von C. perfringens im Darmkanal von Fleischfressern und die ätiologische Bedeutung dieser Keime für Infektionskrankheiten existieren relativ wenig Informationen. Am besten wurden bisher noch die Verhältnisse bei den Haushunden untersucht. Bei diesen Tieren gehört C. perfringens zur Normalflora des Darmes (BISPING, 1985; FLASSHOFF, 1986), wurde aber auch als Ursache enteritischer Erkrankungen diagnostiziert (BALJER et al., 1986). Auch bei anderen Tierarten und dem Menschen ist regelmäßig mit dem Vorkommen von C. perfringens im Darm zu rechnen (WILDFÜHR, 1982; KÖHLER, 1987). Ausgeprägte proteolytische Eigenschaften dieser Bakterienspezies legen den Gedanken nahe, daß C. perfringens bei fleischfressenden Tieren einen höheren Anteil an der Normalflora des Darmes erreicht als bei Pflanzenfressern. BISPING (1985) konnte in Fütterungsversuchen mit Hunden einen quantitativen Zusammenhang zwischen eiweißreicher Ernährung und den Perfringens-Keimzahlen pro Gramm Kot herstellen. Diese Gegebenheiten können u.U. auch zur Erklärung abweichender Ergebnisse dienen, die die Untersuchungen bei den Bären erbrachten. Trotz der geringen Probenzahl sind aus den Resultaten nach Auffassung der Verfasser Hinweise auf ein geringeres Vorkommen von C. perfringens im Darmkanal von Bären im Vergleich zu Katzenartigen und anderen Raubtieren abzuleiten. Es ist dabei denkbar, daß in den untersuchten Kotproben von Bären zwar C. perfringens enthalten war, aufgrund niedriger Keimzahlen pro Masseeinheit aber die Nachweisgrenze nicht überschritten wurde. Weiterführende Untersuchungen müßten deshalb auf alle Fälle auch quantitative Analysen (Koloniebildende Einheiten pro Gramm Kot) einschließen. BISPING (1985) ermittelte z.B. bei gesunden Haushunden zwischen 10^3 und 10^7 C.-perfringens-Keimen je Gramm Kot.

Die Unterschiede in der Ernährung etwa zwischen den Katzenartigen als reinen Karnivoren und den omnivoren Bären dürfte an den geschilderten Differenzen bezüglich des Vorkommens von C. perfringens im Darmkanal beteiligt sein. Während Katzen und Hyänen ausschließlich oder fast vollständig mit Futtermitteln tierischer Herkunft ernährt werden, erhalten die Bären, je nach Art und Nahrungsansprüchen ca. 40 - 90 % Futtermittel pflanzlichen Ursprungs. Ähnliches trifft auch auf Marder, Kleinbären und Schleichkatzen zu. Auch beim Mähnenwolf, dem einzigen hier untersuchten Vertreter der Hunde, liegt der pflanzliche Anteil der Nahrung im Vergleich zu anderen Hundeartigen relativ hoch. Es sind also weitere Untersuchungen einer größeren Anzahl von Proben erforderlich, ehe abschließend beurteilt werden kann, ob die beobachteten Unterschiede nur zufälliger Natur sind oder ob sie sich ernährungsphysiologisch deuten lassen.

Wenn auch nur wenige Stämme bezüglich ihres Toxinbildungsvermögens geprüft wurden, so ist doch abzuleiten, daß im Darmkanal gesunder Karnivoren ständig mit dem Vorkommen toxinbildender Stämme von C. perfringens gerechnet werden muß. Inwieweit diese Aussage auch auf Bären zutrifft, ist durch weitere Untersuchungen zu klären. Damit sind also ständig die Voraussetzungen dafür gegeben, daß es im Gefolge von Störungen der physiologischen Verhältnisse des Darmkanals zur überproportional starken Vermehrung von C. perfringens kommen kann und in Abhängigkeit von den dabei erreichten Keimzahlen infektiös-toxische Schadwirkungen eintreten. Da durch eine orale antibakterielle Medikation eine Reduzierung dieser angestiegenen Keimzahlen erreichbar ist, wird der positive Einfluß antibiotischer Behandlungen etwa auf den Symptomenkomplex der Tigerkrankheit verständlich. Diese Zusammenhänge gelten sinngemäß auch für ähnliche faktorenbedingte Magen-Darm-Erkrankungen, an denen durchaus auch andere Erreger, z.B. E. coli, beteiligt sein können. Vergleichbare pathophysiologische Abläufe wurden z.B. bei Haushunden unter dem Begriff der Fäulnisdyspepsie beschrieben (BISPING, 1985; FLASSHOFF, 1986).
Die auslösenden Momente solcher Krankheiten sind also letztlich viel eher in fütterungsbedingten Einflüssen, die Voraussetzungen für die verstärkte Vermehrung bestimmter Vertreter der Normalflora schaffen, als im Infektionsprozeß selbst zu suchen. Ab einem gewissen quantitativen Keimniveau im Darm bestimmen dann allerdings die Bakterien die klinische Symptomatik mit.

Zusammenfassung

Untersuchungen zum Vorkommen von Clostridium perfringens im Darmkanal von Raubtieren (Carnivora)

52 Einzel- und Sammelkotproben klinisch gesunder karnivorer Zootiere wurden bakteriologisch untersucht. In 50 Proben waren koliforme Bakterien nachweisbar, von denen ein großer Teil serologisch zu typisieren war. Die Untersuchung auf Salmonellen verlief in allen Fällen negativ, dagegen enthielten 39 (75 %) aller Proben Clostridium perfringens. Im Meerschweinchentierversuch und im Eigelbtest gelang der Nachweis der Toxinbildung. Zwischen den einzelnen Familien der Carnivora auftretende Unterschiede werden diskutiert. Zur Normalflora gehörende C.-perfringens-Keime können sich bei Störung der Darmphysiologie verstärkt vermehren und ab einer bestimmten Keimzahl infektiös-toxische Schadwirkungen auslösen. Durch orale antibakterielle Medikation können die Darmkeimgehalte in solchen Fällen reguliert werden.

Summary

Studies into Occurrence of Clostridium perfringens in Intestinal Canal of Carnivorous Predators

Fifty-two single and collective faecal samples from clinically intact carnivorous zoo animals were bacteriologically examined. Coliform bacteria were detectable from 50 samples, and the greater part of them could be serologically typed. Tests for salmonellae were negative in all cases, but Clostridium perfringens was recordable from 39 samples (75 per cent). Toxin formation was established by guinea-pig yolk tests. Differences between carnivorous families are discussed in some detail. C. perfringens germs, being part of the normal flora, may undergo intensified propagation in response to impairment of the intestinal physiology, and, beginning with a certain germ count, they may trigger off infectious-toxic damage. Intestinal germ levels may be regulated in such cases by oral antibacterial medication.

Résumé

Etudes de l'occurrence de Clostridium perfringens dans le canal intestinal des carnivores (Carnivora)

Une analyse bactériologique de 52 échantillons individuelles et accumulées des carnivores zoologiques cliniquement sains a été effectuée. Des bactéries coliformes ont été isolées dans 50 échantillons et il a été possible d'en typifier sérologiquement une grande partie. L'analyse aux salmonelles a été négative dans tous les cas, pendant que 39 (75 %) de toutes les échantillons contenaient Clostridium perfringens. Une formation de toxine a été identifiée par l'essai du cobaye et du jaune d'œuf. Des différences observées entre les familles des carnivores sont discutées. Lors d'une perturbation de la physiologie intestinale des germes, C. perfringens qui font partie de la flore normale peuvent pulluler énormément et à partir d'un certain nombre de germes provoquer des effets infectueux toxiques. Dans les cas pareils une médication orale antibacterielle peut régulariser la teneur en germes intestinales.

Резюме

Исследование наличия Clostridium perfringens в кишечнике у хищных (Carnivora)

Бактериологически обследовалось 52 единичных и совмещенных проб кала здоровых хищных животных зоопарка. В 50 случаях обнаружены колиподобные бактерии, которые подвергались типизации. Опыты на определение сальмонелл показали отрицательные результаты, но в 39 (75%) случаях обнаружены клостридии. На морских свинках и в опытах на желтке удалось обнаружить образование токсина. Обсуждаются различия среди некоторых семейств хищных. К нормальной флори кишечника принадлежит определенное количество зародышей клостридий, при нарушении физиологии флоры наблюдается размножение и увеличение количества зародышей, что приводит к инцекционно,токсическим явлениям. Введение перорально антибактериальных препаратов приводит к снижению числа зародышей.

<u>Literaturverzeichnis</u>

BALJER, G., SCUTO, M., und A. MAYR (1986): Nachweis von enterotoxinbildenden E.-coli-Stämmen (ETEC) bei Hunden mit akuter Gastroenteritis. Prakt. Tierarzt 67, 472 - 478.

BISPING, W. (1985): Die bakterielle Ätiologie der gastrointestinalen Störungen beim Hund. Wien. tierärztl. Mschr. 72, 80 - 85.

ELZE, K. (1978): Zur Klinik der sogenannten Tigerkrankheit. 1. Internat. Tigersymp. (Kongreßbericht), Leipzig, 153 - 157.

ELZE, K., und S. SEIFERT (1978): Abschlußbemerkungen. 1. Internat. Tigersymp. (Kongreßbericht), Leipzig, 172 - 173.

ELZE, K., SELBITZ, H.-J., EULENBERGER, K., und P. MÜLLER (im Druck): Zur Ätiopathogenese, Metaphylaxe und Therapie der Tigerkrankheit. Zool. Garten (N.F.).

FLASSHOFF, H.-J. (1986): Verdauungsorgane, Abdomen, Hernien. In: FREUDIGER, U., GRÜNBAUM, E.-G., und E. SCHIMKE (Hrsg.): Klinik der Hundekrankheiten. Jena: Gustav Fischer, 447 - 564.

KÖHLER, B. (1987): Klostridien-Infektionen und Intoxikationen. In: Beer, J. (Hrsg.): Infektionskrankheiten der Haustiere. 3. Aufl. Jena: Gustav Fischer, 693 - 744.

SELBITZ, H.-J., ELZE, K., und A. VOIGT (1978): Ergebnisse bakteriologischer Untersuchungen bei Tigern - ein Beitrag zur Klärung der Ätiologie der sogenannten Tigerkrankheit. 1. Internat. Tigersymp. (Kongreßbericht), Leipzig, 161 - 166.

SELBITZ, H.-J., ELZE, K., und H. LIEBERMANN (1986): Bakteriologische Diagnostik und Epizootiologie von Koliinfektionen bei Zootieren. Verh.ber. Erkrg. Zootiere, 28, 321-326.

WILDFÜHR, G. (1982): Bacillaceae. In: Wildführ, G., und W. Wildführ (Hrsg.): Medizinische Mikrobiologie, Immunologie und Epidemiologie. 2. Aufl. Band IV/1, 380 - 408.

<u>Anschrift der Verfasser:</u> Doz. Dr. sc. med. vet. H.-J. S e l b i t z
Margarete-Blank-Straße 8
DDR-7010 Leipzig (DDR)

Aus dem Tiergarten Hoyerswerda (Direktor: Dr. W. JORGA) und der Staatlichen tierärztlichen Gemeinschaftspraxis Hoyerswerda (Leiter: VR Dr. W. TSCHIRCH)

CLOSTRIDIEN-INFEKTION BEI LÖWEN UND TIGERN

Von W. Tschirch und W. Jorga

Erkrankungen der Verdauungsorgane werden aus Gefangenschaftshaltungen und -zuchten von Feliden häufig mitgeteilt, wie Sektions- und Erkrankungsstatistiken der letzten Jahre eindrucksvoll ausweisen (SCHRÖDER, 1967; DOLLINGER, 1974; ELZE et al., 1974; IPPEN und SCHRÖDER, 1974; MARAN et al., 1974; MÜNICH und STEGER, 1974; BALSAI et al., 1979).

Unter den mitgeteilten infektiösen Erkrankungen konnten jedoch Fälle klinischer Clostridiosen bei Feliden nicht gefunden werden. Deshalb soll nachfolgend über eine klinische Erkrankung durch Clostridium perfringens bei Löwen und Sibirischen Tigern im Tiergarten Hoyerswerda berichtet werden.

In einem gemeinsamen Haus mit angrenzender Freianlage, die von den Tieren abwechselnd benutzt werden konnte, werden 1,1 Afrikanische Löwen und 2,0 Sibirische Tiger gehalten. Am 14.7.1987 wurden zunächst bei beiden Löwen und einem Tiger Inappetenz und Abgeschlagenheit bemerkt, die sich am Morgen des 15.7.1987 bis zu Erbrechen und Durchfall bei allen vier Tieren steigerte. Da alle vier Tiere weder Futter noch Wasser annahmen, war eine Verabreichung von Medikamenten ohne Narkose bzw. Zwangsmaßnahmen zunächst nicht möglich. Am 17.7.1987 konnte mit wenig Tee bzw. Schleim "Agrican L" (Neomycinsulfat und Talisulfazol) in geringer Menge verabreicht werden, ab 18.7.1987 in ebenfalls geringer Menge mit wenig Schabefleisch.

Das Allgemeinbefinden aller vier Tiere war noch stark gestört, Futter- und Flüssigkeitsaufnahme noch kaum vorhanden. Nach Vorliegen des Ergebnisses der bakteriologischen Untersuchung von 4 Proben (Erbrochenes und Durchfallkot) vom 15.7.1987 (Clostridium perfringens in Reinkultur) wurde Rücksprache mit VR Prof. Dr. sc. Elze (Zoo Leipzig) geführt.

Es wurde der Einsatz der Präparate "Penstabil" (Ampicillin) und "V-Tablopen" (Phenoxymethylpenicillin) vorgeschlagen. Da sich Futter- und Wasseraufnahme sowie das Allgemeinbefinden der vier Tiere langsam besserten, wurden die Tiger mit "Penstabil" (Dosierung: 1. Tag 2 x täglich 3 Tabletten a 500 mg, 2. - 5. Tag 2 x täglich 2 Tabletten) und die Löwen mit "V-Tablopen" (Dosierung: 1. Tag 2 x täglich 3 Tabletten a 400000 IE, 2. - 5. Tag 2 x täglich 2 Tabletten) behandelt. Nach Ablauf der Behandlungswoche waren die vier Tiere klinisch gesund und zeigten normale Wasser- und Futteraufnahme. Mehrfache Kotuntersuchungen erbrachten jedoch auch weiterhin positive Clostridienbefunde, die als weiterbestehende Gefährdung für die Tiere eingeschätzt wurden. Erneute Behandlungen mit "Penstabil" bzw. "V-Tablopen" konnten die positiven Clostridienbefunde ebenfalls nicht beseitigen.

In Erinnerung an die Mitteilung von SCHWIDERSKI (1987) wurde "Pharmasin 220-Granulat ad us. vet." (Tylosinphosphat) in der Dosierung 2 Tage lang 20 g je Tier und einen Tag 10 g je Tier eingesetzt. Die nachfolgenden Kotuntersuchungen erbrachten keine Clostridiennachweise mehr.

Diskussion

Die beobachtete Infektion mit Clostridium perfringens-Keimen bei Löwen und Sibirischen Tigern dürfte mit Sicherheit über Futterfleisch ausgelöst worden sein. Das verwendete Rindfleisch entstammte dem Sanitätsschlachtbetrieb eines Schlachthofes und unterlag der für Futterfleisch in der DDR gesetzlich vorgeschriebenen Regelung. Die Aufbewahrung im Tiergarten erfolgte in einer Fleisch-Kühlzelle.

Der Katzenbestand des Tiergartens Hoyerswerda setzte sich zum Zeitpunkt der klinischen Erkrankung wie folgt zusammen:

1,1 Afrik. Löwen (1984 geboren)
2,0 Sib. Tiger (1984 geboren)
2,1 Leoparden
1,0 Bengalkatze

1,1 Asiat. Goldkatzen
1,1 Servale
1,1 Europ. Wildkatzen
2,1 Europ. Luchse

Obwohl alle Feliden u.a. mit Rindfleisch der gleichen Lieferung gefüttert worden waren, erkrankten nur die Löwen und Tiger. Allerdings hatten diese vier Tiere Halspartien der Rinder erhalten, die bereits Anzeichen beginnender Verderbnis zeigten. Da Löwen und Tiger aber auch Aas aufnehmen ohne zu erkranken, muß die beobachtete Clostridieninfektion besondere Beachtung finden.

HELDSTAB und RÜEDI (1987) berichten über eine sinkende Tendenz gastrointestinaler Erkrankungen bei Feliden in Zoohaltung durch reichhaltiges Futterangebot und verbesserte Kühlung des Futterfleisches bei der Lagerhaltung.

Bei landwirtschaftlichen Nutztieren (besonders Rinder) ist jedoch eine Zunahme von Clostridieninfektionen eindeutig nachzuweisen (TSCHIRCH, 1975), was ganz besonders durch die Zunahme clostridienpositiver Befunde in der bakteriologischen Untersuchung bei Tieren aus Sanitätsschlachtbetrieben zum Ausdruck kommt. Da wir neuerdings bei Kontrolluntersuchungen Clostridiennachweise auch aus dem Kot klinisch gesunder Feliden (z.B. Leoparden und Luchse) erbringen konnten, ist uns die Bedeutung solcher Befunde für einen Felidenbestand zur Zeit nicht klar und damit die Notwendigkeit einer medikamentellen Sanierung zu diskutieren. Da virologische Untersuchungen nicht erfolgten, kann über eine mögliche Virusbeteiligung (z.B. als Wegbereiter), wie sie bei anderen Clostridiosen vermutet wurde, nicht geurteilt werden.

Zusammenfassung

Clostridien-Infektion bei Löwen und Tigern

Es wird über eine klinische Erkrankung bei Löwen und Tigern berichtet, die den Nachweis einer Clostridium perfringens-Infektion erbrachte. Die Schwierigkeit der medikamentellen Beseitigung des weiteren Ausscheidens der Keime mit dem Kot nach erfolgter klinischer Heilung wird dargestellt. Die Bedeutung von Clostridiennachweisen aus gesunden Feliden bleibt zu diskutieren.

Summary

Clostridial Infection of Lion and Tiger

Clostridium perfringens infection was established as background of a clinical disease of lions and tigers. Medication proved difficult to stop faecal pathogen excretion after clinical healing. Detection of clostridia from clinically intact feline species needs further discussion.

Résumé

Infection aux clostrides chez des lions et tigres

Le résultat de l'examen clinique des lions et tigres malades a été l'identification d'une infection au Clostridium parfringens. L'auteur explique les difficultés d'une élimination médicamenteuse de la sécrétion des germes avec les excréments même après la guérison clinique. L'importance des identifications de clostrides chez des félides sains doit être discutée encore.

Резюме

Клостридиевая инфекция у львов и тигров

Сообщается о клинической картине заболевания львов и тигров,выявлена клостридиевая инфекция.Описаны трудности медикаментозного устранения выделений каймов с котом и положительные результаты лечения.Подчеркивается значения определения и обнаружения клостридий у здоровых жищных.

Literaturverzeichnis

BALSAI, A. TURY, E., und L. FABIAN (1979): Analyse der Raubtierverluste (1968 - 1977) im Zoo Budapest. Verh.ber. Erkrg. Zootiere 21, 311 - 313.

DOLLINGER, P. (1974): Analyse der Verluste im Raubtierbestand des Zoologischen Gartens Zürich von 1954 - 1973. Verh.ber. Erkrg. Zootiere 16, 39 - 43.

ELZE, K., EULENBERGER, K., SEIFERT, S., KRONENBERGER, H., SCHÜPPEL, K.F., und Ute SCHNURRBUSCH (1974): Auswertung der Krankengeschichten der Felidenpatienten (1958 - 1973) des Zoo Leipzig. Verh.ber. Erkrg. Zootiere 16, 5 - 18.

HELDSTAB, A., und D. RÜEDI (1987): Über einige Erkrankungen des Verdauungstraktes bei Raubtieren. Verh.ber. Erkrg. Zootiere 29, 277 - 283.

IPPEN, R., und H.-D. SCHRÖDER (1974): Auswertung der postmortalen Untersuchungsergebnisse bei in Gefangenschaft gehaltenen Landraubtieren. Verh.ber. Erkrg. Zootiere 16, 29-37.

MARAN, B. HERCEG, M., HUBER, J., TADIC', M., und S. CUTURIC' (1974): Zur Statistik der Sektionsbefunde bei Raubtieren des Zoologischen Gartens der Stadt Zagreb. Verh.ber. Erkrg. Zootiere 16, 45 - 53.

MÜNICH, Ursula, und G. STEGER (1974): Diagnostische Befunde der Veterinäruntersuchungsanstalt Nürnberg bei Raubtieren (1939 - 1973). Verh.ber. Erkrg. Zootiere 16, 19 - 27.

SCHRÖDER, H.-D. (1967): Erkrankungen der Verdauungsorgane der Feliden. Verh.ber. Erkrg. Zootiere 9, 9 - 14.

SCHWIDERSKI, H. (1987): Clostridieninfektionen bei 3 Tage alten Sumpfbiberjungen (Kurzmitteilung). Mh. Vet.-Med. 42, 595.

TSCHIRCH, W. (1975): Clostridien-Enterotoxämie beim Mähnenspringer (Ammotragus lervia). Verh.ber. Erkrg. Zootiere 17, 313 - 315.

Anschrift der Verfasser: VR Dr. W. Tschirch
Weststraße 10
DDR - 7705 Lauta (DDR)

Aus dem Zoologischen Garten der Stadt Karlsruhe (Direktor: Dr. A. KOHM)

TOD EINES EISBÄRENBABYS INFOLGE EINER LEPTOSPIREN-INFEKTION

Von A. K o h m

Unsere Eisbärin "Tatjana" hatte am 28.11.1985 ein Jungtier gesetzt. Wenige Tage nach der Geburt hat ein Vorarbeiter zusammen mit einem Revier-Tierpfleger im Außengehege hinter der Wurfhöhle bei den Reinigungsarbeiten Laub zusammengekehrt und weggebracht, obwohl er dies um Störungen zu vermeiden, nicht hätte tun sollen. Die Tierpflegerin hat darauf bei ihrem Kontrollgang keine Lebenszeichen des Bärenbabys mehr feststellen können, so daß angenommen werden mußte, daß die Bärin wegen dieser Störung ihr Jungtier getötet und aufgefressen hatte. Ein großer Teil des Zoopersonals war der Meinung, daß diese Störung den Tod des Eisbärenbabys verschuldet hatte. Nach meinen bisher gemachten Erfahrungen bei der natürlichen Aufzucht von Eisbären konnte ich mich dieser Annahme nicht voll anschließen, obwohl mir bekannt ist, daß viele Kollegen insbesondere dann von Störfaktoren sprechen, wenn keine Aufzuchterfolge nachgewiesen werden können. Ich selbst bin der Meinung, daß solche Geräusche, die durch die Tierpfleger bei ihren täglichen Arbeiten über viele Jahre hinweg verursacht werden, in diesem vorliegenden Fall bereits seit über 20 Jahren den Eisbären bekannt sind, und sie sich dadurch nicht stören lassen, daß ihre Jungtiere in eine akute Gefahr kommen können, obwohl dies immer wieder, wie bereits erwähnt, als Ursache von Jungbärenverlusten angesehen wird. Ich wollte im Zuchtjahr 1986/87 den Beweis antreten, daß dem nicht so ist. In diesem Zuchtjahr wurde von derselben Eisbärin am 20.11.1986 erneut ein Jungtier geboren. Ich beabsichtigte, nun von der Bärenhöhle aus Videoaufnahmen in das ca. 70 m entfernt liegende Giraffenhaus zu übertragen, um den Besuchern die natürliche Aufzucht eines Jungbären zu zeigen. Obwohl "Tatjana" nie Jungtiere aufgezogen hatte, war ich gezwungen, gerade sie mit ihrem Jungtier zu den Videoaufnahmen heranzuziehen, da wir in diesem Zuchtjahr keine weiteren Eisbärgeburten zu verzeichnen hatten. "Tatjana" hatten wir zuvor an das künstliche Licht während der Aufzuchtphase gewöhnt. Das Eisbärenbaby "Nikolai" war zu diesem Zeitpunkt gerade 45 Tage alt. Dabei konnten wir beobachten, daß sich die Eisbärin von den Lichteinwirkungen in keinem Fall sichtbar stören ließ. Am 6.1.1987 hatten wir "Tatjana" und ihr Jungtier voneinander getrennt; das Jungtier in die vorbereitete Wurfhöhle mit der installierten Videokamera gebracht, so daß die Eisbärin beim Öffnen des Schiebers ihr Jungtier sofort erreichen konnte und dieses ohne Komplikationen auch wieder annahm. Die Eisbärin war bei der Umsetzaktion wohl sehr aufgeregt, so daß das Jungtier nur mit viel List von ihr abgetrennt werden konnte. In der Folgezeit wurde eine Life-Sendung täglich von der Wurfhöhle aus in den Zuschauerraum des Giraffenhauses übertragen. "Tatjana" brachte uns mit dem kleinen "Nikolai" viel Freude und wir waren froh, daß wir einmal in diesem frühen Säuglingsalter die natürliche Aufzucht vielen Zoobesuchern, die auch von weit her kamen, zeigen konnten. Darüber wurde auch auf einer Zoodirektorentagung am 18.6.1987 in Rheine berichtet. Die Übertragungen von unserem Eisbärenbaby "Nikolai" und der Eisbärin "Tatjana" mußten wir leider beenden, da "Nikolai" am 24.2.1987 schwer erkrankte und am 26.2.1987 im Alter von 98 Tagen an einer Leptospiren-Infektion verstarb. Die Zucht von Eisbären in einem Zoologischen Garten muß immer noch als sehr selten und problematisch angesprochen werden. Darüber können auch die mitunter geglückten Aufzuchten in verschiedenen Gärten nicht hinwegtäuschen. Selbst unter Beachtung aller verbesserten Haltungsmethoden und unter dem Einsatz moderner medizinischer, wissenschaftlicher Erkenntnisse sind die Zuchterfolge noch nicht zufriedenstellend (EHLERS, 1973; GORGAS, 1972).

Am 20.2.1987 berichtete die Tierpflegerin, daß "Nikolai" ihr etwas apathisch vorkäme. "Nikolai" hatte bereits schon einige Tage zuvor den der Bärin gereichten Bärenbrei mitgefressen und auch schon etwas Obst, Karotten, Zwieback und Salat aufgenommen. An diesem Tag hatte er aber das von der Pflegerin gereichte Futter abgelehnt. Unter Beobachtung gestellt zeigte "Nikolai" aber am nächsten Tag wieder gute Saugkontakte, ebenfalls am darauffolgenden Tag. Eine zusätzliche Futteraufnahme konnte aber nicht mehr festgestellt werden. Am 23.2. war "Nikolai" wieder apathischer. Er wurde daher den ganzen Tag über genau beobachtet. Zu der Tierpflegerin hatte er so großes Vertrauen, daß ihm durch das Absperrgitter hindurch subkutan am rechten Vorderfuß 2,0 Catosal® und 2,0 Tardomyocoel® injiziert werden konnten, ohne daß er von der Mutter getrennt werden mußte. Obwohl keine Futteraufnahme mehr beobachtet werden konnte, wurde er

durch die Mutter noch sehr aufmerksam betreut. Am 24.2. wurde die Futteraufnahme völlig eingestellt, weshalb "Nikolai" am Abend unter einer großen Streß-Situation von der Mutter getrennt werden mußte. Ein künstlicher Ernährungsversuch mit einer präparierten Milch wurde vorgenommen. Dieser mußte jedoch wegen der Gefahr einer Aspiration abgebrochen werden, da "Nikolai" sich heftig wehrte. Er bekam nochmals subkutan 2,0 Catosal^R und 2,0 Tardomyocoel^R; außerdem wurden 2 ml Vitamin A, D, C, E injiziert. Bei der Durchführung der Injektionen erwies er sich als recht angriffslustig, weshalb er wieder der Mutter zugeführt wurde. Das Gewicht von "Nikolai" betrug nach 96 Tagen noch 8,5 kg. Nach unseren Beobachtungen am 25.2. wurde wiederum keine Futteraufnahme festgestellt, und "Nikolai" zeigte ein stark apathisches Verhalten. Daraufhin wurde er am Abend zum zweiten Mal von der Mutter getrennt. Da auch kein Harn- und Kotabsatz mehr festgestellt werden konnte, mußten wir annehmen, daß bei "Nikolai" eventuell ein Darmverschluß eingetreten sein könnte, denn wenige Tage zuvor hatte die Eisbärin "Tatjana" die Videokamera von ihrer Halterung heruntergeschlagen, wobei Teile der zertrümmerten Kamera in die Wurfbox fielen. Es war daher möglich, daß "Nikolai" evtl. von diesen Teilen beim Spielen aufgenommen und abgeschluckt hatte. Zu Röntgenaufnahmen wurde "Nikolai" noch am selben Tag gegen Abend in die Tierklinik von Herrn Dr. E. E i c h l e r, in Karlsruhe-Durlach, gebracht. Aufgrund des herabgesetzten Allgemeinbefindens konnten die Röntgenaufnahmen, die tierärztlichen Untersuchungen und Behandlungen ohne eine Sedierung oder gar eine Immobilisation durchgeführt werden. Die Allgemeinuntersuchung ergab ein schlechtes Allgemeinbefinden. Die Temperatur betrug 36 °C. Bei der Palpation zeigte sich ein schmerzhaftes Abdomen, leichte Kolikerscheinungen, Schluckbeschwerden aufgrund einer Lähmung des Schlundkopfes, ferner eine Darmatonie mit etwas blutigem, schleimigem Kot. Beim Röntgen wurden in zwei Ebenen drei Rasteraufnahmen des Abdomens angefertigt. Das Abdomen war in beiden Ebenen stark verschattet, so daß Organkonturen nicht sichtbar waren. Der palpatorische Befund des Adomens war, soweit möglich, auf eine Fremdkörpererkrankung hinweisend negativ. Aufgrund der ersten Untersuchungsergebnisse waren eine bakterielle oder virale Infektion, evtl. auch eine Mischinfektion, differentialdiagnostisch auch eine Intoxikation unbekannter Genese als Ursache der Erkrankung anzunehmen, weshalb eine symptomatische Soforttherapie eingeleitet werden mußte.
Diese bestand:

1. in der Verabreichung von 50 ml einer Infusion von Glycofusal^R und 150 ml Äquifusal^R (Herz-Kreislauf und Vollelektrolyt) in Verbindung mit 6 ml/kg KM Amynin^R als Leberschutzpräperat und 20 ml einer 20 %igen Dextrose-Lösung zur allgemeinen Kräftigung des Tieres;
2. in einem Infektionsschutz mit 50 mg/kg KM Ampicillin^R und Viruvetsan^R 2,0 sowie von Injektionen mit 4 ml SHL/Parvo Gammaglobulin in Form von Stagloban "P"^R;
3. durch Spasmolyse mit 1,5 ml Buscopan^R und 2,0 ml Spasmovetsan^R und
4. einem Versuch der Flüssigkeitszufuhr mit Boviserin^R und Befedo-Lactate^R.

Alle Bemühungen, "Nikolai" ohne Zwang noch Nahrung zuzuführen, blieben erfolglos. Am 26.2. gegen 7.00 Uhr verstarb das Eisbärenbaby "Nikolai", das zu diesem Zeitpunkt erst 98 Tage alt war. Der Verlust war für den Zoologischen Garten sehr groß, da "Nikolai" durch die Fernsehaufnahmen bereits ein gern gesehener Fernsehstar geworden war, dessen Aufzucht von vielen Zoobesuchern, die auch von auswärts extra nach Karlsruhe kamen, verfolgt wurde. Zur Sektion wurde das Eisbärenbaby an das Staatliche Tierärztliche Untersuchungsamt in Heidelberg gebracht. Die pathologisch-anatomischen und histologischen Untersuchungen ergaben folgenden Befund:

Der Ernährungszustand war gut; der Tierkörper als auch die Organe intensiv gelbgrünlich (ikterisch) gefärbt. Die Leber war stark geschwollen, hyperämisch und von brüchiger Konsistenz; die Disse'schen Räume stark erweitert, die Sinusendothelien und Kupfferschen Sternzellen abgerundet und vergrößert; die Leberzellen aus dem Verband gelöst, abgerundet und geschwollen, die Kerne teilweise exzentrisch gelagert. Es bestand das Bild einer Dissoziation. Die Nieren waren gelbbraun gefärbt und mäßig geschwollen. Im mikroskopischen Bild war eine vakuoläre Degeneration und eine Nekrose von Tubulusepithelien sichtbar, letztere teilweise von der Basalmembran gelöst unter der Bildung von Zellzylindern; daneben fand man zahlreiche hyaline (Protein-) Zylinder sowie diskrete lymphoplasmazelluläre interstitielle Infiltrate. Der Magen war gefüllt mit geringen Mengen geronnener Milch, sowie einem trüben, dünnflüssigen Schleim. Im Bereich des Dünndarms fanden sich punktförmige Schleimhautblutungen sowie ein Austritt von Blut in das Darmlumen.

Die parasitologischen Untersuchungen verliefen negativ; insbesondere waren Trichinen nicht nachweisbar. Auf diese Trichinenuntersuchung wurde besonders Wert gelegt, da beim Tode unseres Eisbärenmannes "Nanuk" am 8.9.1983 nach einer 16jährigen Zootierhaltung in Karlsruhe noch lebende Trichinen gefunden wurden, die er sehr wahrscheinlich schon im Alter von einem Jahr bei seiner Einstellung bereits mitgebracht hatte. Bakteriologisch wurde ein unspezifischer Keimgehalt ermittelt.

Serologisch wurde mittels Agglutinations-Lysis-Reaktion ein Titer von 1:400 gegen Leptospira interrogans (Serotyp autumnalis) festgestellt.

Beurteilung: Der makroskopische und mikroskopische Befund sowie das serologische Untersuchungsergebnis sprechen mit hoher Wahrscheinlichkeit für das Vorliegen einer Leptospirose. Bei einer kritischen Betrachtung muß gesagt werden, daß Kollegen einen Titer von 1:400 bei Tieren nicht unbedingt als positiv ansehen, weshalb auch im Untersuchungsbericht des Staatlichen Tierärztlichen Untersuchungsamtes in Heidelberg nur "mit hoher Wahrscheinlichkeit" von einer Leptospireninfektion gesprochen wurde, während nach Auskünften bei einem Humanmedizinischen Institut ein Titer von 1:400 jederzeit als positiv beim Menschen angesehen werden muß (HAUCK und ZIEGLER, 1987).

Leptospira autumnalis verursacht das sogenannte Herbstfieber bei Erd- und Feldarbeitern in Asien und Afrika. Der Serotyp kommt auch bei Hunden, Waldmäusen und bei Ratten vor. Leptospiren sind Wasserbewohner, und man findet sie besonders im Schlamm und in flüssigen Fäkalien. In bezug auf die Titerhöhe beim Eisbären sind bisher vergleichbare Fälle nicht beschrieben worden.

Der Autor dankt sehr herzlich Herrn Reg. Vet. Dir. Dr. H. M a y e r und Herrn O. Reg. Vet. Rat Dr. R. W a c k e r vom Staatlichen Tierärztlichen Untersuchungsamt in Heidelberg für die Durchführung der Sektion und der Laboruntersuchungen, und Herrn Fachtierarzt Dr. E. E i c h e r in Karlsruhe-Durlach für die Mithilfe bei den klinischen Untersuchungen und den tierärztlichen Behandlungen sowie für die Erstellung der Röntgenaufnahmen.

Zusammenfassung

Tod eines Eisbärenbabys infolge einer Leptospiren-Infektion

Im Zoologischen Garten der Stadt Karlsruhe verstarb am 26.2.1987 das erst 98 Tage alte Eisbärenbaby "Nikolai" an einer Leptospireninfektion. Es wurde durch die serologischen Untersuchungen der Typ Leptospira interrogans (Serotyp autumnalis) mit einem Titer von 1:400 festgestellt. Die Ergebnisse der pathologisch-anatomischen und histologischen Untersuchungen, die Krankheitsgeschichte, der Krankheitsverlauf und die Behandlung werden beschrieben.

Summary

Death of Polar Bear Baby of Leptospira Infection

Polar bear baby "Nikolai" died of leptospirosis in the Zoological Garden of Karlsruhe, on February 26th, 1987, at the age of 98 days. The Leptospira interrogans type (autumnalis serotype) was serologically identified, the titre being 1 : 400. The results recorded from pathologico-anatomic and histological examinations are described together with the case history, course of the disease, and therapy applied.

Résumé

Bébé d'un ours polaire mort d'une infestation aux leptospires

Dans le Jardin Zoologique de Karlsruhe "Nikolai", bébé d'un ours polaire a mouru le 26 février 1987 à l'âge de 98 jours seulement. La cause mortelle a été une infestation aux leptospires. Les analyses sérologiques ont permis d'identifier le type Leptospira interrogans (sérotype autumnalis) avec un titre de 1:400. Ces résultats des examens pathologiques, anatomiques et histologiques, l'anamnèse, le déroulement de la maladie et le traitement sont décrits.

Резюме

Смерть новорождённого белого медведя в результате лептоспирозной инфекции

В зоологическом саду города Карлсруе 26. 02. I987 года га 98 дне жизни пал белый медвежонок Николай в результате лептоспирозной инфекции. На основе серологических исследований выделен тип Leptospira interrogans (Serotyp autumnalis)с титром I : 400. Описаны результаты гистологических исследований, течение болезни, история заболевания и применяемое лечение.

Literaturverzeichnis

EHLERS, K. (1973): Über die unbefriedigende Zucht von Eisbären im Zoologischen Garten. Zool. Garten (NF) 43, 48 - 58.

GORGAS, M. (1972): Zur Fortpflanzungsbiologie des Eisbären im natürlichen Verbreitungsgebiet und im Zoo. Zeitschrift des Kölner Zoo, Heft 1, 3 - 12.

KOHM, A. (1987): Bericht über den Tod und die Sektionsbefunde von einem 17jährigen Eisbären. Verh.ber. Erkrg. Zootiere 29, 325 - 326.

HAUCK, W., und B. ZIEGLER (1987): Pers. Mitteilung.

Anschrift des Verfassers: Dr. A. K o h m
Zoologischer Garten Karlsruhe
Ettlinger Str. 6
D-7500 Karlsruhe 1 (BRD)

Aus der Abteilung für Erkrankungen von Labor- und besonderen Tieren (Leiter: Prof. Dr. P. ZWART) der Fachgruppe für Veterinärpathologie der Reichsuniversität Utrecht

LUNGENENTZÜNDUNG BEI KAULQUAPPEN VON PHRYNOHYAS RESINIFICTRIX

Von P. Zwart und M. J. L. Kik

Über Erkrankungen von larvalen Stadien der Frösche und Lurche ist, abgesehen vom Axolotl (Ambystoma mexicanum), nur sehr wenig bekannt. Aus diesem Grund soll hier über eine epidemisch verlaufende Erkrankung bei Kaulquappen von nachtaktiven, baumbewohnenden, südamerikanischen, tropischen Fröschen (Phrynohyas resinifictrix) berichtet werden.

Vorbericht

Der Besitzer erwähnte, daß ein Pärchen von P. resinifictrix Eier gelegt hätte. Die Embryonen entwickelten sich gut, und etwa 170 Larven waren rechtzeitig geschlüpft. Die Larven entwickelten sich anfangs gut.
Nach einigen Wochen zeigten einige Tiere eine Luftblase in der Körperhöhle und waren nicht mehr zum normalen Schwimmen fähig. Einige zeigten sich in Seitenlage und konnten nur mit Mühe bis zum Boden schwimmen. Andere, schwerkranke Exemplare, schwammen dicht an der Oberfläche in bizarrem Zickzack. Ein Teil dieser letztgenannten Tiere schwamm sogar mit der Bauchseite nach oben. Zum Zeitpunkt der Untersuchung waren bereits etwa 100 Tiere gestorben.
Als besondere Information wurde vom Besitzer erwähnt, daß er in dieser Saison sein Terrarium mit Grabenwasser gefüllt hätte. In den vorhergehenden Jahren war immer Leitungswasser verwendet worden, ohne daß Probleme aufgetreten waren.

Untersuchungsergebnis

Es wurden 5 lebende Exemplare zur Untersuchung gegeben. Die Körperlänge der Larven war ziemlich unterschiedlich und zwar von 6 - 9 mm. Zwei von diesen Tieren schwammen auf dem Rücken an der Wasseroberfläche. Jedes Tier zeigte eine deutliche Luftblase in der Leibeshöhle. Zwei andere Exemplare lagen in Seitenlage auf dem Boden des Gefäßes. Eines war angeblich normal und zeigte eine normale Position.
Das erste Exemplar wurde mit Tricainemethanesulfonat (MS 222) betäubt. Unter Zuhilfenahme einer Stereolupe wurde die Luftblase klar erkennbar. Durch die Bauchwand hindurch waren die Darmschleifen gut zu erkennen. Sie waren mit normalem Inhalt gefüllt und waren frei von Luftblasen.
Mit einer feinen Kanüle ließ sich die Luftblase anstechen und die Luft absaugen. Bei der Sektion dieser und drei weiterer Exemplare zeigte sich, daß die Lungen der Tiere erstens beidseitig dorsal in der Körperhöhle lagen, und zweitens, daß sie verändert waren. In allen Fällen war eine der Lungen mit Luft prall gefüllt. Nachdem diese durch Anstechen oder Aufschneiden kollabierte, zeigte sich im Vergleich zur anderen Lunge, daß die mit Luft gefüllte Seite weniger verändert war.
Die Lungen waren fleckig, gelblich-weiß verfärbt und verdickt. Ausstrichpräparate der Lungen von zwei Tieren enthielten reichlich Diplokokken. Polymorphkernige Granulozyten waren ebenfalls in größerer Zahl vorhanden und viele von ihnen hatten Diplokokken phagozytiert. Kulturelle Untersuchungen bestätigten das Vorhandensein von Diplokokken.

Die histologische Untersuchung zeigte ein sehr starkes Auftreten von Bakterien in den veränderten Teilen. Es waren nur noch kleine Areale wenig veränderten bzw. normalen Lungengewebes vorhanden. Die durch Luftfülle eingetretene Überdehnung der weniger veränderten Lunge war wahrscheinlich die Folge eines kompensatorischen Emphysems.
Experimentell wurde die einzige überlebende Larve mit Pondocillin(R) behandelt. In einer Konzentration von 10 mg/l Wasser war dieses Präparat schwer lösbar; ungelöste Substanz lag auf dem Boden des Behälters und wurde von dieser Larve gefressen. Der Darmtrakt der Larve war ausgefüllt mit dem Medikament. Das Tier starb jedoch, wofür Transport und Narkose als zusätzliche Streßfaktoren mit verantwortlich zu machen waren.

Die Kaulquappen im Terrarium des Besitzers wurden mit Pondozillin in einer Dosierung von 10 mg/l Wasser über 5 Tage behandelt. Klinisch Erkrankte heilten aus. Zum Zeitpunkt der Metamorphose, als die Vorderbeine sichtbar wurden, traten jedoch erneut Lungenentzündungen auf. Einige Tieren drehten sich auf die Seite oder lagen auf dem Rücken. Einige, die an Land kamen, erschienen mit Luft angefüllt.
Die restlichen Tiere entwickelten Streichholzbeinchen und wurden deswegen getötet. Das Auftreten der Streichholzbeinchen steht höchstwahrscheinlich nicht im Zusammenhang mit den Lungenentzündungen. Eventuell wurden Krankheitserreger über das Grabenwasser eingeschleppt.

Zusammenfassung

Lungenentzündung bei Kaulquappen von Phrynohyas resinifictrix

Unter den klinischen Anzeichen schwerer Lungenveränderungen, besonders unphysiologischer Luftfülle, wurden einige in Seiten- oder Rückenlage schwimmende Kaulquappen einer eingehenden Untersuchung zugeführt. Es wurden Veränderungen, die einer Pneumonie entsprechen, ermittelt, wobei in Ausstrichpräparaten Diplokokken nachgewiesen wurden. Behandlungen mit Pondozillin(R) über das Wasser, in dem die Kaulquappen lebten, schienen von Erfolg zu sein.

Summary

Pneumonia caused in Tadpoles by Phrynohyas resinifictrix

Some tadpoles floating in lateral or dorsal positions were thoroughly examined to clear up clinical signs of severe pulmonary changes, above all unphysiological air inflation. Lesions resembling pneumonia were determined, with diplococci being recorded from smears. Pondozillin(R) application above water surface seemed to have been successful.

Résumé

Pneumonie des têtards de Phrynohyas resinifictrix

Quelques têtards qui nageaient sur le côté ou sur le dos manifestaient des symptômes cliniques de sérieuses malformations pulmonaires, surtout une quantité d'air nonphysiologique, ont été passés à un examen approfondi. On a constaté des malformations qui correspondent à une pneumonie et identifié des diplocoques aux frottis. Un traitement au Pondocillite (R) sur l'eau dans lequel vivent les têtards est un succès.

Резюме

Восполение легких у головастиков Phrynchyas resinifictrix

Обследывались, плавающие на боку или спине головастики, у которых обнаружена клиническая картина тяжёлых изменений в лёгких, особенно не физиологическое воздушное наполнение. Выявлена пневмония, в мазках обнаружены диплококки. Лечение пондоциллином, добовляемого в воду, где находятся головастики , по всей вероятности способствует выздоровлению.

Anschrift der Verfasser: Prof. Dr. P. Zwart und
M. J. L. Kik
Rijksuniversiteit Utrecht
Faculteit der Diergeneeskunde
Vakgroep Pathologie
Yalelaan 1, Postbus 80.158
3508 TD Utrecht (Niederlande)

Klinik für Klein- und Heimtiere Berlin (Direktor: VR Dr. L. SASSENBURG), Poliklinik Lichtenberg, Ambulanz für Exoten, Wild- und Zirkustiere (Leiter: VR Dr. habil. A. KUNTZE) und Sektion Tierproduktion und Veterinärmedizin der Humboldt-Universität zu Berlin, Wissenschaftsbereich Parasitologie (Leiter: OVR Prof. Dr. sc. Dr. h.c. Th. HIEPE)

ZUR BEKÄMPFUNG DES SPULWURMS (TOXASCARIS TRANSFUGA) BEIM EISBÄREN MIT IVERMECTIN

Von A. Kuntze und Renate Buchwalder

Im Gegensatz zu ihren freilebenden Artgenossen, bei denen sich häufig ein Gleichgewicht zwischen Wirt und Schmarotzer einstellt, leiden die in menschlicher Obhut lebenden Wildtiere oft unter ihrer Wurmbürde. Bei Eisbären kommt insbesondere dem Spulwurmbefall Bedeutung zu (VERCRUYSSE et al., 1976; FOWLER, 1986), Unterbringung auf engem Raum, ungenügend zu desinfizierende Fußböden (Holzplanken, rauher Zement) sowie die außerordentliche Resistenz der dickschaligen Spulwurmeier gegen Hitze, Kälte und herkömmliche Desinfektionsmittel begünstigen die Persistenz des Bärenspulwurms. Systematische eigene Untersuchungen (KUNTZE und WIENER, 1972) wurden anderenorts (VERCRUYSSE et al., 1976; ABDEIRASOUL and FOWLER, 1979; KLOMBURG, 1985) bestätigt: Trotz regelmäßiger anthelminthischer Therapie und zweckentsprechender Hygienevorkehrungen kann allenfalls eine zeitlich begrenzte Verringerung der Wurmbürde erreicht werden. Ein weiteres Problem besteht darin, daß in den letzten Jahren zunehmend ungenügende Wirksamkeit der gegen Spulwürmer bei Eisbären eingesetzten Anthelminthika (Tab. 1) konstatiert werden mußte.

Tabelle 1: Bisher bei unseren Eisbären eingesetzte Anthelminthika

Chemotherapeutikum (Firmenname)	Jahr	Dosierung (mg/kg KM) [= Tage]	Behandlungsrhythmus (pro anno)	med. Futter Akzept.	Nebenwirkungen
Piperazin (Piavetrin, Piaverm.)	1960–1973	200–250 [1]	4 x mind.	+ -	keine
Dichlorvos (Atgard)	1974–1975 x)	??	4 x mind.	+ +	keine
Mebendazol	1975–1980 x)	??	4 x mind.	+ +	keine
Piperazin (?)	1981 x)	??	3 x	+ -	2 x schwere ZNS-Störungen
Pyrantel (Banminth)	1982–1983 x)	??	1 x	-	nicht akzeptiert
Fenbendazol (Panacur)	1985 x)	??	4 x	+ +	keine
Mebendazol (Mebenvet)	1984–1986 1987	40 [3] 40 [5]	6 x	+ +	keine
Fenbendazol (Panacur)	1987	25 [2]	5 x	+	keine

x) = Auslandsgastspiele

In einer Zirkuseisbärengruppe wurden von uns bei mikroskopischen Kotuntersuchungen Spulwurmeier - z.T. massenhaft - nachgewiesen. Da eine Resistenz gegen bisher angewendete Anthelminthika in Betracht gezogen werden mußte, entschlossen wir uns für den Einsatz von Ivermectin.

Material und Methodik

Insgesamt wurden 12 (7,5) Eisbären, deren Körpermassen schätzungsweise 55 - 410 kg betrugen, behandelt. Das Präparat stand uns in Form des 0,08 %igen Ivomec liquidum zur Verfügung. Hiervon wurden 2,5 ml/10 kg KM (= 0,2 mg Wirkstoff/kg KM) oral, unter suppiges Futter gemischt (Reis, Bohnensuppe, Fleischbrühe, Milchbrei) verabfolgt (Tabelle 2).

Tabelle 2: Einsatz von Ivomec liquid. oral 0,08 % (0,2 mg Wirkstoff/kg KM) bei Eisbären

Alter (Jahre)	Geschl.	KM (geschätzt) kg	Dosierung (ml)	Nebenwirkung	medik. Futter Akzept.
25	1,0	410	110	keine	sehr gut
25	4,0	380 - 400	95 - 100	keine	sehr gut
25	0,3	200 - 230	50	keine	sehr gut
4	0,1	180	45	keine	sehr gut
2	1,0	170	45	keine	sehr gut
10 Monate	1,1	55 - 60	15	keine	sehr gut

Zur Verhinderung sofortiger Reinfektion wurden alle benachbarten Ursiden (3,2 zweijährige Ursus arctos beringianus, 0,5 juv. Ursus arctos), die täglich im Wechsel die gleiche Manege benutzten, mitbehandelt. Gitterstäbe, Käfigböden und -wände wurden mit der Lötlampe abgeflammt, das Wasser des Badebeckens gewechselt, seine Wände desinfiziert.
Die behandelten Eisbären wurden klinisch - insbesondere auf den Absatz von Spulwürmern - beobachtet. 3, 6, 12, 24 und 60 Tage post applicationem erfolgten koproskopische Kontrolluntersuchungen.

Ergebnisse

Das Ivermectin wurde komplikationslos aufgenommen, Nebenwirkungen konnten nicht festgestellt werden. An den drei auf die Behandlung folgenden Tagen wurde massiver Wurmabgang, auch von den beiden koprologisch negativen Jungbären, beobachtet. Es handelte sich um Spulwürmer der Art Toxascaris transfuga (RUDOLPHI, 1819; BAYLIS et DAUBNEY, 1922).+) Zur Prüfung der ovimiziden Wirksamkeit des Präparates wurden aus adulten Weibchen isolierte befruchtete Eier unter Optimalbedingungen kultiviert und nach 3 Wochen die Entwicklungsrate ermittelt. Sie lag mit 92 % sehr hoch. Die Ergebnisse der koproskopischen Untersuchungen sind in Tabelle 3 zusammengestellt. Danach konnten bis zum 24. Tag post applicationem nur bei einem erwachsenen, männlichen Eisbären einige Spulwurmeier nachgewiesen werden. Bei der letzten Kontrolluntersuchung, 60 Tage nach der Medikation, wurden bei 1,1 jungen Eisbären Toxascaris tranfuga-Eier im Kot festgestellt. Beide Tiere waren vor der Behandlung koproskopisch negativ und hatten massenhaft subadulte Spulwürmer ausgeschieden.

Tabelle 3: Ergebnisse der koproskopischen Untersuchungen

Tier Nr.	Tage ante/post applicationem -9/-1	3	6	12	24	60
1 (1,0)	+	-	n.u.	-	-	-
2 (1,0)	n.u.	-	n.u.	-	-	-
3 (1,0)	+	n.u.	-	-	-	-
4 (1,0)	+	+	n.u.	-	-	-
5 (1,0)	+	-	n.u.	-	-	-
6 (0,1)	+	n.u.	-	-	-	-
7 (0,1)	+	-	n.u.	-	-	-
8 (0,1)	+	-	n.u.	-	-	-
9 (0,1)	+	n.u.	-	-	-	-
10 (juv. 1,0)	+	n.u.	-	-	-	-
11 (juv. 1,0)	-	-	n.u.	-	-	+
12)juv. 0,1)	-	-	n.u.	-	-	+

Zeichenerklärung

+ = Spulwurmeier nachgewiesen
- = Spulwurmeier nicht nachgewiesen
n.u. = nicht untersucht

+) Die Determination wurde durch Herrn Dr. G. H a r t w i c h, Kustos für Helminthologie am Naturkundemuseum Berlin, bestätigt, wofür ihm herzlich gedankt sei.

Diskussion

Die Entwicklung von Toxascaris transfuga erfolgt vorwiegend direkt, es können jedoch sog. paratenische Wirte eingeschaltet werden. ABDEIRASOUL und FOWLER (1979), die systematische Untersuchungen in drei nordamerikanischen Zoos vornahmen, konnten Toxascaris-Larven in Ratten nachweisen. Experimentell gelang ihnen die Übertragung bei Tauben und Insekten. Durch Wanderlarven verursachte Todesfälle bei Krallenäffchen beschreiben HUNTRESS und SPRAKER (1985).

Unter den Bedingungen zoologischer Gärten muß mit einer massiven Anreicherung von Spulwurmeiern an und in Futter- und Trinkgefäßen gerechnet werden, die nur durch regelmäßige thermische Desinfektion eingeschränkt werden kann. Die Badefreudigkeit des Eisbären, sein langes, dichtes Fell und die verfilzten Sohlen begünstigen das Haftenbleiben, die Verschleppung und die Entwicklung der klebrigen Spulwurmeier. Unter Zirkusbedingungen gewährleisten enge Käfigabteile mit grobgefügten Holzplanken, dichte Besetzung mit unmittelbarem Körperkontakt zwischen den Individuen der Gruppe die sichere Persistenz von Spulwürmern. Regelmäßige, d.h. mindestens vierteljährliche Behandlungen sind daher unerläßlich.

Von den - früher gut wirksamen - Piperazinpräparaten sind wir abgekommen, da sie von den Bären nicht - oder nur nach mehrtägigem Fasten - aufgenommen wurden. Die 1981 während eines fernöstlichen Gastspiels nach Piperazinapplikation beobachteten schweren zentralnervösen Störungen (Ataxie, Lähmungen) entwickelten sich vermutlich infolge Unterdosierung, d.h. die zugedachte Menge des piperazinhaltigen Futters wurde nicht aufgenommen. Ähnliche klinische Symptome wurden von uns wiederholt bei Großkatzen beobachtet und erfolgreich mit hohen Dosen Vitamin B_6 oder Vitamin-B-Komplex behoben.

Der Einsatz unterschiedlich oder gleichartig angreifender Pharmaka in den verschiedenen Gastspielländern ist Ausdruck der Erfahrungen und des Arzneimittelvorrates der jeweiligen Therapeuten. Ob und wieweit ausreichend dosiert oder die zugedachte Menge tatsächlich aufgenommen wurde, ist ungewiß. Die in zunehmendem Maße unbefriedigende Wirksamkeit der eingesetzten Imidazolverbindungen zwang uns zu ständig höherer Dosierung. Während VERCRUYSSE et al. (1976) mit 2,5 mg/kg KM Mebenvet an drei aufeinanderfolgenden Tagen Erfolg hatten, empfehlen WALLACH/ BOEVER (1983) 15 mg/kg KM an zwei aufeinander folgenden Tagen. Bei eigenen Versuchen konnte erst nach fünftägiger Behandlung mit je 40 mg/kg KM Mebendazol Spulwurmabgang erreicht werden. Auch KLOMBURG (1985) beklagt die zunehmende Wirkungslosigkeit der von ihr eingesetzten Präparate Mebenvet, Rintal, Piperazin, Panacur und selbst Ivomec, das von GÖLTENBOTH (1985) empfohlen wird. GAUKLER (1985) empfiehlt den Einsatz von Dichlorvos (Atgard[R]). RITSCHER et al. (1986) wiesen 6 Wochen nach der parenteralen Ivermectinbehandlung Askariden bei einem Eisbären nach.

Das aus Streptomyces avermitilis gewonnene Ivermectin greift in den Gammaaminobuttersäurefunktionskreis Wirbelloser (Milben, Nemathelminthen) ein und verhindert deren Muskelfunktion (FROLKA und ROSTINSKA, 1984). Vergiftungen des Warmblüterorganismus in Form zentralnervöser Störungen (HOUSTON et al., 1987) treten nur selten auf, da die Blut-Hirn-Schranke vom Mittel nicht bzw. nur in sehr geringem Maße überwunden wird, woraus seine große therapeutische Breite ableitbar ist (CAMPBELL et al., 1983). Die gute Verträglichkeit und sichere Wirksamkeit des Ivermectins nach oraler Applikation wurde beim Einsatz gegen zahlreiche Nematodenarten landwirtschaftlicher Zucht- und Nutztiere nachgewiesen (KLIMAS, 1987) und auch bei Zootieren, beispielsweise bei frisch gefangenen Graufüchsen, festgestellt (BLAGBURN et al., 1986).

Ivomec liquid. 0,08 % wurde von unseren Bären gut aufgenommen. Unverträglichkeit wurde nicht beobachtet. Der massive Abgang von Spulwürmern sowie die fast durchweg negativen koproskopischen Befunde bis zum 60. Tag post applicationem belegen seine hohe Wirksamkeit. Die bei den beiden jugendlichen Bären am 60. Tag nachgewiesenen Spulwurmeier sind vermutlich auf eine Neuinfektion zurückzuführen, obwohl - in Anbetracht der starken Diskontinuität der Spulwurmeiausscheidung - die Aussagekraft der einmaligen Kotuntersuchung vor der Behandlung mit Einschränkung zu betrachten ist. Es ist jedoch stets auch mit Reinfektion zu rechnen, so daß eine regelmäßige Bekämpfung von T. transfuga-Infektionen unerläßlich erscheint.

Die hohe Entwicklungsrate der aus abgegangenen Spulwurmweibchen isolierten, kultivierten Eier deutet darauf hin, daß Ivomec liquid. nicht ovizid wirkt. Trotz Einsatz des Anthelminthikums bleiben Reinigungs- und Desinfektionsmaßnahmen unabdingbar.

Zusammenfassung

Zur Bekämpfung des Spulwurms (Toxascaris transfuga) beim Eisbären mit Ivermectin

In einer Zirkuseisbärengruppe (7,5) mit Spulwurmbefall (Toxascaris transfuga), bei der bisher eingesetzte Anthelminthika sich zunehmend unwirksamer erwiesen, wurde Ivermectin in Form von Ivomec liquidum 0,08 % (Wirkstoffgehalt: 0,2 mg/kg KM) oral in einmaliger Applikation eingesetzt. Das Medikament wurde komplikationslos aufgenommen, verursachte keine Nebenwirkungen und wies eine hohe Wirksamkeit auf.

Summary

Use of Ivermectin for Control of Roundworm (Toxascaris transfuga) in Polar Bear

One single oral application of Ivermectin in the form of Ivomec liquidum 0.08 per cent (active substance: 0.2 mg/kg body weight) was used to control roundworm infestation (Toxascaris transfuga) of a group of circus polar bears (7.5) in which anthelminthics used before had progressively declined in effectiveness. The medicament was accepted without complication and caused no side-effects and proved to be highly effective.

Résumé

A propos de la répression à l'Ivermectine du ver oxyure (Toxascaris transfuga) de l'ours polaire

Pour un groupe d' ours polaires (7,5) d'un cirque qui ont été infestés du ver oxyure (Toxascaris transfuga) une application orale unique d'Ivermectine sous forme de l'Ivomec liquidum 0,08 % (teneur en substance fonctionnelle: 0,2 mg/kg KM) a été prévue parceque les moyens anthelmintiques furent de plus en plus inefficaces. Les animaux ont accepté le médicament sans complications ou effets secondaires. Une efficacité élevée a été constaté.

Резюме

Борьба с аскаридами (Toxascaris transfuga)у белых медведей с помощью Ivermectin

В группе цирковых медведей, зараженных аскаридами, после применения различной антигельминтики, не оказавшей влияния на аскариды, был применён Ivermectin в форме Ivomec liquidum 0,08% (содержание активного вещества: 0,2 мг/кг ж.в.)в единичной аппликации орально.Медикамент не вызывал побочных явлений и проявлял интенсивное действие.

Literaturverzeichnis

ABDEIRASOUL, K., and M. FOWLER (1979): Epidemiology of Ascarid Infection in Captive Carnivores. Ann. Proc. Am. Ass. Zoo Vet. 165 - 169.

BLAGBURN, B.L., SWANGO, L.J., and D.S. LINDSAY (1986): Comparative efficacies of ivermectin, febantel, fenbendazole and mebendazole against helminth parasites of gray foxes. J. Am. Vet. Med. Ass. 189, 1084 - 1085.

CAMPBELL, W.C., FISCHER, M.H., STAPLEY, E.O., ALBERS-SCHÖNBERG, G., and T.A. JACOB (1983): Ivermectine: a potent new antiparasitic agent. Science 221, 823 - 828.

FOWLER, M.E. (1986): Zoo and Wild Animal Medicine. Sec. Edition. Philadelphia, London, Toronto, Mexico City, Rio de Janeiro, Sydney, Tokyo, Hong Kong: W.B. Saunders Company.

FROLKA, J., und J. ROSTINSKÁ (1984): Über die Wirksamkeit von Ivermectin (Ivomec[R], Eqvalan[R]) gegen Sarcoptesräude und Nematodenbefall bei Zootieren. Verh.ber. Zootiere 26, 455-462.

GAUKLER, A. (1985): Diskussionsbeitrag zu KLOMBURG, 5. Arbeitstagung der Zootierärzte im deutschsprachigen Raum. S. 78 - 81.

GÖLTENBOTH, R. (1985): Diskussionsbeitrag zu KLOMBURG, 5. Arbeitstagung der Zootierärzte im deutschsprachigen Raum. S. 78 - 81.

HOUSTON, D.M., PARENT, J., and K.J. MATUSHEK (1987): Ivermectin toxicosis in a dog. J. Am. Vet. Med. Ass. 191, 78 - 80.

HUNTRESS, S.L., and T. SPRAKER (1985): Baylisascarisinfection in the marmorset. Ann. Proc. Am. Ass. Zoo Vet. 78.

KLIMAS, M. (1987): Charakteristik des Breitbandantiparasitikums Ivermektin mit einem Beitrag zur Wirkung des Ivermektins auf Magen-Darm-Strongylata beim Schaf. Dipl. Arb. Vet. Med. Berlin (HU).

KLOMBURG, S. (1985): Problematik der Askaridenbehandlung bei Eisbären. 5. Arbeitstagung der Zootierärzte im deutschsprachigen Raum. S. 78 - 81.

KUNTZE, A., und B. WIENER (1972): Untersuchungen über saisondynamische Ausscheidung von Parasiteneiern und -larven bei Zirkustieren. Verh.ber. Erkrg. Zootiere 14, 363 - 367.

RITSCHER, D., RIBBECK, R., FRICKE, G., und A. SEMLOW (1986): Zum Problem der Fellschäden bei Eisbären (Ursus maritimus) des Zoologischen Gartens Rostock. Verh.ber. Erkrg. Zootiere 28, 77 - 84.

VERCRUYSSE, J., KUMAR, V., CEULEMANS, F., and J. MORTELMANS (1976): Chemotherapy of Helminthiasis among wild mammals. II. Baylisascaris transfuga (RUDOLPHI, 1819) Sprent, 1968 infection of Polar Bear. Acta Zoologica et Pathologica. Antwerpiensia Nr. 64, 115 - 119.

WALLACH, J.D., and W.I. BOEVER (1983): Diseases of Exotic Animals Medical and Surgical Management. Philadelphia: W.B. Saunders Company.

Anschrift der Verfasser: VR Dr. habil. A. K u n t z e
Robert-Siewert-Straße 34
DDR-1157 Berlin (DDR)

Aus dem Tierpark Berlin (Direktor: Prof. Dr. sc. Dr. h.c. H. DATHE) und dem Institut für Experimentelle Pathologie und Therapie der Akademie der Medizinischen Wissenschaften der UdSSR in Suchumi (Direktor: Prof. Dr. B.A. LAPIN)

ZWEI NEUE COENURUS-FÄLLE BEIM BLUTBRUSTPAVIAN (THEROPITHECUS GELADA)

Von W. Tscherner, A.T. Movčan†, J.S. Belkanija und I.S. Gvazava

Larven der Bandwurmgattung Multiceps sind bei Affen unseres Wissens bislang zwanzigmal nachgewiesen worden (RAILLIET und MARULLAZ, 1919; SCHWARTZ, 1926; SCOTT, 1926; URBAIN und BULLIER, 1935; SANDGROUND, 1937; ELEK und FINKELSTEIN, 1939; FAIN, 1956; RODHAIN und WANSON, 1954; TRATNIG-FRANKL, 1956; BERTOLINO, 1957; ABULADSE, 1964; CLARK, 1969; KAUFMAN und WHITTAKER, 1972; LAU et al., 1973; LEITH und SATTERFIELD, 1974; HAUPT et al., 1975; MOVČAN et al., 1977; SCHÜRER, 1979). Sämtliche Funde stammen aus Affen der alten Welt und verteilen sich wie folgt auf die Gattungen Theropithecus 13, Cercopithecus 4, Hylobates 1, Lemur 1, Macaca 1. Wir möchten zwei weitere Befunde bei Dscheladas hinzufügen.

1983 kamen zehn erwachsene Dscheladas (Theropithecus gelada) aus Äthiopien in das Primatenzentrum Suchumi. Bei der Sektion eines zehn Monate danach an einer Pneumonie und einer Colitis gestorbenen Weibchens wurde im Beckenbereich ein Konglomerat blasiger Gebilde von 12 cm Umfang gefunden. Die Blasen wurden als Bandwurmlarven diagnostiziert. Im Verlauf von 2 1/2 Monaten, beginnend im Juni 1984, entwickelte sich bei einem Männchen derselben Gruppe eine Geschwulst im Bereich der linken Wade. Die Geschwulst behinderte das Tier ganz offensichtlich, denn mit deren zunehmendem Wachstum schonte es die betroffene Extremität mehr und mehr. Wegen der schnellen Vergrößerung der Schwellung wurde zunächst eine infektiöse Ursache vermutet. Die Untersuchung des Blutes ergab folgende Werte:

Erythrozyten (Mill./mm^3)	4.8
Hämoglobin (g%)	11.5
Leukozyten (ges./mm^3)	13.600
Eosinophile	0,5 %
Stabkernige	8 %
Segmentkernige	52 %
Lymphozyten	36,5 %
Monozyten	3 %
Poikilozytose	" + "
Blutsenkung	15 mm/h

Da die Geschwulst weiter wuchs und das betroffene Bein inzwischen einen Umfang von 32 cm erreicht hatte, wurde ein kleiner Hautschnitt gesetzt, um leichter ein Punktat entnehmen zu können. Aus der Öffnung quollen unter schwachem Druck Zysten hervor, die gleichfalls als Bandwurmlarven bestimmt werden konnten. Es bestand nunmehr kein Zweifel an der parasitären Genese der Geschwulst und man entschloß sich zur Operation. Nach einer Anästhesie mit Nembutal 2 %ig, 10 ml i.v. wurden ca. 1000 Bandwurmlarven entfernt, die zwischen der Muskulatur und unter der Haut lokalisiert waren. Der betroffene Bereich war mit Zysten buchstäblich vollgestopft. Die Muskulatur war am Sitz der Zysten deutlich atrophiert. Im Frühjahr 1985 hatten sich an derselben Stelle erneut 3 etwa hühnereigroße Verdickungen gebildet. Eine zweite Operation förderte wiederum zahlreiche Bandwurmlarven zutage. Wenn wir eine Reinfektion ausschließen, dann muß es im Körper des Affen zu einer Vermehrung von Zysten gekommen sein, die bei der ersten Operation übersehen worden waren. Im Herbst 1986 wurde eine neuerliche Verdikkung der Wade beobachtet, bei der es sich vermutlich um ein zweites Rezidiv handelte. Dasselbe Bild bot sich ein Jahr später, im Herbst 1987. Offen bleibt, ob bei dem operierten Tier außer dem einen noch weitere Parasitenherde existierten, wie es von einigen der eingangs genannten Autoren für ihre Fälle mitgeteilt worden ist.

Die exstirpierten Zysten waren zwischen 1,0 x 0,7 mm und 24,8 x 18,7 mm groß und überwiegend von ovaler Form. Fast alle hatten eine unterschiedlich große Zahl von Tochterblasen, aus denen zuweilen schon Enkelblasen sprossen. Manche Blasen waren traubenförmig miteinander verbunden. Ausschließlich an der Innenwand einiger Zysten befanden sich Scolices mit 4 Saugnäpfen und einem doppelten Kranz großer und kleiner Haken. Die Zahl der Haken lag zwischen 28 und 36, manchmal war sie noch geringer. Einige Male wurden bis zu 10 Saugnäpfe pro Scolex gezählt (vgl. dazu ABULADSE, 1964). Die Zahl der Scolices pro Blase betrug maximal 41. Sie waren meist in unregelmäßigen Reihen, aber auch gruppenweise angeordnet. Scolexanlagen wurden niemals in Tochter- und Enkelblasen beobachtet, solange diese noch mit der Mutterblase verbunden waren und auch niemals an der Außenwand der Blase. Die Tochterblasen gingen ganz offensichtlich nur von der Außenwand der Mutterblase aus. Folgende Maße wurden ermittelt: Saugnäpfe 144 - 220 µm ($\bar{x}$ = 129 µm, n = 50), Durchmesser der Corona 188 - 199 µm, große Haken 111 - 144 µm ($\bar{x}$ = 129 µm, n = 100), kleine Haken 77 - 88 µm ($\bar{x}$ = 84 µm, n = 100). Bei den Zysten handelt es sich um Bandwurmlarven vom Coenurus-Typ und somit um Larven der Gattung Multiceps (GOEZE, 1782). Die Entwicklung dieser Bandwürmer vollzieht sich ausschließlich in Wirbeltieren. Hauptendwirt ist der Hund, aber auch andere Caniden. Zwischenwirte sind pflanzenfressende Säugetiere, zuweilen werden Coenurus-Larven aber auch in Fleischfressern gefunden, wie z.B. in Katzen (KINGSTON et al., 1984). Für die Art Multiceps serialis (GERVAIS, 1847) werden hauptsächlich Hasen und Kaninchen angegeben, für M. multiceps (LESKE, 1780) vor allem Schafe und Ziegen. Durch Aufnahme von Eiern mit kontaminierter Nahrung können auch Affen und der Mensch befallen werden. Bislang sind ca. 70 Fälle von Coenurus-Erkrankungen beim Menschen publiziert worden, die meisten aus Afrika. Bei den von uns erhobenen Befunden war eine exakte Artbestimmung nicht möglich. Die Bildung exogener Tochterblasen und die Lokalisation im Zwischenwirt (außerhalb des Nervensystems) sprechen für die Art M. serialis. Allerdings kann sich M. serialis bei Mäusen auch im Gehirn ansiedeln, dem Locus typicus der Larven von M. multiceps, und auch die Neigung zur Ausbildung exogener Tochterblasen ist nicht vorauszusagen und demnach als Artmerkmal fragwürdig. Zahl, Form und Größe der Haken sind ebenso variabel wie die Anordnung der Scolices bei verschiedenen Coenuri, so daß auch diese Merkmale als Differenzierungskriterien wegfallen (vgl. ABULADSE, 1964; ESCH und SELF, 1965; LARSH et al., 1965; ROBINSON, 1962).

Bei Affen wurden Multiceps-Larven in folgenden Lokalisationen angetroffen: Leber, Lunge, Herz, Niere, Schilddrüse, Gehirn, Wirbelkanal, Brust- und Bauchhöhle, Kehlkopf, Unterhaut und Muskulatur von Schulter, Brust und Extremitäten. Die pathologischen Veränderungen hängen vorrangig vom Sitz der Parasiten ab. Druckatrophie der Muskulatur, Bewegungsstörungen und Lähmungen wurden beobachtet.

Die Lebensdauer der Multiceps-Larven in Affen ist nicht bekannt. In Kaninchen soll sie nach einer Angabe aus dem letzten Jahrhundert (zit. bei ABULADSE, 1964) 2 Jahre betragen. Da die Dscheladas seit ihrer Ankunft in Suchumi keinerlei Kontakt mit Hunden hatten und zudem überwiegend mit Pellets gefüttert wurden, ist es sehr wahrscheinlich, jedoch nicht völlig sicher, daß der Befall mit den Bandwürmern bereits in Äthiopien erfolgt ist, was für eine Lebensdauer der Larven von wenigstens 3 Jahren spräche. Auffällig ist der hohe Anteil der Dscheladas - nämlich 68 % - an den bisher zur Kenntnis gelangten Coenurus-Fällen bei Affen. Möglicherweise sind die Ursachen dafür ökologischer und weniger physiologischer Natur. Untersuchungen von SZALAY (1979) in Äthiopien haben gezeigt, daß Dscheladas sich überwiegend von Gras ernähren und dadurch offenbar größere Möglichkeiten haben, Bandwurmeier aufzunehmen.

Bei äußerlich sichtbaren Verdickungen sollte man also auch an eine parasitäre Genese denken. In der Tiefe lokalisierte Larven werden jedoch meist erst post mortem entdeckt werden können.

Zusammenfassung

Zwei neue Coenurus-Fälle beim Blutbrustpavian (Theropithecus gelada)

Bei zwei aus Äthiopien importierten Dscheladas wurden Larven der Bandwurmgattung Multiceps, GOEZE, 1782, gefunden. Die Parasiten waren im Beckenbereich bzw. in der Muskulatur der linken Hinterextremität lokalisiert.

Summary

Two Recent Coenurus Cases of Gelada Baboon (Theropithecus gelada)

Larvae of the tapeworm species of Multiceps, Goeze, 1782 were recorded from two geladas which had been imported from Ethiopia. The parasites were localised in the pelvic region as well as in the muscles of the left hind extremity.

Résumé

Deux nouveaux cas de Coenurus chez le gelada (Theropithecus gelada)

Chez deux geladas importés d'Ethiopie on a trouvé des larves de l'espèce de ténia Multiceps Goeze, 1782. Les parasites furent localisés dans la zone du bassin ou dans la musculature de l'extrémité arrière gauche.

Резюме

Два новых случая Coenurus у павиана (Theropithecus gelada)

У двух импортированных из Эфиопии павианов обнаружены финки ленточного глиста семейства Multiceps, GOEZE, 1782 . Паразиты обнаружены в области таза и в мышцах левой задней конечности.

Literaturverzeichnis

ABULADSE, K.I. (1964): Teniaty - lentočnye gel'minty životnych i čeloveka i vyzyvaemye imi zabolevanija. Moskva.

BERTOLINO, P. (1957): Studio clinico ed anatomopatologico su due casi di cenurosi in Theropithecus gelada. Profilassi 30, 2 - 9.

CLARK, J.D. (1969): Coenurosis in a gelada baboon (Theropithecus gelada). J. Am. Vet, Med. Ass. 155, 1258 - 1263.

ELEK, S.R., and L.B. FINKELSTEIN (1939): Multiceps serialis infestation in a baboon. Report of a case exhibiting multiple connective tissue cystic masses. Zoologica N.Y. 24, 323-328.

ESCH, G.W., and J.T. SELF (1965): A critical study of the taxonomy of Taenia pisiformis BLOCH, 1780; Multiceps multiceps LESKE, 1780, and Hydatigera taeniaeformis BATSCH, 1786. J. Parasitol. 51, 932 - 937.

FAIN, A. (1956): Coenurus of Taenia brauni SETTI, 1897 parasitic in man and animals from the Belgian Congo and Ruanda - Urundi. Nature 178, 1353.

HAUPT, W., SCHÜPPEL, K.-F., KRONBERGER, H., und G. SCHÖNFUSS (1975): Panzerherz bei einer Meerkatze (Cercopithecus nictitans) durch Coenurusblasen. Verh.ber. Erkrg. Zootiere 17, 353 - 356.

KAUFMANN, P.H., and F.H. WHITTAKER (1972): Coenurosis in a zoo collection of gelada baboons (Theropithecus gelada). Vet. Med. Small Anim. Clin. 67, 1100 - 1104.

KINGSTON, N., WILLIAMS, E.S., BERGSTROM, R.C., WILSON, W.C., and R. MILLER (1984): Cerebral coenuriasis in domestic cats in Wyoming and Alaska. Proc. Helminthol. Soc. Wash. 51, 309 - 314.

LARSH, J.E. jr., RACE, G.J., and G.W. ESCH (1965): A histopathologic study of mice infected with the larval stage of Multiceps serialis. J. Parasitol. 51, 45 - 52.

LAU, D.T., CASEY, W.J., and M.D. JONES (1973): Coenurosis in a whitehanded gibbon. J. Am. Vet. Med. Ass. 163, 633 - 635.

LEITH, J.D., and W.C. SATTERFIELD (1974): Coenurus cysts of Taenia multiceps in a baboon, Theropithecus gelada. J. Zoo Anim. Med. 5, 32 - 34.

MOVČAN, A.T., GVAZAVA, I.S., i J.I. SOTNIKOV (1977): Slučaj parazitirovanija zenura serial'nogo u martyški mony. In: Modelirovanije patologičeskich sostojanij čeloveka, t. II, 153 - 161, Moskva.

RAILLIET, A., et M. MARULLAZ (1919): Sur un cénure nouveau du bonnet chinois (Macaca sinicus). Bull. Soc. Pathol. exot. 12, 223 - 228.

ROBINSON, R.G. (1962): Coenurosis of the central nervous system. World Neurol. 3, 35 - 42.

RODHAIN, J., et M. WANSON (1954): Un nouveau cas de coenurose chez le babouin Theropithecus gelada RÜPPELL. Riv. Parasitol. 15, 613 - 620.

SANDGROUND, J.H. (1937): On a coenurus from the brain of a monkey. J. Parasitol. 23, 482-490.

SCHÜRER, U. (1979): Bandwurmbefall (Multiceps multiceps) bei einem Blutbrustpavian (Theropithecus gelada). Zoo. Garten (N.F.) 49, 80 - 81.

SCHWARTZ, B. (1926): A subcutaneous tumor in a baboon due to Multiceps larvae. J. Parasitol. 12, 159 - 160.

SCOTT, H.H. (1926): Report on the deaths occurring in the society's gardens during the year 1925. Proc. Zool. Soc. London, part 1, 240.

SZALAY, F.S. (Ed.) (1979): Contributions to Primatology, vol. 16. Ecological and sociological-studies of gelada baboons. Basel: Karger, 285 - 335.

TRATNIG-FRANKL, E. (1956): Durch Parasiten bedingte entzündliche Geschwülste bei Affen. Wien. Tierärztl. Mschr. 43, 570 - 575.

URBAIN, A., et P. BULLIER (1935): Un cas de cénurose conjontive chez un gélada (Theropithecus gelada). Bull, Acad. Vet. France 8, 322 - 324.

Anschrift der Verfasser: Dr. W. T s c h e r n e r
Am Tierpark 125
DDR-1136 Berlin (DDR)

From Department of Animal Pathology, School of Veterinary Medicine, University of Pisa

INFLUENCE OF POPULATION DENSITY ON SEASONAL VARIATIONS OF PARASITIC INFECTIONS IN EUROPEAN HARE (Lepus europaeus Pallas) xxx

By A. Poli, F. Mancianti, V. Trocchi, M. Verdone, and G. Terracciano

Introduction

Several investigations carried out on endoparasites of European hare have indicated that this animal can harbour a wide range of parasites (LAMPIO, 1946; BOUVIER et al., 1954; CZAPLINSKA et al., 1965; BURGAZ, 1970; RAITIS and ERMALA, 1972; KUTZER and FREY, 1976; KUTZER, (1978); NICKEL and GOTTWALD, 1979; SOVERI and VALTONEN, 1983).
The predominant parasitic species found were Trichostrongylus retortaeformis (Zeder, 1800), different Eimeria spp., Protostrongylus rufescens (Joyeux and Gaud, 1946), Protostrongylus pulmonalis (Frölich, 1802), Trichuris leporis (Zeder, 1903), Trichuris tineri (Tiner, 1950), Passalurus ambiguus (Rudolphi, 1819), Graphidium strigosum (Dujardin, 1845), Mosgovoyia pectinata (Goeze, 1782), and Andrya rhopalocephala (Riehm, 1881).

In a previous report we have briefly described the parasitic fauna of European hare in our areas (POLI et al., 1987). Coccidia, especially Eimeria leporis (Nieschule, 1923), and Eimeria belorussica (Litvenkova, 1969), and T. retortaeformis were the most common and widespread parasites. However, very little is known about the factors which have really an effect on their occurrence.

The purpose of the present study was to describe seasonal fluctuations of prevalence and intensity of parasitic infections, especially of Eimeria spp. and Trichostrongylus sp. infections, in three populations of autochthonous European hares with different densities from similar topography game-preserved areas to ascertain if this factor can have an effect on these fluctuations.

Material and methods

The study areas at Pisa, Tuscany, comprised about 560 hectares (ha)(Area A), 970 ha (Area B), and 790 ha (Area C) of plains reclaimed at the end of the last century primarily for cereal cropping.
To estimate the size of the European hare population, night counts of hares by hand-held spotlights were performed according to PFISTER (1978) and FRYLESTMAN (1981). In the three study areas hares were counted from a car along field roads in autumn (Nov./Dec.) and in late winter (Febr./March), usually on four occasions during each season in 1986 and 1987. Counts were made in clear weather between 8.00 p. m. and 11.00 p. m. local time within a short period (about one week). On the basis of different crops and field types, sampling plots of about 25 % of the total areas were examined. A pair of 12-Volt halogen spotlight were used. Hares could be observed from a distance of 100 m. A band of 200 m could thus be observed, when both sides of the road were covered.

Faecal specimens were monthly collected for parasitological investigation in the examined areas, from January to December 1986, in places not frequented by wild rabbits, and attention was given to collect faecal samples from different subjects. The faecal pellets were examined by floatation in potassium iodomercurate solution (d = 1,440) to discover oocysts, eggs, and larvae of parasites to determine the parasitic fauna. Quantitative analysis was carried out of samples of 1 g of faeces. Eimeria spp. oocysts and Trichostrongylus sp. egg numbers per gram of faeces were estimated, using all the steps of the usual McMaster procedure.

---

xxx This research was financed by a grant from C. N. R. and Amministrazione Provinciale di Pisa (Italy).

Oocysts were allowed to sporulate prior to species identification at different temperature levels, ranging from 15° C to 32° C, in 2 % potassium dichromate solution, for 24, 36, 48, and 96 hours.

Results

The distribution of hares in the sampling areas and numbers of subjects recorded in autumn did not differ significantly in the consecutive counts from that in late winter. Estimation by spotlight of the size of European hare populations permitted identification of an area with high population density (Area A), while lower density was observed in the other areas (B and C). In fact, the mean number of hares recorded from Area A by consecutive counts in autumn was 115.31 ± 10.71 hares/100 ha, while the mean value in Area B was 21.33 ± 3.38 hares/100 ha, with 30.79 ± 5.42 hares/100 ha being recorded from Area C. In January 1987, at the end of sampling, 40 hares from Area A, six from Area B, and 30 from Area C were captured by beaters and nets to restock hunting areas. In late winter, the recorded densities were again different in all three areas. Mean population densities were 68.55 ± 5.3 hares/100 ha in Area A, 12.07 ± 1.6 hares/100 ha in Area B, and 28.05 ± 1.07 hares/100 ha in Area C. The distribution of hares was also different in Area A with high population density. The 48.6 % of hares recorded were clustered on a 10 m surface in groups of two or more subjects, while single hares were recorded in the other areas.

A total of 491 faecal samples were examined from January to December. The number of faecal samples monthly collected in the examined areas is reported in Table 1.

Table 1: Numbers of faecal samples collected each month in the examined areas from January to December 1986

	J	F	M	A	M	J	J	A	S	O	N	D	TOTAL
AREA A	10	12	17	19	9	13	14	14	14	15	14	15	166
AREA B	23	17	21	15	12	11	11	12	15	18	11	6	172
AREA C	7	12	15	19	15	16	12	19	7	11	11	9	153
													491

The samples from all three areas contained eggs of Dicrocoelium dendriticum (Rudolphi, 1819), P. ambiguus, Strongyloides sp. (Wedl, 1856), Trichostrongylus sp. and oocysts of four different Eimeria spp., which were identified, as follows, by morphological features and sporulation time: E. belorussica, E. leporis, E. robertsoni (Madsen, 1938) and E. semisculpta (Madsen, 1938; Pellerdy, 1956), while oocysts of E. hungarica (Pellerdy, 1956) and E. townsendi (Carvalho, 1943; Pellerdy, 1956) were found only in samples from Areas A and C. In Area C eggs of Fasciola hepatica (Linnaeus, 1758) and larvae of Protostrongylus sp. were additionally observed.

Trichostrongylus sp. and Eimeria spp. were the most commonly occurring parasites, being identified by analysis of faecal samples from hares in the examined areas. The prevalence of Eimeria spp. and Trichostrongylus sp. infections, observed from January to December relative to hare population density, is presented in Tables 2 and 3.

Quantitative analysis of Eimeria spp. oocysts showed seasonal fluctuations in the three examined areas. The highest levels of oocyst concentrations were found in Area A in March ($\bar{X}$ = 279,211 oocysts/g faeces), August ($\bar{X}$ = 219,465 oocysts/g faeces), and October ($\bar{X}$ = 187,083 oocysts/g faeces). In Area B, the highest levels were observed in March ($\bar{X}$ = 25,273 oocysts/g faeces) and July ($\bar{X}$ = 13,704 oocysts/g faeces), and in Area C in March ($\bar{X}$ = 51,293 oocysts/g faeces) and in September ($\bar{X}$ = 187,657 oocysts/g faeces).

Table 2: Seasonal fluctuations of prevalence of Eimeria spp. infections in areas with different hare population densities

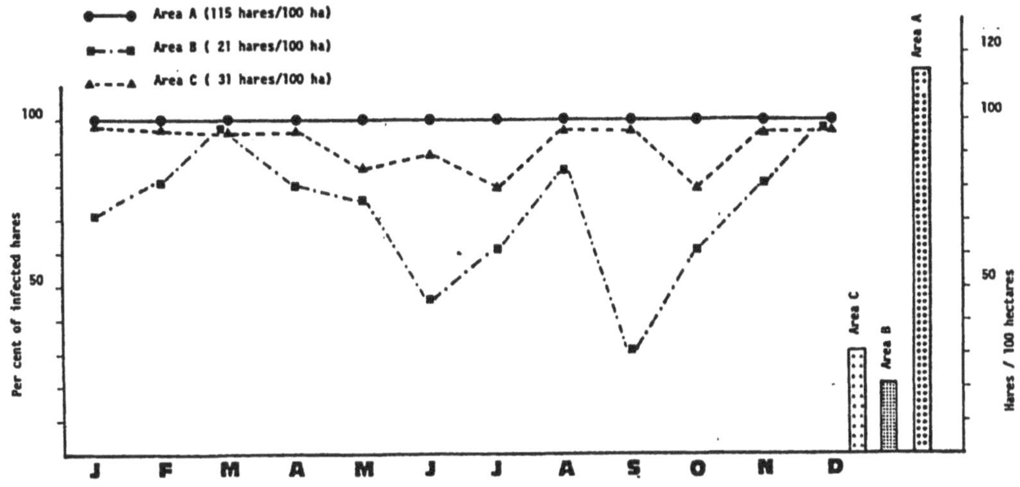

Table 3: Seasonal fluctuations of prevalence of Trichostrongylus sp. infection in areas with different hare population densities

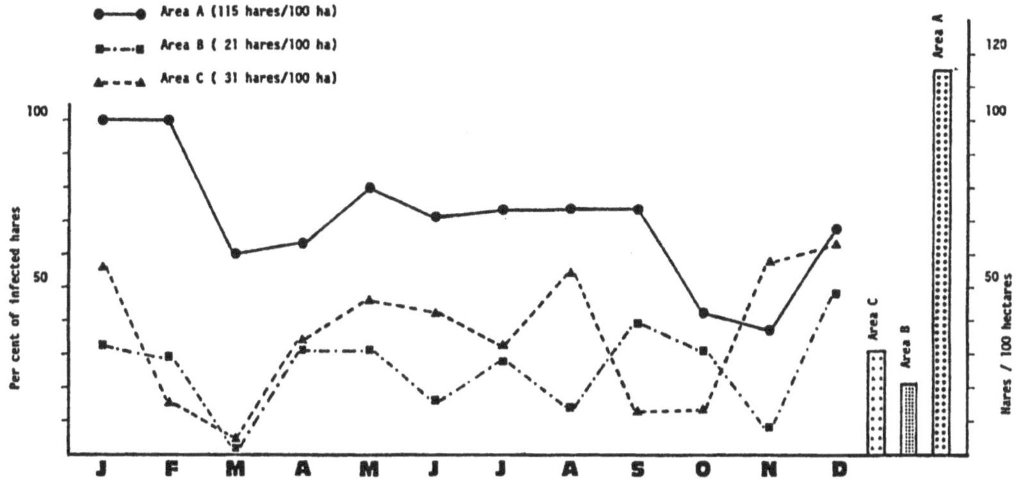

The trend of seasonal fluctuations of monthly numbers of oocysts/g faeces and Trichostrongylus sp. eggs numbers/g faeces in the three examined areas, relative to hare population density, are reported in Tables 4 and 5.

On the basis of hare estimation and subjects found dead or captured, the death-rates during winter in the examined areas were 26.68 % in Area A, 39.66 % in Area B, and 0 % in Area C.

Discussion

According to previous research work (RIMATHE, 1971; SALZMANN-WANDLER and SALZMANN, 1973; FRYLESTAM, 1981), the experience obtained from night counts in this study indicates that the method is sufficiently accurate to estimate European hare population density, especially when counts are made in open areas under comparable weather conditions and within short intervals. Our investigation has also shown that for accurate estimation of the total number of hares the dimensioning of each sampling plot should be determined by environmental conditions. In agricultural land, different crops and field types should be represented in a sampling plot and should correspond to the total distribution of these types in the total area examined. Even if this method can provide only information on population fluctuations and not on absolute densities, the mean densities observed in autumn in areas sampled was strongly correlated with the number of hares captured from the same areas in January (r. = 0.9969).

Table 4: Seasonal fluctuations in the mean numbers of oocysts in faecal samples from areas with different hare population densities

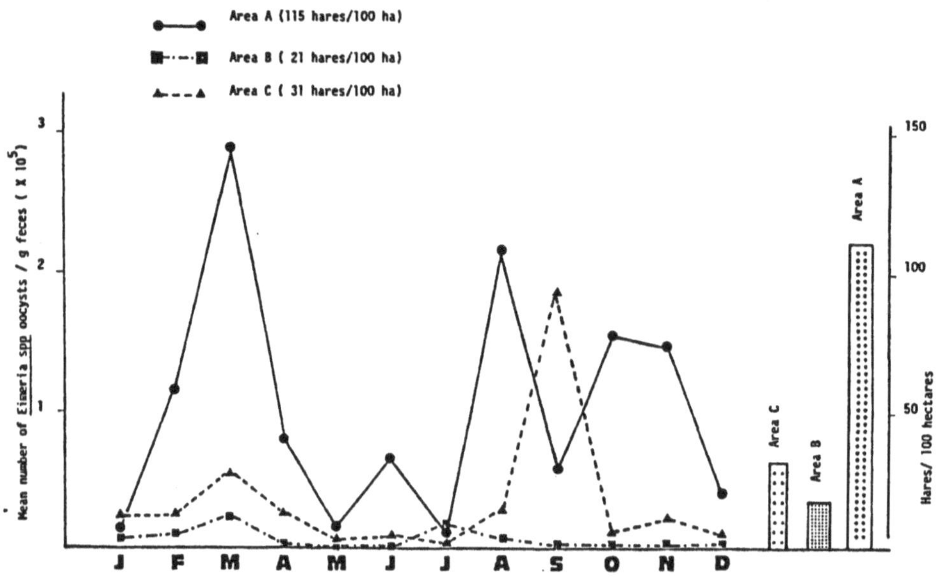

Table 5: Seasonal fluctuations in the mean numbers of Trichostrongylus sp. eggs in faecal samples from areas with different hare population densities

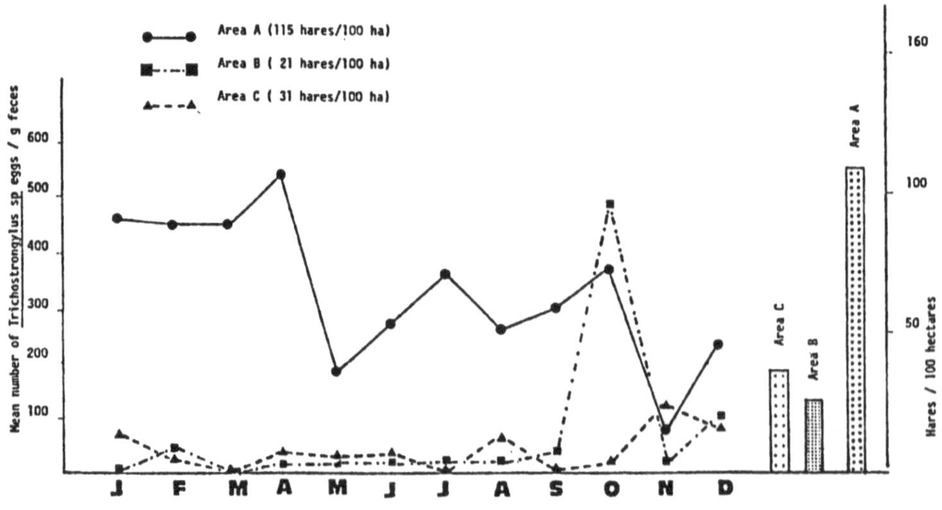

All the species of parasites found in this investigation had been previously reported in European hare. In the areas examined the prevalence of parasite infections was at the same levels as in studies carried out in Central Europe (CZAPLINSKA, 1965; KUTZER and FREY, 1976; NICKEL and GOTTWALD, 1979) and was higher than in studies in Sweden (BURGAZ, 1970) and in Finland (SOVERI and VALTONEN, 1983). Particularly, the prevalence of Eimeria spp. and Trichostrongylus sp. was higher, while the prevalence of Protostrongylus sp. seems to be slightly lower in these areas than in European hares from Scandinavian countries. This can be partly explained by colder weather in Scandinavian countries and partly by higher density of hares in Central Europe and in our areas. SOVERI and VALTONEN (1983) assumed that parasites with direct life cycles may be more sensitive to low temperature than parasites with intermediate hosts and, moreover, that the high-density hare populations may favour transmission of parasites with direct life cycles because no limits are imposed on transmission by a population of intermediate hosts. This second observation has been confirmed also in our study; Prevalence in Area A of Eimeria spp. and Trichostrongylus sp., parasites with direct life cycle, was higher than the prevalence observed in hares from the B and C areas. Particularly for Eimeria spp. infection the prevalence in Area A was constant at 100 %, while in other areas the prevalence showed seasonal fluctuations. The latter were more strongly marked in Area B where a lower hare population density was observed. A positive correlation was also found to exist between prevalence of Trichostrongylus sp. infection and hare population density, though more strongly marked fluctuations were observed. Higher levels of Trichostrongylus sp. infection were observed in all sampling areas from December to February and from April to September, while the incidence of this parasitic infection decreased in March and again in October and November.

Seasonal variations in intensity were particularly recorded from Eimeria spp. infection: Oocyst numbers were lower in January and February and increased significantly in March. They decreased from April to July and rose again from August and September, to decrease after October. For Trichostrongylus sp. infection seasonal fluctuations in egg numbers were observed only in samples from Area A. Levels were higher from January to April, decreased from May to September, increased in October to decrease again in November and to rise in December. In other areas with lower hare population densities Trichostrongylus sp. egg numbers remained lower from January to September and increased only in October in Area B and in November in Area C. As for the prevalence also for the intensity of Eimeria spp. and Trichostrongylus sp. infections, a positive correlation was found to exist with hare population densities. Higher levels of Eimeria spp. oocysts and Trichostrongylus sp. eggs numbers were found in Area A where a higher density of hares had been observed. Besides, prevalence and intensity were directly correlated in these infections. The differences between seasonal fluctuations of Eimeria spp. and Trichostrongylus sp. prevalence and intensity, observed in our areas and in other countries, may be related to effects of different climatic conditions in Italy. The presence of F. hepatica and Protostrongylus sp. was revealed only in Area C where a high number of sheep grazed.

In conclusion, these observations suggest that population density may be a factor which can favour the prevalence and intensity of Eimeria spp. and Trichostrongylus sp. infections in hares. Perhaps, the positive influence of population density on these infections is related to closer conctat among hares due to formation of groups.

An analysis of mortality rates during winter in the areas examined showed that this percentage was not correlated with hare population density. In fact, a higher mortality rate was observed in Area B (39.6 %) along with lower population density. Also, KEITH et al. (1985) assumed that parasitism played no significant role in the decline of the Snowshoe hare population at Rochester, Alberta. In any case, the remark that high-density hare population may favour the transmission of parasites with direct life cycle may be of interest, in that the control of population size in game-preserved areas can prevent the diffusion of these parasitic infections.

Summary

Influence of population density on seasonal variations of parasitic infections in European Hare (Lepus europaeus Pallas)

The population density of common hare in three game reserves of the Toscana (Italy) was successfully calculated overnight by means of searchlights. Faecal samples were monthly collected in all three areas and were qualitatively and quantitatively analysed. Seasonal differences with regard to spreading and infection intensity were established for Eimeria and Trichostrongylus species, and a correlation was found to exist with population density.

Zusammenfassung

Über den Einfluß der Besatzdichte der Feldhasen (Lepus europaeus Pallas) auf die jahreszeitlichen Unterschiede von Parasiteninfektionen

Unter Anwendung von Scheinwerferlicht war es möglich, in der Nacht die Besatzdichte der Feldhasen in drei Wildreservaten der Toskana (Italien) zu berechnen. In diesen Gebieten wurden in jedem Monat Kotproben gesammelt und eine qualitative und quantitative Analyse vorgenommen. Saisonale Unterschiede im Hinblick auf die Verbreitung und die Infektionsintensität ergaben sich für Eimeria spec. und Trichostrongylus spec., und es bestand eine Korrelation zur Besatzdichte der Feldhasen.

Résumé

A propos de l'influence de la densité de l'effectif des lapins d'Europe (Lepus europeus Pallas) aux déviations saisonnales des infestations aux parasites

Par moyen de la lumière de phares dans la nuit il a été possible de calculer la densité de l'effectif des lapins d'Europe des trois réserves d'animaux dans la Toscane (Italie). Chaque mois les prélèvements d'excréments ont été effectués dans ces régions et analysés qualitativement et quantitativement. Dans le cas des Eimeria spec. et Trichostrongylus spec. des déviations saisonnales relatives à la propagation et l'intensité de l'infestation ont été constatées et il y a une correlation avec la densité de l'effectif des lapins d'Europe.

Резюме

О влиянии частоты заселения полевых зайцев (Lepus europaeus Pallas) на годовые различия паразитных инфекций

Количество зайцев на определённой площаже в районе Тосканы исчислялось с помощью ночью включённых прожекторов. Кал собирался каждый месяц и изучался качественно и количественно. Сезонные различия, принимая во внимание распространение и интенсивность инфекции найдены для Eimeria spec., Trichostrongylus spec. кроме того, выявлена корреляция к частоте заселения зайцев.

References

BOAG, B., and G. IASON (1986): The occurrence and abundance of helminth parasites of the mountain hare, Lepus timidus (L.), and the wild rabbit, Oryctolagus cuniculus (L.), in Aberdeenshire, Scotland. J. of Helminth. 60, 92 - 98.

BOUVIER, G., BURGISSER, H., and P. A. SCHNEIDER (1954): Monographie des maladies du lièvre en Suisse. Zürich: Orell Füssli Arts Graphiques.

BURGAZ, I. (1970): A report on the presence of endoparasites in Lepus timidus and Lepus europaeus in Sweden. Trans. IX Int. Congr. Game Biol. Moscow 1969, 628 - 635.

CZAPLINSKA, D., CZAPLINSKI, B., RUTKOWSKA, M., and D. ZEBROWSKA (1965): Studies on the European hare. IX Helminth fauna in the annual cycle. Acta Theriol. 10, 55 - 78.

FORSTNER, M. J. von (1982): Untersuchungen über die Endoparasiten des Feldhasen (Lepus europaeus) und Versuche zu ihrer Bekämpfung. Zschr. Jagdwiss. 28, 169 - 177.

FRYLESTAM, B. (1981): Estimating by spotlight the population density of the European hare. Acta Theriol. 26, 419 - 427.

KEITH, I. M., KEITH, L. B., and J. R. CARY (1986): Parasitism in a declining population of Snowshoe hare. J. Wildl. Dis. 22, 349 - 363.

KUTZER, E., and H. FREY (1976): Die Parasiten der Feldhasen (Lepus europaeus) in Österreich. Berl. Münch. Tierärztl. Wochenschr., 89, 480 - 483.

KUTZER, E. (1978): Bemerkungen zum Hasen-Peitschenwurm Trichuris leporis (Zeder, 1803). Zschr. Parasitenkd. 56, 69 - 72.

LAMPIO, T. (1946): Riistantaudit Suomessa vv. 1924 - 1943 (Game diseases in Finland 1924 - 1943). Suom. Riista 1, 93 - 143.

NICKEL, S., und A. GOTTWALD (1979): Beiträge zur Parasitenfauna der DDR. 3. Mitteilung. Endoparasiten des Feldhasen (Lepus europaeus). Angew. Parasitol. 20, 57 - 62.

PFISTER, H. P., and R. RIMATHE (1973): Die Schätzung des Feldhasenbestandes in einem Solothurner Revier mit Hilfe von Jagdscheinwerfern. Schweizerische Jagdzeitung 1, 18 - 20.

POLI, A., MANCIANTI, F., MARCONCINI, A., CERRI, D., and P. AGRIMI (1987): Diseases of wild-living hares (Lepus europaeus Pallas) in Tuscany, Verh.ber. Erkrg. Zootiere 29, 341 - 346.

RAITIS, T., and A. ERMALA (1972): Jäniksen sisäloisista. (Internal parasites in the snow hare (Lepus timidus). Suom. Riista 24, 82 - 87.

RIMATHE, R. (1977): Zur saisonalen Abundanzdynamik des Feldhasen (Lepus europaeus Pallas) in Schweizerischen Mittelland. Diss. Universität Zürich, 126 pp.

SALZMANN-WANDLER, I., and H. C. SALZMANN (1973): Erste Erfahrungen bei Feldhasenzählungen mit Scheinwerfern. Jahrbuch des Naturhistorischen Museums Bern. 16 pp.

SOVERI, T., and M. VALTONEN (1983): Endoparasites of hares (Lepus timidus L. and L. europaeus Pallas) in Finland. J. Wildl. Dis. 19, 337 - 341.

Address of authors: Prof. A. P o l i
University of Pisa
Department of Animal Pathology
Viale delle piagge, 2
I-56100 Pisa (Italy)

Aus dem Bezirksinstitut für Veterinärwesen Cottbus (Direktor: OVR Dr. H.-J. KOWALEWSKI)
und dem Tierpark Cottbus (Direktor: Dipl.-Biol. K.-J. JACOB)

LÄUSEBEFALL BEI BÄRENMAKAKEN (MACACA ARCTOIDES) IM TIERPARK COTTBUS

Von P. Betke und K.-J. Jacob

Nur selten wurde bisher über Ektoparasitenbefall bei Affen berichtet. Der Grund dafür ist sicherlich, wie auch ALTMANN (1972) zum Ausdruck bringt, das bekannte intensive Körperpflegeverhalten aller Primaten. Bei Störung der sozialen Strukturen, etwa durch Wegfangen einzelner Tiere einer Gruppe oder Trennung von Müttern und Kindern, wird die soziale Körperpflege vernachlässigt und die Entwicklung und Ausbreitung der Parasiten begünstigt. Wenn man noch die Unterbringung nach dem Fang und die Transportverhältnisse zu den prädisponierenden Faktoren zählt, ist es nicht verwunderlich, daß Läuse oder Milben fast ausschließlich bei frisch importierten Affen festgestellt werden. In den meisten Fällen waren die Ektoparasiten Nebenbefunde im Zusammenhang mit anderen Erkrankungen.

Im Juni 1985 erhielt der Tiergarten Hoyerswerda 3,7 Bärenmakaken (Macaca arctoides) vom Zoo Usti n.L. (CSSR). Im November 1985 wurden fünf Tiere dieser Gruppe vom Tierpark Cottbus erworben. Bei den Bärenmakaken handelt es sich um Wildfänge aus Vietnam, die per Luftfracht im Januar 1985 in Usti n.L. eingetroffen waren. Es waren 2-3jährige Jungtiere, unter denen noch keine Rangordnung ausgebildet war.

Im Juni 1986 starb im Tiergarten Hoyerswerda ein weiblicher Bärenmakak aus der importierten Gruppe (TSCHIRCH et al., 1987). Bei der Sektion dieses Tieres wurde als Nebenbefund ein Läusebefall festgestellt. Das war uns Veranlassung, auch die Bärenmakaken im Tierpark Cottbus auf Ektoparasiten zu untersuchen. Bei den sonst klinisch gesunden Tieren war eine intensive individuelle Körperpflege zu beobachten. Von zwei handzahmen Weibchen sammelten wir mit einer anatomischen Pinzette kaum sichtbare, sehr fest auf der Haut sitzende Läuse und Läuselarven aus dem zentralen Bereich des Halses ab. Sowohl Adulte wie Larven waren in der Haut regelrecht festgesaugt und nur nach Überwindung eines deutlichen Widerstandes sammelbar.

Die Läuse wurden als zur Gattung Pedicinus gehörig bestimmt. Die Artbestimmung nach dem Bestimmungsschlüssel von FERRIS (1951) ergab, daß es sich bei den abgesammelten Läusen der Bärenmakaken um Pedicinus albidus und um eine zweite, schwerbestimmbare Art, vermutlich Pedicinus obrusus handelte.+)

In mehreren Fällen wurde festgestellt, daß mit Läusen befallene Affen in Menschenobhut nur kurze Zeit am Leben erhalten werden konnten (HEYMANN et al., 1971; ALTMANN, 1972) oder der Läusebefall post mortem nachweisbar war. Leptospirose, Salmonellose oder starker Endoparasitenbefall waren die Todesursachen von mit Läusen befallenen Tieraffen. Diese Tatsache veranlaßt uns, den klinisch auffälligen Läusebefall bei Affen als Indikator für das Vorliegen anderer Krankheiten anzusehen und zu gründlicher klinischer Untersuchung befallener Tiere zu raten.

Zusammenfassung

Läusebefall bei Bärenmakaken (Macaca arctoides) im Tierpark Cottbus

Es wird über Läusebefall bei Bärenmakaken aus Vietnam berichtet. Die Läuse wurden als Vertreter der Gattung Pedicinus bestimmt. Der Verlausung kommt eine Indikatorfunktion für andere Erkrankungen zu.

+) Wir danken Frau Dr. Danner für die Artbestimmung und Frau VR Prof. Dr. Ribbeck, KMU Leipzig, Wissenschaftsbereich Parasitologie, für die beigegebenen Fotos.

Summary

Pediculation of Stump-Tailed Macaque (Macaca arctoides) in Tierpark Cottbus

Pediculation of stump-tailed macaques from Vietnam is reported in this paper. The lice involved were identified as Pedicinus genus. Pediculosis is assumed to have an indicator function for other diseases.

Резюме

Заражение вшами медведевой макаки (Macaca arctoides) в зоопарке Коттвуса

Сообщается о заражении вшами медведевой макаки из Виетнама. Вши относятся к виду
Вшивость является индикатором других заболеваний.

Literaturverzeichnis

ALTMANN, D. (1972): Erkrankungen der Haut und des Haarkleides bei Primaten. Verh.ber. Erkrg. Zootiere 14, 183 - 196.

FERRIS, G.F. (1951): The sucking lice. Vol. 1. San Francisko: The Pacific Coast Entomological Society.

HEYMANN, H., WITSTRUK, K.-G., und D. ZSCHEILE (1971): Erfahrungen bei der Haltung von Affen im Zoologischen Garten Halle. Verh.ber. Erkrg. Zootiere 13, 23 - 29.

TSCHIRCH, W., und W. JORGA (1987): Leptospirose bei Bärenmakaken (Macaca arctoides). Verh.ber. Erkrg. Zootiere 29, 261 - 265.

Anschrift der Verfasser: VR Dr. P. Betke
Bezirksinstitut für Veterinärwesen
Schlachthofstr. 18
DDR-7500 Cottbus (DDR)

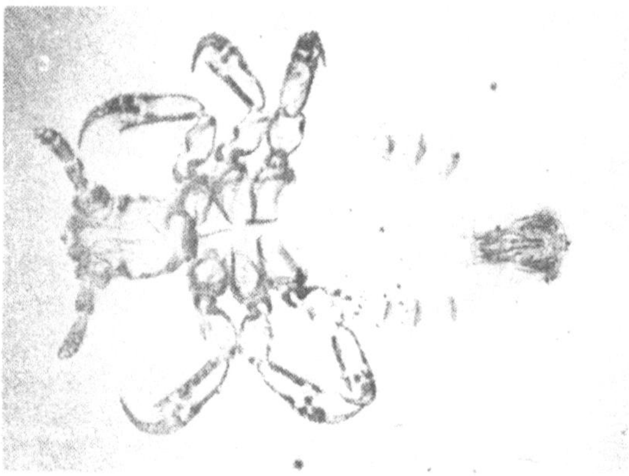

Abb. 1: Pedicinus albidus

Foto: Ribbeck, Leipzig

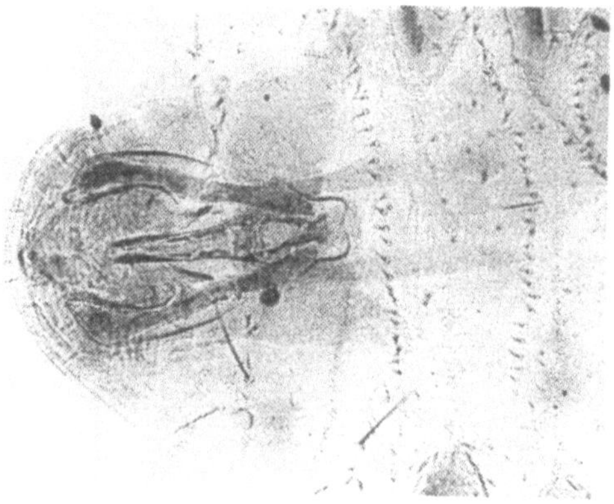

Abb. 2: Männliche Genitalien von Pedicinus albidus

Foto: Ribbeck, Leipzig

Aus dem Wissenschaftsbereich Parasitologie (Leiter: VR Prof. Dr. sc. Regine RIBBECK) der Sektion Tierproduktion und Veterinärmedizin der Karl-Marx-Universität Leipzig und dem Thüringer Zoopark Erfurt (Direktor: VR Prof. Dr. D. ALTMANN)

MILBENBEFALL BEI TOGO-ZWERGPALMMÄUSEN (LEGGADA MINUTOIDES)

Von Regine Ribbeck und D. Altmann

Im Juni 1985 erhielt der Thüringer Zoopark Erfurt aus Österreich eine Gruppe von 5 Togo-Zwergpalmmäusen (Leggada minutoides).+) Die Tiere waren 1984 vom Ehepaar V e s e l y (Bad Fröslau, Niederösterreich) in Togo zwischen Baumwurzeln im Urwald gefangen und nach Europa importiert worden und wurden seitdem unter anderen von Herrn Dr. W a c h t e l nachgezüchtet, der die Mäuse unter dem von uns verwendeten Namen beschrieb.

Die lateinische Bezeichnung Leggada minutoides gilt aber nach DIETERLEN (1969) für die Afrikanische Zwergmaus, "die eine der kleinsten Mäusearten überhaupt und sicher die kleinste Afrikas" (Kopf-Rumpf-Länge etwa 5 bis 6 cm) ist. Ihre Verbreitung wie überhaupt die der Gattung Leggada (Afrikanische Kleinmäuse) ist, wenn wir dem genannten Autor folgen, in Afrika sehr groß. Die Angehörigen dieser Gattung sind im Prinzip überall in Afrika südlich vom ca. 12. bis 15. Grad nördlicher Breite zu finden. Wahrscheinlich handelt es sich bei den sogenannten Togo-Zwergpalmmäusen, wenn sie, wie auch WACHTEL (1985) schreibt, überhaupt richtig bestimmt sind, um eine besonders kleine Unterart oder geographische Rasse dieser Art, die aus dem Bereich von Togo importiert wurde. Ihre Kopf-Rumpf-Länge liegt nach WACHTEL (1985) und nach unseren eigenen Erfahrungen bei ca. 4 cm. Das durchschnittliche Gewicht einer erwachsenen Maus liegt bei 6 g. Die Zahl der Jungtiere pro Wurf belief sich im Thüringer Zoopark Erfurt auf bis zu 5 Stück. WACHTEL (1985) nennt 5 bis 6 Jungtiere pro Wurf. Junge Togo-Zwergpalmmäuse sind nach ca. 3 Wochen selbständig und nach ca. 2 Monaten geschlechtsreif. Diese Mäuse sind vorwiegend nachtaktiv und deshalb zur Schaustellung in Nachttierabteilungen besonders geeignet. Als Tier in der Zoohaltung sind sie sicher auch deshalb interessant, weil sie zu den kleinsten Säugetieren der Welt überhaupt zählen.

Die zum oben genannten Zeitpunkt persönlich in den Thüringer Zoopark Erfurt gebrachten Mäuse lebten sich gut ein und brachten nach einigen Monaten Eingewöhnungszeit die ersten Nachkommen. Aus dieser Zucht existieren zum Berichtszeitpunkt 4 Zuchtgruppen.

Im Juni 1986 kamen aus der gleichen Zucht unter den gleichen Transportbedingungen weitere 7 Togo-Zwergpalmmäuse in den Thüringer Zoopark Erfurt. Sie waren vor dem Transport in einwandfreiem Zustand. Bei Ankunft in Erfurt war ihr Allgemeinzustand relativ schlecht. Besonders auffallend war bei einigen Tieren ein abschnittsweise feuchtes bzw. zerzaustes Haarkleid. Bei diesen aus Quarantänesicht isoliert gehaltenen Togo-Zwergpalmmäusen, die nie mit der erstgenannten Population in Berührung kamen, traten die nachfolgend geschilderten Hautveränderungen und Milbennachweise auf. Der Transport und die sich daran anschließende neue Umwelt, vielleicht auch geringfügige Abweichungen in Temperatur, Fütterung usw., haben hier sicherlich als Streßfaktoren gewirkt. Dabei ist nicht auszuschließen, daß auch in der zuvor nie erkrankten 1985 importierten Population bzw. bei deren Nachkommen Milben latent vorkommen. Klinische Befunde wurden nie ermittelt. Um die Tiere für die Schaustellung im Zoo und für die Weiterzucht zu erhalten, wurden sie nicht zu parasitologischen Untersuchungen herangezogen. Hervorzuheben ist außerdem, daß beide Mäuseimporte aus einer Population, nämlich der von Dr. K o l a r und Frau immer im gleichen Terrarium betriebenen Zucht stammen und bei den dortigen Tieren, die in relativ großer Zahl immer problemlos zusammenlebten, nie irgendwelche Veränderungen der Haut auftraten.

Ende des Jahres 1986 stellten wir in der aus dem 2. Import stammenden Gruppe Togo-Zwergpalmmäuse wiederholt sowohl bei männlichen als auch bei weiblichen Tieren Fellschäden und Hautveränderungen im Bereich des Rückens und Hinterkörpers fest. Die Mäuse wiesen mehrere von geronnenem Blut bedeckte, frische und zum Teil verschorfte, bis zu 1 cm^2 große, tiefe Hautdefekte bzw. streifenförmige Hautwunden auf. Die pathologisch-histologische Untersuchung der veränderten Hautbe-

+) Für die freundliche Überlassung der Tiere möchten wir dem Präsidenten der Zoologischen Gesellschaft Österreichs und Vizepräsidenten des Wiener Volksbildungswerkes Herrn Dr. K. K o l a r und seiner Frau Gemahlin unseren besonderen Dank aussprechen.

zirke einer gestorbenen sowie einer zu diagnostischen Zwecken getöteten Maus ergab nur das für frische bzw. verheilende Wunden typische Bild.

Bei der parasitologischen Untersuchung dieser beiden Mäuse sowie einer weiteren gestorbenen juvenilen Togozwergpalmmaus konnten Ektoparasiten bzw. deren Entwicklungsstadien am Hinterkörper, d.h. im Bereich der stärksten Hautveränderungen, nicht aufgefunden werden. Dagegen waren bei auflichtmikroskopischer Betrachtung von Kopf und Vorderkörper der Mäuse zahlreiche Milben festzustellen. Diese fanden sich, fest in der Haut des Wirtes verankert, vor allem im Bereich zwischen Augen und Ohren, auf Stirn und Nasenrücken, im Kehlgang und auf Schulter und Oberarm, bei einem Tier in geringer Zahl auf dem Rücken sowie an Unterbrust und Unterbauch. Milbeneier waren vor allem an den Haaren im Kehlgang und auf dem Oberarm nachzuweisen. Von den mit Milben besetzten Hautbezirken wiesen besonders Ohren, Kehle und Nasenrücken bei mikroskopischer Untersuchung erkennbare, leichte, blutig verschorfte Kratzwunden auf. Diese erreichten in keinem Falle Ausdehnung und Schweregrad der Wunden am Hinterkörper.

Die isolierten Milben sind der Gattung Radfordia (Actinedida: Myobiidae) zuzuordnen. Vertreter dieser Gattung parasitieren, wie auch die der nahe verwandten Gruppe Myobia, bei Rodentia. Die Gattungen Radfordia und Myobia sind morphologisch sehr ähnlich, Unterschiede sind vor allem am Tarsus 2 erkennbar. Während Radfordia-Arten am Tarsus des 2. Beinpaares 2 Krallen aufweisen, trägt der Tarsus 2 bei Myobia spp., wie z.B. bei Myobia musculi, nur eine Kralle (JAMESON, 1955).

Die Köpermaße der von uns nach Konservierung in 70 %igem Alkohol auf einem Objektträger unter einem Deckglas stichprobenweise gemessenen Milbenexemplare von Togo-Zwergpalmmäusen zeigt Tabelle 1. Das Verhältnis von Länge zu Breite der Milben lag bei Radfordia sp.-Männchen im Durchschnitt bei 2,08:1, bei den Weibchen bei 2,24:1.

Die von den Togo-Zwergpalmmäusen isolierten Radfordia sp. können etwa in den Größenbereich von Myobia musculi eingeordnet werden (s. Tab. 1). Sie sind jedoch wesentlich größer als im Schrifttum (HIEPE und RIBBECK, 1981) beispielsweise für Radfordia affinis von der Hausmaus (durchschnittliche Länge der Männchen 200 µm, der Weibchen 340 µm) oder für Radfordia ensifera von der Haus- und Wanderratte (durchschnittliche Länge der Männchen 270 µm, der Weibchen 340 µm) angegeben wird. Dabei ist zu bemerken, daß Radfordia ensifera-Weibchen (n = 4) von weißen Laborratten bei eigenen Messungen (auf einem Objektträger unter einem Deckglas nach Alkoholfixierung) wesentlich größere Längen- (472,3 bis 504,9 µm) und Breitenmaße (301,3 bis 317,6 µm) aufwiesen als die oben mitgeteilten.

Tabelle 1: Körpermaße von Radfordia sp. von Togo-Zwergpalmmäusen (eigene Messungen) und von Myobia musculi von Hausmäusen (HIEPE und RIBBECK, 1981)

Milbenart	Geschlecht	Anzahl der gemessenen Milben (n)	Länge in µm $\bar{x}$	s	V	Breite in µm $\bar{x}$	s	V
Radfordia sp.	Männchen	2	314,0	4,2	311...317	151,0	1,4	150...152
	Weibchen	4	411,3	13,0	392...421	183,8	10,2	171...196
Myobia musculi	Männchen	-	-	-	285...320	-	-	145...175
	Weibchen	-	-	-	390...495	-	-	190,..200

Zeichenerklärung: - = Angaben liegen nicht vor

Milben aus den Gattungen Myobia und Radfordia sind bei Haus- und Wildmäusen sehr verbreitet; Myobia musculi wurden auch bei Laboratoriumsmäusen, häufig als Mischinfektionen mit Myocoptes musculinus, in zahlreichen Fällen nachgewiesen. Von der Togo-Zwerpalmmaus sind uns Berichte aus dem erreichbaren internationalen Schrifttum über Befall mit Vertretern der Familie Myobiidae nicht bekannt.

Myobia- und Radfordia-Milben vermögen sich mit den Chelizeren in die oberste Schicht der Epidermis einzubohren; sie ernähren sich von Lymphe und Gewebsflüssigkeit (WHARTON, 1954; FAIN et al., 1970). Als Auswirkungen des Milbenbefalls werden, in Abhängigkeit von der Befallsintensität und eventuellen Infektionen mit Sekundärerregern, beobachtet: Unruhe und ständiger Juckreiz, struppiges Fell, Haarausfall bis zur Alopezie, Verlust der Vibrissae, starke Hautrötung, akute und

chronische Dermatitiden (GAMBLES, 1952; NOVICKAJA, 1967; HEINE, 1963; HIEPE und RIBBECK, 1981; MAESS und KUNSTYR, 1981; WIETHE und HASSLINGER, 1986).
Wir sind nicht geneigt, die Hautläsionen am Hinterkörper der Mäuse primär mit dem Milbenbefall in Zusammenhang zu bringen. Unserer Meinung nach sind diese auf Bißverletzungen bei Auseinandersetzungen der Tiere infolge des Transportstresses sowie einer eventuell ungünstigen Rang- und Alterskonstellation zurückzuführen. Eine gewisse Unruhe der Tiere infolge des, wenn auch überwiegend geringgradigen Radfordia-Befalls könnte jedoch das aggressive Verhalten der Mäuse begünstigt haben. Der Befall mit Myobiidae gehört bei den Rodentia zu den Faktorenkrankheiten.

Milben der Gattungen Radfordia und Myobia galten bisher als relativ schwer zu bekämpfen. Erfolge wurden in den vergangenen Jahren bei Mäusen vor allem durch eine zwei- bis dreimalige Badebehandlung mit Alugan(R) (Hersteller: Hoechst AG; Wirkstoff Bromociclen; Wirkstoffkonzentration 0,6 bis 1 %) oder einigen Organophosphat-Zubereitungen, durch den subkutanen Einsatz von Ivomec(R) (Hersteller: MSD; Wirkstoff Ivermectin; Dosierung 200 µg/Tier), durch die Zugabe von Atgard V(R) (Hersteller: Shell AG; Wirkstoff Dichlorvos) in die Einstreu sowie durch die wöchentliche Anwendung eines 0,25 %igen Permethrin-Puders (am Tier und zusätzlich über die Einstreu) oder durch ein wöchentliches Permethrin-Tauchbad (Wirkstoffkonzentration 0,6 %) erreicht (HEINE, 1963, 1966; MAESS und KUNSTYR, 1981; WING et al., 1985; WIETHE und HASSLINGER, 1986; BEAN-KNUDSEN et al., 1986). Einige Organophosphate, Organochlorverbindungen sowie Wirkstoffe aus weiteren Stoffklassen führten in der Regel bei Sprühbehandlung oder auch bei Applikationen per os nicht zu einer Eliminierung der Milben bzw. erwiesen sich in den erforderlichen Dosierungen oder Anwendungskonzentrationen als toxisch (HAAKH, 1958; WEBB und SHEPHERD, 1959; SCHMIDT, 1959; WEBER, 1975 u.a.).

An den verbliebenen Tieren der Gruppe von Togo-Zwergpalmmäusen (n = 4) gelang es uns, die Radfordia sp. durch ein dreimaliges Tauchbad mit einem Versuchspräparat auf 2-Ethylhex-2-enal-Basis (Wirkstoffkonzentration 2,5 %, Intervall zwischen den Behandlungen jeweils 8 Tage) abzutöten. Bei der Kontrolluntersuchung 18 Tage nach der dritten Behandlung, bei einer Maus bei einer weiteren Kontrolluntersuchung mehr als 6 Monate post applicationem, wurden adulte Milben oder deren Entwicklungsstadien nicht mehr nachgewiesen. Die Badebehandlung ließ sich bei den Togo-Zwergpalmmäusen komplikationslos durchführen; lokale oder allgemeine Nebenwirkungen traten im Anschluß an das Tauchbad nicht auf.

Zusammenfassung

Milbenbefall bei Togo-Zwergpalmmäusen (Leggada minutoides)

Es wird über einen Befall mit Milben aus der Gattung Radfordia bei Togo-Zwergpalmmäusen berichtet. Die Ektoparasiten waren am Vorderkörper der Mäuse, vor allem an Kopf, Schulter und Oberarm, lokalisiert. Die Befallsintensität war im allgemeinen gering. Eine dreimalige Tauchbehandlung (Intervall jeweils 8 Tage) mit einer 2,5 %igen 2-Ethylhex-2-enal-Zubereitung führte zu einer Eliminierung der Milben.

Résumé

Envahissement au mites chez les souris de palmier nain de Togo (Leggada minutoides)

Rapport sur un envahissement au mites de la classe des Radfordia chez les leggada minutoides. Les ectoparasites étaient localisés surtout à la partie avant du corps des souris, à la tête surtout, aux épaules et à la partie supérieure du bras, En général, l'intensité de l'envahissement était faible. Un traitement à l'immersion répété trois fois (dans un intervalle de 8 jours)avec une préparation de 2,5 % 2-éthylex-2-énal a éliminé les mites.

Summary

Acariasis of Togo Pigmy Palm Mice (Leggada minutoides)

Radfordia acariasis of Togo pigmy palm mice is reported in this paper. The ectoparasites were localised primarily in head, shoulder, and upperarm regions, with infestation intensities being generally low. All mites were successfully eliminated by three consecutive immersions in eight-day intervals, using a 2.5 per cent 2-ethylex-2-enal preparation.

Резюме

Заражение клещами того- карликовых пальмовых мышей (Leggada minutoides)

Сообщается о заражении клещами того- карликовых пальмовых мышей из семейства . Эктопаразиты находились на передней части тела, голове, на плечах и на верхней части конечностей. Степень заражения была не значительна. Трёхразовое купание с 8 дневным интервалом сдобавкой в воду 2,5% привело к полному уничтожению паразитов.

Literaturverzeichnis

BEAN-KNUDSEN, D.E., WAGNER, J.E., and R.D. HALL (1987): Evaluation of the control of Myobia musculi infestations on laboratory mice with permethrin. Lab. Anim. Sci. 36, 268 - 270. Ref. in: Rev. appl. Entomol., Ser. B 75, 73.

DIETERLEN, F. (1969): Mäuse. In: GRZIMEK, B.: Grzimeks Tierleben. Zürich: Kindler AG.

FAIN, A., MÜNTING, A.J., and F. LUKOSCHUS (1970): Les myocoptidae parasites des rongeurs en Hollande et en Belique (Acarina: Sarcoptiformes). Acta zool. pathol. Antverp. Nr. 50, 69 - 172.

GAMBLES, R.M. (1952): Myocotes musculinus (KOCH) and Myobia musculi (SCHRANCK), two species of mites commonly parasitising the laboratory mouse. Brit. Vet. J. 108, 149 - 203.

HAAKH, U. (1958): Ektoparasitenfreie Laboratoriumsmäuse. Die Myobia-Räude der weißen Mäuse und ihre Bekämpfung. Z. Tropenmed. Parasitol. 9, 75 - 87.

HEINE, W. (1963): Zur Ektoparasitenbekämpfung bei Maus und Ratte. Z. Versuchstierk. 2, 1-22.

HEINE, W. (1966): Alugan zur Bekämpfung von Ektoparasiten bei Muriden. Dtsch. tierärztl. Wschr. 73, 474 - 475.

HIEPE, TH., und R. RIBBECK (1981): Lehrbuch der Parasitologie. Bd. 4: Veterinärmedizinische Arancho-Entomologie. Jena: Gustav Fischer.

JAMESON jr., E.W. (1955): A summary of the genera of Myobiidae. J. Parasitol. 41, 407 - 416.

MAESS, J., und J. KUNSTYR (1981): Diagnose und Bekämpfung häufiger Parasiten bei kleinen Versuchstieren (2). Tierärztl. Praxis 9, 381 - 388.

NOVICKAJA, S.A. (1967): Vlijanie parazitirovanija klešćej Myobia musculi i Myocoptes musculinus na kožu laboratornych myšej. Trudy vses. nauchn. issled. Inst. vet. sanit. Kujbyšev 28, 348 - 350.

SCHMIDT, G. (1959): Die wichtigsten Acarosen der Laboratoriumsratten und -mäuse mit besonderer Berücksichtigung der Myobia- und Myocoptes-Acarose. Gesundh.wesen Desinfekt. 51, 156-157.

WACHTEL, H. (1985): Leggada minutoides-Säugetier im Zwergformat. Kamerad Tier 10-12, 6.

WEBB jr., J.E., and E.L. SHEPHERD (1959): Notes on control of mange mites in laboratory white mice with malathion. J. econ. Ent. 52, 790.

WEBER, A. (1975): Zur Parasitenfauna der Labortiere: 1. Die Parasitenfauna der weißen Maus (Mus musculus var. albinus). Vet.-med. Diss. Wien.

WHARTON, G.W. (1954): Life cycle and feeding habits of Myobia musculi. J. Parasitol. 40, Suppl. Section 2, 29.

WIETHE, T., und M.-A. HASSLINGER (1986): Zum Ektoparasitenbefall bei Labormäusen und Möglichkeiten zur Bekämpfung. Prakt. Tierarzt 67, 1084 - 1086.

WING, S.R., COURTNEY, C.H., and M.D. YOUNG (1985): Effect of ivermectin on murine mites. J. Am. Vet. Med. Ass. 187, 1191 - 1192.

Anschrift der Verfasser: VR Prof. Dr. sc. Regine R i b b e c k
Wissenschaftsbereich Parasitologie der
Sektion Tierproduktion/Veterinärmedizin
der Karl-Marx-Universität Leipzig
Margarete-Blank-Str. 4
DDR-7010 Leipzig (DDR)

From Department of Parasitology and Parasitic Diseases, Faculty of Veterinary Science, University of Córdoba

PARASITOSES OF AQUATIC BIRDS IN CORDOBA

By Isabel Acosta, S. Hernandez-Rodriguez, Mª Setefilla Martinez-Cruz and F. Martinez-Gomez

The province of Córdoba is located inside the Iberian peninsula, surrounding the Guadalquivir River, in the Meridional region (Fig. 1). Near this river, in an area called "La Campiña", there is a wet zone composed of three small lakes with permanent water (Lagunas de Zoñar, El Rincón and Laguna Amarga) and five more with temporary water that changes according to seasons. There are also three big reservoirs, all of them forming the "Zonas Húmedas" (Wet Zones) of the province of Córdoba.

This zone is inhabited by a very rich wild aquatic bird population, mainly Ralliformes, Anseriformes and Gruiformes (TORRES and RAYA, 1982). One of the species of aquatic birds is Oxyura leucocephala, the white-headed duck (Anseriformes : Anatidae), a species in danger of extinction in our country. LOPEZ and LOPEZ (1982) estimated that there are about 120 birds of this species in Spain and that the "Wet Zones" of Córdeba are one of the very rare places in Spain where they reproduce.

The environment authorities in our country have recorded very high mortality rates from chicken of aquatic birds in this zone, and, consequently, they have ordered research on the cause. Our Department of Parasitic Diseases studied the parasitic burden on some of the birds in the zone. Our results are presented in this paper.

Material and Methods

1. Animals studied: We studied, by necropsy, the following aquatic birds: Gallinula chloropus (Gruiformes: Rallidae), Moorhen, 2; Fulica atra (Gruiformes: Raillidae), Common Coot, 3; Anas platyrhynchos (Anseriformes : Anatidae), Mallard, 1; Oxyura leucocephala (Anseriformes : Anatidae), White-headed duck, 3.
2. Geographic location: All the G. chloropus, A. platyrhynchos and O. léucocephala were obtained from the "Laguna Amarga", and the three Common Coots, F. atra, were obtained from the "Lagona Zoñar" (Fig. 1)
3. Parasitological methods: All the birds died in their respective locations and were transported to our laboratoy where they were necropsied according to the techniques described by ALUJA (1985). In each case we took smears from lungs, liver, and spleen, and artificial digestions from chest muscles. The helminths were treated according to the methods described in early works (MARTINEZ-GOMEZ et al., 1974).

We found only one species of Protozoa, obtained by mucosal scraping of a white-headed duck, and we looked for mature oocysts in the content of the rectal ampulla, but with no result. The intestinal scraping was examined by Nomarski phase contrast.

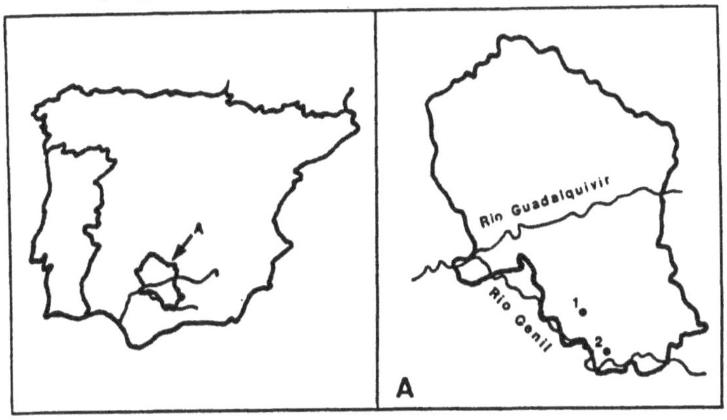

Fig. 1: Map of Spain and the province of Córdoba (A). Nº 1, "Laguna Zoñar". Nº 2, "Laguna Amarga"

Results and Discussion

In table 1 we show the parasites we found, taxonomically ordered.

Table 1

Identified parasites
PROTOZOA
Eimeria sp.
TREMATODA
Cyclocoelum mutabile
Psilochasmus oxyurus
CESTODA
Hymenolepididae spp.
Hymenosphenacanthus fasciculatus
NEMATODA
A. fulicae
Avioserpens mosgovoyi
Epomidiostomum uncinatum
Eustrongylides mergorum

In table 2 we show the distribution of these parasites among the different hosts studied.

Table 2

HOSTS	PARASITES
Gallinula chloropus Fulica atra	Amidostomum fulicae C. mutabile A. fulicae A. mosgovoyi E. mergorum
Anas platyrhynchos	P. oxyurus Hymenolepididae spp.
Oxyura leucocephala	Eimeria sp. P. oxyurus H. fasciculatus E. uncinatum

The parasites found in each of the four birds are discussed, as follows:

1. Gallinula chloropus

We examined only two animals, both from the "Laguna Amarga". One of them died of the effects of a fish-hook found in the digestive tract, and the other of an attack by a bird of prey. We found only a male of Amidostomum fulicae in the gizzard of one of the animals. This parasite is cited for the first time in Spain. It has been found in coots everywhere in the Palaearctic region and also in South Asia, Africa, and North America. Besides, it has been found in fish-eating birds, such as Podiceps ruficollis, P. nigricollis, and Larus ridibundus, in two regions of the USSR, namely the Urals and Turkmenia (BARUS et al., 1978).

2. Fulica atra

We studied three animals from the "Laguna Zoñar", one chick and two adults. We failed to determine the cause of death of the chick, but we found three nematodes in its gizzard, identified as A. fulicae. The two adult animals were heavily infected by a filarid nematode, Avioserpens mosgovoyi, located in subcutaneous tissue from the tarsus to the head. We observed very noticeable tumours caused by the parasite, mainly located in the frontal and submaxillary regions of the head. A. mosgovoyi is cited for the first time in Spain, but the importance of parasitation caused by it has been worked out by many Soviet authors (SUPRYAGA, 1965, 1967, and 1969, cited by IVASHKIN et al., 1979). These authors consider that ten or more females of the parasite may cause death of the parasitised host.

In the thoracic cavity of the two F. atra adults studied we found two and three individuals of the trematode Cyclocoelum mutabile. This parasite had been previously cited in Gallinula chloropus in Spain by oral communication to the editor of the "Index-Catalogue of Zooparasites of the Iberian Peninsula" (CORDERO DEL CAMPILLO, 1980).

Finally, in the proventriculus of this host we found very heavy parasitation by the dioctofimid nematode Eustrongylidae mergorum, this being the first record in Spain. E. mergorum is a parasite in many species of anatids, ciconiformes, and charadriiformes in Europe and Asia, but it has not been previously cited in Fulica atra.

3. Anas platyrhynchos

We found in the only animal studied one specimen of the trematode Psilochasmus oxyurus of the family of hymenolepididae.

In 1967, PREMVATI, redescribed P. oxyurus in Anas platyrhynchos and Nyroca marila ard established its synonym with the other species of this genus. In this way and in agreement with PREMVATI the genus Philochasmus has only one species: P. oxyurus (CREPLIN, 1825; LÜHE, 1909). This trematode is cited for the first time in our country, but it is amply distributed throughout the world in different anatidae, among them Anas platyrhynchos, and in other aquatic birds of the charadriformes and ciconiformes orders.

Cestodes hymenolepididae are parasites frequently found in anseriformes (HUMPHREYS, 1978), and we found a very heavy parasitic burden of Hymenosphenacanthus fasciculatus (hymenolepididae: hymenolepidinae) in the same ecological niches, infecting white-headed duck, O. leucocephala. However, we failed to specifically identify different species of the family of hymenolepididae found in A. platyrhynchos, because the parasites obtained were fragmented and deteriorated.

4. Oxyura leucocephala

This is a species of duck officially declared in danger of extinction in Spain, and, consequently, it is protected by law. This zone of Andalusia, "Wet Zones", is one of the few places of natural reproduction in southern Europe, but in recent years there was a problem of high mortality among newborn chicks.

We examined three animals, between two and four weeks old, and we found that two of them had died of "omphalitis", and in the third animal we found a very heavy parasitic burden of H. fasciculatus (more than 500 individuals) that had possibly caused its death. Oocysts and evolutional forms of Eimeria sp. we recorded from the same animal by scraping the intestinal mucosa, but we did not find mature oocysts in the content of the rectal ampulla. So, we thought that these parasitic forms were related to some very early coccidial infection. We could not specifically identify this Eimeria sp., the species of this genus, being quite frequent in aquatic birds (PELLERDY, 1974). Nevertheless, we failed to detect any sign of Eimeria sp. parasitation of white-headed duck.

In one of the animals that had died of "omphalitis" we also found H. fasciculatus, but less than 30 individuals, 5 individuals of P. oxyurus in the small intestine, and 4 E. uncinatum in the gizzard. All three parasites are cited for the first time in Spain. E. uncinatum (LUNDAHL, 1848), synonymous with E. anaticum (BARUS et al., 1978), is cosmopolitan in ducks and pochards, and has been reported in grebes in the USSR (Ural).

Death of aquatic birds by parasitic infection has been reported by several authors (KULACHKOVA, 1973). In our case, we found three of the nine animals studied to have died of parasites, one O. leucocephala and two F. atra, but the low number of animals examined made it impossible to draw valid conclusions about the influence of parasites in the ecosystem which we studied. We hope to continue this research, in order to obtain better knowledge of parasitocoenoses among aquatic birds in our province.

Summary

Parasitoses of aquatic birds in Córdoba, Spain

Studies were conducted into parasitocoenoses of the following four aquatic bird species in the "Wet Zones", southern part of Córdoba province: Gallinula chloropus, fulica atra, anas platyrhynchos, and oxyura leucocephala, the latter species being in danger of extinction in Spain. The following parasitic species were identified: Hymenolepididae, hymenosphenacanthus fasciculatus, amidostomum fulicae, avioserpens mosgovoyi, epomidiostomum uncinatum, and eustrongylides mergorum as well as eimeria, cyclocoelum mutabile, and psilochasmus oxyurus. All of them but C. mutabile and H. fasciculatus have been quoted in Spain for the first time.

Zusammenfassung

Parasitosen bei Wasservögeln in Córdoba

Bei den folgenden vier Wasservogelarten, heimisch in den "Feuchten Zonen" im südlichen Teil der Provinz Córdoba, wurden Untersuchungen zu den dort auftretenden Parasitozönosen angestellt: Gallinula chloropus, Fulica atra, Anas platyrhynchos und Oxyura leucocephala. Die beiden letztgenannten Arten sind in Spanien vom Aussterben bedroht. Die folgenden Parasitenarten wurden festgestellt: Hymenolepididae, Hymenosphenacanthus fasciculatus, Amidostomum fulicae, Avioserpens mosgovoyi, Epomidiostomum uncinatum, Eustrongylides mergorum, Eimeria, Cyclocoelum mutabile und Psilochasmus oxyurus. Alle außer C. mutabile und H. fasciculatus werden für Spanien zum erstenmal erwähnt.

Résumé

Parasitoses chez les oiseaux aquatiques à Cordoba (Espagne)

Chez les 4 espèces suivantes d'oiseaux aquatiques indigenes dans les "Zones Humides" au sud de la province de Cordoba: Gallinula chloropus, Fulcica atra, Anas plathyrhynchos et Oxyra leucocephala, des parasitocénoses ont été observées et examinées. En Espagne, les 2 espèces dernières sont en voie de disparition. Les parasites suivantes ont été isolées: Hymenolepidiae, Hymenosphenacanthus fasciculatus, Amidostomum fulicae, Avioserpens mosgovoyi, Epomiostomum uncinatum, Eustrongylides mergorum, Eimeria, Cyclocoelum mutabile et Psilochasmus.cxyurus. A l'exception de C. mutabile et H. fasciculatus l'occurence en Espagne de toutes ces parasites a été mentionnée pour la premiére fois.

Резюме

Паразитоз,наблюдаемый у водной птицы в Кордове, Испания

Следующие 4 вида птиц из водной зоны южной части провинции Кордова обследовались на заражение паразитами:Gallinula chloropus, Fulica atra, Anas platyrhynchos, Oxyura leucocephala. Два последние вида находятся на грани вымерания. Обнаружены следующие паразиты: Hymenolepididae, Hymenosphenacanthus fasciculatus, Amidostomum fulicae, Avioserpens mosgovoyi, Epomiostomum unicinatum, Eustrongylides mergorum, Eimeria, Cycloccoelum mutabile, Psilochasmus oxyurus.

Все паразиты, кроме C. mutabile, H. fasciculatus обнаружены в Испании впервые.

References

ALUJA, A. S. de (1985): Necropsias en animales doméstiocos. C.E.C.S.A. Mexico.

BARUS, V.; SERGEEVA, T. P.; SONIN, M. D., and K. M. RYZHIKOV (1978): Helminths of fish-eating birds of the Paleartic Region. I. Nematoda. RYSAVY and RYZHIKOV, eds. Prague: Academia.

CORDERO DEL CAMPILLO, M. (1980): Indice-catálogo de Zooparásitos Ibéricos. Servicio de Publicaciones. Ministerio de Sanidad. Madrid.

HUMPHREYS, P. (1978): Ducks, geese, swans (Anseriformes). In: FOWLER, M. E. (ed.): Zoo and Wild Animal Medicine, 181 - 210. Philadelphia, London, Toronto: W. B. Saunders Company.

IVASHKIN, V. M.; SOBOLEV, A. A., and L. A. KHROMOVA (1977): Essentials of Nematodology. Vol. XXII. Camallanata of Animals and Man and Diseases Caused by Them. Jerusalem: ISPT.

KULACHKOVA, V. G. (1973): Hymenolepididae as one of the death causes of common eider duckling (Somateria mollissima) in Kandaksha Bay of the White Sea. International Conference on Hymenolepididae. Warsaw, 75 - 79.

LOPEZ y LOPEZ, A. (1986): Fauna y flora en el espacio ambiental europeo. Comunidad Europea, Abril: 14 - 20.

MARTINEZ-GOMEZ, F.; HERNANDEZ-RODRIGUEZ, S.; CALERO, R., y C. BECERRA (1974): Contribución al conocimiento de los zooparásitos de la provincia de Córdoba. III Reunión de Centros de Investigación ganadera del C.S.I.C., Córdoba, 327 - 336.

PELLERDY, L. P. (1974): Coccidia and Coccidiosis. Berlin: Paul Parey Verlag.

PREMVATI, G. (1969): Redescription of Psilochasmus oxyurus (Creplin, 1825) Lühe, 1909 (Trematoda: Psilostomatidae), with proposal to synonymize three other species. Parasitol. 59, 493 - 496.

TORRES, J. A. y C. RAYA (1982): Zonas húmedas del sur de la provincia de Córdoba: Descripción de Avifauna. Boletin de la Estación Central de Ecologia 11, 43 - 48.

Address of authors: Dr. Isabel A c o s t a
Department of Parasitology and
Parasitic Diseases
Faculty of Veterinary Science
University of Córdoba
14005 Córdoba (Spain)

Aus dem Bezirksinstitut für Veterinärwesen Schwerin (Direktor: OVR Dr. G. FUCHS) und der Staatlichen Tierärztlichen Gemeinschaftspraxis Dömitz (Leiter: Dr. H. WARNCKE)

ZUM VORKOMMEN VON EGELN (HIRUDINEA) BEI WASSERVÖGELN

Von G. Gräfner, Gisela Warncke, H. Warncke, H.-D. Graubmann und H. Zimmermann

Einleitung

Angaben über das Auftreten von Egeln (Hirudinea) beim Wassergeflügel sowie dadurch bedingte Erkrankungen und Verluste sind in der Literatur relativ selten zu finden. Das ist auch der Grund, weshalb diese Parasiten in den entsprechenden Lehrbüchern kaum angeführt werden. Lediglich SOULSBY (1982) erwähnt das Vorkommen von Egeln in den Nasenhöhlen von Wasservögeln der Familie Anatidae. Im folgenden werden die bisher vorliegenden Angaben zu einer kurzen Literaturstudie zusammengefaßt.

Erstmalig berichtete RUDOLPHI (1819) über das Vorkommen von Egeln bei Hausgänsen (Anser anser domesticus). Ebenfalls im Jahre 1819 erschien in der Halleschen Wirtschaftszeitung "Der Land- und Hauswirth" (Nr. 3 vom 22. 1. 1819) eine Abhandlung "Über das häufige Sterben der Gänse" durch Egel der Art Theromyzon spec. (zitiert bei EICHLER und EICHLER, 1941). Über weitere Funde der Egelart Theromyzon tessulatum (Synonym: Protoclepsis tesselata) bei Hausgänsen und -enten (Anas platyrhynchos domestica) wird von WELTNER (1887), MEGNIN (1905) sowie CHRISTIANSEN (1939, zitiert bei EICHLER und EICHLER, 1941) berichtet.

Von SZIDAT (1929) stammt der Hinweis über das Vorkommen von Protoclepsis tesselata bei Wildvögeln, speziell unter der Nickhaut des Auges einer Krähe.
EICHLER und EICHLER (1941) faßten die bisherigen Funde von Egeln bei Vögeln zusammen, ihr Überblick enthält als Wirte von den wildlebenden Anseriformes die Eisente, Pfeifente, Krickente, Wildente sowie den Schwarzen Schwan und Mittelsäger.

Nach 1945 finden sich nur noch selten konkrete Angaben zum Vorkommen und zur Schadwirkung von Egeln bei Wasservögeln, sofern man von Literaturzusammenstellungen einmal absieht. Eine solche wurde über Theromyzon tessulatum, allerdings ohne Wirtsangaben, von AGAPOW (1968) für Polen vorgenommen. Auch HERTER (1968) befaßte sich mit der Familie Hirudinea und erwähnt ausführlich den Entenegel Theromyzon tessulatum. ROBERTS (1955) berichtete über das Auftreten von Theromyzon tesselatum an den Augen von Gänsen in England. Dieselbe Feststellung machten GRÄFNER und BAUMANN (1974) in der DDR. In beiden Fällen verursachten die Egel eine Kerato-Konjunktivitis und z. T. starke Sehstörungen. Trotzdem schätzte MANN (1951, zitiert bei ROBERTS, 1955), der vor allem wilde Wasservögel als natürliche Wirte ansah, die Pathogenität von Theromyzon tessulatum als gering ein.

Demgegenüber sprechen sowohl WELTNER (1887) als auch MEGNIN (1905) von erheblichen Schädigungen und sehen im Befall von Enten und Gänsen die Ursache für ein regelrechtes Sterben in den Beständen. Auch ROLLINSON et al., 1950 (zitiert bei ROBERTS, 1955), die Entenegel in den Nasenhöhlen von Hausenten feststellten, schrieben diesen Parasiten Todesfälle zu. Von PONOMARENKO (1960) schließlich liegen Angaben über größere Verluste in einem 1800 Tiere umfassenden Entenbestand in der Sowjetunion durch Befall mit Protoclepsis tesselata und Protoclepsis maculosa vor. Dort erkrankten 95 % der 1 - 2 Monate alten Küken und 170 Tiere (9 %) starben. Die Befallsintensität je Entenküken war mit 19 Exemplaren hoch, die Parasiten waren besonders an den Schleimhäuten der Nasen- und Mundhöhle, der Trachea sowie an den Augenbindehäuten lokalisiert.

Eigene Untersuchungen

Im Juli 1986 wurden in 3 privaten Flugentenhaltungen im Kreis L. bei 6 - 7 Wochen alten und 70 - 100 g schweren Entenküken aus vier Schlüpfen Erkrankungen und Todesfälle festgestellt. Sowohl bei gesund erscheinenden als auch bei erkrankten bzw. gestorbenen Tieren konnten aus den Nasenöffnungen und der Schnabelhöhle Parasiten mittels einer Pinzette entfernt werden, deren systematische Bestimmung die Art Theromyzon tessulatum (O. F. MÜLLER, 1774), Synonym: Protoclepsis tesselata, ergab. Lebende und befallene Entenküken zeigten klinisch Schnabelatmung. Bei der Sektion von gestorbenen Tieren wurden als Lokalisationsherde der Egel neben den Nasenlöchern die Choanenspalte und die Sinus infraorbitales ermittelt. Zwischen den Egeln bzw. nach deren Entfernung befand sich in der Choanenspalte ein umfangreiches Blutkoagulum, welches diese Spalte verlegte und durch die Wachshaut des Oberschnabels hindurch schimmerte. Im Bereich der Augen konnte bei den von uns untersuchten Tieren kein Befall mit Egeln festgestellt werden. Von den vier Schlüpfen wurden folgende Ausfälle registriert:

Bestand A (1 Schlupf)	:	von 31 Tieren starben	9	=	29 %.
Bestand G (2 Schlüpfe)	:	von 10 Tieren starben	7	=	70 %;
		von 7 Tieren starben	5	=	71,4 %.
Bestand C (1 Schlupf)	:	von 38 Tieren starben	19	=	50 %.

Auch die Gänse der Tierhalter waren mit Egeln der Art Theromyzon tessulatum befallen, ohne aber zu erkranken oder zu sterben. Die Parasiten wurden aus der Schnabelhöhle entfernt bzw. lösten sich aus ihr bei der Wasseraufnahme aus den Tränkgefäßen. Die von befallenen Entenküken abgesammelten Egel waren in jedem Falle voll Blut gesogen, es handelte sich sowohl um juvenile Exemplare bis zu 3 mm Länge als auch um adulte Egel bis zu 20 mm Länge und 5 mm Breite. Die Parasiten waren auf der Rückseite dunkelgrünlich oder bräunlich gefärbt, die 4 Längsreihen von gelblichen Flecken mehr oder weniger deutlich sichtbar. Die Befallsintensität war im Durchschnitt nicht sehr hoch und betrug bei den Entenküken bis zu 6 festgestellte Exemplare.

Von den angeführten Autoren äußerte sich im übrigen keiner konkret, weshalb mit Egeln befallene Tiere gestorben sind. Sicherlich sind die Egel als auslösendes Moment anzusehen, wobei ein Erstickungstod durch Ansammlung und Verstopfung der Luftwege unseres Erachtens nach ausscheidet. Nach unserer Meinung spielt auch die Blutmenge, die von den Egeln aufgenommen wird und die relativ gering ist, keine entscheidende Rolle. In diesem Zusammenhang ist aber zu berücksichtigen, daß es an den Saugstellen der Egel auf Grund der Hirudinwirkung zu erheblichen Nachblutungen kommt, wie die ausnahmslos bei gestorbenen Entenküken festgestellten, umfangreichen Blutkoagula beweisen. Da die Enten relativ klein und mindergewichtig waren, ist die letztgenannte Möglichkeit die wahrscheinlichste für eine Todesursache. Ältere und erwachsene Enten und Gänse starben trotz Befall nicht.

Die Untersuchungen zum Biotop bzw. Wasserauslauf der Tiere als möglichen Infektionsort ergaben, daß die Entenküken täglich mehrmals einen meliorierten Graben aufsuchten, der etwa 50 m hinter den Grundstücken der Tierhalter vorbeiführt. Dieser Wasserlauf wies eine nur geringe Fließgeschwindigkeit auf und war etwa 5 m breit, 1 m tief und teilweise stark mit Wasserlinsen und Hornkraut bewachsen. Im betreffenden Graben konnten insgesamt 3 Egelarten nachgewiesen werden, neben Theromyzon tessulatum traten weiter Hemiclepsis marginata und eine noch nicht differenzierte Art auf. Das Gewässer wird regelmäßig von Wildenten beflogen. In diesem Zusammenhang ist interessant, daß von 35 während des Sommers 1986 zur Beringung gefangenen Stockenten 6 Tiere Befall mit Egeln, davon 5 im Schnabel und 1 im Augenwinkel, aufwiesen.

Zur Vorbeuge weiterer Verluste wurde den Jungtieren der Zugang zum Wasserauslauf zunächst gesperrt. Im bisherigen Verlauf der Erkrankungen konnten keinerlei medikamentelle bzw. chemotherapeutische Maßnahmen bei den befallenen Tieren eingeleitet werden. Nach PONOMARENKO (1960) ist durch Eintauchen der Schnäbel in 4- bis 10 %ige Milchsäurelösung für die Dauer von 3 - 5 Sekunden ein Absterben der Egel zu erreichen. Es ist geplant, die Erhebungen und Untersuchungen in den folgenden Jahren fortzusetzen.

Zusammenfassung

Zum Vorkommen von Egeln (Hirudinea) bei Wasservögeln

Es wird über das Auftreten des Entenegels Theromyzon tessulatum (O. F. MÜLLER, 1774) in 3 Entenbeständen berichtet. Von 86 sechs bis sieben Wochen alten Entenküken starben 40 (46,5 %).

Summary

Occurrence of leeches in waterfowl

Reported in this paper is the occurrence in three duck stocks of the duck leech, Theromyzon tessulatum (O. F. MÜLLER, 1774). Forty of 86 duck chickens died at an age of six to seven weeks (46.5 per cent).

Résumé

A propos de la manifestation de sangsues (Hirudinea) chez des oiseaux aquatiques

L'exposé évoque la présence de la sangsue Theromyzon tessulatum (O. F. MÜLLER, 1774) dans trois colonies de canards. 40 des 86 poussins de canard (46,5 %) sont morts à l'âge de six à sept semaines.

Резюме

О пиявках (Hirudinea) у водной птицы

Сообщается о выявление утиных пиявок (Theromyzon tessulatum (O.F. MÜLLER, 1774) у 3 стай уток. Из 86 шести - семи недельных утят погибло 40 (46,5%)

Literaturverzeichnis

AGAPOW, L. (1968): Pijawki (Hirudinea) torfiane polozonych nad dolna notica. Przeglad. Zoologiczny 12, 398.

EICHLER, D., und W. D. EICHLER (1941): Das Vorkommen von Egeln bei Vögeln. Mitt. Ver. sächs. Orn. 6, 155.

GRÄFNER, G., und H. BAUMANN (1974): Blutegelbefall beim Wassergeflügel. Angew. Parasitol. 15, 121.

HERTER, K. (1968): Der Medizinische Blutegel und seine Verwandten. Die Neue Brehm-Bücherei, Heft 381. Halle/Wittenberg: A. Ziemsen.

MEGNIN, P. (1905): Sangsues parasites des palmipédes. Arch. de parasitol. 10, 72.

PONOMARENKO, V. A. (1960): Opyt borby s pijavkami vodoplavajuščej pticy. Pticevodstvo 10, 31.

ROBERTS, H. E. (1955): Leech infestation of the eye in geese. Vet. Rec. 67, 203.

RUDOLPHI, C. A. (1819): Entozoorum Synopsis. Berlin

SOULSBY, E. J. L. (1982): Helminths, Arthropods and Protozoa of Domesticated Animals. 7. Aufl. London: Bailliere Tindall.

SZIDAT, L. (1929): Protoclepsis tesselata Rudolphi unter der Nickhaut einer Krähe (Corvus cornix). Z. Paras.kd. 1, 331.

WELTNER (1887): Theromyzon tesselatum in Hausenten (Anas platyrhynchos domestica). SB. Ges. naturf. Fr. Berlin 1887, 85.

Anschrift der Verfasser: Dr. sc. nat. G. G r ä f n e r
Bezirksinstitut für Veterinärwesen Schwerin
Neumühler Str. 10/12
DDR-2766 Schwerin (DDR)

From University of Ljubljana, Faculty of Biological Engineering,
Veterinary Department, Ljubljana

THE MOST COMMON ENDOHELMINTHS OF SOME CICONIIFORMES BIRDS IN YUGOSLAVIA

By J. B r g l e z and J. G a b r o v š e k

Introduction

The present report describes the summarised results of an investigation of endohelminths of Ciconiiformes birds (Ciconiidae and Ardeidae) grom different geographic regions of Yugoslavia. In a 22-year study 23 different species of endohelminths have so far been recorded from 168 examined birds. Some of the parasites recorded can play an important role in dissemination of parasitic diseases among storks, bitterns, herons, egrets themselves and among other waterfowl, following infection of intermediate hosts. The presence of large numbers of parasites can cause death among these birds which are in recent time have become endangered by the draining of marshes. Ciconiiformes are gradually and constantly pressed back in numerical nesting frequency all over Europe, including our own country. The current trend in land use puts our existing waterfowl at risk in several ways, the mest important being through the loss of potential food sources and through the disappearance of hedgerow cover which provides nest sites, roosting places, and protection from predators. The very important factor must be added that parasites, as aetiological agents of severe infections, caused great loss.

History

Endohelminthic parasites are widely distributed among Ciconiiformes birds, as has been reported by many authors. Young birds so far have become known to be most seriously affected by some species of parasites, with considerable loss entailed. The authors are of the opinion that these parasites have not been adequately studied and that knowledge is scarce about their seasonal incidence and pathogenicity.

Among Echinostomatidae (Dietz, 1909) Chaunocephalus ferox (Rudolphi, 1795) Dietz, 1922 was for the first time recorded from Ciconia spp. under the name of Fasciola ferox Rudolphi, 1795. The fluke was recorded by OLSON (1876) in Sweden, by SINICIN (1897) in Poland, by HAUSMANN (1899) in Switzerland, by PARONA (1894) in Italy, and by STOSSICH (1892). The parasite was ascertained as well by JOHNSTON (1917) in Australia, by MÜHLING (1898) in the Soviet Union, IVANICKIJ (1927), BYHOVSKAJA (1953), KURAŠVILI (1955), and BAŠKIROVA (1941). In Yugoslavia, BRGLEZ (1977) described histological findings in intestines of infected white storks in which trematodes produced parasitic nodules and cavities and thick-walled cysts containing well-armed flukes.

BRGLEZ (1977, 1981) described in two monographs nearly all endohelminths found in Ciconiiformes birds in our own country. These monographs contain large bibliographic collections.

Material and methods

In an 22-year study 168 Ciconiiformes birds, 12 Ciconia ciconia, 5 C. nigra, 36 Ardea cinerea, 6 A. purpurea, 42 Nycticorax nycticorax, 28 Botaurus stellaris, 17 Egretta garzetta, 8 Cosmoderius albus, and 14 Ardeola ralloides were parasitologically examined for endohelminths. Birds were autopsied. Samples of intestines were washed by the Whitlook technique. Worms were relaxed in isotonic solution and were fixed for storage in 70 % ethanol and were morphologically examined and processed, as preciously outlined. At necropsy, 23 different species of endohelminths were recorded. At the same time on the intestine of the affected birds different forms of inflammation were frequent findings.

Results

The results of parasitological faunistic examinations of 168 Ciconiiformes birds during the last 22-year study revealed 23 species of endohelminths. Among all examined birds from the family of Ardeidae, Ardea cinerea was most heavily affected by parasites (Table 1).

The following endohelminths have so far been recorded in examined Ciconiiformes from different regions in Yugoslavia.

Table 1: Incidence of endohelminths in Ciconiiformes birds in Yugoslavia

Parasite species	Ciconiidae					Ardeidae			
	Ciconia ciconia	Ciconia nigra	Ardea cin.	Ardea purp.	Nycticorax nyctic.	Botaurus stellaris	Egretta garzetta	Cosmoderius albus	Ardeola ralloides
Echinochasmus (E.) beleocephalus (Linstow, 1873)	-	-	+	-	-	-	-	-	-
Echinochasmus (E.) bursicola (Creplin, 1809)	-	-	+	-	-	+	-	+	-
Chaunocephalus ferox (Rud., 1795) Dietz, 1909	+	+	-	-	-	-	-	-	-
Diplostomum spathaceum (Rud., 1819) Braun, 1893	-	-	+	-	-	-	-	-	-
Posthodiplostomum cuticula (Nordmann, 1832) Dubois, 1936	-	-	+	+	+	+	+	-	+
Posthodiplostomum brevicaudatum (Nordmann, 1832) Wisniewski, 1958	-	-	+	-	-	+	-	-	-
Himasthla elongata (Mehlis, 1813) Dietz, 1909	-	-	-	-	+	-	-	-	-
Apharyngostrigea cornu (Zeder, 1800) Ciurea, 1927	-	-	+	-	+	+	+	+	-
Tylodelphis clavata (Nordmann, 1832) Diesing, 1850	-	-	+	-	-	-	-	-	-
Ophiosoma patagiatum (Creplin, 1846) Dubois, 1936	-	-	+	-	-	+	-	-	-
Codonocephalus urnigerus (Rudolphi, 1819)	-	-	-	-	+	-	-	-	-
Bolbophorus confusus (Krause, 1914) Dubois, 1935	-	-	-	-	-	-	-	+	-
Bilharziella polonica (Kowalewski, 1895)	-	-	+	-	+	-	-	+	-
Tanaisia fedtschenkoi Skrjabin, 1924	-	-	-	-	+	-	-	-	-
Porrocaecum (P.) ardeae (Fröhlich, 1802) Baylis, 1936	-	-	+	-	-	-	-	-	-
Contracaecum (C.) microcephalum (Rudolphi, 1819) Baylis, 1920	+	-	+	+	-	+	-	+	-
Desportesius sagittatus (Rudolphi, 1809) Skrjabin, Sobolev et Ivaschkin, 1965	-	-	-	-	+	-	-	-	-

Table 1: Incidence of endohelminths in Ciconiiformes birds in Yugoslavia

Parasite species	Ciconiidae					Ardeidae			
	Ciconia ciconia	Ciconia nigra	Ardea cin.	Ardea purp.	Nycticorax nydtic.	Botaurus stellaris	Egretta garzetta	Cosmoderius albus	Ardeola ralloides
Desmidocercella dumidica (Seurat, 1920) Lühe, 1911	-	-	+	-	-	-	-	-	-
Sincuaria ciconiae (Gilbert, 1927)	+	-	-	-	-	-	-	-	-
Paronchocerca ciconiarum Peters, 1936	+	-	-	-	-	-	-	-	-
Polymorphus minutus (Goeze, 1782) Lühe, 1911	-	-	+	+	-	-	-	-	-
Prosthorhynchus spiralis (Rudolphi, 1809)	-	-	-	-	+	-	-	-	-
Eustrongylides mergorum (Rudolphi, 1809)	-	-	+	-	-	-	-	-	-

Summary

The most common endohelminths in Ciconiiformes birds in Yugoslavia

Parasitological examinations of 168 Ciconiiformes birds from different regions in Yugoslavia revealed 23 species of endohelminths. Parasites and infected species of birds are listed in this paper.

Zusammenfassung

Die am häufigsten vorkommenden Endohelminthen der Ciconiiformes in Jugoslawien

Es wurden 168 Vögel (Ciconiiformes) aus verschiedenen Regionen Jugoslawiens untersucht und dabei 23 Endohelminthenarten ermittelt. Die Parasiten und Vogelarten werden tabellarisch zusammengestellt.

Résumé

Les endohelminthes des ciconiiformes les plus fréquentes en Jugoslavie

Lors de l'étude de 168 ciconiiformes des régions différentes de la Jugoslavie 23 espèces endohelmonthiques ont été identifiées. Les paratites et espèces des oiseaux affectés sont résumées dans les tableaux.

Резюме

Часто встречающиеся эндогельминты у Ciconiiformes в Югославии

Изучалось 168 птиц Ciconiiformes из различных районов Югославии, при этом выявлено 23 вида эндогельминтов. Паразиты и виды птиц собраны в таблицы.

References

BRGLEZ, J. (1977): Zajedavci pri pticah v Sloveniji. Trematoda. Supplement 3. Zb. Biotehn. fak. Vet., 297.

BRGLEZ, J. (1981): Zajedavci pro pticah v Sloveniji. Cestoda, Nematoda, Acanthocephala. Supplement 5. Zb. Biotehn. Fak. Vet., 410.

BRGLEZ, J. (1980): Incidence and pathogenicity of Acanthocephala in aquatic birds in Yugoslavia. Verh.ber. Erkrg. Zootiere 22, 279 - 281.

IVANICKIJ, S. V. (1927): K faune trematod pozvonečnyh Ukrainy. Po materialam 26-j sojuzn. geljmintol. eks. Vet. 42, 23 - 34.

JOHNSTON, S. (1917): On the trematodes of Australian birds. J. Roy. Soc. (Sydney) 50, 187 - 216.

KURAŠVILI, B. E. (1955): Geljmintofauna ohotničje-promyslovyh ptic Gruzii v svete ekologii geljminta hozjaina. 8. soveŠč. parazitol. probl., 1 - 182.

OLSON, O. (1876): Bidrag till Skandinaviens helminthfauna. Kgl. Svenska Vet. Akadm. Handl. 14, 1 - 35.

PARONA, C. (1894): L'elmintologia italiana, da suoi primi tempi all'anno 1890. Milano, 1 - 137.

STOSSICH, M. (1892): I distomi degli uccellli. Boll. Soc. Adriat. Sci. Nat. Trieste 13, 1 - 54.

Address of authors: Prof. Dr. Janez B r g l e z
VTOZD za veterinarstvo BF
Gerbičeva 60
61.000 Ljubljana (SFR Yugoslavia)

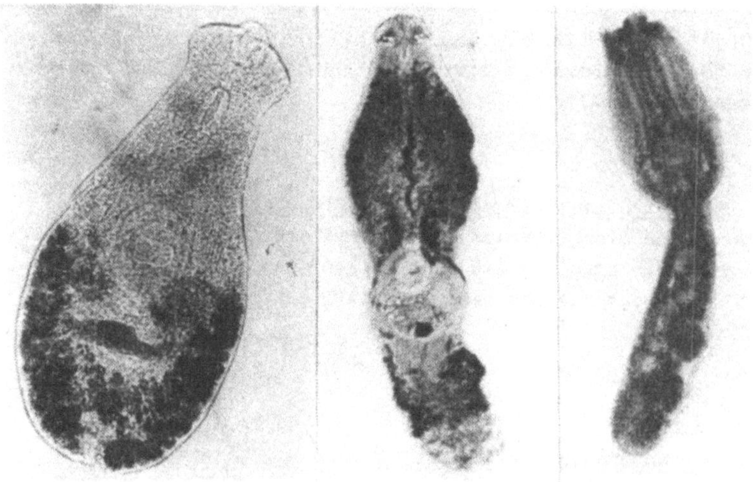

Fig. 1: Echinochasmus beleocephalus
Fig. 2: Chaunocephalus ferox
Fig. 3: Diplostomum spathaceum

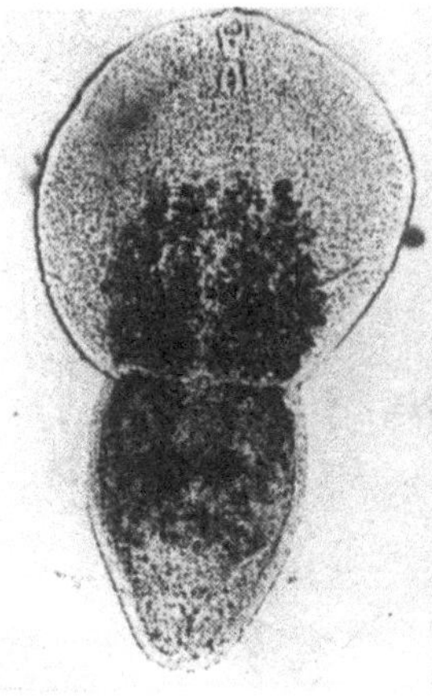
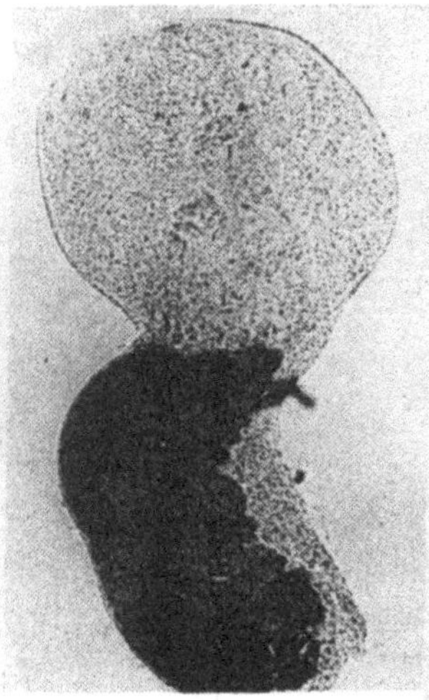
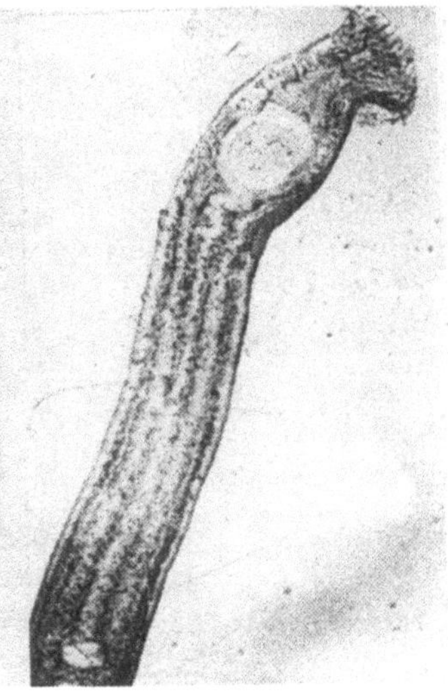

Fig. 4: Posthodiplostomum cuticula
Fig. 5: Posthosdiplostomum brevicaudatum
Fig. 6: Himasthla elongata

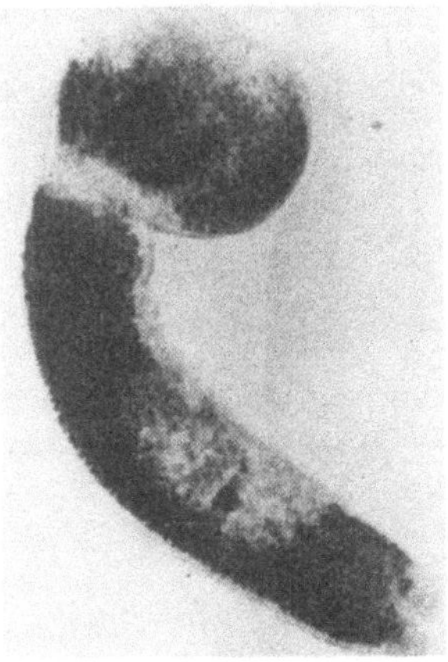
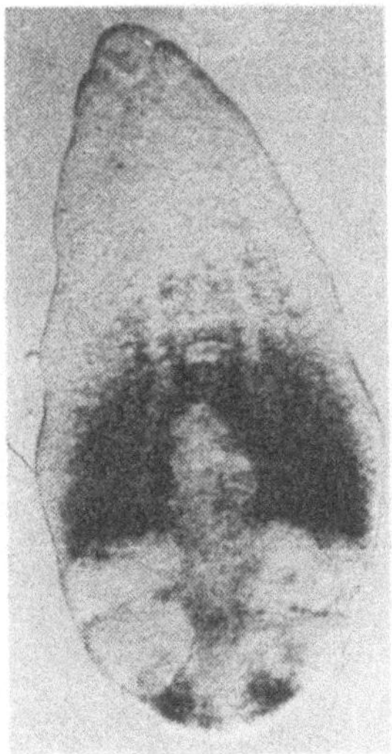
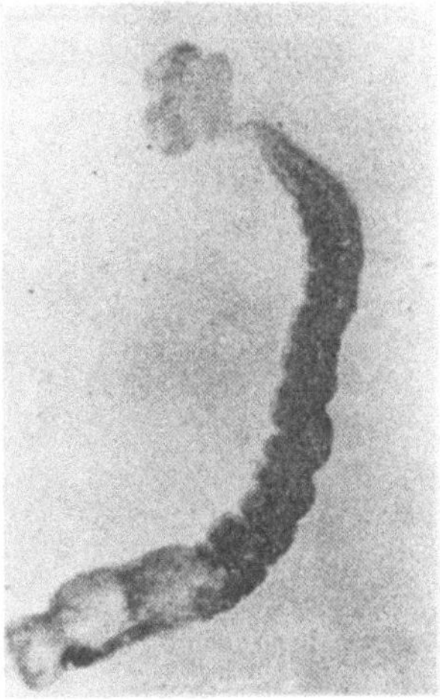

Fig. 7: Apharyngostrigea cornu
Fig. 8: Tylodephis clavata
Fig. 9: Ophiosoma patagiatum

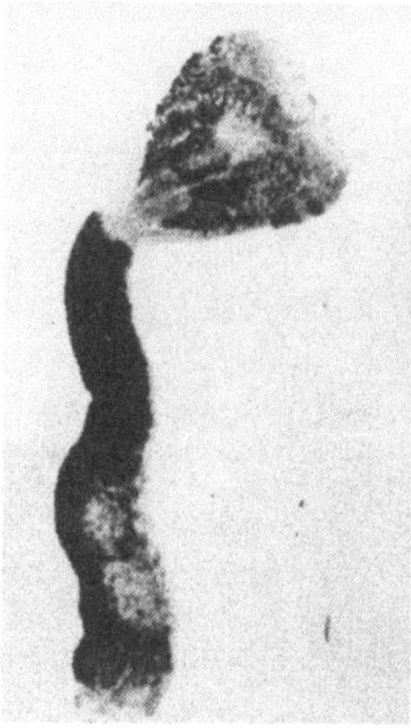

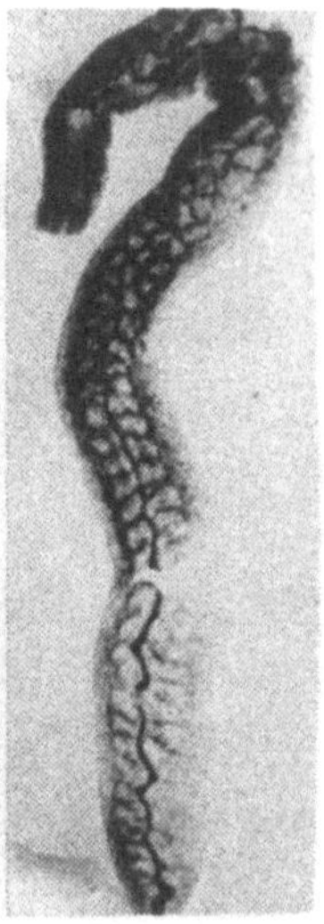

Fig. 10: Codonocephalus urnigerus
Fig. 11: Bolbophorus confusus
Fig. 12: Bilharziella plonica, male
Fig. 13: Tanaisia fedtschenkoi

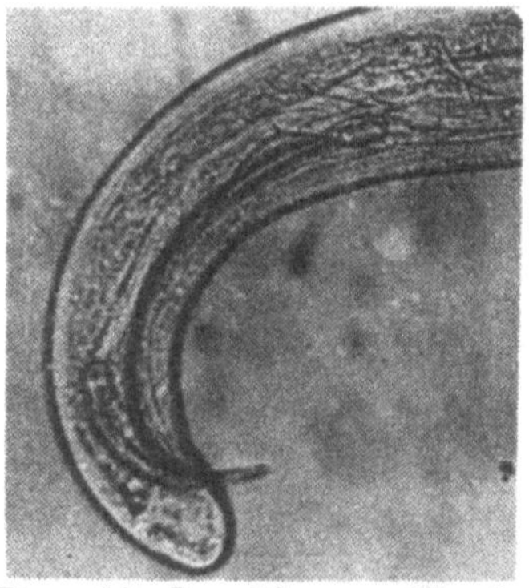
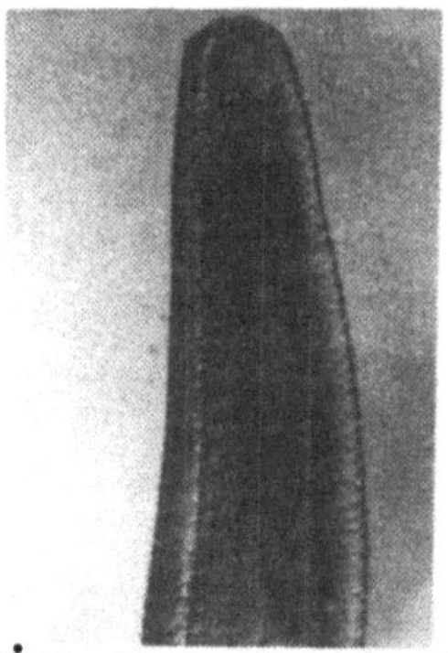

Fig. 14: Desmidocercella dumidica, tail of the male
Fig. 15: Paronchocerca ciconiarum

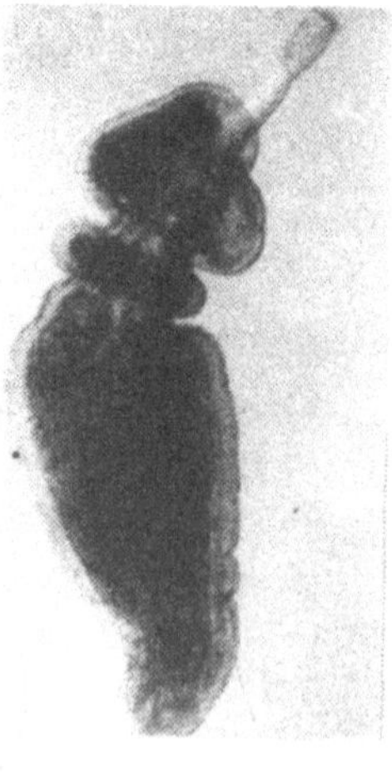
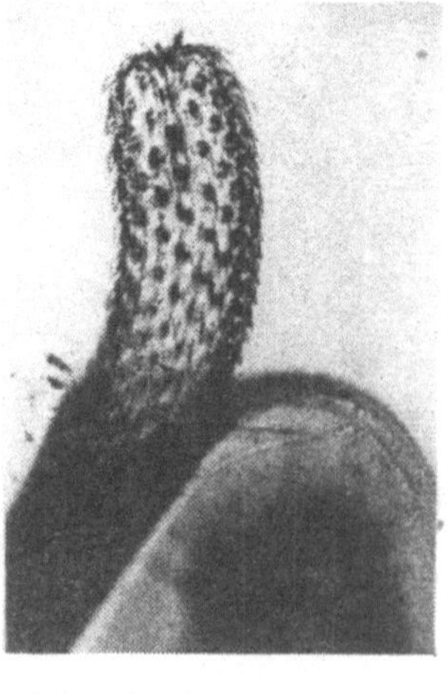

Fig. 16: Polymorphus minutus
Fig. 17: Prosthorhynchus spiralis

Aus dem Zoologischen Garten Liberec (Direktor: Dr. J. JANEČEK)

ÜBER ERFAHRUNGEN MIT IVOMEC(R) BEI ZOOVÖGELN

Von V. Jurek

Zur Schaffung und Aufrechterhaltung eines stabilen Gesundheitsstatus, auch bei den in Menschenobhut gehaltenen Vögeln, sind konsequent eingehaltene, antiparasitäre prophylaktische und therapeutische Programme unerläßlich. Neben einigen bewährten, oral einsetzbaren Anthelminthika scheint das jetzt sich auf dem Markt befindliche Ivomec(R) auch wegen seiner Applikationsart (s.o.) und somit besseren Dosierbarkeit eine bemerkenswerte Erweiterung der Bekämpfungsmöglichkeiten bei Vögeln zu bieten. Nach seiner Isolierung aus dem Streptomyces avermitilis im Kitasato Institut Tokyo wurde dieses makrozyklische Lakton (der Gruppe der Avermectine zugehörig) durch die Firma Merck Sharp and Dohme 1981 als Ivermectin eingeführt und wird heute weltweit vertrieben (CAMPBELL, 1985). Auf Grund seiner hohen Effektivität gegen Adulte wie Entwicklungsstadien von Nematoden, Insekten und Spinnentieren (unwirksam gegen Fasciola, Schistosoma und zahlreiche Bandwurmarten), seiner sicheren Dosierbarkeit, guten Verträglichkeit und geringen Rückstandsproblematik ist es in der Säugetierpraxis gut eingeführt - die Säugetiere der Zoos betreffend darf hier summarisch auf die Berichte von FROIKA und ROSTINSKA (1984), KOHM (1986), RITSCHER et al. (1986) sowie MATEVSKY und MUTAFOVA (1987) hingewiesen werden. Über den durchweg erfolgreichen Einsatz des Präparates gegen Endoparasiten des Wassergeflügels informieren DÜWEL und SCHMID (1986), KOCK et al. (1987) und SCHMID et al. (1987). Die weitverstreuten Angaben über die Verwendung gegen Helminthen und Ektoparasiten bei Psittaciden und Finkenvögeln werden zusammengefaßt und ergänzt durch eigene Erfahrungen mit Störchen, Kranichen, Reihern, Enten, Tauben, Wildhühnern, Fasanen, Papageien, Sittichen und Adlern gesondert veröffentlicht (SEIDEL et al., im Druck). Nachstehend werden die Erfahrungen mitgeteilt, die bei der Prüfung des Präparates auf seine klinische Verträglichkeit, den therapeutischen Effekt und die mögliche Toxizität bei ausgewählten Vogelarten gewonnen wurden.

Material und Methode

Zur Beurteilung gelangten 74 Tiere von 13 Arten aus dem Bestand des Zoologischen Garten Liberec, wo sie in Volieren, Ausläufen oder unter Falknereibedingungen (Habichtssprengel, Blockjulen, Sitzkrücken) gehalten werden. Die Vögel erwiesen sich als auf natürliche Weise infiziert mit Nematoden der Gattungen Porrocaecum, Capillaria und Hovorkonema, bei den Flamingos wurden Eier vom Strongyloides-Typ ermittelt. Die Identifizierung der Parasiten sowie die Verlaufskontrollen erfolgten durch koprologische Untersuchung im Flotationsverfahren in der Parasitologischen Abteilung des Veterinärmedizinischen Institutes in Liberec. Die Befallsintensität wurde nach dem mikroskopischen Befund eingestuft:

Eizahl pro Blickfeld	Befallsstärke
0 - 5	+
5 - 10	++
10 - 15	+++
>15	++++

Zum Einsatz gelangte Ivermectin als Ivomec(R) (Merck Sharp and Dohme) in der Präparation 1 % für Rinder, die Dosierung ist aus Tabelle 1 und 2 ersichtlich - sie wurde kürzlich in dem Bericht von KOLLIAS et al. (1987) durch deren Versuche an 28 Greifvögeln aus 7 Formen bestätigt. Die Applikation erfolgte streng subkutan mittels einer Tuberkulinspritze. Nach der Behandlung wurden die Vögel unter einem solchen Hygieneregime gehalten, daß Reinfektionen durch die Parasiten auszuschließen waren. Bei den behandelten Tieren wurde besonderes Augenmerk auf den klinischen Allgemeinzustand und die Injektionsstelle gerichtet. Die koprologischen Kontrollen erfolgten am 7., 14., 21. und 42. Tage post applicationem nach dem oben genannten Verfahren.

Bei vier zuchtuntauglichen Vögeln wurde die Verträglichkeitsgrenze für Ivomec geprüft:

Species	Gewicht, g	Ivomec(R), mg/kg	Intoxikationszeichen	verendet
Habicht (Accipiter gentilis)	1010	10	+	+
Mäusebussard (Buteo buteo)	680	10	+	-
		20	+	+
Wespenbussard (Pernis apivorus)	655	15	+	+
Silbermöve (Larus argentatus)	820	20	+	-

Ein Habicht verstarb nach einer Dosis von 10 mg/kg s.c. unter Intoxikationserscheinungen; ein Mäusebussard überlebte die gleiche Dosis, die Unverträglichkeit äußerte sich aber in 24stündiger Somnolenz. 15 mg/kg bewirkten den Tod eines Wespenbussards. Fünf Tage nach der Erstapplikation erhielt der Mäusebussard wiederum Ivermectin, dieses Mal 20 mg/kg s.c. - der Vogel verstarb innerhalb von 24 Stunden. Eine Silbermöve überlebte, nach Intoxikationssymptomen, sogar 20 mg/kg.

Tabelle 1: A Volierenhaltung

Species	Anzahl	Parasiten	Ivomec(R) mg/kg	Koprologische Kontrolle (Tage p. appl.) 7	14	21	42
Seeadler (Haliaectus albicilla)	2	Capillaria spec.	0,4	+	-	-	+
Habichtsadler (Hieraaetus fasciatus)	2	" "	0,4	+	-	-	-
Rotmilan (Milvus milvus)	3	" "	0,4	-	-	-	+
Mäusebussard (Buteo buteo)	2	" "	0,4	-	-	-	-
Rauhfußbussard (Buteo lagopus)	1	" "	0,4	-	-	-	-
Uhu (Bubo bubo)	6	" "	0,4	-	-	-	-
Waldkauz (Strix aluco)	1	" "	0,4	-	-	-	-
Kolkrabe (Corvus corax)	1	" "	0,4	-	-	-	-

Tabelle 2: B Tiere aus Freianlagen

Species	Anzahl	Parasiten	Ivomec(R) mg/kg	Koprologische Kontrolle (Tage p. appl.) 7	14	21	42
Trauerschwan (Cygnus atratus)	2	Hovorkonema spec.	0,4	-	-	-	-
Emu (Dromiceius novaehollandiae)	2 ad.	" "	0,4	-	-	+	-
	3 juv.	" "	0,4	-	-	+	-
Rosaflamingo (Phoenicopterus ruber)	18	Eier vom Strongyloides-Typ	0,4	-	-	-	-
C Unter Falknereibedingungen gehaltene Tiere							
Habicht (Accipiter gentilis)	1	Porrocaecum spec.	0,4	-	+	-	+
Mäusebussard I (Buteo buteo)	1	Capillaria spec.	0,4	+	+	-	+
" " II	1	" "	0,4	-	-	-	-
Sperber (Accipiter nissus)	1	" "	0,4	-	-	-	-

Diskussion

Bei der Prüfung der Wirksamkeit und klinischen Verträglichkeit von Invermectin bei Vögeln ergab die gewählte Dosis von 0,4 mg/kg s.c. appliziert keine klinisch erkennbaren Zeichen von Unverträglichkeit, selbst die Injektionsstellen blieben ohne sichtbare lokale Reaktion. Bei 5 der 47 behandelten Vögel überlebten die Parasiten die erste Woche, dabei handelte es sich um geringen Befall mit Capillaria spec. bei Seeadlern, Habichtsadlern und einem Mäusebussard. Bei den See- und Habichtsadlern, die in Volieren gehalten wurden, waren die Parasiten nach 14 Tagen koprologisch nicht mehr nachweisbar. Ein Mäusebussard, gehalten auf einem Falkenbook, schied nach 14 Tagen noch Capillaria-Eier aus, danach sistierte die Ausscheidung bis zum neuerlichen Nachweis am 42. Tage. Bei einem zweiten Tier dieser Gruppe von Falknervögeln blieb die Kontrolle schon vom 7. Tage an negativ, bei einem weiteren Tier war der ursprüngliche Befall mit Porrocaecum spec. wieder nachweisbar.

Hinsichtlich der Verträglichkeit existieren offensichtlich artspezifische Unterschiede - z.B. starb ein Habicht bei einer Dosis von 10 mg/kg, während eine Silbermöve sogar 20 mg/kg tolerierte. Angesichts der auch bei Säugetieren beobachteten Fälle von Überempfindlichkeit ist demzufolge beim Einsatz von Ivermectin bei selteneren heiklen Formen entsprechende Sorgfalt angezeigt. Eine Erklärung für die geringe Toxizität bei subkutaner Applikation findet sich möglicherweise in den im Vergleich zu Säugetieren gering ausgebildeten Unterhautgeweben der Vögel. Für eine exakte Beurteilung der Wirksamkeit des Präparates reicht die Anzahl der durchgeführten Versuche nicht aus, deren Wert besteht wohl am ehesten darin, daß sie an Formen vorgenommen wurden, die für gewöhnlich kaum als Versuchstiere zur Verfügung stehen. Aus diesem Grunde wurde die therapeutische Dosis auch so bemessen, daß sie für die behandelten Vögel möglichst risikolos blieb. So bewirkten die applizierten 0,4 mg/kg auch keine hundertprozentige Eliminierung von Capillaria spec. - im Gegensatz zu SCHEPKENS et al. (1985), die 0,85 mg/kg bei Tauben verwandten. Unsere tauben-spezifischen Resultate werden in der oben genannten gemeinsamen Veröffentlichung mit den Erfahrungen von Kollegen des Tierpark Berlin vorgelegt.

Bei der Beurteilung der Untersuchungsergebnisse hinsichtlich der Wirksamkeit von Ivermectin muß in Betracht gezogen werden, daß bei dem begrenzten Untersuchungsmaterial und der geringen Befallsstärke die gelegentlich negativen koprologischen Befunde kein sicher exakter Effektivitätsspiegel sind. Beim Einschätzen der Wirksamkeit im Verhältnis der Parasiten zur Haltungsart ihrer Wirte kann die gute Effektivität auf den Capillaria-Befall bei Volierentieren hier die Tatsache verdeutlichen, daß im Unterschied zu den unter Falknereibedingungen auf verschiedenen Ständern gehaltenen Vögeln, auf den relativ großen Flächen der Volieren es nicht zu solch starker Konzentration von Parasitenstadien kommt. Die Ivermectin-Wirksamkeit auf die Gattung Porrocaecum läßt sich aus dem einen beobachteten Fall nicht hinreichend sicher einschätzen. In Anbetracht dessen, daß die Eier im Kot in wöchentlichen Abständen erschienen und verschwanden, läßt sich eher schlußfolgern, daß sie bei negativem Befund einfach nicht nachgewiesen wurden. Für diese Möglichkeit spricht auch die Tatsache, daß die Präpatenzperiode bei Porrocaecum ungefähr 20 Tage beträgt. Die in der Literatur angegebene Wirkung auf die Larvenstadien der Nematoden und der ebenfalls beschriebene Residualeffekt waren im angeführten Falle nicht abzuklären.

Eine gute Wirkung wurde auf den Hovorkonema-Befall der adulten Emus festgestellt. Die erwachsenen Tiere blieben frei während der gesamten Kontrollzeit, während bei den Jungtieren der Nachweis nochmals am 21. Tage gelang - letzteres kann seine Erklärung in der Präpatenzzeit von ungefähr 14 Tagen finden. Eine Bestätigung der von Säugetieren bekannten hohen Sicherheit des Präparates bezüglich teratogener Nebenwirkungen glauben wir in der erfolgreichen Brut unseres mit Ivermectin behandelten Seeadler-Paares zu sehen (obwohl das Jungtier künstlich aufgezogen wurde).
Aus der Sicht der klinischen Verträglichkeit gab es bei Einhaltung der therapeutischen Dosis keine erkennbaren Nebenwirkungen allgemeiner oder lokaler Art.

__Zusammenfassung__

__Über Erfahrungen mit Ivomec(R) bei Zoovögeln__

Die klinische Verträglichkeit und der therapeutische Effekt von Ivomec(R) wurden an 47 Zoovögeln aus 13 Arten mit Nematodenbefall der Gattungen Capillaria, Porrocaecum und Hovorkonema geprüft. Ivermectin wurde subkutan in einer Dosis von 0,4 mg/kg appliziert. Die Effektivität liegt bei 90 %, sie ist höher bei Haltung unter Falknereibedingungen.

Summary

Experience from Application of Ivomec(R) to Zoo Birds

Clinical tolerance and therapeutic effectiveness of Ivomec(R) were tested on 47 zoo birds of 13 species which were infested with Capillaria, Porrocaecum, and Hovorconema nematodes. Ivermectin was subcutaneously injected, the dosàge being 0.4 mg/kg body weight. The effectiveness accounted for 90 per cent and was beyond experience obtained from keeping under falconry conditions.

Résumé

Expériences avec Ivomec(R) chez des oiseaux des zoos

La compatibilité clinique et l'effet thérapeutique de l'Ivomec(R) a été essayée à 47 oiseaux des zoos venant de 13 espèces qui étaient infestés des nématodes Capillaria, Porocaecum et Hovorconema. Une dose de 0,4 mg/kg d'Ivermectine a été appliquée sous-cutanément. L'efficacité a été de 90 % et dans le cas de la garde des oiseaux sous conditions de fauconnière encore plus élevée.

Резюме

Опыты по применению Ivomeo (R) у птиц зоопарка

Изучалась клиническая переносимость и терапевтический эффект Ivomeo(R) на 47 птицах зоопарка из I3 видов, зараженных нематодами семейства Capillaria, Porrocaecum, Hovorkonema. Иверместин вводился субкутанно в дозе о,4мг/кг . Эффективность ровна 90%, она ещё выше при содержании птиц в условиях сокольничества.

Literaturverzeichnis

CAMPBELL, W.C. (1985): Ivermectin: An Update. Paras. Today 1, 10 - 16.

DÜWEL, D., und K. SCHMID (1986): Zur Behandlung von Helminthosen bei Tieren in Zoologischen Gärten. Verh.ber. Erkrg. Zootiere 28, 347 - 363.

JUREK, V. (1987): Ověření toxicity, klinické snášenlivosti a terapeutické efektivnosti Ivermektinu u ptáků, chovaných v Severočeské Zoologické Zahradě v Liberci. Písemná práce předkládaná k atestaci II. stupně z oboru veterinární péče v chovech malých zvířat, Brno, Vysoká Škola Veterinární.

KOLLIAS, G.V., Jr., GREINER, E.C., and D. HARD (1987): The Efficacy of Ivermectin and Praziquantel Against Gastrointestinal Nematodes and Trematodes in Raptors. Proc. 1st Int. Conf. Zool. Avian Med., 408 - 409.

FROLKA, J., und J. ROSTINSKÁ (1984): Über die Wirksamkeit von Ivermectin MSD (Ivomec(R), Equalan(R)) gegen Sarcoptesräude und Nematodenbefall bei Zootieren. Verh.ber. Erkrg. Zootiere 26, 455 - 462.

KOCK, R.A., HENDERSON, G.M., APPLEBY, E.C., HAWKEY, C.M., and R.N. CINDEREY (1987): Acuariasis in Water Fowl at Whipsnade Zoo. Verh.ber. Erkrg. Zootiere 29, 65 - 73.

KOHM, A. (1986): Hauterkrankungen bei Eisbären (Thalarctos maritimus) und ihre Behandlung mit Ivomec(R). Verh.ber. Erkrg. Zootiere 28, 73 - 76.

MATEVSKY, S., and T. MUTAFOVA (1987): Effects of Ivomec(R) of some helminths and ectoparasites of hedgehogs, snakes and tortoises. Verh.ber. Erkrg. Zootiere 29, 367 - 368.

RITSCHER, Dagmar, RIBBECK, Regine, FRICKE, G., und Annegret SEMLOW (1986): Zum Problem der Fellschäden bei Eisbären (Ursus maritimus) des Zoologischen Gartens Rostock. Verh.ber. Erkrg. Zootiere 28, 77 - 84.

SCHEPKENS, E., DUCHATEL, J.P., et H. VINDEVOGEL (1985): Traitement de l'ascaridiose et de la capillariose du pigeon par l'Ivermectine. Ann. Méd. Vét. 129, 475 - 485.

SCHMID, K., DÜWEL, D., und D. BARUTZKI (1987): Helminthosen des Wassergeflügels und ihre Behandlung. Verh.ber. Erkrg. Zootiere 29, 45 - 55.

SEIDEL, B., TSCHERNER, W., und V. JUREK (1987): Über den Einsatz von Ivomec bei ausgewählten Arten von Zoovögeln. (im Druck).

Anschrift des Verfassers: MVDr. Vladimir J u r e k
Severočeská Zoologická Zahrada
CS-460 01 Liberec (Czechoslovakia)

Московский зоопарк (Директор: В.В. СПИЦИН)

ОПЫТ ПРОТЕЗИРОВАНИЯ БИВНЯ У СЛОНА

В. Корнеева и В. Хромов

При содержании слонов в условиях неволи достаточно часто наблюдаются переломы бивней, что как правило, приводит к осложнениям в виде пульпитов и периоститов. Эти осложнения трудно поддаются лечению, принимают хронический характер течения, отражаются на поведении и общем состоянии животных. Поэтому профилактика пульпита и периостита имеет важное значение в ветеринарной практике при работе со слонами в условиях зоопарка.

В Московском зоопарке в двух больших вольерах содержатся две группы азиатских и африканских слонов. В феврале месяце 1987 года один азиатский слон, самец в возрасте семи лет, живым весом примерно I,8 тонны при падении в ров сломал левый бивень на расстоянии около пяти сантиметров от десны. При клиническом осмотре установлено, что обломок бивня в месте перелома имеет косой слом с неровной поверхностью с продольной трещиной, уходящей под десну и разделяющей бивень на две части. Часть бивня, прилегающая к хоботу, плохо зафиксирована в десне и качается. Признаков вскрытия пульпы не обнаружено. (см. фото № I)

Ежедневно слону проводилась санация ротовой полости и поврежденного бивня раствором фурациллина в разведении I:I0000. Через несколько дней отмечалось накопление серозного экссудата в кармане десны. Слон проявлял беспокойство, расшатывая обломок бивня об металлическое ограждение вольеры.

В связи с этим было принято решение произвести хирургическую обработку обломка бивня с последующим наложением коронки для его фиксации.

Произвели замеры обломанного бивня и на основе их по эскизу была изготовлена металлическая коронка из нержавеющей стали. Диаметр коронки составил 45 мм, чуть меньше диаметра бивня для более лучшей фиксации и состыкования поверхностей коронки и бивня, так как при наличии выступа коронки слон мог бы легко снять ее. Высота коронки состовляла 35 мм, а толщина ее стенки I,5 мм.

С целью премедикации применяли "хелланбруннскую смесь", разработанную в Мюнхенском зоопарке в количестве трех мл(ксилазин - в дозе 0,I8 мг/кг, кетамин - в дозе 0,I5 мг/кг) внутримышечно. Через десять минут у слона отмечалось ярко выраженное успокоение, выпадение пениса.

Для достижения наркотического эффекта внутримышечно было введено 20 мл (0,5 мг/кг) 5% раствора калипсола. Через двадцать минут у слона хобот стал вялым и неподвижным, животное стояло неустойчиво на широко расставленных конечностях. Слона уложили на маты из сена на правый бок. В период наркоза отмечалось ровное, глубокое дыхания с частотой 7-8 дыхательных движений в одну минуту. Пульс так же был стабилен и составлял 48 ударов в минуту (фото № 2). Периодически отмечалась мышечная дрожь по всему телу. Наркоз длился в течение 75 минут. Выход из наркоза протекал без осложнений, слон легко поднялся на ноги и сразу начал есть сено. Признаков беспокойства не отмечалось.

В период наркоза проволочной пилой провели спиливание части бивня с неровной поверхностью, обточку бивня электродрелью со специальной насадкой с подгонкой (припасовкой) под коронку. (см. фото № 3, фото № 6). Трещину бивня и слизистую оболочку десны санировали растворами йодинола и йодоформенным эфиром (I:I0). Обезжирили поверхность бивня эфиром. Трещину в бивне запломбировали кальмицином с последующей фиксацией коронки на фосфат-цемент (см. фото № 4) (см. фото № 5). Так же произвели спиливание правого бивня на длину левого.

С целью профилактики бактериальных осложнений внутримышечно ввели антибиотики пролангированного действия.

За поведением и состоянием слона осуществлялся ветеринарный и зоотехнический контроль, ежедневно проводилась обработка антисептическими растворами карманов в слизистой оболочке ротовой полости, признаков воспаления не отмечали. В первые дни после протезирования бивня слон интересовался коронкой, постоянно обследовал ее кончиком хобота, но беспокойства она у него не вызывала.

Обломок бивня достаточно быстро отрастал по одному см в месяц и через пять месяцев внутренний край трещины вышел из под десны. Через десять месяцев слон снял коронку и, ранее качающаяся часть бивня отпала.

В настоящее время бивень приобретает нормальную конфигурацию.
В заключении можно сделать вывод, что своевременная фиксация обломков бивня коронкой профилактировала дальнейшее расщепление бивня, инфицирование пульпы и окололежащих тканей и развитие пульпита и периостита.

Автор фотографий: Л. ШТЕЙБАК

Резюме
Опыт протезирования бивня у слона
В данной статье описан опыт протезирования сломанного бивня под наркозом у азиатского слона в Московском зоопарке.

Zusammenfassung
Stoßzahnprothese bei einem Elefanten
Die Autoren beschreiben eine unter Narkose durchgeführte Prothetik des gebrochenen Stoßzahns bei einem Indischen Elefanten im Moskauer Zoo.

Summary
Tusk Prosthesis for Elephant
Reported in this paper is a prosthetic correction of a fractured tusk of an Indian elephant in the Moscow Zoo. The intervention was performed with the animal in anaesthesia.

Résumé
Prothèse de la défense d'un éléphant
Les auteurs expliquent l'intervention prothétique sous narcose à la défense brisée d'un éléphant indien dans le zoo de Moscou.

Адрес автора: В. Корнеева и В. Хромов
Московский зоопарк
Москва (СССР)

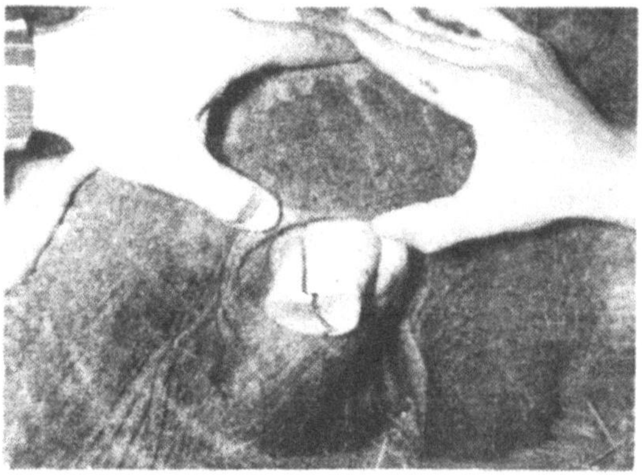

ФОТО № I
ТРЕЩИНА БИВНЯ ПОСЛЕ СПИЛИВАНИЯ ОБЛОМКА

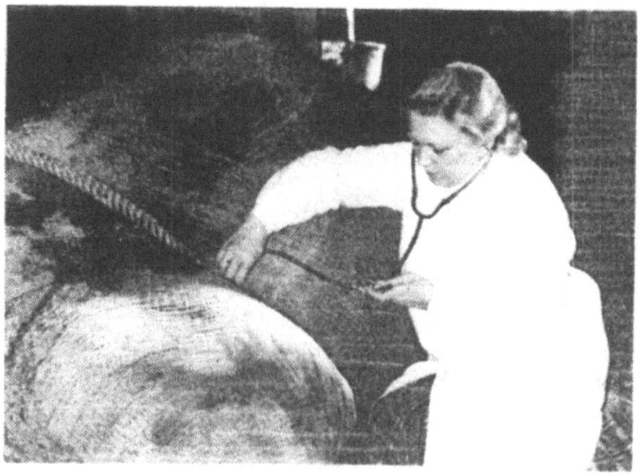

ФОТО № 2
ПОДСЧЕТ ЧАСТОТЫ ДЫХАНИЯ И СЕРДЕЧНЫХ СОКРАЩЕНИЙ

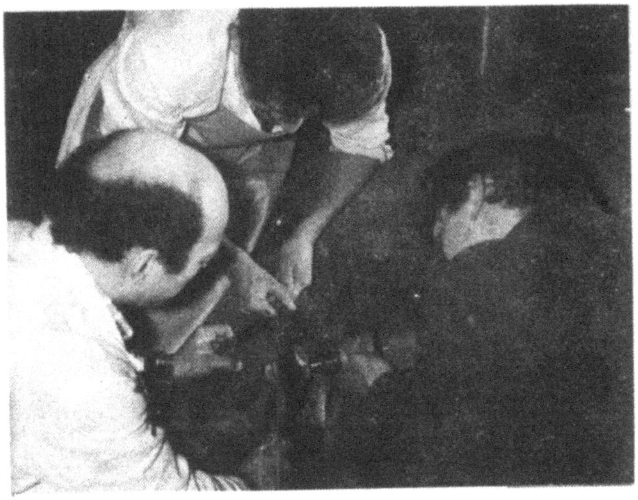

ФОТО № 3

ОБТОЧКА БИВНЯ

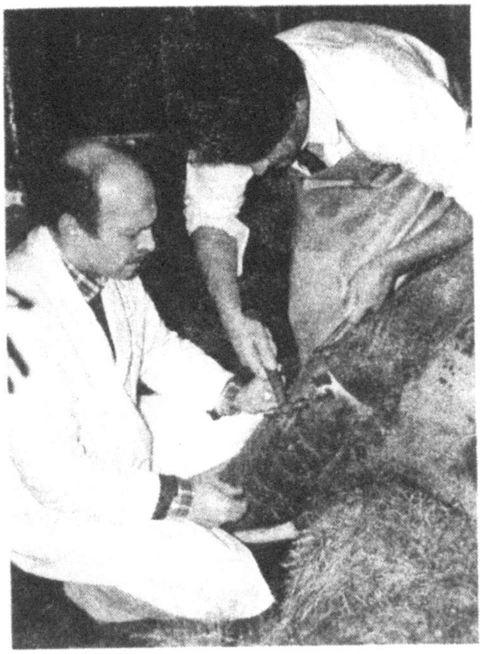

ФОТО № 4

ОДЕВАНИЕ КОРОНКИ С ФИКСАЦИЕЙ
ЕЕ на ФОСФАТ-ЦЕМЕНТ

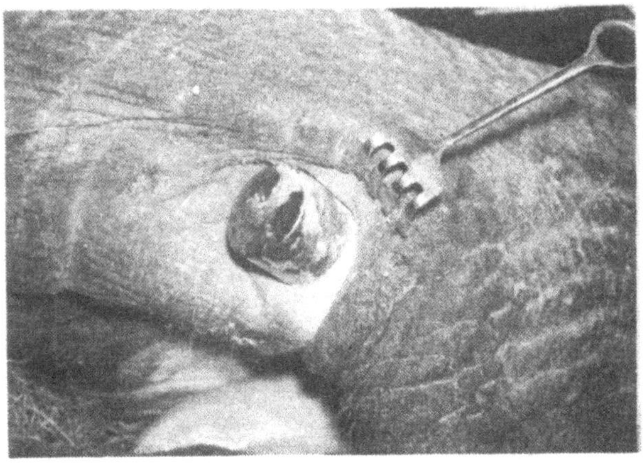

ФОТО № 5

ВИД БИВНЯ С КОРОНКОЙ

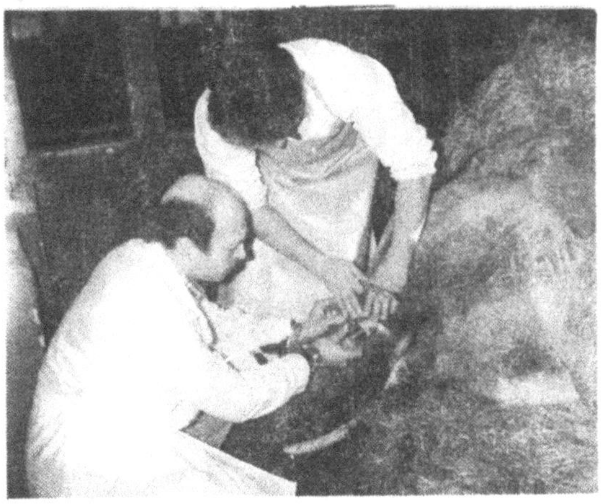

ФОТО № 6

ПОДГОНКА КОРОНКИ

Aus der Tierklinik (Direktor: VR Doz. Dr. sc. W. FRANZ) der Sektion Pflanzenproduktion der Martin-Luther-Universität Halle-Wittenberg, dem Tierpark Berlin (Direktor: Prof. Dr.sc. Dr.h.c. H.DATHE) und dem Zoologischen Garten Halle (Direktor: Dipl.-Biol. A. JACOB)

KLINISCHER BEITRAG ZUR HORNAMPUTATION BEIM BREITMAULNASHORN (CERATOTHERIUM SIMUM)

Von W. Franz, B. Seidel und A. Jacob

Hornschäden bei Nashörnern sind in Zoologischen Gärten nach LANG (1976) leider häufig zu sehen. Dem entsprechen Angaben in dem uns zugänglichen Schrifttum zu Schäden durch Hornabrieb (MOHR, 1957; LANG, 1961, 1976), Hornfrakturen bzw. Hornrisse (MOHR, 1957; LANG, 1961; JAROFKE und KLÖS, 1979), Hornabrisse und -abbrüche (JACOBI, 1957; KLÖS, 1969; LANG, 1976; NEUSCHULZ und PUSCHMANN, 1986) und Hornschäden mit Knochenverletzungen im Hornbasisbereich (LANG, 1961; ALTMANN, 1987).

In den meisten Fällen der aufgeführten Schäden, so z.B. beim Hornabrieb und auch beim unkomplizierten totalen Hornabriß, ist eine operative Intervention in der Regel nicht erforderlich und kann selbst in komplizierten Fällen, so z.B. bei Knochenverletzungen mit Nasenhöhleneröffnung im hornnahen Bereich aus verschiedenen Gründen kontraindiziert sein (ALTMANN, 1987).

Bei tiefen, ansonsten jedoch unkomplizierten vertikalen Hornrissen hingegen, die das Horn weitgehend in zwei Teile spalten und in der Folgezeit das Nachwachsen eines einheitlichen kompakten Hornes verhindern, ist unseres Erachtens in Übereinstimmung mit JAROFKE (1985) eine chirurgische Intervention mit einmaligem Ablegen des Tieres und Hornentfernung bis zum Grunde des Hornspaltes angezeigt. Über einen derartigen Fall soll im folgenden berichtet werden.

Kasuistik

Es handelt sich um einen Breitmaulnashornbullen, geboren am 31.12.1981, der am 7.3.1984 durch die Firma Ruhe an den Zoologischen Garten Halle geliefert wurde. Das Tier hatte zunächst keinen weiblichen Partner und damit Stall und Gehege für sich allein. Nach Monaten komplikationsloser Eingewöhnung wurden Kanten, Verschlüsse und auch glatte Wände mit dem Horn bearbeitet. Dadurch kam es zunächst zu Abnutzungserscheinungen (Abrieb) am vorderen Horn. Zwecks Reduzierung des Hornschwundes und Ablenkung des Tieres wurden verschiedene Spielgeräte angeboten, unter anderem ein ca. 100 kg schwerer, loser Baumabschnitt. Vermutlich durch die energische Beschäftigung wurde das Vorderhorn seit Anfang 1985 zunehmend beschädigt. Im März 1985 war ein tiefer sagittaler Spalt des Vorderhornes vorhanden. Er entwickelte sich aus zwei links- und rechtslateralen vertikalen Hornrissen, die später in der Mitte zu einer einheitlichen Kluft zusammenflossen und dadurch das Horn in vertikaler Richtung annähernd bis zur Hornbasis in eine orale und aborale Hälfte teilten (Abb. 1).

Ein operativer Eingriff erschien aus dargelegten Gründen angezeigt. Dementsprechend wurde am 9.7.1985 im Nashorn-Freigehege des Zoologischen Gartens Halle die Amputation des Hornes am immobilisierten Patienten vorgenommen.

Das Narkoseprotokoll ist in Tabelle 1 zusammengefaßt. Es weist aus, daß die 1. Immobiloninjektion selbst nach 35 Minuten keine Wirkung zeigte, während die 2. Injektion innerhalb von 8 Minuten zum Abliegen des Patienten führte.

Das Vorhaben, einen üblicherweise für Fetotomien verwendeten Sägedraht bis auf den Grund des Hornspaltes einzuführen, um die beiden Hornhälften nachfolgend nach oral und aboral absägen zu können, erwies sich wegen der Enge des Hornspaltes als nicht möglich. Zunächst mußte dieser erheblich erweitert werden. Dieser Vorgang wurde mittels Zahnbehandlungsgerät nach BECKER (1954) durch Abschliff der Hornsubstanz im Spaltbereich bewältigt. Das nachfolgende Absetzen der beiden Hornhälften mittels Sägedraht verlief unter Wasserkühlung des Drahtes per Irrigator ohne Komplikationen, die ganze Operation durchaus unblutig.

Abb. 1: Hornrißverletzung mit vertikalem Verlauf vor der Operation

Abb. 2: Hornzustand 2 Jahre und 4 Monate post operationem

Tabelle 1: Narkoseprotokoll Breitmaulnashorn Körpermasse: ca. 1800 kg

Medikament	Dosis ../kg	Applikation	Zeit Min.		Kommentar
Etorphin Acepromazin Hyaluronidase	0,0016 mg 0,0066 mg 1500 IE total	i.m.Pi.		(1)	Projektil nach Einstich abgebrochen - Injektion nicht sicher zu beurteilen
gleiche Kombination		i.m.Pi.	1	(35)	
			3	(38)	Leichte Ataxie
			8	(43)	Seitenlage
			10	(45)	Toleranz +++, Relaxation +++
			18	(53)	T / P / A : 37,2 / 104 / 7
			32	(67)	37,0 / 86 / 5
			50	(85)	38,8 / 74 / 5
Nalorphin	0,0167 mg	i.m.H.	66	(101)	
Diprenorphin	0,0033 mg	i.v.	71	(106)	
			76	(111)	Erheben, koordinierter Gang
			93	(128)	Leichte Ataxie
			97	(132)	Ataxie verstärkt, Penisprolaps
			101	(136)	Ablegen
			103	(138)	Toleranz +++, Relaxation +++
Diprenorphin	0,0033 mg	i.v.	104	(139)	
			111	(146)	Aufstehen
			112	(147)	Vollkoordinationsfähig. Obwohl Nalorphin neben dem charakteristischen morphinantagonistischen Effekt selbst auch analgetisch wirkt, darf die Zweitimmobilisierung infolge ihres typischen Verlaufes (einschließlich ihrer Reversibilisierung) auf die verzögerte (subkutane?) Resorption nach der Erstinjektion zurückgeführt werden.

Legende:

Etorphin, Acepromazin = Large Animal Immobilon R (RECKITT & COLMAN)
Diprenorphin = Large Animal Revivon R (RECKITT & COLMAN)
Nalorphin = Nalorphin-Chinoin (CHINOIN/Budapest)
Hyaluronidase = Hylase "Dessau"
Pi. = Injektion per Dist-Inject-Pistole
H. = Injektion per Hand

Die resultierende Schnittfläche des Hornstumpfes war weißlich bis hellgrau, von fester Konsistenz, stellenweise, besonders randständig, mit kreisförmigen Schichtungen, 2-3 mm im Durchmesser, besetzt. Erst die sorgfältige Entfernung des Spaltgrundes und Planierung des Hornstumpfes durch Abschliff führte in den Randbezirken zu einer mehr rosa aussehenden Schnittfläche. Diese Färbung kann aber bestenfalls als Ansatz einer beginnenden blutigen Durchtränkung der Hornsubstanz angesehen werden. Linkslateral blieb in der ansonsten annähernd plangeschliffenen Hornstumpffläche eine flache Senke zurück. Hier war der Spalt ursprünglich am tiefsten und damit am weitesten in Richtung Hornbasis vorgedrungen. Diese flache Vertiefung schien uns als Ausgangspunkt einer neuen Spaltbildung durchaus unbedenklich zu sein und wurde deshalb so belassen, zumal eine ganz geringe blutige Durchtränkung an dieser Stelle auf die unmittelbare Nähe der Hornbasis hinwies.

Eine Nachbehandlung war in keiner Form erforderlich. Das nachgewachsene Horn hat innerhalb von 2 Jahren und 4 Monaten post operationem ohne neue Rißschäden eine Länge von ca. 18 cm erreicht (Abb. 2). Eine genaue Messung entsprechend den Angaben von KLÖS (1969) war uns allerdings auf Grund der Unberechenbarkeit des Tieres nicht möglich.

Diskussion

Die dargelegte Verfahrensweise zur Regulierung des beschriebenen Hornschadens erscheint unter gleichzeitiger Berücksichtigung von Aufwand und Ergebnis durchaus gerechtfertigt. Das Ausbleiben einer neuen Hornverletzung nach Entfernung des losen, großen Baumstammzylinders aus dem Gehege bei gleichzeitiger Zusammenführung des Nashornbullen mit einem weiblichen

Partner spricht im Sinne von LANG (1976) dafür, daß der Nashornbulle aus Mangel an Beschäftigung oder aus Langeweile zuvor mit seinem Horn vermehrt gearbeitet hatte. Die positiven Erfahrungen von LANG (1976), Nashörnern zwecks Hornschadenprophylaxe weiche, aufgehängte Tannenstämme anzubieten, erscheinen in diesem Zusammenhang bemerkenswert.

Zusammenfassung

Klinischer Beitrag zur Hornamputation beim Breitmaulnashorn (Ceratotherium simum)

Im Zusammenhang mit einer traumatisch bedingten tiefen Längsspaltenbildung am Horn eines Breitmaulnashorn-Bullen war zwecks Erzielung eines neuen, spaltenlosen Hornnachwuchses eine Hornamputation erforderlich. Die in Immobilon-Narkose durchgeführte Operation wird im einzelnen beschrieben. Innerhalb von 2 Jahren ist das Horn, ausgehend von einem ca. 2 cm hohen annähernd ebenen Basisstumpf, bisher ohne neue Spaltenbildung auf 18 cm angewachsen.

Summary

Clinical Report on Horn Amputation of Wide-Mouthed Rhinoceros (Ceratotherium simum)

A deep traumatic longitudinal rift in the horn of a wide-mouthed rhinoceros bull called for horn amputation for riftless regrowth of another horn. The operation with the animal under Immobilon anaesthesia is described in detail. A new horn has so far grown without any rift to 18 cm from a 2-cm plane pug, within two years from surgery.

Résumé

Contribution clinique concernant l'amputation de la corne d'un rhinocéros blanc (Ceratotherium simum)

En relation avec la formation traumatique d'une profonde fente longitudinale de la corne d'un rhinocéros blanc mâle une amputation de la corne fut jugée indispensable pour la formation d'une nouvelle corne sans fente. L'opération effectuée sous l'effet de la narcose par Immobilon est décrite en détail. Dans l'intervalle de deux ans et partant d'un tronçon de base plan de 2 cm de hauteur environ, la corne a repoussé de 18 cm sans formation de fente.

Резюме

Клиническое сообщение об ампутации одного рога у африканского широкорылого носорога

В результате несчасного случая на рогу самца африканского широкорылого носорога возникла глубокая продольная трещина. Чтобы стимулировать отрастание здорового нового рога, необходима была ампутация поврежденного. В работе подробно описывается операция, проводимая под иммобилоновым наркозом.Два года спустя из почти ровной двухсантиметровой культи вырос новый, бесщельный рог в длину I8 см.

Literaturverzeichnis

ALTMANN, D. (1987): Zur Heilung einer komplizierten offenen Fraktur im Nasenbereich eines Breitmaulnashornes bei konservativer Therapie. Verh.ber. Erkrg. Zootiere 29, 189-193.

BECKER, E. (1954): Das Kleingerät zur Zahnbehandlung bei Pferd und Rind, zu Huf- und Klauenoperationen sowie zur Huf- und Klauenpflege. Tierärztl. Umschau 9, 91 - 93.

JACOBI, E. F. (1957): Recuperative power of the horn of the Black Rhinoceros (Rhinoceros bicornis L.). Zool. Garten (NF) 23, 223 - 227.

JAROFKE, D. (1985): Persönliche Mitteilung.

JAROFKE, D., und H.-G. KLÖS (1979): Erkrankungen bei in Gefangenschaft gehaltenen afrikanischen Nashörnern (Zuchtbuchauswertung). Verh.ber. Erkrg. Zootiere 21, 287 - 289.

KLÖS, H.-G. (1969): Über die Zeitdauer des Hornersatzes beim Breitmaulnashorn (Ceratotherium simum). Zool. Garten (NF) 36, 246 - 250.

LANG, E. M. (1961): Beobachtungen am Indischen Panzernashorn (Rhinoceros unicornis). Zool. Garten (NF) 25, 369 - 409.

LANG, E. M. (1976): Nashörner. In: KLÖS, H.-G., und E. M. LANG: Zootierkrankheiten. Berlin: Parey.

MOHR, E. (1957): Das Horn des Indischen Rhinoceros unicornis. Zool. Garten (NF) 23, 37 - 45.

NEUSCHULZ, N., und W. PUSCHMANN (1986): Verlust und Neubildung des Vorderhornes beim Spitzmaulnashorn (Diceros bicornis). Felis 4, 51 - 54.

Anschrift der Verfasser: VR Doz. Dr. sc. W. F r a n z
Tierklinik der Sektion Pflanzenproduktion
der Martin-Luther-Universität Halle-Wittenberg
Postfach
DDR-4010 Halle (Saale) (DDR)

Aus der Sektion Tierproduktion und Veterinärmedizin der Karl-Marx-Universität Leipzig, Wissenschaftsbereich Klein- und Heimtierkrankheiten (Leiter: OVR Prof.Dr.sc. Vera SCHMIDT) und dem Zoologischen Garten Halle (Direktor: Dipl.-Biol. A. JACOB)

BEHANDLUNG EINER RADIUS-ULNAFRAKTUR BEIM MÄHNENWOLF (CHRYSOCYON BRACHYURUS)

Von Vera Schmidt, G. Lachmann, A. Jacob und U. Baar

1967 gelang erstmalig im Zoo Frankfurt/Main die Zucht eines Mähnenwolfes, danach hier regelmäßig und auch anderswo. So gehört diese Spezies erfreulicherweise nicht mehr zu den tiergärtnerischen Raritäten. Dennoch, so meinen wir, ist es richtig, keine Mühe für die Erhaltung eines Individuums zu scheuen; selbst, wenn der momentane ökonomische Wert nicht immer im Verhältnis zum tierärztlichen Aufwand stehen sollte.

Über ein solches Beispiel soll berichtet werden, da hierdurch gleichzeitig Erfahrungen über osteosynthetisches Vorgehen beim Mähnenwolf als Vertreter einer Tierart mit sehr langen und schlanken Röhrenknochen vermittelt werden können, die von denen abweichen, die beim Haushund gesammelt werden konnten.

In der chirurgischen Abteilung einer Kleintierklinik gehört heute die Osteosynthese, unter Berücksichtigung der Prinzipien der Schweizer Arbeitsgemeinschaft für Osteosynthesefragen (AO), zwar zu den spezialisierten, dennoch selbstverständlichen Aufgaben. Die Anwendung dieser chirurgischen Behandlungsmethoden auch bei in Menschenhand gehaltenen Wildtieren eröffnet weitere Möglichkeiten der Erhaltung von Tieren dieser Gruppe, zur anatomischen und funktionellen Wiederherstellung frakturierter Knochen, zur erfolgreichen Eingliederung dieser Tiere in das Zuchtgeschehen trotz derartiger Verletzungen und schließlich zur Wiederherstellung eines ästhetisch anmutenden Exterieurs des Tieres für den Besucher eines Zoologischen Gartens. Hinsichtlich der Grundsätze der Osteosynthese, Ziele und Voraussetzungen möchten wir auf die einschlägige Literatur und Lehrbücher verweisen (BRINKER et al., 1984; DENNY, 1983 u.a.).

In unserem Fall handelt es sich um einen 1,0 Mähnenwolf, geboren am 4.1.1982 im Zoologischen Garten Halle. Während des Umsperrens in eine Transportbox kam es am 8.7.1985 zu einer Radius-Ulnaschaftfraktur der linken Vordergliedmaße. Es handelte sich um eine Querfraktur mit Dislocatio ad longitudimem cum contractionem mit geringer Splitterbildung entlang der Frakturlinie (Abb. 1). Am 10.7.1985 wurde eine Plattenosteosynthese vorgenommen (Abb. 2), die an den Prinzipien der Arbeitsgruppe Osteosynthese gemessen, Fehler aufwies, die die Stabilität der Rekonstruktion in Frage stellten. Es fehlten die frakturnahen Verschraubungen, und die feinen Aufsplitterungen an der Druckseite des Knochens boten keine Gewähr für das Abfangen von Biegebelastungen an dem Implantat. Nach unseren Erfahrungen beim Hund ist es möglich, Splitterbereiche in dieser Art zu überbrücken und eine Knochenheilung zu erzielen, aber nur bei ruhigen Tieren und zusätzlicher Stabilisierung mit einem Verband. Bei dem Mähnenwolf jedoch führten die Fehler auch bei wiederholter Osteosynthese zum Plattenbruch, da die Mängel im Prinzip nicht abgestellt wurden. So war jeweils nach Verlauf eines Zeitraumes von 4 - 6 Wochen das Ergebnis ein Plattenbruch mit Dislokation der Fragmentenden.

Am 12.2.1986 wurde uns der Mähnenwolf zur weiteren Behandlung vorgestellt. Neben dem Unvermögen, das Bein zu belasten sowie einer abnormen, nicht schmerzhaften Beweglichkeit in der Radius-Ulna-Diaphyse präsentierten sich röntgenografisch im Frakturbereich eine Dislocatio ad axin, eine Pseudarthrose, ferner periostale Kallushyperplasie. Nunmehr wurde eine Osteotomie am proximalen und distalen Fragment durchgeführt und unter Verwendung von Kontermuttern der Radius erneut verplattet. Durch die Verwendung einer dynamischen Kompressionsplatte war eine gute Kompression an der Druckseite des Radius gewährleistet (Abb. 3).

Die medikamentelle Immobilisation und die für den operativen Eingriff notwendige Schmerzfreiheit wurde durch die Kombination von Xylazin, Methadon und Ketaminhydrochlorid erzielt. Aufgrund der Schlankheit des Knochens und der mehrfachen Osteosynthesen, die diesem Eingriff vorangegangen waren, konnte das neue Implantat teilweise nur unter Einbeziehung bereits vorhandener und überdrehter Bohr- und Gewindelöcher fester fixiert werden. Es wurden deshalb Corticalisschrauben von 4,5 mm Durchmesser mit Kontermuttern ausgewählt. Von letzteren versprachen wir uns neben der Vermeidung des Ausreißens der überdrehten Schrauben, einen stabilisierenden Effekt auf die Kompakta der gegenüberliegenden Seite. Von der eingebrachten 10-Loch-Platte mit einem Brückenanteil von 15 x 15 mm erwarteten wir unter den nunmehr durch Osteotomie erzielten Idealbedingungen eines paßgerechten Aneinanderfügens der Fragmentenden eine ausreichende Sicherheit beim Abfangen von Biegekräften bei Belastung des Beines.

Zur Begünstigung der Knochenheilungstendenz wurde eine ausgewogene Protein-Diät und eine intensive Vitamin- und Mineralstoffsubstitution vorgenommen. Die postoperative Behandlung der sekundär heilenden Wunde erfolgte nach allgemeinen chirurgischen Grundsätzen. Seit dieser Zeit war eine erfolgreiche Entwicklung der Frakturheilung zu beobachten (Abb. 4). Der Erfolg der tierärztlichen und tiergärtnerischen Bemühungen wurde am 21.1.1987 mit der Geburt von 1,1 Mähnenwolfwelpen gekrönt.[+]

Diskussion

In einer kritischen Auswertung von Fehlern in der Frakturbehandlung beim Kleintier nennen MATIS et al. (1985) unter anderem die Möglichkeit eines Ermüdungsbruches einer ungenügend auf dem Knochen fixierten Platte bei fehlender Abstützung auf der gegenüberliegenden Seite. Die Platte ist somit nicht auf Zug, sondern auf Biegung beansprucht, ermüdet und bricht.

Bezogen auf unseren Fall läßt sich retrospektiv eine gleiche Ursache für das Mißlingen der Osteosyntheseversuche konstatieren. Für die vergleichende knochenchirurgisch diktierte Betrachtung Haushund/Mähnenwolf sind folgende Faktoren maßgebend: 1. die Länge der Röhrenknochen und damit verbundene Hebelwirkung und 2. der Bewegungsablauf beim Mähnenwolf mit gegenüber dem Hund veränderter Biomechanik am Radius. Daraus resultieren spezielle Anforderungen an das osteosynthetische Vorgehen.

Beim Haushund nicht chondrodystrophischen Typs ist am langen Röhrenknochen nach den Versuchen von LINGGI (1951) physiologisch eine Belastungsstabilität gegenüber Biegekräften von etwa 2600 kp/cm^2 vorhanden. Der Autor definiert die Biegefestigkeit des Knochens weniger als Ausdruck des Knochenaufbaus, vielmehr als Ergebnis des Verhältnisses der Knochenlänge und der wirksam werdenden Hebelkräfte.

So läßt sich errechnen, daß z.B. bei einem langhaarigen adulten Collie am Radius eine Biegefestigkeit von 2568 kp/cm^2, dagegen bei dem (in unserem Fall) um 115 mm längeren des Mähnenwolfes eine solche von nur 1897 kp/cm^2 besteht. Im Falle einer Plattenosteosynthese, die die Biomechanik nicht berücksichtigt, wirken diese Kräfte entsprechend an der Platte.

Schlußfolgernd bedeutet dies, daß das Implantat bei dem Mähnenwolf allein aus der Knochenlänge heraus eine um 700 kp/cm^2 höhere Biegebelastung als beim Hund aufnehmen mußte. Dabei war zu bedenken, daß der den Frakturspalt überbrückende Anteil der Platte den größten Hebelwirkungen ausgesetzt ist. Sie sind vorhanden, selbst, wenn die Schraubenfixierung der Platte von Bohrloch zu Bohrloch mit einem Abstand von 25 mm gewährleistet wird. In unserem Fall jedoch wurden anläßlich der ersten 3 Osteosynthesen zwei, und zwar die jeweils dem Frakturspalt nächstgelegenen Bohrlöcher ohne Schraube belassen. Somit bestand an der Stelle der stärksten Hebelwirkung insgesamt ein Schraubenabstand von 60 mm. Das hatte zur Folge, daß, bezogen auf die Maximalbelastbarkeit des Knochens, mit einer Zunahme der auf den Brückenteil liegenden Hebelkraft um ca. 1000 kp/cm^2 zu rechnen war. Beim Hund wäre ein solcher Abstand noch zu rechtfertigen, da die Hebelwirkung geringer ist, an dieser Fläche des Radius kaum Druckkräfte wirksam werden und diese zudem durch vorübergehende zusätzliche Verbandfixierung abgefangen werden könnten. Beim Mähnenwolf dagegen kommen an der dorsalen Radiusfläche aufgrund der starken Hebelwirkung durch Länge des Knochens, durch den sehr raumgreifenden Schritt des Tieres und seines Paßganges im Moment des Aufsetzens der Gliedmaße fast ausschließlich Druckkräfte zustande, während an der Plantarfläche zugleich Zugkräfte einsetzen, die zur

[+] An dieser Stelle möchten wir nicht versäumen, uns bei den Mitarbeitern der Tierklinik Halle (Direktor: Doz. Dr. FRANZ), insbesondere Kollegen Doz. Dr. F r a n z, für die Unterstützung bei der komplizierten Nachbehandlung zu bedanken.

Mikroöffnung des Frakturspaltes führen. Neben den gleichzeitig wirkenden Druck- und Zugkräften am Knochengewebe, die die Entstehung einer Pseudarthrose in sich tragen, wird das Implantat durch Biegemomente belastet, was zur Materialmüdigkeit und schließlich zum Bruch führen kann. Insgesamt ist aus dem dargestellten Fall abzuleiten, daß bei einer Osteosynthese die Prinzipien der Arbeitsgruppe für Osteosynthesefragen unbedingt einzuhalten sind. Dies ist um so wichtiger, je größer die Belastung des zu behandelnden Knochens ist. Dabei ist neben dem Knochenquerschnitt vor allem die Knochenlänge und die an ihm wirkende Biomechanik im Bewegungsablauf zu beachten. Ganz besonderer Wert ist auf eine belastungsstabile Kompakta im Druckbereich des Frakturspaltes zu achten. In jedem Fall ist die Osteotomie und stabile Osteosynthese beim Mähnenwolf und auch anderen Spezies mit sehr langen Röhrenknochen dem Versuch der Überbrückung eines Splitterbereiches vorzuziehen.

Zusammenfassung

Behandlung einer Radius-Ulnafraktur beim Mähnenwolf (Chrysocyon brachyurus)

Fehler bei der Osteosynthese sind fast immer mit schlechter oder ausbleibender Knochenheilung und Ausbildung einer Pseudarthrose verbunden. Die Anwendung der Osteosynthese bei verschiedenen Spezies erfordert unbedingt das Studium der Biomechanik am zu rekonstruierenden Knochen. Am Beispiel des Mähnenwolfes mit fehlerhafter und nachfolgend die Biomechanik berücksichtigender Osteosynthese wird dies demonstriert.

Summary

Treatment of Maned Wolf (Chrysocyon brachyurus) for Radius Ulnar Fracture

Failure in osetosynthesis is associated in almost all cases with poor or failing bone healing and development of pseudoarthrosis. Adequate application of osteosynthesis to various species depends for success on studies into the biomechanics of the bone to be restored. This point is demonstrated by the example of maned wolf with inadequate osteosynthesis and subsequent treatment with due consideration of biomechanics.

Résumé

Traitement d'une fracture du radius et ulnaire du loup à crinière (Chrysocyon brachyurus)

L'ostéosynthèse incorrect est presqué toujours associée à une guérison mauvaise ou absente des os et à la formation d'une pseudoarthrose. L'application de l'ostéosynthèse chez différentes espèces exige absolument l'étude biomécanique de l'os à reconstruire. A l'exemple du loup à crinière l'auteur démontre l'ostéosynthèse incorrect et ensuite l'ostéosynthèse tenant compte de la biomécanique.

Резюме

Лечение радиусовой ульнафрактуры гривастого волка (Chrysocyon brachyurus)

Ошибки в остесинтезе почти всегда связаны с плохим излечением костей и с образованием псевдоартроза. При применении остеосинтеза у различных специй требует обязательного изучения биомеханики реконструируемой кости. Данные проблемы демонстрируются на примере гривастого волка , с ошибочным и в последствие учтённой биомеханикой при остеосинтезе.

Literaturverzeichnis

BRINKER, W.O., HÜHN, R.B., and W.D. PRIEUR (1984): Manual of internal fixation in small animals. Berlin, Heidelberg, New York, Tokyo: Springer.

DENNY, H.R. (1983): Orthopädische Chirurgie am Hund. Stuttgart: Ferdinand Enke.

LINGGI, A. (1951): Die Bruchfestigkeit der Knochen des Hundes. Vet. med. Diss., Zürich.

MATIS, Ulrike, KÖSTLIN, R.G., und L. BRUNNBERG (1985): Fehler in der Frakturbehandlung beim Kleintier und deren Folgen. Berl. Münch. Tierärztl. Wschr. 98, 173 - 180.

Anschrift der Verfasser: OVR Prof. Dr. sc. Vera Schmidt
KMU Leipzig
WB Klein- und Heimtierkrankheiten
Sektion Tierproduktion und Veterinärmedizin
DDR - 7010 Leipzig
Zwickauer Straße 57 (DDR)

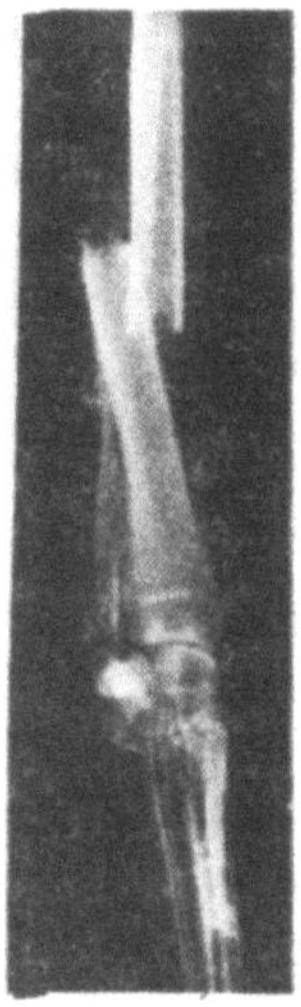

Abb. 1

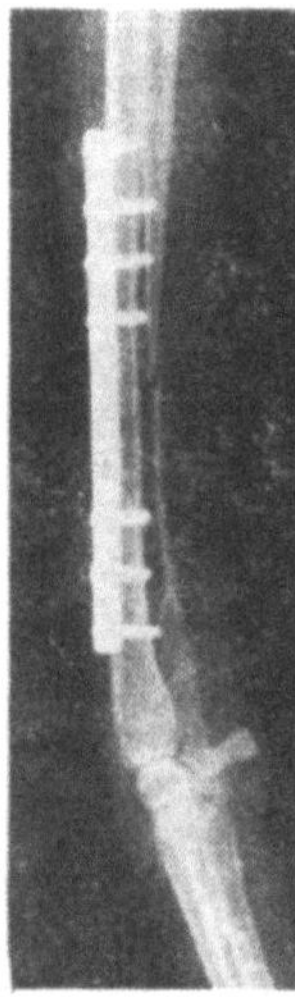

Abb. 2

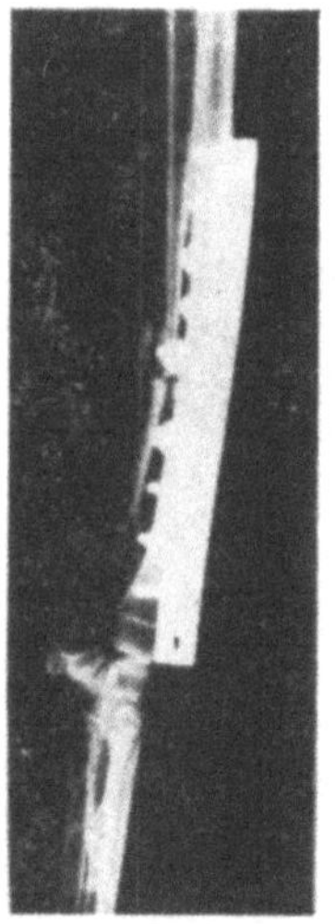

Abb. 3

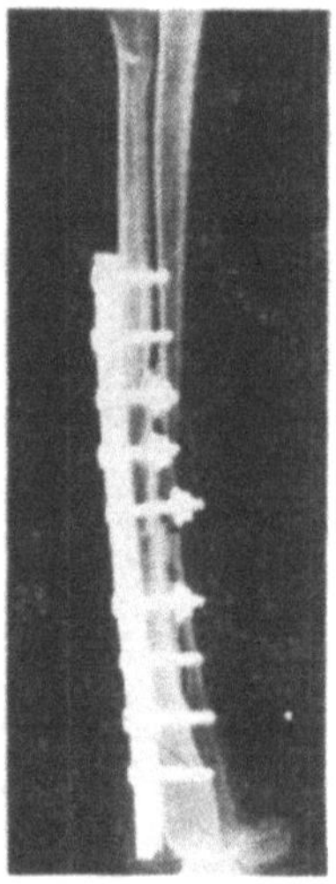

Abb. 4

Aus dem Institut für Geflügelkrankheiten (Leiter: Prof.Dr.J. KÖSTERS) der Ludwig-Maximilians-Universität München

FRAKTURVERSORGUNG BEI ZOOVÖGELN MIT OPTIMIERTEM FIXATEUR EXTERNE

Von F. Grimm und J. Kösters

Nach Angaben von BUSH (1977) kann der Fixateur externe (FE) bei Frakturen der Röhrenknochen von Zoovögeln über 2 kg Körpermasse (KM) eingesetzt werden, wenn Bohrdrahtversorgungen keine genügende Stabilität erbringen. Die besonderen Indikationen für die Verwendung des Fixateur externe sind jedoch Trümmerfrakturen, infizierte Frakturen, die eine Eröffnung und Implantate im Frakturbereich nicht mehr zulassen und zuletzt gelenknahe Frakturen. Problematisch wird der FE, der herkömmlich aus Stahl konstruiert wird, durch sein Eigengewicht, besonders bei Vögeln unter 2 kg KM, da das schwere Stahlgebilde nur schlecht toleriert wird. Ziel unserer Untersuchungen sollte ein FE sein, der bei Vögeln unter 2 kg KM genügend leicht und dennoch stabil genug ist, um komplizierte Frakturen versorgen zu können.

Material und Methoden

Erfahrungen wurden zunächst gesammelt an 27 gesunden Hühnern, Weiße Leghorn (Gallus gallus forma domestica), beiderlei Geschlechts, KM 650 g - 2400 g, 12 flugunfähigen invaliden Mäusebussarden (Buteo buteo) beiderlei Geschlechts, KM 720 g - 950 g, 9 Saatkrähen (Corvus frugilegus), KM 340 g - 480 g, 2 Rabenkrähen (Corvus corone), KM 420 g - 560 g.

Bei den Krähen handelte es sich ausschließlich um verletzt aufgefundene Tiere, die nicht mehr für die freie Wildbahn geeignet waren und deshalb aus tierschützerischen Gründen euthanasiert wurden. Die Bohrversuche wurden an unverletzten Tibiotarsen durchgeführt. Der FE wurde später auch bei Klinikpatienten angewandt, so bei 2 Höckerschwänen (Cygnus olor), 1 Kranich (Grus grus), 2 Pfauen (Pavo cristatus), 1 Habicht (Accipiter gentilis), 1 Uhu (Bubo bubo) und mehreren Mäusebussarden (Buteo buteo).

Von den erprobten Schanz'schen Schrauben waren die vom AO-Minifixateur (Schweizer Arbeitsgemeinschaft für Osteosynthesefragen), 2,0 mm bzw. 2,5 mm, am geeignetsten. Gefragt war ein möglichst leichtes Material, da das Gewicht eines herkömmlichen FE z.B. mit 83,7 g für den Mäusebussard zu schwer war. Deshalb wurden zur Gewichtsreduzierung die Gelenkklammern aus Aluminium gefertigt und die Verbindungsstangen durch Kohlenstoffaser-verstärkte Kunststoffstäbe ersetzt. Damit konnte das Gewicht des FE auf 31,6 g reduziert werden (GRIMM et al., 1986).

Operatives Vorgehen

Der Knochendiameter wurde mit beidseitig eingestochenen Kanülen bestimmt. Danach wurde mit dem Skalpell eine Stichinzision zwischen den Kanülen bis auf die Mittellinie des Knochens durchgeführt. Mit gut geschliffenem Bohrer für Kunstharze, Durchmesser 1,7 mm bzw. 2,2 mm, und einem spitzen Winkel von 30° wurde nun der Knochen vorgebohrt. Die Schanz'schen Schrauben wurden dann sofort mit einem Handstück in das vorgebohrte Loch eingedreht. Die Anordnung der 4 Schanz'schen Schrauben lag jeweils in 2 Ebenen, die möglichst im rechten Winkel zueinander standen. Die Gelenke und das Gestänge wurden angelegt, der Bruch reponiert und durch Zuschrauben der Gelenkklammern fixiert. Eine Korrektur nach Röntgenkontrolle kann durch Verstellen der Gelenkklammern erfolgen. Die postoperative Nachsorge beschränkte sich auf den anfangs täglichen Verbandswechsel mit Säuberung der überstehenden Schanz'schen Schrauben und Abdecken der Wundnähte mit Wundpuder (Cicatrex R). Eine Teilbelastung konnte ab dem 3. Tag p.op. beobachtet werden, eine Vollbelastung ab dem 14. - 30. Tag p.op.

Die Wundheilung wurde 2 Wochen lang durch i.m. Verabreichung von Calcium (Calcium-Sandoz R 10 %, 2 ml/kg KM) und einem Multivitamin mit D_3 (Tricrescovit R, 2 ml/kg KM) im 2-Tage-Rhythmus unterstützt. Eine Röntgenkontrolle wurde unmittelbar postoperativ und danach teils im 3-Tage-Abstand, teils in wöchentlichem Abstand in 2 Ebenen (ventrodorsal und laterolateral) durchgeführt.

Eine mechanische Prüfung der Knochenbruchheilung wurde experimentell an Hühnern und Mäusebussarden durchgeführt. Dazu wurde am Operationstag ein Dehnungsmeßstreifen (Folien-DMS, Meßgitterlänge 0,6 mm, Hottinger & Baldwin) auf die distale laterale Schanz'sche Schraube aufgebracht. Dies erfolgte in standardisierter Position nahe der Gelenkklammer. Zur Krafteinleitung wurde an die posterioren Enden der beiden, in dieser Versuchsanordnung perforierenden Stifte, eine Zange angesetzt, mit der der Kraftverlauf erfaßt werden konnte. Die manuell aufgebrachten Druckkräfte konnten somit gegen die Verbiegung der Schanz'schen Schraube auf einem xy-Schreiber registriert werden. Diese Messung erfolgte alle 3 Tage. Mit der Steigung der Kraft-Dehnungs-Kurve läßt sich aus einer Eichkurve die Gesamtsteifigkeit des Systems Knochen-Fixateur ermitteln (überwiegend Drucksteifigkeit mit überlagerter Biegesteifigkeit). Diese verhält sich proportional zur Kallussteifigkeit, da sich die Steifigkeit des FE nicht verändert. Mit zunehmender Heilung nimmt der Kraftfluß über den Knochen zu, die Verbiegung der Schanz'schen Schrauben wird dadurch bei gleich großer Krafteinleitung geringer. Dieses spiegelt sich im Steilerwerden der Kraft-Dehnungs-Kurven wider. Nähert sich die Kraft-Dehnungskurve der Senkrechten, wird die Meßmethode unbrauchbar, da dann die Aufbringung auch sehr großer Kräfte nicht mehr zur Verbiegung der Schanz'schen Schrauben führt und damit kein Meßsignal auslöst (SIEBELS et al., 1987).

Ergebnisse und Besprechung

Die Knochenmittellinie kann durch Markierung des Knochendiameters durch beidseitig eingestochene Kanülen leicht gefunden werden. Die Stichinzision mit Skalpell garantiert eine geringe Traumatisierung von Gewebe, was besonders bei älteren Frakturen (über 48 Stunden) bedeutsam erscheint. Als vorteilhaft hat sich die Verwendung von gut geschliffenen Bohrern für Kunstharze mit einen spitzen Winkel von 30° bewährt. Knochen unter 5 mm Durchmesser erlauben keine Versorgung mit diesem Modell bei einer Schraubendicke von 2,0 mm. Schanz'sche Schrauben von 2,5 mm Durchmesser können bei proximalen Humerusfrakturen vom Höckerschwan verbogen werden. Es werden hier stärkere Schrauben empfohlen. Bei gelenknahen Frakturen ist eine zusätzliche Fixation mit Bohrdraht empfehlenswert.

Zusammenfassung

Frakturversorgung bei Zoovögeln mit optimiertem Fixateur externe

Zoovögel mit komplizierten Frakturen können mit Bohrdrähten, mit Platten oder mit Streck-Stützverbänden oft nicht stabil genug versorgt werden. Eine perkutane Versorgung mit Fixateur externe ist dann vorteilhaft. Es werden geeignete Materialien vorgestellt, die das Eigengewicht des Fixateur externe soweit reduzieren, daß der Einsatz bei Vögeln auch unter 2 kg Körpergewicht ermöglicht wird. Schanz'sche Schrauben mit 2 mm Durchmesser können bei Vögeln ab 600 g Körpergewicht an Tibiotarsen oder stärkeren Röhrenknochen eingesetzt werden.

Summary

Use of Optimised External Fixators to Cope with Fractures of Zoo Birds

Drilling wires, metal plates or stretch-support bandages have often failed to provide adequate stability to complicated fractures of zoo birds. Percutaneous application of external fixators is recommended in such cases. Described are materials by which the weight of an external fixator can be substantially reduced for use on birds even below two kilograms in body weight. Schanz screws, 2 mm in diameter, may be applied to the tibiotarsals or stronger tubular bones of birds weighing more than 600 g.

Résumé

Traitement des fractures des oiseaux de zoo avec fixateur externe optimum

Dans les zoos, les oiseaux présentant des fractures compliquées sont souvent traités de manière trop précaire avec un fil blindé, des plaques ou avec un bandage étirant et de soutien. Dans ces cas un traitement percutané au fixateur externe est indiqué. Des matériaux appropriés sont présentés, qui réduisent le poids propre du fixateur externe, tel qu'il puisse également être utilisé sur des oiseaux dont le poids est inférieur à 2 kg. On pourra aussi se servir de vis de Schranz au diamétre de 2 mm aux tarses du tibia ou à d'autres os tubulaires robustes, surtout chez les oiseaux dont le poids est supérieur à 600 kg.

Резюме

Лечение переломов кости уптиц зоологических садов при помощи оптимированных наружных фиксаторов

Сложные костные переломы у птиц зоологических садов часто не могут быть достаточно иммобилизованы при помощи металлических проволочных стержней, накладкой шин или вытягивающими повязками. В таком случае следует предпочесть наружную фиксацию кости с закреплением фиксирующих элементов через кожу птицы. Далее представлены подходящие материалы для изготовления фиксаторов, которые позволяют снизить вес этих элементов на столько, чтобы их можно было бы применять и для лечения птиц с собственным весом ниже 2 -х кг. Для лечения переломов больших берцовых костей у птиц с собственным весом свыше 600 гр. могут быть применены 2-х милиметровые шурупы Шанца.

Literaturverzeichnis

BUSH, M. (1977): External fixation of avian fractures. J. Am. Vet. Med. Ass. 171, 943-946.

GRIMM, F., und W. SIEBELS (1986): Percutane Osteosynthese beim Vogel mit optimiertem "Fixateur externe". Tagung über Vogelkrankheiten, München.

SIEBELS, W., ASCHERL, R., BREHME, H., ALBERSDÖRFER, H., and G. BLÜMEL (1987): Evaluation of increasing stiffness of healing bone using external fixation. In: BERGMANN, G., KÖLBEL, R., and A. ROHLMANN: Biomechanics 1986 - Selected proceedings of the Fifths Meeting of the European Society of Biomechanics, Nijhoff.

Anschrift der Verfasser: Dr. F. G r i m m und Prof. Dr. J. K ö s t e r s
Mittenheimer Str. 54
D-8042 Oberschleissheim (BRD)

Aus dem Tierpark Berlin (Direktor: Prof. Dr. sc. Dr. h.c. H. DATHE)

ZUR CHIRURGIE AUSGEWÄHLER SCHNABELERKRANKUNGEN BEI ZOOVÖGELN

Von B. Seidel und H.-D. Schröder

Schnabeldefekte in verschiedenster Form erfordern häufig und in unterschiedlicher Weise kosmetische oder therapeutische Hilfe. Bereits kongenitale Mißbildungen können in Abhängigkeit von Art und Ausmaß der Veränderungen des auf dem Schnabel sitzenden Eizahnes die Schlupffähigkeit sowie die artgemäße Nahrungsaufnahme und somit die Überlebensfähigkeit entscheiden (KRONBERGER, 1973). Wachstumsstörungen können in jedem Altersstadium, partiell oder den ganzen Schnabel betreffend, auftreten und gelten als stoffwechsel- (Eiweiß-, Mineralstoff-, Vitaminimbalanzen) oder haltungsbedingt (unphysiologische Abnutzung). Die graduell unterschiedlichen Deformierungen können das Erfassen (bei Körnerfressern auch das Zerkleinern) der Nahrung erschweren oder verhindern, so daß korrigierendes Kürzen einschließlich des Gegenschnabels oft lebenslang in Abständen wiederholt werden muß. Von der Darstellung kosmetischer Korrekturen sowie der lokal und/oder systemischen Behandlung parasitärer Veränderungen darf hier abgesehen werden.

Schnabelverletzungen treten nicht selten durch Hängenbleiben, Einklemmen oder durch Beißereien mit Artgenossen oder anderen Vögeln auf und können zum Verlust ganzer Schnabelteile führen. Obwohl die Prognose oft fragwürdig bleiben muß, ist, sofern nicht weitere, lebensbeeinträchtigende Insulte vorliegen, der Behandlungsversuch schon dadurch gerechtfertigt, daß Vögel es relativ leicht lernen, sich in ihrer Art der Nahrungsaufnahme der neuen veränderten Schnabelform (einschließlich Prothesen) anzupassen. Entsprechend dem Umfang der Gewebezerstörungen sind bisher - in Abhängigkeit von der artspezifisch unterschiedlichen Form der Schnäbel - einige Varianten von Rekonstruktionen bekannt geworden, die in ihrer Mehrzahl aber nur auf kürzere oder längere Zeit dem Anspruch einer auch funktionellen Restitution genügen. Generell ist festzustellen, daß bei vollständiger Zerstörung oder bei Verlust des Os incisivum oder beider Mandibulae die Prognose als ungünstig einzuschätzen ist. Nachstehend ausgewählte kasuistische Informationen aus dem eigenen Patientenkreis.

P a p a g e i e n (Psittaciformes)

Fall 1 1,0 Weißhaubenkakadu (Cacatua alba):

Volierenmitbewohner hatten den gesamten Oberschnabel mit seiner knöchernen Grundlage abgerissen und dabei die Wachshaut weitgehend zerstört. Nach wenigen Stunden hatte sich ein fester Blutschorf gebildet, der für 3 Tage mit einem Chloramphenicol-Spray (Berlicetin(R)-Spray, VEB Ankerwerk Rudolstadt) behandelt wurde, und unter dem sich während dreier Wochen von der Wachshaut ausgehend ein zartes Epithel bildete. Die Aufnahme von Weichfutter und geschälten Körnern war bereits vom zweiten Krankheitstage an problemlos. Zwischen Wachshaut und dem verbliebenen schmalen Saum des Gaumendaches bildete sich während des ersten halben Jahres ein ca. 7 mm langer, derbelastischer Stumpf, mit dessen Hilfe das Tier es lernte, den Schnabel auch wieder beim Klettern zu benutzen. Ohne erforderliche Kürzung des Unterschnabels lebte der Vogel noch 4 Jahre ohne ernährungsbedingte Probleme im Bestand. SLEAMAKER und FOSTER (1983) haben im Louisville Zoo einem ebenso verletzten Tier der gleichen Spezies, dem aus einem verbliebenen Rest des Hornsaumepithels ein frei beweglicher Stumpf von 5 x 15 mm nachwuchs, aus Acrylharz und einem Plastik-Teelöffel eine Prothese angeklebt, die sich aber nach 3 Monaten wieder löste. Durch Verdrahtung dieser Prothese mit durch das Os frontale und das Os tygomaticum gebohrte Injektionskanülen ist es gelungen, den Vogel über mindestens zwei Jahre zur selbständigen Aufnahme von Weichfutter und zur sozialen Reintegration zu befähigen (Abb. 1).

Fall 2 1,0 (?) Gelbhaubenkakadu (Cacatua galerita):

Im Alter von 18 Monaten wurde das Tier von seinem Besitzer mit einer angeborenen Fehlbildung des Unterschnabels vorgestellt: Beide Mandibulae waren zwar von Hornscheiden röhrenartig umhüllt, an ihrer Spitze jedoch nicht verbunden und somit frei beweglich, sie wuchsen in physiologischer Stellung unter die obere Schabelspitze; Weichteile im Schnabelboden waren nicht angelegt. Der Vogel hatte es nach der Aufzuchtphase gelernt, selbständig Weichfutter aufzunehmen und befand sich in bemerkenswert guter Allgemeinkondition. Auf Wunsch des Besitzers wurde versucht, durch eine stabile Verbindung die Mandibeln zu vereinigen und dadurch auch einen normalen Hornabrieb zu ermöglichen. In tiefer Allgemeinanästhesie durch Ketaminhydrochlorid 20 mg/kg KM i.m. (Ursotamin(R), VEB Serum-Werk Bernburg) durchbohrten wir beide Unterkieferäste in ihrem kranialen Drittel, preßten die Spitzen durch eine Schraube (1 mm Ø) zusammen und fixierten mittels nichtresorbierbaren Nahtmaterials eine Schleimhautfalte vom Unterzungengrund an dieser Verbindung. Von dieser Anheftungsstelle bis zur Spitze füllten wir die entstandene Unterschnabelhöhle zusätzlich mit einem kaltpolymerisierenden Kunststoff (Kallocryl(R), VEB Spezialchemie Leipzig). Schon zwei Stunden post operationem nahm das Tier wieder Weichfutter zu sich. Nach vier Wochen hatte sich durch das erleichterte Klettern und das nun bevorzugte Knacken von Körnerfutter und Nüssen die Schraubenverbindung gelockert, so daß zu dieser Zeit die erste, nach weiteren 3 Wochen die zweite und nach weiteren anderthalb und zwei Monaten nochmals Nachoperationen in der obengenannten Weise erforderlich wurden. Es ließen sich dadurch stets vorübergehend annähernd physiologische Raumverhältnisse im Unterschnabel schaffen, wodurch selbst die Trinkwasseraufnahme ermöglicht war. Das wiederholte Aufbohren und der Kontakt mit dem Kunststoff hat an den Berührungsstellen zu einer solchen Sprödigkeit des Hornes geführt, daß wir von weiteren Fixationsversuchen absehen mußten. Der Vogel hat sich wieder an die freie Beweglichkeit beider Unterkieferhälften gewöhnt, ernährt sich ausschließlich von Weichfutter und wird in 4-5monatigen Abständen zur Kürzung der nicht abgenutzten Hornteile vorgestellt. Bemerkenswerter Nebenbefund war die gute Verträglichkeit des Anästhetikums Ketaminhydrochlorid: Bei insgesamt 5 Immobilisationen im Verlaufe von 4 Monaten blieb bei der vorgenannten Dosierung der Ablauf gleich - nach einer Anflutungszeit von 4 Minuten war für ca. 40 Minuten eine operationsfähige Toleranz erreicht, die Erholungsphase betrug nur 15 - 20 Minuten.

Fall 3 1,0 Orangehaubenkakadu (Cacatua sulphurea):

Ein Artgenosse hatte im kranialen Drittel die linke Oberschnabelhälfte auf einen Durchmesser von 5 mm perforiert. Die erhaltengebliebene Schuppe ließ sich in tiefer Ketamin-Anästhesie (20 mg/kg KM i.m., Ketanest(R), Parke, Davis & Co., München) durch zwei Knopfhefte aus weichem Edelstahldraht (0,1 mm Ø) an den Wundrändern befestigen. Im Verlaufe von 5 1/2 Monaten wurde sie durch nachwachsendes Horn seitlich abgestoßen - nach 6 Monaten war die Öffnung ohne Horndefekt wieder verschlossen.

Fall 4 1,0 Inkakakadu (Cacatua leadbeateri):

Bei der Auseinandersetzung mit Artgenossen verlor das erwachsene Tier den ganzen Oberschnabel bis auf kleine Reste des Os incisivum. Bereits am zweiten Krankheitstage begann das Tier Weichfutter schaufelnd aufzunehmen, das Wundgebiet trocknete rasch, so daß die lokalantibiotische Behandlung (Granugenol(R), Knoll AG, Ludwigshafen; Nebacetin(R)-Puder, Byk Gulden, Konstanz) schon am dritten Tage eingestellt werden konnte. Granulation, teilweise Epithelisierung von der Seite aus und beginnendes Hornwachstum an der proximalen Schnabelbasis ließen eine baldige, zumindest teilweise Restitution erhoffen, jedoch verendete das Tier in der 5. Woche plötzlich unter dem Bild eines akuten Streßtodes während der routinemäßigen Reinigung seiner Unterkunft.

WOERPEL et al. (1982) berichten über das erfolgreiche Befestigen von bißverletzten Oberschnäbeln bei Feuerflügelsittichen (Brotogeris pyrrhopterus) und einem Nymphensittich (Nymphicus hollandicus). Sie konnten die abgelösten Hornpartien mit Stahldrähten durch Bohrlöcher auf ihrer knöchernen Basis anheften und das Wiederanwachsen erreichen.

S t e l z v ö g e l (Ciconiiformes)

Fall 5 0,1 Indischer Marabu (Leptoptilus dubius), mindestens 26 Jahre alt:

Durch Trauma verlor das Tier ca. 11 cm beider Mandibulae (Abb. 2), wobei die aufgesplitterten Stümpfe unter Blutschorf innerhalb weniger Tage granulierten. Mangels Symphyse waren die Unterkieferäste gegeneinander verschieblich, folglich gelang die Wasser- und Futter-

aufnahme nicht mehr und der Versuch einer prosthetischen Versorgung blieb unvermeidbar. Unter tiefer Anästhesie durch Ketaminhydrochlorid 24 mg/kg i.m. (Ursotamin(R)) wurden die Wundränder begradigt, mit H_2O_2 gereinigt, unter sterilen Kautelen 4 Kirschner-Bohrdrähte (1 mm Ø) auf jeweils 3 bis 5,5 cm tief in die knöchernen Mandibeln eingeschlagen und ihre freiragenden Teile mit weichem Edelstahldraht (0,4 mm Ø) verflochten. Die trockenen Wundflächen erhielten einen dünnen Neomycin-Bacitracin-Film (Nebacetin(R)-Puder, Byk Gulden, Konstanz). Die Verdrahtung erhielt ihre Stabilität durch Einbettung in ein rasch erhärtendes Kaltpolymerisat (Kallocryl(R)), das auch die entfetteten Seitenflächen der Schnabelstümpfe auf ca. 2 cm umhüllte (Abb. 3). Die beim Härten entstandenen scharfen Kanten wurden mit Zahnbohrer abgeschliffen. Aus statischen Gründen wurde die Gesamtlänge der freiragenden Teile der Prothese auf 5,5 cm begrenzt. Um eine annähernde Kongruenz beider Schnabelhälften zu erreichen, kürzten wir den Oberschnabel mittels Elektrokauter um 5 cm. Bereits 2 Tage post operationem setzte das Tier den Schnabel zur artgemäßen Verteidigung ein und begann am 4. Tag mit der selbständigen Nahrungsaufnahme. Nach 5 Monaten zeigte das Aufbröckeln des Kunststoffes am Übergang zum Schnabelhorn das seitliche Herauswachsen der Kirschner-Drähte und damit die Lockerung der Prothese an. Da eine Reparatur solcherart Prothese nicht möglich ist, wurde deren Entfernung unter der gleichen Ketamin-Anästhesie wie zuvor beschrieben, vorgenommen; dabei traten ausgedehnte Nekrosen an allen vom Kunststoff bedeckten Hornpartien zutage. Die uns zugängliche Literatur enthielt keine Angaben über den Verlauf der Schnabelmauser bei Storchartigen. Das laterale Abheben der Metallstifte mit dem Horn innerhalb 5 Monaten läßt vermuten, daß das monatliche Hornwachstum an der Schnabelseite ca. 0,5 mm ausmacht. Die freie Beweglichkeit beider Mandibulae machte eine neuerliche Fixationshilfe notwendig. Nach Abtragen der nekrotischen Hornteile, Begradigen der Wundränder sowie deren Reinigung und lokalantibiotischen Versorgung (s.o.) wurden die Unterkieferäste je zweimal durchbohrt und mittels Stahlschrauben (2 mm Ø) in einer 4 cm langen Schiene aus Zinkblech eingebettet. Die Bohrgänge mußten erzwungenermaßen offen bleiben, infolgedessen kam es trotz antibiotischer Lokalbehandlung aufsteigend zu einer Allgemeininfektion, die erst durch den fünftägigen parenteralen Einsatz von Oxytetracyclin zu beheben war. Seit dem 10. Tage nach der Operation nimmt das Tier selbständig Fische, Kleinsäuger und Wasser auf, und die Metallschiene fixiert beide Unterkieferäste in ausreichender Stabilität. Im Gegensatz zur absolut unbeweglichen Kunststoffprothese gewährleistet diese Schiene den Luftzutritt, so daß bisher keine Hornnekrosen eintraten (12. Woche), und es besteht die Möglichkeit, die Zunahme infolge Seitenwachstums des Hornes durch Verändern der Fixationsschrauben auszugleichen. Wir glauben, daß diese optisch unbefriedigende Lösung funktionell den Bedürfnissen des Tieres nahe kommt.
Im San Antonio Zoo ist es FLETCHER (1979) gelungen, die beidseitige Mandibulafraktur eines Schuhschnabels (Balaeniceps rex) mit Hilfe einer Aluminiumschiene und verdrahteten Splints innerhalb von 13 Monaten dauerhaft zu heilen.

Fall 6 1,0 Schopfreiher (Egretta eulophotes):
Das erwachsene Tier wurde mit einer frisch, gedeckt frakturierten Mandibula vorgestellt. Im Bereich der gering seitlich dislozierten Bruchenden legten wir buccal einen abgestumpften ca. 3 cm langen flachen Plastikstab, betteten ihn in ein schnell härtendes Kaltpolymerisat (Kallocryl(R)), dessen Kanten zum Schutz der Zunge mit einer Feile geglättet wurden. Schon vom nächsten Tage an nahm der Vogel selbständig und ohne erkennbare Behinderung Nahrung auf. Nach ca. 6 Wochen lag die Fixationshilfe noch unverändert fest, so daß das Tier wieder mit Artgenossen in einer Flugvoliere vergesellschaftet werden konnte. Nach 6 Monaten fanden wir die Kunststoffbrücke narbenlos abgestoßen und die Mandibula röntgenologisch nachweisbar stabil verwachsen, mit einer geringfügigen Verlagerung der Schnabelspitze (von der ehemaligen Frakturstelle am Übergang zum kranialen Drittel an) um ca. 10° nach rechts - eine Behinderung der Futteraufnahme resultierte hieraus nicht.

Fall 7 1,0 Kahnschnabel (Cochlearius cochlearius):
Eine offene Fraktur der linken Mandibula am Übergang zu ihrem kranialen Drittel zwang zur chirurgischen Intervention. Mit Ketaminhydrochlorid 20,6 mg/kg i.m. (Velonarcon(R), VEB Berlin-Chemie) wurde das Tier innerhalb von 5 Minuten für 50 Minuten operationsfähig anästhesiert, die Erholungsphase dauerte 75 Minuten. Nach Wundtoilette (H_2O_2, Chloramphenicol-Spray) und manuellem Adaptieren der Bruchenden wurde der freiragende apikale Teil am Ramus mandibulae durch eine als Marknagel benutzte sterile Injektionskanüle (0,2 mm Ø) fixiert. Stabilität erhielt diese Verbindung mittels seitlich eingebohrter und verknoteter Schlingen aus wei-

chem Edelstahldraht (0,1 mm ∅), die labial und buccal in kaltpolymerisierenden Kunststoff (Kallocryl(R)) eingebettet wurden. Auf diese Weise gelang die funktionelle Wiederherstellung so, daß das Tier selbständig Nahrung aufnimmt und sozial reintrgriert ist (Zustand bei Manuskriptschluß 6 Wochen post operationem).+

Per Bildbericht informiert der Buffalo Zoo (ANONYMUS, 1975) über die Fraktur der rechten Mandibula bei einem Tier der gleichen Spezies, die durch eine mit Drahtschlingen befestigte laterale Metallschiene erfolgreich behandelt wurde - ihre Dauerhaftigkeit ist nicht angegeben.

R u d e r f ü ß e r (Pelecaniformes)

Fall 8 bis 13 1,1 Nashorn-(Pelecanus erythrorhynchus) und
1,3 Meerespelikane (Pelecanus occidentalis):

Innerhalb von 6 Wochen während der Frühlingsmonate eines Jahres entwickelten alle diese Tiere ohne erkennbare äußere Noxe und Allgemeinstörungen mit annähernd gleicher Lokalisation (Schnabelwinkel und -basis, ein- oder beidseitig, selten an der Schnabelspitze) leicht blutende, breit aufsitzende Neubildungen, die von Linsen- bis Walnußgröße variierten (Abb. 4). Unter Ketaminwirkung (32 mg/kg i.m., Ketanest(R), Parke Davis & Co, München) exstirpiert, erschienen sie bei Gewichten von 1 bis 33 g in der Schnittfläche homogen fleischfarben oder sagoähnlich und konnten als Chondrosarkome mit unterschiedlich starkem Bindegewebsanteil identifiziert werden (IPPEN et al., 1987). Sie enthielten Staphylococcus aureus, ein Virusnachweis gelang nicht. Nach chirurgischer Versorgung der Operationsgebiete (Situationsnähte mit synthetischem Nahtmaterial, antibiotischer Puder, elastischer Wundschnellverband) heilten die gesetzten Wunden innerhalb von 3 bis 9 Tagen per primam. Lediglich bei einem weiblichen Nashornpelikan und 0,2 Meerespelikanen kam es nach 1 bzw. 5 Monaten zu je einem solitären Rezidiv mit gleichem Befund und analoger Therapie. Vier der Tiere leben noch jetzt 8 Jahre nach der Erkrankung, ohne die beschriebenen oder ähnliche Erscheinungen wieder gezeigt zu haben.

R a c k e n v ö g e l (Coraciiformes), S p e c h t v ö g e l (Piciformes)

Obwohl systematisch weit voneinander entfernt stehend, zeigen einige Formen dieser Ordnungen Ähnlichkeiten in Schnabelanatomie und -gebrauch, die unter den Bedingungen der Haltung in Menschenobhut vergleichbare Erkrankungen mit ähnlicher Therapie zur Folge haben. PETERS (1964), JONES (1964) und ANONYMUS (1980) berichten über Schnabeldefekte bei Nashornvögeln (Bucorvus leadbeateri, Buceros bicornis) und einem Riesentukan (Ramphastos toco), deren Prothesen mit Metallsplint oder -schraube erst in Verbindung mit Kunststoffen dauerhaft fixiert werden konnten. ZSCHEILE und BOETERS (1980) gelang die bleibend stabile Befestigung einer Kunststoffprothese am Unterschnabelstumpf eines Fischertukans (Ramphastos sulfuratus) ohne zusätzliche Fixierung nur durch genauestes Anpassen und Verbinden mit Hilfe eines Gewebeklebers.

E n t e n (Anseriformes)

Einem wertvollen Hausentenerpel, der große Teile des Ober- und Unterschnabels infolge Biß durch einen Waschbären verloren hatte, konnte FRYE (1984) Kunststoffprothesen durch Kirschner-Drähte in Maxillae und Mandibulae dauerhaft befestigen. Unter mehrtägiger allgemeinantibiotischer Abschirmung heilten die Implantate gut ein, mußten aber von Zeit zu Zeit in Abhängigkeit vom Verlauf der Schnabelmauser neu verklebt werden.

Kurzberichte liegen vor über den chirurgischen Verschluß eines durch Verletzung offenen Schnabelbodens mit Zungenprolaps beim Schwan (ssp.?) (MOEN, 1978) sowie über das Anlegen einer Schnabelprothese bei einer Kanadagans (Branta canadensis) (WOLF, 1985).

+ Herrn Direktor Prof. Dr. S. S e i f e r t und Herrn Dipl.-Biol B. S c h ü t z e vom Zoologischen Garten Leipzig sei für die Überlassung des Patienten herzlich gedankt.

Zusammenfassung

Zur Chirurgie ausgewählter Schnabelerkrankungen bei Zoovögeln

Neben Literaturzitaten über Therapiemöglichkeiten von Schnabelverletzungen wird kasuistisch informiert über eigene Ergebnisse bei der chirurgischen, z.T. prothetischen Versorgung von Schnabeldefekten bei Kakadus und Stelzvögeln sowie über tumoröse Veränderungen an Pelikanen.

Summary

Selective Surgical Treatment of Zoo Birds for Beak Problem

Reference is made to literature data regarding possible therapeutic approaches to beak defects. Also reported are the authors' own case histories and results of surgical and prosthetic treatment of cockatoos and waders for beak defects. This is supplemented with information on tumorous changes in pelicans.

Résumé

A propos de la chirurgie de quelques maladies du bec chez les oiseaux dans les zoos

A côté des citations de la littérature relative aux possibilités thérapeutiques des lésions du bec les auteurs expliquent leurs propres résultats d'un traitement chirurgial et en partie avec prothèses des lésions du bec des cacatois et ciconiiformes et informent sur les modifications tumeureuses qui se sont produites chez un pélican.

Резюме

Хирургия некоторых поражений клюва у птиц зоопарка

Кроме обзора литературных данных по хирургии клюва у птиц зоопарка, авторы сообщают о хирургических и терапевтических мероприятиях по лечению дефектов клюва у какаду и цаплеевых, а также об опухолевых изменениях у пеликанов.

Literaturverzeichnis

ANONYMUS (1975): Boat Billed Heron. Buffalo Zoologic, Buffalo, N.Y. 18, 4.

ANONYMUS (1980): 'Plastic surgery' saves great Indian hornbill. Int. Zoo News 27, 50.

FLETCHER, K.C. (1979): Repair of Bilateral Mandibular Fractures in a Shoebill Stork (Balaeniceps rex). J. Zoo Anim. Med. 10, 69 - 72.

FRYE, F.L. (1984): Prostheses enhance quality of life. Vet. Med. / Small Anim. Clin. 79, 931-935.

JONES, D.M. (1964): Dicussion. Tijdschr. Diergeneesk. 89, Suppl. 1, 175 - 176.

IPPEN, R. VAS, J., und P. ZWART (1987): Vergleichende Untersuchungen über das Tumorvorkommen bei nichtdomestizierten Vögeln. Verh.ber. Erkrg. Zootiere 29, 81 - 9o.

KRONBERGER, H. (1973): Haltung von Vögeln - Krankheiten der Vögel. Jena: Gustav Fischer.

MOEN, J.H. (1978): Operasion svane. Norsk Veterinaertidsk. 90, 644.

PETERS, J.C. (1964): Prosthesis of lower bill in an African Ground Hornbill (Bucorvus leadbeateri). Tijdschr. Diergeneesk. 89, Suppl. 1, 173 - 174.

SLEAMAKER, T.F., and W.R. FOSTER (1983): Prosthetic Beak for a Salmon-Crested Cockatoo. J. Amer. Vet. Med. Ass. 183, 1300 - 1301.

WOERPEL, R.W., ROSSKOPF, W.J., Jr., and J.D. HOLECHEK (1982): Surgical Repair of Beak Trauma in Caged Birds. Vet. Med. / Small Anim. Clin. 77, 1068 - 1072.

WOLF, Linda (1985): Prosthetic Bill Technique in a Canada Goose. Proc. Annu. Meetg. Assoc. Avian Vets., 177 - 180.

ZSCHEILE, D., und E. BOETERS (1980): Prothetische Versorgung eines Tukanschnabels. Zool. Garten, N.F. 50, 353 - 357.

Anschrift der Verfasser: Dr. B. Seidel und Dr. H.-D. Schröder
Tierpark Berlin
Am Tierpark 125
DDR-1136 Berlin (DDR)

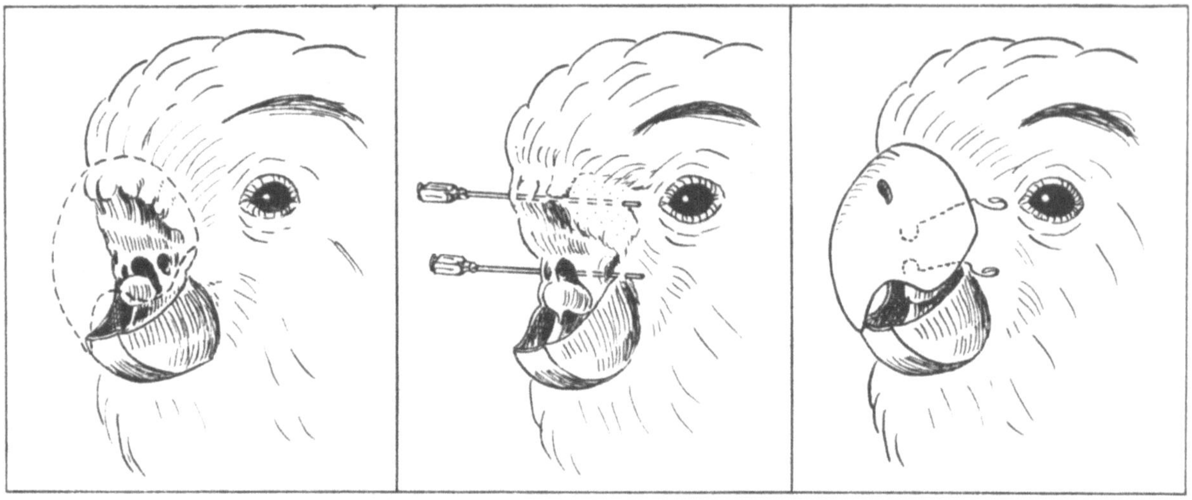

Abb. 1: Schnabelprothese bei Cacatua alba (nach SLEAMAKER and FOSTER, 1983)

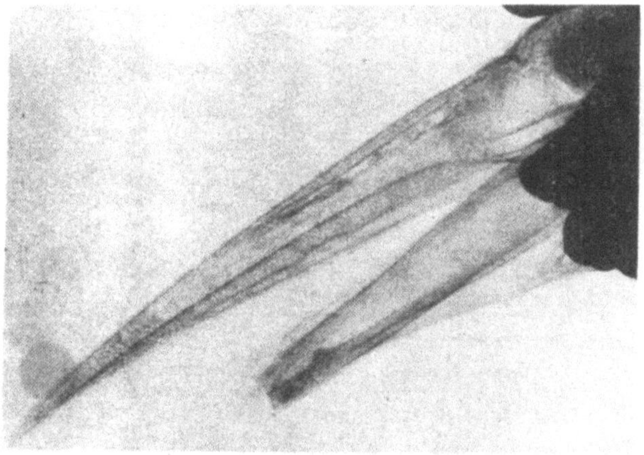

Abb. 2: 0,1 Indischer Marabu
Verlust des Unterschnabels

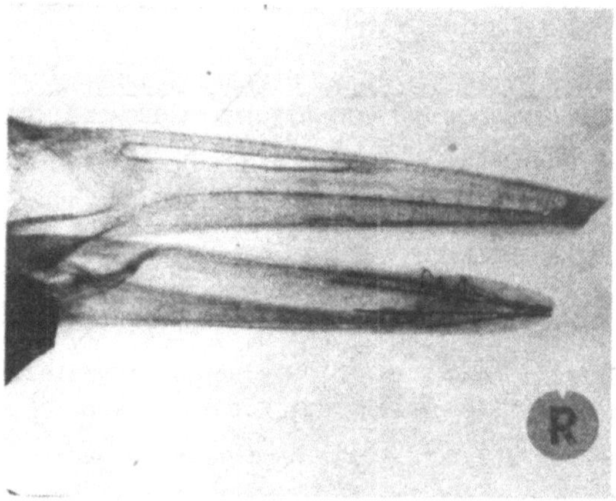

Abb. 3: 0,1 Indischer Marabu
Unterschnabelprothese

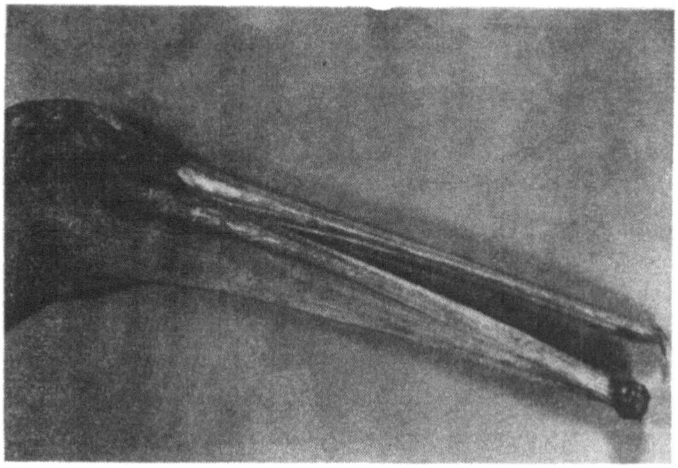

Abb. 4: 0,1 Meerespelikan
Chondrosarkom am Unterschnabel

Aus dem Institut für Zuchthygiene (Direktor: Prof. Dr. K. ZEROBIN), Abteilung für Zoo- und Heimtiere (Leiter: PD Dr. E. ISENBÜGEL), dem Institut für Veterinärpathologie (Direktor: Prof. Dr. A. POSPISCHIL) der Universität Zürich und dem Zoologischen Garten Zürich (Direktor: Dr. P. WEILENMANN)

FUNKTIONELLES MEGAKOLON BEI EINEM JUNGEN FLACHLANDGORILLA (GORILLA G. GORILLA) IM ZÜRCHER ZOO

Von Ruth Baumgartner und K. Jörger

Einleitung

Der Flachlandgorilla "Moja" wurde am 5.5.86 geboren. Er war der erstgeborene Gorilla im Zürcher Zoo und wurde von seiner primiparen Mutter "Mamitu" (10jährig) sorgfältig aufgezogen; am 1.7.87 wurde in derselben Gorillagruppe das zweite Jungtier geboren. Seine ebenfalls erstgebärende 7jährige Mutter nahm es jedoch nicht an, worauf "Mamitu" es sofort adoptierte. "Mamitu" betreute somit zwei Jungtiere mit 14 Monaten Altersunterschied. In der Gruppe herrschte zu dieser Zeit eine große Unruhe, da die beiden 10 und 7 Jahre alten Gorillamänner täglich um die Rangordnung kämpften. "Moja" war für sein Alter auffallend unselbständig, schien in Gewichts- und Größenzunahme zurückgeblieben zu sein, begann aber doch feste Nahrung aufzunehmen, welche er in der allgemeinen Unruhe oft wahllos hastig aufnahm. Die ganze Gorillagruppe wird regelmäßig bakteriologisch und parasitologisch, insbesonders auf Strongyloides, untersucht.

Fallbeschreibung

Ende August 1987 wurde bei "Moja" ein "dicker Bauch" beobachtet, welcher sich in den folgenden Wochen nicht veränderte. Harn- und Kotabsatz konnte nicht sicher kontrolliert werden, da "Moja" sich sowohl bei der Mutter, als auch in der Gruppe aufhielt. Am 16.9.87 lag "Moja" plötzlich apathisch am Boden und konnte von der Mutter abgetrennt werden. Er wog 5,7 kg. Sein Bauch zeigte eine massive Umfangsvermehrung. "Moja" hatte starke Atemnot, welche nachließ, nachdem er erbrochen hatte.

Die klinische Untersuchung und das Röntgenbild zeigten massiv erweiterte Darmschlingen, welche das Zwerchfall nach kranial verdrängten. Die Körpertemperatur betrug 36,5 °C. Nach Beratung mit dem Kinderarzt wurde folgendes Vorgehen beschlossen:
"Moja" erhielt eine zweitägige Intensivtherapie mit Klistieren und Sitzbädern in Abständen von wenigen Stunden tagsüber und nachts wenn er wach war. Gleichzeitig verabreichten wir ihm isotonische Getränke (Elotrans(1), Isostar(2)) und ein Darmregulans (Gatinar(3)) zwecks Enthärtung des angeschoppten Kotes. Eusaprim (Trimethoprim/Sulfonamid, Wellcome) in der Dosierung 36 mg/kg KM/d wurde als Antibiotikum und Tiberal (Ornidazol, Roche) in der Dosierung 25 mg/kg KM als Anthelminthikum verabreicht. Seine Körpertemperatur stieg am ersten Tag wieder in den Normalbereich und der Harnabsatz erfolgte regelmäßig. "Moja's" Zustand besserte sich zunächst, er setzte sich wieder durch Beißen zur Wehr und nahm die isotonischen Getränkeschoppen selbständig. In der Nacht jammerte er oft, und kleine Mengen dünnen Kotes liefen in die Windeln. Am zweiten Tag wurde er plötzlich apathisch und jammerte viel. Seine Temperatur fiel wieder auf 36,5 °C. Sofort wurde ihm Blut entnommen und eine Mischinfusion in der Dosierung 600 ml in 24 Stunden, gesteckt. Die Blutwerte zeigten als einzigen auffallenden Befund eine Hypokaliämie. Kalium wurde in der Dosierung 3 mEq/kg KM/24 Stunden langsam i.v. verabreicht, aber wenige Stunden später starb "Moja", ohne daß der Bauchumfang sich wesentlich verringert hatte.

---

(1) Elotrans (Pulver zur oralen Elektrolyt- und Flüssigkeitszufuhr, Fresenius)
(2) Isostar (Pulver zur oralen Elektrolyt- und Flüssigkeitszufuhr, Wander AG Bern)
(3) Gatinar (Laktulose, Wander AG Bern)

Die Blutuntersuchung zeigte folgende Werte:

		a)	b)
Hk	0,30	0,30 - 0,48	39-40 %
Thromb x 10^9/l	333	140 - 475	
Lc x 10^9/l	4,8	2,8 - 17,5	7,5 - 13,5
stab. Neutroph. %	27		} 55 - 80
segm. Neutroph. %	32,5		
Eosinophile %	-		0 - 2
Basophile %	-		0 - 1
Monozyten %	4		3 - 7
Lymphozyten %	36,5		12 - 36
Na^+ mmol/l	138	137 - 145	135 - 140
K mmol/l	2,8	4,0 - 5,2	4,02 - 4,3
Glucose mmol/l	3,4	2,7 - 5,2	3,3 - 4,9

a) Normalwerte Kinderspital Zürich
b) Normalwerte nach WALLACH und BOEVER (1983)

Pathologische Befunde

a) makroskopisch:
Der gesamte Dickdarm war massiv dilatiert und mit feuchten Kotballen angeschoppt. Es konnten keine Fremdkörper oder raumfordernde Prozesse im Bereich des Beckens oder im Darmlumen festgestellt werden. Rektum und Anus hatten einen normalen Durchmesser und waren durchgängig. Durch die massive Dilatation des Dickdarms war das Abdomen stark aufgetrieben. Die Bauchwand war stark angespannt, das Zwerchfell wurde vom Magen nach kranial gedrückt und die Rippenbögen auseinandergedrängt.

b) histologisch:
Bei der histologischen Untersuchung der Dickdarmwand in acht Lokalisationen konnten keine morphologischen Veränderungen festgestellt werden. Die Ganglien des Plexus myentericus und des Plexus submucosus waren normal ausgebildet, aber wegen der starken Dilatation der Darmwand leicht auseinandergedrängt. Die parasitologische Untersuchung war negativ.

c) Beurteilung
Aufgrund der pathologisch-anatomischen und histologischen Befunde wurde die Diagnose "funktionelles Megakolon" gestellt. Als Todesursache kommt ein akuter Kreislaufkollaps infolge Toxinresorption und/oder stark erhöhtem Druck im Abdomen in Frage. Die Ursache des Megakolons scheint funktionell bedingt zu sein und konnte am toten Tier nicht mehr festgestellt werden.

Diskussion

Ein chirurgischer Eingriff wurde im Verlauf der beiden Behandlungstage mehrfach in Erwägung gezogen, da aber röntgenologisch keine Indikation vorlag und der Allgemeinzustand von "Moja" sich mit der Therapie zunächst besserte, wurde davon abgesehen.
Unter der Bezeichnung "Megakolon" werden verschiedene primäre und sekundäre Krankheiten, die die Motorik des Dickdarmes betreffen, zusammengefaßt (LENTZE, 1986). Das gemeinsame Symptom ist die Obstipation. Laut BOSSI (1986) können sekundäre Obstipationen bei Kleinkindern beim Morbus Hirschprung, bei Hypothyreose und unsachgemäßer Nahrung auftreten.

Einteilung nach LENTZE (1986):
- Megacolon congenitum (Morbus Hirschsprung) mit primärem Ganglienzellverlust
- erworbenes Megakolon mit sekundärem Ganglienzellverlust
  a) Chagas Krankheit
  b) Colitis ulcerosa
- symptomatisches Megakolon mit normalen Ganglienzellen
  a) Obstruktion des Kolons (Tumoren, Strikturen, Stenosen)
  b) idiopathisch (funktionell)

Die Diagnose "funktionelles Megakolon" wurde aufgrund der unveränderten Ganglienzellen und dem morphologisch normalen Megakolon gestellt.

Zusammenfassung

Funktionelles Megakolon bei einem jungen Flachlandgorilla (Gorilla g. gorilla) im Zürcher Zoo

Es werden der Krankheitsverlauf, die Therapieversuche und die pathologischen Befunde bei einem jungen Flachlandgorilla mit einem funktionellen Megakolon beschrieben.

Summary

Functional Megacolon in Young Gorilla (Gorilla g. gorilla) in Zurich Zoo

The course of functional megacolon in a young gorilla is described together with therapeutic attempts and pathological findings.

Résumé

Mégacolon fonctionel chez un jeune gorille (Gorilla g. gorilla) dans le jardin zoologique à Zurich

Les signes cliniques, la thérapie et la pathologie d'un mégacolon fonctionel chez un jeune gorille sont décrits.

Резюме

Функциональный мегаколон у молодого гориллы плоскогорья (Gorilla g. gorilla) в зоопарке Цюриха

Описано течение заболевания, терапевтические мероприятия, патологические результаты исследований, полученны от молодого плоскогорного гориллы с мегаколоном.

Literaturverzeichnis

Bossi, E., in: Rossi, E. (1986): Pädiatrie. Stuttgart, New York: Georg Thieme, 113 - 114.

LENTZE, M.J., in: ROSSI, E. (1986): Pädiatrie. Stuttgart, New York: Georg Thieme, 313 - 315.

WALLACH, J.D., and W.J. BOEVER (1983): Diseases of Exotic Animals. Philadelphia: W.B. Saunders Company, 8 - 11.

Anschrift der Verfasser: Ruth Baumgartner
Institut für Zuchthygiene
Abteilung für Zoo- und Heimtiere
Winterthurerstraße 260
CH-8057 Zürich (Schweiz)

Aus dem Tierpark Berlin (Direktor: Prof. Dr. sc. Dr. h.c. H. DATHE) und der II. Kinderklinik Berlin-Buch (Direktor: Prof. Dr. sc. W.-R. CARIO)

KLINIK EINER LETALEN STAPHYLOKOKKEN-INFEKTION BEIM ORANG-UTAN

Von G. S t r a u ß , W.-R. C a r i o , Erika S t u h r b e r g
und Rosemarie D a t h e

Die durch Staphylokokken hervorgerufenen Krankheitsbilder bei Affen sind so vielgestaltig, daß es oft schwer ist, die Kausalzusammenhänge zu erkennen. Die klinischen Erscheinungen reichen von Pyodermien über subkutane Abszedierung bis zu schweren septikämischen Krankheitsformen (DZHIKIDZE et al., 1983).

HÄNICHEN et al. (1983) berichten u.a. von einem neugeborenen Orang-Utan, der drei Stunden nach der Geburt bereits verendete und bei der pathologisch-anatomischen Untersuchung neben gravierenden Veränderungen ein Ödem der Subkutis in der Regio occipitalis zeigte, das sie auf ein Geburtstrauma zurückführen. Bakteriologisch wurden auch hier Staphylokokken und β-hämolysierende Streptokokken aus den Organen isoliert. Die gleichen Erreger isolierte SCHNEIDER (1985) aus einer Kopfschwartenphlegmone bei einem 10jährigen Orang-Utan.

Die Pathogenität verschiedener Staphylokokken auf der Haut von Menschenaffen diskutieren SELBITZ et al. (1980). Sie konnten ebenso wie ENSLEY (1982), der eine staphylokokkenbedingte Omphalitis bei jungen Orang-Utans sah, durch die Anwendung von Breitspektrumantibiotika eine klinische Heilung erzielen. Dazu berichten WALLACH und BOEVER (1983), daß die Infektion durch Staphylococcus (Staph.) aureus charakterisiert ist durch Septikämie, septische Arthritis, Pneumonie und Abszedierung. Für die Behandlung wird die parenterale Anwendung von Penizillin, Lincomycin sowie Cephalosporine und Erythromycin im Falle einer Penizillinresistenz angegeben.

Fallbericht

1,0 Orang-Utan "Danny" zeigte im Alter von einem Monat eine ca. kirschgroße deutlich abgesetzte Umfangsvermehrung im Bereich des linken, ventralen Rippenbogens. Das Allgemeinbefinden war nicht beeinträchtigt und der Pflegetrieb der Mutter (trotz Erstgeburt) als sehr gut einzuschätzen, so daß wir uns zu einer abwartenden Haltung entschlossen. Nach drei Tagen erschien der Prozeß vergrößert und im Zentrum aufgehellt. Im Bereich des Schädels deutete sich eine symmetrische Schwellung an. Da die Umfangsvermehrung weiter fortschritt, wurde am vierten Tag eine orale Penicillin-Therapie begonnen (Pheliquin-S-Oralsuspension(R)). Am fünften Tag wurde ein weiteres Anschwellen sichtbar, so daß ein Wechsel des Antibiotikums angezeigt erschien. Wir applizierten Cephalexin (Kefexin(R)) oral und beließen das Jungtier weiter bei der Mutter. Am sechsten Tag der Erkrankung war die Schwellung am Rippenbogen fast hühnereigroß, die Umfangsvermehrungen am Schädel ca. walnußgroß, und es trat eine ca. kirschgroße im Steißbereich hinzu. Der Nabelstumpf war ebenfalls deutlich vergrößert. Am siebenten Tag entschlossen wir uns notgedrungenermaßen zum Absetzen des Jungtieres von der Mutter, um es chirurgisch behandeln zu können. Dazu wurden dem ca. 50 kg schweren Orang-Utan-Weibchen "Bata" insgesamt 500 mg Ketamin (Ursotamin(R)) per Blasrohr injiziert. Nach ca. 10 Minuten war das Tier so weit immobilisiert, daß das Jungtier abgenommen und gleichzeitig eine Blutprobe aus der Vena cephalica antebrachii entnommen werden konnte. Die erhobenen Befunde sind der Vollständigkeit halber in Tabelle 1 aufgeführt.

Die multiplen Abszesse über beiden Scheitelbeinen, dem Steißbein und dem linken Rippenbogen konnten jetzt gespalten und drainiert werden. Das Ergebnis der zu diesem Zeitpunkt entnommenen Blutprobe ist ebenfalls in Tab. 1 aufgeführt. Aus dem Inhalt wurde später Staph. aureus isoliert. Gleichzeitig begannen wir mit der parenteralen Applikation von 2 x 70 mg Clavulansäure (Claforan(R)) und 2 x 3 mg Gentamycin täglich. Die Körpertemperatur lag zu diesem Zeitpunkt bei 37,8 °C. Im weiteren Verlauf wurde die Antibiotikatherapie über insgesamt 17 Tage fortgeführt. Die Körpertemperatur pegelte sich um einen Wert von 36,2 °C ein. Die Umfangsvermehrungen wurden deutlich kleiner, und nach nochmaliger Entfernung von Nekroseanteilen und anschließender lokaler Applikation von Neomycin und Bacitracin konnte eine gute Heiltendenz beobachtet werden. Die Ernährung wurde während dieser Zeit durch Frauenmilch (aus der II. Kinderklinik dankenswerterweise zur Verfügung gestellt) abgesichert. Abgesehen von einer Verstopfung, die mittels Glycerin-Zäpfchen schnell zu beheben war, gab es keine weiteren Probleme. Nach ca. einem Monat war eine vollständige Heilung zu konstatieren; lediglich narbige Indurationen deuteten noch auf den zurückliegenden Krankheitsprozeß hin.

Tabelle 1

	PVC	HB mmol/l	MCHC mmol/l	LKCS lapt/l	Retikulozyten °/oo	Eosinophile	Stabkernige
0,1 Orang "Bata"	0,44	8,02	18	10,2	18	0,02	0,02
1,0 juv. "Danny"	0,45	8,0	17,8	28,4		0	0

	Segmentkernige	Lymphozyten	Monozyten	Lyophile
0,1 Orang "Bata"	0,63	0,26	0,05	0,02
1,0 juv. "Danny"	0,88	0,06	0,05	0,01

Nach zwei Monaten traten jedoch im Bereich der abgeheilten Prozesse erneut Umfangsvermehrungen auf. Im Gefolge stellten sich schnell eine schwere Dyspnoe und Tachykardie sowie eine Leber- und Lymphknotenschwellung ein. Die Applikation von 8 - 10 mg/kg KM Trimethoprim und Sulfamerazin (Berlocombin(R)), 5 mg/kg KM Gentamycin, 80 kg/kg KM Oxacillin und 0,03 mg/kg KM Digitoxin konnte jedoch nicht verhindern, daß das Tier am zweiten Tag der Behandlung ad exitum kam. Die Sektion ergab, daß der Tod infolge Kreislaufversagens eintrat. Es zeigte sich eine hochgradige Pneumonie mit Eiterherden, die z.T. Verschwartungen erkennen ließen. Aus allen Organen wurden Staph. aureus und Streptokokken isoliert. Die Leber ließ das Bild einer perakuten roten Leberdystrophie erkennen.

Diskussion

Infektionen durch Staph. aureus sind bei Menschenaffen wie erwähnt mehrmals beschrieben worden. Es handelt sich dabei um weltweit verbreitete Krankheitserreger, die in den letzten Jahrzehnten stark in den Vordergrund des Interesses der Human- und Veterinärmedizin gerückt sind. Dabei ist zu berücksichtigen, daß durch die verstärkte Anwendung der modernen Antibiotikatherapie sowie den Zusatz antibiotischer Substanzen in Futtermitteln therapieresistente Stämme entstanden sind, die u.a. für solche Erscheinungen wie Hospitalismus verantwortlich zu machen sind.

Der von uns vorgestellte Fall deutet erneut auf die Gefährlichkeit einer Infektion mit Staph. aureus hin. Die Abszesse, verteilt über verschiedene Körperregionen, scheinen auf hämatogenem Weg ausgebreitet worden zu sein. Die Frage nach dem Primärherd kann nur Vermutungen unterliegen. Der Nabel als Eintrittspforte, wie von ENSLEY (1982) beschrieben, ist genauso wahrscheinlich wie eine Primärbesiedlung im Kopfbereich.

Es handelte sich um eine Erstgeburt, die zwar komplikationslos ablief, wobei ein Hämatom im Schädelbereich durch die Enge des Beckens sowie starke Preßwehen jedoch provoziert werden konnte, vergleichbar mit den Befunden von HÄNICHEN et al. (1983). An diesem Locus minoris resistentiae konnten die Staphylokokken leicht haften.

Die abwartende Haltung zur Pflege der Mutter-Kind-Beziehung führte zur starken Erregeranreicherung. Kritisch muß die orale Applikation von Antibiotika gewertet werden, da ein wirksamer Spiegel im Abszeßinhalt nicht erreichbar war und Resistenzproblemen dadurch Vorschub geleistet werden konnte. Das Narkoserisiko für das Muttertier läßt dieses Vorgehen jedoch gerechtfertigt erscheinen.

Die angegebene Ketamindosis für das Muttertier entspricht der in der Literatur übereinstimmend angegebenen. Die mitveröffentlichten Daten der hämatologischen Untersuchung lassen keine Abweichungen erkennen und sollen ein Beitrag zur Physiologie der frühlaktierenden Orang-Utan-Frau sein.

Die erhöhte Körpertemperatur und die Leukozytenzahl von 28.400 bei dem Jungtier lassen den Schluß einer Allgemeininfektion zu. Die chirurgische Intervention und die Antibiotikaapplikation führten schnell zur Besserung des Zustandes. Die gewählte Kombination von Clavulansäure und Gentamycin versprach ein sehr breites Wirkungsspektrum und hat sich in der Kinderheilkunde mehrfach bewährt. Der Zustand des Patienten ließ ein Abwarten des Resistogramms nicht zu, aus dem eine Empfindlichkeit gegenüber Penicillin, Kanamycin und Erythromycin sowie eine nur mäßige Wirkung von Streptomycin, OTC, Neomycin und Chloramphenicol hervorging.+) Der Heilungsverlauf gestaltete sich im weiteren erwartungsgemäß.

Das Aufflackern der Infektion nach zwei Monaten kann sowohl eine Aktivierung noch vorhandener Staph. aureus-Reservoire im Körper als eine erneute Infektion sein. Da gerade die zuvor befallenen Körperregionen Veränderungen aufwiesen, halten wir die erste Überlegung für wahrscheinlicher. Das Versagen der Antibiotikabehandlung ist einmal auf ein relativ spätes Eingreifen und eine mögliche, erworbene Resistenz gegenüber Gentamycin zurückzuführen.
Eine Bildung von Mikroabszessen im Lungenbereich bereits beim ersten Krankheitsgeschehen, die später aktiviert wurden, ist als wahrscheinlich anzusehen.

Schlußfolgernd müssen wir feststellen, daß bei einem Abszeßverdacht beim jugendlichen Orang-Utan eine sofort einsetzende Behandlung notwendig ist und in jedem Fall eine bakteriologische Abklärung inklusive Resistogramm notwendig sind, um Rezidive zu verhindern. Die Dringlichkeit wird durch den letalen Ausgang dieses Krankheitsfalles unterstrichen. Anfängliche gute Heilungsaussichten können durch unzugängliche, innere Abszesse schnell zunichte gemacht werden!

Zusammenfassung

Klinik einer letalen Staphylokokken-Infektion beim Orang-Utan

Eine durch Staph. aureus bedingte Abszeßbildung konnte durch chirurgische Intervention und parenterale Applikation von Clavulansäure und Gentamycin behandelt werden. Zwei Monate später verendete das Tier an einer eitrigen Staph.-aureus-bedingten Pneumonie trotz Antibiotikagaben.

Summary

Clinical Course of Lethal Staphylococcal Infection of Orangoutang

An abscess caused by Staphylococcus aureus was treated by surgical intervention as well as by parenteral application of clavulanic acid and gentamicin. Two months later, the animal died of purulent Staphylococcus aureus pneumonia, in spite of antibiotic treatment.

Résumé

Traitement clinique d'une infection mortelle aux staphylocoques chez l'orang-outan

Un abcés causé par Staph. aureus a été traité par une intervention chirurgicale et application parentérale de l'acide Clàvulane ét de Gentamycine. Malgré l'application des antibiotiques l'animal succomba deux mois plus tard à cause d'une pneumonie à la suite de Staph. aureus purulent.

Резюме

Клиника летальной стафилококковой инфекции у орагутана

Авцесс, вызванный стафилококком аиреус, был хирургически вскрыт и подвергался терапии перорально клавулановой кислотой и гентомицином. Через два месяца животное погибло в результате пневмонии, несмотря на применение антибиотики.

+) Herrn VR Dr. H.-D. S c h r ö d e r gilt unser Dank für die Bereitstellung der Ergebnisse der Labordiagnostik.

Literaturverzeichnis

DZHIKIDZE, E. K., SCHRÖDER, H.-D., STASILEWITSCH, Z. K., WITTE, W., und A. A. TROTZ (1983): Beitrag zu den Staphylokokken-Infektionen der Affen. Verh.ber. Erkrg. Zootiere 25, 271 - 273.

HÄNICHEN, T., WIESNER, H., und W. RIETSCHEL (1983): Beitrag zur physiologischen und pathologischen Gravidität und perinatale Probleme beim Orang-Utan (Pongo pygmeus). Verh.ber. Erkrg. Zootiere 25, 357 - 361.

ENSLEY, Ph. K. (1982): Omphalitis in infant Orangutans. Verh.ber. Erkrg. Zootiere 24, 69-71.

SELBITZ, H.-J., ELZE, K., und S. SEIFERT (1980): Staphylococcus aureus als Erreger einer Pyodermie beim Gorilla (Gorilla gorilla) im Zoologischen Garten Leipzig. Verh.ber. Erkrg. Zootiere 22, 83 - 86.

SCHNEIDER, H.-E. (1985): Über weitere Erkrankungen bei Orang-Utans im Zoologischen Garten Dresden. Verh.ber. Erkrg. Zootiere 27, 373 - 377.

WALLACH, J. D., and W. J. BOEVER (1983): Diseases of Exotic Animals. Philadelphia, London, Toronto, Mexico City, Rio de Janeiro, Sydney, Tokyo: W. B. Saunders Company.

Anschrift der Verfasser: Dr. G. S t r a u ß
Am Tierpark 125
DDR-1136 Berlin (DDR)

Aus dem Zoologischen Garten Leipzig (Direktor: Prof. Dr. rer. nat. S. SEIFERT) und der Klinik für Kindermedizin (Direktor: MR Prof. Dr. sc. med. W. BRAUN) der Karl-Marx-Universität Leipzig

VERLAUF UND HEILUNG EINER PNEUMONIE BEIM SCHOPFGIBBON (HYLOBATES CONCOLOR, HARLAN 1826) IN KÜNSTLICHER AUFZUCHT

Von H. J. Adler, W. Raue und S. Seifert

Im Zoologischen Garten Leipzig hat ein Paar Weißwangengibbons (Hylobates concolor leucogenys OGILBY 1840) seit 1979/80 mehrfach gezüchtet. Nachdem ein 1983 geborenes weibliches Jungtier problemlos bei der Mutter aufgewachsen war, gebar dieses am 7. Juni 1985 ein weiteres weibliches Jungtier. Das Neugeborene wurde von der Mutter bis zum 19. Lebenstag ebenfalls einwandfrei versorgt, mußte jedoch am 20. Lebenstag in künstliche Aufzucht genommen werden, da die Mutter - evtl. im Zusammenhang mit einer Veränderung in der Gruppe - ihr Kind plötzlich ablegte, nicht mehr versorgte und trotz vielfacher Bemühungen nicht wieder annahm.

Mit Ausnahme einer anfänglichen, schnell abheilenden Dermatitis an Oberschenkeln und Unterbauch (offensichtlich bedingt durch das erforderliche Windeln und auch bei einer späteren künstlichen Gibbonaufzucht beobachtet) entwickelte sich das Gibbonbaby "Bennie" zur Zufriedenheit. Ab der 6. Lebenswoche wurde die Ernährung von Frauenmilch auf MANASAN (eine an die Muttermilch adaptierte Anfangsnahrung für Säuglinge) umgestellt; in der 8. Lebenswoche erfolgte eine BCG-Schutzimpfung.

In der 18. Lebenswoche, am 5.10.85, machte sich bei "Bennie" ein leichter Husten bemerkbar, der jedoch noch keine Beeinträchtigung des Allgemeinbefindens zur Folge hatte. 2 Tage später fiel eine leichte Apathie auf, "Bennie" trank schlechter und schlief relativ häufig. Die Körpertemperatur betrug am Abend 38 °C. Seit dem 5.10. hatten wir täglich einige Tropfen Hustensaft (Mixt. Ipecaqu.) in der Flaschennahrung verabreicht, in der Nacht vom 7. zum 8.10. rieben wir wegen zunehmender Beschwerden bei der Atmung durch die Nase etwas Hustenbalsam unter die Nasenöffnung. Am 8.10. trank "Bennie" bis 10.30 Uhr 43 ml Milch, etwa die Hälfte der sonst üblichen Menge. Das Körpergewicht betrug 1070 g und zeigte eine Abnahme von 50 g in den letzten 5 Tagen (tägliche durchschnittliche Zunahme bisher ca. 8 g). Am Mittag erfolgte in Absprache mit dem Tierarzt die Vorstellung des Patienten in der Klinik für Kindermedizin der Karl-Marx-Universität Leipzig.

Anamnese: Seit 3 Tagen schniefende Atmung, leichter Husten, keine Dyspnoe. Anfänglich normale Nahrungsaufnahme, keine weiteren Krankheitszeichen. Im weiteren Verlauf zunehmend schlechtere Nahrungsaufnahme, insbesondere ab 7.10.

Befund: Subfebrile Temperaturen, seröser Schnupfen, Zunge weißlich belegt, Rachenwände etwas gerötet, Kreislauf intakt. Herzaktionen regelmäßig, keine pneumonischen Zeichen, Bauch weich, Leber und Milz nicht vergrößert.
Thorax-Röntgen sagittal: Lungenperipherie frei, beidseitig perihilär fleckig-streifige Lungenzeichnung.

Diagnose: Infekt der oberen Luftwege, perihiläre Pneumonie.

Therapie: Wegen schlechter Nahrungsaufnahme auf orale Medikation verzichtet. 200 000 IE Depot-Penizillin i.m. täglich, Mundpflege mit Tee-Zitrone-Lösung. Zweimal täglich Einreibungen mit Hustenbalsam unter die Nasenöffnung. Häufige Nahrungsaufnahme in kleinen Mengen.

Die tägliche Nahrungsaufnahme, die Körpergewichte sowie die Körpertemperaturen sind der Tabelle 1 zu entnehmen.

Tabelle 1 - Übersicht zum Verlauf einer Pneumonie beim Schopfgibbon

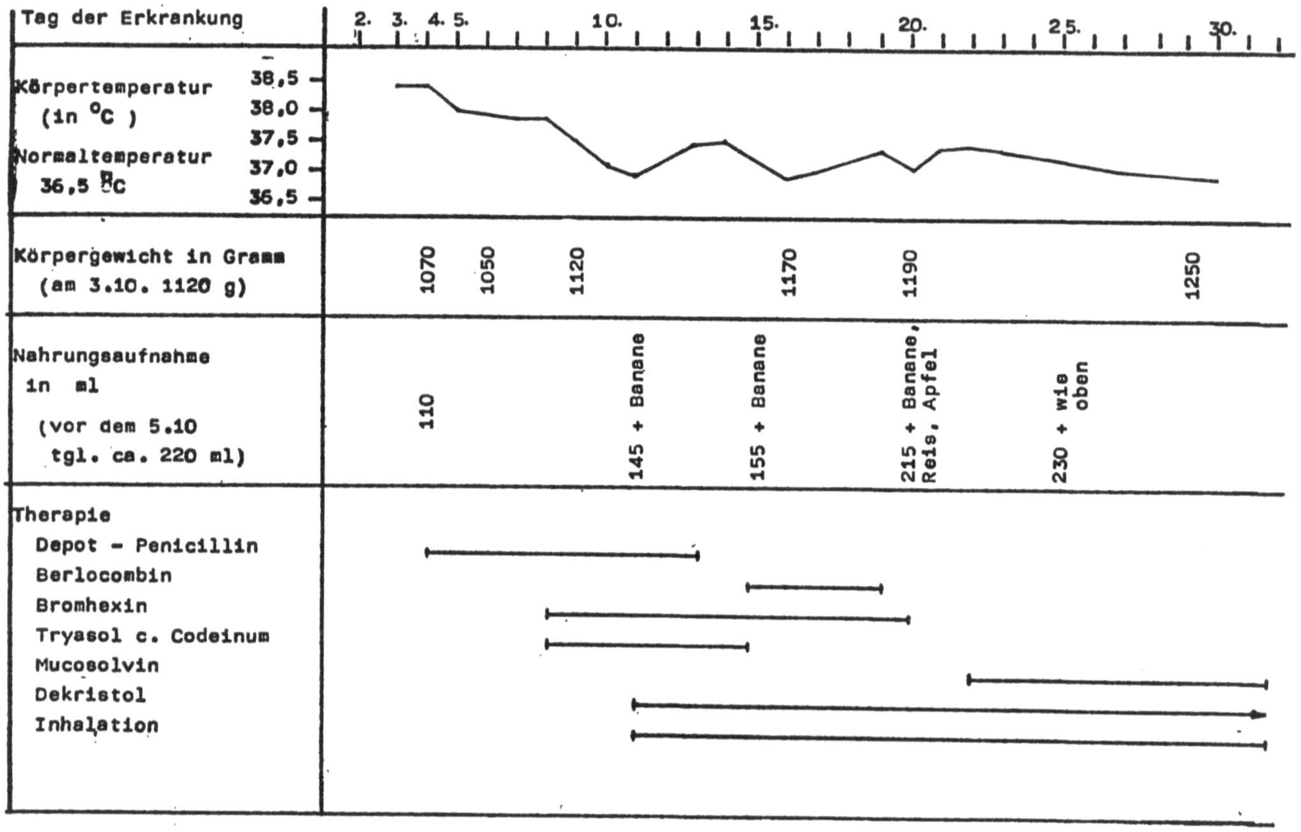

Befund 9.10. - 14.10.: Zeitweise über beiden Unterfeldern feinblasige Rasselgeräusche und Giemen hörbar. Schnupfen besteht fort. Belegte Zunge nach wenigen Tagen gebessert und abgeheilt. Vor allem nachts Reizhusten. Besserung der anfangs schweren Mattigkeit, Nahrungsaufnahme zunehmend besser.
Zusätzlich zur bisherigen Therapie: Ab 12.10. täglich 2mal 1 Tropfen Bromhexin und am Abend 1 Tropfen Tryasol cum Codeinum.

Zur besseren Kontrolle der Atmung schlief "Bennie" nachts am Kopf seiner Pflegemutter. Am Tage erhielt er ca. alle 15 Minuten, nachts seltener, in kleinen Mengen Flaschennahrung (MANASAN oder Tee), die von der Pflegerin zusammen mit dem Gibbon ständig am Körper getragen und so in entsprechender Temperatur gehalten wurde.

Befund 14.10.: Über beiden Lungenfeldern ventral feinblasige Rasselgeräusche, keine Dämpfung, nach wie vor keine Dyspnoe. Das Abdomen ist weich, Leber und Milz sind nicht vergrößert. Der Allgemeinzustand ist deutlich gebessert, Reizhusten und Schnupfen bestehen weiter.

Therapie: Wie bisher, dazu ein Tropfen Dekristol in zweitägigem Abstand über 30 Tage entsprechend einer Menge von 600 000 IE. Diese bewußte, aber nur leichte Überdosierung gleicht resorptive Verluste aus und entspricht dem damaligen Vorgehen in der Kindermedizin. Weiterhin dreimal täglich Inhalieren mit Kamillan, Sanopin und Thymian. Nachts über Vernebler die Luftfeuchtigkeit erhöhen (die Aufzucht erfolgt in einer zentralgeheizten Wohnung mit relativ geringer Luftfeuchtigkeit).

Das Inhalieren gestaltete sich unproblematisch, indem sich die Pflegerin mit dem "Patienten", der sich auf einer ihrer Schultern sitzend am Kopfhaar festhielt - ohnehin eine Lieblingsstellung - unter eine Decke setzte und gemeinsam mit ihm inhalierte. Am 17.10. erfolgte die letzte Penizillin-Injektion. Am 18.10. wurden noch vereinzelt Rasselgeräusche festgestellt, ab 19.10. verabreichten wir über 5 Tage oral zweimal täglich 1/2 Meßlöffel Berlocombin (1 Meßl. = 40 mg Trimethoprim). Bis zum 22.10. hatte der Husten deutlich nachgelassen, leichte Rasselgeräusche waren noch festzustellen. Am 24.10. erfolgte eine Röntgenkontrolle des Thorax.

Befund: Die Aufnahme zeigt links parakardial streifig angeordnete, entzündlich bedingte Infiltrate; rechts parakardial, ventral im Unterlappen gelegen, findet sich eine Segmentatelektase (Abb. 1).

Therapie: Zusätzlich 0,25 ml Mucosolvin zweimal täglich über 10 Tage, danach Abklopfen des Thorax, häufige Bewegung an der frischen Luft.

Am 24.10. waren Rasselgeräusche nicht mehr wahrnehmbar. Die Röntgenkontrolle am 5.11. ergab folgendes Bild: Die Aufnahme zeigt eine wesentliche Rückbildung der beschriebenen pneumonischen Infiltrate bei schon weitgehender Transparenzverbesserung der vorbeschriebenen Atelektasen, wobei jetzt noch in diesem Bereich ein positives Aerobronchogramm vorliegt.

Husten wurde seit einigen Tagen nicht mehr registriert. Der Patient konnte am 5.11. als geheilt aus der Behandlung entlassen werden. Eine Eintragung im Tagebuch für den Gibbon vom 6.11.85: "Bennie" klettert intensiv an der Rückenlehne eines Stuhles, er lacht deutlich bei entsprechenden Reizen.

Zusammenfassung

Verlauf und Heilung einer Pneumonie beim Schopfgibbon (Hylobates concolor, Harlan 1826) in künstlicher Aufzucht

Die vorliegende Fallbeschreibung (Pneumonie bei einem Schopfgibbon) zeigt den Vorteil der interdisziplinären Zusammenarbeit zwischen Veterinär- und Humanmediziner bei der Erkrankung hominoider Primaten. Das betrifft besonders Diagnostik, Therapie und Gewährleistung einer optimalen Ernährung. Pneumonien bei dieser Tiergruppe sind lebensbedrohlich, entscheidend für die Prognose ist eine frühzeitige Diagnostik - im beschriebenen Fall durch die künstliche Aufzucht begünstigt - sowie eine adäquate Therapie unter Berücksichtigung psychischer Aspekte.

Summary

Course and Healing of Pneumonia in Black Gibbon (Hylobates concolor, Harlan 1826) under Conditions of Artificial Raising

This case report on pneumonia of black gibbon illustrates the advantage implied in interdisciplinary cooperation between veterinarians, on the one hand, and specialists in human medicine, on the other, when it comes to diseases of hominoid primates. This has proved to be particularly true for diagnosis, therapy, and assurance of optimum nutrition. Pneumonia is a life-threatening condition for this group of animals. Prognosis depends decisively on early diagnosis, which was favoured by hand-raising conditions in the case reviewed, as well as on adequate therapy with due consideration of psychic aspects.

Résumé

Evolution et guérison d'une pneumonie chez le gibbon noir (Hyblates concolor, Hurlan 1826) dans l'élevage artificiel

L'histoire du cas présent (pneumonie chez un gibbon noir) souligne l'avantage d'une coopération interdisciplinaire entre les médecins vétérinaires et humains lors d'une maladie des primates hominoides. Cela se réffe à la diagnostique, la thérapie et la garantie d'une nourriture optimale. Les pneumonies sont un danger de mort de ce groupe d'animaux et une diagnostique précoce est décisive pour la prognose, qui dans le cas décrit est facilitée par l'élevage artificiel, ainsi qu'une thérapie adéquate en tenant compte des aspects psychiques.

Резюме

Выявление и лечение пневмонии у гривастого гиббона (Hylobates concolor, Harlan 1826) при искусственном разведении

Предложенный случай лечения пневмонии у гривастого гиббона показывает преимущества дисциплинарной совместной работы между ветеринарными и гуманными медиками. Данная работа имеет важное значение для диагностики, терапии и достижения условий оптимального питания приматов. Пневмония для этой группы животных является угрозой для жизни. Особенно важна для прогноза ранняя диагностика, а также адекватная терапия при учёте психических аспектов.

Anschrift der Verfasser: Dipl.-Agr. H.-J. A d l e r
DDR-7010 Leipzig
Dr. Kurt-Fischer-Str. 29 (DDR)

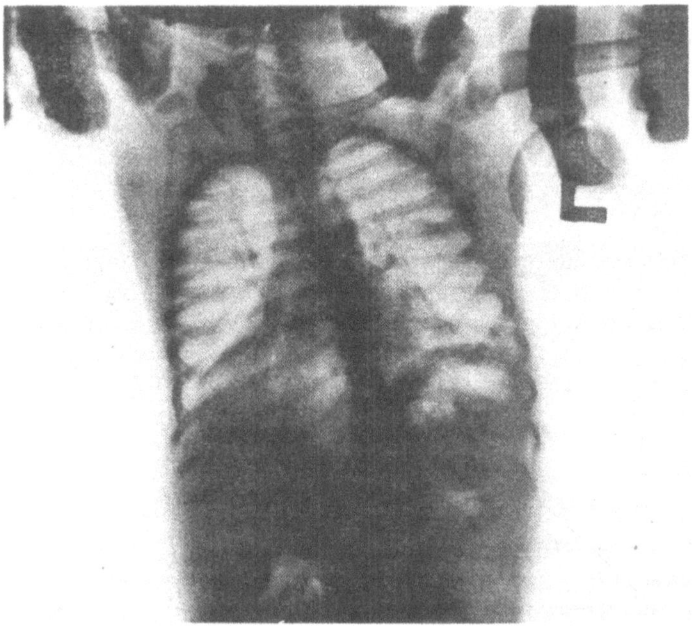

Abb. 1

Thorax-Röntgen-Aufnahme eines 4 1/2 Monate alten Schopfgibbon: links parakardial streifig angeordnete, entzündlich bedingte Infiltrate; rechts parakardial; ventral im Unterlappen gelegen, befindet sich eine Segmentatelektase.

Aus dem Zoologischen Garten Berlin (Direktor: Prof. Dr. H.-G. KLÖS)

ERFOLGREICHE BEHANDLUNG EINER MYOGLOBINURIE BEI EINEM SPITZMAULNASHORN (DICEROS BICORNIS) IM ZOO BERLIN

Von D. J a r o f k e und H.-G. K l ö s

Unter den Namen Feiertagskrankheit, Kreuzverschlag oder Myoglobinurie ist eine Krankheit bekannt, die nach einem Überangebot von Kohlenhydraten und einer Bewegungsarmut bei Pferden oft nach Ruhetagen auftritt. Die auffälligsten Kennzeichen dieser Erkrankung sind die dunkle Verfärbung des Harns, Muskelzittern und eine deutliche Nachhandschwäche. Ein wichtiges diagnostisches Hilfsmittel ist die Enzymbestimmung im Blut. Dabei können sich die muskelspezifischen Enzyme um das Hundertfache des Normalwertes im Serum vermehren (WINTZER, 1982). Diese Myoglobinurie unterscheidet sich deutlich von der "enzootischen Myoglobinurie", bei der vorrangig Lähmungserscheinungen der Kau-, Zungen- und Schluckmuskeln beobachtet werden (DIETZ, 1982).

Die enzootische Myoglobinurie haben wir mit den oben genannten Symptomen bei unseren Zebras beobachtet, und wir vermuten, daß ein Herpesvirus die Ursache für diese Erkrankung ist. Es ist nicht einfach, die Myoglobinurie gegen andere Erkrankungen abzugrenzen, da z.B. auch eine Autoimmunerkrankung eine Myoglobinurie bei zwei Pferden auslöste (LOKHORST und BREUKINK, 1975), und ein Pferd nach dem Genuß von Zwiebeln über einen längeren Zeitraum an einer hämolytischen Anämie starb. Braunverfärbungen des Harns fand man auch bei einer akuten hämolytischen Anämie, bei der sieben Pferde als Folge des Genusses von Rotahorn (Acer rubrum) starben (TENNANT, 1981).

Gemeinsam mit den Einhufern gehören die Nashörner zu den Unpaarhufern (Perissodactyla), und so ist es möglich, daß ähnliche Erkrankungen auch bei den Nashörnern beobachtet werden, so z.B. die Myoglobinurie. So sterben viele Nashörner an eine Myopathie als Folge von Gefangennahme (BASSON et al., 1971; BASSON und HOFMEYER, 1973; HARTHOORN et al., 1974; HARTHOORN und TURKSTRA, 1976). Auch McCULLOCH (1969) berichtet über Verluste beim Fang von Nashörnern und ermittelte eine Verlustrate von 5,1 %. Trotz gründlicher Untersuchungen konnte eine tödlich verlaufene Myoglobinurie bei einem Spitzmaulnashorn nicht geklärt werden (MILLER und BOEVER, 1982; MILLER und BOEVER, 1983). Geklärt werden konnte hingegen eine Myoglobinurie bei zwei Spitzmaulnashörnern. Sie starben an einer Leptospireninfektion (DOUGLASS, 1979; DOUGLASS und PLUE, 1980). SEBEK et al. (1986) bestimmten den Serumtiter von 378 Zootieren. Dabei zeigten zwei von drei Spitzmaulnashörnern und eines von drei Breitmaulnashörnern eine positive Reaktion auf Leptospirose. MUGERA und WANDERA (1967) beobachteten Myopathien bei frischgefangenen Spitzmaulnashörnern nach einer Trypanosomenbehandlung mit Deinav. Auch hier verfärbte sich der Urin dunkel. In Whipsnade, England, beobachtete man nach der Verfütterung von Kohl (Brassica oleracea) eine vorübergehende Hämoglobinurie bei zwei Panzernashörnern (JONES, 1979). Wie bei Pferden (LOKHORST und BREKRINK, 1975) kam es auch beim Spitzmaulnashorn zu einer hämolytischen Anämie (CHAPLIN et al., 1986).

Wegen extremer Kälte im Winter 1986/87 wurden im Zoo Berlin die Nashörner 14 Tage lang nicht auf die Freianlage gelassen. Trotz der dadurch gegebenen Bewegungsarmut wurden die Futterrationen nicht etwa reduziert, sondern, wie sich später herausstellte, an Stelle von Heu das sehr gehaltvolle Luzerneheu verfüttert. Am 19.1.1987 setzte unser Spitzmaulnashornbulle "Mbololo" (geboren ca. 1974 in Afrika) erstmals größere Mengen rotgefärbten Urins ab und zeigte ein ausgeprägtes Muskelzittern. Daraufhin erhielt er 20 ml Voren-Depot, und das Futter wurde für die nächsten Tage entzogen. Am folgenden Tag wurden dem Tier 2 g Cebion[R], 40 mg Fortecortin und das in der Pferdepraxis gebräuchliche Bisolvonmycinsulfat verabreicht. Der Urin blieb weiterhin verfärbt. Die Behandlung mit Cortison und Ascorbinsäure-Pulver wurde fortgesetzt. Am 22.1.1987 boten wir erstmals wieder Futter an, und zwar in Form einer geringen Heuportion sowie einiger Möhren. Der Gang des Bullen wurde jetzt ungewöhnlich steif, und der Urin war noch immer blutrot verfärbt. Zusätzlich gaben wir nun 2 x/Tag 75 g Natriumhydrogencarbonat. Am Vormittag des 25.1.1987 setzte starkes Nasenbluten bei unserem Nashornbullen ein, worauf wir 10 ml Konakion[R], 20 mg Cortison und einen Beutel Multi-Elektrolytgemisch verabreichten. Am 26.1.1987 wurden geringere Mengen rotgefärbten Urins abgesetzt, und neben dem Multi-Elektrolytgemisch boten wir dem Tier erstmals Haferflocken an. Das Tier zeigte einen nur geringen Appetit. In den folgenden Tagen wurde sehr wenig Urin abgesetzt; die Rotverfärbung nahm immer mehr ab. Am 2.2.1987 verschlechterte sich wieder der Zustand des Tieres; es verweigerte die Nahrungsaufnahme und stand an diesem Tag kaum auf. Daraufhin erhielt der Bulle an vier aufeinanderfolgenden Tagen 20 ml Paratopen[R], und sein Zustand begann sich langsam aber stetig wieder zu verbessern. Die Futterrationen wurden ständig erhöht, und ab dem 12.2.1987 wurde ein guter Appetit beobachtet. Nach sechs Monaten hatte sich unser Spitzmaulnashornbulle vollständig erholt und konnte wieder gemeinsam mit den weiblichen Tieren auf die Anlage gelassen werden.

Genau wie bei den Hauspferden zeigte sich zu Beginn der Krankheit bei unserem Spitzmaulnashornbullen der blutrot-verfärbte Urin und ein steifer Gang auf der Hinterhand. Um das geschwächte Tier nicht zusätzlich zu belasten, verzichteten wir auf eine Immobilisation, was zur Folge hatte, daß uns die aussagekräftigen Serum-Enzyme nicht zur Verfügung standen. Sie hätten die Diagnose erhärten können. In das Krankheitsbild paßten nicht ganz die Nahrungsverweigerung und die Verschlechterung des Gesundheitszustandes vier Wochen nach Krankheitsbeginn. Mit der Gabe von Antibiotika verbesserte sich der Zustand des Tieres sofort. Deshalb kann bei der Diagnose eine Infektion nicht ausgeschlossen werden, zumal eine Leptospirose-Erkrankung auch zu einer Hämoglobinurie führen kann (DOUGLAS, 1979). Auffällig ist, daß es gerade in den Wintermonaten zu Verlusten von Nashörnern kommt, deren Ursache oft nicht geklärt ist. So starb beispielsweise im Dezember 1965 ein Spitzmaulnashorn im Zoo Fresno, USA, nach beobachteten Bewegungsstörungen. Es wurde Clostridium sordellii diagnostiziert (CHAFFEE, 1968).

Trotz der Möglichkeit, Blut für eine Untersuchung zu gewinnen, konnten STRAUSS und SEIDEL (1985) bei einem Panzernashorn die Ursache einer Anämie nicht sicher klären. In der Diskussion ziehen sie jedoch auch eine primäre Muskelschädigung in Betracht. Wie in unserem Fall auch, zeigte sich die Erkrankung in der kalten Jahreszeit und äußerte sich durch deutliches Unbehagen beim Aufstehen. Eine Anämie ohne Myoglobinurie beobachtete SCHMIDT (1982) bei zwei jungerwachsenen Spitzmaulnashörnern als Folge einer Leberdegeneration.

Daß Myopathien nicht selten auftreten, beweisen vorhandene Sektionsbefunde. So beschreibt SCHRÖDER (1978) Myopathien bei zwei Nashörnern. Bei einem der Tiere war der Urin braun verfärbt, und es kam zu Lähmungserscheinungen. Beim zweiten Tier, das ebenfalls eine Nachhandschwäche erkennen ließ, wurde bei der Sektion eine hyaline Degeneration der Herz- und Skelettmuskulatur festgestellt.

Nach unseren Erfahrungen und den Befunden, die wir den Publikationen entnehmen, muß gerade in den Wintermonaten bei Nashörnern darauf geachtet werden, daß den Tieren den Bewegungsaktivitäten entsprechend Kohlenhydrate angeboten werden. Bleiben die Tiere in unseren Breiten wesentlich länger in den Innenstallungen, so muß aufgrund der damit verbundenen Bewegungsarmut entsprechend das Futter, insbesondere der Anteil der Kohlenhydrate, reduziert werden. Zusätzlich erhalten unsere Jungtiere bzw. Mütter mit Kindern UV-Lichtbestrahlung. Aus diesem Grunde wurden 6 UV-Lampen über die entsprechenden Innenanlagen montiert, die täglich eine Stunde eingeschaltet werden.

Den unabhängig von der Myoglobinurie beobachteten Mangel an Vitamin-C gleichen wir seit Jahren durch die Gabe von Ascorbinsäure aus.

Zusammenfassung

Erfolgreiche Behandlung einer Myoglobinurie bei einem Spitzmaulnashorn (Diceros bicornis) im Zoo Berlin

Die Autoren berichten über eine Myoglobinurie bei einem Spitzmaulnashorn und deren erfolgreiche Behandlung. Bei dieser Gelegenheit werden ähnliche Erkrankungen bei Spitzmaulnashörnern, die in verschiedenen Veröffentlichungen behandelt werden, entsprechend zusammengestellt.

Summary

Successful Treatment of Black Rhinoceros (Diceros bicornis) for Myoglobinuria in Berlin Zoo.

Myoglobinuria in a black rhinoceros is reported in this paper together with successful treatment of the case. A summary account is given, in this context, of similar diseases in black rhinoceros which had been described in various publications.

Résumé

Succès du traitement d'une myoglobinurie d'un rhinocéros noir (Diceros bicornis)

Les auteurs rapportent sur une myoglobinurie d'un rhinocéros noir et le succès du traitement. A cette owcasion ils résument les maladies similaires des rhinocérôs noirs qui sont déctrites dans les différentes publications.

Резюме

Положительные результаты лечения миоглобинурии у остроносого насорога в зоопарке Берлина

Авторы сообщают о миоглобинурии обнаруженной у остроносого насорога и о положительных результатах лечения. При этом в работе обобщены результаты литературных данных по подобным заболеваниям.

Literaturverzeichnis

BASSON, P.A., McCULLY, R.M., KRUGER, S.P., van NIEKERK, J.W., YOUNG, E., De VOS, V., and M.E. KIET (1971): Krankheiten beim südafrikanischen Wild - Neuere Untersuchungen. Vet. Med. Nachr., 305 - 332.

BASSON, P.A., and J.M. HOFMEYER (1973): Mortalities Associated with Wild-life Capture Operations. In: YOUNG, E. (ed.): The Capture and Care of Wild Animals. Cape Town/Südafrika; Human & Rousseau, 158.

BEGGS, T. (1981): Haemoglobinuria in the black rhino. Brit. Vet. Zool. Soc. Newsletter and Summary of Papers, 3.

CHAFFEE, P.S. (1968): Report on the death of a rhinoceros. J. Small Anim.Pract 9, 133-134.

CHAPLIN, H., Jr., MALEGEK, A.G., MILLER, R.E., BELL, C.E., and L.S. GRAY (1968): Acute intravascular hemolytic anemia in the black rhinoceros; hematologic and immunohematologic observations. Am. J. of Vet. Res. 47/6, 1313 - 1320.

DOUGLASS, E.M. (1979): Hemolytic Anemia in Two Black Rhinos. Proc. Am. Ass. Zoo Vet., Denver, 116.

DOUGLASS, E.M., and R.E. PLUE (1980): Hemolytic Anemia Suggestive of Leptospirosis in the Black Rhinoceros. J. Am. Vet. Med. Ass., 177/9, 921 - 923.

FRANKEN, P., and P. VAN BEUKELEN (1980): Union: Paardevoer (Onions: not a horse feed). Tijdschr. Diergeneesk. 105/13, 529 - 534.

HARTHOORN, A.M., JENKINS, W., TURKSTRA, J., and D. MASOM (1974): Seasonal Changes in Liver Selenium Content as a Possible Factor in Transit Myopathy; A Preliminary Report. Proc. Am. Ass. Zoo Vet., 1 - 5.

HARTHOORN, A.M., and J. TURKSTRA (1976): The Influence of Seasonal Changes in the determination of Selenium in Liver of Various Animals by Neutron Activation Analyses and High Resolution Gamma Spectroscopy. J. S. Afr. Vet. Med. Ass. 47/3, 183 - 186.

JONES, D.M. (1979): The Husbandry and Veterinary Care of Captive Rhinoceroses. Internat. Zoo Yearb. 19, 249.

LOKHORST, H.M., and H.J. BREUKING (1975): Auto-immune hemolytic anemia in two horses. Tijdschr. Diergeneesk. 100/14, 752 - 757.

McCULLOCH, B., and P.L. ACHARD (1969): Mortalities Associated with the Capture Translocation, Trade, and Exhibition of Black Rhinoceroses. Intern. Zoo Yearb. 9, 184 - 191.

MILLER, R.E., and W.J. BOEVER (1982): Fatal hemolytic anemia in the black rhinoceros. J. Am. Vet. Med. Ass. 181/11, 1228 - 1231.

MILLER, R.E., and W.J. BOEVER (1983): Hemolytic anemia in the black rhinoceros. Proc. Am. Ass. Zoo Vet., Tampa (Florida), 51 - 53.

MUGERA, G.M., and J.G. WANDERA (1967): Degenerative polymyopathies in East African domestic and wild animals. Vet. Rec. 80/13, 410 - 413.

SCHÄFER, M. (1982): Lähmungsmyoglobinurie. In: O. DIETZ und E. WIESNER, Handbuch der Pferdekrankheiten für Wissenschaft und Praxis - Teil 1. Jena, 895 - 898.

SCHMIDT, R.E., TOFT, J.D., and R.L. EASON (1982): Possible toxic liver degeneration in black rhinoceroses (Diceros bicornis). J. Zoo Anim. Med. 13, 3 - 10.

SCHRÖDER, H.-D. (1978): Beitrag zu den Erkrankungen der Unpaarhufer. Verh.ber. Erkrg. Zootiere 20, 37 - 40.

SEBEK, Z., MILKULICA, V., and M. VALOVA (1986): Leptospirosis in exotic animals in zoological gardens. Mh. Vet.-Med. 41/16, 571 - 576.

STRAUSS, G., und B. SEIDEL (1985): Anämie bei einem Panzernashorn. Ein Beitrag zu den Erkrankungen der Nashörner. Verh.ber. Erkrg. Zootiere 27, 379 - 384.

TENNANT, B., DILL, S.G., GLICKMANN, L.T., MIRRO, E.J., KING, J.M., POLAK, D.M., SHMITH, M.C., and D.C. KRADEL (1981): Acute hemolytic anemia methemoglobinemia, and Heinz body formation associated with ingestion of red maple leaves by horses. J. Am. Vet. Med. Ass. 179/2, 143 - 150.

TENNANT, B., DILL, S.G., GLICKMANN, L.T., MIRRO, E.J., KING, J.M., POLAK, D.M., SMITH, M.C., and D.C. KRADEL (1980): Red maple poisoning in horses associated with acute hemolytic anemia and methemoglobinemia. Proc. Am. Ass. Equine Pract. 26, 234 - 250.

WINTZER, H.-J. (1982): Myoglobinurie. In: H.-J. WINTZER: Krankheiten des Pferdes - Ein Leitfaden für Studium und Praxis. Berlin/Hamburg: Paul Parey, 402 - 403.

Anschrift der Verfasser: Dr. D. J a r o f k e und
Prof. Dr. H.-G. K l ö s
Hardenbergplatz 8
1000 Berlin 30 (Berlin West)

Aus dem Tierpark Berlin (Direktor: Prof. Dr. sc. Dr. h.c. H. DATHE)

BEITRAG ZUM BLUTBILD UND ZUR BIOCHEMIE DES BLUTSERUMS BEI EISBÄREN (THALARCTOS MARITIMUS) UND MALAYENBÄREN (HELARCTOS MALAYANUS)

Von Erika Stuhrberg

Hämatologische Befunde geben Auskunft über lebenswichtige Zell- und Fermentsysteme, deren Beurteilung für die Diagnose und Prognose am kranken Tier von Bedeutung sein kann. Ebenso wie die Erhebung ist die Deutung hämatologischer Befunde beim Zootier oft schwierig, da sie auf dem Vergleich mit Normalwerten beruht, die für zahlreiche Tierarten noch zu erarbeiten sind. Obwohl bereits mehrere Autoren mit Hämogrammen und biochemischen Blutuntersuchungen bei Bären befaßt waren, reichen diese Werte zur Erarbeitung von Referenzwerten noch nicht aus, so daß es weiterhin notwendig wird, ermittelte Daten zusammenzutragen.

Literaturübersicht

SEAL et al. (1967) analysierten erstmalig Blut von 62 Bären in 6 Spezies, darunter 8 Eisbären und 4 Malayenbären, die aus 3 Zoologischen Gärten der USA für diese Untersuchungen zusammengestellt wurden. Neben der Ermittlung von artspezifischen Hämogrammen wurden die Blutwerte der Arten verglichen und die Adaption der Blutzellen an den durch Saisonrhythmik geprägten Stoffwechsel aller Arten mit Winterschlaf durch vergleichende Untersuchungen in Herbst und Frühjahr gestellt. Malayenbären wurden nur im Winter hinsichtlich ihres Blutstatus geprüft. Bei jungen Malayenbären ließen die Werte aufgrund des niedrigen Erythrozyten- und Hämoglobingehaltes und des Hämatokrits eine Anämie vermuten. Sie lagen jedoch auf einem Niveau mit jungen Tieren von Thalarctos und Selenarctos und es wurde festgestellt, daß Jungbären bis 1,5 Lebensjahre niedrigere Erythrozyten-, Hämoglobin- und Hämatokritwerte gegenüber erwachsenen Tieren aufweisen.

PEREVERZEVA und VERETENNIKOVA (1973) untersuchten die Blutbilder alter und junger Eisbären, wobei sie Unterschiede im weißen Blutbild feststellten. Bei jungen Tieren wurden mehr neutrophile Granulozyten als Lymphozyten beobachtet und bei älteren Tieren verhielt es sich genau umgekehrt.

Bei 21 erwachsenen und 12 jugendlichen aus der Natur gefangenen Eisbären wurden durch LEE et al. (1977) die in den Tabellen 1 und 3 aufgeführten hämatologischen und biochemischen Werte ermittelt. Sie stellten für die GOT-Werte ebenso wie EULENBERGER (1975) für Erythrozyten, Hämoglobin- und Leukozytenwerte eine Beeinflussung durch die Immobilisation fest. Lee et al. (1977) untersuchten erstmalig 6 Elektrolyte und 15 biochemische Blutserumkomponenten, wobei sie bei einigen Werten noch differenzierten:
Serum-GOT und Laktatdehydrogenase nach der Art des Einfangens: Fußschlinge oder Tunnelfalle,
Ca und alkalische Phosphatase nach dem Alter: Erwachsene und jugendliche Tiere,
Glucose nach Monaten: Oktober und November,
Bilirubin nach seiner Bindung im Serum: total, freies und gebundenes Bilirubin.

CRAWSHAW (1980), der über einen Zeitraum von 6 Monaten einen jungen Eisbären mit einer Rohölintoxikation erfolgreich behandelte und diesen auch regelmäßig hämatologisch überwachte, gibt in dem letzten hämatologischen Befund die Werte des klinisch gesunden Tieres an. Klassische Blutbilder, so wie sie SCHILLING (1943) verstand, wurden 1980 von SEIDEL für Eisbären publiziert und den wenigen in der internationalen Literatur beschriebenen Werten gegenübergestellt.

KUNTZE und HUNSSTORFF (1985) haben, außer LEE et al. (1977) bei wildlebenden Eisbären, die größte Anzahl Tiere dieser Art, hämatologisch untersucht und darüber hinaus deren Elektrolytwerte und Fermentaktivitäten ermittelt. Sie stellten diese Werte denen der zugänglichen Literatur gegenüber und diskutierten jeden Parameter hinsichtlich seiner pathophysiologischen Bedeutung, wobei sie ihre Na-, Mg- und Bilirubinwerte als Normalwerte auffassen. Kreatininwerte $> 1,7$ mg% ($\hat{=}$ 150,3 µ mol/l) sind für sie ein Warnsignal für Nephropathien, ebenso wie ein Bluthamstoffgehalt von > 40 mg % ($\hat{=}$ 14,3 m mol/l).

GOT/ASAT Werte von > 67 E/l (≙ 1,12 µ mol/l) werden für Eisbären als bedenklich angesehen.

Die der Literatur entnommenen hämatologischen und biochemischen Daten wurden in den Tabellen 1 bis 5 zusammengestellt. Die Werte sind mit den als Anlage beigefügten Faktoren in das System International (SI) umgerechnet worden.

Material und Methodik

Sämtliche Blutproben stammen von Tieren, die im Tierpark Berlin gehalten werden bzw. wurden. Bei den Eisbären wurden ein männliches und drei weibliche Tiere - alle erwachsen zwischen 6 und 25 Jahren Lebensalter - mehrmals im Zeitraum von 1980 - 1986 immobilisiert, um Untersuchungen zu Trichinenbefall, Lahmheitsursachen und eine Hauterkrankung einleiten zu können.

Die Immobilisation erfolgte in jeweils 3 Fällen mit Etorphin (Immobilon R, Reckitt u. Colman) und der Kombination Phencyclidin (Parke-Sernyl R, Davis) / Propionylphenothiazin (Combelen R, Bayer) sowie bei 2 Tieren mit der Kombination Xylazin/Ketamin (Rompun R, Bayer; Ursotamin R, Bernburg). Von 1,2 jungen Malayenbären wurden in den ersten zwei Lebensmonaten insgesamt 6 Blutproben ohne medikamentelle Immobilisation der Tiere gewonnen.

Von einem männlichen und vier weiblichen erwachsenen Malayenbären im Alter von 16 bis 26 Jahren sind insgesamt neun Blutproben im Zeitraum von 1982 bis 1986 entnommen worden. Die Tiere mußten überwiegend zum Kürzen der Krallen, in einem Fall zur Zahnextraktion mit einer Xylazin/Ketamin-Kombination immobilisiert werden. Entsprechend dem Prinzip, jede Immobilisation unabhängig von dem aktuellen diagnostischen oder therapeutischen Anlaß für die weitmögliche Erfassung von Grundwerten zu nutzen, wurden in jedem Fall Blutproben von den Tieren entnommen. Die Blutentnahme erfolgte aus der V. cephalica antebrachii oder der V. sublingualis. [1] Ein Teil des Frischblutes wurde mit Heparin (5000 IE/ml) versetzt und sofort nach der Entnahme hämatologisch-morphologisch im Labor der Tierklinik untersucht. [2]

Aus dem größeren Teil der Blutprobe wurde durch Zentrifugieren Serum gewonnen, das der Poliklinik "Am Tierpark" am gleichen, oder nach Aufbewahrung im Kühlschrank am Folgetag zur biochemischen Analyse zugeleitet wurde, die dort nach den standardisierten Untersuchungsmethoden des Arzneibuches der DDR, Teil Diagnostische Laboratoriumsmethoden (1975) erfolgt. Untersuchungsbefunde, die noch nicht in den Maßeinheiten des System International (SI) angegeben waren, wurden mit den in der Anlage angegebenen Faktoren umgerechnet.

Für jedes Prüfmerkmal sind in den Tabellen angegeben:

n = Anzahl der Untersuchungen,
$\bar{x} \pm$ Konfidenz = Mittelwert ± Vertrauensbereich,
min - max = Schwankungsbereich der Werte.

Diskussion der Ergebnisse

Die Untersuchungsergebnisse sind in den Tabellen 1 - 5 dargestellt.

E i s b ä r e n (Thalarctos maritimus)

Die Werte, die das rote Blutbild charakterisieren, Erythrozytenzahl, Hämoglobingehalt und Hämatokrit liegen höher als die Untersuchungsergebnisse anderer Autoren. Sie sind am ehesten den von SEAL et al. (1967) ebenfalls bei Zootieren ermittelten Durchschnittswerten vergleichbar, wenn auch jene im mittleren Hämoglobingehalt höher sind. Die von KUNTZE und HUNSSTORFF (1985) angenommenen Normalwerte von 5 - 7 x 10^6/mm^3 Erythrozyten, 41 - 46 % Hämatokrit und 15 - 18 g % = 9,3 - 11,2 m mol/l Hämoglobin werden in den ersten beiden Parametern erheblich überschritten, so daß sowohl Normen als auch die daraus gezogenen Rückschlüsse bei der international geringen Gesamtuntersuchungszahl vorsichtig bewertet werden müssen.

---

1) Alle medizinischen Handhabungen an den Tieren wurden von meinen Kollegen VR Dr. B. S e i d e l und Dr. G. S t r a u s s durchgeführt, die mir freundlicherweise die Auswertung der Untersuchungsergebnisse gestatteten.

2) Die labordiagnostische Aufbereitung der Blutproben führte in bewährter Weise Frau MTA U. K i t z l e r durch.

Tabelle 1 : Blutbilder von Eisbären

Prüfmerkmal \ Autor	1	2	3	4	5	6
Anzahl n der Tiere	8	k.A.	24 - 31	8	15	8
Erythroz. $\bar{x} \pm 2$ Sm (10^{12}/l) min-max	5,43 - 7,69	3,5 - 4,9	6,17 ± 1,04 4,46 - 8,56	6,41 3,77 - 8,71	3,68 - 6,81	7,59 ± 0,79 5,23 - 10,33
Hämatokrit $\bar{x} \pm$ (l) min-max	0,46 - 0,56	k.A.	0,445 ± 0,32	k.A.	0,26 - 0,54	0,576 ± 0,38 0,47 - 0,68
MCH (f mol) min-max	24 - 30	k.A.	k.A.	k.A.	k.A.	k.A.
MCHC $\bar{x} \pm$ (m mol/l) min-max	32 - 36	k.A.	31,5 ± 2,2	k.A.	k.A.	k.A.
MCV $\bar{x} \pm$ (fl) min-max	71 - 90	k.A.	72,1 ± 11,0	k.A.	k.A.	k.A.
Hämoglobin $\bar{x} \pm$ (m mol/l) min-max	10,9	k.A.	9,4 ± 0,5	8,9	6,7 - 12,5	10,2 ± 0,6 8,4 - 12,7
Leukozyten $\bar{x} \pm$ (10^6/l) min-max	6,3 - 13,9	5,8 - 8,3	5,8 ± 2,5 2,8 - 11,6	8,2 4,8 - 10,1	3,8 - 13,85	7,7 ± 0,7 5,6 - 12,4
Basophile $\bar{x} \pm$ (%) min-max	k.A.	2	k.A.	0	0	0,25 0 - 1
Eosinophile $\bar{x} \pm$ (%) min-max	k.A.	1	k.A.	7,9 1,5 - 19,0	0 - 13	9,1 ± 1,6 3 - 14
Myelozyten (%)	k.A.	0	k.A.	0	0	0
Jugendliche (%)	k.A.	0	k.A.	0	0	0
Stabkernige $\bar{x} \pm$ (%) min-max	k.A.	10	k.A.	6,1 2 - 9	0 - 3	1,1 ± 0,5 0 - 4
Segmentk. $\bar{x} \pm$ (%) min-max	k.A.	17	k.A.	54,6 32 - 70	50 - 68	64,4 ± 2 56 - 74
Lymphoz. $\bar{x} \pm$ (%) min-max	k.A.	60	k.A.	29 18 - 43,5	10 - 44	24,1 ± 1,9 18 - 34
Monozyten $\bar{x} \pm$ (%) min-max	k.A.	4	k.A.	2,4 1,5 - 4,5	0 - 8	1,1 ± 0,5 0 - 3

Legende:

1 - SEAL et al. (1967), Zootiere
2 - PEREVERZEVA; VERETENNIKOVA (1973)
3 - LEE et al. (1977), Wildtiere
4 - SEIDEL (1980), Zootiere
5 - KUNTZE und HUNSSTORFF (1985), Zirkustiere
6 - eigene Untersuchungen

MCH - Mean cell hemoglobin / Mittlerer Hämoglobingehalt der Erythrozyten
MCHC - Mean cell hemoglobin concentration / Mittlere Hämoglobinkonzentration der Erythrozyten
MCV - Mean cell volume / Mittleres Erythrozytenvolumen

k.A. - keine Angaben

Tabelle 2 : Biochemische Blutserumwerte von Eisbären

Prüfmerkmal \ Autor		1	2	3	4
Na (m mol/l)	n x̄ ± min-max	33 140 ± 7 123 - 157	1 141	4 315 - 365	5 140,6 ± 2,7 135 - 149
K (m mol/l)	n x̄ ± min-max	33 3,8 - 0,5 2,2 - 3,9	1 4,4	5 17,0 - 23,5	5 4,1 ± 0,3 3,5 - 5,1
Ca (m mol/l)	n x̄ ± min-max	20 4,0 ± 0,3 3,85 - 4,85	k.A.	15 4,5 - 6,1	5 2,3 ± 0,1 2,1 - 2,6
anorg. P (m mol/l)	n x̄ ± min-max	21 1,6 ± 0,5 1,1 - 2,6	k.A.	14 1,5 - 2,0	5 1,8 - 0,1 1,5 - 2,0
Kreatinin (µ mol/l)	n x̄ ± min-max	k.A.	1 114,9	10 35,4 - 574,6	5 126,8 ± 13,6 86 - 159
Bilirubin (µ mol/l)	n x̄ ± min-max	22 7,5 ± 2,2 3,4 - 13,7	k.A.	10 0,0 - 5,13	5 5,0 - 1,3 0,88 - 7,81
GPT/ALAT (n mol/l)	n x̄ ± min-max	31 0,90 ± 0,53 0 - 2,5	1 0,18	14 1,5 - 5,16	4 0,4 ± 0,07 0,23 - 0,54
GOT/ASAT (n mol/l)	n x̄ ± min-max	10(Tunnel) 2,56 ± 0,78 0,62 - 3,6	k.A.	13 5,5 - 26,33	3 0,79 ± 0,16 0,48 - 1,02
AP (µ mol/l)	n x̄ ± min-max	21 (adult) 0,25 ± 0,14 0,06 - 0,5	k.A.	10 0,15 - 0,43	5 0,81 ± 0,14 0,37 - 1,24
Gesamtproteine (g/l)	n x̄ ± min-max	33 71 ± 0,6 59 - 82	1 85	8 76 - 89	5 84,3 ± 1,4 80,3 - 88,9
davon Albumine (1)		k.A.	k.A.	k.A.	0,55 ± 0,03
Globuline α1					0,06 ± 0,02
Globuline α2					0,07 ± 0,01
Globuline β					0,11 ± 0,01
Globuline γ					0,23 ± 0,02

Legende:

1 - LEE et al. (1977), Wildtiere
2 - CRAWSHAW (1980), 1 Wildtier
3 - KUNTZE u. HUNSSTORFF (1985), Zirkustiere
4 - eigene Untersuchungen

Tabelle 3 : Blutbilder von Eisbären aus dem Tierpark Berlin

Merkmal	Maßeinheit	1					2					3				
		$\bar{x}$	s	χ^2	Konf.	n	$\bar{x}$	s	χ^2	Konf.	n	$\bar{x}$	s	χ^2	Konf.	n
Hämoglobin	g/%	16,4	2,7	o	± 1,0	8	14,4	3,1	o	± 1,1	8	15,4	3,0	o	± 2,25	16
	m mol/l	10,2	1,7	o	± 0,6		8,9	1,9	o	± 0,7		9,5	1,9	o	± 0,5	16
Hämatokrit	1	0,58	0,9	o	± 0,38	5										
Erythrozyten	$10^6/mm^3$	7,6	2,2	o	± 0,8	8	6,4	1,5	o	± 0,5	8	7,05	1,92	o	± 0,48	16
Leukozyten	$10^3/mm^3$	7,71	2,07	a	± 0,73	8	8,2	1,7	o	± 0,6	8	8,0	1,8	o	± 0,46	16
Basophile	%	0,25	0,46	o	± 0,16	8	0					0,125	0,34	o	± 0,08	16
Eosinophile	%	9,1	3,8	o	± 1,4	8	7,9	5,6	a	± 2,0	8	8,5	4,4	a	± 1,1	16
N. Myeloz.	%	0				8	0					0				
Jugendl.	%	0				8	0					0				
Stabkernige	%	1,1	1,5	o	± 0,5	8	6,1	2,5	o	± 0,9	8	3,6	5,4	a	± 1,3	16
Segmentk.	%	64,4	5,6	o	± 2,0	8	54,6	14,1	a	± 5,0	8	59,5	11,6	a	± 2,9	16
Lymphoz.	%	24,1	5,4	o	± 1,9	8	29	9,6	a	± 3,4	8	26,6	7,9	a	± 2,0	16
Monozyten	%	1,1	1,6	o	± 0,6	8	2,4	1,1	o	± 0,4		1,8	1,5	a	± 0,4	16

Legende: $\bar{x}$ – Mittelwert
χ^2 – chi-Quadrat-Test
a – signifikante Abweichungen von s
n – Anzahl der Proben

s – Standardabweichung
o – ohne signifikante Abweichungen
Konfidenz – Vertrauensbereich für den wahren Mittelwert

1 – eigene Untersuchungen
2 – SEIDEL (1980)
3 – Summe 1+2

Umrechnungsfaktoren in SI (System International – d'unites)

Hämoglobin (Hb)	0,62
Hämatokrit	0,01
Mittlerer Hämoglobingehalt der Erythrozyten (MCH)	0,062
Mittlere Hämoglobinkonzentration der Erythrozyten (MCHC)	0,62
Alaninaminotransferase/Glutamatpyruvattransaminase (ALAT/GPT)	0,01667
Alkalische Phosphatase (AP)	0,01667
Aspartataminotransferase/Glutamatoxalactat transaminase (ASAT/GOT)	0,01667
Bilirubin, gesamt	17,10
Calcium (Ca)	0,5
Kreatinin	88,40
Natrium (Na)	1
Kalium (K)	1

Tabelle 4 : Blutbilder Malayenbären

Prüfmerkmale / Autoren	1		2	
	1.1.	1.2.	2.1.	2.2.
Anzahl der Tiere n	2	2	6	9
Erythrozyten $\bar{x}$ ± (10^{12}/l) min-max	5,67 4,62 - 6,72	6,25 5,72 - 6,78	4,28 ± 0,83 3,15 - 5,54	7,00 ± 1,19 4,87 - 9,21
Hämatokrit $\bar{x}$ ± (l)	0,40 0,35 - 0,45	0,47 0,43 - 0,53	0,327 ± 0,56 0,27 - 0,36	0,46 ± 0,21 0,37 - 0,56
Hämoglobin $\bar{x}$ (m mol/l) min-max	8,3	9,4	5,9 ± 0,6 4,8 - 6,8	9,3 ± 1,2 6,5 - 11,7
MCH (f mol)	24	24,5	k.A.	k.A.
MCHC (m mol/l)	33,5	32	k.A.	k.A.
MCV (fl)	69	76,5	k.A.	k.A.
Leukozyten $\bar{x}$ ± (10^6/l) min-max	18,3 13,4 - 23,2	11,95 11,2 - 12,7	17,9 ± 3,8 14,7 - 21,2	8,2 ± 1,7 8,1 - 10,6
Basophile $\bar{x}$ (%) min-max	k.A.	k.A.	0	0,17 0 - 1
Eosinophile $\bar{x}$ (%) min-max	k.A.	k.A.	1 0 - 3	2,2 0 - 5
Myelozyten (%)	k.A.	k.A.	0	0
Jugendliche (%)	k.A.	k.A.	0	0
Stabkernige $\bar{x}$ ± (%) min-max	k.A.	k.A.	7 ± 5,4 3 - 18	4,3 ± 4,3 0 - 12
Segmentk. $\bar{x}$ ± (%) min-max	k.A.	k.A.	36,7 ± 13,4 24 - 47	66,2 ± 15,7 35 - 84
Lymphozyten $\bar{x}$ ± (%) min-max	k.A.	k.A.	48,7 ± 5,3 46 - 54	21,8 ± 5,2 11 - 42
Monozyten $\bar{x}$ ± (%) min-max	k.A.	k.A.	6,7 ± 5,3 4 - 12	5,3 ± 4,4 0 - 14

Legende:

1 - SEAL et al. (1967), Zootiere

1.1. Jungtiere , 1 Jahr, 1.2. erwachsene Tiere

2 - eigene Untersuchungen, Zootiere

2.1. Jungtiere , 3 Monate, 2.2. erwachsene Tiere

Tabelle 5 : Biochemische Blutserumwerte von Malayenbären im Vergleich zu Eisbären und Braunbären

Prüfmerkmale	1	2	3
n Na (m mol/l) x̄ ± min-max	n = 5 140,6 ± 2,7 135 - 149	n = 8 141,9 ± 3,1 137 - 148	141 ± 2
n K (m mol/l) x̄ ± min-max	n = 5 4,1 ± 0,3 3,5 - 5,1	n = 7 5,3 ± 0,7 4,0 - 6,7	4,7 ± 0,4
n Ca (m mol/l) x̄ ± min-max	n = 5 2,3 ± 0,1 2,1 - 2,6	n = 8 3,1 ± 0,8 2,2 - 3,7	8,4 ± 0,8
n anorg.P (m mol/l) x̄ ± min-max	n = 5 1,8 ± 0,1 1,5 - 2,0	n = 5 1,6 ± 0,5 1,1 - 2,5	4,1 ± 1,2
n Kreatinin (µ mol/l) x̄ ± min-max	n = 5 126,8 ± 13,6 86 - 159	n = 7 130 ± 8,5 112 - 294	n = 2 150 - 186
n Bilirubin (µ mol/l) x̄ ± min-max	n = 5 5,0 ± 1,3 0,88 - 7,81	n = 5 3,9 - 1,0 2,8 - 5,7	-
n GPT/ALAT (n mol/l) x̄ ± min-max	n = 4 0,4 ± 0,07 0,23 - 0,54	n = 7 0,76 ± 0,37 0,28 - 1,74	n = 5 0,17 - 0,81
n GOT/ASAT (n mol/l) x̄ ± min-max	n = 3 0,79 ± 0,16 0,48 - 1,02	n = 4 1,77 ± 1,28 0,46 - 3,51	n = 5 0,83 - 0,97
n AP (µ mol/l) x̄ ± min-max	n = 5 0,81 ± 0,14 0,37 - 1,24	n = 8 2,2 ± 1,2 0,2 - 4,6	n = 5 0,32 - 0,63
n Amylase AE/l x̄ ± min-max	n = 5 3,9 ± 0,3 3,1 - 4,6	n = 8 16,2 ± 4,6 6,2 - 22,6	—
n Gesamtproteine (g/l)	n = 5 84,3 ± 1,4 80,3 - 88,9	n = 7 84,7 ± 8,0 70,7 - 97,5	n = 4 59,6
davon Albumine	0,55 ± 0,03	0,49 ± 0,12	0,45
α1 Globuline	0,06 ± 0,02	0,06 ± 0,03	0,05
α2 Globuline	0,07 ± 0,01	0,08 ± 0,03	0,08
β Globuline	0,11 ± 0,01	0,11 ± 0,03	0,26
γ Globuline	0,23 ± 0,02	0,25 ± 0,04	0,14

Legende

1 - Eisbären, eigene Untersuchungen

2 - Malayenbären, eigene Untersuchungen

3 - Braunbären, HALLORAN and PEARSON, 1972, Elektrolyte
KUNTZE und HUNSSTORFF, 1985, Fermentaktivitäten
GABRYS et al., 1963, Proteinanalysen

Bereits der Vergleich der von SEIDEL (1980) ermittelten Werte mit den eigenen (Tabelle 3), die beide unter vergleichbaren Bedingungen wie gleicher Standort, gleiche Anlage und Futterversorgung, gleiche Blutentnahme- und -untersuchungsmethodik, gewonnen wurden, zeigt für das rote Blutbild einen weiten Vertrauensbereich für die Mittelwerte, jedoch im chi-Quadrat-Test keine signifikanten Differenzen.

Die Leukozytenwerte unterliegen einer großen Schwankungsbreite, die sowohl bei in freier Wildbahn lebenden Tieren (PEREVERZEVA und VERETENNIKOVA, 1973; LEE et al., 1977) als auch bei Zirkustieren (KUNTZE und HUNSSTORFF, 1985) und Zootieren (SEAL et al., 1967; SEIDEL, 1980) beschrieben und durch die eigenen Untersuchungen bestätigt wurde. Sie sind sehr stark von der Reaktionslage des Organismus zum Zeitpunkt der Blutentnahme abhängig, die durch das Differentialblutbild näher bestimmt werden kann. Tabelle 3 weist bei der Wertermittlung für die Zellformen des weißen Blutbildes starke Varianz aus.

In Übereinstimmung mit allen angeführten Autoren wurden neutrophile Myelozyten und jugendliche Granulozyten niemals festgestellt. Stabkernige Granulozyten traten nur zu 1 % auf, wogegen Segmentkernige den überwiegenden Teil der weißen Blutzellen (64 ± 2 %) bildeten. Basophile Granulozyten treten selten auf, Eosinophile häufiger. Das Auftreten von eosinophilen Granulozyten jedoch allein auf parasitäre Noxen zurückzuführen bedeutete, ihre feine Reaktion auf Infektionen und Allergien (SCHILLING, 1943) zu unterschätzen. Unter Zugrundelegung der aus den Werten von SEIDEL (1980) und eigenen Untersuchungen gewonnenen Mittelwerte, Standardabweichungen und Konfidenzen, sowie unter Berücksichtigung der Literatur liegen nachfolgend aufgeführte Wertbereiche nahe der physiologischen Norm und können bei der Beurteilung des Blutbildes erwachsener Eisbären in Gefangenschaft herangezogen werden.

Hb.	g %	13 - 17	Basophile	%	0 - 1
	m mol/l	9 - 10	Eosinophile	%	≤ 8
Hkt	%	45 - 55	Stabkernige	%	1 - 2
Erythrozyten	10^{12}/l	6 - 8	Segmentkernige	%	55 - 65
Leukozyten	10^{6}/l	7 - 9	Lymphozyten	%	20 - 30
			Monozyten	%	1 - 3

Da nur wenige Untersuchungsergebnisse über biochemische Parameter des Blutserums bei Eisbären veröffentlicht vorliegen (LEE et al.,1977; CRAWSHAW, 1980; KUNTZE und HUNSSTORFF, 1985), werden die eigenen Werte diesen gegenübergestellt und mit ihnen verglichen.
Es besteht Übereinstimmung mit LEE und ORITSLAND (1977) bei Na, K, anorg. P, CRAWSHAW (1980) bei Na, K. Kreatinin, Gesamtprotein und KUNTZE und HUNSSTORFF (1985) bei anorg. P. und Gesamtprotein. Alle anderen Prüfmerkmale weichen so erheblich voneinander ab, daß weitere Untersuchungen zur Ermittlung von rückschlußfähigen, vertrauenswürdigen Normbereichen notwendig sind.

Aus den parallelen Ergebnissen kann gefolgert werden, daß die Normbereiche für

Na	zwischen	135 - 145 m mol/l	
K	"	3,5 - 4,4 m mol/l	
anorg. P	"	1,4 - 2,0 m mol/l	
Kreatinin	"	110 - 140 µ mol/l	
Gesamtprotein	"	80 - 86 g/l	liegen könnten.

Die Fermentaktivitäten bei GOT und GPT liegen erheblich unter denen von LEE et al. (1977) und KUNTZE und HUNSSTORFF (1985), was bei ersteren durch die besondere Streßsituation bei Einfangen und Immobilisation der Wildtiere, bei letzteren durch die besondere Situation der Zirkustiere erklärt werden könnte. Darüber hinaus muß der Hinweis von KUNTZE und HUNSSTORFF (1980) auf laborbedingte Differenzen insbesondere bei den empfindlichen biochemischen Untersuchungen berücksichtigt werden.

M a l a y e n b ä r e n (Helarctos malayanus)
Die Untersuchungen über das Blutbild von Malayenbären sind nur mit denen von SEAL et al. (1967) vergleichbar. Es kann festgestellt werden, daß in Übereinstimmung mit SEAL et al. (1967) gesunde Jungtiere bis 1 Jahr gegenüber älteren Tieren weniger Hämoglobin, Erythrozyten und niedrigere Hämatokritwerte, dagegen höhere Leukozytenzahlen aufweisen.
Auch bei uns bestand für die jungen Malayenbären ebenso wie bei SEAL et al. (1967) Anämie-

verdacht, und die Tiere erhielten eine Eisensubstitution. In deren Folge erhöhte sich nur bei einem von drei Tieren der Hämoglobingehalt unwesentlich. Die Erythrozytenzahl erhöhte sich bei einem Jungbären wie folgt:

"Djogi", geb. 5.2.1982	25.2.1982	$3.83 \times 10^{12}/l$
	4.3.1982	$4.04 \times 10^{12}/l$
	30.3.1982	$5.54 \times 10^{12}/l$.

Es bedarf weiterer Untersuchungen, um einschätzen zu können, ob die Erhöhung der Erythrozytenzahl durch die Eisensubstitution oder die allmähliche physiologische Leistungssteigerung des hämatopoetischen Systems hervorgerufen wurde. Da sowohl zum Differentialbild als auch zur biochemischen Blutserumun ersuchung keine vergleichbaren Angaben der verfügbaren Literatur zu entnehmen sind, können die ermittelten Werte nur neben die anderer Bärenspezies gestellt werden (Tabelle 5).

Die Na-Werte stimmen weitgehend mit Eisbär und Braunbär überein. Auffallend hoch sind dagegen die K-Werte, die die Folge einer überwiegend pflanzlichen Ernährung sein können. Das Ca:P-Verhältnis von 2:1 verhält sich ähnlich wie bei Braunbären, wenn auch auf niedrigerem Niveau.
Die Fermentaktivitäten bei GPT, GOT, AP und Amylase liegen deutlich über denen von Eisbär und Braunbär.
Der Gesamtproteingehalt des Blutes gleicht dem des Eisbären, wobei der Albuminanteil, ebenso wie GABRYS et al. (1963) bei Braunbären feststellten, unter 50 % liegt.

Nach HÖHNE und NIEPAGE (1985) sind die Normbereiche hämatologischer Merkmale beim gesunden Tier groß und Ausdruck für die Reaktionsbreite, die notwendig ist, um eine normale Funktion des Organismus aufrechtzuerhalten. In diesem Sinne können die ermittelten Werte nur Anhaltspunkte oder Ergänzungen für die Beurteilung des Gesundheitszustandes sein.

Zusammenfassung

Beitrag zum Blutbild und zur Biochemie des Blutserums bei Eisbären (Thalarotos maritimus) und Malayenbären (Helarctos malayanus)

Untersuchungsergebnisse des Blutbildes und ermittelte biochemische Blutserumwerte von 8 Blutproben erwachsener Eisbären sowie 5 Blutproben junger und 9 Blutproben erwachsener Malayenbären werden den Angaben aus der Literatur gegenübergestellt. Für die Beurteilung des Blutbildes erwachsener Eisbären in Gefangenschaft wurden Wertbereiche empfohlen, ebenso für die Parameter Na, K, anorg. P, Kreatinin und Gesamtprotein dieser Tierart.

Summary

Blood Count and Biochemistry of Blood Serum of Polar Bear (Thalarctos maritimus) and Malayan Sun Bear (Helarctos malayanus)

Results recorded from studies into blood counts of Malayan sun bears and adult polar bears were evaluated together with biochemical blood serum values, on the basis of eight blood samples from adult polar bears, five blood samples from juvenile, and nine samples from adult Malayan sun bears. They were compared to literature data. Certain values are recommended for assessment of blood counts of adult polar bears in captivity as well as of other parameters recorded from this species, including sodium, potassium, inorganic phosphorus, creatinine, and total protein.

Résumé

A propos de l'hémogramme et de la biochemie du sérum de sang des ours polaires (Thalarctos maritimus) et ours malais (Helarctos malayanus)

Les résultats d'une étude de l'hémogramme et les valeurs biochimiques du sérum du sang de 8 analyses du sang des ours polaires adultes et de 5 analyses du sang des ours malais jeunes et 9 des ours malais adultes sont comparés aux données dans la littérature. Des marges de valeurs sont recommandés pour l'évaluation de l'hémogramme des ours polaires adultes en captivité, ainsi que pour les paramètres Na, K, P anorg., kréatinine et protéine total de cette espèce animale.

Резюме

Состав и биохимия крови у белых (Thalarctos maritimus) и малайских медведей (Helarctos malayanus)

Сравнивался состав и биохимия крови 8 взрослых и 5 молодых белых медведей , а также 9 малайских медведей, при учёте литературных данных. Для оценки картины крови белых медведей, содержавшихся в неволе, рекомендуется охват параметров натрия, калия, неоганического фосфата, креатинина и общего белка.

Literaturverzeichnis

CRAWSHAW, G.-J. (1980): Acute renal failure in a polar bear. Ann. Proc. Am. Ass. Zoo. Vet., 135 - 137.

EULENBERGER, K. (1975): Beiträge zum Blutbild der in Zoologischen Gärten gehaltenen Großkatzen (Pantherini). D. Zool. Garten (NF) 45, 4/6, 471 - 480.

GABRYS, K., KUCHARCZYK, W., und M. LIMANSKI (1963): Beiträge zur Hämatologie der Zootiere. VII. Mitteilung: Zum Eiweißbild und zu den freien Aminosäuren im Serum des Braunbären (Ursus arctos). Kleintierpraxis 8, 94 - 96.

HALLORAN, D.W., and A.M. PEARSON (1972): Blood chemistry of the brownbear from southwestern Yukon Territory, Canada. Ca. J. Zool. 50, 827 - 833. Zit. n. WEDLICH, V. (1982): Großbären in der veterinärmedizinischen Literatur. Vet. Diss. Hannover.

HÖHNE, H.-K., und H. NIEPAGE (1985): Untersuchungen über das Blutbild des Dromedars (Camelus dromedarius). Dtsch. tierärztl. Wschr. 92, 322 - 327.

KUNTZE, A., und P. HUNSSTORFF (1985): Hämatologische und biochemische Parameter von gesunden und kranken Eisbären (Thalarctos maritimus) und Braunbären (Ursus arctos). Verh.ber. Erkrg. Zootiere 27, 385 - 391.

LEE, J., RONALD, K., and N.A. ORITSLAND (1977): Some blood values of wild polar bears. J. Wildl. Managmt. 41, 520 - 526.

PEREVERZEVA, E.V., und N.L. VERETENNIKOVA (1973): Issledovanie krovi belogo medvedja Ekologija i morfologija belogo medvedja Moskau. In USPENSKI, S.M. (1979): Der Eisbär. Neue Brehm-Bücherei. Wittenberg-Lutherstadt: A. Ziemsen.

SCHILLING, A. (1943): Praktische Blutlehre. 11. u. 12. Auflage. Jena: Gustav Fischer.

SEAL, U.S., SWAIN, W.R., and A.W. ERICKSON (1967): Hematology of the ursidae. Comp. Biochem. Physiol. 22, 451 - 460.

SEIDEL, B. (1980): Klinischer Beitrag zur Hämatologie bei Eisbären (Thalarctos maritimus). Milu 5, 298 - 302.

Anschrift des Verfassers: VR Dr. med. vet. Erika S t u h r b e r g
DDR - 1136 Berlin
Am Tierpark 125 (DDR)

Aus der Klinik für Klein- und Heimtiere Berlin (Direktor: VR Dr. L. SASSENBURG), Poliklinik Lichtenberg, Ambulanz für Exoten, Wild- und Zirkustiere (Leiter: VR Dr. habil. A. KUNTZE) und dem Bezirksinstitut für Veterinärwesen Berlin (Direktor: OVR Dr. S. BALDAUF)

WEITERE HÄMATOLOGISCHE UND BIOCHEMISCHE BEFUNDE VON GESUNDEN UND KRANKEN URSIDEN (THALARCTOS MARITIMUS, URSUS ARCTOS UND HELARCTOS MALAYANUS)

Von A. Kuntze, P. Hunsdorff und O. Kuntze

Klinische Diagnostik und Therapie verlassen auch in der Zootiermedizin zunehmend den unsicheren Boden der Empirie. Hämatologische und unterschiedlichste biochemische Befunde helfen, das Krankheitsbild prägnanter zu erfassen, subklinische Veränderungen relativ zeitig zu erkennen und den Gesundheitszustand des Patienten gezielt zu überwachen (EULENBERGER, 1973; EULENBERGER et al., 1972, 1974; ELZE et al., 1974; RÜEDI et al., 1979). Von nahezu allen Ursiden, die in den letzten Jahren aus unterschiedlichster Indikation immobilisiert werden mußten, wurde Blut entnommen, so daß unsere früheren Ergebnisse (KUNTZE und HUNSDORFF, 1985) sowohl zahlenmäßig wesentlich ergänzt als auch die Untersuchungspalette erweitert werden konnten.

Material und Methodik

Das Blut wurde bei den Eisbären meist aus der V. sublingualis, einmal aus der V. jugularis, bei Braun- und Malaienbären aus der V. cephalica antebrachii oder V. saphena entnommen. Die Patienten wurden entweder mit Xylazin-Methadon (Rompun^{R}-Polamivet^{R}) betäubt oder mit Ketamin-Xylazin (Ursotamin^{R}-Rompun^{R}) immobilisiert. Das Blut wurde baldmöglichst nach der Entnahme untersucht, das Serum durch Zentrifugieren abgetrennt. Nur die Glukose wurde mit dem Fermognost$^{(R)}$-Blutzuckertest enzymatisch aus dem Vollblut bestimmt. Alle übrigen biochemischen Parameter wurden aus dem Serum erhoben. Ca, P, Mg, Na, K, Chlorid, Fe, Eisenbindungskapazität, Cholesterol, Harnstoff, Kreatinin und Gesamteiweiß nach den gängigen klinisch-chemischen Untersuchungsmethoden (FURCHT et al., 1982) bestimmt. Die meisten Fermentaktivitäten (AST, ALT, AP, LAP) wurden mit Fermognost-Farbbestecken bestimmt. Die γ-GT-Enzymaktivität wurde mit dem Bio-Test (LACHEMA, Brno) erkannt. Die Bestimmung des NH_3 gelang mit Hilfe einer Phenol-Hypochloridlösung, die NH_3 zu Indophenol umsetzt, fotometrische Messung bis 615 nm.

Diskussion und Ergebnisse

Im Zusammenhang mit den von anderen Untersuchern (s. Tab. 1) erhobenen Werte lassen sich nunmehr klare Konturen des hämatologischen Referenzbereiches erkennen:
Demnach sind bei Thalarctos maritimus 5,3 - 6,5 Mill/mm^3 Erythrozyten, 0,38 - 0,46 (= 38 - 46 Vol%) Hämatokrit, 14 - 15,8 g% (= 8,69 - 9,80 mmol/l) Hämoglobin sowie 5,5 - 7,2 Tausend Leukozyten/mm^3 als physiologisch anzusehen. Während schwere Anämien wiederholt sicher nachweisbar waren: Erythrozyten 2,51 - 2,95, Hämoglobin 5,00 - 6,8 g% (= 3,10 - 4,22 mmol/l), Hämatokrit 0,20 - 0,27 (= 20 - 27 Vol%), wurden selbst bei gravierenden entzündlichen Prozessen (Abszesse, Phlegmonen, floride Pulpitiden) nur relative Leukozytosen (8,25 - 9,85 Tausend/mm^3) diagnostiziert. Mehr als 10000 Leukozyten/mm^3 wurden nur in 4 (von 42) Eisbärenproben registriert. Sehr viel aufschlußreicher war das Differentialblutbild: Mehr als 2 Stabkernige und 55 segmentkernige Neutrophile untermauerten entzündliche Alterationen. Abweichend zu unseren früheren Erfahrungen (KUNTZE und HUNSDORFF, 1985) wurden jetzt mehrfach Lymphozytosen (0,42 - 0,61) beobachtet, die wir mit EULENBERGER (1973) als altersbedingt ansehen. Andererseits wären relative Lymphopenien ($<$ 0,20) als Ausdruck zunehmender Alterung des Immunsystems erklärlich. Eine absolute Lymphopenie bei gleichzeitiger Leukozytose mit Linksverschiebung begleitete an einem multimorbiden (Herz, Niere, Leber) Eisbären eine akute Tonsillitis: Leukozyten: 10,7 / Stabkernige: 0,01 / Segmentkernige: 0,88 / Lymphozyten: 0,01 / Eosinophile: 0,05 / Monozyten: 0,05. Leider konnten hier, um dem Tier zusätzliche Narkosebelastungen zu ersparen, Verfolgskontrollen nicht vorgenommen werden.

Als Reaktion auf den - vordem unbekannten - Streß des täglichen Trainings in der Manege werten wir die Eosinophilie (0,13) eines zweijährigen Eisbären. Identische Reaktionen beobachten wir bei 1,3 gleichaltrigen Kodiakbären (Ursus arctos beringianus), die ebenfalls einem intensiven

Arbeitsprogramm unterworfen waren (Tab. 2). Signifikant höhere Leukozytenwerte als bei den adulten Braunbären unterstreichen unsere Vermutungen. Wenn man von den deutlich niedrigeren leukozytären Reaktionen der Ursiden einmal absieht (in keinem Falle wurden von uns mehr als 15 000 Leukozyten gefunden!), ähnelt das Hämogramm der Braunbären durchaus dem Blutbild des Haushundes (WALLACH - BOEVER, 1983; FOWLER, 1986). Interessant erscheint uns das Blutbild einer adulten Braunbärin, deren Unterlippe mindestens 20 h lang so über den mandibulären Dens caninus gestülpt und von ihm durchlöchert war, daß sich eine kräftige Phlegmone entwickelt hatte (Leukozyten: 8300 / Segmentkernige: 0,57 / Lymphozyten: 0,32 / Eosinophile: 0,04 / Monozyten: 0,07).

Wenngleich kontinuierliche Verfolgungsuntersuchungen aus den bekannten Gründen nicht vorgenommen werden konnten, so ermöglichten die von uns erhobenen Befunde oftmals eine frühzeitige Erkennung subklinischer Krankheitsbilder, deren exakte differentialdiagnostische Abgrenzung sowie die Einleitung zielgerichteter Therapiemaßnahmen und - last not least - die Absteckung der etwaigen Referenzbereiche für die meisten der von uns untersuchten Elektrolyte und Enzymaktivitäten. Kalzium- und Phophorblutspiegel korrelieren im Verhältnis 1,8 (1,01-2,9) : 1. Plasmakalziumkonzentrationen über 2,75 mmol/l (= 11 mg%) bei Jungbären haben wir als physiologisch angesehen, gleichhohe (= Hyper)kalzämien mit korrelierender Hyperphosphatämie (> 1,94 mmol/l = 6,0 mg%) aber im Zusammenhang mit dementsprechenden Harnbefunden bei adulten Eisbären beobachtet (KUNTZE, 1987). BENIRSCHKE et al. (1976) registrierten vergleichbare Alterationen bei Sibirischen Tigern.

Über die mit tetanieähnlichen Krampfanfällen einhergehende Hypokalzämie (1,58 mmol/l = 7,4 mg%) und Hypoproteinämie (53 g/l) einer säugenden Braunbärin wird an anderer Stelle zu berichten sein.

Obwohl bedrohliche Natrium- und Kaliumimbalanzen nicht registriert werden mußten, sind Verschiebungen in pathologische Bereiche unverkennbar. Das Bestreben der Na-K-Pumpe, das "osmotische Na-Skelett" (BROBST, 1984) des Extrazellularraumes aufrecht zu erhalten, setzt gesunde Parenchyme (Leber, Niere, Herz) voraus. Hyperkalämien (über 21,5 mg% = 5,50 mmol/l) können über Brachykardie, Arrhythmien und Kammerflimmern zum Herzstillstand führen. In einem unserer Fälle war eine "ketamintypische" Konvulsion nachweisbar. Wir sind sicher, daß die Hyperkalämie (7,24 mmol/l = 28,3 mg%) hypoxämisch verursacht wurde. Hier, wie bei den Hyperglykämien, sind sowohl pränarkotische Erregung als auch "narkose"bedingte Einflüsse nicht auszuschließen (SANKARI und WAHLBERG, 1980).

Der Gesamtproteingehalt unterliegt, ähnlich wie beim Sibirischen Tiger (EULENBERGER et al., 1974) altersabhängigen Schwankungen: Mehr als 76 g/l (Jungtiere) oder 84 g/l (adulte Bären) wurden bei erkrankten (Arthro-Hepato-Nephropathien) Bären ermittelt (KUNTZE, 1987). Hier, wie bei den Enzymaktivitäten, sind deutliche Abweichungen zu denen des Haushundes (Tab. 4 und 5) unverkennbar.

Nicht alle "normübergreifenden" Parameter dokumentieren krankhafte Zustände. Tierart-, alters-, geschlechts- und fütterungsabhängige Variationen sind bekannt (KRAFT und DÜRR, 1981). Selbst individuelle Abweichungen sind nicht auszuschließen. Diskussionswürdig erscheinen uns dennoch zwei Beobachtungen:

LEE et al. (1977) fiel auf, daß die in Fußfallen gefangenen Eisbären signifikant höhere SGOT (= AST)-Aktivitäten aufweisen als die in Fallgruben erbeuteten Tiere. Weit über der "Norm" liegende Werte (123 IE/l = 2050 nkat/l) wurden bei der oben erwähnten Braunbärin registriert, deren Unterlippe stundenlang vom Dens caninus aufgespießt war: ein deutlicher Hinweis für die Dauer des sicherlich schmerzhaften, mit Zellnekrosen einhergehenden Entzündungsprozesses.

Nur aus dem Plasma von 3 Braunbären gelang es uns, die Vitamin-A-Konzentration zu bestimmen. Sie lag mit 676 - 845 IE/l etwas unter den von RÜEDI et al. (1987) an drei verschiedenen Ursidenspezies (87 - 106 IE/100 ml) erhobenen Werten. Alle Versuche, mit den unterschiedlichsten Methoden, den Vitamin-A-Gehalt des Eisbärenplasmas zu erfassen, mißlangen. RÜEDI et al. (1987) vermuten "..., daß relativ wenig des in der Leber gespeicherten Vitamin A in die Blutbahn abgegeben wird". Ob und inwieweit hier Zusammenhänge mit der fehlenden Altersresistenz (Vitamin-A-mangelbedingte Immuntoleranz?) des Eisbären gegen seine hauptsächlichsten Parasitosen (Askaridose, Räude) bestehen, bedarf noch der Klärung.

Tabelle 1: Das Hämogramm des Eisbären (Eigene Untersuchungen/Literaturvergleich)

Autor:	eig. Unters. 1988	HAWKEY 1977	LEE et al. 1977	SEIDEL 1980	SOIFER 1970	WALLACH-BOEVER 1983 FOWLER 1986	WEDLICH 1981
Anzahl:	42	1	33	6	2	n.a.	n.a.
Erythrozyten: $10^6/\mu l$	12,51–7,18	8,7	4,46–8,56	3,77–8,71	6	5,43–7,69	6,17–7,28
Hb g% : (mmol/l):	8,1–21,35 (8,69–9,80)	21,7 (13,47)	12–15 (7,45–9,31)	8–19 (4,96–11,79)	16–18 (9,93–11,17)	15,8–19,3 (9,80–11,91)	14,0–16,7 (8,69–10,36)
HK SI :	0,20–0,54	0,60	0,37–0,50	n.a.	0,50–0,55	0,46–0,56	0,42–0,53
Leukozyten: $10^3/\mu l$	3,8–16,35 (5,5–7,2)	10,0	2,8–11,6 (5,8)	4,8–10,1	10–14	6,3–13,9	8,1–10,3
Stabkernige:	0–5	0	n.a.	2–9	n.a.	0	n.a.
Segmentkernige:	0,33–0,88	0,72	n.a.	0,32–0,70	0,75	0,75	n.a.
Lymphozyten:	0,01–0,61	0,15	n.a.	0,18–0,43	0,12	0,12	n.a.
Monozyten:	0–0,09	0,05	n.a.	0,01–0,045	0,07	0,07	n.a.
Eosinophile:	0–0,13	0,08	n.a.	0,015–0,19	0,06	0,06	n.a.
Basophile:	0	n.a.	n.a.	0	0	0 – 0,01	n.a.

n.a. = nicht angegeben

Tabelle 2: Das Hämogramm des Braunbären (Eigene Untersuchungen/Literaturvergleich)

Autor:	eigene Unters. 1988		SOIFER 1970	FOWLER, WALLACH-BOEVER 1986 1983	KRAFT-DÜRR 1981 Hunde	MILLS 1985 Hunde
Anzahl:	10 adult	10 juv.	2	n.a.	n.a.	n.a.
Erythrozyten: $10^6/\mu l$	5,11–6,80	5,8–6,9	8	5,20 – 7,05	5,5 – 8,5	5,5 – 8,5
Hb g% : (mmol/l):	15,0–20,8 (9,3–12,01)	14,6–19,75 (9,05–12,25)	22	14,9 – 22,4 g%	15,0 – 19,0	n.a.
HK Vol% : (SI) :	38–52 (0,38–0,52)	36–50 (0,36–0,50)	45–50	42 – 65	44 – 52	37 – 55
Leukozyten: $10^3/\mu l$	3,1–13,4	9,25–12,45	6–8	8,3 – 16,6	6 – 12	6 – 17
Eosinophile:	0–4	10–14	7	0 – 1	0 – 4	2 – 10
Stabkernige:	0–6	0–11			0 – 4	0 – 3
Segmentkernige:	58–82	62–76	70,3	60	55 – 75	60 – 77
Lymphozyten:	12–39	8–25	20	35	13 – 30	12 – 30
Monozyten:	0–4	0–6	7	4	0 – 5	3 – 10

n.a. = n' cht angegeben

Tabelle 3: Das Hämogramm des Malaienbären (Eigene Untersuchungen/Literaturvergleich)

Autor:	Eigene Untersuchungen, 1988	FOWLER, 1986
Anzahl:	2	n.a.
Erythrozyten 10^6/µl:	4,12 - 5,40	4,62 - 6,78
Hb g% (mmol/l):	14,0 (8,7)	11,1 - 16,8
HK Vol% (SI):	37/42 (0,37 / 0,42)	35 - 53
Leukozyten 10^3/µl	4,8 - 9,7	11,2 - 23,2
Eosinophile	0,02 / 0,02	n.a.
Stabkernige	0,06 / 0	n.a.
Segmentkernige	0,64 / 0,58	n.a.
Lymphozyten	0,23 / 0,38	n.a.
Monozyten	0,05 / 0,02	n.a.

n.a. = nicht angegeben

Tabelle 4: Biochemische Parameter von Eisbären (Eigene Untersuchung/Literaturvergleich

Autor: (n = Anzahl)		Eig.Unters. 1988	LEE et al. 1977 n = 33	WALLACH-BOEVER 1983 n = 1	WEDLICH 1982
Ca mmol/l, (mg%):	n = 29	2,12-3,04 (8,5-12,2)	(7,7-9,7)	(8,7)	ad. (7,2-8,9) juv. (10,1)
P mmol/l (mg%):	n = 30	1,96-2,88 (4,76-8,90)	(3,3-7,9)	(4,8)	
Mg mmol/l, (mg%):	n = 16	0,42-1,19 (1,4 -2,9)	(1,5-2,7)	n.a.	(2,1 - 2,2)
Na mmol/l, (mg%):	n = 16	133,4-153 (308-352)	139-142	n.a.	139-142
Cl mmol/l, (mg%):	n = 14	96,7-118 (343-419)	94-109	n.a.	96-109
K mmol/l (mg%):	n = 10	3,61-7,24 (14,1-28,3	3,8-3,9	n.a.	3,8-3,9
Fe µmol/l, (µg%):	n = 19	12 - 54 (67-302)	n.a.	n.a.	n.a.
EBK µmol/l, (µg%):	n = 19	28,72-51,01 (168-296)	n.a.	n.a.	n.a.
Gesamtprotein, g/l:	n = 23	64,9-119,5 72,1-83,0	59 - 82	82	68 - 86
Bilirub. µmol/l:	n = 12	nicht nachweisb. 4,98	n.a.	0,4 mg%	n.a.
Glukose mmol/l, (mg%):	n = 30	4,2-7,8 (85,8-140,4)	(48-156)	n.a.	n.a.
Chol. mmol/l, (mg%):	n = 13	4,24-8,07 (164-312)	(153-525)	(270)	(231-357)
Harnstoff mmol/l (mg%):	n = 26	3,20-15,5 (19,2-93,2)	(8,3-22,0)	n.a.	(8,3-22)
Kreatinin µmol/l; (mg%)	n = 32	55,7-275 (0,63-3,11)	n.a.	(0,8)	n.a.
AST nkat/l (GOT) (E/l):	n = 33	300-1217 (18-73)	(0 - 1,5)	(65)	n.a.

Tabelle 4 (Fortsetzung)

		Eig.-Unters. 1988	LEE et al. 1977	WALLACH BOEVER 1983	WEDLICH 1982
ALT nkat/l (GPT) (E/l):	n = 30	90–450 (5–27)	(0 – 15) in Fußfalle! (11–55)	n.a.	n.a.
AP nkat/l, (E/l):	n = 30	75–1170 (4,5–70,38)	ad. (4–30) juv. (8–118)	(15)	ad. (15,1 ± 8,2) juv. (45,7 ± 37,5)
γ-GT nkat/l, (E/l):	n = 20	57–3520 (3,4–211,2)	n.a.	(70)	n.a.

Tabelle 5: Biochemische Parameter von Braun- und Malaienbären (Eigene Untersuchungen/Vergleich mit Literatur und Haushund)

	Eigene Untersuchungen 1988			KRAFT/DÜRR 1981	MILLS 1985	WEDLICH 1982
	ad.Braunb.	juv.Kodiakb.	Malaienb.			
Ca mmol/l, (mg%):	n=14 1,58–2,54 (7,4–10,2)	n=8 2,29–3,14 (9,18–12,6)	n=2 2,16–2,34 (8,66–9,38)	2,0–3,0	2,32–2,82 (9,3–11,3)	(8,4–11,1)
P mmol/l, (mg%):	n=10 1,10–2,80 (3,4–8,65)	n=9 1,92–2,77 (5,95–8,60)	n=2 1,34–156 (3,96–4,83)	(2,9–5,0)	n.a.	(4,1–5,35)
Mg mmol/l, (mg%):	n=12 0,80–0,98 (1,9–2,38)	n=8 0,93–1,13 (2,26–2,74)	n=2 0,80–1,11 (1,96–2,70)	0,6–1,3	0,74–0,98 (1,8–2,4)	n.a.
Na mmol/l, (mg%):	n=5 134–144 (308–331)	n=12 138–153 (317–352)	n=2 137–143 (314–322)	140–155	141–152,3	137–153
Cl mmol/l, (mg%):	n=3 95–103,2 (337–366)	n=2 101,9–104,4 (361–370)	n=2 112,3–98,1 (398–247)	96–113	105–115	99–113
K mmol/l, (mg%):	n=3 4,98–7,67 (19,5–30)	n=10 3,70–5,25 (14,5–20,5)	n=2 4,34–4,29 (16,9–16,7)	3,5–5,1	4,37–5,65	4,05–4,74
Fe µmol/l, (µg%):	n=14 20–114,6 (111–640)	n=9 27,4–79,0 (153–441,2)	n=2 16,8–26,0 (94–145,2)	100–170	16,8–21,8 (94–122)	n.a.
EBK µmol/l, (µg%):	n=8 170–407 (30,4–74)	n=2 195,5–245,7 (35–44)	n=1 235 42	n.a.	280–340 (50–60)	n.a.
Protein g/l:	n=8 53–102	n=10 64,6–76,5	n=2 77–73,6	55–75	54–71	71–72
Bilirub. µmol/l:	n=3 n.n.–13,68	n=2 0,87–1,96	n=2 n.n.	(0,2) mg%	1 – 2	n.a.

Tabelle 5 (Fortsetzung)

	Eigene Untersuchungen 1988			KRAFT/DÜRR 1981	MILLS 1985	WEDLICH 1982
	ad.Braunb.	juv.Kodiakb.	Malaienb.			
Glukose mmol/l ; (mg%)	n=8 2,60–12,37 (46,9–223)	n=3 7,55–9,58 (136–172)	n=2 10,1–7,16 (182–129)	3,0–5,5 (55–100)	3,57–6,49 (65–118)	(108–136)
Chol mmol/l (mg%):	n=2 3,91–6,64 (151,2–256)	n=2 7,96–9,33 (307,8–360,8)	n=2 5,76–4,34 (232,7–168)	2,6–6,5 (100–250)	3,51–7,02 (135–270)	(242–258)
Harnstoff mmol/l (mg%) :	n=9 3,42–9,22 (20,5–55,4)	n=5 3,92–5,91 (23,5–35,5)	n=2 4,41–5,00 (26,46–30,0)	(20–50,0)	3,6–10,0 (10–28)	(16,6)
Kreatinin µmol/l : (µg%)	n=11 79,5–186 (0,9–2,1)	n=10 58,1–83,6 (0,66–0,95)	n=2 113,8–126,4 (1,29–1,42)	(– 1,6	44–133 (0,5–1,5)	(1,59–1,71)
AST nkat/l (GOT) : (E/l)	n=14 280–2050 (16,8–123)	n=6 900–1250 (54–75)	n=2 125–560 (7,5–33,6)	(– 40)	(23–66)	n.a.
ALT nkat/l (GPT): (E/l)	n=14 168–813 (10–49)	n=6 432–600 (25,9–36)	n=2 1200–248 (72–14,88)	(– 50)	(10–21)	n.a.
AP nkat/l (E/l)	n=14 38–417 (2,28–25)	n=10 499–788 (29,9–46,1)	n=2 129–219 (7,74–13,14)	(190)	(20–156)	n.a.
γGT nkat/l : (E/l)	n=8 88–480 (5,3–29)	n=8 46–161 (2,76–9,66)	n=2 258–193 (15,4–11,6)	(– 6)	(1,2–6,4)	n.a.
CPK nkat/l (E/l) :	n=7 83–784 (5–47)	n=2 248–298 (14,94–17,88)	n.u.	(– 80)	(6–80)	n.a.
LAP nkat/l (E/l):	n=2 236–560 (20,1–33,6)	n=2 153–115 (29,2–6,9)	n=2 656 (22)		45–233	(43–65)
Vit.A IE/l	n=3 676–845	676–845	n.u.	n.a.	n.a.	n.a.

n = Anzahl n.u. = nicht untersucht n.n. = nicht nachweisbar
n.a. = nicht angegeben

Zusammenfassung

Weitere hämatologische und biochemische Befunde von gesunden und kranken Ursiden (Thalarctos maritimus, Ursus arctos und Helarctus malayanus)

Die an (überwiegend) sehr alten Eisbären (Thalarctos maritimus), adulten Braun- (Ursus arctos), juvenilen Kodiakbären (U. arctos beringianus) und einer Malaienbärin (Helarctos malayanus) ermittelten hämatologischen und biochemischen Befunde (Ca, P, Mg, Na, Cl., K, Fe, Gesamtprotein, Bilirubin, Glukose, Cholesterin, Harnstoff, Kreatinin, AST, ALT, AP, γGT, CPK) werden tabellarisch vorgestellt. Ausgeprägte Leukozytosen (über 10000/mm³) wurden nur ausnahmsweise registriert. Diagnostisch aussagefähiger (Linksverschiebung) war das Differentialblutbild. Anhand typischer Beispiele wird die Aussagekraft unterschiedlichster Parameter demonstriert. Die Bestimmung des Plasma-Vitamin-A-Gehaltes beim Eisbär mißlang.

Summary

Additional Haematological and Biochemical Findings recorded from Clinically Intact and Pathologically Affected Ursine Animals (Thalarctos maritimus, Ursus arctos, and Helarctos malayanus)

The probands reviewed in this paper included polar bears (Thalarctos maritimus), most of them in highly advanced age, adult brown bears (Ursus arctos), juvenile Kodiak bears (Ursus arctos beringianus), and a female Malayan sun bear (Helarctos malayanus). Haematological and biochemical findings recorded from them are presented in tabulated form. They are relating to calcium, phosphorus, magnesium, sodium, chlorine, potassium, iron, total protein, bilirubin, glucose, cholesterol, urea, creatinine, AST, ALT, AP, GT, and CPK. Clearly pronounced leucocytosis (above 10,000/mm^3) was recorded only in exceptional cases. The differential blood count (left displacement) provided more consistent information. The informative potential of most various parameters is demonstrated by some typical examples. Attempts failed to determine vitamin A levels in plasma of polar bear.

Résumé

Constatations ultérieures hématologiques et biochimiques des ursides en bonne santé et malades (Thalarctos maritimus, Ursus arctos et Helarctos malayanus)

Les auteurs présentent des tableaux qui contiennent les constatations hématologiques et biochimiques (Ca, P, Mg, Na, Cl, K, Fe, totalité des proteines, bilirubine, glucose, cholestérol, urée, créatinine, AST, ALT, AP, GT, CPK) qu'ils ont déterminées chez les ours polaires (Thalarctos maritimus) en partie très vieux, les ours bruns (Ursus arctos) adultes et ours Kodiak juveniles (U. arctos beringianus). Des leucocytoses ont été des exceptions. La formule hématologique différentielle a été plus importante du point de vue diagnostic (déplacement vers la gauche). Les auteurs discutent le potentiel diagnostic des différents paramètres sur la base des exemples typiques. La détermination de la teneur en plasma vitamine A chez l'ours polaire a échoué.

Резюме

Дальнейшие гематологические и биохимические исследования здоровых и больных медведей (Thalarctos maritimus, Ursus arctos und Helarctus Malayanus)

В таблицах собраны данные гематологических и биохимических исследований состава крови как Ca,P, Mg, Na, Cl.,K, Fe , общего белка, билирубина, глюкозы, холестерина,мочевины, креатина AST, ALT, AP, GT, CPK , полученные от очень старого белого медведя (Thalarctos maritimus), адультного коричневого (Ursus arctos), ювенильного кадилакового (U.arctos beringianus) и малайской медведицы (Helarctos malyanus). Повышенный лейкоцитоз (выше чем 1000мм³)регистрировался только в исключительном случае.Картина крови диагностетически была сдвинута влево.На основе некоторых параметров демонстрируются результаты исследований.Определение содержания витамина A в плазме у белого медведя определить не удалось.

Literaturverzeichnis

BENIRSCHKE, K., GRINER, L.A., and S.-L. SALZSTEIN (1976): Pathological findings in Siberian Tigers. Verh.ber. Erkrg. Zootiere 18, 263 - 273.

BROBST, D. (1984): Abnormalities of Plasma Sodium Concentration and Water Balance. Calif. Vet. 9, 20 - 23, 48.

ELZE, K., EULENBERGER, K., SEIFERT, S., KRONBERGER, H., SCHÜPPEL, K.-F., und U. SCHNURRBUSCH (1974): Auswertung der Krankengeschichten der Felidenpatienten (1958-1973) des Zoos Leipzig. Verh.ber. Erkrg. Zootiere 16, 5 - 18.

EULENBERGER, K. (1973): Untersuchungen zur Hämatologie (Vitamin-A-Serumgehalt und Hämogramm) und Klinik von Vitaminmangelerkrankungen bei Sibirischen Tigern, Löwen und anderen Feliden des Leipziger Zoologischen Gartens. Vet. med. Diss. Leipzig.

EULENBERGER, K., SCHUMACHER, U., ELZE, K., und S. SEIFERT (1974): Der Gesamteiweißgehalt und das Elektropherogramm des Blutserums in verschiedenen Altersstadien des Sibirischen Tigers (Panthera tigris altaica). Verh.ber. Erkrg. Zootiere 16, 143 - 149.

FOWLER, M.E. (1986): Zoo and Wild Animal Medicine. Sec. Edition. Philadelphia, London, Toronto, Mexico City, Rio de Janeiro, Sydney, Tokio, Hong Kong: W.B. Saunders Comp.

FURCHT, G., GRÄTSCH, U., und H. SEIDEL (1982): Klinisch-chemische Untersuchungsmethoden für veterinärmedizinische Einrichtungen der DDR. Lose Blattsammlung des Institutes für angewandte Tierhygiene Eberswalde-Finow.

HAWKEY, C.M. (1977): Comparative Mammalian Haematology. Cellular Components and Blood Coagulation of Captive Wild Animals. London: William Heinemann Medical Books CTD.

KRAFT, W., und U.M. DÜRR (1981): Kompendium der Klinischen Laboratoriumsdiagnostik bei Hund, Katze, Pferd. 2. erw. Aufl. Hannover: M. und H. Schaper.

KUNTZE, A. (1987): Alterskrankheiten in einer Zirkus-Eisbärengruppe. Verh.ber. Erkrg. Zootiere 29, 265 - 270.

KUNTZE, A., und P. HUNSDORFF (1985): Hämatologische und biochemische Parameter von gesunden und kranken Eisbären (Thalarctos maritimus) und Braunbären (Ursus arctos). Verh.ber. Erkrg. Zootiere 27, 385 - 391.

LEE, J., RONALD, K., and N.A. ORITSLAND (1977): Some blood values of wild polar bears. J. Wildl. Management 41, 520 - 526.

LIPPERT, H. (1980): SI-Einheiten in der Medizin. Bearb. von H.-J. RADERECHT und A. GABLER. Jena: Gustav Fischer.

MILLS, J.N. (1985): Normal laboratory Values in SLATTER (1985).

RÜEDI, D., VÖLLM, J., HELDSTAB, A., und P. KELLER (1979): Vitamin- und Enzymbestimmungen im Rahmen klinischer Diagnostik. Verh.ber. Erkrg. Zootiere 21, 21 - 31.

RÜEDI, D., VÖLLM, J., und A. HELDSTAB (1987): Vitamin-Untersuchungen als diagnostisches Hilfsmittel bei Raubtieren. Verh.ber. Erkrg. Zootiere 29, 271 - 276.

SANKARI, S., and C. WAHLBERG (1980): Further Haematological and Biochemical Reference Values of Snow Leopards (Panthera nucia). Verh.ber. Erkrg. Zootiere 22, 211 - 213.

SEIDEL, B. (1980): Klinischer Beitrag zur Hämatologie bei Eisbären (Thalarctos maritimus). Milu 5, 298 - 302.

SLATTER, D.H. (1985): Textbook of Small Animal Surgery. Philadelphia, London, Toronto, Mexico City, Rio de Janeiro, Sydney, Tokyo: W.B. Saunders Company.

SOIFER, F. (1970): Report of Physiological Normals Committee. Ann. Proc. Am. Ass. Zoo Vet. 120 - 122.

WALLACH, J.D., and W.I. BOEVER (1983): Diseases of Exotic Animals. Medical and Surgical Management. Philadelphia, London, Toronto, Mexico City, Rio de Janeiro, Sydney, Tokyo: W.B. Saunders Company.

WEDLICH, V. (1982): Großbären (Ursidae) in der veterinärmedizinischen Literatur. Vet. Med. Diss., Hannover.

Anschrift der Verfasser: VR Dr. habil. A. K u n t z e
Robert-Siewert-Straße 34
DDR-1157 Berlin (DDR)

Aus dem Thüringer Zoopark Erfurt (Direktor: VR Prof. Dr. D. ALTMANN) und dem Wissenschaftsbereich Pathologie (Leiter: VR Prof. Dr. sc. U. JOHANNSEN) der Sektion Tierproduktion und Veterinärmedizin der Karl-Marx-Universität Leipzig

EIN BEITRAG ZUR THERAPIE UND PATHOLOGIE DER TOXOPLASMOSE BEI BENNETTKÄNGURUHS

Von D. Altmann und K.-F. Schüppel

Der Thüringer Zoopark Erfurt verfügt seit Juni 1984 über eine Gruppe Bennettkänguruhs, die sich gut vermehrte und über die in anderem Zusammenhang (ALTMANN, 1986) bereits in einem Symposiumsbericht berichtet wurde. In dieser Arbeit wurde auch über alle Fragen der Haltung, Ernährung etc. dieser Gruppe berichtet. Im August 1987 bestand die Gruppe aus 6,4 Tieren zwischen juvenil und vollerwachsen.

Ende August 1987 erkrankten im Abstand von einem bis wenige Tage insgesamt 2,3 dieser Känguruhs. Die ersten drei Tiere verstarben zum Teil innerhalb weniger Stunden, nachdem sie am Tage zuvor und teilweise sogar nur wenige Stunden zuvor keinerlei Verschlechterungen im Allgemeinbefinden gezeigt hatten. Einige verstarben aber auch erst am Tage nach dem Einsetzen der Krankheitssymptome. Die Tiere wiesen eine plötzlich einsetzende und sich von Stunde zu Stunde intensivierende Apathie auf. Einige Tiere hatten Schaum vor dem Mund, zeigten eine beschleunigte und pumpende Atmung. Bei zwei der Tiere entwickelten sich Augenausfluß. Als Therapie wurden folgende Präparate eingesetzt:

Otesolut ^{R}-Depot (250 mg Oxytetrazyklin in 3 ml, VEB Jenapharm),
Polymyxin B (500.000 I.E. Polymyxin-B-Sulfat pro Ampulle, Pfizer GmbH Karlsruhe),
Sulfadimidin (20,0 g Sulfadimidin als Natriumsalz in 100 ml, VEB Serum-Werk Bernburg),
Dicophedrin ^{R} (100 ml enthalten: 0,003 g Digitoxin, 35,0 g Coff.-Natrium-saic., 1,0 g Ephedrinhydrochlorid, 4,0 g Ethanol, 0,45 g Phenol, VEB Serum-Werk Bernburg),
Ursovit ^{R} A wäßrig (1 ml enthält: 50.000 I.E. Vitamin A, 1 mg Sorbinsäure, VEB Serum-Werk Bernburg),
Ursovit ^{R} AD$_3$EC wäßrig (1 ml enthält: 50.000 I.E. Vitamin A, 5.000 I.E. Vitamin D$_3$, 30 mg Vitamin E, 100 mg Vitamin C, VEB Serum-Werk Bernburg),
Vitamin B-Komplex (1 ml enthält: 10,0 mg Vitamin B$_1$, 0,3 mg Vitamin B$_2$, 0,8 mg Vitamin B$_6$, 0,06 mg Vitamin B$_{12}$, 0,8 mg Dexpanthenol, 20,0 mg Nicotinamid, VEB Serum-Werk Bernburg),
Ursoselevit ^{R} (1 ml enthält: 5 mg Natriumselenit, 30 mg -Tocopherolacetat, VEB Serum-Werk Bernburg),
Prednisolon (1 ml enthält: 10 mg Prednisolonacetat, 9,9 mg Benzylalkohol, VEB Jenapharm).

Die Therapie blieb jedoch ohne sichtbaren Erfolg. Nach der Obduktion der drei ersten Tiere zeigten sich bereits Hinweise auf das mögliche Vorliegen einer Toxoplasmose. Die pathologische, auch histologische sowie mikrobiologische und parasitologische Untersuchung der fünf (2,3) Bennettkänguruhs ergab im einzelnen folgendes:

Bei den drei zuerst eingesandten Tieren (2,1) wurden bei der Obduktion weitgehend übereinstimmende Befunde ermittelt. In der Herzmuskulatur lagen miliare bis haferkorngroße hellgraue streifige Herdveränderungen vor, die auf histologisch erkennbare Muskelnekrosen und kleine Zellinfiltrate, aus Leukozyten und Histiozyten bestehend, zurückzuführen waren. In den Herzmuskelzellen konnten zahlreiche Toxoplasmazystozoiten nachgewiesen werden. Bei zwei Tieren wies die Lunge eine fibrinöse Pneumonie und bei einem Tier eine fibrinös-eitrige Pneumonie auf, die bis auf einige emphysematöse Gebiete am Margo acutus der Lungenlappen die gesamte Lunge erfaßte. Histologisch konnten extrazellulär gelegene Endozoiten und Toxoplasmazysten ermittelt werden. Die Leber erschien geschwollen und blutgestaut. Mikroskopisch waren zahlreiche frische kleine Nekroseherdchen, eine diffuse Sternzellenaktivierung, Retothelknötchen und kleine Granulome nachweisbar. Nur sehr vereinzelt wurden in der Leber Toxoplasmazysten aufgefunden. Die Milz war leicht geschwollen. In den Nieren und am Magen-Darm-Kanal waren keine Veränderungen zu beobachten. Bei einem Tier lag ein geringgradiger Strongyloidesbefall im Darmkanal vor.
Bei dem weiblichen Tier wurde eine akute Mastitis festgestellt. Die histologische Gehirnuntersuchung ergab bei den drei Tieren eine nichteitrige Herdenzephalitis mit perivaskulären Gefäßinfiltraten und multiplen Gliaknötchen in allen Gehirnabschnitten. Am deutlichsten erschienen die Veränderungen im Großhirn. Dort konnten auch verhältnismäßig zahlreich die Toxoplasmazystozoiten aufgefunden werden. Durch die bakteriologischen Untersuchungen konnten keine patho-

genen Krankheitserreger nachgewiesen werden.[+] Von den zuletzt verstorbenen zwei weiblichen Tieren war ein Känguruh infolge fortgeschrittener Autolyse nicht weiter zu befunden. Bei dem anderen Tier wurde lediglich eine nichteitrige Enzephalitis nachgewiesen, jedoch waren Toxoplasmazysten in den Organen nicht aufzufinden.

Wie bereits erwähnt, gab es bereits nach der makroskopischen Untersuchung der ersten drei verstorbenen Känguruhs, auch unter Berücksichtigung der klinischen Befunde, den Hinweis auf eine Toxoplasmose (Toxoplasma gondii), eine Erkrankung, an der Beuteltiere zum Teil enzootisch unter großen Verlusten erkranken können (MOLLER, 1962; SPANOGHE et al., 1972; WIESNER, 1976). Dabei gelten neben Phalangern, Nasenbeutlern, Wombats und Beutelmardern die Känguruhs als besonders empfänglich (THOMPSON und REED, 1957; WINTER, 1959; DOBOS-KOVÁCZ et al., 1974; SCHRÖDER und IPPEN, 1976; WIESNER, 1976; FINNIE, 1978). Allerdings weist WIESNER (1976) in diesem Zusammenhang darauf hin, daß der Krankheitsverlauf meist chronisch sei. Bei unseren Fällen zeigte sich jedoch ein außerordentlich akuter Verlauf.

HIEPE (1975) weist bei einer landwirtschaftlichen Nutztierform, die besonders oft an Toxoplasmose erkrankt, dem Hausschaf, darauf hin, daß "ein wirksames Therapieverfahren ... nicht bekannt ist". HILGENFELD (1964), MERCK und Co. (1967) und WIESNER (1976) führen aus, daß die therapieresistenten Erregerzysten auch bei einer gezielten Kombinationstherapie von Sulfonamiden mit Daraprime [R] (ca. 0,5 - 1 mg/kg KM) über mindestens 21 Tage nicht mit Sicherheit erfaßt werden und "die Neigung zu Rezidiven deshalb entsprechend groß" ist.

SPRÖSSIG und ANGER (1976) empfehlen bei der Toxoplasmose-Therapie beim Menschen eine Kombination von Sulfonamiden und Pyrimethamin (Daraprim, Tindurin) in einer Dosierung von 6,0 - 8,0 g bei Kurzzeit- bzw. 0,5 - 1,0 g bei Langzeitsulfonamiden und 25 - 50 mg Pyrimethamin per os bei einer Therapiedauer von 12 - 21 Tagen. Diese Autoren weisen weiter darauf hin, daß die Therapieergebnisse deshalb nur begrenzt sind, weil nur die freien, extrazellulären Toxoplasmen therapeutisch erfaßt werden, nicht aber die intrazellulären und enzystierten Formen. Schließlich wird auf eine zu diesem Zeitpunkt (1976) neue Therapie mit Kombinationspräparaten von Trimethoprim mit Sulfamethoxazol (Sulprim, Bactrim) aufmerksam gemacht. Hier erfolgt beim Menschen ebenfalls eine orale Therapie.

Da uns auch nur diesbezüglich oral zu applizierende Präparate zur Verfügung standen, verabreichten wir dem vierten und fünften erkrankten Tier (ein sehr altes Weibchen und ein erwachsenes weibliches Tier) und den bis dahin klinisch unveränderten restlichen 4,1 Känguruhs täglich neben Sulfadimidin, das zum Teil intramuskulär, zum Teil subkutan verabreicht wurde, Berlocombin [R]-Oralsuspension (5 ml enthalten: 40 mg Trimethoprim, 60 mg Sulfamerazin, 2,5 g Saccharose, VEB Berlin-Chemie). Außerdem erhielten die Tiere, wie bei den zuerst erkrankten drei Tieren schon beschrieben, dazu noch Dicophedrin [R], alle wichtigen Vitamine und Prednisolon. Bei der oralen Verabreichung der Berlocombin [R]-Oralsuspension gab es gewisse Schwierigkeiten, da die Tiere, nicht zuletzt erregungsbedingt, nicht sofort die notwendige Dosis abschluckten. Es wurde aber in der Regel soviel des Präparates verabreicht, daß eine ausreichende Dosierung erfolgt sein dürfte (je nach Gewicht der Tiere zwischen 3 und 8 ml Oralsuspension täglich).

Es erschien uns aber doch günstiger, um eine weitestmögliche therapeutische Sicherheit zu erlangen, den Känguruhs ein solches Chemotherapeutikum außerdem parenteral zu verabreichen. Hierzu stand uns dann ab 6.9.1987 lidaprim "linz" in Form von 250 ml-Infusionsflaschen zur Verfügung. Dieses Präparat ist in dieser Form zur Infusion bei Menschen gedacht. Dabei wird darauf hingewiesen, daß bei der Verabreichung an Kinder bislang keine Erfahrungen vorliegen. Eine Infusionsflasche mit 250 ml enthält: 861,5 mg Sulfametrol-Na-Salz (entsprechend 800,0 mg Sulfametrol), 160,0 mg Trimethoprim, 17,5 g Sorbit. Um einerseits bei intramuskulärer bzw. subkutaner Injektion eine ausreichende therapeutische Dosis zu erlangen, nur diese beiden parenteralen Applikationsformen erschienen uns zumal über längere Dauer bei Känguruhs angeraten, andererseits aber keine lokalen Reizerscheinungen, besonders durch den Sorbitgehalt zu er-

---

[+] Die bakteriologischen Untersuchungen wurden im Wissenschaftsbereich Mikrobiologie und Tierseuchenlehre der Sektion Tierproduktion und Veterinärmedizin der Karl-Marx-Universität Leipzig (Leiter: NPT OVR Prof. Dr. sc. H. L i e b e r m a n n) durchgeführt, wofür wir an dieser Stelle recht herzlich danken.

zielen, wurde jeweils die zu verabreichende lidaprim-Menge mit der gleichen Menge physiologischer Kochsalzlösung verdünnt. Außerdem wurde jeweils eine Ampulle Hylase R "Dessau" (1 Ampulle enthält: 1.500 I.E. Hyaluronidase, Institut für Impfstoffe Dessau) hinzugefügt.
So erhielt jedes Känguruh vom 6.9. bis 14.9.1987 nachfolgende Therapie:

1. lidaprim "linz"

1.1. 1,0 erwachsenes Känguruh: 15 ml, verdünnt mit 15 ml physiologischer Kochsalzlösung plus eine Ampulle Hylase (1.500 I.E.)

1.2. 3,0 halbwüchsige Känguruhs: 8 ml, verdünnt mit 8 ml physiologischer Kochsalzlösung plus eine Ampulle Hylase (1.500 I.E.)

1.3. 0,2 erwachsene Känguruhs: 12 ml, verdünnt mit 12 ml physiologischer Kochsalzlösung plus eine Ampulle Hylase (1.500 I.E.)

Dabei wurde in allen Fällen ein Drittel intramuskulär und zwei Drittel subkutan, jeweils verteilt auf mehrere Körperstellen, verabreicht.

2. Sulfadimidin,
je nach Größe des Tieres 2 bis 5 ml intramuskulär und 7 bis 11 ml subkutan, wiederum auf mehrere Körperstellen verteilt,

3. Dicophedrin R,
je nach Größe der Känguruhs 0,5 bis 1,5 ml subkutan,

4. Vitamine
In Abständen von einigen Tagen erhielten alle Känguruhs intramuskulär als Cocktail verabreicht: 2 bis 3 ml Ursovit R A,
0,5 bis 1 ml Ursovit R AD_3EC,
2 bis 3 ml Vitamin B-Komplex,
0,5 bis 1 ml Ursoselevit.

Getrennt davon verabreichten wir ebenfalls intramuskulär verteilt auf mehrere Körperstellen 1 bis 2 ml Ascorvit R (5 ml enthalten: 500 mg Ascorbinsäure), jeweils verdünnt mit 3 bis 6 ml physiologischer Kochsalzlösung plus 1 Ampulle Hylase (1.500 I.E.).

5. Berlocombin R-Oralsuspension,
je nach Größe der Känguruhs 3 bis 8 ml per os.

Die beiden zuletzt erkrankten weiblichen Känguruhs verstarben nach einigen Tagen dieser Behandlung am 8.9. und 14.9.1987. Leider liegt von dem vierten erkrankten Känguruh aus dem oben genannten Grunde kein Obduktionsbefund vor. Der Obduktionsbefund des fünften verstorbenen Känguruhs läßt eine beginnende, jedoch nicht ausreichende therapeutische Wirkung vermuten, obwohl natürlich auch ein längerer Krankheitsverlauf möglich ist, zumal THOMPSON und REED (1957), WINTER (1959) und WIESNER (1976) ja bei Beuteltieren besonders auf die chronische Verlaufsform der Toxoplasmose hinwiesen.

Ergänzend ist zu sagen, daß einige der vom 6.9. bis zum 14.9.1987 täglich mit lidaprim-Berlocombin-Sulfadimidin behandelten Känguruhs abschnittsweise etwas putriden Augenausfluß zeigten, der nach Säubern der Augen bzw. Konjunktivalbereiche mit Chloramphenikol-Prednisolon-Augentropfen (SR) behandelt wurde.

Im Laufe der neuntägigen, beschriebenen Behandlung traten, sicher durch das zwar verdünnte lidaprim bedingt, bei einigen Tieren an vereinzelten Körperstellen, und zwar sowohl an Stellen, wo eine intramuskuläre, als auch an Stellen, wo eine subkutane Verabreichung stattgefunden hatte, lokale Reizerscheinungen auf. Diese wurden, soweit es sich um offene Stellen handelte, täglich mit einer wäßrigen Jenacillin A-Streptomycin-Lösung (1 Ampulle Jenacillin A (1.500.000 I.E. Benzylpenicillin-Prokain, 500.000 I.E. Benzylpenicillin-Natrium, VEB Jenapharm), 1 Ampulle Streptomycin (1 g Streptomycinbase als Streptomycinsulfat, VEB Jenapharm), 10 ml physiologische Kochsalzlösung) behandelt und heilten komplikationslos ab.

Da eine Langzeittherapie wegen der therapieresistenten Erregerzysten bzw. der genauso therapieresistenten intrazellulären Toxoplasmoseformen angezeigt schien, erhielten die überlebenden 4,1 Känguruhs ab 15.9.87 bis zum 7.11.87, das heißt über einen Zeitraum von 54 Tagen, lidaprim "linz" ins Trinkwasser. Bis zum Berichtszeitpunkt sind alle fünf Känguruhs ohne klinische Befunde. Beim Weibchen schaut ein Jungtier aus dem Beutel.

Da diagnostische Untersuchungen an den fünf überlebenden Känguruhs schon aus der Sicht, den Tieren weitere Erregungssituationen zu ersparen, unterlassen wurden, ist natürlich kein ein-

deutiger Beweis zu führen, daß die genannten therapeutischen Maßnahmen einen Heilerfolg erzielt haben. Die besagten Tiere hätten vielleicht auch ohne Therapie überlebt.
Es scheint aber doch die berechtigte Vermutung zu bestehen, daß eine gezielte Therapie der Toxoplasmose bei Känguruhs in Form einer langzeitigen Kombination von Trimethoprim und Sulfamerazin und/oder Sulfametrol-Natrium sowie Sulfadimidin zum Erfolg führen kann.
Daß den hygienischen und nicht zuletzt den diätetischen Aspekten der Haltung von Känguruhs dabei besondere Aufmerksamkeit zu widmen ist, ist selbstverständlich.

Zusammenfassung

Ein Beitrag zur Therapie und Pathologie der Toxoplasmose bei Bennettkänguruhs

Im Thüringer Zoopark Erfurt verstarben von Ende August 1987 bis Mitte September 1987 fünf (2,3) Bennettkänguruhs an einer akuten Toxoplasmose. Es erfolgte eine langzeitige Verabreichung einer Kombination von Trimethoprim und Sulfamerazin bzw. Sulfametrol-Natrium und Sulfadimidin bei gleichzeitiger intensiver Vitaminversorgung sowie Herz-Kreislauf-Stützung an fünf (4,1) weiteren Bennettkänguruhs der gleichen Gruppe, die erfolgversprechend zu sein scheint.

Summary

Therapy and Pathology of Toxoplasmosis in Bennett Kangaroo

Five (2, 3) Bennett kangaroos died of acute toxoplasmosis in Thüringer Zoopark of Erfurt, between late August 1987 and mid-September 1987. A combination of trimethoprim with sulphamerazine or sulphametrol-sodium with sulphadimidine was administered to another five (4, 1) Bennett kangaroos of the same group over a protracted period of time and was flanked by intensive vitamin supply and cardiovascular support. The approach seems to work.

Résumé

Une contribution à la thérapie et la pathologie de la toxoplasmose du cangourou Bennett

Dans la période de fin août 1987 à mi-septembre 1987 Thüringer Zoopark Erfurt a perdu cinq (2,3) cangourous Bennett à cause d'une toxoplasmose aigue. Cinq (4,1)autres cangourous du même groupe ont reçu à long terme une combinaison de Thriméthoprime et Sulfaméracine ou Sulfamétrol de sodium et Sulfadimidine et en même temps une application intensive de vitamines et fortifiants du coeur et de la circulation. Ce traitement semble être un succès.

Резюме

Сообщение о терапии и патологии у Беннет-кенгуру токсоплазмоза

В Тюригском зоопарке города Эрфурта с конца августа 1987 года до середины сентября 1987 г. от острого токсоплазмоза погибло 5 (2,3) Беннет-кенгуру. Позже 5 животным из той же группы длительное время вводилась комбинация триметоприма и сульфаметазина или сульфаметазола натрия и сульфадимидина и при одновременной аппликации витаминов и сердечно-сосудистых препаратов. Лечение привело к положительным результатам.

Literaturverzeichnis

ALTMANN, D. (1986): Zur Therapie der durch bakterielle Mischinfektionen bedingten Erkrankungen im Wangen-Kiefer-Bereich bei Känguruhs. Verh.ber. Erkrg. Zootiere 28, 221 - 236.

DOBOS-KOVACZ, M., MÉSZÁROS, J., PELLERDY, L., und A. BALSAI (1974): Enzootische Toxoplasmose bei Känguruhs (Wallabia eugenii). Verh.ber. Erkrg. Zootiere 16, 323 - 325.

FINNIE, E.P. (1978): Marsupials and Monotremes. In: FOWLER, M. (Ed.): Zoo and Wild Animal Medicine. Philadelphia: W.B. Saunders Company.

HIEPE, TH. (1975): Schafkrankheiten. 2. überarb. und erw. Aufl. Jena: Gustav Fischer.

HILGENFELD, M. (1964): Über Quellen und Wege der Toxoplasmainfektion der Känguruhs. Verh.ber. Erkrg. Zootiere 6, 66 - 69.

MERCK & Co. (1967): The Merck Veterinary Manual. Rahway N.J., USA.

MOLLER, I. (1962): Three Casuistic Reports of Toxoplasmosis in Zoo Animals (Macropus bennetti, Marmota marmota, Lepus timidus). Nord. Vet.-Med. 14, Suppl. 1, 233 - 243.

SPANOGHE, L. (1972): Behandeling van lever - en darm-coccidiose bij koninjen. Vlaams Diergeneeskde. T. 41, 95 - 103.

SCHRÖDER, H.-D., und R. IPPEN (1976): Beitrag zu den Erkrankungen der Känguruhs. Verh.ber. Erkrg. Zootiere 18, 21 - 26.

SPRÖSSIG, M., und G. ANGER (1976): Mikrobiologisches Vademekum. 3. Aufl. Jena: Gustav Fischer.

THOMPSON, S.,W., and T.H. REED (1957): Toxoplasmosis in a Swamp Wallaby. J. Am. Vet. med. Ass. 131, 545 - 549.

WIESNER, H. (1976): Beuteltiere. In: KLÖS, H.-G., und E.M. LANG: Zootierkrankheiten. Berlin, Hamburg: Paul Parey.

WINTER, H. (1959): Coccidiosis in Kangaroos. Austral. Vet. J. 35, 301 - 303.

Anschrift der Verfasser: VR Prof. Dr. D. Altmann
Thüringer Zoopark Erfurt
Zum Zoopark 8/10
DDR-5063 Erfurt (DDR)

Aus dem Wildforschungsgebiet Spree der Obersten Jagdbehörde der DDR und der Staatlichen tierärztlichen Gemeinschaftspraxis Hoyerswerda (Leiter: VR Dr. W. TSCHIRCH)

TIERÄRZTLICHE PROBLEME AUS 17JÄHRIGER HALTUNG UND ZUCHT VON AUERWILD IM WILDFORSCHUNGSGEBIET SPREE (DDR)

Von W. Tschirch

Erst seit den 50er Jahren wurden erhebliche Anstrengungen zur Zucht von Waldhühnern in Gefangenschaft unternommen. Aus der UdSSR, aus Finnland, Schweden, der CSSR, der VR Polen, der BRD und Österreich wurden Zuchtversuche bekannt, die jedoch zunächst nur selten die erhofften Ergebnisse erbrachten. Zu vielfältig waren die Probleme, die sich aus Haltung, Fütterung, Aufzucht und der extremen Krankheitsanfälligkeit der Rauhfußhühner in Gefangenschaft ergaben. Da auch in der DDR nur noch Restbestände des Auerwildes im Erzgebirge, Thüringer Wald und in der Lausitz vorhanden sind, begannen wir 1970, fußend auf der Hilfe sowjetischer Behörden und des sowjetischen Fachmannes KIRPITSCHEW, mit der Haltung und Zucht von Auerwild im Wildforschungsgebiet Spree.

Unsere Erfahrungen mit der Haltung, Fütterung und Reprodukton des Bestandes wurden von STUBBE und BRUCHHOLZ (1977, 1979), NEUMANN (1977, 1984), LIESS (1977, 1982) und STUBBE et al. (1982) in z.T. sehr umfangreichen Veröffentlichungen dargelegt. Bereits in diesen Berichten wurde darauf hingewiesen, daß aus unseren eigenen Erfahrungen heraus (TSCHIRCH, 1980) und aus den Ergebnissen anderer geglückter oder mißglückter Zucht- und Aufzuchtversuche zu entnehmen ist, daß neben der Haltung und Fütterung der Jung- und Alttiere der Prophylaxe und Therapie ihrer Erkrankungen die Hauptbedeutung beim Gelingen oder Mißlingen der Zucht zukommt. ASCHENBRENNER (1985) faßt diese Erkenntnisse in dem Satz zusammen: "Es ist daher jedem ernsthaften Halter von Rauhfußhühnern dringend zu raten, eine vertrauensvolle Zusammenarbeit mit einem geeigneten Tierarzt oder Institut anzustreben".

In den Jahren 1970 und 1971 beschäftigten uns zunächst die Erkrankungen der aus der UdSSR frisch importierten Tiere und auf dem Gebiet der DDR zufällig gefangener Auerhühner. Herz-Kreislauferkrankungen, Lungenmykosen und parasitäre Erkrankungen durch Ekto- und Endoparasiten waren die drei hauptsächlichsten Krankheitsursachen. Die hier gesammelten Therapieerfahrungen führten zur Erarbeitung eines Prophylaxe-Therapie-Programmes für Frischimporte, das bei zukünftig aus der UdSSR und der CSSR importierten Tieren noch in der Quarantäne zur Anwendung gelangte und mithalf, Verluste bei diesen Importen zu vermeiden.

In den Jahren ab 1972 wurden bei Jung- und Altvögeln die unterschiedlichsten Erkrankungen als Einzel-, Gruppen- oder Bestandserkrankungen nachgewiesen. In jedem einzelnen Todesfall erfolgte die Diagnosesicherung durch einen erfahrenen "Vogel"-Pathologen (VR Dr. A. Wilhelm, Bezirksinstitut für Veterinärwesen Cottbus). Beim Nachweis einer für den Gesamtbestand bedeutungsvollen Erkrankung erging die Befundmitteilung an den betreuenden Tierarzt in jedem Fall telefonisch. So konnten gefürchtete Infektionen, wie Pasteurellose, Typhlohepatitis und Ulzerative Enteritis regelmäßig ziemlich schnell beherrscht werden. Bei adulten Auerhühnern wurden in den Anfangsjahren 1972 - 1975 Massenerkrankungen durch Typhlohepatitis und Ulzerative Enteritis festgestellt. Die Erkrankung an Typhlohepatitis, die oft genug die Ursache für das Einstellen von Zuchtversuchen in anderen Ländern war, kann heute durch den Einsatz von Trichomonoziden (Azinitrazol, Metronidazol, Dimetridazol u.a.) oder durch Haltung der Tiere auf Drahtrosten recht sicher beherrscht werden. Obwohl die aus Azinitrazol-Dauermedikation nachgewiesenen Sterilitäten der Vögel für andere Trichomonozide nicht bewiesen sind, sollte auf keinen Fall mit einer Dauermedikation solcher Präparate gearbeitet werden. Der Nachweis der Ulzerativen Enteritis oder "Quail disease" (TSCHIRCH und WILHELM, 1983) war ein Erstnachweis für das Auerhuhn überhaupt, übrigens auch für das Birkhuhn zur gleichen Zeit im gleichen Bestand.

Bis zu diesem Zeitpunkt lagen Erkrankungsnachweise nur von den nordamerikanischen Arten Spitzschwanzhuhn (Podiocetes phasianellus campestris), Felsengebirgshuhn (Dendragapus obscurus) und Kragenwaldhuhn (Bonasa umbellus) vor. Clostridium colinum gilt allgemein als Erreger dieser Erkrankung, während auch Reo-Viren, Clostridium perfringens und Befall mit Kokzidien zumindest als auslösende bzw. komplizierende Faktoren diskutiert werden. Die Bedeutung der Fütterung beim Zustandekommen dieser Erkrankung geht aus der Tatsache hervor, daß sie immer dann auftrat, wenn bei Experimenten zur Zusammensetzung des Futters, zur Schaffung pelletierten Kunstfutters, zur künstlichen Erhöhung der Eizahl je Henne bzw. zur Gewinnung von Erkenntnissen zur Wachstumsgeschwindigkeit und Massezunahme der Jungtiere der Anteil an tierischem bzw. pflanzlichem Eiweiß im Futter der Tiere stark erhöht wurde. Die Erkrankung ist mit Sulfonamiden und Antibiotika (Penizilline, Streptomyzin, Erythromyzin, Tylosin) bei rechtzeitigem Einsatz beherrschbar.

Als weiterer Erstnachweis einer Erkrankung beim Auerhahn ist der Nachweis einer Mykobakteriose zu werten, verursacht durch atypische Mykobakterien, die jedoch zum Zeitpunkt der Erkrankung leider noch nicht ausdifferenziert wurden. Während Pneumomykosen als Einzelerkrankungen auf die Empfindlichkeit des Auerwildes gegenüber Pilzbefall hinweisen (TSCHIRCH, 1981), zeigen das Auftreten von Gastritis, Enteritis, Hepatitis und Harnsäuregicht die noch nicht endgültig gelöste Frage der Ernährung erwachsener Auerhühner in der Gefangenschaft an. Weitere bakterielle Einzelinfektionen und Organkrankheiten wurden nachgewiesen.

Als auch heute noch nicht geklärtes Problem der Haltung erwachsener Auerhühner in Gefangenschaft stellt sich der Erkrankungskomplex des Herz-Kreislauf-Systems dar (WILHELM und TSCHIRCH, 1984; MIKULICA und SPALA, 1986), der sich pathologisch-anatomisch mit Herzinnenhautentzündungen, Herzmuskeldegenerationen, Herzmuskelrissen, Riß der großen Herzgefäße und Herztamponaden durch Hämoperikard darstellt. Extreme Streßanfälligkeit der Rauhfußhühner, Herzmuskelschäden durch Fütterungsfehler (Inanitionszustände, exogene oder endogene Toxinwirkung, Spurenelementverschiebungen, Elektrolytkardiopathien u.a.), eventuell extreme Höhe des (bisher nicht gemessenen) Blutdrucks und genetische Aspekte werden als Ursachen dieses Erkrankungskomplexes diskutiert. Zur Klärung der Ätiologie dieser oft verlustreichen Erkrankung sind weitere Untersuchungen nötig.

Bei der künstlichen Aufzucht von Auerwild-Küken wurde über die problemlose Aufzucht einzelner Gesperre ohne jeglichen Medikamenteneinsatz berichtet und daraus mitunter die Forderung abgeleitet, zum Wiederaussetzen bestimmte Wildvögel grundsätzlich ohne Medikamenteneinsatz aufzuziehen. Bei langjähriger Haltung und Zucht am gleichen Ort und der Aufzucht größerer Mengen von Jungtieren läßt das Auftreten des "Hospitalismus" trotz aller a-medikamenteller Prophylaxe solche Gedanken zur Utopie werden, wie unser Versuch im Wildforschungsgebiet Hohenbucko (NEUMANN, 1984) zeigte, wo nach dreijähriger erfolgreicher Aufzucht ohne jeglichen Medikamenteneinsatz kein Küken in den folgenden Jahren aufgezogen werden konnte, was 1980 zur Einstellung dieses Versuches führte. Deshalb haben wir einen speziellen Prophylaxeplan als sogenannten "Gesperre-Fahrplan" (LIESS, 1982) entwickelt, bei dem Medikamente so sparsam wie möglich, aber entsprechend der Notwendigkeit aus der Erfahrung unserer Station zum Einsatz gelangen. Diese Notwendigkeit kann für andere Aufzuchtstationen durchaus anders aussehen.

Aus den Erfahrungen der Literatur führten wir eine Typhlohepatitis-Prophylaxe von Anbeginn unserer Jungtieraufzuchten durch, so daß Verluste durch diese Krankheit bei uns bisher keine Rolle spielten. Zum Teil beträchtliche Verluste hatten wir aber in den Anfangsjahren 1972 bis 1975 u.a. durch Pasteurellose, Ulzerative Enteritis und Kolibazillose (TSCHIRCH, 1980). Diese Erkrankungen lernten wir jedoch schnell durch entsprechende Maßnahmen der Haltungs-, Fütterungs- und Tränkhygiene, sowie durch medikamentelle Prophylaxe zu beherrschen. Auch Perosis, Federfressen und Beinschwächen der Küken lernten wir zu verhindern bzw. zu beherrschen (TSCHIRCH, 1979).

Unbefriedigend gelöst ist bei der Kükenaufzucht nach wie vor das Problem der sogenannten Küken-Frühsterblichkeit in den ersten 10 Lebenstagen (Neonatalerkrankungen), das mit Symptomen der Nabelentzündung, nicht resorbiertem Dottersack, Pseudoobstipation, Sandfressen, verflüssigtem Darminhalt, Stauungsödemen der Lunge, Extremitätenmißbildungen u.ä. einhergehen kann.

Durch umfangreiche Ursachenermittlungen dieses in der Vogelmedizin wissenschaftlich bisher wenig bearbeiteten Krankheitskomplexes konnten wir wesentliche Verbesserungen in der Aufzucht unserer Küken erzielen (TSCHIRCH, 1985). Angaben zu Verlustursachen in der Neonatalphase aus freier Wildbahn sind verständlicherweise nicht bekannt und in der Wirtschaftsgeflügelzucht kommt dieser Verlustquote nicht der Stellenwert zu wie beim Wildvogel, wo jedes erbrütete Einzelküken einen hohen ideellen, z.T. auch materiellen Wert darstellt, den es unbedingt zu erhalten gilt.

Auch die parasitologischen Probleme der Auerhuhnhaltung wurden von uns intensiv bearbeitet, wobei eine generelle Ektoparasitenfreiheit der adulten Tiere bis heute nicht erreicht werden konnte. In den ersten Jahren spielten Askariden, Heterakiden mit daraus resultierender Typhlohepatitis und Kokzidien durchaus eine Rolle im Erkrankungsgeschehen der Alt- und Jungtiere, während Cestoden, Trematoden, Akanthocephalen und Syngamus bei uns bisher bedeutungslos waren. Capillaria-Befall war klinisch lediglich bei Birkhühnern von Bedeutung. Der Mangel an hochwirksamen Anthelminthika wurde zunächst durch Hochgehegehaltung der Alt- und Jungtiere über lange Zeiträume des Jahres überbrückt. Heute sind wir bei vierteljährlichem Einsatz moderner Anthelminthika zur Prophylaxe von Endoparasiten in der Lage, die Zuchttiere auch ganzjährig in Bodenhaltung zu halten. Die Ektoparasitenprophylaxe erfolgt über das Sand- bzw. Staubbad der Tiere durch Einbringen pulverförmiger Ektoparasitaria.

Zusätzlich zu den tierärztlichen Aufgaben, die zur Erhaltung der Zuchttierpopulation und zur erfolgreichen Aufzucht einer zahlreichen Nachzucht notwendig sind, beschäftigen wir uns mit weiteren Problemen, die zur besseren Abklärung von Krankheiten der Auerhühner von Bedeutung sein können, z.B. blutmorphologische, blutchemische und blutserologische Untersuchungen (TSCHIRCH, im Druck), serologische und bakteriologische Brutei-Untersuchungen, Temperaturmessungen bei Naturbrut über ein elektronisches Brutei, Normal-EKG, Bandspeicher-EKG, EKG-Telemetrie, Blutdruckmessung, Narkose, Arzneimittel-Verträglichkeitsuntersuchungen, künstliche Besamung, Darmlängenmessungen, Fütterungsexperimenten, Verfahren der Seuchenverhütung und Desinfektion u.a.

Durch unsere langjährige erfolgreiche Haltung und Zucht von Auerwild im Forschungsgehege Spree konnten wir den Beweis antreten, daß bei Einhaltung eines strengen Hygieneregimes in Haltung, Fütterung, Brut und Aufzucht, verbunden mit einem medikamentellen Prophylaxe- und Therapieprogramm der für die erfolgreiche Rauhfußhühnerhaltung oft limitierende Faktor der möglichen Erkrankungen durchaus beherrschbar ist.

Zusammenfassung

Tierärztliche Probleme aus 17jähriger Haltung und Zucht von Auerwild im Wildforschungsgebiet Spree (DDR)

Es werden die tierärztlichen Probleme einer 17jährigen Haltung und Zucht von Auerwild in einer Zuchtstation der DDR dargelegt. Während in der Anfangsphase Erkrankungen durch Bakterien, Pilze, Ekto- und Endoparasiten durchaus zu größeren Verlusten bei Alt- und Jungtieren führten, konnten durch ein spezielles Prophylaxe- und Therapieprogramm für die Alt- und Jungtiere in unserer Station diese Verluste weitgehendst beseitigt werden. Heute gelten bei Jungtieren der Komplex der Neonatalerkrankungen und bei Adulten der Komplex der Herz-Kreislauferkrankungen als weitestgehend ungelöst.

Neben Arbeiten zur weiteren Ursachenklärung dieser Erkrankungskomplexe beschäftigen wir uns gegenwärtig mit einer Vielzahl von Untersuchungen, die zur Schaffung von Grundlagenwerten der Auerhuhnhaltung und -zucht beitragen können.

Summary

Veterinary Problems recorded from 17-Year Keeping and Breeding of Capercaillie in Spree Game Research Reserve (GDR)

Reported in this paper are veterinary problems recorded throughout 17 years from keeping and breeding of capercaillie on a breeding station in the GDR. Diseases caused by bacteria, fungi, ectoparasites, and endoparasites led to significantly higher losses of adult and juvenile animals in the initial phase of keeping. However, most of the losses were eliminated on the station reviewed by application to all age groups of a specific programme of prophylaxis and therapy, Most of the neonatal diseases are still unresolved problems with young animals, and the same applies to cardiovascular diseases of adults. Studies are continued into causative factors of these diseases and are supplemented with plenty of investigations which are hoped to help setting up basic parameters and standards for capercaillie keeping and breeding.

Résumé

Problèmes vèterinaires de 17 ans de garde et reproduction des tétraonidés dans Wildforschungsgebiet Spree (RDA)

Les problèmes vètérinaires de 17 ans de garde et reproduction des tétraonidés dans un centre de recherche en RDA sont expliqués. Au début des maladies causées par des bactéries, champignons, ectoparasites et endoparasites avaient suscité les pertes importantes parmi les adultes et jeunes animaux. Entretemps, grâce à un programme spécifique de prévention et de thérapie pour les adultes et jeunes animaux dans notre centre de recherche ces pertes ont été éliminées en grande partie. Il existent encore les problèmes suivants pour lesquels nous n'avons pas encore trouvé une solution: chez les jeunes animaux le complexe des maladies néonatales, chez les adultes le complexe des troubles cardiaques et de circulation. A côté des travaux relatifs à la détermination des causes de ces complexes de maladies nous nous préoccupons à présent avec un grand nombre de recherches qui peuvent contribuer à la création de valeurs de base de la garde et reproduction des tétraonidés.

Резюме

Ветеринарное проблемы I7-летнего содержания и разведения глухарей в питомнике на Шпрее (ГДР)

Сообщается ветеринарных проблемах, возникающих при разведении в течение I7 лет глухарей в научном питомнике в ГДР.В то время как в начальной фазе заболеваний, вызванных бактериями и грибками, эндо и эктопаразитами, погибают в значительной мере молодые и старые животные, в выше названном питомнике эти потери в основном устранены. В настоящее время не решены проблемы неотальных заболеваний молодых особей и поражения сердечно-сосудистой системы. Кроме задач по выяснению указанных заболеваний, ведутся работы по выяснению данных ,способствующих разведению и содержанию глухарей.

Literaturverzeichnis

ASCHENBRENNER, H. (1985): Rauhfußhühner: Lebensweise, Zucht, Krankheiten, Ausbürgerung. Hannover: M. u. H. Schaper.

LIESS, Christina (1977): Untersuchungen zur circadianen Aktivität gekäfigten Auerwildes (Tetrao urogallus L.) während des Winterausganges (Februar/März). Beiträge zur Jagd- und Wildforschung, X, 418 - 425.

LIESS, Christina (1982): Untersuchungen zur Fütterung, Reprodukton und Aufzucht von Auerwild in Gefangenschaft. Diss. Biol., DAL, Eberswalde.

MIKULICA, V., und P. SPALA (1986): Degeneration der Herz- und Skelettmuskulatur und Myokardrupturen beim Auerwild (Tetrao urogallus). Verh.ber. Erkrg. Zootiere 28, 291 - 294.

NEUMANN, A. (1977): Bioakustische Untersuchungen an einem Auerwildgesperre. Beiträge zur Jagd- und Wildforschung X, 414 - 417.

NEUMANN, A. (1984): Die Haltung und Zucht von Auerwild in Kleinvolieren. Beiträge zur Jagd- und Wildforschung XIII, 352 - 358.

STUBBE, Ch., LIESS, Christina, und S. BRUCHHOLZ (1982): Erfahrungen der künstlichen Haltung und Aufzucht der Auerhühner. (Orig. russ.) Vortrag anläßlich des Auerwild-Symposiums der sozialistischen Länder in Moskau, 99 - 106.

STUBBE, H., und S. BRUCHHOLZ (1977): Probleme und Ergebnisse der Aufzucht von Auerwild (Tetrao urogallus L.). Beiträge zur Jagd- und Wildforschung X, 394 - 413.

STUBBE, H., und S. BRUCHHOLZ (1979): Neue Forschungen zur Erhaltung des Auerwildes. Über Versuche zur Zucht in Gehegen. Urania 6, 24 - 27.

TSCHIRCH, W. (1979): Perosis beim Auerhuhn (Tetrao urogallus L.). Verh.ber. Erkrg. Zootiere 21, 131 - 133.

TSCHIRCH, W. (1980): Krankheiten der adulten und juvenilen Auer- und Birkhühner im Wildforschungsgebiet Niederspree. Beiträge zur Jagd- und Wildforschung XI, 379 - 384.

TSCHIRCH, W. (1981): Beitrag zur Prophylaxe von Mykosen und Mykotoxikosen bei Zootieren. Verh.ber. Erkrg. Zootiere 23, 103 - 108.

TSCHIRCH, W. (1985): Tierarzt und Wildvogelzucht. Verh.ber. Erkrg. Zootiere 27, 341 - 353.

TSCHIRCH, W. (im Druck): Orientierende Blutuntersuchungen am Auerwild. Beiträge zur Jagd- und Wildforschung.

TSCHIRCH, W., und A. WILHEIM (1983): Ulzerative Enteritis (Quail disease) bei Auerwild (Tetrao urogallus L.) in Volierenhaltung. Verh.ber. Erkrg. Zootiere 25, 111 - 116.

WILHEIM, A., und W. TSCHIRCH (1984): Zur Herzmuskelruptur bei Auerwild (Tetrao urogallus L.) in Volierenhaltung. Verh.ber. Erkrg. Zootiere 26, 297 - 300.

Anschrift des Verfassers: VR Dr. W. T s c h i r c h
Weststraße 10
DDR-7705 Lauta (DDR)

Aus dem Institut für Geflügelkrankheiten der Justus-Liebig-Universität Gießen
(Direktor: Prof. Dr. E. F. KALETA)

METHODEN DER GESCHLECHTSBESTIMMUNG BEI REPTILIEN

Von B.-J. Schildger

Einleitung

Die Bestimmung des Geschlechtes stellt sicher - nicht zuletzt im Hinblick auf strenge Artenschutzbestimmungen - einen der wichtigsten Faktoren bei der Gefangenschaftszucht von Reptilien dar. Es sollen mögliche Methoden bei dimorphen und monomorphen Reptilien anhand von Beispielen erläutert werden.

Dimorphe Reptilien

Dies sind Arten, die auffällige Unterschiede in der externen Morphologie aufweisen. Diese können sich auf Größe, Gestalt, Farbe oder Kombinationen dieser beziehen. Die Unterschiede gelten im Regelfall aber nur für adulte Tiere. Männliche und weibliche Jungtiere unterscheiden sich im allgemeinen nicht auffällig. Bei den Echsen gleichen Jungtiere mehr adulten Weibchen, bei den Schildkröten und Schlangen mehr adulten Männchen.

a) Unterschiede in der Größe

Hier ist es speziesabhängig, ob Männchen oder Weibchen den größeren Partner stellen.
Schildkröten: Zum Beispiel bei den Klappschildkröten (Kinosternum specc.) ist das Männchen größer (Überwältigungsbalz), während bei den mittelamerikanischen Erdschildkröten (Rhinoclemys specc.) das Männchen kleiner ist.
Echsen: Bei den australischen Bartagamen der Gattung Amphibolurus ist zum Beispiel bei Amphibolurus nuchalis, wie bei den allermeisten Echsen, das Männchen größer, während bei Amphibolurus rankinii das Weibchen größer ist.
Schlangen: Bei den meisten Arten ist das weibliche Tier größer und schwerer.
Krokodile: Hier sind meist die Männchen größer und schwerer.

b) Unterschiede in der Gestalt

Schildkröten: Bei den meisten Landschildkröten haben die männlichen Tiere in Anpassung an die Kopulation einen nach innen gewölbten Bauchpanzer. Bei fast allen Schildkröten, außer den Riesenschildkröten (Chelinoidis specc.) und der Geierschildkröte (Macroclemys temminckii), läßt sich das Geschlecht recht sicher bestimmen. Bei den männlichen Tieren ist, bedingt durch die anatomische Lage des Penis, der Schwanz deutlich dicker und länger und der Kloakenspalt weiter vom kaudalen Plastronrand entfernt. Die männlichen Tiere der Seeschildkröten (Cheloniidae) sind meist deutlich flacher als die weiblichen Tiere.
Echsen: Hier finden sich mannigfaltige Unterschiede. Hautanhangsgebilde und Körperfortsätze bilden optische Signale im Territorial- und Sexualverhalten. Beispiele: die mächtigen Hautfalten an Kopf, Hals und Rücken des männlichen Stirnlappenbasilisken (Basiliscus plumifrons), oder die drei waagerechten Stirnzapfen beim männlichen Chamäleon fisheri bzw. ein Zapfen bei Chamäleon brevicornis. Viele männliche Arten von Anolis besitzen gleichfalls Hautkämme und aufstellbare Kehllappen.
Schlangen: Bei fast allen Schlangen ist der Schwanz der männlichen Tiere aufgrund der Hemipenistaschen länger und an der Wurzel breiter als der Schwanz weiblicher Tiere.

c) Unterschiede in der Farbe

Im allgemeinen sind bei Reptilien die männlichen Tiere farbenprächtiger; oft allerdings nur zur Paarungszeit.
Schildkröten: Meist behalten die männlichen Tiere das farbenprächtige Jugendkleid, während die weiblichen Tiere tarnfarbig werden. Bei den Rotwangenschmuckschildkröten (Pseudemys scripta elegans) werden alte Männchen durch Pigmenteinlagerung dunkel gefärbt (Melanismus). Die Iris der männlichen adulten Dosenschildkröte (Terrapene carolina) ist rot, die der weiblichen braun gefärbt.

Echsen: Die europäische Smaragdeidechse (Lacerta viridis) ist ein Beispiel für saisonale Färbung. Zur Paarungszeit besitzt das männliche Tier zumindest in Mitteleuropa eine leuchtend blaue Kehle. Die Männchen der Plattechse (Platysaurus specc.) sind permanent schwarzblau am Rumpf und leuchtend orange am Schwanz gefärbt, während die Weibchen hell-dunkelbraun längsgestreift sind. Beim blauen Felsenleguan (Petrosaurus talssinus) hingegen sind die weiblichen Tiere mit einer auffällig gelben, zur Paarungszeit orangen Kehle ausgestattet. Schlangen und Krokodile besitzen keine verwertbaren geschlechtsspezifischen Farbunterschiede.

d) Versteckte Unterschiede in der externen Morphologie

1. Femoralporen
Eine Porenreihe an der ventralen Oberschenkelseite findet sich bei vielen männlichen Lacertiden und Geckoniden.

2. Präanalporen
Bei einigen Geckoniden, wie z.B. Eublepharis macularius, sieht man eine kegelförmige Porenreihe kranial der Kloake bei männlichen Tieren.

3. Postanalschuppen
Die Männchen einiger Anolis-Arten, wie der Rotkehlanolis (Anolis carolinensis), besitzen kaudal der Kloake zwei vergrößerte Schuppen.

4. Drüsenartig vergrößerte Schuppen am Oberarm
Diese besitzen die männlichen Tiere des Riesengürtelschweifes (Cordylus giganteus).

5. Stachelschuppen lateral der Kloake
Die männlichen Tiere des Stachenschwanzwaranes (Varanus acanthurus) besitzen dieses nicht sichere Geschlechtsmerkmal.

6. Durch Hemipenis sichtbar verdickte Schwanzwurzel
Viele Echsen, wie z.B. der Faltengecko (Uruplatus fimbriatus) und der Nashornleguan (Cyclura cornuta), weisen dieses Merkmal auf.

7. Aftersporen
Diese rudimentären Reste des Beckengürtels sind links und rechts der Kloake bei den männlichen Tieren der Schlankboas (Epicrates specc.) zu finden.

8. Fersensporn
Einen spornartigen Fortsatz an der Vordergliedmaße besitzen die männlichen Exemplare von Chameleon dilepis.

Monomorphe Reptilien

a) Verhaltensbeobachtung

Außer einem sichtbaren Hemipenis oder einer Eiablage sind alle Verhaltensäußerungen wie Annicken, Begattungsversuche etc. mit großen Unsicherheiten behaftet.

b) Direkte Palpation des Penis

Bei Riesenschildkröten sowie Schildkröten ab einer bestimmten Größe und Krokodilen läßt sich mit Hilfe eines Handschuhes oder Fingerlings mit Gleitgel der am Boden der Kloake liegende Penis direkt palpieren und stellt die Methode der Wahl dar. Problematisch ist hier mehr die Fixation der Tiere und oft läßt sich eine Narkose nicht vermeiden.

c) Vorlagerung der Hemipenes

Männliche Warane lagern bei plötzlichem Erschrecken die Hemipenes vor. Das manuelle Vorlagern des Hemipenis durch Reizung mit Pinzetten, Sonden oder das Einspritzen von physiologischer Kochsalzlösung ist sicher am Rande der Tierquälerei angesiedelt und wie die vorgenannte Methode nur bei positiver Vorlagerung sicher.

d) Sondierung der Hemipenistaschen

Dies ist die sicher am weitesten verbreitete Methode zur Geschlechtsbestimmung monomorpher Arten (HONEGGER, 1978). Eine medizinische Knopfsonde mit Gleitgel wird in die Kloake und an deren kaudalen Rand in die bei männlichen Tieren vorhandenen Hemipenistaschen eingeführt.

Während die Sonde bei männlichen Tieren mehrere Subkaudalia tief eindringt, gelingt dies bei weiblichen Tieren nicht. Diese Methode funktioniert bei den meisten Schlangen und bei vielen Echsen wie Dornschwänzen (Uromastix specc.), Wasseragamen (Physignatus specc.), Bartagamen (Amphibolurus specc.) etc. Bei manchen Arten führt die Sondierung zu keinen brauchbaren Ergebnissen, da hier auch die weiblichen Tiere Hemipenistaschen ausgebildet haben. Hierzu gehören nach unseren Ergebnissen Trachydosaurus rugosus, die Gattung Tiliqua, Heloderma horridum und suspectum sowie Varanus exanthematicus und acanthurus, vermutlich aber die ganze Gattung Varanus.

e) Testosteronanalyse

Die Geschlechtsbestimmung durch Testosteronanalyse im Blutserum wurde bereits mehrfach beschrieben (JOGER et al., 1986; RUEDI et al., 1977). Hierbei scheinen aber mehrere prinzipielle Probleme bislang ungelöst.

1. Die Blutgewinnung ist problematisch und schmerzhaft.
2. Der meist verwendete Radioimmunoassay ist eine aufwendige Labormethode.
3. Die Interpretation der gefundenen Werte ist durch jahreszeitliche, individuelle und haltungsbedingte Schwankungen sehr schwierig.
4. Es müssen für jede zoologische Art eigene Standardwerte ermittelt werden.

Die Bestimmung des Testosteron-Östrogen-Verhältnisses könnte vielleicht ähnlich wie bei den Vögeln (KAAL, 1982) eine Lösungsmöglichkeit darstellen.

Tabelle 1: Endoskopierte Reptilien (n = 125)

Name		Anzahl	männlich, weiblich
Trachydosaurus rugosus	m	56	30, 26
Tiliqua gigas	m	13	6, 7
Tiliqua geradii	m	2	2, 0
Tiliqua intermedia	m	7	4, 3
Tiliqua multifasciata	m	5	4, 1
Tiliqua nigrolutea	m	2	2, 0
Tiliqua occipitalis	m	5	3, 2
Tiliqua scincoides	m	3	3, 0
Egernia bungana	m	1	0, 1
Egernia cunninghammi	m	1	1, 0
Egernia stokesii	m	1	1, 0
Coruzia cebrata	m	2	1, 1
Heloderma suspectum	m	7	4, 3
Heloderma horridum	m	2	1, 1
Varanus exanthematicus	m	4	3, 1
Dipsosaurus dorsalis	s	2	2, 0
Physignatus cocincinus	d	2	0, 2
Physignatus leseurii	d	1	0, 1
Amphibolurus nuchalis	s	1	1, 0
Amphibolurus vitticeps	s	2	1, 1
Uromastix acantinurus	s	2	1, 1
Cordylus giganteus	d	1	0, 1
Rhinoclemys pulcherima	d	2	1, 1
Testudo hermanni	d	1	1, 0

s = Geschlechtsbestimmung durch Sondierung der Hemipenistaschen möglich
d = Dimorphe Reptilien
m = Monomorphe Reptilien, Geschlechtsbestimmung nur durch Endoskopie möglich

f) Endoskopische Geschlechtsbestimmung

Eine aufwendige, aber sehr sichere und schnelle Methode der Geschlechtsbestimmung bei Reptilien ist die direkte endoskopische Beurteilung der Gonaden. Diese Methode ist bereits ausführlich von uns beschrieben worden (SCHILDGER und WICKER, 1987). Die Tabelle 1 gibt die bisherigen Ergebnisse wieder. Es traten hierbei keinerlei intra- oder postoperative Zwischenfälle auf. Ein weiterer Vorteil, der sicherlich in Zukunft an Bedeutung gewinnen wird, ist die Möglichkeit der klinischen Beurteilung von inneren Organen. So wurden von uns mehrere Fälle von multiplen Abszedierungen der inneren Organe, Organmykosen und Organamöbiases endoskopisch anläßlich der Geschlechtsbestimmung verifiziert.

g) Röntgenologische Untersuchung zur Geschlechtsbestimmung

In den von ZWART (1985) gegebenen Hinweisen zur Geschlechtsbestimmung wird speziell auch auf diese Untersuchungsmethode verwiesen. Nach SASSENBURG (1971) lassen sich die Haken an den Hemipenes der männlichen Schlangen, mit Ausnahme der Riesenschlangen, röntgenologisch nachweisen. Besonders bei der Geschlechtsbestimmung von Giftschlangen ist die Anwendung dieser Methode angezeigt, da einerseits die Gefahr der Bißverletzung verringert und andererseits das Tier selbst geschont wird.

Zusammenfassung

Methoden der Geschlechtsbestimmung bei Reptilien

Die derzeit bekannten Methoden der Geschlechtsbestimmung dimorpher und monomorpher Reptilien werden an Hand von Beispielen erläutert. Als Methode der Wahl zur Geschlechtsbestimmung monomorpher, nicht sondierbarer Reptilien, mit Ausnahme von Giftschlangen, gilt die Endoskopie.

Summary

Methods of Reptile Sexing

An account is given of contemporary methods used at present in sexing of dimorphic and monomorphic reptiles. Examples are quoted. Endoscopy is considered to be the optional method for sexing of monomorphic reptiles not accessible to probing, except for venomous snakes.

Résumé

Méthodes de la détermination du sexe des reptiles

Les méthodes connues de la détermination du sexe des reptiles dimorphes et monomorphes sont expliquées par quelques examples. La méthode de choix pour des reptiles monomorphes qu'on ne peut pas sonder, à l'exception des serpents vénimeux, est l'endoscopie.

Резюме

Методы определения пола у рептилей

В виде примеров представлены некоторые методы определения пола у димоферных и моноферных рептилей.Одним из методов определения пола у моноферных трудно зондируемых рептилей, исключая ядовитых змей, является эндоскопия.

Literaturverzeichnis

HONEGGER, R. (1978): Geschlechtsbestimmung bei Reptilien. Salamandra 14, 69 - 79.

JOGER, U., WALLIKEWITZ, E., und A. HAUSCHILD (1986): Hormon- und serochemische Untersuchungen zur Bestimmung des Geschlechtes und zur Überprüfung des Gesundheitszustandes bei Trachydosaurus rugosus (GRAY, 1827). Salamandra 22, 21 - 28.

KAAL, G.Th.F. (1982): Geschlechtsmerkmale bei Vögeln. Hannover: Schaper.

RUEDI, D., GIRARD, J., und R. HELDSTAB (1977): Geschlechtsbestimmung bei Reptilien mit Hilfe des Testosteron. Verh.ber. Erkrg. Zootiere 19, 141 - 145.

SASSENBURG, L. (1971): Zucht und Aufzucht von wasserliebenden Nattern bei Terrarienhaltung. Vet. med. Diplom. Berlin.

SCHILDGER, B., und R. WICKER (1987): Endoskopische Geschlechtsbestimmung bei Trachydosaurus rugosus (GRAY, 1827) (Sauria: Scincidae). Salamandra 23, 97 - 106.

ZWART, P. (1985): Geschlechtsbestimmung. In: IPPEN, R., SCHRÖDER, H.-D., ELZE, K. Handbuch der Zootierkrankheiten 1, Reptilien, 190.

Anschrift des Verfassers: Dr. B.-J. S c h i l d g e r
Institut für Geflügelkrankheiten
der Justus-Liebig-Universität Gießen
Frankfurter Str. 87
D-6300 Gießen (BRD)

AUTORENREGISTER (Nur Erstautoren, Seitenzahl)

Richtlinien für die Anfertigung der Manuskripte

Manuskripte: Es können nur Erstveröffentlichungen eingereicht werden. Der Text ist zweizeilig mit Schreibmaschine zu schreiben, wobei links ein 5 cm breiter Rand bleiben soll. Jede Arbeit soll im Kopf die Institutionen aller Autoren ausweisen. Der Titel der Arbeit ist in Großbuchstaben zu schreiben und zu unterstreichen. Die Manuskriptseiten sind zu numerieren. Größere Tabellen sind so anzufertigen, daß sie auf einem A 3-Bogen (doppelte Schreibmaschinenseite) mit allseitig 3 cm Randabstand Platz finden. Die Zusendung solcher großen Tabellen zur direkten Verwendung wird erbeten.

Kopf und Titel der Arbeit sowie Anschrift des Verfassers nach folgendem Beispiel:

Aus dem Zoologischen Garten Dresden (Direktor: Dr. D. HOHMANN)

ERKRANKUNGEN DER GORILLAS (GORILLA GORILLA)

Von Regine S c h n e i d e r, D. S c h u b e r t und H.-D. M e y e r

Anschrift der Verfasser: Prof. Dr. Regine S c h n e i d e r
Zoologischer Garten Dresden
Tiergartenstraße 1
DDR-8020 Dresden (DDR)

Eigennamen (Literaturzitate) werden im Text in Großbuchstaben und nicht gesperrt erbeten. Dem Namen des Autors folgt das Erscheinungsjahr der zitierten Literaturangabe in Klammern gesetzt. Beispiel: MÜLLER (1982). Bei mehr als 2 Autoren wird der erste zitiert mit dem Zusatz et al. Beispiel: (LEHMANN et al., 1982; SCHULZ et al., 1981).

Literaturverzeichnis: Es soll grundsätzlich alle im Text zitierten Literaturangaben und alle Autorennamen der jeweiligen Arbeit enthalten. Nicht im Text ausgewiesene Autoren sollten nicht im Literaturverzeichnis erscheinen. Als Beispiel für die Anfertigung des Literaturverzeichnisses gilt:

Für Zeitschriften

METTLER, F., PALMER, D., RÜBEL, A., und E. ISENBÜGEL (1982): Gehäuft auftretende Fälle von Parakeratose bei Schildkröten. Verh.ber. Erkrg. Zootiere 24, 245 - 248.

Für Bücher

FOWLER, M. E. (1978): Zoo and Wild Animal Medicine. Philadelphia, London, Toronto: W. B. Saunders Company.

Sonstige Hinweise: Im Text angeführte Präparate sollten in Klammern mit Herstellerangabe versehen werden. Dosierungsangaben sind als mg/kg KM bzw. in entsprechenden Mengenangaben anzuführen. Abbildungen können nur als kontrastreiche schwarz-weiß Vorlagen angenommen werden. Kurze Legenden sind den Abbildungen auf einem gesonderten Bogen beizufügen.

Kurze aussagefähige Zusammenfassungen sind in deutscher, englischer, französischer und russischer Sprache mit voller Übersetzung der Überschrift des Beitrages am Schluß der Arbeit anzufügen.

Als Anschrift der Autoren wird bei mehreren Autoren nur der Erstautor benannt. Handelt es sich um nur zwei Autoren, die beide aus derselben Institution kommen, so werden beide genannt.

Jeder Autor erhält 30 Sonderdrucke zu seiner persönlichen Verwendung. Bei Übernahme der Kosten kann in Absprache mit dem Verlag diese Zahl nach Wunsch erhöht werden.

Guidelines for Manuscript Preparation

Manuscripts: Only first publications will be accepted. The text must be typewritten double-spaced, with a 5-cm margin on the left side. The head should show the institutions of all authors. Please type the title of paper in underlined capital letters. Manuscript pages are to be numbered. Larger tables should be so written that they can be presented on a DIN A 4 sheet (double size of standard typewritten page), with 3-cm margins on all sides. Tables of such format will be appreciated for straightforward use in the Proceedings.

Head and title of paper as well as address of author should be written according to the following example:

From Zoological Garden of Dresden (Director: Dr. D. HOHMANN)

DISEASES OF GORILLA (GORILLA GORILLA)

By Regine S c h n e i d e r , D. S c h u b e r t , and H.-D. M e y e r

Address of author(s): Prof. Dr. Regine S c h n e i d e r
Zoological Garden of Dresden
Tiergartenstrasse 1
DDR-8020 Dresden (GDR)

Names (literature quotations) in the text should be typed in capital letters and should not be spaced out. The name of the author quoted should be followed by the year of publication in parentheses. Example: MÜLLER (1982). Several authors are referred to by giving the name of the first and adding et al. Example: (LEHMANN et al., 1982; SCHULZ et al., 1981).

References: The list of references, basically, should include all literature quoted in the text and the names of all authors involved. Authors not quoted in the text should not appear in the list of references. Please comply with the two following examples:

Journals

METTLER, F., PALMER, D., RÜBEL, A., and ISENBÜGEL, E. (1982): Growing Incidence of Parakeratosis in Tortoise. Verh.ber. Erkrg. Zootiere 24, 245 - 248.

Books

FOWLER, M.E. (1978): Zoo and Wild Animal Medicine. Philadelphia, London, Toronto: W.B. Saunders Company.

Other information: Preparations mentioned in the text should have attached to them the manufacturers' name in parentheses. Dosages should be given in clearly defined quantities, for example, mg/kg body weight. All illustrations must be submitted as high-contrast black-and-white originals. Brief captions to illustrations should be typed on a separate page. Brief but informative summaries should be added at the end of the paper in German, English, French, and Russian, with the title of the paper fully translated.

Only the first of several authors should be named under Address of author(s). In case of only two authors, both should be named, provided that they are affiliated to one and the same institution.

Any author will receive 30 free special prints of his paper for personal use. This number can be increased for payment, following consultation with the publishers.

FSC
www.fsc.org
MIX
Papier | Fördert gute Waldnutzung
FSC® C083411

Kolibri 360 GmbH
Ferdinand-Jühlke-Straße 7
99095 Erfurt, Deutschland
produktsicherheit@kolibri360.de